5판

안전 심리

PSYCHOLOGY OF SAFETY

5판

안전심리

정진우 지음

교문사

5판 머리말

이 책은 안전관계자들이 안전을 심리적으로 접근하는 방법을 이해하고 안전심리학의 저변을 확산하기 위한 목적으로 저술되었다. 이 책을 처음 출간할 때만 해도 안전심리에 대한 학문적 기반이 불모지나 다름없던 때여서 5판까지 발행하게 될 것이라고는 생각하지 못했다. 이 책이 안전을 심리학적 관점에서 이해하는 데 있어 향도 역할을 하는 기본서로 평가되고 있다는 점에서 저자로서 큰 보람을 느낀다.

안전은 '사람의, 사람에 의한, 사람을 위한' 안전이므로, 안전을 유지 · 확보하기 위해서는 '사람'의 요인에 대한 이해는 불가결하다고 생각한다. 현실적으로도 사고 · 재해의 직접적 요인에 해당하는 불안전행동은 단독으로 또는 불안전상태와 복합적으로 작용하는 중요 요인에 해당한다. 이 불안전행동의 성격과 발생 메커니즘을 모르고 사고 · 재해 예방을 논한다는 것은 어불성설이다. 이 불안전행동에 효과적으로 대처하기 위해서는 마음의 작용과 상태를 이해하는 것이 매우 중요하다. 안전을 심리적으로 접근하는 것에 대한 학습이 불가피한 이유이다.

그런데 정부를 포함하여 우리 사회는 아직도 안전심리에 대한 학습의 필요성을 느끼지 못하고 있고, 실제 학문으로서의 안전심리에 대한 연구는 전반적으로 빈약한 상태이다. 안전업무에 종사하거나 대학에서 안전을 전공하고 있는 사람들조차 안전심리에 대한 이해와 지식이 매우 부족하거나 알고 있더라도 피상적이거나 부정확한 수준에 머물러 있다. 안전학(Safety Science)에서 안전심리학이 차지하는 위상을 고려할 때 부끄러운 일이라고 하지 않을 수 없다. 학문적 존재감이 없는 우리나라 안전학계의 민낯을 드러내는 부분이기도 하다.

이번 개정판에서는 불안전행동의 양대 축에 해당하는 휴먼에러와 위반의 심리적 요인 부분과 사람들이 안전과 관련하여 빠지기 쉬운 인지적 편향 부분에 대한 설명을 대폭 보강하였다. 특히 휴먼에러 부분은 구체적인 실제 사례와 함께 그 세부 유형, 발생 메커니즘 등에 대한 상세한 설명을 추가하였다. 휴먼에러 예방 실무에 많은 도움이 될 것으로 기대한다. 그 외에도 안전심리의 원리에 해당하는 중요 이론과 안전의 심리적 사고방식에 대한 설명을 적지 않게 보필(補筆)하였다. 그러다 보니 책의 분량이 무려 100쪽가량 늘어나게 되었다. 독자들이 읽어야 할 부담이 다소 커지게 되었지만, 안전심리학의 기본서로서의 면모를 좀 더 충실하게 갖추게 되었다고 할 수 있다.

아무쪼록 이 책이 안전심리를 공부하고자 하는 분들에게 안전에 대한 시야를 넓히고 안전심리 자체에 대한 지식을 심화하는데 조금이나마 보탬이 되기를 바라마지 않는다. 책의 궁금한 점에 대한 문의나 책의 내용에 대한 의견이 있는 분들은 언제든지 기탄없이 jjjw35@hanmail.net으로 연락 주기 바란다.

이 책이 나오기까지 많은 분의 도움이 있었다. 최재광 세종사이버대학 산업안전공학과 교수는 바쁜 와중에도 개정판 원고를 꼼꼼히 읽고 오탈자와 어색한 표현을 교정하는 수고를 아끼지 않았다. 교문사의 김성남 편집자께서는 방대한 분량의 개정내용을 놀라울 정도의 실력과 섬세함으로 정확하게 다듬어 주었다. 사회학 박사로서 학문의 동반자이기도 한 아내에게도 감사의 말을 전한다.

2025년 4월
정 진 우

4판 머리말

사람을 빼놓고는 안전을 생각할 수 없다. 따라서 사람의 심리를 모르고 안전관리를 한다는 건 난센스에 가깝다. 안전업무에 직간접적으로 종사하는 사람에게 안전심리가 기초적이면서 필수적인 학문일 수밖에 없는 이유이다. 국제적으로 안전전문가 중 심리학자가 많은 것도 안전에 대한 심리학적 접근의 중요성을 방증한다.

그런데 우리 사회에서 안전심리라는 주제는 아직도 낯설기만 하다. 안전 관계 종사자들조차도 안전심리라는 책과 학과목이 있는 줄 모르고 있는 실정이다. 전국에 안전 관련 학과가 어느 나라보다도 많이 개설되어 있지만, 안전심리를 학과목으로 가르치는 학교는 거의 없는 실정이다. 안전 관련 학과 교수들조차 안전심리에 대한 기본적인 학습이 안 되어 있는 것이 주된 원인이라고 할 수 있다. 우리나라의 많은 안전 관련 학과가 잘못된 방향으로 운영되고 있다고 볼 수 있는 하나의 사례이다.

이 책은 독자들에게 안전에 대한 시야를 확장하고 식견을 심화하는 데에 일조할 수 있을 것으로 확신한다. 특히 안전을 전공하는 학생이나 기업에서 전문적으로 안전관리업무를 맡고 있는 분들에게는 안전심리에 대한 지식이 필수적인 만큼, 이 책이 그분들의 지적 수요를 충족시키는 데 큰 도움을 줄 수 있을 것으로 기대해 마지않는다.

이번 개정판에서는 최근에 국제적으로 활발하게 논의되고 있는 '리스크 커뮤니케이션과 거버넌스'의 문제를 추가하였고, 국내에서 관심이 높아지고 있는 안전과 안심, 위험감수성 등에 관한 내용을 보필하였다. 그리고 안전관리·활동에 대해 동기부여를 하는 것이 중요한 과제인 만큼, 조직행동론에서 오래전부터 중요하게 다루어 온 '동기이론'을 보론으로 새롭게 소개하였다. 동기이론은 안전심리에 직접적으로 해당되는 내용은 아닌 만큼, 대략 훑어보는 정도로 읽거나 어렵게 느껴지는 내용은 조금씩 건너뛰면서 읽어도 무방할 것이다. 또한 전체적으로 사례에 해당하는 설명을 곳곳에 추가 삽입함으로써 내용에 대한 독자들의 이해를 돕고자 하였다.

마지막으로, 탁월한 편집능력과 꼼꼼함으로 이 책을 훌륭하게 편집해 준 김성남 편집자와 문맥·오탈자를 바로잡는 데 수고를 아끼지 않은 세종사이버대학교 산업안전공학과 최재광 교수에게 감사의 말씀을 드린다. 이 책의 완성도를 높이는 데 여러 가지로 필자에게 인사이트를 준 사회학 박사인 아내에게도 고마움을 전한다.

2023년 12월
공릉동 연구실에서
정 진 우

3판 머리말

"안전은 대체로 인간 본능과의 끊임없는 싸움이다." 미국의 안전심리학자 스콧 겔러(E. Scott Geller)의 말이다. 안전관리를 하는 데 있어 심리적으로도 접근해야 할 필요를 함축적으로 역설하는 명제이다.

안전은 물리학보다 복잡하다고 할 수 있다. 물리는 계산과 예측이 가능한 영역인 반면, 안전은 그것이 어려운 인간의 감정, 판단 등 심리와 관련된 영역이 많은 부분을 차지하기 때문이다.

안전을 공학적으로만 접근하려는 생각은 안전의 발전 역사로 볼 때도 구시대적이며, 이는 안전에 대한 이해가 태부족한 데서 기인한다. 산재예방의 아버지라고 불리는 하인리히(H. W. Heinrich)가 일찍이 심리적 접근의 중요성을 강조하였음에도, 우리 사회는 아직까지 안전을 심리학적으로 접근하는 것의 중요성을 제대로 인식하지 못하고 있다.

우리나라에 많이 존재하는 '안전공학과'라는 학과 명칭도 대단히 잘못된 것이다. 안전에 대해 공학적으로만 접근한다는 뉘앙스가 강하고, 실제 대부분의 학교에서 안전을 공학적으로만 접근하고 있다. 아니 엄밀히 말하면 공학적으로 접근하는 흉내만 내고 있다. 공학을 연구와 강의에서 안전과 실질적으로 접목시키지 못하고 있는 것이다. 공대의 다른 학과에서 얼마든지 들을 수 있는 내용 정도로만 강의가 이루어진다면 '안전'공학과의 존재 이유가 의심받을 수밖에 없다.

우리나라 안전학계의 이런 잘못된 접근과 혼란은 가깝게는 안전공학과 학생들에게 정체성의 혼란을 초래하는 등 많은 피해를 주는 것으로 그치지 않고, 우리 사회의 안전 발전에도 여러 가지 면에서 큰 걸림돌이 되고 있다. 안전학계가 우물 안 개구리 생활을 벗어나지 못하거나 산업현장에 도움을 주는 연구를 하지 못하면, 안전학계가 우리나라 안전의 발전에 도움이 되기는커녕 오히려 '적폐'가 될 수 있음을 명심할 필요가 있다.

안전에 다양한 접근이 요구되지만, 국제적으로 유명한 안전학자의 다수가 심리학을 학문적 배경으로 하고 있는 점을 고려할 때 안전에 있어 심리적 접근은 중요한 비중을 차지하고 있고 안전관리의 필수불가결한 부분이라고 할 수 있다. 따라서 안전업무에 종사하는 사람은 안전에 대한 심리학적 지식이라는 것이 갖추고 있으면 좋은 그런 선택적 사항이 아니라 반드시 갖추어야 할 필수적인 사항이라는 점을 유념할 필요가 있다.

이번 개정판에서는 책의 특정 부분만이 아니라 책 전반에 걸쳐 내용을 보충하고 좀 더 쉽게 이해할 수 있도록 다듬었다. 특히 안전관계자들이 많은 관심을 가지고 있는 사항에 대한 설명을 곳곳에 추가하였다.

세종사이버대학교 산업안전공학과 최재광 교수는 이 책 원고 전체를 꼼꼼히 읽고 교정을 봐 주는 수고를 아끼지 않았다. 앞으로 연구와 교육에 큰 성취가 있기를 기대한다. 아울러 이 책의 원고를 정성 들여 치밀하고 정교하게 교정해 준 교문사 편집부에게도 머리 숙여 감사의 뜻을 표한다.

아무쪼록 본서가 안전관계자들의 안전에 대한 안목과 식견을 높이고 안전에 대해 단편적 이해가 아닌 종합적 이해를 하는 데 조금이나마 도움이 되기를 바란다.

2022년 4월

정 진 우

2판 머리말

본서의 초판이 출간된 지 정확하게 1년 지났다. 안전심리에 관한 기본서가 시중에 나와 있지 않아서 그런지 전문서적 치고는 예상 외로 독자들의 반응이 뜨거웠다. 게다가 뜻밖에 우수학술도서로 선정되는 영광도 얻었다. 졸저에 좋은 평가를 해 준 독자들과 전문가분들께 감사의 마음을 전한다.

사실 개정판은 초판을 출간한 지 6개월가량 지나고 나서부터 본격적으로 준비하였다. 이 책으로 한 학기 수업을 하면서 잘못되거나 미흡한 곳, 보강하거나 추가하여야 할 곳이 눈에 많이 띄어 개정하기로 하였다. 초판을 급하게 쓰다 보니 예상되었던 일이기도 하다. 개정을 하는 김에 초판에서는 미처 깊이 있게 다루지 못했던 이론을 가급적 많이 소개하려는 욕심이 생겼다. 그러다 보니 분량이 초판에서 대략 70쪽이나 늘어나게 되었다.

불안전행동 중 휴먼에러 부분을 보필(補筆)하였고, 불안전행동의 또 하나의 축인 위반(violation) 부분은 초판에서 휴먼에러에 비해 상대적으로 분량이 적어 이 부분과 균형을 맞추기 위해서라도 그 내용을 많이 추가하였다. 그리고 외국에서는 널리 알려져 있지만 우리나라에는 생소한 '인지적 편향', '정상사고', '비정상의 정상화', '사고의 사회적 요인', '고위험 시스템의 특성' 등에 관한 이론을 가필하거나 추가하였다.

안전에 대한 심리적 접근은 일찍이 산재예방의 아버지라 불리는 하인리히가 그 필요성을 역설할 만큼 오래전부터 중요시되어 왔고 안전학에서 어떠한 접근보다도 역사가 깊다고 할 수 있다. 그런데 우리나라에서는 아이러니컬하게 아직까지도 안전심리학이 학문으로 뿌리를 내리지 못하고 있다. 아니 생소하다고 보는 것이 정확한 표현이라고 할 수 있다. 산업안전보건의 컨설턴트라 할 수 있는 산업안전·보건지도사 시험과목과 안전공학을 가르치는 일부 학교의 커리큘럼에서조차 여전히 안전심리학 대신에 산업심리학이 들어가 있는 것만 보아도 우리 사회에서의 안전심리 현주소를 가늠할 수 있다.

안전심리를 연구할수록 본인의 학문적 부족함과 한계를 많이 느낀다. 그러나 그때마다 힘이 되어 주는 것은 독자들과 학생들의 감사의 말과 격려이다. 공공기관의 학문적 무관심에 실망을 하면서도, 안전학에 지적 호기심을 가지고 있는 분들을 보면 더욱더 학문에 정진해야겠다는 사명감과 의지가 다시금 생겨나곤 한다. 개정판을 빨리 내게 된 이유 중의 하나도 이분들의 학문적 열정을 조금이라도 더 충족해 주기 위해서이다. 좋은 책을 써 주어 감사하다는 말을 들을 때 학자로서 가장 큰 기쁨과 보람을 느끼기도 한다.

이 개정판이 나오기까지는 많은 분들의 도움이 있었다. 먼저 고용노동부 경기지청 박형수 과장님께서는 이번에도 수고를 마다하지 않고 초판 전체를 토씨까지 꼼꼼하게 읽고 오탈자 등을 정확하게 지적해 주었다. 교문사의 편집부에서는 어색하거나 잘못된 부분을 솜씨 있게 교정해 주었다. 훌륭한 편집자의 역할이 어떠해야 하는지를 새삼 느끼게 해 주었다. 그리고 다른 책과 마찬가지로 이 책 역시 짧은 시간 안에 쓸 수 있었던 것은 부족한 본인을 연구자로 받아 주고 채용 후에도 좋은 연구여건을 제공해 준 같은 학과 교수님들의 배려 덕분이 아닐 수 없다. 이 자리를 빌려 다시 한번 감사의 말씀을 전하고 싶다.

아무쪼록 본서가 우리 사회에서 안전심리학의 저변이 확산되고 안전에 대한 융합적 접근을 하는 데 마중물이 되기를 바라마지 않는다.

2018년 1월

정 진 우

초판 머리말

이 책은 필자가 여러 학기에 걸쳐 학부와 대학원에서 안전심리를 가르치면서 강의교재로 사용해 온 자료를 기초로 하여 집필된 것이다. 심리학을 정식으로 전공하지 않은 필자가 안전심리를 깊이 있게 들여다보는 것은 쉽지만은 않은 일이었다. 게다가 국내에 안전심리에 관한 책이 발간되어 있지 않은 상황은 필자에게 더욱 많은 노력과 연구를 요구하였다.

우리나라보다는 사정이 낫지만 외국 역시 안전심리에 관한 책은 그리 많지 않은 상태이다. 안전심리학이 국제적으로도 아직 독자적인 학문으로 충분히 정립되어 있는 단계라고 할 수 없는 반증이다. 특히 우리나라의 경우에는 안전심리학이 초보적인 수준에서조차 연구가 이루어지지 않은 미개척 상태로 남아 있다.

안전심리학은 안전관리론의 일부라는 특성을 가지고 있어 안전학 연구자가 심리학의 학문적 업적을 토대로 안전학과 심리학의 융합학문으로 접근하는 것이 심리학적 배경으로만 접근하는 것보다 유용한 방법일 수 있다. 그러나 그동안은 안전학 연구자들이 안전심리에 대한 많은 관심을 가지고 있었지만, 심리학에 대한 배경적 지식이 없어 선불리 안전심리를 깊이 있게 파고들 엄두를 내지 못한 것으로 생각된다.

이런 상황 진단하에서 안전심리에 대한 학문적 접근을 하는 데 있어 안전학과 사회과학을 다 같이 연구해 온 필자가 나름대로 적합할 수 있겠다는 건방진(?) 생각을 품게 되었다. 나아가 학교에서 안전심리를 가르치고 연구하기로 한 이상, 안전심리에 대한 학문적 기초를 마련해야겠다는 호기도 부릴 만한다고 생각하였다.

강의 준비를 하면서 학생들과 함께 공부한다는 생각으로 안전심리학에 관한 국내외 자료와 사고사례를 탐독하고 검토하였다. 방학기간과 학기 중 주말의 대부분을 이 책의 기초가 된 강의 자료 준비에 고스란히 헌납하였다. 강의 준비가 힘들기도 하였지만, 강의는 필자에게 안전심리학에 관한 많은 지적 호기심을 자극하였고, 안전심리를 깊숙이 공부하는 동기부여를 제공하기에 안성맞춤이었다. 안전심리학이 안전관리론의 일부라는 점에서, 안전관리론을 연구하는 필자에게 안전심리 연구는 일종의 사명감으로도 작용하였다.

연구과정에서 이따금씩 힘들기도 하고 외롭기도 하였지만, 학생들의 안전심리에 대한 지적 호기심과 주위 분들의 높은 관심과 격려가 버팀목이 되어 주었다. 특히 같은 학과의 이근오 교수님께서는 안전심리 연구의 필요성에 대해 많은 조언과 격려를 해 주시었다. 그리고 안전심리 연구는 필자의 연구 분야인 안전관계법과 안전관리론의 이론적 깊이를 심화시키는 기회가 되기도 하였다.

안전심리를 연구하면 할수록 연구결과를 단행본(기본서)으로 집필할 필요가 있다는 생각이 점점 강해졌다. 나아가 이에 대한 모종의 사명감과 학문적 의욕까지 생겼다. 이 책은 그 생각과 사명감, 의욕의 자그마한 성과물이다.

욕심 같아서는 안전심리에 관한 보다 완성도 높은 책을 쓰고 싶었지만, 그렇게 하자면 책을 발간하는 것이 한참 늦어질 것 같다는 딜레마에 빠졌다. 고민 끝에 안전심리에 대한 학문적 저변을 넓히기 위해 부족한 내용이나마 빨리 출간하는 장점이 충분히 숙성된 책을 늦게 내놓는 단점보다 클 것이라는 판단하에, 아직 보충하여야 할 내용이 많은 상태이지만 이쯤에서 세상에 내놓기로 결심하였다.

이 책에 대한 평가는 순전히 독자 여러분의 몫이다. 부족한 점은 앞으로의 연구를 통해서 계속해서 보완해 갈 것임을 독자 여러분께 약속드린다. 독자 여러분의 기탄없는 지적과 비판을 기대한다(jjjw35@hanmail.net).

이 책은 총 4편으로 구성되어 있다. 1편에서는 안전에 대한 심리학적 접근의 필요성을 제시하였고, 2편과 3편은 안전심리에 대한 학문적 기초를 설명하는 한편 휴먼에러 등 주요 테마를 중심으로 안전심리에 대한 다양한 접근방법과 이론적 내용을 전반적으로 소개하는 데 할애하였다. 그리고 4편에서는 최고경영자, 관리자, 감독자, 작업자 각자가 그 입장에 따라 재해방지를 위해 무엇을 해야 하는지를 위험감수성의 향상이라는 관점에서 필자의 실무체험에 기초하여 가급적 실례를 넣어 가면서 평이한 표현으로 설명하였다.

이 책에서는 추상적으로 안전이 중요하다고 강조하는 접근방식을 지양하고, 구체적인 실제 사례를 통해 현장에서 안전을 실효성 있게 구체적으로 바라보고 실천하는 방법을 제시하고자 하였다. 이를 위하여 원리에 대한 설명과 함께 실용적인 접근방식을 취하였다. 그리고 인간의 심리적 특성에만 착목하는 접근방식을 지양하고, 인간행동의 배후요인에 집중하는 관점을 취하고자 하였다.

이제까지 필자가 쓴 다른 책도 마찬가지이지만, 책을 한 권 새롭게 쓴다는 것은 많은 개인적 노력과 희생이 따르는 것 같다. 내용을 채우는 것은 물론이거니와 윤문과 오탈자 교정 등에도 많은 시간을 들여야 했고, 사적인 약속과 취미생활 등은 원고 집필 뒤로 미룰 수밖에 없었다. 필자에게도 가혹해지고 가족에게는 불성실한 남편이자 아빠가 되고 말았다. 이 자리를 빌려 아내와 개구쟁이 두 아들에게 미안함과 함께 감사하다는 말을 전하고 싶다. 그리고 필자의 대학시절 사회현실에 대한 고민 때문에 당신의 기대에 부응하지 못하고 큰 실망을 끼쳐드렸지만, 별다른 내색 한 번 하지 않으신, 무골호인이셨던 저세상의 아버지께 죄송함과 존경의 마음을 담아 이 책을 바치고자 한다.

2017년 1월
공릉로 연구실에서
정 진 우

차례

제3편. 인간행동과 안전심리

제4편. 위험감수성

제1편

서론

서론

우리 주변에는 일상생활, 직장, 교통, 의료 등 다양한 분야에서 사고가 발생하고 있다. 안전의 중요성은 표면적으로는 이해되고 있다고 할 수 있지만, 그 이해가 실제로 안전을 확보하기 위한 행동과 대책으로 연결되고 있는가 하면, 아직 불충분한 것이 엄연한 실상이다. 안전은 공기와 같은 것이라고 말할 수 있다. 안전은 있는 것이 당연한 것이고, 손상되고 나서야 비로소 그 중요성이 실감되는 것이 보통이다. 그러나 이렇게 해서는 늦어질 수밖에 없다. 우리 사회에서 안전의 확보는 여전히 "주의에 철저하도록!", "여기는 위험하니 조심하세요!"라고 하는 단순한 '주의론'으로 처리되고 있는 경우가 많다. 그러나 '왜', '어떤 상황(장면)'이 위험한가, '어떻게' 주의하여야 하는가, 그 '배후'에 어떠한 요인이 있는지에 대한 이해까지 있을 때 비로소 자신, 타인, 기계·설비, 하드웨어시스템, 조직 그리고 사회의 안전 확보가 실현될 수 있을 것이다.

'안전'이라는 말이 보급된 지 오래되었고, 일반인들의 사고와 안전에 대한 관심도 높아지고 있다고 생각된다. 예를 들면, 2014년 4월 세월호 침몰사고 이후로 우리 사회에서 안전에 대한 관심은 그 이전과 비교하여 많이 높아졌다. 그 이전에도 많은 사고가 있어 왔지만 대부분 실질적인 교훈으로 반영되지 못하고 얼마 지나지 않아 사람들의 기억에서 쉽게 잊히기 일쑤였다. 그러나 세월호 침몰사고는 우리 사회에서 그동안 서자(庶子) 취급을 받아 왔던 안전의 현주소를 적나라하게 그리고 총체적으로 보여 준 사고라는 점에서, 그 이전의 어느 사고보다도 우리 사회 전반에 심대한 충격과 함께 큰 반향을 불러일으키면서 우리 사회에 안전에 대한 많은 문제 제기와 교훈을 던져 주었고, 이것은 지금도 진행 중에 있다.

교통사고를 제외하면 작업현장에서 재해가 상대적으로 많이 발생하고 있지만,[1] 세월호 침몰사고를 비롯하여 비교적 최근에 발생한 이태원 참사, 코로나19 감염사태, 가습기 살균제 사고, 제천 스포츠센터 화재사고, 밀양 세종병원 화재사고, 경주 마우나오션리조트 체육관 사고, 판교 환풍구 사고 등은 안전을 위협하는 다양한 요소가 작업현장뿐만 아니라 우리 사회 곳곳에 존재한다는 것을 경험적으로 말해 주고 있다. 다른 한편으로, 이러한 사고가 발생하였을 때 예전과 비교하여 매스컴, SNS 등에서 심층적인 문제 제기와 높은 관심을 보이고 있는 것은, 우리 사회가 경제적·물질적으로 윤택해지고 안정되어 가고 있는 상황에서 윤택하고 안정된 생활의 지속을 보장하는 조건의 하나로 안전이라고 하는 개념이 사람들의 일상생활에서 점차 중요시되고 있는 현실의 반영이라고 평가할 수 있다.

그런데 안전에 대한 각종 대책과 회의의 내용을 보면, 심리학적인 접근 필요성이 간헐적으로나마 주장되고 있음에도 불구하고, 여전히 추상적인 수준에 머물러 있고, 실제로는 심리학의 구체적인 관여가 극히 희박한 것에 놀라지 않을 수 없다. 안전을 연구하는 '안전학'은 복수의 연구영역에 걸친 학제적(interdisciplinary) 연구가 필요한 분

1) 최근만 하더라도 2025년 2월 부산 기장 반얀트리 리조트 신축공사장 화재사고, 2025년 2월 안성 고속도로 교량 붕괴사고, 2024년 6월 평택 아리셀 공장 화재사고, 2022년 2월 여천NCC 공장 폭발사고, 2022년 1월 광주 화정동 아파트 신축공사 붕괴사고, 2020년 7월 용인 물류센터 화재사고 등과 같은 대형 사고가 작업현장에서 발생하였다.

야로서, 기술공학 외에 심리학을 포함한 다양한 학문이 융합적으로 접근될 필요가 있다. 그러나 불가사의하게도 우리나라에서는 안전학 연구영역에 기술공학 외의 학문, 특히 심리학적 접근이 포함되는 경우가 매우 드물다. 안전의 문제는 어디까지나 사람의 안전이고, 그 의미에서 안전의 확보·유지를 위해서는 사람의 요인이 불가결의 것이라고 생각한다면, 안전문제에 심리학적으로 접근하는 것은 필수적이라고 생각된다. 일찍이 하인리히(Herbert William Heinrich)도 자신의 저서 《Industrial Accident Prevention》에서 심리학이야말로 재해예방에서 매우 중요한 기초에 해당한다고 보면서 심리학을 재해문제 해결의 필수적인 수단이라고 강조하였다.

오늘날 우리 사회가 고도기술화, 대규모화, 복잡화, 정보화, 고속화, 다양화 등으로 나아감에 따라 안전의 중요성이 점점 높아지고 있다. 다양한 기계·설비의 고도화·복잡화 등으로 인간의 에러가 대형사고로 연결될 가능성이 커지고 있기 때문이다. 따라서 '인간에게는 어떤 특성이 있는가'라는 점에 대한 이해가 필수적이라고 할 수 있다. 즉, 사고를 방지하기 위해서는 기계·설비 측면에서의 안전대책뿐만 아니라, 그것을 사용하는 측, 관리하는 측의 요인으로부터의 대응도 중요하다. 이를 위해서는 인간은 에러를 범하는 존재라는 전제에서 출발할 필요가 있다. 나아가 에러의 발생요인에 대하여, 개개의 인간의 행동으로만 귀책(歸責)시킬 것이 아니라, 그 배후에 있는 조직, 환경, 사회·문화 등에 대해 폭넓은 관점에서 파악하는 것이 필요하다. 많은 에러의 원인은 당사자의 '부주의'에 있다고 말한다. 그럼 '에러', '부주의'란 무엇일까? 심리학에서도 명쾌하게 해명되었다고 할 수 없는 문제이다. 이 문제에는 주의, 에러, 인지에 관련된 기초적 연구와 실증적·응용적 연구의 쌍방에서의 접근이 필요하다. 주의, 에러, 인지와 안전에 관련된 메커니즘의 해명은 학문적으로 매력적임과 동시에, 현실 속의 여러 문제를 해결하는 데에도 기여할 수 있다.

기술과 물질 등의 신규개발, 기계·설비, 하드웨어시스템, 조직구조의 개선에 대해서는, 흔히 그것의 안전성이라는 관점에서는 충분히 검토되지 않고 편리성과 효율성만이 강조되는 경향이 있어 왔다. 그러나 해당 기업, 나아가 우리 사회의 진정한 선진화를 위해서는 안전성에 관해서도 함께 강조되는 것이 필수불가결하다. 심리학 분야에서도 안전성과 편리성의 쌍방의 관점에서 기초적이고 실천적인 연구와 제언을 행할 필요가 있다. 이와 같은 연구와 제언이 우리나라에서는 아직 적은 것이 현실이지만, 앞으로 그 필요성이 점점 커질 것이라는 점은 확실해 보인다. 안전에 관한 심리학적 논의를 통하여, 즉 심리학과 안전학의 융합적 접근을 통하여, 심리학뿐만 아니라 안전학의 새로운 영역 또는 새로운 모습을 제시하는 것이 필요하다.

인간에게 안전은 그것만이 최종 목표가 되는 것은 아니고, 다른 목표 달성을 위한 부차적인 목표, 또는 본래의 목표가 진정한 의미에서 '달성되었다'고 할 수 있기 위한 필수조건 확립으로서의 목표라고 할 수 있다.

한편, '리스크(위험) 항상성 이론(Risk Homeostasis Theory)'[2), 3)]

2) G. J. S. Wilde, *Target Risk 2: A New Psychology of Safety and Health*, PDE publications, 2001. 이 이론은 얼핏 보면 "무엇을 하여도 사고는 줄어들지 않는다(따라서 대책도 연구도 쓸모없다)."라고 말하는 것으로 이해되기 쉽다. 그래서 안전연구자로부터 상당한 비판을 받은 이론이다. 이 이론에 대해서는 뒤에서 자세히 살펴볼 것이다.

3) 리스크 항상성 이론과 유사한 이론으로, 위험 보상은 사람들이 일반적으로 인지된 위험 수준에 대응하여 행동을 조정하고, 더 큰 위험을 느끼는 경우 더 주의를 기울이고 더 보호받는다고 느끼면 덜 주의하게 된다는 '위험 보상 이론(risk compensation theory)'이 있다. 이 이론에 의하면, 위험 보상은 대개 안전 개입의 기본적인 편익과 비교하여 작지만, 기대한 것보다 낮은 순편익을 가져오거나 심지어는 더 높은 위험을 초래하기도 한다.

을 주장한 캐나다 교통심리학자인 와일드(Gerald J. S. Wilde)에 의하면, 표지, 도로설계 등을 궁리하여 '달리기 쉬운' 도로를 만드는 것은 사고 감소로 연결되지 않는다고 한다. 과연 사고·안전수준은 장기간으로 볼 때 변하지 않을 수도 있는 측면이 없지 않다. 그 대신에 '더 빨리', '그다지 운전에 자신이 없는 사람이라도' 운전할 수 있고, 결과적으로 '전체적인 이동 가능성을 높인다'는 목표를 '사고라는 마이너스 요인을 동일한 수준으로 유지한 상태에서' 실현하고 있는 것이다. 즉 리스크 항상성 이론은, 안전기술이라는 것이 실은 안전을 위한 기술이 아니라, '안전성을 희생하는 것 없이 좀 더 광범위하고, 좀 더 효율적으로, 좀 더 고성능의 더 좋은 상태를 실현하기 위한' 기술이라는 점을 역설적으로 말하는 것이라고 생각한다.

리스크 항상성 이론이 안전을 중시하는 것, 안전연구를 추진하고 있는 것의 가치를 폄하하는 것은 결코 아니다. 이 이론에서도 개개인, 각각의 기술, 개별적 활동에 있어서의 목표와 관련하여, '의도하지 않은 사고로 인해 본래의 목표를 달성할 수 없을 뿐만 아니라 부정적 영향을 초래한다'고 하는 최악의 결과를 회피하는 것은, 본래의 목표 달성을 위하여 필요불가결한 중요사항이라고 할 수 있다.

그러나 "안전이 중요하다."는 명제를 "안전이야말로 중요하므로 안전만이 소중하다."는 잘못된 목표로 바꾸고, 이를 굳게 믿어버릴 위험성이 있다. 이러한 미로에 빠져들면, "무엇도 하지 않으면 리스크는 제로가 된다."는 와일드의 명제처럼 "그렇기 때문에 안전을 위해 아무것도 하지 않는" 사회를 만들자고 하는 등 어딘가 방향성이 크게 잘못된 논의가 되어 버리는 것은 아닐까라는 생각이 든다. 예를 들면, 사회적 공헌과 인류에의 공헌을 목표로 하고 있는 의료현장에서, 안전을 중시한 나머지 “그러니까 그만 두어야 한다.”는 움직임이 나오게 되면, 본래의 목표가 무너져 버리는 위기에 직면할 수도 있다.

‘안전의 가치’를 적절하게 위치시켜 나가는 것은, 본래 안전이란 사람에게 어떠한 존재인가 하는 것을 안전과 관련하여 최종적인 타깃인 ‘사람’의 관점에서 종합적으로 보기 위해 꼭 필요한 과제라고 할 수 있다. 다시 말해서, 안전이라는 것을 ‘사람을 위한’ 안전이라고 인식하고, 안전이 ‘무언가의 최종적인 목표를 의미 있는 것으로 하기 위해 선결되어야 할 목표’라는 것을 전체적인 틀 속에서 정확히 이해해 가는 것이 중요하다.

사람을 대상으로 연구하는 심리학적 접근이야말로, 안전을 ‘사람’의 관점에서 전체상(全體像)으로 생각함으로써, 안전문제를 (배타적인 목표로서가 아니라 역으로 경시하거나 소홀히 하지 않고) 적절하게 위치시키는 틀(framework)을 세상에 제시해 주는 역할을 할 수 있을 것으로 생각한다.

참고 안전의 패러독스(paradox)[4)]

우리는 위험요소를 파악하고 제거하면 시스템이 더 안전해진다고 가정한다. 가령 구형(old one)보다 나은 로켓 부스터(rocket booster, 보조 추진 로켓) 이음새를 만들면 폭발사고가 재발할 확률이 줄어들 것이라고 생각한다. 이 논리는 아주 단순해서 의문을 가질 여지조차 없다. 그러나 일부 학자는 ‘리스크 항상성(risk homeostasis)’이라는 이론을 들어 의문을 제기한다. 학계에서는 리스크 항상성 이론을 얼마나 넓게 적용할 수 있는가를 놓고 격렬

4) M. Gladwell, *What the Dog Saw: And Other Adventures*, Back Bay Books, 2010, pp. 354~357.

한 논쟁이 진행되었다. 와일드가 《목표 위험(Target Risk)》에서 명쾌하게 풀이한 리스크 항상성 이론의 핵심 명제는 아주 단순하다. 그것은 특정 상황에서 시스템이나 조직을 더 안전하게 만드는 것으로 보이는 변화가 실은 그렇지 않다는 것이다. 왜 그럴까? 인간은 한 분야에서 위험이 낮아지면 다른 분야에서 더 큰 위험을 감수하는 경향이 있기 때문이다.

몇 년 전 독일에서 이 이론과 관련된 유명한 실험이 진행되었다. 실험 대상은 뮌헨의 거리를 달리는 택시였다. 연구진은 다른 조건이 모두 동일한 택시들 중 일부에 매우 미끄러운 노면에서 제동능력을 크게 높이는 (기술혁신장치인) 잠김방지제동장치(ABS, Antilock Brake Systems)[5]를 달았다. 그리고 3년간 잠김 방지 제동장치를 단 차량을 모는 운전기사들의 행동을 몰래 추적하였다.

일반적으로 제동성능이 뛰어나면 운전이 더 안전해질 거라고 생각하기 쉽다. 그러나 현실은 정반대였다. 잠김 방지 제동장치를 달아도 사고율에는 변화가 없었다. 잠김 방지 제동장치를 단 차량을 모는 기사들이 더 위험하게 운전하였다. 그들은 과속은 물론 급하게 회전하였고 차선 규칙을 무시하기 일쑤였으며, 잦은 급정지에다 앞차에 바짝 붙어서 달렸다. 그리고 다른 택시보다 더 사고를 낼 뻔한 위험에 처한 적이 많았다. 결국 잠김 방지 제동장치는 사고를 줄이는 데 기여하지 못하였다. 운전기사들은 강화된 안전요소를 사고위험을 증가시키지 않고 더 빨리, 더욱 무모하게 운전할 수 있는 방편으로 삼았다. 경제학의 개념으로 말하자면, 줄

5) 브레이크를 걸었을 때에 타이어 잠김(lock)을 감지하여 자동적으로 브레이크를 느슨하게 하여 주는 것으로, 타이어의 잠김을 방지하여 운전자가 스티어링 휠의 조작으로 위험을 회피할 수 있도록 하는 것을 목적으로 개발되었다. 타이어와 노면상태에서 얻을 수 있는 최단의 제동거리에서 정지할 수 있게 하는 기능을 가지고 있으며, 최근의 자동차에는 표준장비로 장착되어 있다.

어든 위험(개선된 안전)을 저축하지 않고 (무모하게 운전하는 것으로) 소비해 버린 것이다.[6)]

리스크 항상성이 모든 경우에 적용되는 것은 아니다. 일단 착용하면 다소 험하게 차를 몰아도 착용하지 않는 것보다 훨씬 안전한 안전벨트처럼 보상(compensatory) 행동(위험한 행동)이 줄어든 위험(개선된 안전)을 부분적으로만 상쇄하는 경우가 많다. 그러나 리스크 항상성이 적용되는 경우가 자주 발생하기 때문에 진지하게 고려할 필요가 있다. 왜 횡단보도가 없는 도로보다 있는 도로에서 보행자 사망사고가 더 많이 발생하는 것일까? 이는 보행자가 횡단보도가 제공하는 안전한 환경을 믿고 조심성 없이 길을 건너기 때문이다. 왜 유아들이 열기 힘든 약병이 개발된 이후 유아들의 약물사고가 더 늘어났을까? 부모들이 약병을 부주의하게 보관하기 때문이다.

리스크 항상성은 정반대 효과를 내기도 한다. 1960년대 말에 스웨덴은 자동차의 주행방향을 좌측통행에서 우측통행으로 바꿨다. 이 조치로 교통사고가 급증할 것이라는 우려가 많았지만 실제로는 오히려 교통사고가 줄어들었다. 주행방향을 바꾼 이후 12개월간 교통사고 사망률은 17% 감소하였다. 이는 운전자들이 더욱 조심스럽게 운전했기 때문이다. 이후 교통사고 발생률은 차츰 과거 수준으로 되돌아갔다. 와일드가 반농담조로 주장하듯이, 도로와 고속도로를 좀 더 안전하게 만드는 데 진정으로 관심이 있는 국가는 주기적으로 주행방향을 바꾸는 것에 대하여 생각할 필요가 있다.

6) 직장에서도 산업재해 예방을 위하여 기계·설비에 안전장치를 장착하였는데, 근로자들이 안전장치의 장착으로 종전보다 안전해졌다고(리스크 수준이 떨어졌다고) 생각하고 안전장치 장착 전과 달리 위험한 행동을 하는 바람에 산업재해로 이어지는 경우가 종종 발견된다.

제2편

리스크와 심리

제1장

개설

1 리스크의 정의

한국어의 '위험'에 상당하는 말은 영어에는 여러 개가 있다. 예를 들면, danger, hazard, peril, risk 등이다. 이 중 risk(리스크)는 '나쁜 결과가 발생할 가능성(chance of bad result)', '위험의 원인(cause of danger)' 등의 의미를 가지고,[1] take a risk, run a risk 등 '위험을 무릅쓰다'라는 의미의 표현에도 이용된다. '위험을 무릅쓰다'는 표현은 반드시 실패하거나 위험한 경우를 당하는 경우에는 사용되지 않는다. 실패하거나 위험한 경우를 당할지도 모르지만, 다른 한편으로는 성공할 가능성도 있는 경우에만 사용되는 표현이다. 즉, 일상적으로도 리스크라는 개념은 위험에 대하여 확률적인 요소가 수반될 때에 이용되는 것이라고 할 수 있다.

마찬가지로, 공학적인 리스크의 정의에서도 확률적인 측면이 중요시되고 있다. 예를 들면, 어떠한 상황에서 어떤 위험이 발생

---

1) *Longman Advanced American Dictionary*, 3rd ed., Pearson Education ESL, 2013.

할까(시나리오), 그와 같은 시나리오가 어느 정도의 확률로 발생할까(확률), 그와 같은 시나리오가 발생할 경우 발생하는 손해의 크기는 어느 정도일까(손실), 이 세 가지 요인에 의한 정의가 있다. 이것을 리스크의 3대 요소(triplet)라고 한다.[2)]

좀 더 일반적인 것은, 3대 요소의 시나리오 부분을 특정하고, 어느 특정 리스크(예컨대, 교통사고의 리스크)를 나머지 2대 요소, 즉 그 특정 사건이 발생할 확률과 그것에 의해 입은 손실의 곱셈으로 정의하는 것이다.[3)] 물론, 이 경우에도 어느 특정 사건(이 예로 말하면, 교통사고)이 발생하는 시나리오에는 여러 가지를 생각할 수 있으므로, 3대 요소로 생각하는 것도 가능하다.

2 보이지 않는 리스크

원자력발전소, 항공, 철도, 도로교통, 의료 등 우리 주위의 기술시스템은 점점 더 거대하고 복잡해져 가고 있다. 그렇지만 발달과정에서 다양한 대책이 강구되고 있어 위험한 사건의 발생확률은 억제되고 차츰 낮아지고 있다. 예를 들면, 우리나라의 철도도 자동열차정지장치(ATS, Automatic Train Stop),[4)] 자동열차제어장치(ATC, Automatic Train Control),[5)] 자동열차운전장치(ATO, Auto-

2) S. Kaplan and B. J. Garrick, "On the Quantitative Definition of Risk", *Risk Analysis*, 1(1), 1981, pp. 11~27.

3) G. A. Holton, "Defining Risk", *Financial Analysis Journal*, 60(6), 2004, pp. 19~25.

4) 열차가 신호기의 지시 속도를 초과하거나 신호체계를 무시하고 운행할 경우 자동적으로 열차의 속도, 앞 열차와의 간격, 진로의 상태에 따라 신호를 보내어 열차의 속도를 자동적으로 제어하는 장치이다.

5) 고속열차에서 열차의 운행에 이용되고 있는 안전장치로서, 열차에 대해서 가선(架線)고장, 레일 절손(折損), 차량고장 또는 운전조작상의 인적인 실수가 있었

matic Train Operation),[6] 열차집중제어시스템(CTC, Centralized Traffic Control)[7] 등을 도입함으로써 거대하고 복잡한 시스템으로 발전하여 왔다. 그리고 이들 시스템에 의해 사고 건수는 줄어들고 있다. 그러나 위험한 사건의 발생확률이 낮기는 하지만, 전적으로 없는 것은 아니다. 게다가 시스템이 복잡한 탓에 위험한 사건이 어느 정도 발생할 가능성이 있는지, 구체적인 확률 또는 확률분포를 아는 것이 점점 어려워지고 있다.[8]

복잡한 기술시스템 속에서는 위험한 사고(accident)가 발생하는 시나리오를 상정하는 것도 어려워지고 있다. 시스템이 복잡해짐에 따라 경미한 실수, 사소한 위반 등의 장애 발생은 피할 수 없다. 이와 같은 일상적으로 발생하는 작은 장애 하나에 의해 시스템이 직접 영향을 받는 경우는 거의 없지만, 긴밀하게 연계된 상태에서 몇 개의 장애들이 합쳐지거나 축적되면 개별적으로는 치명적이지 않은 장애들이 예상치 못한 방식으로 상호작용을 일으키면서 사고를 불러오는 경우가 있다.[9] 미국의 사회학자 페로(Charles Perrow)는 이와 같은 사고를 '정상사고(Normal Accidents)'라고 지칭하였다.[10]

그에 의하면, 현대사회의 대부분의 고위험 시스템은 사고발생

을 경우에 언제나 그 안전성을 확보하기 위한 자동제어가 실시되는 장치이다.

6) 지상에서 열차의 운전조건을 차상으로 전송하여 열차의 출발, 정차, 출입문 개폐 등을 자동으로 동작하도록 하여 기관사 없이도 운행할 수 있는 장치이다.

7) 광범위한 지역 내의 모든 열차운전 상황을 중앙관제실에서 집중적으로 감시·제어하는 시스템을 말한다.

8) 리스크의 불확실성과 그 속에서의 의사결정문제에 대해서는, 竹村和久, 〈リスク社会における判断と意思決定〉, 認知科学, 13(1), 2006, pp. 17~31 참조.

9) 정상사고 이론은 사고(accident) 자체를 다루는데, 그 대상에는 참사(catastrophe)가 아닌 사고도 포함된다. 참사가 발생하려면 대응체계와 주변환경의 조건들이 적절하게 조합되어야만 한다.

10) 이하는 C. Perrow, *Normal Accidents: Living with High-Risk Technologies*, Princeton University Press, Updated ed., 1999를 참조하였다.

을 불가피하게 만드는 특별한 속성을 지니고 있고, 정상사고는 시스템의 복잡한 연계성과 다발적 장애의 상호작용에 기인한다. 그리고 페로는 현대사회가 크고 작은 갖가지 사고들을 피할 수 없는 이유에 대해 사회가 기술시스템에 강하게 결합되어 있기 때문이라고 진단하면서,[11] 사고는 비정상적이거나 일탈적인 무엇이 아니라 지극히 정상적인 것이고 우리가 살아가는 시스템을 구성하는 일부라고 설명한다.

사회가 고도화되고 첨단기술에 대한 의존도를 높여 가는 과정에서 사회시스템은 느슨한 부분들을 낱낱이 제거해 나가며 긴밀하게 연결되기 마련이기 때문에, 사소한 발단에서 시작된 작은 사고일지라도 자칫 걷잡을 수 없이 번져 나갈 수 있다고 한다. 물론 대부분의 시스템들은 비상시에 대비한 우회경로나 예비(backup) 시스템을 갖추지만, 항상 잠겨 있거나 쌓아 놓은 물건으로 막혀 있는 비상계단으로 상징되듯이, 대개의 우회경로와 예비시스템은 형식적이거나 턱없이 부족한 경우가 많다고 한다. 또한 시스템에 느슨한 부분들이 남아 있다면 초기의 사고를 완충시킬 수 있지만, 그러한 여유를 두고 있지 않은 경우가 적지 않다고 한다. 그리고 보통 때는 문제가 되지 않을 작은 변형(이상)의 중첩이 복잡하게 상호 결합되면 시스템을 붕괴시키는 구조가 잘 보이지 않게 된다

11) 2022년 10월 15일 발생한 SK C&C 데이터센터 화재로 인한 카카오의 대규모 서비스 장애, 2021년 10월 25일 기업 망 라우터 교체작업 중 작업자가 잘못된 설정 명령을 입력한 것이 원인이 되어 발생한 전국적인 인터넷 네트워크 장애, 2018년 11월 24일 발생한 KT 아현지사 통신구 화재사고로 인한 대규모 통신 장애, 2024년 7월 19일 마이크로소프트(MS)의 클라우드 서비스 장애로 전 세계 곳곳에서 발생한 IT 대란 등은 인터넷, SNS 등으로 그물망처럼 엮인 '초연결사회'에서는 한 분야의 작은 사고가 전체 시스템 마비(사회 각 분야의 주요 기능 정지)로 이어져 큰 피해를 불러올 수 있다는 점을 새삼 일깨워 주었다.

는 것이다.[12] 이 때문에 최근에는 사고가 발생하여도 그 원인을 단순하게 몇 개의 문제로 특정하는 것이 점점 어려워지고 있다고 분석한다.

또한 발생한 위험사건이 초래하는 손해를 추정하는 것도 어려워지고 있다. 예를 들면, 원자력발전소의 사고, 유조선의 좌초, 바이러스 질환 등에 의한 손해는 발생원의 주변에 그치지 않고 지구적 차원으로 넓어지고 있다. 생태계 등에의 영향까지를 포함할 경우, 실제로 위험한 사건이 발생하지 않으면, 그리고 엄밀하게는 위험한 사건이 발생하였다고 하더라도, 손해를 추정하는 것은 매우 어려운 실정이다.

시나리오, 확률, 손실의 어느 측면도 명확히 보이지 않는 현대사회에서 많은 사람들은 기술시스템에 대하여 막연하면서 무한한 불안을 갖게 된다. 다른 한편으로는, 보이지 않는 리스크에 대하여 안전의식을 갖는 것이 어려워지고, 이 때문에 효율을 찾는 경향이 있다. 수송속도, 발전력(發電力)의 향상 등은 리스크와 비교하면 그 효과를 느끼는 것이 용이하기 때문에 '보기 쉽다(가시적이다)'고 할 수 있다.

원자력발전, 유전자조작 등의 기술에 대하여 적지 않은 사람들이 많은 불안을 품고 있다. 대형사고가 발생하고 리스크와 맞닥뜨리는 순간에는 사회 전체에 안전을 중시하는 태도가 일시적으로 고조되지만, 얼마 가지 않아 보이지 않는 리스크보다 보이는 효율을 중시하기 시작한다. 우리들은 한편으로는 맹목적인 안전주의자

12) 69명의 사상사고(29명 사망, 40명 부상)를 낸 충북 제천 스포츠센터 화재사고(2017.12.21.)만 보더라도, 참사의 원인을 제공한 각 문제(위법행위, 기능부전, 불량 등)는 개별적으로는 평상시 그냥 넘어가기 쉽거나(심각한 문제라고 보기 어려운) 상당 기간 지속되어 온 작은 부실에 해당되는데, 이것들이 공교롭게 조합됨으로써 대형사고로 발전한 것이라고 볼 수 있다.

(기술부정론자)이고, 다른 한편으로는 불편을 수용하지 않는 리스크수용자라고 할 수 있다.

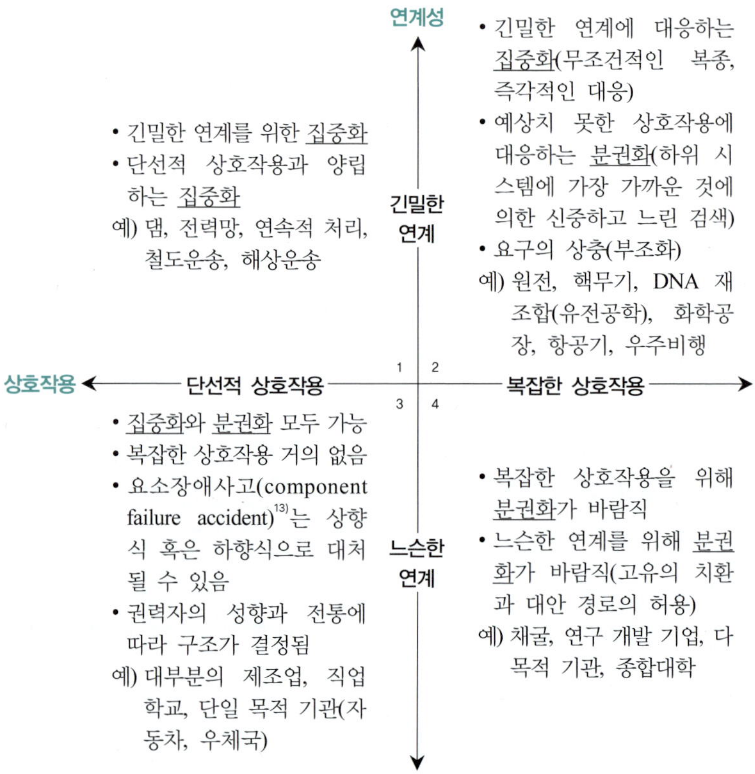

그림 1.1 위기에 관련된 권한의 집중화/분권화[14]

13) 요소장애사고는 예상되는 순서로 연결된 하나 이상의 요소(부품, 장치, 하위시스템)장애를 말한다. 요소장애사고에 대비되는 사고인 시스템(정상)사고는 다발적 장애의 예상치 못한 상호작용을 말한다. 요소장애사고와 시스템사고는 둘 이상의 장애들 사이의 상호작용이 시스템을 설계한 사람들과 그것을 운용하기 위해 적절히 훈련받은 사람들에게 예상되거나 이해될 수 있는지 여부를 기준으로 하여 구별된다. 요소장애사고와 시스템사고 모두 요소장애로 시작되기 때문에, 두 사고를 구분하는 기준은 사고의 원천(source)이 아니라, 예상치 못한 방식으로 상호작용하는 다발적 장애의 존재 여부이다(Ibid., pp. 70~71).

14) Ibid., p. 332 참조.

참고 정상사고의 함의

미국 예일 대학 사회학자 찰스 페로(Charles Perrow)는 《정상사고(Normal Accidents: Living with High-Risk Technologies)》(1984)에서 상호작용적 복잡성(interactive complexity)과 긴밀한 연계성(tight coupling)이라는 시스템의 속성 때문에 참사의 위험은 상존한다고 주장한다. 안전장치를 강화하는 등 아무리 열심히 노력해도 상호작용이 복잡하고 긴밀하게 연계된 시스템의 속성상 피할 수 없는 사고, 즉 '정상사고'가 발생한다는 것이다.

그는 인간의 지식 발전에도 불구하고 치명적인 위험성이 내재되어 있는 복잡하고 긴밀하게 연계된 시스템에서 사고, 나아가 참사 위험은 피할 수 없다고 주장한다. 요소장애(component failure)[15]를 줄이려고 좀 더 열심히 노력하여야 하지만(그것은 큰 도움이 될 것이다),[16] 일부 시스템의 경우 이런 노력만으로는 부족할 수 있다는 것이다. 현재 이러한 일부 시스템은 참사 위험을 지닌 사고를 예방하기에는 복잡성과 연계성이 너무 심하다. 거기에는 원자력발전소, 화학공장, 유전공학, 항공운송, 우주 프로그램 등이 포함된다.[17]

정상사고 또는 시스템사고는 다발적 장애들의 예기치 못한 상호작용을 수반한다.[18] 사고(accident)[19]의 원인은 시스템의 복잡성

15) 요소장애란 부품, 장치 또는 하위시스템의 장애를 가리킨다. 밸브 고장이나 작업자 실수가 그 예이다.

16) 에러 유발 시스템에서도 에러들의 예기치 않은 상호작용을 가능하게 하는 사소한 에러들을 억제하는 방식으로 시스템을 구성하면 정상사고의 빈도를 크게 낮출 수 있다(Ibid., p. 372).

17) 페로는 원자력발전소와 핵무기와 같은 시스템은 그 특성상 근본적으로 재구성(재설계)하거나 폐기(폐쇄)하는 것이 필요하다고 주장한다(Ibid., p. 354).

18) Ibid., p. 70.

19) 페로가 말하는 사고(accident)의 의미는 이 장(chapter) 제4절 각주 32)를 참조하기 바란다.

에서 찾을 수 있다. 각각의 장애—설계, 설비·장비, 작업자(operator), 절차 또는 환경—는 그 자체로는(개별적으로는) 사소하다. 세상에 완벽한 것은 없기 때문에 그러한 장애는 발생이 예상된다. 그래서 우리는 대개 크게 신경 쓰지 않는다.

참사는 항상 우리와 함께 있어 왔다. 먼 과거에는 의심할 여지없이 자연적 참사가 인공적 참사보다 많았다. 붕괴하거나 가라앉거나 타거나 폭발할 수 있는 장치가 생산됨에 따라, 산업화와 함께 인공적 참사가 증가해 온 것으로 보인다. 지난 50년간 특히 최근 25년간 과거의 통상적인 사고원인(미래에 예방될 수 있는 일부 요소장애)과 다른 새로운 사고원인—시스템사고를 초래하는 긴밀한 연계 속의 상호작용적 복잡성—이 추가되었다. 너무 복잡해서 피할 수 없는 장애들 간의 모든 가능한 상호작용을 예측할 수 없는 구조가 만들어져 왔다. 안전장치가 추가되지만, 이것은 시스템의 숨겨진 경로에 의해 현혹되거나 회피되거나 무력화되는 보다 치명적인 물질을 취급하거나 훨씬 더 위험한 환경에서 훨씬 더 빠른 속도와 대규모로 기능할 것이 요구되기 때문에, 시스템은 점점 더 복잡해진다.[20)]

전술한 바대로 설계, 설비·장비, 작업자, 절차, 환경과 같은 각 요소의 장애는 개별적으로는 사소하고, 완벽한 것은 없기 때문에 개별적 장애는 언제든 일어날 수 있는데, 참사를 꼼꼼하게 재구성해 보면 대개 평범하고 사소한 장애가 원인인 경우가 많다.[21)]

많은 시스템은 사고원인의 목록에 '작업자 에러'를 비중 있게 올려놓고 있다. 일반적으로 사고의 60~80%는 이 요인에 기인

---

20) Ibid., pp. 11~12.

21) 시스템이 부가적이거나 조립적인 것이 아닌 '변형(transformation)' 프로세스를 활용할 때 작은 발단이 종종 큰 사고로 이어진다.

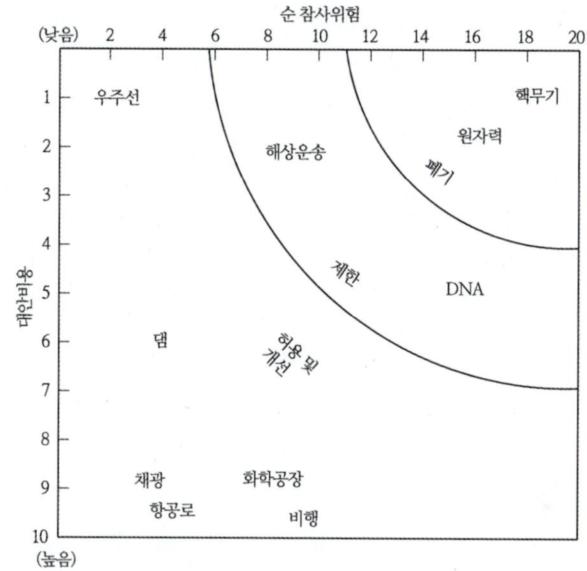

그림 1.2 정책 제안[22]

한다고 말해지고 있다. 그러나 작업자가 장애들 사이의 이상하고 예기치 않은 상호작용과 마주치는 경우에는 사후에야 비로소 올바른 대처법을 알 수 있다. 사고 전에는 누구도 어떤 일이 벌어지고 있는지, 어떻게 대처해야 하는지 알 수 없는 경우가 많다. 그래서 때때로 엉뚱한 에러를 저지른다. 예컨대, 야간에 선박들이 갑자기 경로를 바꾸어 충돌하기도 한다. 이러한 사고도 원인을 조사해 보면 선원들이 그들의 행동에 대해 상당히 합리적인 이유를 가지고 있다는 것을 발견할 수 있다. 사소한 장애들의 상호작용이 그들의 마음속에서 매우 잘못된 세계를 만들어 충돌로 이어졌을 뿐이다.

22) Ibid., p. 349.

한편, 페로는 순(net) 참사위험과 대안비용(cost of alternatives)[23]을 함께 반영한 그림 1.2를 토대로 정책 제안을 하였다. 이 그림은 대단히 위험하지만 필수적이지는 않아 폐기될 수 있는 시스템과 폐기하는 것은 곤란하지만 다행히 참사 위험이 낮은 시스템을 나타낸다. 이 그림에 의하면 원자력발전소와 핵무기는 폐기되어야 한다. 원자력발전과 핵무기의 경우에는 인간 시스템이 감당할 수 있는 범위를 넘어선다. 다른 복잡한 시스템은 규모를 축소하거나 연계성을 낮추거나 또는 재설계하는 것이 필요하다.

참사는 우리에게 경고 신호를 보낸다. 그럼에도 우리는 최악의 사태에 직면하였음을 인지하지 못했던 스리마일섬(TMI, Three Mile Island) 원자력발전소의 운용자들처럼 너무나 자주 이 경고 신호를 오독하고 우리의 편견에 맞추어 재해석하여 왔다.

시스템사고는 드물게 발생하고, 참사는 더 드물게 발생한다. 참사가 일어나려면 여러 가지 요인이 필요하다. 그중 하나라도 충족되지 않으면 참사로 발전하지는 않는다. 모든 요소가 적절하게(또는 잘못) 맞물려 '부정적인 시너지'를 일으켜야만 참사가 발생한다. 그렇기 때문에 경영자들은 위험한 시스템을 서슴지 않고 늘려가는 것이다.

참고 복합시스템의 불확실성과 위험

챌린저호 폭발사고

챌린저호 폭발사고는 과연 '정상사고'였을까? 좁은 의미로는 그렇지 않다. 스리마일섬 사고와 달리 챌린저호 사고는 가스누출방지용 오링(O-ring)[24]의 파손이라는 하나의 치명적인 이상으로 일어났다. 그러

23) 폐기하는 데 수반되는 비용을 일컫는다.
24) 기체, 물 등이 새지 않도록 밀봉하기 위한 단면이 원형인 고무패킹을 가리킨다.

나 미국의 사회학자 본(Diane Vaughan)은 불량 오링은 그저 증상에 불과하다고 색다른 주장을 하였다. 그녀가 지적한 진정한 원인은 미 항공우주국(NASA)의 문화였다. 이 문화가 넓은 의미의 정상사고의 궤적을 거의 그대로 좇는 일련의 결정을 내리면서 챌린저호 폭발사고를 초래하였다는 주장이다.

문제의 핵심은 오링과 관련된 문제들을 판단하는 방법이다. 얇은 고무밴드인 오링은 진공용기의 뚜껑에 붙은 고무패킹처럼 부품을 외부로부터 차단한다. 오링과 관련된 문제는 이미 1981년부터 발생하고 있었다. 고무의 봉인이 위험할 정도로 손상되어 자칫하면 뜨거운 가스가 누출될 뻔한 일도 있었다. 추운 날씨에서는 고무가 딱딱해지고 기밀성이 약화되어 기능이 떨어진다는 지적도 있었다.

1986년 1월 28일 아침, 발사대는 얼음에 덮여 있었고 발사 당시 기온은 0°C를 약간 넘었다. 고체 로켓부스터(로켓추진장치)의 제조사인 모톤티오콜(Morton Thiokol)의 엔지니어들은 발사를 연기하자고 하였다. 그러나 모톤티오콜과 NASA의 상층부는 그 조언을 묵살하였고, 사고 이후 이 결정은 심각한 오판으로 질타당하였다.

본은 이 결정이 잘못됐다는 주장에 이의를 제기하지는 않는다. 그러나 수천 페이지에 달하는 기록과 NASA 내부문서를 살펴보더라도 정치적이거나 편의적인 이유로 사람들이 태만하게 행동하거나 노골적으로 안전을 희생시킨 증거는 발견할 수 없었다. NASA가 저지른 실수는 정상적인 진행과정에서 발생한 것이었다. 예컨대, 돌이켜 생각해 보면 추운 날씨가 오링의 성능을 손상시킨 것이 명백하다고 생각되지만, 당시에는 명백하지 않았다. 오링이 더 심하게 손상되었던 이전 우주왕복선 비행에서는 23.8°C의 더운 날씨에 발사된 적이 있었다. 다른 이유로 취소되긴 했지만 NASA가 5°C의 추운 날씨에 발사를 추진할 때도 모톤티오콜은 추위에 따른 잠재적 위험에 대해 아무 말도 하지 않았다. 따라서 NASA에게는 발사에 반대하는 모톤티오콜 엔지니어들의 의견이 합리적이지 않은 자의적인 것으로 비춰졌다.

또한 발사 전날 엔지니어와 관리자들 사이에 논쟁이 벌어지긴 했지만, NASA에서 논쟁은 흔한 일이었다. 대통령조사위원회는 NASA가 로켓부스터 이음새에 대한 내부 논의에서 '수용 가능한 위험(acceptable risk)'과 '수용 가능한 손상'이라는 표현을 반복적으로 사용한 점에 놀랐는데, 본은 우주왕복선이 많은 수용 가능한 위험을 가진 상태에서 비행하는 것은 NASA 문화의 통례적인 부분이었다고 설명한다. 사실 우주왕복선과 관련된 수용 가능한 위험들의 목록은 6권 분량이나 된다. 본은 자신의 저서에서 이렇게 쓰고 있다.

"오링의 손상 그 자체가 예측되지는 못했었지만, 대규모 기술 시스템 내에서 오링의 손상은 예견된 일이었다. NASA에 있어 문제 발생은 일반적인 일이었다. '이상(anomaly)'이라는 말은 일상적인 대화의 일부였다. … (중략) … 우주왕복선 시스템 전체는 비정상(deviation)이 제거될 수는 없지만 관리될 수 있다는 가정 아래 진행되었다."

NASA는 본의 표현을 빌리면 '정상화된 비정상(normalized deviance)'이라는 패쇄적인 문화를 만들어 냈다. 그 결과 외부의 시선으로 보면 의문스러운 결정도 NASA 내부에서는 분별 있고 합리적인 것으로 받아들여졌다. 그녀는 자신의 저서 《챌린저호 발사 결정(The Challenger Launch Decision)》에서 NASA의 발사 결정과정을 정밀히 추적해 매우 충격적인 사실을 밝혀냈다. 발사에 이르는 일련의 의사결정들을 늘어놓으면, 각 결정은 스리마일섬 사고를 초래한 일련의 실패들처럼 개별적으로는 사소하다. 그래서 어느 시점부터 문제가 심각해졌는지, 재발을 방지하려면 어디를 개선하여야 하는지 정확하게 알기가 어렵다. 본의 설명은 일반적인 관점을 뒤집는다.

"챌린저호 발사에 이르는 결정은 규칙에 기반을 둔(rule-based) 것이었다. 그런데 과거에는 항상 유효하게 작동했었던 문화적 이해, 규칙, 절차, 규범이 이번에는 문제를 일으켰다. 이 비극을 초래한 것은 규칙을 위반하는 관리자들의 비도덕적인 판단(결정)이 아니었다. 오히려 규칙에 따른 것이 원인이었다."[25]

수십만 개의 부품으로 이루어진 우주왕복선 시스템 전체의 신뢰도를 끌어올리려면 치러야 할 비용이 막대하게 늘어나기 때문에, NASA는 일정한 크기의 오류 가능성을 인정하고 수용하는 (행동)규칙이 NASA 내부에 자리 잡게 되었다. 오링이 잦은 문제를 일으켰지만 아무런 사고도 일어나지 않자 NASA는 위험이 그리 크지 않다고 보았다. NASA는 그때까지 아무 문제가 없었으니 안전기준을 낮추어도 괜찮을 것이라고 판단했던 것이다.

전통적인 견해에 의하면 챌린저호 폭발사고는 NASA에 있는 사람들이 그들의 일을 하지 않아 생긴 이상한 사건이지만, 본은 정반대로 NASA에 있는 사람들이 해야 할 일을 정확하게 했기 때문에 사고가 발생했다고 주장한다. NASA에서 나쁜 짓을 하기 위해 중요한 결정이 내려진 것이 아니라, 오히려 일련의 겉보기에 무해한 결정들이 조직을 점진적으로 파국적 결과로 몰아갔다는 의미이다.[26] 챌린저호를 발사하기로 한 결정이 당시의 공학적 자

25) 이상의 내용은 주로 M. Gladwell, *What the Dog Saw: And Other Adventures*, Back Bay Books, 2010, pp. 351~354를 참조하였다.

26) Ibid., pp. 347~348.

료나 그때까지의 안전관행에 비추어 볼 때 일탈이 아니라 지극히 정상적인 것이었다는 것이다. 즉, NASA의 구성원들이 특별히 태만하게 근무했거나 결정적인 실수나 비리를 저지른 것은 아니었음에도 사고가 발생하였다는 것이다.

물론 본의 분석은 논란의 여지가 많지만,[27] 설령 그녀가 부분적으로만 맞을지라도 이러한 종류의 주장이 가지는 함의는 매우 크다. 우리는 발전소, 핵무기 시스템, (1시간에 수백 대의 비행기를 다루는) 공항 등이 지니고 있는 위험을 적어도 관리할 수 있다고 생각하면서 현재 이러한 것들에 둘러싸여 있다. 그러나 복합시스템의 정상적인 기능 속에 참사 위험이 실제로 발견된다면, 이 가정은 잘못된 것이다. 위험은 쉽게 관리될 수 없고, 사고는 쉽게 예방될 수 없다.[28] 언젠가 또다시 최선의 의도로 일을 진행했음에도 사소한 이유들이 겹치면서 참사가 일어날지 모른다. 이제 우리는 이러한 사실을 인정해야 한다.

챌린저호 폭발사고가 주는 교훈은 우리가 만든 이 세상에는 첨단기술 실패로 인한 참사의 위험이 일상적으로 존재한다는 것이다. 복합시스템에서는 시스템의 완벽을 기하기 어려워 조금씩은 수용 가능한 위험을 인정할 수밖에 없기 때문에, 시스템 안에는 스스로를 붕괴시킬 위험요인이 상존하게 된다.

이러한 위험과 관련하여, 개별 요소의 신뢰도를 끌어올려 시스템 안전에 완벽을 기하겠다는 생각은 무모하고 그 효과도 비용에

27) 페로는 본의 분석에 대해 권력과 이해관계의 역할을 과소평가했다고 비판하면서 권력 문제를 문화 문제로 대체하면 많은 것을 놓치게 된다고 주장한다 (C. Perrow, *Normal Accidents: Living with High-Risk Technologies*, Princeton University Press, Updated ed., 1999, pp. 379~380).

28) M. Gladwell, *What the Dog Saw: And Other Adventures*, Back Bay Books, 2010, p. 348.

비해 미미하다. 그렇다고 시스템 전체를 뒤집어엎는 일도 꽤나 지난하고 매몰비용(sunk cost) 때문에 선불리 결정을 못 내리는 심리적 장벽이 존재한다. 따라서 개별 요소의 오류 가능성을 인정하되, 하나의 요소에서 발생한 오류가 시스템 전체로 연쇄되지 않도록 하여 피해를 최소화하는 것이 현명한 조치이다. 오류가 전염되지 못하도록 여러 겹의 방어벽을 설치하는 것이 필요하다.

한편, 시스템에 따라서는 개별 부품이나 프로세스를 미시적으로 개선한다고 하더라도 시스템 전체의 안전을 기하는 데에는 한계가 있는 경우가 많다. 이는 시스템이 복잡하게 얽혀 있을 때 더욱 그러하다. 시스템 전체의 신뢰도가 떨어질 때엔 시스템의 구조 전체를 뒤집어엎는 혁신이 필요할 수도 있다.

3 피할 수 없는 리스크

리스크가 잘 보이지 않을 뿐만 아니라, 우리 사회에서 리스크를 완전히 없애는 것이 불가능하다는 것도 여러 가지 관점에서 논의되고 있다.[29] 리스크가 제로로 되지 않는 이유로는 다음과 같은 점이 제시되고 있다.

- **리스크 역관계**: 어떤 리스크를 작게 하면 다른 리스크가 커진다.
- **리스크와 효율의 역관계**: 리스크를 작게 하면 효율이 저하된다.
- **리스크 항상성 이론**: 리스크가 작아진다고 인식하는 것을 통해 안전의식이 저하된다.

29) J. F. Ross, *The Polar Bear Strategy: Reflections on Risk in Modern Life*, Basic Books, 1999 참조.

'리스크 역관계'의 예로는, 충치의 리스크를 작게(충치예방효과를 크게) 하기 위하여 가루치약을 사용하여 이를 닦으면 가루치약에 포함된 재료에 의한 알레르기 반응 등의 리스크가 커지는 것, 열차기관사의 사고리스크를 작게 하기 위하여 ATS 등의 백업장치를 도입하면 그 장치를 유지보수(maintenance)하는 작업자의 사고리스크가 커지는 것, 또는 지하철역 내에서 발생하는 승객의 선로사고를 막기 위해 플랫폼 스크린도어(PSD, 안전문)를 설치하면 그 장치를 유지보수하는 작업자의 사고리스크가 커지는 것[30] 등을 생각할 수 있다. 물론 이들 역관계가 1 대 1이라고는 할 수 없다. 특히, 여기에서 제시한 예에서는 대책으로 인한 편익이 리스크의 증가보다 크다고 할 수 있다. 그러나 분명한 점은 역관계 때문에 전체 리스크가 제로로는 되지 않는다는 것이다.

'리스크와 효율의 역관계'는 좀 더 쉽게 설명될 수 있다. 철도, 항공 등의 운송업에서 열차, 항공기 등의 속도를 늦추거나 열차, 항공기의 운행간격을 크게 하여 효율을 낮추면 리스크는 작아질 수 있다. 원자력발전소의 설치, 운영 등에 의해 발생하는 발전소의 사고리스크는 전기 사용량을 제한하고 전기 이용에 의해 얻어지는 효율을 낮추면 작아질 수 있다. 그러나 이와 같은 효율을 희생하면서 리스크 저감을 받아들이는 것은 많은 사람들에게 어려운 일이다. 현재의 효율적인 기술시스템의 혜택 속에서 생활하고 있는 사람들에게, 예컨대 운송수단의 신속성이 상실되는 것, 전기의 편리성을 얻을 수 없게 되는 것 등은 효율의 저하가 아니라 큰 손실, 즉 리스크의 하나로 여겨진다고 할 수 있다. 따라서 리스크

30) 2022년 9월 30일 3호선 정발산역, 2016년 5월 28일 2호선 구의역, 2015년 8월 29일 지하철 2호선 강남역, 2013년 1월 19일 2호선 성수역 등에서 작업자가 스크린도어(안전문) 부품교체, 정비, 점검 등의 작업을 하다가 열차에 부딪히거나 스크린도어와 전동차 틈에 끼여 사망한 사고가 그 한 예이다.

를 이해하는 방법에 따라서는 리스크와 효율의 역관계는 리스크 역관계의 하나라고 볼 수 있다.

'리스크 항상성 이론'에 관해서는 다음 장에서 자세히 설명하기로 한다. 어쨌든, 우리들이 안전한 사회를 구축하기 위해서는, 단순히 리스크를 제거한다고 하여 끝날 수 있는 것이 아니라는 점을 인식하는 것에서부터 출발하는 것이 필요하다.

4 고위험 시스템의 특성과 대응[31)]

대부분의 '고위험 시스템(high-risk system)'은 사고[32)]를 불가피하게 또는 정상적으로조차 발생하게 하는 특별한 속성을 지니고 있다. 이것은 장애(failure)가 상호작용할 수 있는 방식과 시스템[33)]이 상호 연계되어 있는 방식과 관련되어 있다. '고위험 시스템'의 특별한 속성을 분석하면 이 시스템에서 사고가 발생하는 이유와 불가피성을 좀 더 잘 이해할 수 있다. 특정한 기술은 폐기되어야 하고, 폐기될 수 없는 것은 개조되어야 한다. '고위험 시스템'으로부터 리스크는 제거되지 않을 것이고, 현실적으로 폐기할 수 있는 시스템의 수도 많지 않을 것이다. 그러나 적어도 엉뚱한 사람이나

31) 이 절은 전체적으로 C. Perrow, *Normal Accidents: Living With High-Risk Technologies*, Princeton University Press, Updated ed., 1999를 참조하였다.

32) 사고(accident)란 하나 이상의 장치(units)에 손상을 입혀 시스템의 현재 및 미래의 생산에 지장을 초래하는, 하위시스템 또는 시스템 전체의 장애(failure)를 가리킨다. 사고라고 하기 위해서는 사람이나 물건에 손상을 가하는 사건 중에서 그 손상이 '기능'에 장애를 초래할 정도로 심각해야 한다. 사건(incident)은 장애가 시스템에 지장을 초래하는지 여부와 관계없이 부품(parts)이나 장치(units)에 한정된 손상을 가리킨다.

33) 시스템(systems)은 부품(parts), 장치(units), 하위시스템(subsystems), (개별)시스템(system)이라는 네 가지 수준의 집합체로 나뉜다.

요인을 비난하거나 더 위험한 방향으로 시스템을 바꾸는 일은 방지할 수 있다. 즉, 위험한 시스템들의 속성을 더 잘 이해할 수 있으면, 위험(danger)을 줄이거나 제거할 수도 있다.

상호작용적 복잡성과 긴밀한 연계성이라는 시스템의 속성에 따라 불가피하게 발생하는 사고를 '정상사고' 또는 '시스템사고'라고 한다. 정상사고라는 개념은 언뜻 이상하게 보이지만 시스템의 속성상 예상치 못한 다발적(multiple) 장애의 상호작용이 불가피하다는 의미를 담고 있다. '정상'이라는 말은 사고의 빈도가 아니라 시스템의 속성과 관련된다. 시스템사고는 흔하게 발생하지는 않지만, 시스템에 따라서는 한번 발생하면 파국적 결과를 초래할 수도 있다.

장애들은 그 자체만으로는 사소하고, 각 장애는 예비시스템이나 주(main)시스템이 막힐 경우 대체할 여분 경로를 가지고 있지만, 장애들이 상호작용할 때는 심각해진다. 사고의 원인은 다발적 장애들의 상호작용에 기인한다. 정상사고의 원인은 예상되고 백업시스템으로 방호되는 분리된 개별 장애가 아니라 상호작용적 성격과 긴밀한 연계성에 있다. 그러나 어느 날 갑자기 연결될 수 없다고 생각한 것들이 연결된다. 시스템은 우리가 생각했던 것보다 갑자기 강하게 연결된다. 상호작용적 시스템이 긴밀하게 연계까지 될 때, 드물게 발생하기는 하지만, 이런 종류의 사고가 발생하는 것은 '정상적'이다. 자주 발생하거나 예상되는 것[34)]이라는 의미에서 정상적인 것은 아니다. 이따금 이러한 상호작용을 경험하는 것이 시스템의 내재적 속성이라는 의미에서 정상적이다. 정상사고가 발생하는 이유는 고도로 상호작용하고 긴밀하게 연계된 구성단위들로 구성된 부분들을 가지고 있는 산업사회가 형성되어 왔기 때문이다.

---

34) 이것이 일이 잘못된 것에 대해 매우 당황스러운 이유이다.

불행하게도 시스템 중 일부는 참사의 높은 위험을 안고 있다.[35)]

시스템이 긴밀하게 연계되어 있다고 가정하면, 즉 공정의 진행 속도가 매우 빠르고, 중단할 수 없으며, 문제가 발생한 부분을 다른 부분으로부터 격리할 수 없거나 생산의 안전한 운영을 지속할 다른 방법이 없다고 가정하면, 초기의 장애로부터 회복하는 것은 불가능하고 장애가 최소한 얼마간 되돌릴 수 없이 빠르게 확산된다. 이 경우 한동안은 문제를 확실히 파악하기 어렵기 때문에 작업자의 조치나 안전장치가 상황을 악화시킬 수 있다.

복잡한 시스템에서는, 정상사고의 발생은 일반적으로(항상 그런 것은 아니다) 사건 사이의 상호작용이 단순히 예상되지 않은 것이 아니라 중요한 시기에 이해할 수 없는 것을 의미한다. 그 이유는 인간-기계시스템에서 상호작용을 정확히 볼 수가 없고, 설령 상호작용이 보인다고 하더라도 그것이 믿어지지 않기 때문이다. 보는 것이 반드시 믿는 것을 의미하는 것은 아니다. 때로는 볼 수 있기 전에 믿어야 한다.

설계, 설비, 작업자, 절차, 물질, 물품, 환경 등 어떤 것도 완벽할 수 없기 때문에 반드시 장애가 발생하게 되어 있다. 복잡한 상호작용이 기존에 설계된 안전장치를 무력화하거나 우회하면 예상할 수 없고 이해할 수 없는 장애가 발생한다. 또한 시스템이 긴밀하게 연계되어 있고, 장애로부터 회복될 시간이 거의 없으며, 자원 또는 안전장치의 여유가 부족하면, 장애의 파장이 부품이나 장치로 그치지 않고 하위시스템 또는 시스템을 손상시킬 수 있다. 요소장애로 시작된 사고가 시스템 자체의 속성 때문에 불가피하게 정상사고 또는 시스템사고로 발전하는 것이다. 요소장애사고와

35) C. Perrow, *Normal Accidents: Living With High-Risk Technologies*, Princeton University Press, Updated ed., 1999, pp. 7~8.

시스템사고를 구분하는 기준은 사고의 원천(source)이 아니라 예상치 못한 방식으로 상호작용하는 다발적 장애의 존재 여부이다. 다양한 조치를 통해 이러한 시스템을 더 안전하게 만들 수 있지만 사고를 완벽하게 피할 수는 없다.

시스템을 구성하는 어떤 요소도 완벽할 수 없다. 우리는 이 사실을 알기 때문에 복잡한 시스템에 완충장치나 여분장치 혹은 안전장치를 설치한다. 그래서 작은 장애들이 계속 일어나더라도 안전장치와 더불어 작업자의 대처로 심각한 문제가 생기지 않는다. 그러나 때로 개별적으로는 치명적이지 않은 장애들이 다발적으로 발생하여 예상치 못한 방식으로 조합하면서 안전장치를 무력화시킨다.[36] 그에 따라 정상사고 또는 시스템사고가 발생한다. 시스템이 긴밀하게 연계되어 있는 경우, 장애는 안전장치나 작업자가 대처할 수 없는 속도로 퍼져 나가거나 대처할 책임이 있는 사람조차 장애를 이해할 수 없게 될 수 있다. 사고가 시스템의 중요한 부분을 망가뜨리고 시스템이 참사의 위험성을 가지고 있으면 참사가 발생할 수 있다. 이것이 대강의 정상사고 이론(Normal Accident Theory)이다.

복잡성이 비슷한 경우 연계성이 심한 공장에서 사고가 많이 발생하였고, 연계성이 비슷한 경우 복잡성이 심한 공장에서 사고가 많이 발생하였다. 이러한 결과는 복잡성과 연계성이 독립적인 개념임을 보여 준다.

시스템의 복잡성이 인지적으로(cognitively) 간단하지 않으면 단일의 요소장애도 (일시적으로) 이해하기 어려운 방식으로 다른 장

36) 사고(accident)가 일어나려면 불가피한 에러들이 적절하게 조합되어야 하듯이, 참사가 일어나려면 상황들이 적절하게 조합되어야 한다. 참사를 경험하는 것은 쉽지 않다. 참사가 쉽게 발생하지 않기 때문에, 참사 위험이 있는 수많은 공장들이 오랫동안 비교적 조용하게 운영되는 것이다.

애들을 초래한다. 시스템의 복잡성은 기술적 관점에서는 필요하지 않을 수도 있고, 대부분은 부실하게 계획된 (개조, 추가, 교체 등에 의한) 증대(누적)의 결과이다.

스코트 세이건(Scott Sagan)은 《안전의 한계(Limits of Safety)》라는 책에서 여분(redundancy)의 안전장치로서의 한계와 위험을 지적하였다. 여분이 최초의 설계에 포함되고 다른 요소와의 상호작용이 미리 계획될 수 있다면, 여분은 중요한 안전장치를 구성한다는 설명이 옳을 수도 있다. 그러나 문제를 인지한 후 여분이 뒤늦게 추가되는 경우가 자주 있기 때문에, 시스템의 멀리 있는 부분들과 예상치 못한 상호작용을 매우 자주 일으켜 설계자들이 예상하는 것을 어렵게 한다.

고신뢰성 이론(High Reliability Theory)은 더 열심히 노력하면 시스템이 복잡하게 상호작용하고 긴밀하게 연계되어 있더라도 사실상 무사고 시스템이 될 수 있다고 주장한다.[37] 반면, 정상사고 이론은 아무리 노력해도 복잡하고 긴밀하게 연계된 시스템의 속성상 사고가 불가피하다고 주장한다. 따라서 정상사고 이론에 의하면, 시스템이 참사의 위험을 안고 있는 경우 그것을 폐기하거나 그것의 규모를 대폭 축소하거나 또는 근본적으로 그것을 재설계해야 한다.

'고위험 시스템' 세계의 가장 우수한 조직에서조차도 오류(error) 없는 운영에 대한 책임감을 느끼지 않는 경우가 발견되고, 이미 입혔거나 입힐 수 있었던 사고피해에 때때로 둔감한 경우도 있다. 규제기관들은 종종 무능력한 모습을 드러내고, 때로는 범죄에 가깝게 무관심하거나 공모자인 것처럼 보이기도 한다.

이러한 문제는 중요하지만 핵심은 아니다. 인간의 건조물(조직)

37) 고신뢰성 이론은 안전목표의 추구, 실수로부터의 학습, 교육훈련(학습), 숙련, 권한 부여(이양) 등을 강조한다.

은 개인들의 단순한 집합이 아니라 시스템이라는 점이 강조되어야 한다. 시스템을 구성하는 부분(요소)들이 어울리고 상호작용하는 방식에 핵심이 있다. 위험한 사고는 요소가 아니라 시스템에 내재되어 있다. 시스템은 인간이 만든 건조물인 만큼, 인간은 이것들을 해체하거나 재구성할 수 있다. 에러를 유발하는 시스템에서도, 시스템의 구성이 에러들의 예상치 못한 상호작용을 가능하게 하는 사소한 오류들을 억제할 수 있기 때문에, 정상사고의 빈도는 시스템의 구성에 의해 크게 줄어들 수 있다.

참사는 우리에게 경고신호를 보낸다. 이 경고신호는 시스템에 대하여 감당할 수 없으니 이를 폐기해야 한다거나 단기비용에 상관없이 시스템을 재설계하거나 규제가 불완전하더라도 시스템을 규제해야 한다고 알려 준다. 따라서 시스템의 상호작용적 복잡성과 긴밀한 연계성을 완화시킬 필요가 있다. 즉, 복잡성과 연계성을 늘리지 않고 단순한 요소장애사고만 허용하는 시스템 조건이 필요하다.

'고위험 시스템'에 대한 가장 적절하면서도 현실적인 해결책은 다음과 같이 세 가지 유형으로 구분하여 생각할 수 있다. 첫째, 핵무기와 원자력발전의 경우에는 합리적인 편익보다 불가피한 리스크가 더 크기 때문에 폐기하여야 한다. 둘째, 일부 해상운송이나 DNA 연구·복제는 필수불가결한 측면이 크고 편익이 매우 커 어느 정도의 리스크는 감수하여야 하지만 상당한 노력을 들이면 덜 위험하게 할 수 있다. 셋째, 화학공장, 항공기, 항공교통관제, 광산, 화력발전소, 고속도로, 자동차안전 등의 경우에는 어느 정도는 자율조정이 이루어지고 있고 상당한 노력을 기울이면 추가적으로 개선될 수 있다.

정상사고 이론은 '시스템사고'가 아닌 사고에도 유용하게 적용되어 왔고, 요소장애사고에 대해서까지 예리하게 분석할 수 있는 개념을 제공하여 왔다. 또한 이 이론은 '작업자 에러'와 '설비 장애'에 치우친 설명에서 벗어나 에러와 장애의 맥락을 지적함으로써 그것들이 내재되어 있는 시스템을 전체적으로 조명하게 해준다.

참고 정상사고 이론과 고신뢰성 이론의 차이

정상사고 이론과 고신뢰성 이론 간의 근본적인 차이는, 고신뢰성 이론은 복잡한 상호작용과 긴밀한 연계의 시스템이라 하더라도 노력하면 실질적으로 사고와는 관계가 없는 시스템이 될 수 있다고 생각하는 반면, 정상사고 이론은 노력하더라도 복잡한 상호작용과 긴밀한 연계의 시스템에 고유한 특성 때문에 사고는 피할 수 없다고 믿는다는 점이다.

정상사고 이론과 고신뢰성 이론의 대립은 다중성(redundancy)에 대한 견해의 차이에 기인한다. 고신뢰성 이론에서는 다중성에 의해 사고를 미연에 방지하는 것이 가능하다고 보지만, 정상사고 이론은 안전장치로서의 다중성은 복잡성을 증가시키고, 그 결과 사고의 가능성을 오히려 높이는 것으로 이어진다고 지적한다.

정상사고 이론이 사고의 원인으로 이해하는 다중성은 주로 기술시스템에서의 다중성인 반면에, 고신뢰성 이론이 사고를 방지하는 요인으로 이해하는 다중성은 주로 사회시스템에서의 다양성이다. 자동닫힘장치, 비상정지장치 등 다중 방호수단이 정상사고 이론에서 문제시하는 기술시스템의 다중성이고, 교육훈련, 지도 등을 통한 개인 · 집단의 역량을 높이는 것이 사회시스템의 다중성으로서 고신뢰성 이론이 고신뢰조직(HRO)의 조건으로 제창하는 것이다.

다중성에 대한 관점이 정상사고 이론과 고신뢰성 이론 간에 크게 다르지만, 양자 모두 기술시스템의 복잡성에 지나치게 의존하거나 이를 과신하고 사회시스템의 다양성이 상실되는 것에 대해 경종을 울리고 있다는 점에서는 공통적이라고 할 수 있다.

5 안전에 대한 심리학적 접근

현대사회에서 살아가는 우리들은 거대하고 복잡한 기술시스템에 둘러싸여 막연한 리스크를 두려워하면서도, 다른 한편으로는 구체적인 리스크가 보이지 않는 경우가 대부분이기 때문에 안전의식을 갖는 것이 쉽지 않다. 그리고 리스크 간, 리스크와 효율, 리스크와 안전의식 등의 역관계 때문에 리스크로부터 벗어나는 것은 불가능하다. 이와 같은 사회 속에서 우리들은 어떤 식으로 리스크와 마주 대하고 안전한 사회를 구축해 가면 좋을까?

제2장에서는, 심리학적인 연구성과를 토대로 리스크를 무릅쓰는 인간[리스크수용(risk taking)행동]의 특성, 요인을 소개한다. 그리고 이와 같은 인간의 리스크에 대한 인식, 행동의 특성을 토대로 안전한 사회를 구축하기 위하여 우리들이 나아가야 할 방향을 제안한다.

제3장에서는, 현대사회의 기술시스템(technological system)[38]에 잠재하는 리스크(기술리스크)에 안전, 효율 등에 대한 사회의 요

38) 기술시스템은 기술사학자인 휴즈(Thomas P. Hughes)가 제창한 개념으로서 인공물뿐만 아니라 조직, 과학기반, 법적 장치, 자연자원으로 구성되어 있다. 기술시스템에는 '기술적인 것'과 '사회적인 것'이 공존하고 있다. 이런 의미에서 기술시스템은 '사회기술시스템(socialtechnical system)'으로 불리기도 한다(이성욱 외, 『욕망하는 테크놀로지』, 동아시아, 2009, 122쪽). 기술시스템은 기술적 시스템(technical system)과 구분된다. 기술적 시스템은 물리적 인공물에 국한하여 구성요소 사이의 상호작용에 주목하는 반면, 기술시스템은 물리적 인공물과 함께 이와 관련된 정치적·경제적·조직적·문화적 요소를 포괄한다.

청이 반영되어 있는 것(기술리스크의 사회의존성)을 역사적 배경에서 고찰한다. 이와 같은 사회의존성을 토대로 기술리스크와 사회가 상호협조하는 안전한 사회를 구축하기 위하여 사회적 커뮤니케이션이 중요하다는 것을 설명한다. 아울러 커뮤니케이션과 관련하여 안전영역에서 많이 다루어지고 있는 리스크 커뮤니케이션의 문제를 소개한다.

제4장에서는, 위반행동이 발생하는 원인들에 대하여 산업재해를 중심으로 고찰한다. 이어서, 이와 같은 위반행동으로부터 발생되는 사고·재해의 예방을 위하여 현재 산업현장에서 실시되고 있는 안전활동, 안전교육의 현상과 그 한계에 대하여 고찰하고, 결론으로서 안전한 사회의 구축에는 안전활동의 프로세스와 그 프로세스를 평가하는 시스템이 중요하다는 것을 설명한다.

6 심리학과 공학의 만남

공학적인 배경을 가지고 있는 사람들에게, 심리학은 현실(실제)적이고 엄밀한 기술적 문제와는 상당히 다른 감정적이고 명확하지 않은 '사람' 영역으로 보일 것이다. 그러나 외견으로는 판단을 그르칠 수 있다. 심리학자 중에는 특히 인간의 인지, 즉 주의, 기억, 생각, 문제 해결, 행동 제어에 흥미를 갖고 엔지니어처럼 생각하고 전형적인 '정신과 의사와 같은 심리학자'라는 대중적 고정관념과는 아주 다른 학자가 많이 존재한다. 인지심리학자는 인간의 마음을 정보처리시스템과 유사한 것으로 취급하는 경향이 있다. 그러나 대부분의 정보처리시스템과는 달리 인간의 마음을 분해하여 구조를 조사해 보아도 그 작용방식을 밝히지 못할 것이다. 육안으로 볼 수 있는 것은 회색을 띤 연분홍색의 커다란 스파게티 같은 신경조직 덩어리와 혈관이 전부일 것이다. 물론 최신식의 뇌 스캔 장치로는 보다 많은 것을 해명할 수 있을 것이지만, 그렇다 하더라도 구조와 기능의 연관에 대해서는 여전히 신비에 싸여 있는 부분이 많다.

보다 정확하게 말하면, 일부 심리학자가 엔지니어처럼 생각한다는 주장은 그들이 실천적인(hands on) 성격의 엔지니어처럼 생각한다기보다는 제어(control)엔지니어, 시스템분석자처럼 생각한다는 것을 의미한다. 그럼에도 불구하고 공학과 심리학 간에는 일반적으로 생각하는 것보다 상당히 많은 공통적인 배경이 있다.

덴마크의 저명한 제어엔지니어인 라스무센(Jens Rasmussen)은 공학적 관점에서 여러 차원의 인간행동을 처음으로 분류했다. 이 세 가지 수준의 인간행동 구분이 휴먼에러의 다양성을 분류하기 위한 기초가 되고 있다. 휴먼에러는 원하지 않은 행동의 균일한 집합으로 취급되는 경우가 많다. 실제로 에러는 각기 다른 종류의 해결책이 요구되는 뚜렷이 구별되는 유형으로 나뉘기도 하고 조직의 여러 계층에서 발생한다. 이 차이를 이해하는 것이 효과적인 에러 관리를 위한 필수조건이다.

제2장

위반과 리스크행동의 심리학

1 휴먼에러와 의도적인 불안전행동

(1) 휴먼에러란 무엇인가

사고의 원인으로 자주 '휴먼에러(human error)'[1]가 지적된다. 중대사고도 종전부터 휴먼에러가 직접적인 계기가 되어 일어나는 경우가 끊이지 않고 발생하고 있다. 2012년 9월 경북 구미에 소재한 (주)휴브글로벌에서 발생한 불화수소 누출사고[2]는 휴먼에러에 의해 발생한 사고의 전형적인 예라고 할 수 있다. 이와 같은 중대

1) 휴먼에러에 대해서는 제3편 제1장 제5절에서 자세히 설명하는 것으로 한다.

2) 사고의 직접적인 발생원인은 다음과 같다. 작업자 한 명은 탱크 컨테이너 1호기에서 해체한 air 호스를 잡고 있었고, 다른 작업자 한 명은 왼발은 2호기 탱크 컨테이너 상부 배관 보호챔버 안에 집어넣고 오른발은 발끝을 무수 불화수소 배관핸들 위에 올려놓은 상태에서 쪼그린 채로 air 배관 호스 연결 플랜지 볼트를 체결하다가, 몸의 무게중심이 뒤로 가면서 오른발로 배관핸들을 밟게 되자 이 핸들이 아래로 완전히 개방되었고, 그 결과 탱크 컨테이너 내부에 있던 무수 불화수소가 무방비 상태로 급격히 분출되면서 대기 중에 빠른 속도로 누출되었다.

사고를 포함하여 사고의 대부분에는 휴먼에러가 관여하고 있다고 해도 과언이 아니다. 우리들 누구나가 일상생활, 직장에서 여러 가지 잘못을 저지르는 것은 틀림없는 사실이다.

휴먼에러란 사람, 기계, 조직 등 모두를 포함한 시스템 속에서 사람에게 부과된 임무(task)를 시스템으로부터 요구받고 있는 대로 행하지 않아 시스템의 기능, 안전성을 저해하는 것을 말한다. 그리고 인간공학(Human Factors)[3]의 관점에서는 휴먼에러가 시스템과 인간(특히 인간의 인지·행동특성)의 미스매치(mismatch)로 인해 발생하는 것, 따라서 휴먼에러의 방지를 위해서는 시스템 전체를 시야에 넣고 시스템 설계와 운영을 검토하여야 한다는 점이 중시되고 있다. 시스템 설계와 운영의 대상에는 기계·설비의 설계뿐만 아니라, 사람과 기계의 역할분담, 인원의 배치, 작업시간·휴게시간, 작업방법, 교육훈련방법, 조직설계 등도 포함된다.

일반적으로 휴먼에러는 '의도하지 않고 저지른 실수'를 의미한다. 휴먼에러에 관한 인지심리학[4]적 접근에서도 동일하다. 예컨대, 미국의 인지과학자 노먼(Donald A. Norman)은 에러를 행위의 의도가 잘못된(부적절한) '착각(mistake)'과 의도(계획)는 정확하였지만 의도(계획)한 대로 행하는 것에 실패한(즉, 의도한 행동과는 다른 행동을 해 버린) '행위착오[(action) slip][5]'로 분류하였다.[6] 착각

3) 인간에 관한 여러 가지 학문(행동과학, 사회과학, 공학, 생리학 등)에서 얻어진 지견(知見)을 사람, 기계 등으로 구성되는 시스템에 적용함으로써, 에러의 감소, 인간능력의 최적화, 건강·생활의 향상, 생산성·안전성의 향상을 지향하는 응용과학을 말한다. 이에 대해서는 제3편에서 자세하게 설명한다.

4) 인지심리학은 인간의 여러 가지 고차원적 정신과정의 성질과 작용 방식의 해명을 목표로 하는 과학적·기초적 심리학의 한 분야로서, 인간이 지식을 획득하는 방법, 획득한 지식을 구조화하여 축적하는 메커니즘을 주된 연구 대상으로 한다. 정신 활동이라는 특성상 눈으로 직접 확인할 수 없기 때문에 수많은 가설과 실험을 통해 얻은 결과를 종합함으로써 그 내부 구조를 정확하게 그려내는 것이 인지심리학의 목표이다.

은 행동은 의도(계획)대로 진행되지만, 의도(계획) 자체가 결과를 달성하기에 부적절했던 경우를 가리키는 에러이다. 이 착각의 경우, 행위 그 자체는 의도하여 이루어지지만, 의도를 착각한(의도가 잘못된) 것은 일부러 그런 것은 아니기 때문에, 역시 의도하지 않은 잘못이라고도 할 수 있다. 예를 들어 설명하면 다음과 같다. 자동차 운전자가 적신호를 간과(看過)하여 교차로에 진입하고, 그 결과로 사고를 일으켰다고 하자. 이 사고는 진로상의 교통신호를 주시하고 그 지시에 따르는 것을 전제로 하는 도로교통시스템에서 자동차 운전자에게 부과된 책무를 다하지 못한 휴먼에러에 의한 사고라고 할 수 있다. 노먼의 분류로는, 교차로에 진입한다고 하는 의도 자체가 잘못되었기 때문에 착각이다. 잘못된 의도를 형성하는 원인이 된 신호의 간과는 엄밀히 보면 본인이 의도한 것은 아니라고 할 수 있다.[7]

현대의 산업계는 항공시스템, 철도시스템, 원자력발전소 등으로 대표되듯이 고도시스템화되어 있고, 1인의 인간이 조작하거나 처리하는 에너지의 양은 그것과 함께 거대화되고 있다. 따라서 인간의 사소한 실패, 즉 일종의 휴먼에러가 계기가 되어, 그것이 대참사로 발전할 가능성도 있을 수 있다. 이에 따라 최근에는 휴먼에러가 발생하는 이유와 그 메커니즘을 과학적으로 해명하여 사고방지대책에 기여할 수 있는 연구가 중요시되고 있다.

---

5) (action) slip은 의도(계획)와 다르게 행위하는 것을 말하며, 본서에서는 이를 '행위착오'로 번역하였다.

6) D. A. Norman, "Categorization of Action Slips," *Psychological Review*, 88(1), 1981, pp. 1~15.

7) 만약 이 교차로의 신호가 운전자가 보기 어려운 장소에 설치되어 있었다면, 신호위치의 변경이라는 설비대책으로 시스템의 일부를 개량할 경우, 휴먼에러 방지에 효과적일 것이다.

(2) 의도적인 불안전행동

앞의 자동차사고의 예에서, 가령 운전자가 술에 취해 있었거나 휴대전화로 통화하고 있었다고 하자. 이 경우, 사고의 직접적 원인은 신호의 간과라고 하는 의도하지 않은 에러이지만, 사고방지를 위하여 대책을 강구해야 하는 것은, 음주한 후에 운전하거나 운전 중에 휴대전화를 사용하는 의도적인 불안전행동이다. 신호를 간과한 주된 원인이 운전 중 술에 취해 있던 것 또는 휴대전화로 통화한 것에 의해 주의가 빗나갔을 것이기 때문이다.

'의도적인 불안전행동'은 산업안전 분야에서 자주 사용되는 말이다. 문자 그대로 '의도적으로 하는 안전하지 않은 행동'으로서, i) 안전매뉴얼(규칙) 등을 위반하거나, ii) 명백한 위반은 아니더라도 사고·재해의 리스크를 인식하면서 이를 높이는 행동을 가리킨다. 이것은 의도하지 않은 에러의 결과로서 발생하는 위험행동(예컨대, 고소작업 중에 공구를 떨어뜨리는 행동 등)은 포함하지 않는다. 즉, '의도적으로 선택한, 사고리스크를 높이는 행동'만이 의도적인 불안전행동이라고 할 수 있다.

의도적인 불안전행동은 크게 스스로의 의사로 안전하지 않은 행동을 선택하는 '리스크수용의 메커니즘'과 규칙을 위반하거나 규칙위반을 용인하는 '심리적 요인' 두 가지가 관련되어 있다. 리스크수용행동과 위반행동은 중복되는 부분이 많지만 동일한 것은 아니다(그림 2.1 참조). 경영판단, 투자, 결혼상대·취직처 선택은 리스크수용(행동)에는 해당하지만 위반(행동)은 아니다(100% 합법적인 것이다). 매너위반(행동), 약속위반(행동)은 인간관계를 손상할 리스크를 갖고는 있지만, 일반적으로 리스크수용이라고는 할 수 없다.

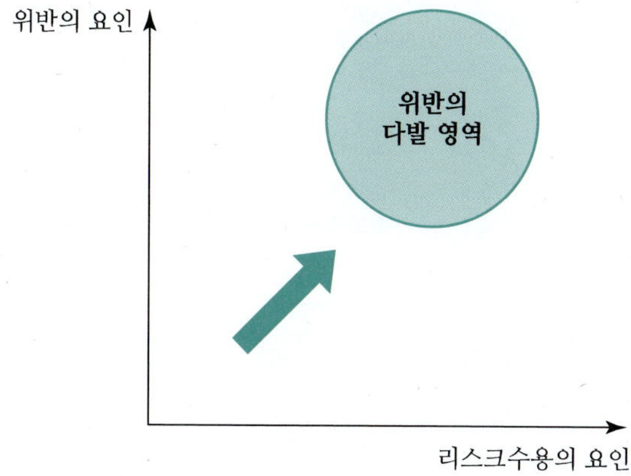

그림 2.1 위반의 다발영역

리스크수용의 유발요인과 위반의 요인이 함께 존재하는 의도적인 불안전행동 영역에서 위반이 많이 발생할 가능성이 높다. 리스크수용도 위반도 의도적인 행동 선택의 결과이므로, 안전설비 마련, 사용자와의 인터페이스 개선 등과 같은 조치만으로는 이를 방지하는 것이 어렵고, 심리학적인 접근방법이 아울러 필요할 것이다.

의도적인 불안전행동은 몇 가지 점에서 휴먼에러 사고와 깊은 관계가 있다.[8)]

첫째, 의도적인 불안전행동을 함으로써 의도하지 않은 휴먼에러의 확률이 증대된다. 예를 들면, 제한속도가 시속 40 km인 커브를 시속 60 km로 돌게 되면, 핸들조작을 실패할 확률이 높아진다.

둘째, 의도적인 불안전행동을 함으로써 휴먼에러가 사고로 연결될 확률이 증대된다. 예를 들면, 핸들조작을 잘못해도 시속 40 km

8) J. Reason, *Managing the Risk of Organizational Accidents*, Ashgate Publishing, 1997, p. 51 참조.

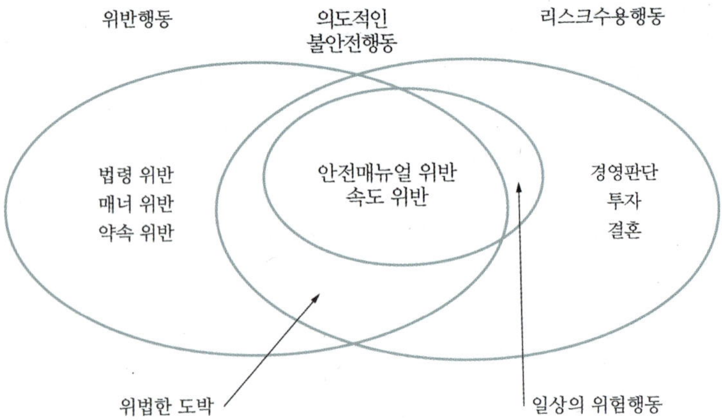

그림 2.2 위반행동과 리스크수용행동의 관계

안전매뉴얼 위반, 속도 위반은 위반행동임과 동시에 리스크수용행동인 반면, 위반행동이 아닌 리스크수용행동, 리스크가 거의 없는 위반행동도 있다.

라면 사고가 나지 않을 수 있는데, 시속 60 km의 경우에는 커브를 완전히 돌지 못하고 도로에서 벗어나거나 차가 전복될 가능성이 높아진다.

셋째, 의도적인 불안전행동을 함으로써 사고의 손해 또는 피해가 커지게 된다. 예를 들면, 핸들조작을 잘못하여 사고를 일으킨 경우, 제한속도인 시속 40 km라면 부상을 입지 않고 끝날 수도 있지만, 시속 60 km에서 도로를 벗어나게 되면 부상을 입을 가능성이 높아진다. 또한 안전벨트를 착용하고 있으면 경상으로 끝나지만, 안전벨트를 착용하고 있지 않으면 중상을 입을 수도 있다.

넷째, 큰 문제인 것은 의도적인 불안전행동에 의해 휴먼에러 대책이 무효로 되어 버리는 경우가 있다는 것이다. 고소작업에서 발을 헛디디는 에러가 발생해도 사고로 연결되지 않도록 안전대를 착용하도록 되어 있는데 그것을 착용하지 않고 작업하거나, 열차 기관사가 적신호를 간과하여도 사고로 연결되지 않도록 경보가 울리도록 되어 있는 ATS의 스위치를 열차기관사가 아예 끄고 운전하는 경우 등을 그 예로 들 수 있다.

2 위반의 심리적 요인

(1) 준수하지 않는 룰의 조건

위반은 일부의 악인(惡人)만 저지르는 것은 아니다. 누구라도 위반을 할 수 있는 상황이 조성되어 있으면 위반을 할 수 있다. 어떤 상황에서 사람은 위반을 저지를까? 사람은 어떤 룰(rule)을 위반할까? 여기에서는 준수되지 않는 룰의 조건에 대하여 설명한다.

1) 룰에 대한 의미의 이해와 납득의 결여

왜 그렇게 하지 않으면 안 되는가? 왜 그렇게 해서는 안 되는가? 룰이 존재하는 이유를 알지 못하면 준수할 마음이 생기지 않는다.

안전의 룰은 많은 경우 노력을 필요로 하거나(작업절차) 기다려야 하고(적신호, 건널목), 또는 우회를 해야 하기도 하며(안전통로, 횡단보도), 갑갑하거나 불편하다(안전벨트, 헬멧). 효율성을 추구하고 싶은 작업현장, 쾌적성을 바라는 일상현장에서는 룰에 따르는 것이 귀찮게 느껴지는 것도 무리는 아니다. 그러나 준수하여야 할 이유가 잘 이해되고 있으면, 룰은 지켜질 것이다.

"그렇게까지 하지 않아도 되지 않을까?", "룰에 모순이 있는 것은 아닐까?", "다른 집단(예컨대, 상위직)에는 적용되지 않는 룰이 자신들에게만 강제되고 있다." 등의 인식이 있는 경우에는 룰을 준수할 마음이 생기지 않을 것이다. 반대로, 룰을 이해하고 납득하고 있는 사람은 그 룰에 따를 가능성이 높다.

2) 위반의 장점과 단점

룰을 위반하는 것은 장점(merit)이 있기 때문이다. 적신호 때 횡단보도를 건너면 몇 초 빨리 반대편에 도착하고, 건널목 차단기를 몸을 구부려 빠져나가면 몇 분 빨리 선로를 건널 수 있다. 차단기가 열리는 것을 기다리고 있으면 지각할 것이라고 생각한 나머지, 차단기 밑으로 몸을 구부려 빠져나간다. 이 룰위반요인은 후에 서술하는 리스크수용요인과 동일하다.

리스크를 그다지 수반하지 않는 위반사례도 있을 수 있다. 예컨대 주차의 위반이다. 물론 위법 주차차량에 의해 다른 통행자의 교통사고의 리스크가 높아지고 위반딱지를 받을 리스크도 있지만, 여기에서는 둘 다 무시할 수 있을 정도로 작다고 가정하자. 이 경우 쇼핑을 하는 가게 앞의 노상에 주차하면 편리하고, 주차장에 들어가면 돈을 내거나 시간이 걸리는 상황에서 사람들은 주차위반을 하고 싶어 할 것이다.

3) 단속, 벌칙, 집단적 준수

준수하지 않아도 노여움을 사거나 붙잡히지도 않고 또 벌도 받지 않는 강제력이 없는 룰은, 그것을 준수하는 것에 상당한 장점이 있거나 종교상의 신념 등에 근거한 것이 아닌 한, 지켜지지 않게 된다.

주위의 모든 사람이 지키고 있지 않은 룰, 사회적으로 소홀히 여겨지고 있는 룰은, 아무리 혼자서 '이 룰은 반드시 준수하여야 한다.'고 생각하고 있더라도, 좀처럼 준수되지 않을 것이다. 룰, 법 등은 집단과 사회의 약속이기 때문에, 집단의 구성원이 그 필요성을 인식하고, 준수하는 것에 동의하며, 준수하지 않는 것에 대해 제재를 가하는 것을 통해 존립한다.

(2) 룰을 준수하지 않는 사람과 조직의 특징

룰을 적용받는 개인과 집단, 그리고 그 개인과 집단이 속해 있는 조직과 사회에 대하여, 룰을 준수하지 않는 요인을 생각해 보자.

일반적인 성격 특성으로 "룰을 잘 준수한다.", "준법정신이 높다."라는 말은 그다지 사용되지 않는다. 순종적이라는 인자(因子)는 몇 개의 성격검사에 나오기는 하지만, '순종적인 사람 = 룰을 잘 준수하는 사람'이라고는 할 수 없다. 왜냐하면 그러한 사람은 법률을 위반하여 범죄를 저지르는 사람에 대해서도 순종적일지 모르기 때문이다. 성격검사에서 순종성은 대인적(對人的)인 것이고, '룰을 준수한다/준수하지 않는다'(이하에서는 '준법성'이라고 한다)는 성격 특성이라기보다는 사회적 태도의 하나라고 할 수 있다.

한편, 자동차운전 태도의 개인차를 측정하는 척도에는 '위반', '단속, 교통룰 등에 대한 부정적 태도' 등이 포함되는 경우가 많다. 그러나 이것들은 모두 교통행동에서의 준법성을 묻는 것으로서 룰 전반에 대한 태도는 아니다. 예를 들면, 폭주족, 폭력단 등의 반사회적 집단은 준법성이 낮은 사람들의 집합이라고 생각되지만, 그러한 사람들은 그들 그룹 내부의 룰에는 잘 따르고 있을 것이다. 결국, 성격과 마찬가지로 준법성과 관련된 일반적인 태도라는 것이 존재한다고 보기는 어렵고, 개별적 룰, 일정한 종류의 룰에 대한 태도, 또는 룰이 운용되고 있는 집단·사회에 대한 태도, 룰을 만든 개인·사회집단에 대한 태도 등에 의해 개인의 준법성이 영향을 받는다고 할 수 있다.

외국여행을 하다 보면, 국가에 따라 교통 등의 룰에 대한 행동이 많이 다르다는 것을 알 수 있다. 자동차가 지나가고 있지 않아도 적신호에서는 횡단보도를 건너지 않는 사람이 많은 국가가 있는가 하면, 보행자가 교통신호를 거의 무시하는 국가도 있다. 횡단보도 앞에서 서 있으면, 지나가던 차가 바로 멈춰 길을 건널 수 있도록 배려하는 나라가 있는가 하면, 한참을 기다려도 한 대도 멈추어 주지 않는 나라도 있다. 또한 버스정류장, 카페, 매표소 등에서 정연하게 줄을 서는 나라가 있는가 하면, 줄을 거의 서지 않는 나라도 있다. 이와 같은 행동의 차이는 역사·문화·관습에 뿌리를 둔 사회적 규범의 차이이고, 사회적 가치관이 변하거나 적극적이고 효과적인 작용을 하는 것 등을 통해 변화할 수 있는 것이다.

사회·집단에 속해 있는 사람들의 룰 일반에 대한 준법성, 어느 특정 룰에 대한 준법성은 그 사회·집단의 그 룰에 관한 사회적 규범으로부터 큰 영향을 받는다. 그렇다고 하면, 기업, 조직의 구성원이 안전에 관한 룰(안전매뉴얼 등)을 어느 정도 존중할 것인가를 결정하는 중요한 요소는 안전룰에 관한 기업·조직의 집단규범이라고 할 수 있을 것이다.

최근 사고방지를 위한 기업·조직에 '안전문화'를 육성하는 것이 중요한 열쇠라고 말해지고 있다. 국제원자력기구(IAEA)에 의하면, 안전문화란 "원자력의 안전문제에 그 중요성에 걸맞은 주의가 최우선적으로 반드시 기울여지도록 하기 위하여, 조직과 개인이 갖추어야 할 종합적인 인식·기질(특성)이자 태도(자세)이다."라고 정의되고 있다. 이 정의 속에 안전룰에 관한 집단규범이 중요한 요소로 포함되어 있다는 것은 틀림없는 사실일 것이다.

3 리스크수용행동

불안전행동은 문자 그대로 불안전한 행동, 즉 위험한 행동이다. 의도적으로 불안전행동을 한다는 것은 위험한 행동을 스스로 선택한다는 것이다. 사람은 어떠한 경우에 굳이 위험을 무릅쓰는지를 생각해 보자.

첫째, 리스크를 작게 느끼는 경우이다. 큰 위험은 없다고 생각하면 실행하고, 매우 위험하다고 생각하면 브레이크를 건다. 이 경우 리스크란 실패할 확률과 실패한 경우의 피해의 곱으로 표현되는, 객관적 리스크의 주관적 추정이다. 따라서 실패한 경우의 손해가 막대하더라도 실패할 가능성이 거의 없다고 판단되면 리스크를 수용하는 것을 선택할지도 모른다.

리스크(객관적 리스크의 주관적 추정)=(실패할 확률)×(실패한 경우의 피해)[9]

둘째, 성공에 수반하는 효용이 크게 느껴지는 경우이다. '효용'에는 금전적 이익뿐만 아니라 쾌감, 만족감, 달성감 등 심리적인 것도 포함된다. 설령 리스크가 크더라도 성공한 경우의 보상이 크면 사람은 위험을 무릅쓸 것이다.

셋째, 리스크를 피하는 것의 불효용이 크게 느껴지는 경우이다. '불효용'이란 효용의 반대어로 금전적 손실, 불이익(demerit)을 의미한다. 산업·교통의 장면(場面)에서는, 안전하게 행동하면 우회를 하게 된다, 시간이 걸린다, 비용이 든다, 작업하기 어렵다 등의

9) 이것을 '법정 안전보건기준 비준수의 리스크'라는 관점으로 치환하여 표현하면 다음과 같다. 비준수로 인한 기대손실(비준수의 리스크) = (비준수의 적발확률) × (처벌의 강도). 따라서 기업의 안전보건기준 준수도를 높이기 위해서는, (준수비용) < (비준수로 인한 기대손실)의 관계가 성립되도록 할 필요가 있다. 즉, 기업에게 법정 안전보건기준의 준수 쪽을 선택하도록 유도하기 위해서는 비준수의 적발확률을 높이거나 처벌의 강도를 높여야 한다.

이유로 불안전행동이 선택되는 경향이 있다.

넷째, 리스크행동 자체에 효용이 있는 경우이다. 이것은 산업현장에서는 생각할 수 없는 것이지만, 자동차나 오토바이 운전자 중에는 스피드를 내는 것 자체에 상쾌감을 느끼거나 스트레스가 해소된다고 하는 사람이 있다. 폭주행위와 같은 위험성이 매우 높은 행위만이 아니다. 일반 운전자라도 오랜 드라이브로 졸릴 때에는 차를 조금 빨리 몰아 몇 대를 추월하는 것만으로 졸음이 억제되는(각성수준이 올라가는) 효과가 있다.

4 안전과 효율

(1) 리스크 항상성 이론을 둘러싼 논쟁

앞에서 언급한 와일드가 1982년에 제창한 '리스크 항상성 이론(Risk Homeostasis Theory)'은 매우 많은 논쟁을 일으켰다는 점에서 주목할 만한 모델이다.[10] 본래 항상성 이론은 생리학 용어로서, 프랑스의 생리학자 베르나르(Claude Bernard)가 외부환경이 변하더라도 생체의 내부상태는 변화가 일어나지 않는다는 사실을 발견하였고, 그 후 1932년 미국의 생리학자 캐넌(Walter B. Cannon)이 '생물체가 외부환경과 생물체 내의 변화에 대응하여 체내의 상태를 항상 일정하게 유지하려는 현상'을 실증하면서 항상성이라는 용어를 만든 것에서 유래한다.

에어컨의 온도를 설정하면, 외부기온의 변화에 관계없이 자동온도조절장치의 작동에 의해 일정한 범위 내에서 실내온도가

10) G. J. S. Wilde, "The Theory of Risk Homeostasis. Implication for Safety and Health", *Risk Analysis*, 2(4), 1982, pp. 209~225.

변동되면서도 장기적으로는 평균 실내온도가 설정온도와 거의 일치하는 값으로 안정된다. 이것은 인간의 체온, 혈액 중의 염분 등을 적절한 범위로 유지하는 항상성(恒常性)과 동일한 피드백 메커니즘이다.

와일드는 이 항상성을 인간의 리스크에 관한 행동(경향)에도 적용시켜 리스크 항상성 이론을 만들어 냈다. 이 이론에서는 개인에게는 여기까지라면 허용된다고 하는 리스크에 대한 허용치가 있다고 하는 가정이 중요하다. 그 개인의 리스크 허용치를 초과할 수 있는 상태가 발생하면, 그 사람은 감속하는 등의 회피행동을 취하여 리스크를 감소시키려고 한다. 그러나 개인의 리스크 허용치를 하회(下回)하는 경우에는 그 리스크 허용치의 수준까지 행동 리스크를 높이려고 한다. 예를 들면, 생활도로의 좁은 길에서 잘 정비된 넓은 도로로 나오게 되면, 넓은 도로의 리스크가 작다고 생각하고, 지각된 리스크가 자신의 리스크 허용치보다도 낮게 되므로, 운전자는 자신의 리스크 허용치까지 속도를 높이려고 한다. 따라서 개인이 가지고 있는 리스크가 일정하게 유지된다.

와일드의 주장은 더욱 진전되어, 안전대책을 수립하여 실제로 리스크가 감소하더라도, 운전자가 리스크 목표수준(자동온도조절장치의 설정온도에 해당한다)[11]에 합치시키기 위하여 더 위험한 행동, 즉 리스크가 높은 행동을 취하게 되므로 안전대책의 효과가 없어지게 된다고 주장하였다. 나아가, 국민의 리스크 목표수준이

11) 일정 기간에 사람이 자진해서 받아들이는 리스크의 정도 또는 동일한 사람이 다른 시기에 자진해서 받아들이는 리스크의 정도는 여러 요인에 의해 결정된다. 위험한 행동의 이익이 크고 그 비용이 비교적 적다고 생각될 때 리스크 목표수준은 높아진다. '목표'라고 하는 것은 '바람직한, 요구되는, 수용되는, 허용되는, 주관적으로 최적인'과 동일한 의미이고, 목표리스크는 자동온도조절장치의 설정온도와 같이 변한다(G. J. S. Wilde, *Target Risk 2: A New Psychology of Safety and Health*, PDE publications, 2001, p. 32).

변하지 않는 한, 교통사고율은 장기적으로는 저하하지 않는다고 주장하였다.

리스크 목표수준은 시간의 경제적 가치, 사고의 비용, 안전에의 동기부여 등에 의해서는 변화하지만, 자동차, 도로 등을 개량하여서는 변화하지 않을 것이라고 말한다.[12] 따라서 자동차, 도로에 대해 안전대책을 실시하여도 일시적인 효과는 나타날 가능성이 있지만, 장기적으로는 사고율이 원래 수준으로 돌아갈 것으로 예측한다. 단, 여기에서 말하는 사고율은 단위시간당 사고율(도로이용자가 일정 시간 운전, 보행 등으로 교통리스크에 신체를 노출한 시간에 발생하는 사고의 건수) 또는 거시적으로는 일정 인구당 사고율이다. 와일드는 이 이론이 생활양식에 관련되어 있는 한에 있어서는 교통사고뿐만 아니라 산업재해, 공중보건에도 적용된다고 주장하였다.[13] 이러한 과격한 주장은 많은 논쟁을 일으켰다.

자동차, 도로의 개량이 교통안전에 기여하지 않는다는 주장은 강한 반발을 불러왔고, 10년 이상 계속되는 논쟁으로 발전하였다. 리스크 항상성 이론을 실증하는 데이터로는, i) 위험을 느끼는

12) 리스크 항상성 이론에 의하면, 리스크 목표수준은 다음 네 가지 카테고리의 동기부여요인(주관적 효용)에 의해 결정된다. i) 상대적으로 위험한 행동선택지로부터 기대되는 이익(예를 들면, 속도증가에 의한 시간단축, 무료함을 달래기 위한 위험한 운전조작), ii) 상대적으로 위험한 행동선택지로부터 예상되는 비용(예를 들면, 자동차수리비용, 사고력에 의한 보험료의 할증), iii) 상대적으로 안전한 행동선택지로부터 기대되는 이익(예를 들면, 무사고에 의한 자동차보험료의 할인), iv) 상대적으로 안전한 행동선택지로부터 예상되는 비용(예를 들면, 안전벨트 사용의 불쾌감, 동료로부터 겁쟁이라는 소리를 듣는 것). 카테고리 i)과 iv)의 수치가 클수록 리스크 목표수준은 높아지고, ii)와 iii)의 수치가 증가할수록 목표수준은 낮아진다. 네 가지 카테고리의 동기부여요인은 경제적인 성질을 가지고 있지만, 문화적·사회적·심리적인 성질의 것도 있다. 이것들은 통상 내면화되어 있어 대부분의 사람들의 경우 대체로 의식에 떠오르지는 않는다(Ibid., p. 32).

13) Ibid., p. 51.

도로에서는 스피드가 줄어들고, 안전하다고 느끼는 도로에서는 빠르게 달리기 때문에 주행시간당 사고율은 어느 도로구간에서도 일정하다는 점,[14] ii) 잠김 방지 제동장치(ABS)를 장비(裝備)한 차량에서 승무하는 택시 운전자는 잠김 방지 제동장치가 없는 차량에서 승무할 때보다 스피드를 내고, 차간거리를 좁히며, 사고율이 높다는 점,[15] iii) 미국의 교통안전감독국이 개발한 운전기능교육을 받아 면허를 받은 고교생보다도, 부모로부터 운전을 배운 고교생 쪽이 사고율이 낮다는 점 등이 제시되고 있다.

한편, 반대론자는 i) 안전벨트 착용이 법적 의무가 된 캐나다 주와 의무화되지 않은 다른 주를 비교하여, 전자에서 착용률이 현저하게 증가하였음에도 불구하고 차간거리가 짧아지거나, 적신호가 된 후 교차로에 진입하는 차가 증가하거나, 주행속도가 올라간 사실은 없었다는 점, ii) 1970~1983년에 일본의 1인당 자동차대수는 3.7배가 되었음에도 불구하고, 교통사고사망률이 거의 반감된 사실은 여러 공학적 조치의 효과성을 나타낸다는 점[16] 등을 반증(反證)으로 제시하고 있다.[17]

---

14) B. O'Neil, L. Evans and R. C. Schwing, "Mandatory Belt Use and Driver Risk Taking: An Empirical Evaluation of the Risk-communication Hypothesis", in L. Evans and R. C. Schwing(eds.), *Human Behavior and Traffic Safety*, Springer, 1985.

15) 우리나라에서도 차량의 성능향상에 따른 차량속도 증가문제로 인하여 ABS가 적용되었으나, 차량에 ABS 장착이 증가하는 것과 반비례하게 사고발생률이 줄어들지 않고 예전과 거의 동일한 수준에서 정체되어 있다는 지적이 한동안 제기된 적이 있다.

16) L. Evans, "Risk Homeostasis Theory and Traffic Accident Data", *Human Factors*, 27, 1986, pp. 555~576.

17) G. J. S. Wilde, *Target Risk 2: A New Psychology of Safety and Health*, PDE publications, 2001 참조.

(2) 리스크 항상성 이론의 패러독스

안전조치와 관련해서는 안전하게 되었기 때문에 역설적으로 위험이 높아지는 면도 있다. 기계, 시스템이 점점 안전하게 되면 그것에 의존하여 행동하는 인간의 활동범위는 확장되지만, 그것 때문에 역으로 위험과 맞닥뜨릴 확률이 높아지는 문제가 발생할 수 있는 것이다.

와일드의 '리스크 항상성 이론'은 이와 같이 사회생활에서 높아질 수 있는 위험에 대하여 지적한 것이다. 아무리 기술적으로 발전된 안전장치를 자동차에 장착하거나 도로를 개량하더라도 또는 아무리 교통사고 단속을 강화하더라도 "사고율은 그다지 변하지 않는다."고 주장하는 것이 리스크 항상성 이론의 사고방식이다. 이 주장은 안전기술의 개발, 안전대책에 열심인 사람들로부터 비판을 받고 있다. 사실 안전벨트, 졸음쉼터 등의 안전대책으로 사고는 장기적으로 착실하게 감소하고 있고, 운전자의 행동변화가 안전대책의 효과를 감소시키는 경향이 있다고 하지만, 운전자 중에는 안전대책의 변화 자체를 알지 못하는 경우도 적지 않다. 그리고 항상 리스크가 일정하게 유지된다고 하는 극단적인 주장을 하는 연구자는 거의 없다. 그렇지만 안전대책을 실시하더라도, 대책이 그대로 효과를 내는 것은 아니고, 운전자를 비롯한 교통참가자가 느끼는 방법, 운전자의 행동이 변화할 수 있다는 시각을 제공한 것은 와일드의 중요한 공헌이라고 할 수 있다.[18] 그리고 리스크 항상성 이론에 대한 비판은 오해에 의한 측면도 없지 않다.

리스크 항상성 이론에서 "변하지 않는다."고 예측하고 있는 사

18) 특히, 자동차 기술 분야에서는 안전한 차를 개발하였더라도 그 성능을 운전자가 과신하여 오히려 위험한 행동을 취할 가능성이 있다. 와일드의 이론은 자동차 기술의 발전과 안전에 대해 매우 중요한 시사를 주고 있다.

고율은 '전체적'인 것이다. '개별적'으로 보면 안전기술의 진보, 교통안전의 활동에 의해 특정 유형의 사고는 확실히 줄어든다고 보고 있기 때문에,[19] 리스크 항상성 이론의 사고방식이 안전을 위한 노력 그 자체를 부정하고 있는 것은 아니다. 단지 안전하게 됨으로써 이로 인하여 생기는(창출되는) 새로운 위험에 의한 사고의 발생 가능성이 증가한다고 보고 있다. 결과적으로 전체로서의 "사고율은 변하지 않는다."고 보는 것이다.

기술의 진보에 의해 자동차는 매우 안전한 것이 되었다. 그 결과 사망자는 감소하였지만, 그럼에도 불구하고 교통사고가 격감한 것은 아니다. 그 이유를 리스크 항상성 이론에 기대면 확실히 수긍할 수 있는 부분이 있다고 생각된다.

이러한 예는 여러 군데에서 발견된다. 자동차로 눈길을 달리는 것을 피하여 왔던 사람도 "눈길에서도 잠김 방지 제동장치가 있으면 괜찮다."는 말을 누군가로부터 들어 알게 되면, 예사롭게 눈길에 들어가게 된다. 이것이 안전하게 된 탓에 발생하는 위험이라고 할 수 있다. 자동차가 안전하게 운전할 수 있도록 되었기 때문에, 지금까지 피하고 있던 위험한 장소에도 갈 수 있게 되고, 이것에 의해 다른 위험에 맞닥뜨릴 확률이 높아지는 것이다.

우리들은 신문, TV 등에서 산에서의 조난 뉴스를 자주 접한다. 과거와 비교하면 훨씬 안전하고 편리한 장비가 나오면서, 최근에는 많은 사람들이 위험한 겨울산도 예사롭게 오르게 되었다. 그러나 날씨의 급변 등이 원인이 되어 조난하는 사례가 늘고 있다. 예전 같으면 단련된 숙련자 외에는 가지 않을 장소에 초급자, 고령

19) 예를 들면, 차량에 잠김 방지 제동장치를 장착할 경우 과속 증가, 차간 이격거리 감소에 기인하는 사고는 오히려 늘어날 수 있지만, 급제동으로 인해 미끄러지거나 전복되는 사고는 확실히 줄어드는 효과가 있다.

자가 예사롭게 가게 된 것은 등산이 그만큼 안전하게 되었기 때문이다. 실제 많은 경우에는 문제가 일어나지 않는다. 하지만 원래 위험이 많은 장소인 만큼 일이 상정한 대로 진행되지 않으면 위험이 단번에 높아진다. 실제로 조난하는 것은 아마도 이와 같은 사례이지 않을까.

우리는 충돌회피장치 등의 안전장치가 사고를 예방하는 기능을 하는 동시에 과속과 위험한 운전을 초래하는 측면 또한 있다는 것을 경험을 통해 익히 알고 있다.[20]

이러한 사례는 사람의 의식 문제인 만큼 앞으로도 피하기는 어렵지 않을까 하고 생각한다. 기본적으로 사람은 한편으로 위험한 것을 즐기거나 좋아하는 성향 또한 가지고 있다. 따라서 그것을 먼저 전제적으로 인식하고, 다음으로 치명적인 위험을 일으키지 않을 방법을 생각해 가는 것이 필요하지 않을까 싶다.

(3) 안전에의 동기부여

리스크 항상성 이론에서 "장기적으로는 변화하지 않는다."고 말하고 있는 사고율은 단위시간당 사고율이라는 점에 주목할 필요가 있다. 그리고 와일드는 리스크 목표수준이 변화하면,[21] 사고율은 변화될 수 있다고 말하고 있다.

앞에서 소개한 이 이론의 반대론자의 반증에 대해서는 i)은 단기적인 현상, ii)는 에너지 (석유)위기와 경제불황[22] 및 여러 발전

20) C. Perrow, *Normal Accidents: Living with High-Risk Technologies*, Princeton University Press, Updated ed., 1999, p. 207 참조.

21) G. J. S. Wilde, *Target Risk 2: A New Psychology of Safety and Health*, PDE publications, 2001, p. 69.

22) 경기가 나빠지면, 위험한 행동으로부터 얻어질 것이라고 기대되는 이익은 감

된 교통사고 감소대책에 의한 안전에의 동기부여 효과로 각각 설명이 된다고 와일드는 주장한다. 그런데 이와 같은 데이터에 의한 검증의 곤란함도 리스크 항상성 이론이 비판을 받는 이유 중 하나이다.

그러나 리스크를 선택하면 효율·이익·쾌적성 등의 장점이 있으며, 그 리스크가 허용수준보다 낮다면 위험한 방향으로 인간의 행동이 변화하는 것은 쉽게 예상할 수 있다. 쉽게 말해서, 사람은 위험하다고 생각하면 세심한 주의를 기울이는 반면, 안전하다고 생각하면 긴장을 풀거나 무리한 것을 하게 되는 경향이 있다는 것은 경험상 누구나 알고 있다. 도로의 폭을 넓히면, 운전자는 스피드를 올릴 가능성이 높고, 나아가 주의력을 떨어뜨릴지도 모른다. 요통예방을 위한 복대를 찬 작업자는 복대를 차지 않은 경우보다도 20% 더 무거운 것을 들어 올리려고 한다고 한다.[23] 최근 자동차 제조사가 개발에 힘을 쏟고 있는 적외선암시장치,[24] 차선일탈경보장치, 브레이크보조시스템(BAS, Brake Assist System)[25] 등의 안전장치는

소한다. 시간의 화폐가치가 감소하기 때문이다. 많은 거리를 운전해도, 빨리 운전해도 이익이 적다. 적색신호, 황색신호를 무시하고 차를 몰아도, 지름길로 달리더라도 얻어지는 이익이 적다. 한편, 위험한 행동에 수반한다고 생각되는 비용은 증대된다. 왜냐하면 사고비용, 가솔린값, 사고 후에 부과되는 보험료 할증, 수리비, 차량의 마모 등의 비용은 실수입에 비해 상대적으로 상승하기 때문이다(Ibid., p. 69).

23) M. A. McCoy, J. J. Congleton, W. L. Johnston and B. C. Jiang, "The Role of Lifting Belts in Manual Lifting", *International Journal of Industrial Ergonomics*, 2(4), 1988, pp. 259~266.

24) 어두운 곳에서 육안으로 관측하기 곤란한 물체를 적외선을 이용하여 탐지하고 식별하는 데 사용되는 장치로서, 야간의 미약한 빛에 반사된 표적영상을 증폭시키는 광 증폭장비, 물체가 자체적으로 발산하는 에너지 또는 온도 차이를 가시광선으로 바꾸는 열상장비 등이 있다.

25) 자동차의 급제동 시 제동력을 증가시켜 제동거리를 줄여 주는 보조적인 브레이크 시스템으로서 브레이크 페달을 밟는 힘이 약한 운전자들(여성, 노약자 등)을 위해 고안된 장치이다.

운전자가 이전과 동일한 속도와 주의력으로 운전하는 경우에만 자동차의 안전성을 향상시킬 것이다. 이전보다 속도를 올려 달리면, 주행거리당 사고율은 감소할지 모르지만, 주행시간당 사고율은 어떨까? 리스크의 목표수준이 변화하지 않는 한, 운전자는 주행시간당 사고율이 변화하지 않는 운전을 할 것이라고 리스크 항상성 이론은 예측한다.[26)]

요컨대, 리스크 항상성 이론에 의하면 기술적(공학적)인 안전대책은 효율촉진대책으로 전화(轉化)된다. 이와 같은 대책이 반드시 무익한 것이라고는 말할 수 없다. 생산성, 쾌적성을 높이고 사회를 윤택하게 하는 것에 공헌할 수 있기 때문이다.

인간은 반드시 리스크가 제로가 될 것 같은 행동을 선택하지 않는다. 얻을 수 있는 이익에 부합하는 최적의 리스크를 선택하는 것이다(그림 2.3 참조). 따라서 안전대책을 시행할 때에는, 이것에 의해 사람의 행동이 변화할 수 있다는 점을 유념하여 이를 고려해야 한다.

그리고 더 강화된 안전을 지향한다면, 개인의, 조직의 그리고 사회의 리스크 목표수준을 낮추는 것,[27)] 다소의 효율 저하 및 비용 증가를 받아들이는 것, 이를 위해서는 안전의 가치를 높이고 안전에 대한 동기부여를 촉진할 수 있는 대책이 필요하다. 이것이 리스크 항상성 이론이 궁극적으로 강조하고자 하는 메시지라고 생각한다.

---

26) 이상의 설명은 G. J. S. Wilde, *Target Risk 2: A New Psychology of Safety and Health*, PDE publications, 2001, pp. 61~66을 참조하였다.

27) 전술한 바와 같이 리스크의 목표수준을 낮추는 것이 안전을 더 중요하게 여기는 것이다.

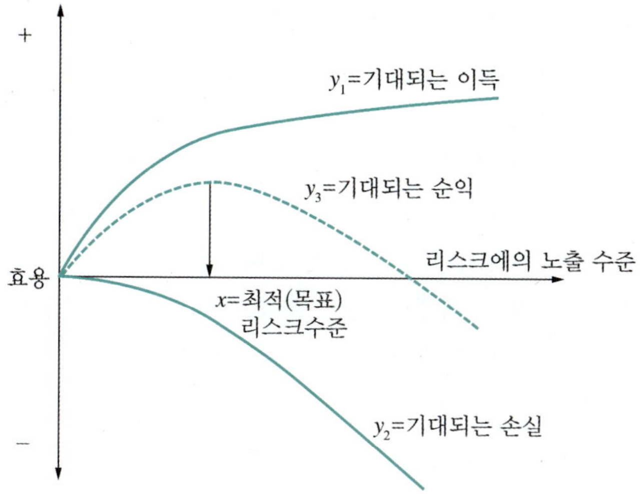

그림 2.3 순익 최대화 및 리스크 최적화의 이론적 표시[28)]

y_3는 기대효과라고도 하고, $y_3 = y_1 - y_2$임

참고 방호수단의 패러독스[29)]

- 특정한 종류의 휴먼에러 기회를 줄이기 위해 고안된 방호대책이 시스템의 다른 부분으로 에러 기회를 이전시킬 수 있다. 그리고 이들 에러로 인한 피해가 훨씬 더 클 수 있다.
- 방호수단으로 얻어지는 이익이 종종 안전성을 확보하는 데 사용되지 않고 생산성을 향상하는 데 사용된다. 그 결과 시스템이 전보다 덜 안전하게 된다.
- 중복성과 시스템에 기초한 심층방호로 시스템이 작업자에게 더 이해할 수 없게 되어, 재해의 잠재적 상황이 부지불식간에 축적되고 만다.

---

28) Ibid., p. 35.

29) J. Reason, *Managing the Risks of Organizational Accidents*, Ashgate Publishing, 1997, pp. 58∼59.

- 위험이 없는데도 불구하고 위험을 알리는 경고와 경보가 몇 번 울리게 되면, 실제 긴급상황 발생 시 올바른 대응을 취하지 못하게 될 가능성이 있다. 이솝우화의 '양치기 소년과 늑대'와 동일한 상황이다. 잘못된 경보가 자주 발생하면 사람들은 이를 신뢰하지 않게 되고, 실제 긴급상황을 알리는 때에도 경고를 무시하거나 믿지 않게 된다.
- 이전에 발생한 재해의 눈에 잘 띄는 원인을 제거하기 위해 도입된 대책이 추후 재해의 원인이 될 수 있다.
- 방호수단, 방호, 안전장치로 인해 새로운 부품과 연결장치가 추가된다. 이것은 시스템을 더 복잡하게 하고 그 자체로 치명적인 결함이 될 수 있다.

제3장

리스크와 커뮤니케이션

리스크 문제에는 사회적 합의 형성을 필요로 하는 문제가 적지 않다. 그러나 의사결정에 관련된 사람이 많을수록 합의에 가까워지기는커녕 오히려 의사의 상위, 대립이 명확하게 되는 경우도 적지 않다. 그러나 설령 그렇다 하더라도 문제를 해결하기 위해서는 그 의견의 차이가 어떠한 것인지를 명확히 하면서 성실하게 협의하는 노력을 거듭해 가는 것이 필요하다.

여기에서 중요해지는 것이 리스크 커뮤니케이션이다. 단, '리스크'도, 나아가 '커뮤니케이션'조차도 우리말에는 원래 없던 단어이다. 이와 같은 상황에서는 각각의 단어가 의미하는 바에 대해 일정한 합의가 없으면, 리스크 커뮤니케이션의 목표조차도 정해지지 않는다. 우리는 리스크 커뮤니케이션에 의해 무엇을 하려고 하는 것일까?

영어에서 리스크라고 할 때 거기에는 장래에 대한 불확실성이 포함되어 있다. 이 불확실한 리스크에 대처하는 데 있어 혼자서만 생각한다면 불가능한 일이 적지 않을 것이다. 이때 커뮤니케이션이 개재된다. 이 커뮤니케이션을 단순히 정보전달, 정보교환이라고 번역하지 않는 것은 커뮤니케이션 과정에서 주고받는 것에는 리스크에 관한 정보뿐만 아니라 사람들의 감정, 의사도 포함되어 있기 때문이다.

1 커뮤니케이션의 역할

현대사회는 여러 사회기술시스템에 강하게 의존하고 있다. 기술시스템의 작동이 파탄 났을 때, 파탄의 방식과 외적인 상황에 따라서는 사고로까지 이어질 수 있다. 사회가 기술시스템에 의존하는 정도가 크고, 기술시스템의 규모, 영향범위 또한 크기 때문에, 사고의 가능성, 즉 기술리스크에 대한 사회의 우려가 커지는 것은 필연적이라고 할 수 있다. 피해가 방대하였던 사고와 트러블은 거의 모든 분야에서 경험되고 있다. 기술의 산물을 개발·관리·운용하는 조직이 리스크의 저감에 대해 적절하게 고려할 것을 사회로부터 강하게 요구받는 것은 당연하다고 할 수 있다.

그러나 여기에서 적절한 고려에 대하여 기술전문가 또는 기술담당부문과 사회 간에 이해가 공유되고 있는지, 즉 커뮤니케이션이 (적절하게) 이루어지고 있는지 여부를 생각할 필요가 있다. 사고가 보도될 때마다 해당 조직의 책임자가 보도진 앞에서 깊은 반성을 표명하고 안전을 최우선으로 한 재발방지를 약속하는 광경이 반복되고 있다. 그러나 이러한 대응의 내용이 구체적으로 표명·음미되는 경우는 드물다. 무릇 조직이 안전성 향상에 투자할 수 있는 자원은 인적으로나 재정적으로 한계가 있기 때문에, 추진 가능한 노력의 내용이 여러 가지로 제약되는 것은 피할 수 없다. 그렇다고 하더라도, 이러한 상투적인 결의 표명이 단지 요식절차로서 이루어지고 다분히 면피용으로 책임자에 대한 처분이 이루어질 뿐 사고원인 규명, 재발방지대책의 타당성 음미 등은 실질적이고 근본적으로 이루어지지 않는 경향이 많이 존재하는 것을 부정할 수 없다. 이러한 현실에 위화감(違和感)을 느끼는 것은 필자만이 아닐 것이다.

그리고 또 다른 위화감도 떠오른다. '깊이 반성'하고 사과하고 있는 조직의 구성원은 정말 자신들만의 잘못이 원인이라고 실감하고 있을까? 예컨대 내진설계 위장문제의 경우, 구조설계를 담당하는 건축사가 발주자로부터 강한 비용절감 압력을 받고 있었던 것, 감독기관이 실질적으로는 기능하고 있지 않았던 것이 위장의 실질적인 유인(誘因)으로 지적되고 있다. 의료사고가 보도되면 많은 경우 담당자의 부주의나 태만이 비판받지만, 의료현장의 작업환경이 착종(錯綜)되어 에러를 일으키기 쉬운 상황에 있는 것, 사회 전반적으로 의료종사자의 근로조건이 개선의 여지가 많은 것도 엄연한 현실이다.

필자는 사고를 일으킨 당사자의 책임을 엄하게 추궁하는 것이 바람직하지 않다고 말하고자 하는 것은 아니다. 전술한 바와 같은 문제의식을 가지고 직시하면서 사회적(조직적) 배경까지 시야에 넣은 관점에서의 대응책을 병용(倂用)하지 않는 한, 사고의 재발은 방지할 수 없는 것은 아닐까 하고 생각하는 것이다. 이 문제와 관련하여, 사고의 원인규명, 대책수립을 할 때에는 인간공학(Human Factors), 조직적 요인(organizational factor)[1]으로 눈을 돌리는 것의 중요성이 지적되어 왔다. 그럼에도 불구하고, 이와 같은 시각이 현장의 문제 해결에 실제 적용된 실적은 충분하다고

---

1) J. Reason, *Managing the Risks of Organizational Accidents*, Ashgate Publishing, 1997.

할 수 없는 것이 현실이다.

이 장에서는 기술리스크의 문제를 생각할 때에 사회적(조직적) 배경을 시야에 넣을 필요가 있다는 것을 제안하고 있는데, 이 제안은 인간공학, 조직적 요인과 사회적 배경은 사실상 동일한 것이라는 생각과 기술이 사회(조직) 속에서 적절하게 자리매김하기 위해서는, 즉 기술과 사회(조직) 사이의 알력을 최소화하기 위해서는, 둘 간의 (적절한) 커뮤니케이션이 필수불가결하다는 생각에 기초하고 있다.

2 기술과 사회의 연관

(1) 역사적 변천

기술리스크, 사고에 대하여 고찰할 때에는, 사회와의 관계에 대하여 역사적으로 통관(通觀)하여 두는 것이 필요하다. 현재의 상황을 스냅숏(snapshot)으로 보더라도, 충분한 이해를 하기는 매우 어려울 것이다. 역사적으로 기술은 그 유용성이 높게 평가되어 왔기 때문에, 리스크에 대해서는 그다지 심각하게 생각해 오지 않았다. 예를 들면, 고대문명의 시대에도 대형토목공사, 채광정련(採鑛精練)산업의 환경에의 영향, 종사자의 산업재해, 선박의 침몰·난파 등에 관하여 당시의 사람들이 완전히 무관심하였다고는 생각되지 않지만, 기술의 부작용(리스크)보다 기대되는 장점(유용성) 쪽이 훨씬 큰 의미를 가지고 있었기 때문에, 신기술의 도입과 개발이 적극적으로 추진되어 왔다고 추측된다.

기술의 장점을 중시하는 경향은 산업혁명 이후의 공업화 사회,

나아가 제2차 세계대전 후의 동서 대립 사회까지 계속되었다. 신기술 그 자체에 대한 관심(흥미), 군사적·경제적 효과(이점)에 대한 기대 때문에 '기술리스크에 관용적인 사회'의 모습이 인류 역사의 항상적 모습이었다고 할 수 있다.

그러나 이와 같은 큰 흐름 속에서도 기술의 안전성이 차츰 향상되어 온 것은, 산업혁명의 중심기술인 증기기관의 안전성 역사 등에서 확실히 알 수 있다.[2] 20세기 후반부터는 안전에 대한 사회의 관심이 본격적으로 높아지면서 안전의 기술이 급속도로 발달하였다. 결과적으로, 각 기술분야의 안전성, 신뢰성은 크게 향상되고 있다. 사고·재해의 발생률, 평균수명 등의 정량적인 지표에 비추어 보는 한, 현대는 안전성이 전에 없이 향상된 시대라고 특징지을 수 있다. 그러나 그럼에도 불구하고 사고·재해에 대한 사회의 불안, 우려가 높아지고 있는 것이 현대사회인 것이다.

(2) 현대에서의 '기술리스크와 사회'의 관계

기술이 초래한 리스크 또는 부정적 영향에 대하여 사회의 관심이 높아진 것은 20세기 후반이라고 앞에서 설명하였는데, 그 시기부터 현재까지의 동안에도, 기술리스크와 사회의 관계에는 큰 변화가 생기고 있다. 세계적으로 볼 때, 이 같은 관계 변화의 계기가 된 것은 말할 필요도 없이 대규모 공해문제의 현재화(顯在化)일 것이다. 우리나라에서는 1970년대에 들어서부터 공해문제가 사회적 관심을 끌기 시작하였다. 그러나 이들 문제는, 피해자와 가해자의 특정이 비교적 용이하였고 문제 해결을 위한 기술적 제어가

2) M. M. Martin and R. Schinzinger, *Ethics in Engineering*, McGraw-Hill, 1989, pp. 95~96.

비교적 순조롭게 이루어졌기 때문에, 기술리스크와 사회관계에 대한 근본적 재검토까지는 이르지 않은 국소적 성격을 갖고 있는 것으로 다루어져 왔다.

이 상황이 크게 변화하기 시작한 요인으로는, 국제적인 환경문제의 현재화가 거론된다. 이 문제를 일반의 인식에 앞서 지적한 미국의 생태학자 카슨(Rachel Carson)의 선구적인 경고[3]는 세계에 큰 영향을 주었다. 또한 공해문제와 더불어 거대 기술사고에 관한 사회적 우려도 차츰 증대하고 있다. 이 분야에서는, 복잡한 시스템에서의 사고는 개별적으로는 사소한 것으로 보이는 기기(機器) 이상, 휴먼에러 등의 연쇄적 작용에 의하여 피할 방법도 없이 발생한다는 지적을 하면서 '정상사고(Normal Accidents)'라는 개념을 제창한 페로의 영향이 적지 않았다. 페로의 저서에서 제시된 정상사고라는 개념은 강한 호소력을 가지고 있는 데다가 스리마일섬 원자력발전소 사고(1979), 체르노빌 원자력발전소 사고(1986)의 충격과도 맞물려 원자력 안전문제의 이해방법에 많은 영향을 끼쳤다.

나아가, 현대사회가 직면하는 리스크의 특징을 '리스크사회(《위험사회(Risikogesellshaft)》)'라는 설득력 있는 표현으로 요약한 벡(Ulrich Beck)은 리스크 영향범위의 지구적 규모로의 확대, 가해자와 피해자의 특정 곤란, 예측 곤란한 재해의 발생 등이 일어나고 있는 현대사회에서는 '과학적 합리성'뿐만 아니라 '사회적 합리성'의 충족이 요구되고 있다고 주장한다.[4] 이러한 사회적 합리성의 요구, 환언하면 전문가 주도의 의사결정방식에 대한 불

---

3) R. Carson, *Silent Spring*, Penguin Books, 1962 참조. 이 책은 21세기에 가장 큰 영향을 미친 명저로서 생태학의 고전 반열에 올라와 있다.

4) 홍성태 옮김, 《위험사회: 새로운 근대성을 향하여》, 새물결, 2006(U. Beck, *Risikogesellshaft*, Suhrakamp Verlag, 1986), 9쪽 참조.

만을 구체적인 사회적 절차에 연결·반영시키려는 시도(방법)가 이루어질 필요가 있다.

이러한 요구를 더욱 강화시키는 요인으로 기업의 사회적 영향력이 최근 점점 증대되고 있는 사실이 거론되고 있다. 많은 산업분야에서 시장의 글로벌화와 기업의 과점화가 진행되고 있고, 결과적으로 시장을 지배하게 된 생존기업의 영향력은 매우 커지고 있다. 한편, 기업이 그 위치를 지키고 이익을 계속 올리기 위하여, 산업재해, 제품사고, 환경오염의 영향을 경시하는 사례도 수없이 알려져 있다. 이와 같은 현대사회에서 보통의 시민이 리스크에 대하여 많이 우려하는 것은 당연하다고 생각해야 할 것이다. 사회로부터 개별적 기술리스크에 대한 이해를 얻고자 하면, 이와 같은 배경(사정)이 분야에 관계없이 존재한다는 것을 인정한 후에 이에 대한 구체적인 대책을 마련하는 것이 필요하다. 나아가, 현대 사회에서는 환경윤리, 기술자윤리 등의 새로운 규범을 중시하는 의식, 지속가능한 사회를 지향하는 생활양식(lifestyle)의 선호 등 해당 기술이 탄생한 당시에는 존재하지 않았던 요인들이 강력한 저류(低流)로 작용하고 있다. 따라서 오늘날은 이와 같은 가치관의 다양화를 충분히 인식한 후에 리스크에 대한 대책의 수립을 도모해 가는 것이 요구되는 시대라고 할 수 있다.

참고 스리마일섬 사고와 정상사고[5)]

스리마일섬(TMI) 사고는 냉각수를 거르는 거대한 필터가 막히면서 시작됐다. 사실 이 막힘(blockage) 문제는 드물게 발생하는 것도, 심각한 것도 아니었다. 그러나 필터가 막히면서 습기가 공조

5) M. Gladwell, *What the Dog Saw: And Other Adventures*, Back Bay Books, 2010, pp. 349~351 참조.

시스템으로 새어 들어가 2개의 밸브를 작동시키는 바람에 냉각수가 차단되면서 문제가 커지고 말았다. 당시 스리마일섬 발전소에는 이러한 상황에 대비한 비상 냉각시스템이 있었지만 그날은 웬일인지 비상 냉각시스템을 작동시키는 밸브가 열리지 않았다. 더구나 밸브가 닫혔음을 알리는 표시등이 그 위에 있던 스위치에 달린 수리기록표(repair tag)에 가려져 있었다. 그래도 세 번째 안전장치인 압력조절밸브가 작동했다면 사고는 일어나지 않았을 것이다. 그런데 공교롭게도 압력조절밸브가 고장 나 있었다. 닫혔어야 할 압력조절밸브가 계속 열려 있었고 그 사실을 알리는 계기마저 제대로 작동하지 않았다. 엔지니어들이 상황을 파악했을 때는 이미 원자로가 융해되기 일보 직전이었다.

이처럼 스리마일섬 사고는 다섯 가지 이상의 문제가 겹치면서 일어났다. 그럼에도 통제실에서는 문제를 하나도 발견하지 못했다. 심각한 실수나 나쁜 결정이 사태를 악화시킨 것도 아니었다. 다섯 가지 문제는 개별적으로는 사소한 문제에 지나지 않았다. 그 사소한 문제들이 예상치 못한 상호작용을 하여 거대한 문제를 일으킨 셈이다.

예일 대학의 사회학자 페로는 이러한 종류의 참사를 '정상사고'라고 불렀다. 여기서 말하는 '정상'이란 자주 발생한다는 뜻이 아니라 기술적으로 복잡한 시스템의 정상적인 작동과정에서 예상될 수 있다는 의미이다. 현대의 시스템은 예측할 수 없는 방식으로 상호 관련되어 있는 수천 가지 부품으로 구성되어 있다. 페로는 이러한 복잡성을 감안할 때 사소한 장애들(failures)의 일정한 조합이 참사를 초래할 가능성 자체를 회피하기는 거의 불가능하다고 주장한다.

그는 재해에 관한 그 유명한 1984년 책 《Normal Accidents:

Living with High-Risk Technologies》에서 그간 잘 알려진 항공기 추락사고, 기름 유출사고, 화학공장 폭발사고, 방사능 누출사고 사례를 들면서 이들 사고의 대부분이 '정상사고'의 특징을 보인다는 것을 밝혔다. 영화 〈아폴로 13〉(1995)을 보면, 가장 유명한 정상사고 중 하나가 일어난 과정을 생생하게 볼 수 있다. 아폴로 13호는 산소탱크와 수소탱크에 생긴 장애가 겹치고 표시등이 승무원들의 주의를 엉뚱한 곳으로 돌리는 바람에 심각한 위험에 처했다.

만약 아폴로 13호의 임무가 하나의 커다란 실수로 곤란하게 되었다면 훨씬 시시한 이야기가 되었을 것이다. 실제 재해에서 사람들은 난리법석을 떨며 죄인을 찾는 일에 열중한다. 그들은 할리우드 스릴러 영화에서 사람들이 언제나 하는 것과 동일한 행동을 한다. 그러나 〈아폴로 13〉은 독특한 분위기를 풍긴다. 분노가 아니라 당혹감이 주된 정서이기 때문이다. 그 당혹감은 거의 눈에 띄지 않는 사소한 이유로 일이 잘못된 데 따른 것이다. 아폴로 13호의 경우에는 비난할 사람이 없었고, 파헤칠 어두운 비밀도 없었으며, 전체 시스템을 다시 만드는 것 외에는 방법이 없었다. 그래서 그 정상사고는 다른 사고보다 더 무서운 사고였다.

(3) 기술리스크의 사회의존성

지금까지 기술을 바라보는 사회의 시선이 장점 중시형에서 리스크 중시형으로 점차 변화한 흐름을 설명하였다. 이와 같은 견해는 과학기술과 사회의 관계를 비판적으로 분석하는 분야에서 널리 받아들여지고 있다.[6] 현대의 기술과 사회의 문제에 대하여 분석하고,

6) 小林傳司, 《誰が科学技術について考えるのか－コンセンサス会議という実験》, 名古屋大学出版会, 2004.

안전성을 좀 더 향상시키는 방안에 대하여 검토하려고 하는 경우에는, 이에 대한 고찰을 한층 심화시킬 필요가 있다고 생각한다.

이하에서는 앞에서 간단히 언급한 기술시스템 리스크의 사회의존성 또는 사회구성적 측면에 대하여 고찰을 시도한다. 기술이 사회의 변화방향을 규정하지만, 다른 한편으로는 사회가 기술의 변화방향을 규정한다는 주장이 꾸준히 제기되어 왔다.[7] 이런 논의에서는 그동안 '기술의 변화'를 인간이 제어하는 것의 불가능성, '기술리스크'가 '사회'에 던지는 어두운 그림자가 주된 고찰 대상이 되어 왔지만, 최근에 기술리스크는 기계적인 요인만으로 결정되는 것이 아니라, 인적 요소, 조직풍토 등 인간과 밀접한 관련을 가지는 요인으로부터 강하게 지배를 받는다는 주장이 설득력 있게 제시되어 왔다.[8] 이들 요인에 대해서는 규제행정의 모습, 사회가 기술을 바라보는 시선의 영향 등을 무시할 수 없다.

구체적인 예를 제시하면 다음과 같다. 교통기관의 정시성(定時性, punctuality)에 대해서는 우리나라 국민의 요구수준이 국제적으로 보아도 엄격하다고 생각된다. 철도운송시스템에서는 발착(發着)시간을 초단위의 정도(精度)로 지키기 위하여 많은 노력이 기울여지고 있다. 이 자세 자체는 승객의 입장에서도, 열차계통의 효율적인 운영 면에서도 바람직한 것이라 보아도 무방할 것이다. 그러나 이 요구수준이 조금의 지체도 허용하지 않는 정도로 높으

7) W. E. Bijker, "Understanding Technological Culture Through a Constructivist View of Science, Technology, and Society", in S. H. Cutcliffe and C. Mitcham (eds.), *Visions of STS: Counterpoints in Science, Technology, and Society Studies*, State University of New York Press, 2001, pp. 19～34; 藤垣裕子, 〈解題: Advanced-Studiesのために〉, 藤垣裕子(編), 《科学技術社会論の技法》, 東京大学出版会, 2005, pp. 239～253.

8) J. Reason, *Managing the Risks of Organizational Accidents*, Ashgate Publishing, 1997.

면, 작업현장에는 지극히 강한 압력이 가해지게 된다. 이 압력은 관리자로부터의 요구, 현장에서 승객으로부터 직접 듣는 불만의 형태로 표면화된다. 이 요구가 한도를 넘어 지나친 현장에서는, 작업자가 주어진 상황에 대해 침착하게 생각하는 것이 곤란하게 되고 정시성 요구를 충족시키는 것에만 인지(認知) 자원이 투여되어, 작업자가 에러를 일으킬 확률이 높아진다.

다른 예로는, 기계시스템의 유지보수 활동에 눈을 돌려 보자. 우리나라에서 자동차는 자동차검사제도에 의해 정기적인 검사를 실시하는 것이 의무이다. 고압가스를 사용하는 화학공장, 핵반응을 이용하는 원자력발전소 등도 기간을 정하여(정기적으로) 검사를 하는 것이 요구되고 있는 것도 마찬가지이다. 이들 규제는 일반적으로 기술리스크의 저감에 도움이 되고 있다고 국민으로부터 받아들여지고 있는 것 같다. 자동차검사제도는 이따금 비판을 받으면서도 사회의 틀 속에 편입되어 있고, 장치산업에서의 일률적인 정기검사 방식은 제도로서 정착되고 있다. 그러나 순조롭게 가동되고 있는 펌프를 정기적으로 분해검사하는 방식은 리스크의 증대에 기여할 가능성도 무시할 수 없다고 생각하는 것이 기술적인 관점에서는 합리적이다. 분해검사 후에 대상물을 재조립할 때에, 중요한 부품의 누락을 간과하거나 볼트의 죄는 힘이 부적절하여 트러블이 발생한 사례는 항공산업, 원자력산업 등의 분야에서는 여러 차례 보고되고 있는 것이 현실이다. 분해검사작업이 전체적으로 리스크의 저감과 증가 중 어느 쪽의 효과를 초래할지는, 기기·부품의 수명, 운전 시의 상태감시기술, 분해검사작업에 종사하는 보수담당기술자의 능력 등에 의존하므로, 간단하게는 말할 수 없다. 단지 여기에서는 이와 같은 규제방식과 그것을 바라보고 있는 사회의 인식이 기술리스크에 영향을 주고 있다는 점을 지적해 두고 싶다.

(4) 사고의 사회적 요인[9]

챌린저호 사고의 직접적 원인이 오링(O-ring)의 기능적 한계라는 기술적 요인이었다는 것은 말할 필요도 없다. 그러나 이 리스크를 회피하는 데 있어서는 조직에서의 인간관계(예컨대, 경영진과 기술자 간)가 크게 장해가 될 수 있다. 그리고 리스크의 예측 자체가 특히 현대기술에 대해서는 매우 곤란한 경우가 적지 않다. 이러한 점은 기술 또는 기술적 사고가 가지는 의미를 이해하기 위해서는 기술적 요인만으로는 불충분하다는 것을 말해 준다. 왜냐하면 기술 또는 기술적 사고는 어떤 특정 사회(조직)에서, 어떤 특정 문화 속에서 배양되는 것이기 때문이다.

여기에서는 챌린저호 사고를 예로 들어 기술과 사회(조직), 기술과 문화의 관련성이라고 하는 관점에서 본 사고를 고찰하고자 한다.

먼저 기술결정론은 기술의 발전이 사회(조직)의 모습을 규정한다고 생각한다. 과연 계속적으로 개발된 새로운 기술은 지금까지 끊임없이 산업의 모습, 생산·유통시스템, 생활양식을 변화시켜 왔다. 새로운 기술이 사회구조를 본질적으로 변화시키면, 그곳에서 생활하는 사람들은 더 이상 과거의 생활양식으로 돌아가는 것을 생각할 수 없게 될 정도로 사회에는 큰 질적 변용이 초래된다. 원자력에너지, 생식보조기술을 마음속에 그려 보면 오늘날 사회를 본질적으로 변화시킨 현대기술이 가지는 엄청난 영향력을 인정하지 않을 사람은 없을 것이다.

---

9) The Rogers Commission, *Report of the Presidential Commission on the Space Shuttle Challenger Accident*, United States Government Printing, 1986; D. Vaughan, *The Challenger Launch Decision: Risky Technology, Culture and Deviance at NASA*, University of Chicago Press, 1996 참조.

한편, 사회 고유의 문화, 가치관이 기술발전의 방향성을 규정하는 측면이 있는 것도 간과해서는 안 된다. 기술의 사회구성론(social construction of technology)[10]은 새롭게 개발되는 기술에 대하여 그 진전방향에 유연성이 있는 것에 주목한다. 물론 기술 그 자체에도 일정한 방향성이 없는 것은 아니지만, 기술의 모습은 최초부터 일의적(一義的)으로 결정되어 있는 것은 아니고, 사회의 요청에 따라 그 형태를 달리할 가능성을 간직하고 있다. 기술 자체가 가지는 기본적 개념과 그것을 받아들이는 사회의 문화, 가치관 등의 상호작용에 의해 기술은 서서히 그 모습, 의의를 바꾸고, 사회의 일정한 문화·가치관을 구현한 것으로서 사회에 정착해 간다고 생각된다.

챌린저호 사고의 경우에도 오링의 기능부전이라고 하는 직접적 원인과는 별개로 그 간접적 원인으로서 다음과 같은 많은 사회적 요인을 지적할 수 있다. NASA가 발사를 결단한 것은 우주왕복선이 안고 있는 많은 결함을 NASA가 모두 수용 가능한 위험(acceptable risk)이라고 판단한 것이나 다름없다. 무릇 리스크가 없는 기술은 있을 수 없는 이상, 어느 정도의 리스크에 대해서는 허용 가능하다고 판단하지 않으면 발사는 불가능하다. 챌린저호의 발사에 있어서도 저온에서 오링의 결함은 NASA에 의해 허용 가능한 리스크로 간주되었다. 리스크 평가(위험성 평가, risk assessment)는 절대적 불변의 기준을 가지고 있는 것이 아니기 때문에, 어디까지를 허용 가능이라고 판단할지는 그 사회의 문화, 가치관, 나아가 그

---

10) 사회적 현상이나 의식이 사회적 맥락에서 어떻게 발전되어 가는지를 연구하는 사회학 이론이다. 사회의 어떤 요소나 특정 사건이 가지는 의미, 개념, 함축 등에 대해 연구하고, 나아가 사회구성원들이 이 요소나 사건을 어떻게 받아들이고 바라보는지에 대하여 탐구하는 사조이다(Wikipedia 참조). "필요는 발명의 어머니이다."라는 말처럼 기술의 변화와 발전 역시 가시적·암묵적인 사회적 합의 또는 요구에 의해 생겨났다고 보고 있다. 기술발전의 궤적이 이미 기술 내에 결정되어 있다는 '기술결정론'에 대비되는 접근을 한다.

때그때의 사회적 상황에 의해 상당히 영향을 받게 된다.

1980년대 후반의 미국은 이전의 아폴로 계획의 열기도 식고 국민의 관심이 우주개발에서 멀어져 갔기 때문에, 우주왕복선 계획의 연구개발 예산도 삭감되는 추세였다. 이 때문에 NASA에서는 재차 국민의 주목을 우주개발로 향하게 하여 많은 예산을 획득하고 싶어 하였다. 이를 위한 방안의 하나로, 챌린저호에 일반시민으로부터 공모한, 친밀감을 가질 수 있는 여성 고교교사를 태우기로 하였다. 우주로부터의 수업을 TV 중계하고, 동시에 이것을 대통령의 연두교서 연설에서도 언급하도록 함으로써, 우주개발계획에 다시 국민의 관심을 불러일으키려고 하였다. 실제로는 우주왕복선은 많은 결함을 안고 있던 실험단계의 기술 집적에 다름 아니었음에도 불구하고, 국민들에게는 우주왕복선이 이제 비행기처럼 실용적이고 안전한 탈것이라는 것을 어필하고 싶어 하였다. 이 때문에 NASA는 챌린저호를 대통령의 연두교서 연설에 맞추어 성공리에 발사하고 싶어 했던 것이다. 게다가 우주왕복선과 같이 많은 비용을 들인 계획에서 발사를 연기하는 것은 NASA에게는 막대한 손실을 의미하였다.

한편, 발사를 위한 빠듯한 스케줄은 각 하청회사에게 상당한 압박이 되고 있었다. 그때 마침 모톤티오콜(Morton Thiokol)사는 NASA와 차기계약을 교섭하고 있는 중이었는데, 근본적인 설계변경으로 계획이 늦춰지는 것 때문에 비즈니스 기회를 놓치고 싶지 않았다. 기술의 불확실성, 리스크(위험성) 평가의 불확정성에 추가하여, 이러한 여러 정치적 의도 및 돈과 권력이 얽힌 사회관계 속에서 허용 가능한 리스크를 판단하게 되었다. 따라서 실제 사회에서의 기술적 판단이란 정치, 경제 등에 관계없이 순수하게 기술적으로 리스크의 허용 가능성을 판정하는 것과는 많이 다른 상황에서 내려지는 판단일 가능성이 높다.

나아가, 어느 정도의 리스크가 일단 허용 가능하다고 판단되면, 이것이 상태화되고, 기준이 되어 다음의 허용 가능성이 예측되게 될 가능성이 높다. 이렇게 하여 차츰 허용범위가 넓어진다. 시간과 함께 처음의 엄격한 기준에서 벗어나 마침내 그 일탈에 익숙해져 버리면, 언젠가는 일탈 그 자체조차 깨닫지 못하게 되는 일이 간혹 있다. 그 결과, 사고가 발생하고 나서야 새삼스럽게 원래의 엄격한 기준과의 괴리에 놀라게 된다. 우주왕복선의 경우에도 그때까지 몇십 회나 발사되었지만, 특별히 큰 사고가 발생하지 않았기 때문에 이번에도 괜찮을 것이라는 낙관적인 관측이 관계자 사이에 없었다고는 할 수 없다. 설령 리스크의 가능성이 있었다고 하더라도, 그것이 가능성에 그치는 한 없는 것이나 마찬가지라고 간주되고, 결과가 좋으면 모든 것이 좋다고 관계자들이 생각하고 있었음에 틀림없다.

챌린저호 폭발사고 원인은, 한편으로는 확실히 기술적 측면에서 보면, 저온하에서 오링의 밀폐성능의 기능부전이라고 하는 설계상의 결함에 기인하는 것이라고 할 수도 있다. 그런데 기술의 불확실성, 리스크(위험성) 평가의 불확정성을 고려하면, 순수하게 기술적인 문제로 본 경우에조차 폭발의 리스크를 어디까지 확신하는 것이 가능했는지, 또 그 리스크 예상에 근거하여 실제로 발사중지를 결단하는 것이 가능했을지는 의문이다. 다른 한편으로 사회적 측면에서 보면, 국가프로젝트로서의 우주개발계획의 부진이라는 현실에 직면한 NASA가 놓여진 입장, NASA와 하청 부품 제조사 간의 대등하지 않은 관계 및 양쪽의 경영자·기술자 상호 간의 갈등, 여러 이해가 얽힌 경영진의 의도, 일탈의 일상화 등이라고 하는 사회적 요인이 사고의 원인으로 잠재하고 있었던 것도 간과해서는 안 된다. 따라서 파멸적인 사고를 방지하기 위해서는,

물론 기술적 측면의 리스크를 조금이라도 개선하여 안전성의 향상을 지향하는 것도 필요하지만, 그 전제로서 오랜 기간 배양되어 온 조직의 관습, 가치관과 같은 기술의 배경에 있는 사회(조직)의 문화, 가치관 등을 재점검할 필요가 있다고 할 수 있다.

우리들은 어느 특정 사회(조직) 속에서 살아가지 않을 수 없을 때, 그 사회의 가치관을 당연한 것으로 받아들여 버리고, 이를 비판적으로 접근하는 것은 부족한 경향이 있다. 그 편이 피곤하지 않고, 사회에서 원만하게 살아가기 위해서는 그 물에 익숙해지는 것이 무엇보다 효과적이기 때문이다. 그래서 우리들은 대체로 사회의 관습을 받아들인 후에, 그것을 자신을 위하여 이용할 기회를 엿보게 된다. 그 결과, 우리들은 무의식중에 사회의 관습에 얽매여 공정한 판단을 할 수 없게 되어 버리는 경우가 많다. 우리들은 부지불식간에 사회(조직)의 가치관이라고 하는 제약을 짊어지면서 살아가고, 부지불식간에 그 조직의 가치관에 따르는 판단을 강요받게 된다. 따라서 이러한 환경에서 몸을 분리하고 사회(조직)의 가치관으로부터 거리를 두며 냉정하고 객관적으로 사물을 보는 것은 육체를 탈각하고 사고하는 것과 마찬가지로 사회(조직) 속의 인간에게 용이한 것은 아니다. 그러나 이 점을 충분히 고려하는 한편, 자신이 속한 사회(조직)의 가치관의 편향을 깨달은 후 그것을 상대하고 그에 대한 대책을 강구하는 것이 아니면, 사고는 몇 번이라도 반복될 것이다. 우리들 인간에게 만약 예지(叡智)가 있다고 하면, 이러한 비극적인 사고를 귀중한 양식으로 삼아 장래 동일하거나 유사한 사고를 반복하지 않기 위하여 무엇을 할 수 있을지를 생각하여야 한다.

(5) 커뮤니케이션의 과제와 인문·사회과학

'과학기술과 사회의 관계를 적절화하는 커뮤니케이션'의 중요성에 대해서는 학계, 행정기관, 언론 등에서도 지적하고 있다.

그러나 '기술'의 종류에 따라서는 단순한 이해촉진활동만으로는 사회의 우려를 해소하고 기술의 수용을 추진하는 것이 극히 곤란하다. 그리고 리스크의 모습에 대해서는 사회도 큰 역할을 담당하고 있다는 것을 전문가, 시민 양자가 같이 인식할 필요가 있다. 이와 같은 인식이 보급되고, 그것을 토대로 기술과 사회의 충돌에 대한 해결방안이 모색되기 위해서는, 단순히 기술에 관한 우수한 화자(話者)가 양성되는 것만으로는 충분하지 않고, 리스크 인지심리학, 사회심리학,[11] 윤리학, 정치학 등 다양한 인문·사회과학 분야에서의 식견이 적용될 필요가 있을 것이다.

그리고 지금까지 이야기한 요인이 복잡하게 관련된 고난도 문제에 대해서는, 기존의 학술적 식견을 국소적으로 적용하는 것으로는 바람직한 효과를 기대할 수 없을 것이라고 추측된다. 학술적 식견을 적용하는 데 있어서도, 문제의 구조, 구성인자 등을 좀 더 해명하고 단서를 찾아내는 것이 중요하다고 생각한다.

11) 사회심리학은 다른 사람과의 관계가 개인의 태도와 행동에 미치는 영향 및 집단행동을 다루는 분야이며, 특히 사회상황에서의 인간행동을 연구한다. 다시 말해서, 사회환경 속에서 직접 또는 간접으로 타인과 관계를 가지고, 또 사회의 문화·규범·제도 등의 규제를 받고 생활하는 인간의 경험이나 행동을, 그러한 여러 사회적 조건과의 관계에서 이해하고 설명하려고 하는 학문이다. 사회심리학의 과제는, '사람들이 서로 영향을 주고받는 양식', '개인과 사회·문화의 상호작용', '인간의 사회적 본성 내지 사회적 인간'의 해명이다.

3 리스크의 사회의존성과 커뮤니케이션의 바람직한 모습

이하에서는 리스크의 사회의존성과 앞으로의 커뮤니케이션 활동의 바람직한 모습과 기대되는 역할에 대하여 원자력에 관련된 내용을 예로 들어 설명하기로 한다. 원자력 리스크 외에 다른 리스크에도 동일한 고찰과 제안이 성립될 수 있다.

(1) 소박한 우려에 대한 대책

우리나라의 원자력발전소를 운전실적으로 보는 한, 다른 산업과 비교하여 그 리스크는 충분히 낮다고 해도 무방할 것이다. 적어도 지금까지는 일반사회에의 실제 손해는 무시할 수 있는 수준으로 억제되고 있다. 그럼에도 불구하고, 원자력전문가 집단은 사회의 신뢰를 얻지 못해 온 과거를 가지고 있다. 그 결과 원자력기술의 리스크는 충분히 낮다고 하는 원자력전문가 측의 인식은 국민의 다수에 의해 받아들여지지 않고 있는 것이 현실이다. 원자력에 관하여 부정적이거나 회의적인 감각을 갖고 있는 국민들의 질문에 대하여, 전문가가 적절한 대처를 해 오지 않은 것이 커다란 요인이라고 생각하지 않을 수 없다. 그리고 질문 그 자체뿐만 아니라, 전문가 스스로에게는 거의 자명(自明)하다고 생각하고 있는 탓에 분명하게 말해 오지 않은 기본적인 인식에 대해서도 문제의식을 가질 필요가 있다고 생각한다. 앞으로는 명쾌하게 설명하는 노력이 새롭게 추진되어야 할 것이다. 그렇다고 원자력의 수용이 급속히 진척될 것 같은 낙관적인 전망은 없지만, 그와 같은 노력 없이는 수용이 진척되지 않을 것 또한 확실하다. 답변이 필요한 진지한 질문의 예와 그것에 대해 전문가가 적절하게 대처하기 위한 방안을 이하에서 서술한다.

- **질문 1**: 자연방사선 수준과 비교해서도 충분히 낮은 방사선량이지만 피폭되면 건강에 유해한 영향을 미치는 것은 아닐까?
- **질문 2**: 원자력과 달리 핵폐기물을 생성하지 않는 에너지원을 개발하는 쪽이 합리적이지 않을까?
- **질문 3**: 현실적으로 각지의 원자력발전소는 트러블을 일으키고 있다. 현재까지 큰 사고에는 이르지 않고 있다고는 하지만, 트러블을 일으키고 있다는 사실은 잠재적 위험을 보이고 있는 것이다. 언젠가는 그와 같은 경미하게 보이는 트러블 중 어느 하나가 참사로 발전할 가능성이 크지는 않은가?
- **질문 4**: 현실적으로, 예컨대 최근 고리 원자력발전소가 정지하였는데, 문제가 발생한 것은 아닐까? 원자력 없이도 전력공급에 지장이 없다는 것이 확인되고 있지 않은가?
- **질문 5**: 원자력발전소는 전력회사에 의해 관리되고 있다. 그러나 실제의 작업현장은 이른바 하청·재하청업체의 작업자가 담당하고 있다. 그 작업단계에서의 절차생략, 미스 등을 전력회사 사원은 어떻게 찾아내어 바로잡을 수 있을까?(아무리 해도 무리는 아닐까?)

이 질문리스트는 원자력에 관한 대표적인 예를 제시한 것에 지나지 않는다. 원자력에 대해 우려하고 있는 국민의 목소리를 잘 들으면, 더욱 다양한 질문이 제기될 것이다. 그리고 동일한 질문은 원자력 이외의 기술영역에서도 표명되고 있다.

이와 같은 소박하다고도 할 수 있는 의문, 우려에 대한 답은 많은 전문가가 각자 가지고 있고, 그 답의 정확성을 확신하고 있다고 생각된다. 그러나 그와 같은 확신은 국민의 대다수에게는 공유되고 있지 않다. 그와 같은 우려·의문에 대해서는 평상시에 반복적으로 확실히 설명하고 폭넓은 층의 이해를 얻어 두는 노력이 필요한데, 그것을 가능하게 하기 위해서는, 설명하는 내용에 추가하여 자기 자신이 어떠한 자료와 증거에 근거하여 이들 의문에 대한 답을 확신하고 있는지에 대한 점을 정리하여 두는 것이 필요하다. 즉, 우려에 대해 직접적인 답변, 설명을 제시하는 것만으로는 그것이 아무리 학문적으로 올바르다고 해도 질문자를 납득시키는 것은 곤란할 것이다. 직접적인 답변, 설명에 추가하여, 왜 그 내용이 믿을 만한지에 대한 것을 전문가 측에서 의견을 듣는 측이 믿을 수 있는 단서를 매개로 하여 설명하는 것이 필요하다.

또한 그 단서 속에는 설명자인 전문가 자신이 어느 정도 신뢰할 만한지에 대한 정보도 포함되어 있을 필요가 있다. 설명자에 대한 의심이 해소되지 않은 상태에서는 어떤 설명을 하여도 납득을 얻을 수 없을 것이다. 특히 의견을 듣는 측이 설명자에 대해 강한 불신감을 가지고 있는 경우에는, 이 요건을 충족시키는 것이 매우 어려울 것이라는 것은 말할 필요도 없다. 그와 같은 경우도 포함하여, 전술한 바와 같은 사전준비를 한 후에 커뮤니케이션 활동에 발을 들여놓는 것이 중요하다고 생각한다.

(2) 커뮤니케이션 실천의 요건

전술한 바와 같이, 자기 스스로가 납득할 수 있는 설명, 그리고 확신의 근거, 나아가 설명자 자신이 신뢰할 만하다는 것을 나타내는 정보까지를 준비하는 것은 어렵기는 하지만 가능하다고 생각한다. 그렇지만 직선적인 방식으로 답변을 제시하는 것만으로는 끝나지 않는다는 것이 커뮤니케이션 실천에 있어서의 더욱 곤란한 점이다. 그 어려움을 확실히 자각하지 않은 채, 자신의 답변을 일방적으로 말하는 것은 커뮤니케이션이라고 부를 수 없을 것이다. 이는 자기중심적인 행위에 지나지 않는다. 이와 관련하여 자각되어야 할 추가적인 곤란을 예를 들어 설명하기로 한다.

1) 메시지의 다의성(多義性)

전술한 질문 1을 예로 들어 설명한다. "자연방사선 수준과 비교해서도 충분히 낮은 방사선량이지만 피폭되면 건강에 유해한 영향을 미치는 것은 아닐까?"라는 간단한 의문문이 의미하는 내용은 실제로는 한 가지가 아니다. 이하와 같은 복수의 의미 중 어느 것인가에 따라 그에 대한 답변은 많이 달라질 것이다.

- **의미 1**: 어떤 대상물이 유해물이라면, 설령 허용량보다 낮은 레벨이더라도 가급적 접하지 않는 쪽이 좋지 않을까?
- **의미 2**: 방사선의 영향에 대해서는 연구자라도 완전한 이해에 이르고 있지 못하다고 한다. 따라서 적은 양의 피폭이더라도 나로서는 걱정이 된다.
- **의미 3**: 방사선 피폭의 허용치는 국제회의에서 개정 시마다 낮아지고 있다고 알고 있다. 따라서 앞으로도 여전히 낮아질 수 있으므로 적은 양의 피폭도 받아들일 수 없다.

얼핏 보면, 단순하게 보이는 질문조차도 이와 같은 배경의 차이까지 생각하면, 실은 동일한 답변으로 끝나지 않을 것이다. 질문자가 이들 중 어느 의미로 앞의 질문을 하고 있는지 확인도 하지 않은 채, 자신의 견해를 일방적으로 말하는 전문가는 답변자로서는 부적격이다. 풍부한 지식을 가지고 이론정연하고 설득력 있게 말하는 것이 곧 훌륭한 커뮤니케이션인 것은 아니다.

2) 부(負)의 정보

의미 2, 3과 같은 예비지식을 질문자가 가지고 있는 경우에, 그 핵심을 언급하는 것 없이 안전하다는 말만 반복하는 전문가에 대해서는, 질문자가 강한 불신감을 갖게 되는 것은 당연할 것이다. 기본지식으로 우리는 미량의 자연방사선에 항상 노출되어 있고 자연방사선 레벨 자체도 시간과 지역에 따라 차이가 크다는 것을 알고 있기 때문에, 전문가는 이런 종류의 질문을 하는 질문자에 대해 예비지식이 부족하다고 자의적으로 해석하고 단순한 설명으로 충분하다고 생각하는 경향이 있다. 그러나 질문자는 항상 그러한 단순한 관점에서 질문하고 있는 것은 아니라는 점에 유의하여야 한다. 전술한 바와 같이, 전문가의 지식도 한정된 것이라는 불리한 정보를 명확히 개시(開示)하는 것, 그리고 그 한정된 정보에 입각한 것이지만 여전히 안전성에는 문제가 없다고 판단된다는 점을 증거가 되는 사실을 제시하면서 논리적으로 설명하는 자세가 중요하다.

3) 불확실성의 인식

많은 현실적 상황에서 과학적인 지식이 애매함 없이 엄밀하고 명쾌하게 결론을 내리는 형태로 구성되어 있는 것은 아니다. 의미 2에 관해서는, 전문가는 이 점을 의식하고 있는 것이 중요하다. 설령 저선량(低線量)의 방사선 피폭의 효과에 관하여 유해성은 인정되지 않는다는 입장도 있는 한편, 역시 악영향으로 연결될 가능성이 있다는 주장도 제기되고 있다. 이들 불확실성을 공정한 관점에서 조감한 후에, 저선량 피폭의 영향평가에서의 불확실성은 실제로 있지만, 장해가 발생하는 것을 명확하게 긍정하는 설명은 지금까지는 알려져 있지 않다는 점을 설명하는 것이 균형 잡힌 답변의 예라고 할 수 있다. 이와 같이 과학적인 판단에 수반하는 불확실성의 취급에 대해서도 충분히 배려를 한 정보제공이 요구된다.

4) 시험할 권리

의미 1~3의 순으로, 질문자는 많은 사전정보에 기초하여 질문하고 있다고 할 수 있다. 여기에서 커뮤니케이션의 장에 임하는 전문가는, 질문자가 충분한 지식을 가지고 있으면서 굳이 무지를 가장하여 소박한 질문을 하고, 답변하는 전문가의 반응을 보고 있는 경우도 있을 수 있음을 이해할 필요가 있다. 전문가 측에 비해 안전에 관련되는 중요 정보에의 접근이 용이하지 않은 경우가 많은 질문자에게는, 자신이 어느 정도 정보를 가지고 있는 문제에 관하여 작위적인 질문을 하고, 거기에 대한 답변태도를 통하여 전문가의 지식수준, 인간으로서의 신뢰도를 파악하고자 하는 것은 어찌 보면 당연한 권리이지 않을까. 비전문가는 전문가를 시험해 볼 권리를 가지고 있다는 것을 인식하고, 그와 같은 시험적 질문에도 성실하고 정확하게 답변할 수 있는 능력 또한 전문가에게 요구되고 있는 것이다. 이 점은 전술한 전문가 자신의 신뢰성에 관한 정보의 필요성과 밀접하게 관련되어 있다. 전문가 측이 신뢰성에 대한 정보를 제시하고 있지 않은 상황에서는, 비전문가 측이 이와 같은 형태로 필요한 정보를 입수하려고 하는 것도 충분히 있을 수 있는 것이다.

[세상 읽기] 그것은 정말 '공론'이었을까?[12)]

신고리 5·6호기 계속 건설 여부와 대학입시제도 개선에 대한 결정이 '공론화위원회'를 통해 이루어졌다. 적폐청산이나 소득주도성장 같은 이슈들에 비해 큰 주목을 받지 못했지만 결코 그 의미가 적다고 할 수 없는 사안들이다.

행정부는 공론화위원회의 결과를 바탕으로 신고리 5·6호기에 대해서는 계속 건설을, 대입제도에 대해서는 수능비율 확대라는 결론을 내렸다. 두 사안 모두에서 공약과는 사실상 반대되는 결정을 내린 셈인데, 청와대와 여당 그 누구도 책임지지 않은 채로 중요한 공약을 툴툴 털어버렸다.

시민들이 중요한 정책 결정에 참여할 수 있다는 점에서 공론화는 상당한 의미가 있다. 그러나 제도란 선한 의도만으로 작동하는 것은 아니다. 어느 정도 수의 어떤 사람들이, 얼마의 기간 동안, 어떤 성격의 주제에 대해, 몇 가지의 선택지를 갖고, 어떤 방식의 토론을 거쳐서, 어떤 의사결정 방식을 통해, 어떤 종류의 결정을 내리는 것이 좋은지에 대해 많은 학자들이 오랫동안 고민해왔다. 그런데 한국의 공론화위원회에는 이런 점들이 거의 반영되지 않았다.

우선 공론화위원회가 직접·참여민주주의의 한 유형인 것처럼 이야기하는 것은 명백한 오류다. 세계적으로는 물론 한국에서도 대부분의 전문가들이 공론화위원회가 '대표제 민주주의'의 한 형태라는 점에 동의한다. 이것이 직접민주주의라면 훨씬 많은 수의 시민들이 오랜 시간 동안 참여해야 하고, 이것이 참여민주주의라면 공론화위원회가 진행되는 동안 정치권과 언론, 시민사회단체들, 다수의 시민들이 왁자지껄하게 논의를 해야 한다. 그런데 한국에서는 공론화위원회 밖의 모든 사람들에게 일종의 침묵이 강요되었다는 점에서 대단히 폐쇄적인 대표제 민주주의였다.

또한 두 사안에서 모두 전직 대법관들이 위원장을 맡았는데, 그들이 사법적 판단의 전문가이기는 하지만 시민패널을 통한 민주적 의사결정의 전문가가 아니라는 점은 분명하다. 한편으로 이런 운영은 정부가 공론화위원회를 정치적 가치에 대한 논쟁이 아니라, 분쟁의 사법적 화의나 조정, 행정적 절차의 일부분으로 보고 있다는 점을 잘 보여준다.

많은 전문가들이 한목소리로 말하는 사실은 이러하다. 평범한 시민들 중 통계적으로 샘플링된 극소수가 참여하는 공론화위원회에서 결정하기에 적절한 사안은, 몇 가지 선택지 중에서 하나를 선택하는 정책적 사안이 아니라, 한 사회가 나아가

12) 이관후, 한겨레신문, 2018. 8. 21.

야 할 가치와 비전에 대한 사회적 합의의 원칙들이며, 의사결정 방식은 다수결이 아니라 만장일치에 가까운 합의나 최소한 3분의 2를 넘어서는 가중 다수결이다.

문재인 정부의 공약이 전력 산업에 대한 재검토와 입시제도의 개선을 목표로 하는 것이었다면, 공론화위원회에서는 원전 중심의 전력 구조를 유지할 것인지, 우리 입시제도가 우선적으로 지향하는 가치가 다양성인지, 획일성인지, 경쟁의 공정성인지를 논의해야 하는 것이다. 건설 중인 원전의 지속 여부, 학종의 공정성에 대한 불안감, 수능비율이나 절대평가 여부를 다루는 것은 공론화위원회가 할 일이 아니다. 그것은 명백히 행정부와 입법부의 일이며, 그것을 미루는 것은 민주주의가 아니라 책임회피일 뿐이다.

시민 수백 명이 며칠간 논의한 뒤 사전에 정해진 사지선다 중 하나를 다수결로 택하는 것이 공론을 정하는 방식이며, 이것이 촛불 이후의 새로운 민주주의라고 한다면 크게 아쉽다. 국무총리는 공론화가 무익한 낭비가 아니며 이분법적 결론은 옳지 않다고 했다. 맞는 말이다. 앞으로의 공론화는 과거의 사례를 반면교사로 삼아 분명히 개선된 면을 보여야 할 것이다.

4 커뮤니케이션의 진화

앞에서는 사회는 기술에 의존하지만 기술도 사회에 의존한다는 것, 따라서 기술리스크에도 사회의존성이 당연히 있다는(즉, 중립적인 기술리스크란 사실 존재하지 않는다는) 것을 설명하였다. 그리고 현대사회에서 확대되고 있는 기술에 대한 우려와 불안을 해소하는 방안으로서 그 열쇠가 되는 것은 커뮤니케이션 활동이라는 점을 주장하였다. 여기에서 커뮤니케이션이 가져오는 것은, 단순히 설명을 듣고 나서 안심하는 것이 아니라, 기술전문가와 사회가 실효성 높은 쌍방향 커뮤니케이션을 통하여 기술과 사회의 관계를 좀 더 바람직한 형태로 만들어 가는 프로세스라 할 수 있다. 따라서 여기에서 말하는 커뮤니케이션 활동에 필요한 것은, 알기 쉬운 설명지침이나 논쟁에 이기기 위한 토론기법 등과는 달리, 대립적 구도가 아니라 공존·공생의 구도를 모색하기 위한 인식 공유로 연결되는 활동을 위한 지침이다. 이러한 지식으로는 리스크 인지, 설명과 납득, 조직행동 등의 기본적 학식과 인터뷰·카운슬링의 분야에서 배양되고 있는 실천지(實踐知)를 들 수 있다.

이상과 같은 관점에서 보면, 우리 사회가 지금 필요로 하고 있는, 기술에 관련된 커뮤니케이션 활동의 진화를 위해서는, 기술분야(기술전문가)와 심리분야(심리전문가)의 협동활동이 불가결하다. 앞으로 우리 사회에서 이와 같은 상호작용을 활성화하는 것이 반드시 필요하다고 생각한다.

5 리스크 커뮤니케이션

리스크 문제에는 사회 또는 조직 내의 합의 형성을 필요로 하는 문제가 적지 않다. 그런데 의사결정에 관련된 사람이 많아질수록 합의에 도달하기는커녕 오히려 의견의 차이, 대립 등이 명확해지는 경우도 있다. 설령 그렇다고 해도 문제를 해결하기 위해서는 그 의견의 차이가 어떠한 것인가를 명확히 하고, 성실하게 이야기하는 노력을 거듭해 가는 것이 필요하다.

여기에서 중요하게 다가오는 것이 리스크 커뮤니케이션이다. 단, '리스크'도, 나아가 '커뮤니케이션'조차도 우리말에는 원래 없었던 단어이다. 이와 같은 상황에서는 각각의 단어가 의미하는 것에 일정한 합의가 없으면 리스크 커뮤니케이션의 목표조차도 정해지지 않는다. 우리들은 리스크 커뮤니케이션에 의해 무엇을 하려고 하는 것일까?

영어의 risk라는 단어에는 우리말에서 흔히 말하는 '위험' 이상의 의미가 내포되어 있는 것으로 생각된다. 그리고 영어에서 risk라고 할 때에는, 장래에 대한 불확실성이라는 의미가 포함되어 있다. 이 불확실한 리스크에 대처하는 것은 한 사람만이 생각하는 것으로는 아마도 불가능할 것이다. 이때 커뮤니케이션이 개재(介在)되어야 한다. 이 커뮤니케이션을 단순히 정보전달, 정보교환이라고 번역하지 않는 것은, 커뮤니케이션 과정에서 주고받는 것에 리스크에 관한 정보뿐만 아니라 사람들의 감정, 의사도 포함되어 있기 때문이다.

커뮤니케이션이라는 단어에는 실로 깊은 의미가 내포되어 있다. 국어사전을 보면, '사람들끼리 서로 언어나 몸짓, 그림, 기호 따위의 수단을 통해 생각, 느낌 따위의 정보를 주고받는 일'이라고 해설되어 있다. 영어의 communication이라는 단어는 common이라는 단어와 밀접한 관련이 있다. communication이란 'common으로 하는 것'이다. common에는 '공통의', '공유의' 등의 의미가 있다. 다소 조잡하기는 하지만, 커뮤니케이션이란 정보를 전달하고 모두가 그 정보를 공유함으로써 공통의 지식을 만들어 나가는 것이라고 할 수 있다. '전달'이라고 직역하면 커뮤니케이션이 내포하고 있는 의미의 많은 부분을 놓치게 된다. 한국어로 번역하지 않고 영어를 외래어로 표기한 '커뮤니케이션'이라는 용어가 이용되는 것에는 이러한 배경이 있을 것이다.

(1) 리스크 커뮤니케이션이란 무엇인가

리스크 커뮤니케이션(risk communication)이라는 말은 구미에서 1980년대부터 시작되었다. 그 기원을 확실히 찾아가는 것은 어렵지만, 리스크 커뮤니케이션이라는 용어가 논문 제목으로 처음으로 사용된 것은 1984년으로 보고 있다. 필자가 조사한 바로도 논문 제목으로 리스크 커뮤니케이션이라는 용어가 처음 등장한 것은 1984년이다. 단, 엄밀하게 리스크 커뮤니케이션이라는 용어의 사용에 집착하지 않으면, 이 문제에 관한 논문은 1984년 이전부터 발표되어 왔다.

리스크를 어떻게 전달할 것인가라는 커뮤니케이션 기술의 문제에 한정하면, 사회심리학의 영역에서 오랜 기간 연구하여 온 문제라고 할 수 있다. 그 성과의 주된 것은 설득적 커뮤니케이션 연구에서 이루어지고 있는데, 여기에서는 이것의 일부를 소개한다.

리스크 커뮤니케이션에 대한 정의는 다양하다. 커뮤니케이션에 관한 앞의 해석을 응용하면, 리스크 커뮤니케이션이란 리스크에 관한 정보를 전달하고, 모두가 이 정보를 공유함으로써 리스크에 관한 공통의 지식을 만들어 가는 것이 된다. 학문적으로 가장 자주 사용되고 있는 정의는 미국국립연구회(National Research Council)의 정의인데, 먼저 리스크 커뮤니케이션을 "개인·집단·기관 간의 정보·의견의 주고받음의 상호작용적 과정"이라고 정의한 후에, 그 주고받음에는 다음 두 종류의 메시지가 포함된다고 보고 있다. 하나는, 리스크의 성질에 대한 다양한 메시지[리스크 메시지(risk message)]이다. 또 다른 하나는, 엄밀하게는 리스크에 대하여는 아니고, 리스크 메시지에 대한 또는 리스크 관리를 위한 법적·제도적 장치에 대한 관심·의견 및 반응을 표현하는 메시지이다.[13]

이 리스크 커뮤니케이션의 정의에서 착목하여야 할 사항은 두 가지이다.

첫째는, 리스크 커뮤니케이션을 송신자와 수신자의 상호작용과

---

13) National Research Council, *Improving Risk Communication*, National Academy Council, 1989, p. 21.

정이라고 생각하고 있는 점이다. 즉, 리스크에 관한 정보가 송신자로부터 수신자로 한 방향으로 보내질 뿐만 아니라, 수신자로부터 송신자로도, 예컨대 의견이라는 형태로 정보가 보내진다고 생각하고 있는 것이다. 이 점에서 리스크 커뮤니케이션은 한 방향의 리스크 정보전달과는 명확히 구별된다. 이와 같은 생각하에서는, 리스크의 전문가가 정보를 독점하거나 전문가의 수요에 의해서만 정보를 제공하는 것은 더 이상 정당한 것이 되지 않는다.

둘째로, 이 정의의 배경에는, 리스크에 노출되는(또는 노출될 가능성이 있는) 사람들에 대해 충분히 정보를 제공하고 그 문제에 대한 이해를 충분히 얻는 것이 중요하다는 생각이 깔려 있다. 당해 리스크에 대해서뿐만 아니라 그것에 관련되는 여러 가지 관심, 의견의 표명도 리스크 커뮤니케이션에서 취급된다. 여기에서 주의하여야 할 것은, 리스크에 대한 정보를 전달하는 것이 '정당한' 결정으로 연결되는 것을 의미하지 않는다는 점이다. 앞에서 설명한 첫 번째 특징과도 관련되는데, 리스크에 대한 의사결정의 주체가 리스크 전문가만이 아니라 리스크에 노출되는 사람들도 포함하는 사회 전체에 있는 이상, 그 의사결정은 특정 관계자만이 정당하다고 생각하는 것이어서는 안 된다.

리스크 커뮤니케이션에서 리스크란 피해의 중대성과 피해의 발생확률의 곱이다. 이 리스크를 과학적으로 평가하는 프로세스가 리스크(위험성) 평가이다.

이 리스크 개념의 정의를 둘러싸고 최근 EU를 중심으로 논의가 활발하게 이루어지고 있는 것에 주목할 필요가 있다. 상기의 정의를 엄밀하게 적용하면, 중대성과 발생확률을 정량적으로 알고 있지 않으면 리스크로서 평가할 수 없게 되고, 이것은 어느 한쪽이라도 알지 못하면 리스크로서 취급할 수 없다는 것을 의미한다.

그러나 이렇게 되면, 사회 또는 조직이 직면하고 있는 현대적인 문제를 다룰 수 없거나, 리스크가 확정되었을 때에는 대처하기엔 이미 늦다는 우려가 제기되어 왔다(대표적으로는 유럽환경청의 보고서).[14)]

그래서 피해의 중대성, 피해의 발생확률이 미정이어서 정량적으로 표현하기 어려운 것이라도, 좁은 의미의 리스크와 구별하면서 넓은 의미로는 리스크로 취급하는 시각이 많은 지지를 얻고 있다. 유럽환경청의 보고서에서는, 중대성과 발생확률을 정량적으로 파악할 수 있는 것은 리스크, 중대성은 파악할 수 있지만 발생확률이 정량적으로 파악될 수 없는 것은 과학적 불확실성(uncertainty), 중대성도 확률도 정량적으로 파악될 수 없는 것은 과학적 무지(ignorance)라고 용어를 구분하여 사용하면서 과학적 불확실성과 과학적 무지도 넓은 의미에서의 리스크 개념에 포함하고 있다. 환원하면, 리스크(중대성×확률)를 정량적인 방법으로 산출하기 어려운 경우에는 반(半)정량적이거나 정성적인 방법으로 표현하는 것도 국제적으로 널리 허용되고 있다.

그리고 양적으로 표현할 수 있는 리스크(위험성) 평가도 무엇을 고려요인으로 할 것인가에 주관적 가치가 들어갈 여지가 있다. 그리고 리스크 감소조치와 관련하여 이것의 비용, 편익의 구성항목(요소)으로 무엇을 상정할 것인가에 따라 평가결과는 달라질 수 있고, 현실문제에서는 이것이 평가 그 자체보다 중요한 논점이 되는 경우도 있다.

이러한 논의의 진전과 더불어 리스크 커뮤니케이션이 취급하는 리스크도 초기의 정의(National Research Council의 정의)에서 확

14) European Environment Agency, “Late Lessons from Early Warnings: The Precautionary Principle 1896-2000”, 2001.

대되어 더 넓은 의미의 리스크까지도 포함하게 되었다고 생각하는 것이 타당하다. 유럽권과 캐나다를 중심으로 제안되고 있는, 이른바 사전배려의 원칙(precautionary principle) 또는 사전배려의 접근(precautionary approach)이라고 하는 것도 이 광의의 리스크를 취급하는 입장에 있다. 현상(現狀)에서 설령 미지의 부분이 있다고 하더라도, 사회 또는 조직 전체적으로 정보를 공유하고 교환함으로써 리스크 문제에 좀 더 신속하고 정확한 대처를 지향하는 것이 리스크 커뮤니케이션에서는 의도되고 있는 것이다.

우리나라에도 리스크 커뮤니케이션이라는 새로운 용어가 등장하면서, 리스크에 대하여 새로운 또는 특수한 커뮤니케이션 기법이 있다고 생각되는 경우가 종종 있다. 그리고 최근 기업의 불상사, 행정의 서투른 대응의 발각 등이 계기가 되어 위기관리 방법의 하나로서 리스크 커뮤니케이션이 주목받고 있다. 그중에서도 긴급 시 기자회견의 개최방법, 매스컴에의 대응이라고 하는 지극히 전술적인 부분을 가지고 리스크 커뮤니케이션이라고 생각하는 경우도 있다.

그러나 이것들은 모두 오해라고 생각한다. 커뮤니케이션 기술은 종래부터 심리학에서의 커뮤니케이션 연구성과를 살리는 것이다. 리스크 커뮤니케이션은 긴급 시에 어떻게 사태를 수습할 것인가라는 단기적 전술만을 문제로 하고 있는 것이 아니다. 물론 전술적인 커뮤니케이션의 방법도 검토하지만, 그 전술도 사전에 리스크 커뮤니케이션에 대한 장기적인 전략이 있을 때 비로소 생명력이 있다고 할 수 있을 것이다.

이미 커뮤니케이션 기술이라는 용어가 있는데도 리스크 커뮤니케이션이라는 새로운 용어를 필요로 하는 것은 새로운 접근방식의 침투를 지향하기 때문이다. 리스크 커뮤니케이션은 리스크에 대한 단순한 정보전달기법도 아니고, 일반인들을 납득시키기 위한 기술도 아니며, 능숙한 기자회견의 개최방법과 같은 기술의 나열도 아니라는 것을 강조해 두고 싶다.

(2) 리스크 커뮤니케이션이 왜 필요한가

리스크 커뮤니케이션이라고 하는 새로운 용어가 왜 필요한 것인가? 그 배경에는 두 가지 사회적 상황이 있다고 생각된다.

첫째는, 리스크 문제의 불확실한 현재화(顯在化)와 증대이다. 한 나라에 한하지 않고 국제적으로 1960년부터 현재화하여 온 환경문제, 약해(藥害), 제품사고 또는 인구증가·기후변화에 동반하는 자연재해의 피해 확대 등이 있다. 게다가 많은 리스크 문제는 그 결과의 예상에 불확실한 부분을 많이 가지고 있다. 예를 들면, 환경문제의 악화는 지구온난화, 건강피해 등으로 나타나고 있는데, 그 진행속도와 영향이 미치는 범위·방법 등은 명확히 예상하기 어렵다.

이러한 리스크 문제가 증대하는 것은 리스크 삭감에 드는 총비용도 증대한다는 것을 의미한다. 그래서 비용효과의 관점에서 어느 분야에 비용을 투자하여야 하는가를 판단하기 위한 지표가 있다면 유익할 것으로 생각된다. 만약 화학리스크, 재해리스크, 식품리스크도 모두 동일한 지표로 표현하는 것이 가능하다면, 이 중에서 지표가 높은 리스크에 대하여 중점적으로 비용을 투자하여 리스크 삭감을 하는 것이 정책적으로 합리적일 것이다. 이것이 리스크(위험성) 평가를 필요로 하는 배경이 되고 있다. 참고로 보험분야에서는 이미 이러한 평가가 전통적으로 이용되어 왔다.

이러한 생각에 기초하여 리스크(위험성) 평가와 이것을 토대로 리스크 관리(risk management)를 행하는 것이 지향되었다. 그런데 리스크 전문가가 아닌 사람들이 전문가와는 다른 판단기준을 이용하여 리스크(위험성) 평가를 하는 것(즉, 사람들의 리스크 인지)이 현실적인 문제로 부상하여 왔다. 일반인들이 전문가와 동일하게 리스크 인지를 하지 않는다면, 전문가가 아무리 자신들의 리스크(위험성) 평가를 리스크 관리에 활용하려고 하여도 사람들에게 받아들여질 리 만무하기 때문이다.

양자의 리스크 인지의 차이는 당초엔 비전문가의 리스크 인지의 '편향(bias)'으로서 문제시되었다. 그래서 이러한 전문가의 문제의식은 '어떻게 하면 사람들로부터 리스크에 대한 이해를 얻을 수 있을까'라고 하는 리스크 커뮤니케이션 기술을 필요로 하게 되었다. 그러나 후술하듯이 리스크 인지의 차이를 비전문가의 인지 편향으로 보는 전문가의 문제의식은 초기 단계에서 파탄을 가져온다.

요컨대, 사회적으로 불확실한 리스크 문제가 증대됨에 따라 일반인들도 이 문제에 대해 관심을 갖고 참여하게 되면서 전문가와 일반인들 간의 리스크 인지 차이를 극복하는 것이 중요한 과제로 등장하게 되었다.

리스크 커뮤니케이션의 개념을 낳은 두 번째 사회적 상황은 1960년대부터 활발하게 전개되어 온 소비자운동, 사람들의 알 권리 존중 등의 사회적 가치관의 변화이다. 종래는 전적으로 행정, 과학자 등의 리스크 전문가가 정보를 독점하고 의사결정을 하여 왔다. '프로에게 맡겨 두면 괜찮다'는 생각이 일반 시민 중에도 잠재적으로는 있었을지도 모른다. 그러나 그러한 전문가에게 내맡기는 의사결정으로는 더 이상 해결할 수 없는 문제가 분출하여 왔다. 예를 들면, 기업이 이윤을 추구하는 나머지 반드시 소비자의 안전을 배려한 제품을 만들지는 않는다는 것, 또는 의사-환자관계에서 환자 스스로가 치료에 자발적으로 관여하지 않으면 치료의 효과가 충분히 거양되지 않는다는 것 등을 열거할 수 있다. 그리고 지역의 경제적인 격차의 확대와 깊은 관계가 있는데, 리스크가 특정 지역에 편중된다고 하는 사회적 공정의 문제도 커져 왔다. 설령 사회 전체로서는 리스크와 편익의 균형이 취해져 있다고 하더라도, 특정 지역에 편중하여 리스크를 떠맡기는 것이 정당한지 여부가 논란거리가 되고 있다.

따라서 전문가와 함께 일반인들 또는 NGO, 매스컴 등의 많은 이해관계자가 의사결정에 참가하는 것이 요구되었다. 이러한 사회의 움직임은, 직접적으로는 공해의 감소 등의 리스크 감소로, 간접적으로는 제도의 변경, 정비 등 더 좋은 리스크 관리시스템의 도입이라고 하는 결과로 연결되어 왔다. 예를 들면, 자동차 리콜제도의 도입, 「제조물책임법」의 제정은 소비자운동의 성과라고 말할 수 있고, 의사-환자관계에 대해서는 '고지된 동의(informed consent)'[15]라고 하는 사고(思考)가 침투하게 되었다.

15) 이것은 '환자 개인의 권리와 의사의 의무'라는 견지에서 본 법적 개념으로서, 환자는 의료상 자기의 진실을 알 권리가 있기 때문에, 의사는 개개의 환자가 이해하고 납득할 수 있도록 설명할 의무가 있다는 의미이다. 이는 세 가지 중대한 구성요건을 갖는데, i) 진실의 제시, ii) 충분한 이해, iii) 자발성이다. 의사는 치료와 관련된 충분하고 진실된 정보(선택적 정보)를 환자가 이해하기 쉬운 형태로 명확하게 제공하여야 하며, 환자는 자발적으로 선택하고 결정할 권리를 가진다는 것이다. 의료나 의학같이 전문성이 높은 분야는 서비스 제공자인 의사가 정보와 지식을 독점하고 있기 때문에 환자는 절대 약자일 수밖에 없는 정보의 비대칭성이 존재하므로 '고지된 동의' 원칙이 있어야 한다. 고지된 동의의 형태는 명확하고 알기 쉬운 언어로 이루어져야 하며, 고지된 동의에는 제공되는 치료의 목적, 치료에 관련된 위험, 절차, 비용, 치료의 다양한 대안들, 동의를 거부하거나 철회할 수 있는 환자의 권리, 동의에 수반되는 시간계획 등도 포함된다. 그리고 치료가 갖고 있는 한계도 고지된 동의에 포함되어야 한다. 따라서 고지된 동의는 환자가 치료결정에 참여할 수 있다는 소극적인 의미보다, 주어진 정보를 바탕으로 환자 스스로 치료를 선택·결정한다는 적극적이고 주체적인 의미를 지닌다고 할 수 있다. 이는 일찍이 구미(歐美)에서 정착되어 온 개념이다.

그리고 산업현장에서는 사업장 안전보건의 효율성과 효과성을 높이기 위하여 일찍부터 안전보건의 이해관계자로서 종업원(근로자)이 알 권리(right to know)의 형태로 사업장 안전관리의 의사결정과정에 다양한 방식으로 참가하는 것이 법제도적으로 보장되거나 널리 권장되어 왔다.[16)]

이와 같이 보면, 리스크 커뮤니케이션은 커뮤니케이션이라고 하지만, 실은 리스크 관리 그 자체라고 할 수 있다. 사회 또는 조직 전체에서 리스크 정보를 공유함으로써 리스크를 제어하거나 최대한 감소시켜 나가는 접근방식이라고 할 수 있다.

(3) 이념과 문제

리스크 커뮤니케이션에서는 사람들이 결정에 참가하는 것이 중요하다. 사람들이 결정에 참가하지 않는 상황하에서는 바람직한 리스크 커뮤니케이션은 결코 달성될 수 없다. 현실적으로, 초기 단계에서부터 일반 사람들을 결정에 참가하게 하지 않은 것이 리스크 커뮤니케이션의 실패로 연결되는 경우도 지적되고 있다.

그런데 통상은 리스크 전문가, 행정 쪽이 리스크 정보를 입수하기 쉬운 입장에 있기 때문에 정보 수신자의 참가를 끌어내기 위해서는 먼저 정보를 송신해야 하는 입장에 있는 쪽에서 적절한 정보를 적기에 전달할 필요가 있다고 생각하는 것이 타당하다. 이와 같은 생각의 대표적인 것으로 스탈렌과 코폭(Pieter Jan Stallen & Rob Coppock)은 리스크 커뮤니케이션과 관련하여 송신자에게

16) 근로자의 알 권리에 대해서는 정진우, 〈산업안전보건법상 알 권리에 관한 비교법적 연구〉, 노동법학, 제46호, 2013, pp. 193~253 참조.

는 다음 네 가지 의무가 있다고 주장한다.[17)]

- **실용적 의무** : 위험에 직면하고 있는 사람들은 피해를 회피할 수 있도록 정보를 제공받아야 한다.
- **도덕적 의무** : 시민은 선택을 하는 것이 가능하도록 정보에 대한 권리를 가진다.
- **심리적 의무** : 사람들은 정보를 요구하고 있다. 공포에 대처하거나 욕구를 충족하거나 스스로의 운명을 컨트롤하기 위해 필요한 지식을 부정하는 것은 불합리하다.
- **제도적 의무** : 사람들은 정부가 산업리스크, 기타 리스크를 효과적이고 효율적인 방법으로 규제하는 것을 기대하고 있다. 그리고 이 책임이 적정하게 다해지고 있다는 정보를 받는 것도 기대하고 있다.

이들 네 가지 의무는 송신자에게 있어서는 의무이지만, 수신자에게 있어서는 권리로 간주할 수 있다. 리스크 커뮤니케이션에서 수신자의 권리(송신자의 의무)를 달리 보면 1962년 3월 15일의 케네디의 '소비자보호에 관한 특별교서(敎書)'가 제시한 소비자의 네 가지 기본적 권리와 매우 흡사하다는 것을 알 수 있다.

케네디 교서의 네 가지 권리란 안전에 대한 권리(the right to safety), 알 권리(the right to be informed), 선택할 권리(the right to choose), 의견을 제시할 권리(the right to be heard)인데, 각각 실용적 의무, 심리적 의무, 도덕적 의무, 제도적 의무에 대응하고 있다고 생각된다. 스탈렌과 코폭은 소비자의 권리와 스스로의 네 가지 의무의 유사성에 대하여 설명하고 있지는 않지만, 리스크 커

17) P. J. Stallen and R. Coppock, "About Risk Communication and Risky Communication", *Risk Analysis*, 7(4), 1987, pp. 413~414.

뮤니케이션의 접근방법이 등장한 배경의 하나로서 소비자운동의 영향을 엿볼 수 있다.

스탈렌과 코폭의 네 가지 의무를 토대로 생각하면, 바람직한 리스크 커뮤니케이션이 실현되지 않고 있는 상황은 이 문제의 존재 방식에 따라 두 가지로 구분할 수 있다.

하나는, 본래 리스크 커뮤니케이션의 송신자에게 네 가지 의무(일부 또는 모두)를 이행할 의사가 없는 경우이다. 예를 들면, 리스크가 있는 것을 전달하는 것으로 사람들이 패닉을 일으키거나 사람들이 정보의 의미를 이해하는 것이 불가능하다는 이유로 리스크 커뮤니케이션을 하지 않는 것이라면, 이것은 적어도 실용적 의무를 다하고 있지 않다고 할 수 있다.

또 하나는, 리스크 커뮤니케이션의 송신자에게는 네 가지의 의무를 다할 의사가 있더라도, 그것을 방해하는 리스크 커뮤니케이션의 기술적인 문제가 있기 때문에, 목적으로 하는 리스크 커뮤니케이션이 실현되지 않는 경우이다. 예를 들면, '어떻게 이야기하면 상대방이 이해할 수 있을지 잘 모르겠다'고 하는 문제의식은 이 경우에 해당한다.

리스크 커뮤니케이션에서 본래 검토되어야 할 문제는 후자의 리스크 커뮤니케이션이다. 왜냐하면 앞에서 열거한 네 가지의 의무를 이행할 의사는 존재한다고 전제한 후에, 어떤 식으로 커뮤니케이션을 할 것인가라는 문제에 커뮤니케이션을 기술로 생각하는 많은 연구성과가 활용되기 때문이다.

여기에서는 이와 같은 입장에 서서 심리학의 연구성과를 중심으로, 어떤 식으로 리스크 커뮤니케이션이 이루어져야 할 것인가라는 문제를 논의하기로 한다.

(4) 리스크 커뮤니케이션의 영역

리스크 커뮤니케이션과 관련된 영역은 매우 넓다. 이것에 대해 미국국립연구회(National Research Council)는 리스크 커뮤니케이션의 영역을 두 가지로 분류하는 것을 제안하고 있다. 하나는 개인적 선택의 영역이고, 다른 하나는 사회적 논쟁의 영역이다.

개인적 선택의 영역에서는, 개인이 리스크에 대한 정보를 제공받은 후에 리스크회피행동을 할 것인지 여부를 판단하게 된다. 이 영역에서의 리스크 커뮤니케이션은 그 개인이 몇 개의 선택지 중에서 리스크를 줄일 수 있는 답을 선택하고 행동하는 것이 가능하도록 유의미한 정보가 개인에게 주어지는 것을 목적으로 하고 있다. 물론 같은 정보가 모든 개인에게 주어졌다고 하더라도 모든 개인이 같은 리스크회피행동을 취한다고는 할 수 없다. 개개인에게는 각각의 인지능력의 특징, 한계가 있고, 같은 정보더라도 반드시 동일하게 받아들여지는 것은 아니기 때문이다. 그리고 사람들의 가치관은 다양하고, 그것은 행동의 선택에도 반영된다.

사회적 논쟁의 영역에서는, 많은 사람들의 관심을 환기시키고 그 문제를 무언가의 공적인 절차를 통해 해결하는 것이 요구된다. 리스크에 관계하는 사람이 관련 문제, 행동 등에 대한 이해의 수준을 높이고, 이용 가능한 지식의 범위 내에서 적절하게 정보제공을 받고 있다고 만족하는 것이 목표로 되어 있다. 여기에서 주의해야 할 것은, 정보를 공유한 후의 논의에는 그 시대·사회에 따라, 문화에 따라 다른 가치가 반영된다는 점이다. 따라서 같은 정보가 전달되었다고 하더라도, 시대에 따라, 관련되는 사람들에 따라 결정이 다른 것은 충분히 있을 수 있다. 그리고 그 결정이 반드시 최상의 것이라고는 말할 수 없다. 그렇다고 하더라도, 어떤 리스크에 관계하는 사람들, 단체가 동일하게 정보를 공유하고 상

개인적 선택의 영역

① 소비생활용제품
② 건강·의료문제
③ 재해(자연재해, 과학기술의 사고 포함)

사회적 논쟁의 영역

④ 고도의 과학기술(원자력, 유전자조작기술 등)
⑤ 환경문제

그림 3.1 리스크 커뮤니케이션의 영역

호 간에 서로 이해하는 것이 중요하다.

리스크 커뮤니케이션의 구체적인 문제영역으로서는 다음과 같은 다섯 가지 문제영역이 대표적이다. 즉, i) 소비생활용제품, ii) 건강·의료문제, iii) 재해(자연재해와 과학기술사고를 포함한다), iv) 고도의 과학기술, v) 환경문제 등이다.

소비생활용제품에 붙어 있는 경고표시, 건강·의료에서의 리스크 커뮤니케이션의 문제 또는 재해의 리스크 커뮤니케이션의 문제는 개인적 선택의 영역으로 분류할 수 있다. 이들 문제는 가능한 한 개인이 리스크를 회피할 수 있도록 리스크 정보가 전달되지만, 그럼에도 불구하고 현실적으로 리스크회피행동을 취할지 여부는 최종적으로는 개인의 선택에 맡겨져 있기 때문이다.

고도의 과학기술 문제의 예로는 원자력발전소 건설, 유전자조작기술 문제 등이 있다. 이들 고도의 과학기술이 진전된 결과로 발생하는 문제와 적지 않은 환경문제는 사회적 논쟁의 문제라고 할 수 있다.

단, 모든 문제가 개인적 선택과 사회적 논쟁의 어느 쪽으로 명확히 분류할 수 있는 것은 아니다. 예를 들면, 흡연할 것인지 여부는 기본적으로는 개인적 선택의 문제이지만, 간접흡연에 의한 건강피해가 커지면, 흡연할지 여부는 흡연자만의 문제가 아니게 된다. 그리고 흡연자의 건강피해에 의한 사회적 비용(의료비)의 증대가 문제로 되는 경우도 있을 것이다. 그러면 공공장소에서의 금연정책이 검토되고, 이것을 사회 전체로서 인정할지 여부는 사회적 차원에서 공론화하여 결정하여야 하는 상황이 된다. 이 경우 원래 개인적 선택의 문제인 흡연이 사회적 논쟁으로 발전하였다고 생각할 수 있다.

그리고 같은 문제이더라도 어떤 측면을 생각하는가에 따라 개인적 선택 또는 사회적 논쟁으로 갈리는 경우도 있다. 최근 그 진보가 눈부신 유전자치료도 그 치료를 받을지 여부는 개인의 선택의 문제이지만, 사람의 유전자를 조작하는 기술을 사회에서 인정할지 여부가 윤리적인 문제에 관련되는 경우는 사회적 논쟁의 영역으로 취급되게 된다.

엄밀하게 분류할 수 없다고 하더라도, 이 구별을 의식하여 두는 것은 커뮤니케이션 기술을 생각하는 데 있어서는 의미가 있다. 왜냐하면 설득적 커뮤니케이션의 기술을 이용할지 여부에 대하여 이 두 가지에는 차이가 있다고 생각되기 때문이다.

개인적 선택의 문제에서는, 리스크에 대한 정보가 적절하게 전달되는 것이 문제가 되기 때문에, '어떻게 정보를 알기 쉽게 전달할 것인가' 또는 '어떻게 하면 개인이 리스크를 피할 수 있는가'라는 것이 논의의 중심이 된다. 따라서 여기에서는 개인의 태도, 행동 변용을 촉구하는 설득적 커뮤니케이션 기술을 활용할 필요성이 크다고 할 수 있다.

다른 한편, 사회적 논쟁의 영역에서는, 사회적으로 어떤 의사결정이 '올바르다'고 할 수 있는지 명확하게는 결정할 수 없는 문제가 많다. 이 때문에 사람들의 생각, 태도를 일정한 방향으로 유도하는 것을 가능하게 하는 설득적 커뮤니케이션 기술의 활용에는 신중하여야 한다. 설령 최신의 과학적 지견(知見)에 비추어 최량

(最良)이라고 생각되는 답이 있었다고 하더라도 그 답이 장래에도 올바르다는 보장은 없기 때문이다.

(5) 안전과 안심의 가교역할로서의 리스크 커뮤니케이션

안전과 유사한 말에 '안심'이라는 말이 있다. 안전과 안심은 짝(pair)으로 이용되는 경우도 많고, 안전과 안심을 동일한 용어로 생각하고 있는 사람도 많다. 양자는 밀접한 관계에 있지만, 본질적으로는 상당히 다른 개념이다. 안전은 과학기술을 토대로 하거나 이용하여 완성해 가는 성격이 강하고, 그 평가도 객관적인 접근방법을 지향하여 발전하여 왔다. 반면에 안심은 주관적인 판단이 중심을 이루고, 개인에 따라 느끼는 방법이 크게 다르다. 안심은 신뢰한다고 하는 인간의 마음과 강하게 관련된 것이다.

안전이라는 것이 안심에 크게 공헌하는 것은 틀림없는 사실이지만, 안전하더라도 안심할 수 없는 예, 거꾸로 안심하고 있지만 실은 안전하지 않은 예도 있다. 예를 들면, 유전자조작식품은 전자, 자동차는 후자에 해당한다고 할 수 있다.

안전을 안심으로 연결시키려면 어떤 것이 필요할까? 예를 들면, 안전이 어떤 구조로 실현되고 있는가, 최악의 경우에는 어떤 위험이 발생하는가와 같은 정보가 공개되는 것, 잔류위험성에 대한 합의, 납득이 얻어지는 것 등을 들 수 있다. 이것은 리스크 커뮤니케이션(risk communication)이 안전과 안심을 연결하는 키포인트(key point)임을 보여 준다.

리스크라고 하는 과학적인 개념을 대화라고 하는 인간적인 행동을 통하여 호소하고 서로 납득하는 행위야말로 안전과 안심을 결부시키는 가교역할을 하는 것은 아닐까. 어떤 것을 너무 무서워하지 않거나 지나치게 무서워하는 것은 쉽지만, 정당하게 무서워하는 것은 상당히 어렵다. 리스크를 냉정하게 판단하고 이를 받아들일지 여부를 결정하기 위해서는 과학기술에 대한 소양(literacy)과 안전에 대한 기초지식을 습득할 필요가 있다.

이를 위해서도 각 분야의 안전을 포괄하는 접근방법을 확립하는 한편, 안전과 안심을 연결시키는 기준을 제시하는 것이 사회적으로 필요하다.

참고 안전과 안심의 관계

'안전'의 반대는 '불안전'이지만, 이와 대립되는 개념은 '위험'이라고 할 수 있다. 불안전행동이 곧 위험행동이라고 할 수 없지만, 불안전행동의 정도가 높아지면 위험행동이 될 수 있다. 그리고 안심의 대립 개념은 불안인데, 불안은 두려움의 감정과 같은 확실한 대상을 반드시 수반하지는 않는 막연한 감정상태이다. 불안은 안전의 심리적인 파수꾼과 같은 역할을 한다. 사람이 안전을 확보하려고 하는 것은 불안하기 때문이다. 즉, 안전을 확보하는 행위를 작동하게 하는 것은 불안이다.

안전에 대한 위험, 안심에 대한 불안을 각각 두 축으로 하고 그 관계에서 생기는 심리상태를 나타내면 그림 3.2와 같다. 제1사분면은 만전의 안전대책이 취해져 사고·재해방지에 의해 안전·안심이 보장되어 있는 상태를 나타낸다. 제2사분면은 승강식의 비계 위에서의 작업 중 안전대를 착용하고 있고 안전이 보장되어 있지만, 혹시 고장 나는 바람에 공중에 거꾸로 매달리게 되는 건 아닐까와 같은 불안이 있는 상태이다. 제3사분면은 새로운 건설공법을 처음으로 채택하거나 위험한 장소에서 공사를 하고 있는 경우에 느끼는 심리상태이다. 제4사분면은 객관적으로 위험하긴 하지만

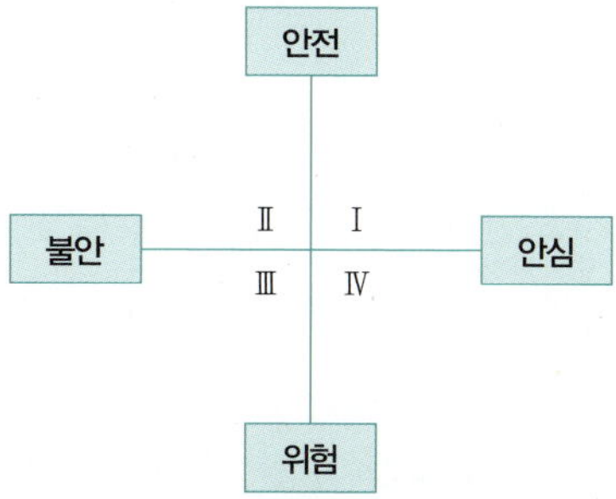

그림 3.2 안전·안심의 관계

이를 고려하여 충분한 안전대책이 취해져 있어 안심할 수 있는 상태를 나타낸다.

안전·안심의 영역을 확장하기 위해서는 제1사분면에서의 안전대책은 지속되도록 해야 하고, 다른 사분면에서는 보다 철저한 안전대책이 마련·이행되어야 한다.

그러나 안전·안심만을 목적화하면 과도한 법적 규제와 행동의 억제가 생기기 쉬워지고, 사소한 사항에 대해서도 지나치게 집착하는 과잉안전주의로 경도될 수 있다. 그리고 지나친 규제와 과도한 공포감을 조성할 정도의 형벌은 수범자의 보여 주기식 과잉대응을 유발할 수 있다.

반면, 안전한 생활, 안전상태가 상태화되면 그것에 익숙해져 버려 안전 확보의 노력과 궁리가 소홀해지고, 결과적으로 위험한 상황 또는 사고가 발생할 가능성이 높아진다. 안전에 익숙해져 안심해 버리는 것은 안전을 확보하려고 하는 동기부여를 약화시키거나 안전을 탐지하는 감도를 무디게 할 수 있으므로 특별히 주의를 요한다.

참고 안전 · 안심의 방정식

어떤 것이 안전하다고 해도 일반인·작업자는 그것을 만든 조직·사람을 신용하지 않으면 안심하지 않는다. 일반인·작업자는 안전의 확보 구조를 잘 모르기 때문에 안심을 요구하는 것이다. 안전한 것(상태)을 만든 후 안심하고 사용하거나 일하도록 하기 위해서는 제품을 만들거나 작업조건을 조성한 조직·사람이 어떻게 일반인·작업자한테 신뢰받느냐가 중요하다.

안전과 안심을 연결하는 것은 신뢰이다. 안전과 신뢰의 곱셈이 안심으로 이어진다. 아래 방정식에서 안심은 0과 1의 중간값을 취한다. 안전이 1, 즉 완벽하더라도 신뢰가 0이면 안심으로는 이어지지 않는다. 안심이 1보다 작은 것은, 안심이 1이 되면 전적으로 안심하여 오히려 위험이 생기기 때문이다. 조금 위험성이 있는 것을 자각하고 있을 필요가 있다.

안전 × 신뢰 = 안심 < 1

그림 3.3 안전 · 안심의 방정식

안심으로 이어지기 위해서는 안전한 것(상태)을 만들고 이용자(고객)·작업자와 리스크 커뮤니케이션을 도모하여 신뢰를 얻는 것이 필요하다. 국가와 조직은 안전을 안심으로 연결시키는 신뢰를 형성하기 위하여 좋은 정보든 나쁜 정보든 숨기지 않고 개시(開示)하여 일반인·작업자에게 알리는 것이 중요하다. 신뢰를 낳는 것은 정보의 공개성과 투명성이다.

(6) 심리학의 공헌

리스크 커뮤니케이션은 말할 필요도 없이 사회심리학의 큰 테마의 하나인 커뮤니케이션의 일종이므로, 이 연구의 처음부터 사회심리학의 식견이 응용되어 왔다. 그러나 이것 이외의 심리학 분야, 특히 인지심리학의 분야에서는 리스크 커뮤니케이션이 본격적으로 주목받기 전부터 이 문제에 관심이 기울여져 왔다.

그중 대표적인 관심은 사람들의 리스크 인지의 문제이다. 리스크 추정(risk estimation)은 피해의 중대성과 확률을 계산할 수 있으면 이를 확정하는 것이 가능하지만, 이것이 전문가가 아닌 사람들의 실감(實感)과는 반드시 일치하는 것은 아니다. 이와 같이 불일치를 일으키는 하나의 이유는 비전문가가 중대성과 확률 이외의 정보를 토대로 리스크에 대한 판단을 하고 있기 때문이다. 이와 관련하여, 베넷(Peter Bennett)은 과거의 연구를 개관하고 이러한 리스크 판단기준 중 사람들의 리스크 인지를 크게 하는 요인(공포 요인)을 다음 열한 가지로 정리하고 있다.[18]

- 비자발적으로 노출된다.
- 불공평하게 분배되고 있다.
- 개인적인 노력으로는 피할 수 없다.
- 잘 알려져 있지 않거나 지금까지 보지 못한 원인에 의한 것이다.
- 인공적인 원인에 의한 것이다.
- 눈에 띄지 않는, 회복이 되지 않는(irreversible) 피해이다.
- 어린이, 임부(姙婦) 또는 미래세대에 영향을 준다.

18) P. Bennett, "Understanding Responses to Risk: Some Basic Findings", in P. Bennett and K. Calman(eds.), *Risk Communication and Public Health*, Oxford University Press, 1999, p. 6.

- 특별한 공포를 불러일으키는 종류의 죽음(또는 부상, 질병)이 발생할 우려가 있다.
- 피해자가 가까이 있다(누구인지 모르는 자보다 누구인지 알 수 있는 자에게 피해를 입힌다).
- 과학적으로 불충분하게 해명되고 있다.
- 신뢰할 수 있는 복수의 정보원으로부터 모순된 정보가 전달된다.

여기에서 문제가 되고 있는 것은 일반인들의 리스크 인지가 정확한지 여부가 아니다. 리스크 커뮤니케이션에서 과학적으로 정확한 정보를 전달하는 것이 중요한 것은 확실하지만, 리스크 전문가는 그것에 부심한 나머지 사람들이 정보로서 무엇을 요구하고 있는지, 그 수요에 대한 배려가 자칫하면 결여되기 쉽다. 리스크 커뮤니케이션에서 요구되고 있는 것은 정확성과 아울러 사람들이 필요로 하고 있는 정보이다. 이를 위하여 먼저 전문가가 아닌 사람들의 리스크 인지의 특징을 아는 것이 중요하다.

그리고 동일한 리스크 추정을 토대로 판단(결정)을 할 법한 전문가들 간에도 리스크 인지에 '문화차'가 있는 것도 알려져 있다.[19] 이 연구에서는, 화학물질의 리스크에 대해 화학제품을 취급하는 기업의 상급관리직과 독성학회 회원 간의 인지 등을 비교하였다. 흥미롭게도, 독성학회 회원 간의 리스크 인지에 차이가 있었다. 정부, 기업에 소속되어 있는 회원은 화학제품회사의 상급관리직과 유사하게 리스크 인지가 낮았지만, 학계에 소속되어 있는 회원은 그것보다는 인지가 높았다. 그들은 이러한 결과를 토대로 리스크 인지에는 여러 가지 형태의 '문화적 차이'가 있다고 설명하고, 여

19) C. K. Mertz, P. Sovic and I. F. H. Purchase, "Judgement of Chemical Risks; Comparisons Among Senior Managers", *Risk Analysis*, 18(4), 1998, pp. 391~404.

기에서 말하는 '문화'에는 '성별, 민족, 사회적 지위, 연령, 직업집단, 직업적 지향'이라는 것이 반영되어 있다고 주장하고 있다.

소속된 사회집단에 따라 리스크 인지가 다르다는 것은 일본에서도 연구가 진행되었다.[20] 그들에 의하면, 전문가는 아니지만 전문가가 많은 조직에서 사무직으로 일하는 사람(전력중앙연구소의 사무직원)이 일반 시민보다도 전문가와 유사한 리스크 인지를 한다는 것이 보고되고 있다. 과학기술에 대한 생각도 전력중앙연구소의 사무직원은 전문과정의 교육훈련 유무에 관계없이 원자력 전문가와 매우 유사하고 일반 시민의 생각과는 크게 달랐다.

이들의 보고는 리스크 인지가 특정인이 소속되어 있는 사회집단이 무엇인가에 의해 영향을 받는다는 것을 시사한다. 이것은 리스크 추정뿐만 아니라, 그 추정을 (어떤 것인지로) 해석하는 과정에도 주관성이 들어갈 여지가 있다는 것을 의미한다.

한편, 리스크 전문가의 리스크 인지와 일반인의 그것이 다르다는 것이 알려지자, 리스크 커뮤니케이션의 극히 초기에는 일반인들의 인지를 프로(전문가)의 인지에 근접시킨다는 관점에서 설득적 커뮤니케이션을 이용한 인지 변용의 가능성이 과제로 인식되었다. 즉, 리스크 커뮤니케이션을 홍보의 한 가지 방법이라고 생각하는 시각이다. 리스크를 이해할 수 없는 것은 그것을 이해하는 적절한 지식이 없기 때문이라고 생각하는 '(정보)결핍모델[(information) deficit model]'[21]에 기초한 커뮤니케이션 방식이다.

---

20) 小杉素子·土屋智子, 〈科学技術のリスク認知に及ぼす情報環境の影響-専門家による情報提供の課題〉, 《電力中央研究所報告》, 研究報告 Y00009, 2000, pp. 1~23.

21) (정보)결핍모델은 사람들의 과학과 기술에 대한 회의 또는 반대를 정보부족에 기인한 이해의 부족 때문이라고 생각한다. 이 모델은 정보를 가지고 있는 전문가와 그렇지 않은 비전문가 간의 분열(불화)과 연관되어 있다. 이 모델은 커뮤니케이션이 전문가로부터 비전문가로의 정보전달의 향상에 초점을 맞추어야 한다는 것을 함축하고 있다.

그러나 세상에 리스크 문제는 많이 존재하고, 이들 모든 문제에 대해 사람들의 지식을 프로와 같은 수준으로 하는 것은 현실적으로 곤란하다. 그리고 프로라고 하더라도 자신의 전문영역에 대해서는 충분한 지식을 가지고 있을지 모르지만, 해당 전문영역 외의 지식에 대해서는 그 습득이 용이하지 않다는 사실을 생각하면, 그러한 생각에 문제가 있는 것은 충분히 예상된다.

게다가, 가령 모든 리스크 정보를 사람들이 이해하였다고 하더라도 그 판단이 꼭 전문가와 동일하게 되는 것은 아니다. 어떤 선택지를 선택할 것인가에는 각각의 사람, 사회 또는 조직의 가치관이 영향을 미치기 때문이다. 사람들의 가치관에 대한 배려 없이는 리스크 커뮤니케이션이 성립하기는 어렵다.

다만, 리스크 커뮤니케이션은 설득을 완전히 배제하고 있는 것은 아니다. 사람들이 위험한 행동을 하지 않도록, 리스크를 회피할 수 있도록 행동을 변용시키는 것도 리스크 커뮤니케이션의 주된 목표 중의 하나이다. 예를 들면, 경고표시, 재해 시의 피난권고가 그 예이다. 이러한 경우에는, 사람들이 잘못된 제품사용을 하지 않도록 또는 신속하게 위험한 지역에서 피난하도록 효과적인 정보의 전달이 요구된다.

특히 개인적인 리스크에 대해서는 사람들의 리스크 인지가 낮거나 낮아지는 경향이 있는 '비현실적 낙관주의(unrealistic optimism)'[22]가 문제가 되고 있다. 즉, 리스크에 대한 정보를 전달하였다고 하더라도, 사람들은 그것을 낮추어 평가하여 받아들이고 리스크회피행동을 취하지 않는 경향이 있다. 이 경향은 전형적으로는 재해 시의 피난권고에 대한 낮은 피난율에서 발견할 수 있다.

---

22) N. D. Weinstein, "Unrealistic Optimism About Future Life Events", *Journal of Personality and Social Psychology*, 39, 1980, pp. 806~820.

따라서 이러한 행동의 변용에는 설득의 기법을 활용하는 것도 중요하다는 것을 잊어서는 안 된다. 그 기법은 다양하지만, 이하에서는 특히 관계가 깊다고 생각되는 두 가지 기법을 소개한다. 이것은 '공포환기 커뮤니케이션'과 '일면적/양면적 커뮤니케이션'이다.

'공포환기 커뮤니케이션'이란 커뮤니케이션의 수신자에게 신체에의 위험을 전달하고, 공포라고 하는 정동(情動, affects)[23]을 일으키는 내용을 전달하는 커뮤니케이션 기법이다. 전형적으로는, 위험에 대한 '기술(記述, 그 원인과 결과)'과 위험을 어떻게 피할 것인가라는 '행동'에 대한 부분으로 구성된다. 심리학에서 이 분야의 연구는 피험자의 공포를 실험적으로 작출(作出)하기 위하여 건강문제, 원자력기술개발을 그 주제로 채택하는 경우가 많다.

공포환기 커뮤니케이션 연구의 당초에는 매우 강한 공포를 일으키는 것이 오히려 태도의 변용을 일으키지 않는다고 지적되어 왔다. 그러나 그 후의 많은 연구는 야기되는 공포가 강할수록 태도변화가 좀 더 잘 일어난다는 역의 결과를 얻고 있다. 이 결과를 리스크 커뮤니케이션에 이용한다면, 강한 공포를 일으키는 내용의 리스크 커뮤니케이션 쪽이 사람들에게 리스크회피행동을 취하게 할 수 있다는 것이 된다.

'일면적 커뮤니케이션'이란 유도하려고 하는 입장에 관한 찬성론만을 전달하는 커뮤니케이션이다. 이에 대해 '양면적 커뮤니케이션'이란 유도하려고 하는 입장에 관한 찬성론만을 전달하는 것이 아니라 반대론도 아울러 전달하는 커뮤니케이션이다.

리스크 커뮤니케이션과 이 두 종류의 커뮤니케이션을 비교하여 보면, 문제에 대한 부정적인 면도 전달하는 리스크 커뮤니케이션

23) 일시적으로 급격히 일어나는 감정상태로, 진행 중인 사고(思考)과정이 멎게 되거나 신체변화가 뒤따르는 강렬한 감정상태를 말한다.

은 양면적 커뮤니케이션에 가깝다고 생각할 수 있다. 양면적 커뮤니케이션은 다음과 같은 네 가지의 경우에는 일면적 커뮤니케이션보다 효과가 있는 것으로 알려져 있다.

- 수신자가 유도하려고 하는 입장에 반대하는 경우
- 수신자의 교육정도가 높은 경우
- 수신자가 설득하는 과제에 대한 정보와 지식을 많이 가지고 있는 경우
- 수신자가 역(逆)선전에 접할 가능성이 있는 경우

키노시타 토미오와 키카와 토시코(木下冨雄·吉川肇子)는 방사선을 이용한 과학기술[흉부 X선 촬영, 원자력발전, 고농도폐기물의 처리, 방사선의 식품조사(照射)]에 대하여 양면적 커뮤니케이션의 효과를 실험적으로 검토하였다. 그 결과 양면적 커뮤니케이션에 의해 이들 과학기술에 대한 리스크 인지는 변하지 않았지만, 정보의 송신자, 정보의 내용에 대한 신뢰는 확실히 높아졌다.[24)]

기술의 부정적인 면도 전달하는 것이 정보 송신자에 대한 신뢰를 높인다는 이 연구결과는, 장기적으로는 양면적 커뮤니케이션이 리스크 커뮤니케이션의 송신자와 수신자의 신뢰관계를 구축하는데 있어 중요하다는 것을 시사하고 있다.

한편, 커뮤니케이션 기술의 활용뿐만 아니라 사회적 합의가 요구되는 사회적 논쟁의 문제에 대해서도 사회심리학이 공헌할 수 있는 연구성과는 적지 않다. 이하에서는 대표적인 이론으로 절차적 공정(procedural justice)의 이론을 소개한다.[25)]

---

24) 木下冨雄·吉川肇子, 〈リスクコミュニケーションの効果(1)〉, 《日本心理学会第30回大会研究発表論文集》, 1989, pp. 109~110.

25) J. Thibaut and L. Walker, *Procedural Justice: A Psychological Analysis*, Eribaum, 1975.

절차적 공정이란 논의한 결과의 공정뿐만 아니라, 그 결과에 이르기까지의 과정, 절차의 공정에 대하여, 이것이 공정한지 여부의 판단을 문제로 하고 있다. 이 절차적 공정에 관한 일련의 연구에서 주목하여야 할 것은 '발언의 기회(voice)'라는 개념이다. 많은 연구는 의견표명의 기회가 있다는 점이 사람들의 절차, 과정에 대한 반응을 호의적으로 만든다고 밝히고 있다.

리스크 커뮤니케이션 연구에서도 일찍부터 '참가'의 중요성이 지적되어 왔다.[26] 일반인들도 의사결정과정에 참가하여 발언의 기회를 가짐으로써 커뮤니케이션이 송신자로부터 수신자로의 일방향적인 관계에서 쌍방향적인 관계로 변화한다. 이를 통해, 오해를 줄이거나 내용을 수정할 수 있고, 결국 상호의 이해가 심화되는 것을 기대할 수 있다.

발언의 기회가 있는 것은 일반적으로 리스크 전문가, 행정기관에 대한 신뢰를 높일 수 있을 것으로 기대되고 있다. 단, 렌과 레바인(Ortwin Renn & Debra Levine)은 현실적 참가기회의 양은 기관에 대한 신뢰의 지각에 영향을 미치지 않는다고 주장하고 있다.[27] 단순히 참가의 기회를 보장하는 것뿐만 아니라 그 참가의 방법이 어떠해야 신뢰가 높아지는가에 대해 최근 구체적인 연구가 진행되고 있다.

한편, 참가의 기회가 일반인의 리스크 인지를 낮추는 효과가 있다는 것을 지적한 연구자도 있다.[28] 이들은 유전자 조작식품에 대

---

26) R. E. Kasperson and P. J. Stallen, "Risk Communication: The Evolution of Attempts", In R. E. Kasperson and P. J. Stallen(eds.), *Communication Risks to the Public*, Kluwer Academic Publishers, 1991, pp. 1～14.

27) O. Renn and D. Levine, "Credibility and Trust in Risk Communication", In R. E. Kasperson and P. J. Stallen(eds.), *Communication Risks to the Public*, Kluwer Academic Publishers, 1991, pp. 175～217.

28) L. J. Frewer, S. J. Miles and R. Marsh, "The Media and Genetically Modified Foods: Evidence in Support of Social Amplification of Risk", *Risk*

한 리스크 인지를 조사하고 여성, 교육수준이 낮은 사람들의 리스크 인지가 높은 것은 이들이 사회적으로 리스크 관리에 관한 의사결정에 참가할 기회가 없었기 때문이라고 해석하고 있다.

(7) 향후의 리스크 커뮤니케이션

우리나라에서 리스크 커뮤니케이션이라는 용어가 사용되기 시작한 것은 얼마 되지 않았다. 그렇지만 지금까지 리스크 커뮤니케이션의 접근방법에 기초한 제도가 우리 사회에 실현된 경우는 적지 않다. 예를 들면, 「산업안전보건법」상의 물질안전보건자료·경고표시제도, 앞에서 설명한 고지된 동의(informed consent), 1999년부터 시작된 화학물질 배출량 조사결과 공개제도(「화학물질관리법」 제12조)는 오래된 예이고, 최근의 예로는 2015년부터 시행된 「화학물질의 등록 및 평가 등에 관한 법률」에 따라 등록한 화학물질에 대한 유해성심사 결과의 공개제도(제21조)가 있다. 리스크에 대한 정보가 산업현장을 포함한 사회에서 공유되고 활용되는 것이 장기적으로 볼 때 리스크 감소에 도움이 될 것은 확실하다고 생각한다.

단, 현실적인 문제로서 '리스크 커뮤니케이션이란 구체적으로 무엇을 하는 것인가'라는 의문이 제기되는 경우가 아직까지 적지 않다. 리스크 커뮤니케이션에서 일반인의 주체적인 관여가 요구되면서도 주민참가의 설명회, 홍보방식의 수정 등 여전히 정보제공에 비중을 두고 있는 경우도 많다.

참가형의 것으로서는, 지역주민 간에 리스크 문제를 정기적으로 서로 이야기하는 지역협의회(community advisory panel), 시민

Analysis, 22(4), 2002, pp. 701~711.

의 대표가 새로운 과학기술에 대해 전문가와 대화를 하는 총의(consensus)회의 등 새로운 방법이 시도되고 있다. 그러나 효율적인 방법은 효과의 면에서, 효과적인 방법은 효율의 면에서 각각 단점을 가지고 있는 것이 지적되고 있다.[29] 물론 모든 면에서 우수한 정답은 없을지도 모르지만, 여전히 새로운 방법이 모색되고 있는 것도 사실이다.

지금까지는 많은 리스크 문제에 대해 과학기술을 이용한 기술적인 해결책과 법, 제도의 변경에 의한 사회적인 해결책이 주로 논의되어 왔다. 물론 이 두 가지의 해결책은 둘 다 빼놓을 수 없는 것이지만, 그것만으로는 충분하다고 할 수 없다. 사회에는 가지각색의 사람들이 있고, 그 가치관, 사고방식도 다양하다. 이러한 사람들을 연결하고 사회를 바꾸어 가는 접근방법으로서의 리스크 커뮤니케이션은 앞으로 리스크 문제에 대한 중요한 해결책의 하나가 될 것임에 틀림없다. 구체적인 방법에 대해서는 당분간 혼란이 있거나 이해가 잘되지 않을지도 모르지만, 그것은 사회 전체적으로 견실하게 학습해 나가는 수밖에 없다.

리스크 커뮤니케이션이라는 용어가 산업현장을 포함한 우리 사회에 받아들여져 정착할지 여부에 대해서는 확언하기는 어렵다. 그러나 리스크 커뮤니케이션적인 접근방법은, 그것을 '리스크 커뮤니케이션'이라고 할지 여부는 차치하더라도, 이미 여러 가지 형태로 실현되고 있는 중이고, 산업현장 등 우리 사회의 많은 분야에 점차 받아들여져 지지를 얻어 갈 것이라고 확신한다.

29) G. Rowe and L. J. Frewer, "Public Participation Methods: A Framework for Evalution", *Science, Technology & Human Values*, 25(1), 2000, pp. 3~29.

6 리스크 커뮤니케이션과 거버넌스

(1) 리스크 커뮤니케이션의 의의

우리는 혼자서 살아가는 것이 아니라 사회, 조직 속에서 살고 있다. 리스크, 안전/위험에는 확실히 개인적인 것도 있지만, 많은 리스크, 안전/위험의 문제는 다른 사람들과 함께 대책을 수립하지 않으면 안 된다. 이를 위해서는, 먼저 당해 리스크, 안전/위험의 문제에 대한 정보·지식을 가지고 보다 올바른 상황인식과 보다 효과적인 대책을 다 같이 공유해야 한다. 리스크 커뮤니케이션을 쉽게 표현하면, 이와 같이 리스크에 대한 정보·지식을 타자와 교환(공유)하여 보다 좋은 대책을 강구하려고 하는 것이라고 할 수 있다.

리스크 커뮤니케이션은 리스크에 대한 정보교환을 의미한다. 광의로는, ① 사회에서 리스크에 관한 사항에 대한 합의 형성을 목적으로 하는 합의(consensus) 커뮤니케이션, ② 현실적으로 리스크에 직면하고 있는 사람들에게 바짝 다가가 지원하는 것을 목적으로 하는 케어(care) 커뮤니케이션, ③ 긴급 시에 리스크 정보를 전달·수신하는 위기(crisis) 커뮤니케이션이 포함된다. 그러나 오늘날의 사회에서 일반적으로는 합의 커뮤니케이션만을 협의로 리스크 커뮤니케이션이라고 부르는 경우가 많다. 이 책에서 말하는 리스크 커뮤니케이션도 기본적으로는 합의(consensus) 커뮤니케이션이다.

가장 작은 조직의 예로 가족을 생각해 보자. 양친과 막 대학생이 된 아들(3명)로 구성된 가족이 있다고 하자. 자식이 대학의 산악부에 들어가 해외원정을 포함한 본격적인 겨울산 등산을 하려고 한다. 겨울산 등산은 조난하여 목숨을 잃을 가능성도 있는 스포츠이다. 이 점에 대한 3명의 의논은 리스크 커뮤니케이션이다.

만약 양친 모두 겨울산 등산 베테랑이고 자식도 중학생 시절부터 겨울산 등산의 경험을 쌓아 왔다면, 즉 의논하는 사람이 모두 소위 전문가이면, 비교적 정확한 현상 인식하에 보다 타당한 판단이 이루어질 것이다.

만약 양친은 겨울산 등산 베테랑이지만 자식은 완전히 초심자인 경우는 어떨까? 현실 사회에서의 리스크 커뮤니케이션은 일반적으로 전문가 또는 당해 리스크에 관하여 풍부한 정보·지식을 가지고 있는 사람/조직과 보통의 주민과 같이 그다지 정보·지식을 갖고 있지 않은 사람들 간의 커뮤니케이션인 경우가 대부분이다.

1) 전문가와 비전문가 간의 위험인지의 괴리

미국 오리건 대학 심리학과 교수 슬로빅(Paul Slovic)은 여성유권자연맹 회원과 대학생에게 30개 항목(활동과 기술)의 위험도(risk)를 각각 판단하도록 하였다. 여성유권자연맹 회원과 대학생은 소위 비전문가이다. 비전문가는 원자력발전소를 가장 위험한 것으로 인식하였다. 이에 반해 리스크 전문가의 판단은 완전히 달랐다. 원자력발전소의 위험도는 20번째이고 가장 위험하다고 본 것은 자동차였다.[30)]

이처럼 비전문가의 위험인지와 전문가의 위험인지에는 괴리가 있는 경우가 일반적으로 많다. 왜 이러한 괴리가 발생하는 것일까? 전문가의 판단은, 모든 항목에 대해 정확한 데이터를 알고 있는 것은 아니지만, 당해 항목에 대해 대체로 객관적인 사망자수 또는 사망률의 실적에 근거하여 위험도를 판단하는 경향이 강하다. 이에 반해 비전문가는 객관적인 데이터보다도 여러 선입관,

30) P. Solvic, “Perception of Risk”, *Science*, 236, 1987, pp. 280~285.

표 3.1 비전문가(일반인)와 전문가의 위험인지 차이[31)]

활동 또는 기술	여성유권자연맹 회원	대학생	전문가
원자력발전소	1	1	20
자동차	2	5	1
권총	3	2	4
흡연	4	3	2
오토바이	5	6	6
알코올음료	6	7	3
개인용 비행기	7	15	12
경찰관 업무	8	8	17
살충제	9	4	8
외과수술	10	11	5
소방활동	11	10	18
대규모건축	12	14	13
사냥	13	18	23
스프레이 캔	14	13	26
등산	15	22	29
자전거	16	24	15
항공회사 비행기	17	16	16
발전소(원자력 제외)	18	19	9
수영	19	30	10
피임약	20	9	11
스키	21	25	30
엑스레이	22	17	7
고교/대학의 미식축구	23	26	27
철도	24	23	19
식품의 방부제	25	12	14
식품의 발색제	26	20	21
잔디 깎는 기계	27	28	28
처방받은 항생제	28	21	24
가전제품	29	27	22
예방접종	30	29	25

주) 표 안의 숫자는 위험도 평가(risk rating) 순위

31) Ibid., pp. 280~285.

휴리스틱[32]의 영향을 받은 직감적인 판단을 우선시하는 경향이 강하다. 이 때문에 비전문가는 원자력발전소가 가장 위험한 것이라고 생각한 반면, 전문가는 원자력발전소는 그다지 위험한 것은 아니라고 판단한 것이다.

참고 감정 휴리스틱

휴리스틱에는 가용성 휴리스틱(availability heuristic), 대표성 휴리스틱(representativeness heuristic)과 감정 휴리스틱(affect heuristic) 등이 있다. 위험 인지에서 중요한 것이 감정 휴리스틱이다. 이것은 글자 그대로 감정을 단서로 하여 위험에 대한 판단을 내리는 판단법이다. 감정에는 희로애락, 놀람, 공포 등 여러 종류가 있는데, 감정 휴리스틱에서 판단의 단서가 되는 감정은 훨씬 단순하여 대상을 보고 들었을 때에 감각적으로 품게 되는 '불쾌감'이나 '호감'이다.

예를 들면, '농약'이라는 말을 들었을 때 불쾌감을 느끼고 그 감정을 단서로 하여 위험이 크다고 느끼고, '유기농 재배'라는 문구를 보고 좋은 기분이 들어 해당 상품의 위험을 낮다고 느끼게 된다. 이런 감정 휴리스틱은 현실과 다른 판단을 하게 하기도 한다. 예를 들면, '원자력'이라는 말에 대해 부정적 감정을 느끼면 원자력 발전이라는 기술은 위험만 높고 이득은 조금밖에 안 된다고 판단하기 쉬운 반면, '태양의 힘', '자연 에너지'라는 말에 긍정적 감정을 느끼면 태양광 발전이나 풍력 발전은 위험이 낮으면서도 이득은 큰 것으로 인지하기 쉽다.

---

32) 휴리스틱은 시간이나 정보가 불충분하여 합리적인 판단을 할 수 없거나 체계적이고 합리적인 판단이 굳이 필요하지 않은 상황에서 빠르게 사용할 수 있는 간편한 추론방법이다. 경험과 감에 기반하여 어림짐작으로 의사결정을 하는 데 사용된다.

감정 휴리스틱은 위험의 크기가 확률이 아닌 절대 수로 표현될 경우에 작용하기 쉽다. 절대 수 표현이 추상적인 확률 표현보다 부정적 감정을 수반하는 구체적인 이미지(바람직하지 않은 상태)를 떠올리기 쉽게 하기 때문이다. 예를 들면, '인구의 24.14%가 사망'하는 질병보다 '1만 명 중 1,286명이 사망'하는 질병을 더 위험하다고 평가한다.[33] 물론 인구의 24.14%가 사망할 질병이 피해의 규모로는 훨씬 크다. 그럼에도 불구하고 후자를 더 위험하다고 평가하는 것은 추상적인 24.14%로부터는 구체적인 양상을 머릿속으로 상상하거나 느끼기 힘들지만, 1,286명이라는 표현은 죽음을 당하는 인간 수로 받아들여져 그에 따르는 부정적 감정을 강하게 하기 때문이다.

그리고 위험이나 피해 양상을 인상 깊은 사례로 묘사하거나 생생한 화면이나 영상으로 보여 주면 숫자로 표현하는 것보다 부정적 감정을 강렬하게 환기시켜 감정 휴리스틱을 우세하게 만듦에 따라 위험 인지에 더욱 강한 영향을 줄 수 있다.

2) 결핍모델

앞에서 언급한 겨울산 등산에 대한 가족 3명의 리스크 커뮤니케이션 예에서 자식은 등산에 대한 충분한 경험이 있고 등산에 대해서도 충분히 조사하고 있는 데 반해, 양친은 겨울산 등산에 대해 거의 아무것도 알지 못하는 경우를 생각해 보자.

양친은 직감적으로 "그런 위험한 것을 해서는 안 된다."고 하면서 자금 지원을 하지 않겠다고 말할지도 모른다. 이때 자식이 실

33) K. Yamagishi, "When a 12.86% mortality is more dangerous than 24.14%: Implication for risk communication", *Applied Cognitive Psychology*, 11, pp. 495～506.

적 데이터에 근거하여 겨울산 등산을 올바르게 하면 위험한 것은 아니라는 점과 자신은 위험한 일은 하지 않을 것이라고 설명하여 양친을 납득시킬 수 있다면, 그 가족은 겨울산 등산을 해도 좋다는 합의에 도달할 수도 있다.

이와 같이 비전문가는 당해 리스크에 대한 정보·지식이 부족하고 전문가가 올바른 지식을 정확하게 제시함으로써, 비전문가도 제시된 정보·지식을 토대로 전문가와 동일한 리스크 판단을 하게 된다. 이러한 사고방식을 결핍모델(deficit model)이라고 한다.[34)]미국에서는 1960년대경부터 늦어도 1980년대경까지는 결핍모델에 근거한 리스크 커뮤니케이션이 주류였다. 즉, 리스크 커뮤니케이션이란 올바른 지식을 정확하게 사람들에게 설명하고 계몽하는 활동이라고 생각한 것이다. 그러나 오늘날에는 결핍모델에 근거한 리스크 커뮤니케이션으로는 합의에 이르는 경우가 거의 없다는 점이 다수의 사례에서 경험적으로 명백해지고 있다.

3) 정보 · 지식의 질

결핍모델에서는 합의에 도달하는 것이 어렵다는 점에 대해 몇 개의 이유가 제시되는데, 그중 하나로 비전문가에게는 전문가가 제공하는 정보·지식이 실제로 올바른지를 확인하는 것이 어렵다는 점이 있다.

전문가로서의 자질에는 전문에 관한 정보의 진위를 비판적으로 간파하는 기능이 있다. 비전문가에게는 그 기능이 없다. 이 때문에 전문가가 스스로 유리하도록 거짓말을 하고 있다는 의문이 비

34) B. Wynne, "Public Uptake of Science: A Case for Institutional Reflexivity", *Public Understanding of Science*, 2(4), 1993, pp. 321~337; J. D. Miller, "Scientific Literacy: A Conceptual and Empirical Review", *Dedalus*, 11, 1983, pp. 29~48.

표 3.2 정보 · 지식의 종류와 리스크 커뮤니케이션에서의 효과

정보 · 지식의 종류	리스크 커뮤니케이션에서의 효과
단순한 정보 · 지식	설득효과가 있음
복잡한 정보 · 지식	알기 쉽게 전달함으로써 설득 가능성이 있음
불확실한 정보 · 지식	'만일의 일'을 걱정하는 상대방에게는 위험방향으로의 설득효과는 있지만, 안전방향으로의 설득효과는 기대할 수 없음
다의적인 정보 · 지식	설득효과가 없을 뿐만 아니라, 상대방을 혼란스럽게 하여 불신을 초래할 수도 있음

전문가에게 생기면, 전문가가 어떤 정보·지식을 제공해도 비전문가는 진지하게 들을 수 없는 상태에 빠지고 만다.

일반적으로 정보·지식이 올바른지를 판단하는 난이도에는 정보·지식의 질이 관련된다. 정보·지식에는 그 성질에 따라 ① 단순한(simple) 정보·지식, ② 복잡한(complex) 정보·지식, ③ 불확실한(uncertain) 정보·지식, ④ 다의적인(ambiguous) 정보·지식이 있다.

① 단순한 정보 · 지식

'눈은 차다', '철은 단단하다'처럼 체험으로 잘 알고 있는 사항, 체험하면 바로 이해할 수 있는 정보·지식을 '단순한 정보·지식'이라고 한다. 단순한 정보·지식은 그 진위를 누구라도 용이하게 판단할 수 있어 리스크 커뮤니케이션에서 큰 설득효과가 있다.

리스크 커뮤니케이션에서는 식품안전, 운송안전, 원자력이용 등 여러 문제가 대상이 된다. 이들 문제의 대부분은 단순한 정보·지식만으로 설명할 수 있는 것은 아니다. 그러나 어떠한 문제이든 엄연한 사실은 단순한 정보·지식으로 기능한다. 즉, "○○을 먹어 사망자가 나왔다.", "○○항공회사는 사고를 일으킨 적이 없다." 등 사실정보는 단순한 정보·지식으로 기능하여 큰 설득효과를 낸

다. 그 의미에서 리스크 커뮤니케이션에서 사실보다 나은 정보·지식은 없다고 할 수 있다.

② 복잡한 정보 · 지식

이해하는 데 어느 정도의 배경 정보·지식 또는 연역, 귀납 등 논리조작이 가능하지 않으면 이해할 수 없는 정보·지식, 나아가 수식 등의 특수한 언어능력이 없으면 이해할 수 없는 정보·지식 등은 '복잡한 정보·지식'이다. 비전문가에게 복잡한 정보·지식은 이해하는 것에 곤란을 수반한다. 그러나 복잡한 정보·지식이라 하더라도, 궁리하여 알기 쉽게 하고 시간을 들여 끈기 있게 설명하면 비전문가도 이해하는 것이 가능하다.

과학기술에 관련된 리스크 커뮤니케이션에서는, 전문가는 사건을 복잡한 정보·지식으로 파악하고 있더라도 비전문가에 대해 발신할 때에는 그 정보·지식을 누구라도 알 수 있도록 궁리하여 설명할 필요가 있다. 그리고 처음으로 듣는 복잡한 정보·지식을 이해하려면 수고와 시간이 요구되므로, 상대가 리스크 커뮤니케이션 자체에 관심을 계속해서 갖도록 하는 노력도 필요하다.

③ 불확실한 정보 · 지식

10년 이내에 백두산이 분화할까, 흡연 습관이 있는 자에게 암이 발생할까, 자신이 교통사고를 당할까 등은 '불확실한 정보·지식'이다. 이것은 절대로 발생하지 않는다고 단언하는 것은 불가능하고, 반드시 발생한다고 단정 짓는 것도 불가능하다. 의미하는 내용이 진실이라고 하더라도 그것이 현실화될지는 확률로밖에 표현할 수 없는 것이 불확실한 정보·지식이다.

리스크 커뮤니케이션에서 의논의 내용이 되는 리스크 또는 위험/안전은 기본적으로 불확실한 정보·지식이다. 이 세상에 완전한

(절대) 안전은 존재하지 않는다. 즉, 어떤 사항이라도 위험한 결과가 될 가능성은 그것이 제로에 가까운 확률이라 하더라도 남는 것이다. 리스크 커뮤니케이션에서 "조금이라도 위험한 것이 발생할 가능성이 있으면, 만일을 생각하여 인정할 수 없다."는 의견에 대해 올바른 정보·지식을 제공하는 것으로만 대응하는 것은 곤란하다. 이 경우 결핍모델은 기능하지 않는다.

④ 다의적인 정보 · 지식

100밀리시버트/연(年)보다 약한 낮은 수준의 방사선피폭이 발암률에 얼마나 영향을 미치는지는 실은 잘 알려져 있지 않다. 지금까지 긴 기간의 피폭자 조사 결과에서는 100밀리시버트/연보다 강한 인공방사선을 피폭한 사람의 발암률이 인공방사선을 전혀 피폭하지 않은 사람의 발암률과 다르지 않기 때문이다.[35] 이 때문에 낮은 수준의 방사선이 건강에 미치는 영향에 대해서는 연구자에 따라 다른 관점이 주장되고 있고 결정적인 근거가 되는 정보·지식은 없다.

이처럼 진실은 누구도 모르거나 동일한 사건에 대해 여러 견해, 이론 등이 병존하고 있는 정보·지식을 '다의적인 정보·지식'이라고 한다. 과학기술뿐만 아니라 학문의 경우 일반적으로 최첨단일수록 그 성과는 다의적인 정보·지식이 된다. 또한 경험한 적이 없는 경제상황의 대응정책에 대한 정보·지식은 실시해 보지 않으면

35) Y. Shimizu, H, Kato, W. J. Schull and K. Mabuchi, "Dose-response Analysis Among Atomic Bomb Survivors Exposed to Low-level Radiation", in T. Sugahara, L. A. Sagon and T. Aoyama(eds.), *Low Dose Irradiation and Biological Defense Mechanisms*, Excerpta Medica, 1992, pp. 71~74; D. L. Preston, D. A. Shimizu, H. M. Cullings, S. Fujita, S. Tunamoto and K. Konama, "Effect of Recent Changes in Atomic Bomb Survivor Dosimetry on Cancer Mortality Risk Estimates", *Radiation Research*, 162, 2004, pp. 377~389.

안 되기 때문에 다의적인 정보·지식일 것이다.

리스크 커뮤니케이션에서 전문가로서의 견해를 요구받은 경우에는 정직하게 회답하려고 할수록 다의적인 정보·지식을 전하지 않을 수 없다. 그러나 비전문가에게는 다의적인 정보·지식에 의한 회답은 회답이 없는 것이나 마찬가지이다. 무엇이 올바르다고 할지를 비전문가가 판단해야 하기 때문이다. 이처럼 다의적인 정보·지식에 대해 결핍모델이 효과가 없다는 것은 명백하다.

4) 전문가와 비전문가를 잇는 합의 형성을 위한 신뢰 구축

리스크 커뮤니케이션에서 올바른 정보·지식을 정확하게 전달하면 모두의 합의가 이루어진다고 보는 결핍모델이 기능하지 않는 또 하나의 이유는, 전문가뿐만 아니라 비전문가에게도 자존심이 있고 자신의 인식이 틀렸다고는 인정하기 어렵기 때문이다. 겨울산 등산에 대한 가족 3명의 리스크 커뮤니케이션 예에서는 양친은 겨울산 등산에 대한 지식이 없어도 '부모의 프라이드를 걸고' 자신들의 인식이 올바르다고 자식에게 강하게 주장할지도 모른다.

나아가, 전술한 바와 같이 비전문가에게 이해가 곤란한 복잡한 정보·지식 또는 불확실한 정보·지식, 다의적인 정보·지식이 제시된 경우, 명확한 판단을 하기 어렵기 때문에 상대방은 이익을 얻기 위하여 자신들을 속이려는 것은 아닐까라는 의문을 품기 쉽다.

그러나 겨울산 등산에 대한 가족 3명의 리스크 커뮤니케이션 예에서 이 가족이 깊은 애정으로 연결되어 있고 상호 신뢰하고 있다면 어떨까? 부모의 프라이드가 있다고 하더라도 자식이 진심으로 바라고 있는 것을 프라이드만으로 반대하는 일은 없을 것이다. 하물며, 설령 이해, 판단이 어려운 것을 들어도 자식이 거짓말을 하고 있다고는 생각하지 않을 것이다. 이처럼 상호의 신뢰 형성이 리스크 커뮤니케이션을 성취시키는 열쇠라고 보는 시각이 1980년대경부터 주목받아 오고 있다.

① 신뢰를 높이는 전문적 능력과 성실성

사회심리학의 설득 연구에서 설득에 효과가 있는 신뢰는 ① 전문적 능력과 ② 성실성으로 구성된다는 점이 널리 알려져 있다.[36] 병으로 수술을 받는 경우를 생각해 보자. 수술을 받는 것에 설득이 되어 동의할 수 있는 것은 어떤 의사에 대해서일까? 아무래도 외과의로서의 능력이 높지 않으면 신뢰할 수 없을 것이다. 환자에게 성실하게 응해 주는 의사일수록 신뢰할 수 있다고 생각할 것이다. 리스크 커뮤니케이션에서도 전문가는 물론 비전문가도 능력이 높다고 인정받을수록 상대방으로부터 신뢰받게 된다. 불성실하다고 생각되어서는 상대방으로부터 신뢰를 얻을 수 없다.

② 신뢰를 높이는 관계성의 깊이와 쌍방향 커뮤니케이션의 중요성

만난 적이 없는 사람을 신뢰하는 것은 어렵다. 사람들은 관계성의 깊이가 깊을수록 상대방을 신뢰할 수 있게 된다. 리스크 커뮤니케이션에서도 상대방과의 관계성을 심화하는 것은 상호의 신뢰 형성을 위하여 중요하다. 어떤 대상이든 단순히 접촉하는 빈도가 많아지는 것만으로 그 대상에 대한 호의도가 높아지는 것은 확실하다(단순접촉효과).[37]

상대방과의 관계성의 깊이를 높이려면, 상대방에게 이쪽의 해명을 전달할 뿐 상대방이 말하는 것은 경청하지 않는, 이른바 일

36) C. I. Hovland and W. Weiss, "The Influence of Source Credibility on Communication Effectiveness", *Public Opinion Quarterly*, 15, 1951, pp. 635 ~650.

37) R. B. Zajonc, "Attitudinal Effects of Mere Exposure", *Journal of Personality and Social Psychology*, 9, 1968, pp. 1~27.

방향 커뮤니케이션이어서는 안 된다. 오늘날의 리스크 커뮤니케이션은 쌍방향의 의논(쌍방향 커뮤니케이션)이라는 점이 기본이 되고 있다.

리스크 커뮤니케이션에서 전문가는 상대방이 어떤 것을 알고 싶다고 생각하고 있는지, 그리고 어떤 것에 불안을 느끼고 있는지를 잘 듣고 그것에 맞추어 정보·지식을 제공해야 한다. 비전문가는 자신의 지역주민에 밀착한 정보·지식, 특히 지역의 특수성, 역사적인 사실 등에 대해서는 전문가가 알지 못하는 정보·지식을 갖고 있는 경우가 있다. 리스크 커뮤니케이션에서는 모든 참가자가 자신이 갖고 있는 정보·지식을 적극적으로 발신하고 상대방의 지식·정보에도 귀를 기울여 문제 해결을 향해 함께 생각하게 된다. 이 프로세스에서 상호 간의 신뢰관계를 구축해 가는 것이 합의 형성에 있어 필수적이다.

③ 신뢰를 높이는 동일한 가치관

가치관이란 무엇을 실현하고 싶은가(무엇을 원하는가), 또는 무엇을 손에 넣어야 할 것인가에 대한 지식체계이다. 따라서 상대방과 동일한 가치관이란 실현하고 싶어 하는 것이 같은 것을 의미한다. 우리는 자신과 동일한 가치관의 상대방일수록 신뢰할 수 있다고 생각한다. 예를 들면, 풍요로운 자연을 지키고 싶다고 생각하는 자끼리는 상호 신뢰할 것이지만, 자연을 다소 희생해서라도 경제 발전을 지향해야 한다고 주장하는 자는 신뢰하지 않을 것이다.

리스크 커뮤니케이션에서 상대방과 동일한 가치관을 갖고 있는 것이 확인되면 신뢰 형성이 촉진된다. 설령 상대방과 동일한 가치관은 아니더라도 상대방의 가치관을 잘 이해하여 존중하는 것은 리스크 커뮤니케이션에서 매우 중요하다. 이 점에서도 리스크 커뮤니케이션은 쌍방향의 커뮤니케이션이어야 한다.

④ 신뢰를 높이는 상대방에 대한 애정

애정으로 연결된 사람들이 상호 신뢰하는 것은 당연하지만, 공리적이고 표면적인 애정이더라도 그것이 없는 것보다는 있는 쪽이 신뢰가 높아진다. '상대방은 자신에게 이익을 줄 의지가 있고 자신을 위험에 조우하게 할 생각이 없다'는 것을 확인할 수 있을 때, 우리는 상대방으로부터 자신이 사랑받고 있다고 생각하지 않을까? 그리고 자신을 사랑하고 있지 않은 상대방을 신뢰하는 것은 곤란하다. 즉, 자신이 사랑하고 있지 않은 상대방으로부터 신뢰받는 일은 없을 것이다. 보다 엄밀히 이야기하면, 자신이 사랑하고 있지 않은 것을 알아버린 상대방으로부터 신뢰받는 경우는 없다고 보아야 한다.

리스크 커뮤니케이션에서 상호 간에 합의가 얻어져 문제 해결로 나아가는 것은 상호의 신뢰관계가 구축된 후부터라고 말해도 과언이 아니다. 자신이 상대방에게 애정을 가지고 있는 것을 상대방이 알게끔 하는 것, 즉 자신 또는 자신의 조직이 상대방의 이익을 최대화하고 상대방의 위험을 최소화하는 것에 노력하고 있다는 사실을 상대방으로부터 인정받는 것이 신뢰 형성에 있어 중요하다.

(2) 현실 사회에서의 리스크 커뮤니케이션

1) 리스크 커뮤니케이션의 참가자(actor)

현실 사회에서 리스크 커뮤니케이션의 담당자가 되는 참가자에는 시민, 행정, 미디어, 사업자, 전문가가 있다.

민주주의 사회에서 중요한 사회의 결정에는 최종적으로 시민이 관여하게 된다[주권재민(主權在民)]. 따라서 두루 사회와 관련되는 리스크에 대한 커뮤니케이션의 참가자 중 하나는 시민이다. 여기에서 시민에는 일반시민뿐만 아니라 소비자단체, 각종 NGO(Non Governmental Organization) 등의 시민사회단체도 포함된다.

시민의 위탁을 받아 실제로 권력을 행사하는 행정도 리스크 커뮤니케이션의 참가자이다. 행정은 인허가권을 이용하여 사회의 리스크를 컨트롤하는 입장에 있다. 이 때문에 설명책임과 정보개시(開示) 의무가 있고 리스크 커뮤니케이션을 행할 의무가 있다.

미디어는 취재 등에 의해 다종다양한 대량의 정보를 수집하여 시민에게 제공하고 있다. 실제 오늘날에는 시민의 중요한 정보원은 미디어이다. 미디어는 종래 보도기관뿐이었지만, 인터넷과 스마트폰 등의 휴대단말기의 보급 및 성능 향상에 수반하여 소셜미디어(SNS)도 시민의 중요한 정보원이 되고 있다. 나아가, 소셜미디어는 시민의 정보 발신의 장이 되고 있기도 하다. 미디어는 미디어로서의 리스크에 관한 인식과 판단을 정보 발신할 수 있다. 그 점에서 미디어도 리스크 커뮤니케이션의 일익을 담당하는 참가자이다.

자연재해에 관한 리스크, 안전/위험을 제외하면, 사회에서의 리스크는 사회의 부(의·식·주·운수·에너지·서비스 등)를 확보하여 증가시키려는 활동에 수반하여 생기는 것이다. 사회의 부를 확보하여 증가시키는 주된 담당자는 회사 등의 사업자이다. 이 때문에 사업자는 리스크 커뮤니케이션의 주요한 참가자가 되는 경우가 많다. 그리고 자연재해에 관한 리스크 또는 안전/위험이라 하더라도, 원자력발전소와 같이 자연재해에 의해 피해를 입은 경우 더욱 가혹한 피해를 사회에 초래할 수 있는 시설을 운영하는 사업자는 리스크 커뮤니케이션의 참가자가 된다.

전문가는 대학교수 등 리스크에 대해 조예가 깊은 학식자나 조종사 등 당해 리스크에 깊게 관여한 경험을 가지고 있는 자를 가리킨다. 광의의 전문가에는 행정, 사업자 등도 포함될 수 있지만, 현실 사회에서의 리스크 커뮤니케이션에서는 전문가는 한정적인 (협의의) 의미로 사용된다. 전문가는 당해 리스크에 대해 사회에서 가장 상세하고 타당한 정보·지식 또는 견해를 가지고 있다고 기대되기 때문에, 리스크 커뮤니케이션의 기타 참가자, 즉 시민, 행정, 미디어, 사업자부터 정보·지식의 제공, 견해의 표명을 요구받는다. 이 의미에서 전문가는 리스크 커뮤니케이션의 참자가이다. 또한 전문가는 당해 리스크에 이해관계가 없는 입장인 경우가 많기 때문에, 제3자로서 당해 문제에 개입하는 참가자가 되는 경우도 있다.

리스크 커뮤니케이션에서는 이해관계자의 관점에서 참가자 중 특히 시민, 행정, 사업자를 관계자로 부르는 경우도 있다. 미디어, 전문가도 당해 문제에 대해 이해관계가 발생하는 경우에는 관계자가 된다.

2) 리스크 커뮤니케이션의 목적과 기능

리스크 커뮤니케이션을 행하는 목적과 기능은 문제의 성질에 따라 다르다.

① 교육 · 계몽

교육·계몽을 목적으로 하는 리스크 커뮤니케이션은 결핍모델에 근거한 것이지만, 사람들에게 정보·지식이 부족한 현상을 개선하려고 하는 리스크 커뮤니케이션이 요구되는 경우도 있다. 예를 들면, 신형 인플루엔자와 같이 지금까지 그다지 알려져 있지 않은 질병의 유행이 우려되는 경우에는 바른 대응방법을 취하도록 사회 전체에 대해 교육·계몽할 필요가 있다. 그리고 태풍으로 인한 강물 범람으로부터의 피난 등 자연재해에 대한 보다 효과적인 대응을 위한 교육·계몽을 목적으로 하는 리스크 커뮤니케이션도 요구된다. 교육·계몽을 목적으로 하는 경우에는 미디어에 의한 정보·지식의 제공이 중요하게 기능한다.

② 행동 변용

교통안전 등을 위한 리스크 커뮤니케이션에서는 사람들의 행동 변용을 목적으로 하는 경우가 있다. 예를 들면, 최고속도를 준수하거나 스마트폰을 보면서 자동차를 운전하지 않는 등 사람들의 행동을 바꾸는 것을 목적으로 한 리스크 커뮤니케이션이 필요한 경우가 있다. 단, 민주주의 사회에서 기본적 인권이 준수되는 사회에서는 사람들의 행동은 기본적으로 자유이고, 학교, 사회 등의 조직 내에서의 리스크 커뮤니케이션 또는 법률에 의한 규제, 벌칙 등을 수반하는 리스크 커뮤니케이션이 아니면 행동 변용을 목적으로 하는 리스크 커뮤니케이션은 기능하지 않는 경우가 많다.

③ 신뢰와 상호 이해

공장을 신설하려고 하는 사업자와 지역주민 간의 리스크 커뮤니케이션 등에서는 구체적인 피해·위험에 대한 논의 등을 통해 양자 간의 신뢰와 상호 이해를 달성하는 것이 최종적인 목적이 되는 것이 실제이다. 물론 구체적인 피해·위험에 대해 논의하여 합의를 얻는 것은 필요조건이지만, 앞으로도 리스크 커뮤니케이션을 계속해야 하는 문제라면, 눈앞의 합의뿐만 아니라 신뢰와 상호 이해를 형성하는 것을 보다 중요한 목적으로 한 리스크 커뮤니케이션이 되도록 유의해야 한다.

④ 문제 발견, 논의 구축, 논점 가시화

문제에 따라서는 어떤 참가자도 단편적인 정보·지식 외에는 갖고 있지 않고 무엇이 문제인지조차 명확하지 않은 경우가 있다. 그와 같은 경우의 리스크 커뮤니케이션에서는 문제를 발견하여 논의를 구축하고 논점을 가시화하는 것이 목적이 된다. 예를 들면, 후쿠시마 제1원자력발전소의 사고처리에서 삼중수소를 해양방출하는 문제에 대해 원자력 전문가, 사업자는 삼중수소에 의한 환경영향 중 건강피해에 대해서는 당초부터 상세한 정보·지식을 갖고 있을지 모른다. 그러나 삼중수소 해양방출에 의한 수산물 피해 논란에 대해서는 유의하여 정보·지식을 적극적으로 수집했어야 한다. 이처럼 무엇이 문제인지를 명확히 하고 적절한 논의를 구축하는 것을 목적으로 한 리스크 커뮤니케이션이 있다.

⑤ 가치관의 조정, 합의 형성

사람들의 가치관은 다양하다. 안전 또는 피해·위험에 대해 협의할 때에는 가치관 그 자체가 서로 충돌하는 경우가 있다. 예를 들면, "귀중한 자연을 지키기 위하여 사람의 출입을 일절 금지해야 한다."는 가치관과 "귀중한 자연은 지켜야 하지만 관광개발을 하여 지역경제도 활성화해야 한다."는 가치관은 그대로는 양립하지 않는다. 리스크 커뮤니케이션에서 합의가 달성될 수 없는 것은 애당초 서로의 가치관이 양립하지 않기 때문인 경우가 많다. 따라서 이와 같은 경우에는, 서로의 가치관을 조정하는 방식으로 타협할 수 있는 점을 찾아내어 합의를 형성하고, 함께 가는 관계를 구축하는 것이 리스크 커뮤니케이션의 목적이 된다.

⑥ 회복과 화해

안전 또는 피해·위험을 둘러싸고 적대적인 관계가 생기는 경우가 있다. 예를 들면, 화학공장, 철도회사가 다수의 사망자를 내는 대형사고를 일으켰다고 가정하자. 피해자와 그 유족은 사고를 일으킨 사업자를 용서하는 것이 불가능할 것이다. 그러나 그 사업자가 앞으로도 사업을 계속해 가려고 하면, 두 번 다시 동일한 사고를 일으키지 않기 위한 리스크 커뮤니케이션을 피해자와 그 유족으로부터도 참가를 받는 방식으로 행할 필요가 있다. 따라서 리스크 커뮤니케이션의 주된 목적은 사고의 재발방지이지만, 회복과 화해도 주된 목적이 된다.

3) 리스크 커뮤니케이션의 공간적 · 시간적 범위

리스크 커뮤니케이션은 가족, 친족 또는 회사의 일부 부서 내에서만 행해지는 경우도 있다. 이와 같은 경우에는 개인 레벨의 커뮤니케이션이 된다.

회사 내에서 끝나는 리스크 커뮤니케이션에서도 복수의 부서가 관계하는 경우, 특히 본사와 현장을 섞은 리스크 커뮤니케이션이 되면, 특정 입장을 취하는 집단 간 리스크 커뮤니케이션이 된다.

나아가, 회사 전체에 관련된 문제가 되면, 사업자, 행정, 시민, 나아가 미디어, 전문가도 참가자가 되는 집합적 커뮤니케이션이 된다. 집합이란 입장, 역할이 정해져 있지 않은 사람들의 모임을 말한다. 사업자와 행정은 조직이므로 당해 리스크에 대한 책임과 의무가 수반되는 명확한 견해를 표명할 수 있지만, 시민, 미디어, 전문가는 리더, 멤버십이 애매한 집합이기 때문에, 그 견해에는 도의적인 의미 외에는 책임과 의무가 수반될 수 없다. 따라서 집합적인 리스크 커뮤니케이션에서는 선거, 주민투표 등을 거쳐 최종적인 해결이 도모되어 가게 된다.

리스크 커뮤니케이션은 문제가 미치는 공간적 범위로 분류하는 것도 가능하다. 어떤 특정 지역, 적어도 하나의 시·도만이 관계하는 문제도 있는가 하면, 복수의 시·도에 걸쳐 있는 경우, 나라 전체의 문제가 되는 리스크가 논의되는 경우도 있다. 나아가, 지구 온난화 문제 등 국제적으로 논의해야 하는 문제에 대한 리스크 커뮤니케이션도 있다.

문제 해결에 필요한 시간으로 리스크 커뮤니케이션을 분류할 수도 있다. 고작 수개월 정도에 해결되는/해결해야 하는 일시적 또는 단기적인 문제에 대한 리스크 커뮤니케이션, 수년에서 십수 년을 목표로 해결을 도모하게 되는 중기적인 문제에 대한 리스크 커뮤니케이션, 고수준 방사성 폐기물의 지층 처분 문제와 같이 문제 제기부터 사업의 종료까지 백 년 단위의 기간을 요하는 장기적인 문제에 대한 리스크 커뮤니케이션이 있다. 나아가, 태풍, 지진 등 결코 없어지는 일 없이 항상 존재하는 문제에 대한 리스크 커뮤니케이션도 있다.

4) 문제의 상황

피해·위험은 아직 발생하고 있지 않지만 장래 발생이 예상되는 피해·위험에 대응하려고 리스크 커뮤니케이션이 행해지는 경우가 있다. 이것이 평상시 국면에서의 리스크 커뮤니케이션이다.

이것에 대해 현재 진행형으로 계속 발생하고 있는 피해·위험에 대응하기 위한 리스크 커뮤니케이션도 있다. 이것은 비상시 또는 긴급 시 국면에서의 리스크 커뮤니케이션이다.

나아가, 피해·위험의 발생은 종식하지 않지만 피해·위험을 만난 지역, 사람들의 복구·부흥을 위하여 행해지는 리스크 커뮤니케이션도 있다. 이것이 회복기 국면에서의 리스크 커뮤니케이션이다.

5) 문제가 되는 피해

리스크 커뮤니케이션은 문제가 되는 피해·위험의 종류에 따라서도 분류된다. 크게 분류하면, 자연재해·질병이라고 하는 자연 유래의 피해·위험과 과학기술 이용에 수반하는 피해·위험, 즉 인공 유래의 피해·위험이다.

지진, 해일, 태풍, 호우, 가뭄, 냉해 등의 자연현상에 대해 인류는 아직 예측할 수 있는 정도의 지혜만 가지고 있다. 이것의 발생을 막거나 사정이 좋은 장소·시간에 발생하도록 제어하는 지혜는 없다. 전염병 등의 질병에 대해서 인류는 어느 정도 예측과 제어의 지혜를 갖고 있다고 할 수 있지만, 병원균, 바이러스는 인플루엔자와 같이 유전자 구조를 바꾸어 새로운 질병으로 나타나는 경우가 있고, 코로나19와 같이 갑자기 세계적인 대유행(팬데믹)이 되는 질병도 있다. 이들 질병을 제어하는 지혜를 가지려면 수년에서 수십 년의 시간이 걸리므로, 제어할 수 있게 될 때까지 인류는 제어할 수 있는 지혜가 없는 상태에 놓인다.

자연현상·질병은 누구에게도 어떤 의미에서는 평등하게 피해·위험이 미친다. 그리고 자연현상·질병의 발생에는 누구도 책임이 없다. 이 점에서 자연현상·질병 그 자체에 대한 리스크 커뮤니케이션은 비교적 용이하게 합의를 달성할 수 있다. 그러나 자연현상·질병의 피해대책에 대한 리스크 커뮤니케이션은 합의가 곤란한 경우가 있다. 예를 들면, 해일 대책으로 높이 20 m의 방파제를 건축하는 것은 담에 둘러싸인(바다가 보이지 않는) 마치 교도소와 같은 거리가 된다고 생각하는 사람, 또는 관광업에 타격이 된다고 생각하는 사람 등이 반대하는 경우가 있다. 이 경우에 합의형성은 용이하지 않다.

과학기술 이용에 수반하는 피해·위험, 즉 인공 유래의 피해·위험은 예전부터 전통적으로 이용되어 온 종래 과학기술의 피해·위험과 최근에 이용이 제안된 첨단·맹아적 과학기술의 피해·위험으로 나뉜다.

종래 과학기술은 이전부터 전통적으로 이용되어 온 과학기술이다. 과학기술의 대부분은 장년에 걸쳐 개량이 거듭되어 안전한 것으로 진화되어 오고 있다. 그리고 전통적인 과학기술을 보존하라는 사회적 압력이 있는 경우도 있다. 따라서 종래 과학기술의 이용에 대한 리스크 커뮤니케이션은 이용을 계속하는 방향으로의 합의가 이루어지기 쉽다.

첨단·맹아적 과학기술의 피해·위험은 대다수의 사람들에게 있어 미지의 피해·위험이다. 우리에게 잘 알려져 있지 않은 것은 자동적으로 위험한 것이라고 판단하는 심리메커니즘이 있다. 따라서 첨단·맹아적 과학기술은 최초부터 사람들에게 위험한 것으로 간주되는 경향이 있다. 나아가, 첨단·맹아적 과학기술의 안전성 또는 피해·위험에 대해서는 불확실한 정보·지식, 다의적인 정보·지식을 제공하는 방식으로밖에 설명할 수 없는 경우가 많다. 불확실한 정보·지식과 다의적인 정보·지식은 정보·지식을 제공하는 것만으로는 리스크 커뮤니케이션이 기능하지 않음은 전술한 대로이다. 이 때문에 첨단·맹아적 과학기술의 이용을 사회에 받아들이기 위한 리스크 커뮤니케이션은 곤란한 경우가 많다.

(3) 리스크 거버넌스

1) 여러 제약 속에서의 안전 확보

우리는 가능한 한 안전하고 위험이 없는 조직과 사회에서 생활하고 싶어 한다. 그러나 현실적 문제로 리스크를 저감하여 안전을 확보하거나 위험을 피하기 위한 방안을 실행하려면 몇 가지 제약이 있다.

- **경제적 제약** : 안전을 위해 사용할 수 있는 예산에는 한계가 있다. 아무리 건강에 좋다고 해도 한 끼에 100만 원이나 되는 식사를 매일 하는 것은 보통 사람에게는 불가능하다.
- **인적 제약** : 우수한 인재를 모으는 것에도 한계가 있다. 확실히 우수한 직원이 많을수록 안전수준은 높아질 것이지만 실제 문제로서 가장 우수한 인재를 언제라도 원하는 만큼 모으는 것은 불가능하다.
- **시간적 제약** : 안전을 위한 방안은 일정 기간 내에 실시하여 완료하여야 한다. 시간을 들일수록 보다 안전하게 되어 가겠지만, 예컨대 30년 이내에 80%의 확률로 발생할 것으로 전망되는 지진 대책에 200년의 시간을 들일 수는 없는 일이다.

이와 같이 경제적 제약, 인적 제약, 시간적 제약 등이 있는 상태에서, 우리는 안전을 확보하기 위하여 합리적으로 실행 가능한 범위 내에서 최선을 다할 필요가 있다. 이것을 ALARP(As Low As Reasonably Practicable)=ALARA(As Low As Reasonably Achievable)라고 한다. 여기에서 말하는 '합리적으로 실행 가능한 범위'를 결정하는 것은 '어느 정도 안전하면 충분히 안전하다고 할 수 있는가(How safe is safe enough?)'를 결정하는 것이기도 하다. 이를 위하여, 우리는 객관적 데이터를 모아 이성적으로 판단을 하지만, 최종적으로는 이성만으로는 결정할 수 없는 부분이 남는다. 이것은 안전의 정의(ISO/IEC Guide 51)[38]와 관련된 것인데, 어느 정도 안전하면 허용할 수 있는가는 심리적으로 결정해야 하는 부분이다. 예를 들면, '내진 보강에 그 정도로 돈이 든다면

38) ISO/IEC Guide 51:2014(3rd ed.), Safety aspects – Guidelines for their inclusion in standards 3.14.

우리 가족은 그렇게까지 안전하게 할 필요는 없다.'고 생각하는 식으로 경제적 제약, 인적 제약, 시간적 제약 등을 고려하여 '합리적으로 실행 가능한 범위', 즉 허용할 수 있는 안전의 정도를 심리적인 기준으로 결정하게 된다.

이것이 개인의 문제가 아니고 사회의 안전/리스크와 관련되는 문제라고 하면, 리스크 커뮤니케이션을 하여 결정하게 된다. 즉, 리스크 커뮤니케이션에 의한 합의는 당해 리스크에 대해 안전을 확보하기 위한 '합리적으로 실행 가능한 범위'에 대한 합의이고, 어느 정도까지 안전하게 하면 허용할 수 있는가에 대한 합의이다.

2) 여러 리스크의 조정

세상에는 여러 리스크가 존재하고 있고, 각각의 리스크는 상호 관련되어 있다. 예를 들면, 식품첨가물인 방부제는 실제로는 인가되어 있는 방부제에 발암성 등은 없지만, 신체에 나쁜 것은 아닐까 하고 생각하는 사람이 많다. 그래서 방부제의 리스크를 피하기 위하여 방부제의 사용을 금지하면 역으로 식중독의 리스크가 높아진다. 마찬가지로, 자궁경부암 백신을 접종하면 자궁경부암 이환 등의 리스크를 상당히 저감할 수 있지만, 다른 한편으로는 자궁경부암 백신에 의한 심각한 부작용의 리스크도 지적되고 있다. 이와 같이 어떤 리스크를 저감하려고 하는 행위는 동시에 다른 리스크를 높이는 경우가 있다.

또 다른 예로 고속도로를 시속 80 km로 주행하는 것은 시속 100 km로 주행하는 것보다는 안전성을 높이지만 목적지 도착시간은 늦어진다. 이처럼 리스크를 저감하여 안전성을 높이려는 행위는 편리성을 낮추는 경우가 많다.

경제적 제약, 인적 제약, 시간적 제약 등을 고려한 후에 여러 리스크를 조정하여 전체적으로 최적의 안전을 확보하려고 하는 것을 '리스크 거버넌스(governance)'라고 한다.

리스크 거버넌스 차원에서 과학적으로 객관적인 데이터에 근거하여 시뮬레이션 등도 이용하여 최적해를 얻기 위한 연구가 이루어지고 있다. 전술한 바와 같이 리스크 또는 안전/위험의 평가에 대해서는 최종적으로는 인간의 심리적인 기준에 의한 부분이 남기 때문에, 유럽 특히 북구의 연구자를 중심으로 리스크 거버넌스는 심리학의 문제로 보는 연구동향도 있다.

3) 정책으로서의 리스크 거버넌스

중앙정부, 지자체에는 행정, 입법, 사법을 통해 사회 전체의 리스크 거버넌스를 실시할 책임이 있다. 이 리스크 거버넌스는 어떤 중앙정부·지자체에서도 동일하게 되지는 않는다. 각각 놓인 상황이 다르기 때문이다. 예를 들면, 아프리카에서는 메뚜기 등의 해충이 대량 발생하는 경우가 있다. 해충이 대량 발생하면 곡물을 다 먹어 버리기 때문에 해충이 대량 발생한 익년에는 식량 부족으로 아사자가 나오기조차 한다. 이와 같은 상황에서는 해충의 대량 발생을 효과적으로 방지하는 농약은 설령 발암성이 강하게 의심받는 것도 위험하다고 간주되지 않는다. 그곳에서는 농약에 의한 발암 리스크를 회피하는 것보다도 식량 부족에 의해 아사자가 나오는 리스크를 회피하는 것을 우선시하는 리스크 거버넌스가 이루어진다.

일반적으로 빈약한 상황에서는 이익을 구하는 욕구가 강해지기 때문에, 다소의 위험은 안전의 범위 내에 있다고 간주되기 쉽다. 반대로 풍족한 상황에서는 이익에 대한 욕구가 그 정도로는 강하지 않기 때문에, 사소한 위험이라도 허용할 수 없는 것이라고 간주되기 쉽다.

사회에는 여러 상황의 사람들이 있고, 사람들의 가치관도 다양하기 때문에, 리스크 또는 안전/위험에 대한 견해는 하나로 정리되지 않는 경우가 많다. 그 가운데 일정한 방침을 제시하여 리스크 또는 안전/위험에 대처하는 것이 정책으로서의 리스크 거버넌스이다.

정책으로서의 리스크 거버넌스에는 크게 나누어 top-down 방식과 bottom-up 방식 두 가지가 있다. top-down 방식은 정부관계자가 우수한 전문가 등으로부터 협조를 받아 안전대책을 고안하고 일반 사람들, 사업자에게 지도·명령하는 방식으로 실시하는 리스크 거버넌스이다. 한편, 사회의 민주화가 진행되고, 많은 사람들이 고등교육을 받고 있는 이른바 '성숙한' 민주주의 사회에서는 스스로가 리스크 거버넌스를 행할 수 있다고 자부하는 시민이 많아지고, 일반 사람들 중 다수가 안전한 대책을 스스로 생각하여 결정하는 것을 희망하게 된다. 이것이 bottom-up 방식의 리스크 거버넌스이다.

top-down 방식으로 리스크 거버넌스를 하는 정부관계자, 전문가의 가치관과 일반 사람들의 가치관이 다르지 않고, 정부관계자, 전문가로부터의 설명을 일반 사람들도 잘 이해할 수 있거나, 이해할 수 없어도 일반 사람들이 정부관계자를 신뢰하고 있으면, 결과적으로 top-down 방식의 리스크 거버넌스와 bottom-up 방식의 리스크 거버넌스가 일치하게 된다.

그러나 정부관계자, 전문가는 왕왕 일반 사람들과는 다른 가치관을 갖고 있거나, 이해할 수 없는 설명으로 시종하거나, 일반 사람들로부터 신뢰를 얻지 못하는 경우가 있다. 이 경우 민주주의 사회에서 정책을 결정하는 것은 어디까지나 일반 사람들이므로,

bottom-up 방식의 리스크 거버넌스가 우선시될 가능성이 크다.

물론 bottom-up 방식의 리스크 거버넌스가 항상 top-down 방식의 리스크 거버넌스보다 우수한 것은 아니다. 일반 사람들의 무이해 때문에 안전에 필요한 대책을 수립할 수 없거나, 안전에 있어 불필요한 대책에 막대한 비용을 들이는 경우도 현실적으로 존재한다.

적절한 리스크 거버넌스가 이루어지기 위해서는, 리스크 또는 안전/위험에 대한 과학적인 검토와 함께 적절한 리스크 거버넌스가 이루어질 필요가 있다.

제4장

산업재해의 리스크와 산업안전

1 에러와 위반의 구별

(휴먼)에러라는 용어만으로는 주요 사고를 일으키는 것과 관련된 사람의 영향을 제대로 포괄하지 못한다. 경로를 벗어나는 일탈행동에 대한 적절한 프레임워크는 에러와 위반의 구별을 필요로 한다. 이 두 행동은 동일한 행동의 연속선상에 존재할 수 있지만(실제로 자주 그러하다), 그것들은 독립적으로 발생할 수도 있다. 사람은 위반하지 않으면서 에러를 저지를 수 있고, 위반에 에러가 포함되어 있을 필요는 없다.

에러에는 서로 구분되는 두 종류의 '탈선'이 있다. 하나는 행위가 자신도 모르게 의도에서 벗어나는 것[행위착오(slip), 망각(lapse)]이고, 다른 하나는 의도에 부합하는 행동이지만 의도 자체가 바람직한 목표를 향한 올바른 판단에서 벗어난 것[착각(mistake)]이다. 그러나 이러한 에러 구분은 개인의 정보처리방법에 한정되어 적용되는 것이고, 생각할 수 있는 다양한 일탈행동에 대해서는 부분적인 설명밖에 제공하지 못한다. 여기에는 인간은 대부분의 경우 행동의 계획, 실행을 고립된 개인으로서 행하는 것이 아니라 사회적 환경이라는 제약 속에서 행한다는 사실을 인정하는 고차원의 분석이 결여되어 있다. 에러는 개인의 인지과정과 관련지어 정의될 수 있지만, 위반은 운영절차, 행동규범, 규칙 등을 통해 행위에 영향을 미치는 사회적 맥락을 고려할 때만 설명될 수 있다. 위반은 잠재적으로 위험한 시스템의 안전한 운영을 유지하기 위하여 (설계자, 관리자 및 규제기관에 의해) 필요하다고 생각되는 행동으로부터의 고의에 의한(그러나 반드시 비난받아야 할 것은 아니다) 일탈이라고 정의될 수 있다.

에러와 위반의 경계는 개념적으로나 특정한 사고발생과정 속에서도 결코 확실하거나 고정적인 것은 아니다. 그러나 분명한 것은 위험한 일탈은 인지심리학적 접근, 사회심리학적 접근 어느 한쪽만으로는 온전히 연구될 수 없으며, 둘을 하나의 프레임워크로 통합하는 것이 필요하다.

2 위반 발생 메커니즘

재해의 많은 경우는 안전모 미착용, 안전장치 해제 등 정해진 규칙을 의도적으로 준수하지 않는 것에 의한 위반이 그 요인이 되고 있다. 위반은 일반적으로 에러와 다른 메커니즘으로 발생한다고 주장되고 있다.[1] 그리고 산업재해에 한정되지 않고 재해 일반에서 불안전행동과 관련하여 위반은 에러와 함께 재해의 주요한 직접요인으로 작용하고 있다는 것이 지적되고 있고,[2] 위반의 방지

1) J. Reason, *Human Error*, Cambridge University Press, 1990, pp. 194~195.
2) J. Reason, *Managing the Risks of Organizational Accidents*, Ashgate Publishing, 1997, pp. 71~73 참조.

는 간과할 수 없는 중요한 문제로 간주되고 있다.

안전분야에서의 위반은 '법률·규칙 또는 사회적·관습적 룰에 반하는 행동 중 본인 또는 타인의 안전을 저해할 가능성이 있는 행동을 의도적으로 하는 것'이라고 정의할 수 있는데, 이것은 '위험을 알면서 굳이 행동을 하는 것'인 리스크수용(risk taking)과 동일하지는 않지만 유사한 의미를 가지고 있다. 리스크를 감행할지 회피할지에 대해서는, 일반적으로 '리스크의 크기(리스크요인)', '리스크를 회피하는 데 소요되는 불이익의 크기(비용요인)', '위험을 무릅씀으로써 얻어지는 이익의 크기(편익요인)'의 세 가지 요인이 관련되어 있다고 주장한다.[3] 그리고 리스크는 '예상되는 손해'와 '발생확률'의 함수로 나타내어진다.

다시 말하면, 위반의 발생에는 일반적으로 리스크(위험성) 평가, 비용 평가, 편익 평가 등의 요인이 뒤엉켜 있다고 생각된다. 산업재해 예방은 이 위반을 어떻게 없앨 것인지가 핵심적 과제 중 하나이다. 단순히 "위반을 하지 말자."고 하는 교육, 지도 등으로는 불충분하다. 그리고 사람의 성격(personality) 등 개인의 특징에서만 위반요인을 찾는 것도 부적절하다고 생각된다. 동일한 인물이 동일한 작업을 하는 경우에도, 비용, 편익 등 외적 요인에 따라 다른 양상의 행동이 발생할(유발될) 가능성이 있다. 앞으로 이것들을 조작(操作)한 위반행동 발생 메커니즘의 세밀한 검토가 필요한 과제라고 생각한다.

---

3) 芳賀繁, 〈不安全行動のメカニズム〉, 信学技報, SSS 99-12, 1999, pp. 29~34.

3 효과적인 안전활동 구축에 대한 심리학적 관점

(1) 안전활동의 현상

현재 산업현장에서는 다양한 안전활동이 실시되고 있다. 예를 들면, 건설현장 등 고위험현장에서는 대체로 다음과 같은 활동이 실시되고 있다.

1) 안전미팅(회의)

매일 작업 전의 전체 조회 후에 감독자가 주재하는 미팅(회의) 형태로 당일 작업에 수반하는 위험원(hazard)[4]을 찾아내고 이에 대한 안전대책을 확인·실천한다. 일찍이 미국 건설현장을 중심으로 감독자와 작업자들이 도구함의 위 또는 옆에서 작업회의를 한 것에서 유래한 안전활동으로서 Tool Box Meeting(약칭하여 'TBM'이라고 한다)이라고도 한다.

2) 위험예지훈련(활동)

작업 중의 사진, 그림 등을 제시하고, 그곳에 잠재하고 있는 위험원을 찾아낸 후, 이에 대한 대처법을 생각하는 소집단활동이다. 주된 목적은 작업자의 위험에 관한 지식교육과 위험에 대한 감수성을 향상시키는 것이다.

3) 지적호칭(指摘呼稱)

원래 일본 국철(國鐵) 운전사가 신호를 확인하는 동작에서 시작된

---

4) hazard는 '유해위험요인', '위험요인', '위험의 잠재적 근원' 등으로 다양하게 번역하여 사용하기도 한다. 이 책에서는 문맥에 따라 혼용하여 사용하는 것으로 한다.

안전동작이다. 일련의 작업의 흐름 속에서 확인이 필요한 포인트에 접근하였을 때, 동작과 소리로 행동을 의식화하는(주의력을 높이는) 것을 통해 행동의 신뢰성을 높이는 것을 목표로 하는 활동이다.

4) 아차사고발굴(보고)활동

하인리히의 피라미드 법칙에 의하면, 1건의 중한 재해(major injury)의 배경에는 29건의 경한 재해(minor injury), 나아가 그 근저에는 300건의 재해에 이르지 않은 아차사고(near miss)가 있다.[5] 아차사고발굴(보고)활동은 하인리히의 이 생각에 기초하여 발생할 수 있는 경한 재해, 아차사고를 수집·분석하고 그 대책을 강구하는 것을 통해 장래 발생할 수 있는 중한 재해를 미연에 방지하려는 활동으로서, 사업장 안전관리의 기초가 되는 활동이다.

5) 안전제안제도

일상작업에서의 위험을 저감시키기 위한 개선안, 의견 등을 제안하는 제도이다. 아이디어가 잘 발굴되고 실현되면, 작업장의 안전성이 향상됨과 함께 개인과 집단의 동기부여 향상으로도 연결된다.

(2) 안전활동의 효용성

이상과 같은 안전활동은 작업장의 안전성 향상에 추가하여 제품의 품질향상에도 크게 공헌하여 왔다. 안전활동의 효용성에 대해

5) 하인리히는 자신의 저서(*Industrial Accident Prevention: A Scientific Approach*) 제3판까지는 1 : 29 : 300 비율을 시간적 선후관계(1이 발생하기 전에 29와 300이 발생하는 관계)로 보았지만, 제4판부터는 1 : 29 : 300 비율을 평균적으로 적용되는 관계로 보았다.

서는 다음과 같은 점이 제시되고 있다.

1) 안전의식 및 행동의 질 향상

전원이 동일한 목표를 설정하고 그 목표를 향해 활동하는 것 자체에 개인의 안전의식을 향상시키고 행동을 양질화하는 효과가 있다.

2) 동기부여의 제고

안전활동을 평가의 선행지표(leading indicator)로 삼고 집단결정의 프로세스를 거쳐 목표를 설정함으로써 개인의 안전에 관한 동기부여가 제고될 수 있다.

3) 안전정보의 폭넓은 수집

현장종사자로부터 각종 정보를 수집하는 제도[아차사고발굴(보고)활동, 제안제도 등]를 통해 관리자, 설계자 등이 발견하기 어려운 안전에 관한 정보를 폭넓게 수집할 수 있다.

4) 커뮤니케이션의 활성화

집단토의 등을 통해 참가자의 커뮤니케이션이 촉진되고, 그것이 현장의 안전 분위기의 향상, 리스크에 대한 의사소통의 활성화로 연결된다.

5) 상호 지원 촉진

안전에 관한 행동 관찰·확인은 종종 상하관계 등의 요인에 의해 저해될 수 있다. 그러나 안전활동을 통해 팀워크와 상호 간 신뢰가 강화되고 집단 내 커뮤니케이션이 좋아지면, 구성원 간에 관찰·확인을 하는 등 서로 지원해 줄 수 있는 분위기가 촉진된다.

(3) 안전활동의 문제점

1) 현장작업자의 주의력에의 과도한 의존

실제 작업을 실시하는 것은 인간이므로, 인간 개인의 안전의식, 행동의 안전경향을 높이는 것은 필수불가결하다. 그렇지만 인간의 주의력에는 한계가 있는 점을 감안할 때, 작업자 개인의 의식, 주의 등에 과도하게 의존하는 방향으로 흐르는 것은 문제가 있다고 할 수 있다.

2) 활동의 매너리즘화 · 형해화(形骸化)

활동을 도입한 초기에는 열심히 추진되지만, 시간경과와 함께 열기가 약해지고, 활동이 매너리즘화 · 형해화(形骸化)되는 경우가 있다. 이것은 활동 자체 외에 활동의 내용에도 해당된다. 예를 들면, 위험예지활동에서 활동시트(sheet)에 대한 답변이 획일화되거나 지적호칭활동에서 지적(指摘) 동작 또는 호칭 자체가 자동화되어 버리기도 한다.

3) 정(正)의 강화인자 결여 또는 부족

안전활동은 생산에 관련된 활동과 달리 실시하였다고 하여 눈에 띄게 성과가 올라가는 것이 아니다. 역으로 사고, 재해 등이 발생하지 않도록 하는 결과만을 요구받기 십상이다. 따라서 정(正)의 강화인자(因子)가 없거나 약한 상태에서 안전활동을 하여야 하는 경우가 많고, 그 결과 종업원들에게 안전활동에 대한 동기를 부여하기가 쉽지 않다.

4) 목표 달성에 편중되는 폐해

안전활동을 활성화하기 위하여, 예컨대 무재해기간을 설정하고, 이를 달성하면 표창하는 등 정(正)의 강화인자가 설정되기도 한다. 그러나 자칫하면 목표를 달성하기 위하여 재해를 은폐하는, 본말전도의 폐해가 나타나는 경우도 있다.

참고 잠재적 상황과 사고 전후의 안전심리

복잡한 시스템에서 잠재적 상황은 '항상' 존재한다. 그리고 '지금' 존재한다. 미래에 발생할 사건에 어떤 특정 상황이 관련될지는 알지 못하지만, 무엇인가의 잠재적 상황이 관련될 것이라는 점은 알고 있다. 사고분석 결과를 통해 시스템의 안전에 위협이 될 가능성이 가장 높은 잠재적 상황의 '종류'에 대해서도 상당 부분 알 수 있다. 시스템의 안전에 미스터리는 없다. 잠재적 상황은 조직의 기본적인 프로세스인 설계, 건설, 운전, 유지보수, 의사소통, 선발, 훈련, 감독 및 관리와 관련되어 있다. 이 리스트가 전부는 아니지만, 리스트는 그것들이 모든 생산적 프로세스의 일반적 필수요소, 즉 매일의 비즈니스 활동이라는 점을 보여 주는 데 기여한다.

이를 통해 두 가지 중요한 일반화에 도달할 수 있다. 첫째, 생산과 안전의 질은 모두 조직의 동일한 기초적 프로세스에 달려 있다. 안전은 별개의 문제가 아니다. 둘째, 잠재적 상황이 시스템에 뿌리를 내리는 것을 막을 수는 없다. 잠재적 상황이 전략적 결정의 불가결한 산물이기 때문이다. 우리들이 유용하게 할 수 있는 일은 최악의 잠재적 상황이 한 번쯤은 개선될 수 있도록 조직을 관리하고 운영하는 사람들에게 잠재적 상황이 보이게 하는 것이다. 모든 문제가 단번에 해결되기를 바랄 수는 없다. 자원은 항상 한정되어 있다. 일정한 기간 동안에 가장 긴급한 주의가 필요한 잠재적 상황을 표적으로 삼아 이것에 대처하는 것은 가능하다. 물론 하나가 해결되면 다른 것이 잘못될 수 있다. 위험성 관리는 인생과 같이 '안 좋은 일이 연달아 일어나는 것'이다.

많은 경우 방호수단에 잠복한 취약점은 나쁜 결과에 이르기 전에 아마도 간접적으로 또는 직접적으로 시그널을 보낸다. 방호수단의 취약점이 발견되어 고쳐지지 않는 하나의 공통된 이유는 관련된 사람들이 두려워하는 것을 잊어버렸다는 것이다.

생산 또는 이익 목표에 관심이 최우선인 사람들은 쉽게 위험을 놓치거나 잊어버린다. 나쁜 사건은 잘 방호된 시스템에서는 거의 발생하지 않는다. 이렇게 되면 나쁜 사건에 대한 직접적인 경험을 가지고 있는 사람은 거의 없게 된다. 한편, 생산 요구는 직접적이고 계속적이며 항상 존재한다. 그리고 생산 요구는 변화하고 주의를 끄는 반면, 안전 작업은 변함이 없어 상대적으로 관심을 기울이지 않게 하는 비(非)사건(non-event) 결과를 만들어 낸다. 신뢰성이 얻어지는 메커니즘은 시스템을 운영하고 관리하는 사람들에게는 불명료할 수 있다. 이 문제에 대해 웨익(Karl E.Weick)은 다음과 같이 훌륭하게 요약을 하고 있다.[6)]

> 신뢰성 있는 결과는 변함이 없는 것이라는 의미에서 신뢰성은 눈에 보이지 않는데, 이는 주의를 기울일 것이 없다는 것을 의미한다. 작업자는 아무것도 보지 않고, 아무것도 보지 않는 것은 무엇도 일어나지 않는 것을 전제한다. 무엇도 일어나지 않고 그동안 해 오던 방식대로 계속해서 행동하면, 앞으로 계속해서 무엇도 일어나지 않을 것이다. 동적인 투입이 안정적인 결과를 만들어 내기 때문에, 이러한 진단은 판단을 그르치게 하고 오해하게 하는 것이다.

웨익의 주안점은 안전이 '동적인' 비사건이라는 점이다. 안정적인 결과를 만들어 내는 것은 계속적인 반복이 아니라 끊임없는 변화이다. 이 안정성을 달성하기 위해서는, 하나의 시스템 변수

6) K. E. Weick, "Organizational Culture as a Source of High Reliability", *California Management Review*, 29, pp. 112~127.

(parameter)가 변화하면 다른 변수들의 변화로 보충되어야 한다.

끝없는 경계가 자유의 대가라고 하면, 지속적인 불안은 안전의 대가이다. 재해가 '당연한 몫(평균)'보다 적은 시스템인 고신뢰성 조직(HRO, High Reliability Organization)에 대한 연구에 따르면, 고신뢰성 조직(HRO)을 운영하고 관리하는 사람들은 하루하루가 안 좋은 날일 것이라고 생각하고 이에 따라 행동하는 경향이 있다. 그러나 이러한 상태를 유지하는 것은 쉽지 않은데, 불안해할 일이 그동안 발생한 적이 없거나, 발생했지만 오래전에 발생했고 그것도 다른 조직에서 발생한 것과 같은 경우에는 특히 그렇다.

사고가 발생하고 나서 뒤돌아보면[후지혜(後智惠)[7]로 바라보면], 참사가 발생하기 전에 주의를 기울여 조치를 취했더라면 재해에 이르는 연쇄(sequence)를 막을 수 있었을 경고 신호의 존재를 식별하는 것이 거의 항상 가능하다. 사고 발생 후에 떠오르는 의문은 이 경고가 그때 어떻게 해서 간과되거나 무시되었는가이다. 이것이 발생한 이유에는 여러 가지가 있을 수 있지만, 이유들의 대부분은 '후지혜' 견해로 무장된 사후의 관찰자는 제한된 선견지명만을 가진 당사자들과는 사건을 상당히 다르게 바라본다는 사실과 관계가 있다. 사건의 결과가 어떻게 되었는지를 알게 되면[심리학자들은 이를 '결과 지식(outcome knowledge)'이라고 부른다], 사건현장에 있었던 사람들의 행동에 대한 판단에 심한 편견을 갖게 된다.[8]

여러 연구[9]에 따르면 다음과 같은 점이 시사된다.

---

7) 사후확신(hindsight)이라고 부르기도 한다.

8) J. Reason, *Managing the Risks of Organizational Accidents*, Ashgate Publishing, 1997, pp. 36~39 참조.

9) 이것들 중 아마 가장 중요한 논문은 B. Fischhoff, "Hindsight is not Equal to Foresight: The Effect of Outcome Knowledge on Judgement Under Uncertainty",

- 사람들은 선견(先見)으로 알았을 것에 대해 지나치게 과대평가한다.
- 사람들은 다른 사람들이 선견으로 안 것에 대해서도 과대평가한다.
- 사람들은 그들 스스로가 선견으로 안 것에 대해 틀리게 기억한다.

(4) 산업현장의 안전활동에 대한 요구사항

위험예지활동을 동일한 작업자에게 반복하는 사이에, 고소(高所) 작업을 할 때는 '안전대를 착용한다', '물건을 떨어뜨리지 않는다' 등 위험의 소재와 그 대처법이 하나의 유형(패턴)으로 굳어지고, 그것이 활동의 매너리즘화로 연결될 가능성이 높다. 즉, '~가 있다', '~하지 않는다' 등 현상, 행동 결과만을 문제 삼게 되면 활동내용의 획일화로 연결될 가능성이 높다. 그런데 사고 재발방지의 관점에서 보면, 그와 같은 결과로서의 불안전상태, 불안전행동이 왜 발생하였는지, 그리고 거기에 이르기까지의 프로세스가 중요하게 된다.

인간, 기계 등으로 구성되는 시스템이 안전하고 효율적으로 목적을 달성하기 위하여 고려하여야 하는 인간 측의 요인을 human factor[10]라고 말한다.[11] 일본의 심리학자 우스이 신노스케(臼井伸之

Journal of Experiment Psychology: Human Performance and Perception, 1, 1975, pp. 288~289이다.

10) 여기에서 말하는 인적 요인은 넓은 의미의 개념으로서 환경적 요인과 대비되는 (좁은 의미의) 인적 요인과는 차이가 있다(제3편 제2장 [1] 인적 요인, [2] 환경적(외적) 요인 참조).

11) 河野龍太郎, 《医療におけるヒューマンエラー: なぜ間違える どう防ぐ(第2版)》, 医学書院, 2014, p. 57.

介)는 human factor를, 개인적 요인, 그것을 둘러싼 사회적 요인 및 이것들과 작업수행 요인의 상호작용이라고 이해하고 그림 4.1과 같이 나타내고 있다.[12)]

이에 따르면, 사고의 재발을 방지하기 위해서는 human factor가 다양한 수준(level) 또는 종류로 구성되어 있다는 관점하에서 휴먼에러, 위반과 같은 불안전행동이 왜 발생하였는지 그 배경에 있는 human factor를 폭넓고 깊게 조사하고, 그 결과 명확하게 밝혀진 해당 human factor별로 맞춤형 대책을 구체적으로 강구하는 것이 매우 중요하다.[13)]

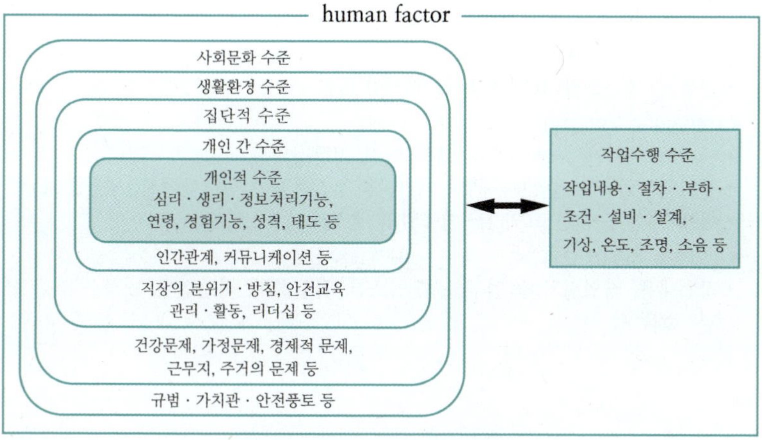

그림 4.1 human factor의 종류와 관계

12) 臼井伸之介, <ヒューマンエラーと労働災害>, 産業安全技術総覧編集委員会(編),《産業安全技術総覧》, 丸善, 1999, pp. 503~526 참조.

13) 이러한 접근방법은 후술하는 Human Factors 접근방법에 해당한다.

표 4.1 human factor의 각 수준과 그 내용

- ■ 개인적 수준의 요인
  - 생리적 요인(피로, 활동수준 등)
  - 심리적 요인[감정·정동(情動), 서두름, 귀찮음, 조바심, 잘못된 믿음·착각(illusion) 등]
  - 정보처리적 요인(간과, 오판단, 오동작 등)
- ■ 개인 간 수준의 요인
  - 커뮤니케이션 요인(작업 시의 필요정보의 전달 등)
  - 인간관계 요인(상사·동료·후배, 협력사 직원, 고객 등과의 관계 등)
- ■ 집단적 수준의 요인
  - 집단규범 요인(회사의 작업안전 중시도, 동료집단의 작업안전 중시도, 규칙 준수 중시도 등)
  - 안전학습·훈련 요인(TBM, 위험예지훈련 등)
- ■ 생활환경 수준의 요인
  - 가정 내 문제 요인(부부관계, 부모/자식관계 등)
  - 경제적 문제 요인(빚 등)
  - 근무지·통근조건 요인(기피지, 원거리 등)
- ■ 사회문화 수준의 요인
  - 안전의 가치관 요인(사회 전체의 안전 지향성 등)
  - 자기책임의 사고방식(재해발생에 대해 개인책임이 받아들여지는 방법 등)
  - 룰에 대한 순응성 요인(룰·매뉴얼의 중시도 등)
- ■ 작업수행 수준의 요인
  - 작업내용, 작업절차, 작업부하, 작업조건, 작업설비, 작업설계, 기상, 습도, 조명, 소음 등

(5) 위반의 배경에 있는 요인 조사

전술한 우스이는 전력회사의 배전작업자(도로상의 전주작업 등 일반소비자로의 전력공급에 관계되는 작업을 주로 한다)를 대상으로, 본래 정해져 있는 작업을 생략하는 것(즉, 위반)에 의해 발생한 아차사고 체험 204개의 사례를 수집하고 그 내용을 분석하였다. 여기에서는 작업자가 왜 필요한 작업을 생략하였는가, 특히

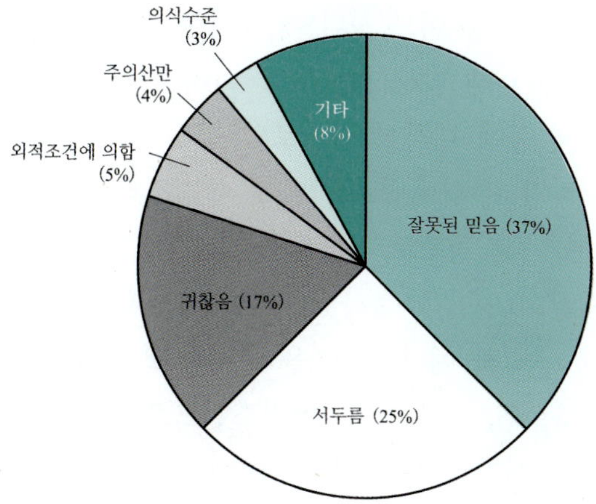

그림 4.2 작업생략에 의한 아차사고의 심리적 요인

그 심리적 요인에 대하여 분석한 결과를 설명한다.[14]

그림 4.2는 작업생략에 의한 아차사고의 발생요인을 심리적 관점에서 분류·분석한 결과를 보이고 있다. 작업생략의 배경에 있는 심리적 요인으로는, 주로 '잘못된 믿음(판단)'에 의한 것(37%), '서두름'에 의한 것(25%), '귀찮음'에 의한 것(17%), 이 세 가지가 주된 요인이고, 이것들이 전체의 79%를 차지한 것으로 나타났다. 또한 이들 요인이 왜 발생하였는지, 그 배경에 있는 인적 요인을 밝히는 조사를 실시하였다. 조사는, '서두름', '귀찮음', '잘못된 믿음'이라는 세 가지의 심적 상황이 어떤 배경조건하에서 발생하는 것인지를 밝히기 위해 동일하게 배전작업자를 대상으로 실시하였다. 구체적으로는, 소집단활동인 QC조(Quality Control Circle) 활동장을 빌려 조마다 미리 설정된 인적 요인의 항목(서두름, 귀

14) 이하는, 臼井伸之介, 〈感電災害防止への新しい視点－背景にあるヒューマンファクターの解明と現場へのフィードバック〉, 電気評論, 83(5), 1998, pp. 29～34를 참조하였다.

찮음, 잘못된 믿음 중 어느 하나)에 대하여, 그것이 발생하는 배경조건 및 그것에 의해 발생하는 사고·아차사고의 내용, 생각할 수 있는 방지대책 등에 대하여 집단토의하고, 그 결과를 개조식으로 정리하도록 하였다. 항목별로 기술된 배경조건에 관한 답변은 약 1,000개의 예가 될 정도로 상당히 많았지만, 그 기술내용을 분류하여 공통되는 요인을 추출하였다. 표 4.2~4.4는 배경조건의 분류항목과 그 구체적 예 및 비율을 제시하고 있다.

표 4.2에 따르면, '서두름'의 배경조건으로는 '1. 작업 관련' 요인, '2. 기본적 시간압력' 요인에 관한 것이 많고, 대체로 작업을 수행하는 것 자체에 서두름 요인이 수반되고 있는 것으로 나타났다. 단, 이것 외에 환경 측의 요인으로 인간을 서두르게 하는 '3. 외부환경' 요인, 무언가의 트러블로 헛된 시간이 발생하고 그것을 회복하려고 하는 '4. 시간손실' 요인, 그리고 인간관계 등 타자(他者)와의 관계 속에 잠재하는 요인('5. 동료·상사관계', '6. 고객관계', '8. 타자와의 경쟁') 등 인간을 서두르는 심리로 만드는 공통의 배경조건이 몇 가지 추출되고 있다.

표 4.2 서두름의 배경조건의 분류결과(N = 1,225)

분류항목	구체적 예	비율(%)
1. 작업 관련	작업이 많이 몰려 있었다.	26.3
2. 기본적 시간압력	복구시간에 맞추어야 했다.	15.0
3. 외부환경	날씨가 나빴다.	9.9
4. 시간손실	작업에 실패했다.	9.5
5. 동료·상사관계	상사한테 재촉을 받았다.	8.8
6. 고객관계	고객으로부터 재촉을 받았다.	6.5
7. 몸상태	생리현상이 일어났다.	4.7
8. 타자와의 경쟁	동료에게 지고 싶지 않았다.	3.8
9. 기타		5.0
10. 분류 불능		10.5

표 4.3 귀찮음의 배경조건의 분류결과(N = 1,004)

분류항목	구체적 예	비율(%)
1. 안전수단의 비중	본작업이 간단한 내용이었다.	25.3
2. 부담감 발생 대상	고무장갑의 착용이 귀찮았다.	16.4
3. 작업경험	작업에 익숙해져 있었다.	9.4
4. 소요시간	작업을 서두를 필요가 있었다.	8.8
5. 본작업 관련	본작업이 복잡했다.	7.6
6. 안전수단 관련	보안면(face shield)이 귀찮았다.	6.9
7. 거리이동	물건을 가지러 갈 필요가 있었다.	6.4
8. 작업물 비(非)소지	필요한 작업물을 잊고 두고 왔다.	5.8
9. 피로	피곤한 상태였다.	3.2
10. 단독작업	누구도 보고 있지 않았다.	1.7
11. 타자(他者)에 의뢰	타자에게 부탁하는 것이 부담이었다.	1.1
12. 기타		7.6

표 4.3에 의하면, '귀찮음'이 발생하는 주된 배경조건으로 '1. 안전수단의 비중' 요인이 제시되고 있다. 이것은 주로 위험회피에 드는 노력(비용)이 본작업에 드는 노력과 비교하여 상대적으로 높을 때 발생하는 귀찮음을 의미한다. 예를 들면, 소요시간 1시간의 작업에 대하여 10분 정도 걸리는 사전의 안전활동을 소요시간 5분 정도의 임시작업에 대해서도 동일하게 하도록 하는 것은 작업자에게는 상당한 심리적 부담이 된다. 그리고 '2. 부담감 발생 대상' 요인이란 고전압작업용 고무장갑의 착용 등 안전 확보를 위한 행동 그 자체가 부담을 느끼게 하고 생략을 발생시키는 요인이 되는 것을 의미한다. 또 '7. 거리이동' 요인, '8. 작업물 비(非)소지' 요인과 같이 무언가 작업에 필요한 물건이 바로 옆에 없어, 그것을 가지러 가려면 얼마간 거리를 이동하여야 하는 경우에도 귀찮음을 낳고 필요한 작업이 생략되는 일이 발생한다.

표 4.4에 의하면, '잘못된 믿음'의 배경조건으로 가장 많은 항목은, '1. 작업경험' 요인으로 나타났다. 잘못된 믿음에 의한 사고,

표 4.4 잘못된 믿음의 배경조건의 분류결과(N = 940)

분류항목	구체적 예	비율(%)
1. 작업경험	지금까지 문제가 없었다.	23.4
2. 논리성	새로운 제품은 양품이었다.	9.4
3. 반복성	같은 일을 몇 번이나 반복했다.	5.4
4. 회로, 선로관계	전선이 몰려 있었다.	4.5
5. 근접성(유사성)	많이 유사한 전주였다.	4.0
6. 커뮤니케이션	연락이 올바르게 되지 않았다.	3.7
7. 설비, 공구관계	기기가 고장 나 있었다.	3.3
8. 경험부족	위험을 몰랐다.	2.4
9. 기타		10.5
10. 배경요인 불명		17.3
11. 분류 불능		16.0

아차사고 등은 대체로 과거에 동일한 상황에서 생략을 몇 번 경험하였고, 이번에도 괜찮을 것이라고 생각하였는데, 무언가의 요인이 작용하여 트러블이 발생하는 경우이다. 풍부한 작업경험은 원만한 작업수행에는 필요불가결하지만, 잘못된 믿음을 유발하는 주된 요인이 될 수도 있다.

이상으로, 사고의 주된 요인이 되는 작업 생략(위반)의 배경으로 '서두름', '귀찮음', '잘못된 믿음'이라고 하는 인간의 심적 상황이 많이 관련되어 있고, 나아가 그 배경에는 그것을 일으키는 다양한 배경조건이 존재하고 있다는 것을 알 수 있었다. 이와 같이 위반은 어떤 특유의 배경조건과 그것에 대응하는 인간의 위험한 심리상황의 상호작용에 의해 발생하고 있고, 그 관계성을 명확히 한 후에 교육 등의 대책을 강구하지 않으면, 결코 위반행동을 억제하는 유효한 방법이 되지 않을 것이라고 판단된다.

(6) 향후의 산업안전에 대한 요구사항

노동의 장면(場面)에서 안전을 확보하기 위해서는, 작업자 개인의 불안전행동만을 문제로 할 것이 아니라, 그 배경에 있는 human factor를 깊이 있게 분석하고 명확히 밝히는 것, 그리고 그것에 대응하여 개인 수준, 작업 수준, 집단 수준 등 폭넓은 관점에서 조직적으로 대응책을 강구하는 것이 중요하다. 안전대책, 안전활동도 이와 같은 human factor의 다양한 수준에 천착하여 수립 또는 수행하는 것이 한층 필요하다.

안전에 관한 바람직한 상태란 사고, 트러블이 발생하지 않는 것이다. 따라서 생산성에 관한 활동과 달리, 안전에는 정(正)의 강화인자가 없기 때문에, 학습 메커니즘에 비추어 보더라도, 그 안전활동을 계속적으로 유지하고 활성화하는 것은 매우 어려운 일이 될 수도 있다. 그리고 안전의 경우 평가의 대상으로 결과(치)만을 요구하는 경향이 있다. 그런데 안전에서 중요한 것은 무엇도 발생시키지 않도록 '무엇을 하였는가', '어떤 식으로 하였는가'라는 프로세스에 있고, 이 프로세스를 조직이 정당하게 평가하는 시스템을 구축하는 것이 향후의 산업안전에 요구된다.

제5장

소결

우리 주위에서는 일상생활, 직장, 교통, 의료 등 여러 가지 장면(場面)에서 사고가 발생하고 있다. 안전의 중요성은 표면적으로는 이해되고 있다. 그러나 그 이해가 실제로 안전을 확보하기 위한 행동, 대책으로 연결되고 있는지를 생각하면, 아직 불충분한 점이 많은 것이 엄연한 실상이다. 안전은 공기와 같은 것이라고 할 수 있다. 보통 안전은 있는 것이 당연하다고 생각하고, 손상되고 나서야 비로소 그 중요성이 실감된다. 그러나 이러한 접근으로는 사후약방문이 되기 십상이다. 안전의 확보는 "주의하십시오.", "여기는 위험합니다."와 같은 단순한 '주의론'으로 정리되는 경우가 많은 것 같다. 그러나 '왜', '어떤 상황'이 위험한 것인가, '왜', '어떻게' 주의하여야 하는가, 그 배후에는 어떤 요인이 있는가와 같은 것에 대한 이해가 있어야 자신, 타자(他者), 기기(機器), 하드웨어시스템, 조직, 그리고 사회의 안전 확보가 비로소 실현될 수 있을 것이다.

세월호 침몰사고 이후로 우리 사회에서도 안전이라는 말을 사용하는 빈도가 부쩍 늘었고, 일반인들의 사고와 안전에 대한 관심도 높아지고 있다고 생각된다. 그러나 안전문제에 대한 심리학적 접근은 그 필요성에도 불구하고, 실제로는 여전히 구체적인 관여가 극히 희박한 실정이다.

고도기술·정보화, 복잡화, 대형화, 다양화 사회로 나아가고 있는 오늘날 안전의 중요성은 어느 때보다 높아지고 있다. 하나의 에러가 대형사고로 이어질 가능성이 커졌기 때문이다. '인간에게는 어떤 특성이 있는가'라는 점에 대한 이해가 중요하다고 할 수 있다. 즉, 사고를 방지하기 위해서는 설비·기기 면에서의 안전대책뿐만 아니라, 그것을 사용하거나 관리하는 측의 요인으로부터의 대응이 중요하다. 인간은 실수를 하는 존재라는 전제하에 그 발생 요인에 대하여 개개인의(인간의) 행동으로만 전가하지 않고, 그 배후에 있는 조직, 환경, 사회·문화 등에 대해 폭넓은 관점에서 이해할 필요가 있다.

많은 에러의 원인은 당사자의 부주의에 있다고 여겨진다. 그렇다면 에러, 부주의는 무엇일까? 심리학에서도 아직 해명되지 않은 큰 문제이다. 이 문제에는 주의, 에러, 인지에 관련되는 기초적 연구와 실천적·응용적 연구의 쌍방에서의 접근이 필요하다. 주의, 에러, 인지와 안전에 관한 메커니즘의 해명은 학문적으로 매력적임과 동시에, 현실의 여러 문제의 해결에도 기여할 수 있을 것이다.

제3편

인간행동과 안전심리

제1장

불안전행동

20세기에 과학기술이 비약적으로 발전하고 안전기술의 측면에서도 사고·재해 등을 계기로 하여 많은 개선이 이루어져 왔지만, 항공기의 추락, 열차의 충돌·탈선, 화학공장의 폭발·화재, 유해물질의 대량방출, 원자력발전소의 이상반응 등이 여전히 끊이지 않고 있다. 이들 사고의 원인조사 결과가 발표되면, 설비·기체 본체의 결함 외에 조종미스, 조작미스, 판단미스 등이 휴먼에러로서 주목받았다.

한편, EU의 '기계류지침(Machinery Directive)'을 비롯하여 기계·설비 자체의 본질적인 안전화의 요구가 엄격해지고, 고도화된 생산라인에서는 IT(정보기술)를 구사한 각종 안전조치가 이루어짐에 따라 물적 대책, 즉 하드웨어 측면의 개선이 이루어져 왔지만, 인간-기계시스템 작업이 이루어지는 한 인적 요인이 재해에 관계하는 것은 피할 수 없다.

21세기에는 지금까지보다 빠른 속도로 과학기술 등이 진전되고, 고도로 인공지능화된 작업용 로봇의 개발이 유해위험작업의 상당 부분을 대체해 가는 등 사고·재해방지의 측면에서도 크게 공헌해 갈 것이라고 생각되지만, 생산시스템, 수송시스템 등에서의 인간-기계시스템에서의 문제가 가까운 시일 내에 해결될 것이라고는 생각하지 않는다. 사고·재해를 방지하기 위한 새로운 과제를 포함한 물적 대책, 인적 대책 양 측면의 충실을 위해 노력해 가는 것이 필요하다고 생각된다.

이를 위해서는 동물 중에서 가장 우수하지만 본질적인 결함도 내재하고 있는 인간의 특성에 대해서 그 이해를 심화시키고, 이를 안전관리에 적극 활용해 가는 것이 필요하다.

1 불안전행동과 재해

사고·재해가 발생하면, 불안전행동에 다름 아닌 휴먼에러가 원인이라고 말하는 경우가 많다. 그 의미는 사고·재해원인의 대부분이 작업자의 미스(불안전행동)라는 느낌이 강하다. 휴먼에러에 대해서는 상당히 일찍부터 많은 연구가 이루어져 왔는데, 각종 연구결과에서도 휴먼에러가 사고·재해원인에서 많은 비율을 차지하고 있다고 보고되고 있다(표 1.1 참조).[1]

인간에게 있어 에러는 피할 수 없는 것이다. 인간이 일으키는 에러의 빈도(확률)에 대해, KLM 네덜란드항공 보잉747의 기장(機長)이자 저명한 심리학자이기도 한 호킨스(Frank H. Hawkins)는, 다이얼식 전화시대의 전화의 다이얼을 돌릴 때는 20회에 1회, 단순한 반복작업에서는 100회에 1회, 그리고 정비된 환경하에서의 작업에서도 1,000회에 1회 정도 에러를 일으킨다고 주장한 바

1) 井上紘一·高見勲, 〈ヒューマン·エラーとその定量化〉, システムと制御, 32(3), 1988, pp. 152~159 참조.

표 1.1 휴먼에러의 비율

분야	휴먼에러에 기인하는 사고의 비율	발표자(연도)
구조물 사고	90% 이상 78%(800건) 66%(287건)	Allen(1975) Hauser(1979) 前田(1983)
로봇 사고	45%(18건)	杉本(1979)
화학플랜트 사고	60% 이상	林(1979) 大島(1980)
석유화학 콤비나이트 사고	45~65%(483건)	高圧ガス保安協会 保安情報センター (1978~1982)
위험물공장 화재	50%(1,270건)	上原(1985)
제조업 사고	40% 이상	労働省安全年鑑(1984)
항공기 사고	70~80%	笠松(1979) 黒田(1979)
항공기·선박·발전소 사고	70~90%	Muller(1940) Rubinstein(1979) Danaber(1980) Billings(1981)
의료 사고	80% 이상	古幡(1980)
자동차 사고	90% 이상	橋本(1979)

있다. 그리고 항공기 사고원인에서 인적 요소가 차지하는 비중은 여전히 높은 상황이고, 이 상황은 항공기에만 한정된 것은 아니며, 어느 분야에서도 사고의 80~90%가 휴먼에러의 결과라고 말하고 있다.[2)]

그러나 위험의 존재가 사고·재해를 결과적으로 초래하는 것이기 때문에, 작업자에게 불안전행동(위험행동)만 없으면 사고·재해에

2) F. H. Hawkins, *Human Factors in Flight*, 2nd ed., Routledge, 1993, pp. 31~32 참조.

이르는 일은 없다고 할 수 없으며, 또 인간의 행동은 많은 요인에 의해 좌우되므로(영향을 받으므로), 재해의 원인을 획일적으로 작업자의 불안전행동이라는 식으로 처리하는 것에는 문제가 있다고 보아야 할 것이다. 오늘날에는 작업자의 불안전행동은 어디까지나 직접적인 원인이고, 그 배후에 존재하는 원인은 따로 없는지, 있다면 무엇인지에 대해서까지 조사되어야 비로소 심도 있고 균형 잡힌 분석이 이루어졌다고 할 수 있다는 주장이 설득력을 얻고 있다.

다시 말해서, 휴먼에러를 단지 인간 개인의 에러로서 취급하는 것이 아니라, 개인의 에러라고 보여지는 행동의 배경에는 기계·설비, 환경, 관리 등의 부적절이 그 배경으로 많은 영향을 미치고 있는 것에 착안하여 이것들까지를 아울러서 human factor로 파악하고, 종합적인 대책을 강구해 가는 것이 필요하다는 주장이 국제적으로 널리 지지를 얻고 있다. 즉, 휴먼에러의 방지를 위해서는 당사자인 인간을 둘러싼 모든 요소를 종합적으로 생각하는 것이 필요하다는 것이다. 이러한 접근방법을 Human Factor학(學)(Human Factors)이라고 한다.

2 Human Factor학(Human Factors)

(1) 개념 설명

human factor(s)와 Human Factors는 한국어로 직역하면 단어 자체의 차이가 나타나지 않고 그 의미의 차이도 알기 어렵다. 두 가지 용어의 의미는 학자와 국가에 따라 미묘한 차이가 존재하지만, 대체로 다음과 같이 구별하여 사용되고 있다. human factor(s)는

"사고에는 피로, 수면부족과 같은 human factor(s)[3]가 관련되어 있다."와 같이 사용되며, factor는 요인이라는 의미를 나타낸다. Human Factors는 "사고방지에는 Human Factors로부터의 지견(知見)이 필수적이다."와 같이 사용되며, 이 경우 Factors는 요인들이라는 의미가 아니라, 학문 또는 지식체계라는 의미를 나타낸다.

미국에서는 양자를 구별하기 위하여, 학문 또는 지식체계의 의미를 나타내는 경우는 두문자를 대문자로 하고 복수형으로 나타내어 'Human Factors'로 표기한다.[4] 유럽에서는 'Human Factors' 대신에 'Ergonomics'[5]라는 용어를 상대적으로 많이 사용하고 있고,[6] 우리나라에서는 'Human Factors'를 '인간공학'에 해당하는 학문의 명칭으로 사용하고 있다.[7] factor를 요인의 의미로 사용하는 경우에는, 'human factor(s)'라고 두문자를 소문자로 표기하여 요인이 하나인 경우는 단수형으로 표현하고, 복수인 경우에는 복수형을 나타내는 s를 붙여 단수와 복수를 구별하여 사용하고 있다.

Human Factor학(Human Factors)은 무엇이 휴먼에러를 유발하는가를 해명하는 학문으로, 인간 개인이 사고·재해의 원인이라는 생각은 표층적(피상적)이라고 보고 배후에 많은 요인이 있다는 관

3) 이 경우 human factor(s)는 당사자인 인간을 둘러싸고 있는 모든 요인(들)을 의미한다.

4) 반드시 'Human Factors'라고 표기하는 것은 아니며, 두문자를 소문자로 하여 'human factors'라고 표기하기도 한다.

5) Ergonomics는 1950년에 설립된 영국의 Ergonomics Research Society 학회가 만든 신조어이다. 그리스어(희랍어)의 ergo(작업), nomos(법칙), 그리고 ics(학문)로 조합된 단어이다.

6) 최근에는 국가를 막론하고 Human Factors(human factors)와 Ergonomics(ergonomics)를 호환적으로 사용하고 있다.

7) 엄밀하게는 Human Factors가 종래의 인간공학보다 연구 대상이 넓고(사람과 기계·제품의 관계뿐만 아니라 시스템, 조직, 사회까지를 연구 대상으로 한다) 안전 문제에 보다 초점이 맞춰져 있다는 점에서 둘 간에는 차이가 있다고 할 수 있다.

점을 취한다. 이러한 접근은 에러를 일반적으로 시스템에서의 잠재적 상황(latent condition)의 존재를 보이는 징후로 간주하면서 휴먼에러를 원인이라기보다는 결과로 파악하는 리즌(James Reason)의 조직모델(organizational model)[8)]과 흡사하다. 요컨대, Human Factors학은 사고방지를 위한 인적 요인의 해명과 해결방안에 관한 학문이라고 정의할 수 있다.

(2) 설명모델

Human Factor학에서는 역사적으로 여러 가지 모델이 목적에 따라 제안되어 왔다. 그중 가장 대표적인 모델이 'SHELL Model'이다(그림 1.1 참조). 이것은 국제항공운송협회(IATA, International Air Transport Association)로부터 제안을 받아 국제연합(UN)의 전문기관인 국제민간항공기구(ICAO, International Civil Aviation Organization)가 Human Factor학 모델로 정식으로 제안한 개념적 틀(conceptual framework)이다.

이 모델의 원형은 1972년에 영국 맨체스터 대학의 에드워즈(Elwyn Edwards)에 의해 SHEL Model(그림 1.1의 좌측)로 개발되었고,[9)] SHEL Model은 1987년에 호킨스(Frank H. Hawkins)에 의해 ICAO의 Model인 SHELL Model(그림 1.1의 중앙)로 개량되었다.[10)]

SHELL Model(Hawkins Model, ICAO Model)에서 사용되고 있

8) J. Reason, *Managing the Risks of Organizational Accidents*, Ashgate Publishing, 1997, p. 226.

9) E. Edwards, "Introductory overview", in E. L. Wiener and D. C. Nagel(eds.), *Human Factors in Aviation*, Academic Press, 1989 참조.

10) F. H. Hawkins, *Human Factors in Flight*, Ashgate Publishing, 1987 참조.

그림 1.1 SHEL Model, SHELL Model 및 M-SHELL Model

표 1.2 SHELL Model에 사용되고 있는 기호 일람

S	소프트웨어(Software)
	절차서(procedures), 매뉴얼(practices), 작업지시·교육훈련 방식 등 소프트웨어에 관한 요소
H	하드웨어(Hardware)
	기계, 설비, 도구 등 하드웨어에 관한 요소
E	환경(Environment)
	온도, 습도, 환기, 소음, 조명, 작업공간, 풍토, 관습 등 작업(직장) 환경에 관한 요소
하부의 L	인간(Liveware)
	지시·명령을 하는 상사, 작업을 함께 하는 동료 등 당사자(본인)를 둘러싼 인적인 요소(관계자 = 주변인)
중앙의 L	인간(Liveware)
	당사자(본인)

는 기호는 알파벳으로 표시되어 있고, 기호 일람표로 정리하면 표 1.2와 같다. 초기 Model(Edwards Model)에서는 소프트웨어(S), 하드웨어(H), 환경(E), 그리고 라이브웨어(L)의 요소가 각각 하나씩 그려져 있다. L도 하나밖에 없다. 그런데 여러 가지 사건, 조직, 시스템을 파악하기 위해서는 당사자(L1)와 그 주위의 인간(L2) 및 요소 간의 관계도 매우 중요하다. 그리고 SHEL Model(Edwards Model)

에서는 각 요소가 원형으로 그려져 있는데, SHELL Model에서는 각 요소 간의 관계를 분명하게 나타내기 위하여 파형(波形)의 타일형으로 그려져 있다. 이러한 것 등을 이유로 SHELL Model이 세계적으로 널리 보급되었다.

인간이 관계하는 여러 가지 작업과 그 이상상태를 분석하는 데 있어, 이 다섯 가지 요소로 나누어 문제를 정리하고, 각 요소 간의 상호작용을 포함한 분석을 하는 것이 필요하다. 예를 들면, 고온다습한 작업환경에서, 사용하기 힘든 기계를 사용하는 것이 강요된 상황에서 발생한 재해를 SHELL Model을 적용하여 분석하면 다음과 같은 문제점이 도출된다. 우선 기계를 사용하기 어렵다는 것은 H의 문제이고, 고온다습한 환경은 E의 문제이며, 사용하기 힘든 기계와 열악한 작업환경을 방치한 것은 L(하부)의 문제이다. 그리고 기계를 사용하기 어려운데도 인간이 기계에 무리하게 접근하였다는 것은 L(중앙)과 H의 관계의 문제이고, 고온다습한 환경에서 무리하게 일했다는 것은 L(중앙)과 E의 관계의 문제이며, 열악한 환경에서 사용하기 힘든 기계를 억지로 사용하게 된 것은 L(중앙)과 L(하부)의 관계의 문제이다.

한편, 일본의 Human Factors 연구소(JIHF, Japan Institute of Human Factors)에서는 1999년에 SHELL Model을 더욱 발전시켜 M-SHELL Model(그림 1.1의 우측)을 개발하였다. 이 모델은 SHELL 모델에 'M: Management(회사의 관리체제, 안전방침 등 관리적 요소)'를 독립적인 요소로 추가하여 위성의 형태로 배치한 것이다. SHELL 모델에서는 M이 어디에 들어가는지 알 수가 없기 때문에 이를 보완하기 위하여 고안된 것이다.[11]

11) 河野龍太郎, 《医療におけるヒューマンエラー: なぜ間違える どう防ぐ(第2版)》, 医学書院, 2014, pp. 57～59 참조.

그림 1.1(중앙, 우측)에서 제시한 바와 같이, ‘S’, ‘H’, ‘E’, ‘L(주변/중앙의 L)’이 파형(波形)의 타일형으로 되어 있는 것은, 각 요소의 특성(상태)이 일정하지 않고 항상 변화하고 있는 것을 의미한다. 즉, 당사자(중앙의 L)의 파형은 지식의 양이나 질, 생리적 한계, 인지적 특성 등 인간의 여러 특성이 변하는 모습을 나타내고, H(하드웨어)의 파형은 계기의 배열, 시스템의 특성, 스위치의 형상 등 여러 특성이 변하는 모습을 나타내며, 이러한 특성의 변화 모습은 S(소프트웨어)에도 E(환경)에도 하부의 L(관계자)에서도 보여지기 때문에, 모든 요소의 테두리를 파형으로 표현한 것이다. 그리고 각각의 요소가 중앙의 ‘L’과 간극 없이 그리고 중첩 없이 접촉하고 있으면, 중앙의 ‘L’은 최적의 성과를 발휘할 수 있는 상태라고 할 수 있다. 그것을 인터페이스(interface)에서의 적합상태(match of the blocks/interface)라고 한다. 적합상태에서는 휴먼에러가 발생하지 않는다.

한편, 복잡한 절차서(L－S의 관계), 사용하기 어려운 장치(L－H의 관계), 어둑한 작업현장(L－E의 관계), 껄끄러운 인간관계(L－L의 관계) 등과 같은 상황은 중앙의 L과의 접촉면에 간극이 생기거나 서로 중첩되는 상황이라고 할 수 있다. 이것을 인터페이스(interface)에서의 부적합상태(mismatch of the blocks/interface)라고 한다. 이러한 부적합상태는 휴먼에러를 일으키는 근원이 된다.

그리고 M(Management)이 다른 요소와 달리 별모양으로 되어 있는 것은 다른 요소와 모두 관련되어 있는 것을 의미한다. 다시 말해서, M은 규정 등의 설정(S), 기계·재료 구입(H), 작업(직장)환경의 정비(E), 교육, 인사관리(L) 등에 연관되어 있다. 이러한 관련을 양호하게 유지하고, 안전성을 확보하면서 품질을 유지하고 생산성을 올리는 것은 M, 즉 Management의 역할이다. M은 조직(S, H, E, L) 전체를 조망하면서 접촉면에 간극이 생기지 않도록

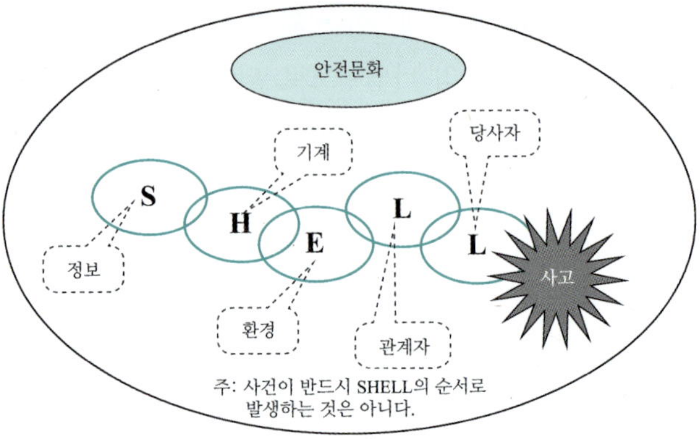

그림 1.2 사건의 연쇄

조정과 균형을 잡아 가는 역할을 한다. 그래서 SHELL을 둘러싼 위성으로 표시되어 있는 것이다.

한편, 당사자(L)의 능력의 한계를 벗어난 작업이 이루어지거나 인간 본래의 특성이 이해되지 않은 상태에서 작업이 이루어지는 등의 경우에는, 그림 1.2에 제시하는 바와 같이 사건의 연쇄(chain of events)를 궁극적으로 단절할 수 없게 되고, 그 결과 사고·재해에 말려들어 갈 가능성이 높아진다.[12] M, S, H, E, L(관계자)과의 관계에 올가미가 놓여 있다면, 일반적으로 당사자(L)는 언젠가는 그것에 걸려들기 마련이다. 이 올가미에 걸려들지 않거나 빠져나오는 노력, 즉 부적합을 해소하는 노력을 L(당사자)에게만 요구하는 것은 결코 올바른 접근이라고 할 수 없다. 배후요인, 근본요인을 찾아내는 것이 중요하고, 이 요인은 L(당사자) 이외의 요소에 있는 것이 보통이다.

이 SHELL Model의 접근방식은 사고·재해의 배경에는 많은

12) 前田荘六, ヒューマンファクター 2. Available from: http://jaem.la.coocan.jp/nhgk/ihgk0058008.pdf#search ='m+shell+model' 참조.

요인이 있고, 사고·재해는 불안전상태와 불안전행동의 조합 중에서 발생하는 것이 대부분이라는 전통적인 설명과도 일맥상통하는 것이며, 불안전행동의 방지만으로는 사고·재해를 방지하는 것이 불가능하다는 것을 보여 주고 있다. 그리고 SHELL Model은 인적 요인의 이해, 휴먼에러의 분석, 그리고 재발방지대책을 입안하는 데 있어서 매우 유용한 것으로 평가받고 있다. 이 Model은 1970년대에 항공업계에서 제창된 것이지만, 국제적으로 다른 운송업계와 의료업계를 비롯한 많은 산업계에서도 널리 활용되고 있다.

3 불안전행동의 종류

(1) 인간의 행동

인간의 뇌는 여러 가지 역할을 담당하는 뇌(대뇌, 뇌간, 척수, 소뇌), 신경 등으로 구성되어 있는데, 일반적으로 인간이 자극을 받고 나서 행동에 이르기까지는 자극 → 중추신경 → 대뇌피질 → 반응의 과정을 거친다. 즉, 인간의 행동은 환경의 자극에 의해 일어나고, 또 환경에 작용하기도 하는 식으로, 항상 환경과의 상호관계하에 전개되어 가는데, 독일 태생의 미국 사회심리학자로서 사회심리학의 창시자라고 할 수 있는 레빈(Kurt Lewin)은 그의 '장(場) 이론(Field Theory)'에서 다음의 공식(행동 방정식)으로 이것을 나타내고 있다.

$$B = f(P, E)$$

B : 행동(behavior), P : 인간(person), E : 환경(environment)

인간의 특성적 요인 P는 그 사람이 태어나고 나서 현재에 이르기까지의 학습체험과 생활환경에서 이미 형성되어 있는 것이지만 항상 일정하지는 않고 변화하고 있으며, 환경적 요인 E도 항상 변화·변동하는 것이고, 의도적으로 변화시킬 수도 있다.

이것은 인간의 특성 P도, 환경적 요인 E도 수학적으로 말하면 상수는 아니고 변수라는 의미이다. 따라서 그 함수로서의 결과, 즉 행동도 항상 일정하지는 않은 것이다. 다시 말해서, 인간의 행동은 인간과 환경이라는 두 가지 변수의 함수관계에 의해 결정된다는 것이다. 따라서 인간의 행동을 이해하려면, 부주의 또는 방심 등과 같은 생리적·심리적 상태만을 이해하는 것으로는 불충분하고, 인간과 환경을 다이내믹하게 이해하는 것이 중요하다. 즉, 이 두 가지 변수는 특정 상황의 순간적(정적인) 관계가 아니라, 시간을 고려한 상호작용으로 이해하여야 하는 것이다.

이것을 현장에서의 작업에 적용해서 생각하면, 요구되는 안전도에서 벗어나는 행동을 불안전한 행동이라고 가정할 때, 안전도가 높은 행동을 요구한다면, 인간적 요인 P와 환경적 요인 E 모두를 억제할 필요가 있고, 인간적 요인 P만의 억제로는 안전한 행동을 기대할 수 없으며, 환경적 요인 E의 억제도 함께 이루어지지 않으면 안 된다.[13)]

참고 사람인가 상황인가?[14)]

인간의 행동은 심리적 요인과 상황적 요인의 상호작용에 의해 영향을 받는다. 사람의 행동범위는 항상 장소적 상황에 의해 제약을

---

13) K. Lewin, *Field Theory in Social Science*, Harper & Row, 1951.

14) J. Reason, *Managing the Risks of Organizational Accidents*, Ashgate Publishing, 1997, pp. 128~129.

받기 때문에, 자유의지라고 하는 것은 환상이다. 이것이 다른 모든 인간의 행동과 마찬가지로 에러에도 적용된다. 이런 주장은 잠재적으로 위험한 에러를 최소화하는 일을 하고 있는 모든 사람들에게 중대한 문제를 제기한다. 사람과 상황 가운데 어느 것이 고치기 쉬울까?

상식과 일반적 관행에 의하면, 이에 대한 대답은 사람이다. 결국, 앞으로 좀 더 바람직한 행동을 하도록 재교육, 훈육 또는 조언을 하거나 경고를 하거나 할 수 있는 것은 사람이다. 또는 널리 그렇게 믿어지고 있다. 자신들의 일에 대한 책임을 기꺼이 수용하는 높은 프라이드를 가지고 있는 의사, 조종사, 엔지니어와 같은 직업에서는 특히 그러하다. 반면에, 상황은 주어진 것으로 여겨진다. 우리들은 상황에 얽매어 있는 것 같다. 그러나 이것이 사실일까?

그렇지 않다. 과학적 견해는 에러관리(error management)에 대한 상황적 접근방식을 인간적 접근방식보다 명백히 선호한다. 여기에는 많은 이유가 있다.

- 휴먼에러는 어느 정도까지는 조절할 수 있지만 완전히 없애는 것은 불가능하다. 그것은 인간 조건에서 바꿀 수 없는 부분이고, 에러는 그 자체가 많은 경우 유용하게 쓰이기 때문이기도 하다(예컨대, 지식기반 상황에서의 시행착오 학습).
- 에러 유형의 하나하나가 각각 다른 심리적 메커니즘을 가지고 있으며, 조직의 여러 부문에서 발생하고, 각각 다른 관리방법이 필요하다.
- 안전상 중대한 에러는 조직시스템의 모든 수준에서 발생한다. 제일선의 작업자만이 저지르는 것은 아니다.
- 제재, 위협, 공포, 호소 등을 수반하는 조치는 매우 한정된 효과만 가진다. 그리고 많은 경우, 이 대책들은 순기능보다는

사기(士氣), 프라이드, 정의감에 해를 끼칠 수 있다.

- 에러는 사슬(chain)로 연결된 여러 원인들의 결과로 발생하는 것인데, 일시적 부주의, 오판단, 망각, 선입관과 같은 심리적 촉발요인이 많은 경우에 그 사슬에서 마지막 고리이면서 가장 관리하기 어려운 고리이다.
- 수많은 사고조사가 증명하듯이, 좋지 않은 사건(bad event)은 에러를 일으키기 쉬운 사람의 결과보다는 에러를 유발하기 쉬운 상황과 에러를 일으키기 쉬운 작업의 결과인 경우가 많다.

(2) 인간행동의 분류

작업자의 불안전행동, 환언하면 작업자의 잘못된 행동 중에는 최초부터 잘못이 명백한 것, 사고·재해의 원인을 분석해 비로소 그 행동에 잘못이 있다고 판명되는 것, 위험한 행동이라고 반드시 말할 수 없지만 결과적으로 사고·재해로 연결된 것 등 여러 가지가 있다.

불안전행동을 인간의 행동에 착목하여 실무상으로 분류하면 다음과 같다.

① 작업에 수반하는 위험에 대한 지식의 부족(모른다)에 의한 불안전행동
② 안전하게 작업을 수행하는 기능의 미숙(할 수 없다)에 의한 불안전행동
③ 안전에 대한 의욕의 결여(하지 않는다)에 의한 불안전행동
④ 인간의 특성으로서의 에러[15]에 의한 불안전행동

15) 휴먼에러를 좁게 보는 관점에서는, 휴먼에러는 인간의 특성으로서의 에러를 의미한다. 이에 대한 상세한 설명은 제3편 제2장 1 인적 요인에서 다루기로 한다.

이하에서는 ①, ②, ③에 대해 설명하고, ④에 대해서는 제2장 [1] 인적 요인에서 설명하기로 한다.

(3) 지식의 부족

작업자는 자신이 수행하는 작업의 올바른 방법에 대해 충분한 지식이 없으면, 효율이 좋게, 안전하게, 그리고 질이 우수한 일을 하는 것이 어렵다.

작업에 필요한 지식으로는, 주어진 작업을 수행하기 위하여 필요한 기술적 지식과 작업에 관한 위험 및 그 방호방법에 관한 지식이 있다. 본래 이 두 가지의 지식은 일체적이어야 하지만, 실제로는 일에 관해서는 자타가 인정하는 전문가인데, 안전에 관해서는 거의 지식이 없는 경우도 있고, 그것이 요인이 되어 사고·재해에 이른 예도 적지 않다.

「산업안전보건법」에서 많은 대상에 대하여 안전보건교육을 의무로 하는 것은, 이 부족한 안전보건에 관한 지식을 보강함으로써 안전한 작업방법·절차에 의한 작업을 도모하기 위해서이다. 단, 이와 같은 교육은 안전보건에 관한 지식의 강요를 목적으로 하는 것이 아니라, 교육의 기회를 통하여 작업자 스스로가 유해위험요인을 발굴하고 그 제거방법을 생각하는 능력을 기르는 것에 주안점이 있다는 점에 유의하여야 한다.

(4) 기능의 미숙

일반적으로 불안전행동은 작업경험이 일천한 자를 포함하여 기능이 미숙한 자에게서 많이 발생하고 있다. 어떤 일이더라도 숙련과 경험에 의해 작업준비의 부족, 작업방법의 부적절함이 없어지게 되는데, 안전에 관해서도 일정한 숙련과 경험에 의해 안전에 대한 능력이 향상되고, 그리고 이것이 안전에 대한 지식과 일체화된 경우에 무리·결함·낭비가 없는 안전한 작업이 가능하게 된다.

예를 들면, 크레인에 의한 작업에서는 와이어로프에서 짐을 매달아 올리므로, 짐 이동 중에 짐이 흔들릴 위험이 있다. 숙련된 크레인 운전사는 크레인을 주행시킬 때에 짐 흔들림의 주기와 타이밍을 고려하면서 크레인의 동작속도를 조정하는 기능을 가지고 있어, 짐 흔들림에 의한 위험을 방지하는 것이 가능하지만, 짐 흔들림에 의한 위험을 의식하지 못하는, 운전기능이 미숙한 운전사는 그와 같은 운전을 할 수 없기 때문에, 짐 흔들림이 더욱 크게 되어 짐이 낙하하거나 와이어로프의 절단사고로 발전하는 경우가 있다.

그리고 항상 운전하던 것과 제조회사·형식이 다른 이동식 크레인을 처음으로 운전하다가 매단 짐을 낙하시켜 사망사고 등을 발생시키는 예도 있는데, 이것은 이동식 크레인에 대한 기능이 부족한 상태에서 작업한 결과라고 할 수 있다.

(5) 의욕의 결여

안전보건교육에서는 작업과 관련하여 위험이 존재하고 있는 것, 그리고 위험을 회피하기 위하여 안전규칙(rule)에 정해져 있는 것 등을 가르치지만, 숙련된 작업자 등은 '자신은 부상을 입지 않는다', '괜찮을 것이다'라고 생각하고 위험을 제거하지 않은 채로 작업을 하거나 위험한 행동을 하는 경우가 매우 많고, 결과적으로 재해를 입는 경우도 적지 않다.

특히, 「산업안전보건법」, 회사에서 정한 안전보건관리규정 등의 규정에 위반한 작업을 하였는데도 사고·재해에 이르지 않은 경험을 가지고 있는 자가 그와 같은 안이한 생각, 작업태도를 취하는 경우가 많다.

이와 같은 것은 지식의 문제라기보다는 작업, 규칙 등에 대한 생각, 마음의 문제이다. 규칙을 지키는 것이 왜 필요한지에 대한 동기부여가 불충분하기 때문에 발생하는 현상이라고 할 수 있다.

또한 산업재해를 분석할 때 그 원인으로 작업자의 안전에 대한 의욕의 결여가 제시되는 사례도 적지 않다. 그러나 상기와 같은 생각을 가지고 작업 중에 불안전행동을 하는 자가 있는 것을 관리·감독자가 알고 있으면서, 항상 같은 것을 지적하면 직장에서의 인간관계가 거북해진다고 생각하고, 잘못된 것의 지적과 그 시정지시를 주저하는 경우도 있는데, 이 같은 경우에는 작업자에게만 문제가 있는 것이 아니라, 관리·감독자의 안전의욕에도 문제가 있다고 할 수 있다.

한편, 관리·감독자가 안전하게 수행하는 것에 관하여 의욕을 불태우고 의지를 가지고 있어도 부하 직원이 항상 잘 따라 주는 것은 아니고, 오히려 반발에 가까운 감정을 갖는 경우도 적지 않다.

이 같은 문제는 개개인의 자세, 사고방식에 대응하여 적절하게 지시를 행하는 방법을 통해서도 해결될 수 있지만, 직장 전체의 분위기, 결속력도 작업자의 의욕에 크게 영향을 미치므로, TBM 등 소집단의 안전활동을 통하여 각자가 생각하고 있는 것을 말하게 함으로써, 평상시부터 안전에 대한 공통된 인식을 갖도록 지속적으로 유도해 가는 것이 효과적이다.

4 대뇌의 기능과 인간의 정보처리

(1) 대뇌의 기능[16)]

1) 구피질과 신피질

최근 과학의 진보에는 눈부신 것이 있다. 특히 과학 연구에 있어서 지극히 곤란하다고 말하던 대뇌에 대해서도 생리학, 생화학, 공학 등 많은 분야에서 메스가 가해져, 대뇌에 대한 연구는 상당히 진척되고 있다. 여기에서는 안전에 관련된 내용을 중심으로 알기 쉽게 해설하기로 한다.

대뇌는 크게 분해하면, 구피질(舊皮質, paleocortex)과 신피질(新皮質, neocortex)로 나눌 수 있다. 구피질은 인류 탄생 이전부터 계통적으로 계승된 대뇌로서, 감정이나 욕망의 중추(中樞)이다. 동물이 외부의 적에 대해서 짖어 대거나 이성에 대해서 다정다감한 소리를 내는 것은 구피질의 작용이다.

구피질은 자기중심적이고 감정적인 행동을 취하는 특징이 있으므로, 주위 사람들이 하는 이야기에 일희일비하거나 충고를 나쁜 말로 받아들여 감정적으로 반발하기도 한다. 또한 구피질은 귀찮은 일을 싫어하고 제멋대로 하는 것을 매우 좋아하기 때문에, 구피질에 의해 지배되면, 교차로의 신호가 황색이어도 또는 적색신호로 될 때조차도 차를 정지시키고 싶지 않은 마음이 들어, 교차로를 가로지르고 마는 위험한 운전을 하기도 한다.

구피질은 판단력을 거의 가지고 있지 않다. 예를 들면, 위험한

16) 長町三生, 《安全管理の人間工学》, 海文堂出版, 1995, pp. 79~81 참조.

상황이었는데 "안전하다고 생각해서 했다."라는 변명이 나올 때에는, 구피질이 우위(優位)에 있는 상태이다. 즉, '철저히 하고 싶지는 않아.', '내 마음대로 하고 싶어.'라고 생각하여 자의적으로 '괜찮다'고 판단한 것으로서, 이것을 '안전하다'고 판단했다고 바꾸어 변명하는 것에 지나지 않는다.

한편, 신피질은 인간으로 진화하는 과정에서 크게 커진 새로운 뇌의 부분이다. 이 부분의 기능은 물체의 형태와 색 및 움직임을 통합하여 인식하기도 하고, 여러 가지 사항을 기억하거나, 지적인 판단을 하는 등 매우 중요한 역할을 한다. 말을 기억하고, 계산할 줄 알며, 일에 필요한 기술을 익히는 등 문명사회를 지탱하는 행동의 중심이다. 물론 외계의 자극에 대해서 바른 판단을 내리며, 구피질의 감정적인 지나침을 억제하는 역할도 한다.

안전한 생활을 영위하기 위해서는, 일을 하고 있을 때 또는 차를 운전하고 있을 때 등에는 구피질의 기능을 가능한 한 약화시키고, 신피질의 컨트롤을 우위에 두는 것이 필요하다. 반대로 사생활, 즉 일을 마치고 집에서 느긋하게 쉬고 있을 때에는, 구피질을 풍부하게 활용하면 가족의 단란함을 느끼거나 즐거운 화제 속에서 유쾌하게 즐기는 것이 가능할 것이다.

음주는 신피질을 마비시키기 때문에 구피질에 대한 통제력이 약해진다. 그렇게 되면, 예컨대 상사를 욕하거나 반칙적인 언동을 하는 것이 즐거워진다. 그리고 취기가 오름에 따라 구피질의 기능이 더욱 강해져, 노래방에서 노래할 때 박수가 적다고 화를 내거나 싸움으로까지 발전하게 된다. 이것은 술에 취해서 신피질의 컨트롤이 약해져, 실이 끊긴 연과 같이 구피질이 난폭해진 결과이다. 술버릇이 좋지 않은 사람은 본래 신피질의 힘이 약한 사람이다.

2) 인간의 정보처리능력

라스무센은 인간의 행동을 다음과 같이 세 가지로 분류하고 있다.[17]

- 숙련 기반 행동(SB, skill-based behavior)
- 규칙 기반 행동(RB, rule-based behavior)
- 지식 기반 행동(KB, knowledge-based behavior)

라스무센의 행동에 대한 이 SRK(Skill, Rule, Knowledge) 모델은 Human Factor학의 영역에서 많은 관심을 끌고 있고, 다른 사람들에 의해 많이 수용되었다. 그리고 실험적으로도 증명된 인지적 정보처리의 모델들과 일맥상통하며, 또 휴먼에러를 설명하는 데도 많이 사용되는 모델이다. 라스무센은 사람들이 그들의 경험 수준이나 의사결정상황에 따라 채택할 수 있는 상이한 의사결정 과정을 기술하기 위해 이 모델을 사용하고 있다.

라스무센은 입력된 정보는 특정 상황에 대한 작업자(operator)의 경험 정도에 따라 지식 기반 수준, 규칙 기반 수준 또는 숙련 기반 수준 중 어느 한 수준에서 인지적으로 처리된다고 설명하고 있다. 표 1.3은 라스무센의 인지행동모델의 특징을 요약하여 정리한 것이다.

이 세 가지 행동에 대한 상세한 설명은 다음과 같다.[18]

---

17) 이하는 주로 J. Rasmussen, *Information Processing and Human-machine Interaction: an Approach to Cognitive Engineering*, Elsevier Science, 1986을 참조하였다.

18) 이하는 주로 C. D. Wickens, J. D. Lee, S. E. Gordon Becker and Y. Liu, *An Introduction to Human Factors Engineering*, 2nd ed., Pearson Education, 2013, p. 151 이하를 참조하였다.

표 1.3 인지행동모델의 특징

구분	자동화	처리 건수	처리 속도	피로	행동 형태	구동 형식
SB	전자동	복수	빠름	작음	습관적	시그널 구동형
RB	반자동	한정	한정	한정	모방적	목표 구동형
KB	비자동	단수	느림	큼	창조적	모델 구동형

(2) 인간행동의 세 가지 수준

인간의 행동이 의식적 주의에 의해 직접적으로 또는 이미 프로그래밍된 습관 패턴에 의해 간접적으로 관리되는 정도는 지식 기반(KB, knowledge-based), 규칙 기반(RB, rule-based), 숙련 기반(SB, skill-based)이라는 세 가지 수준의 행동을 낳는다. 이것들의 대조적인 특징은 그림 1.3과 같이 요약된다. 라스무센에 의해 처음 소개된 이 세 가지 행동 수준은 심리적 변수와 상황적 변수에 의해 정의된 '활동공간' 위에 나타내어질 수 있다.

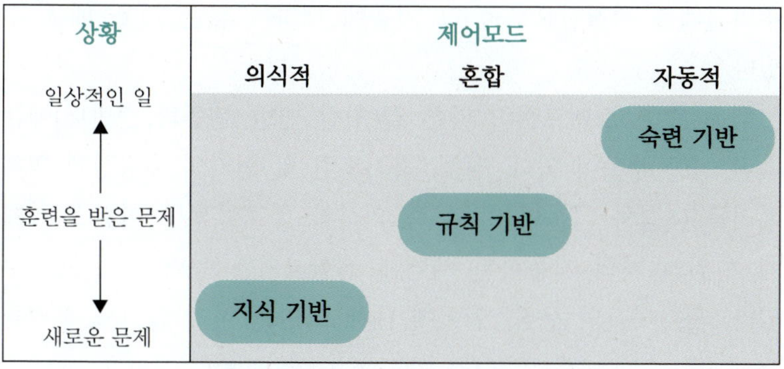

그림 1.3 활동공간과 세 가지 행동 수준

태어날 때부터 '본능적'으로 가지고 있는 것은 제외하고, 모든 인간행동은 지식 기반 수준에서 시작된다. 이 수준에서의 우리의 행동은 의식적 주의를 느리게, 제한적으로 그리고 공들여 적용함으로써 직접적으로 관리된다. 지식 기반 수준은 내적 언어[19]의 형태로 또는 타자의 지시를 통해 우리의 행위를 안내하는 의식적 이미지, 단어에 크게 의존한다. 이러한 유형의 제어는 유연하고 강력하지만, 매우 많은 노력을 요하고 많이 피로하며 범위가 극도로 한정되어 있기도 하고 에러가 발생하기 십상이다. 그래서 우리들은 이러한 유형의 제어를 좋아하지 않는다.

우리들은 모두 주의가 어떠한 것인지를 느낌으로는 알고 있지만, 정신생활에서의 주의의 정확한 기능에 대해서는 거의 알지 못한다. 모든 활동에서 행동을 성공시키기 위해서는 최적 양의 주의가 필요하고, 너무 적어도 너무 많아도 크게 악영향을 끼친다. 부주의의 결과는 꽤 명백하지만, 지나치게 주의를 기울이는 것도 문제다. 과잉 주의의 한 예로는, 오른손의 집게손가락이 무엇을 하고 있는지를 생각하면서 키보드를 쳐 보는 것을 들 수 있다. 타이핑 기술이 우수하면 할수록 지장이 더 커질 것이다.

심리학의 다른 분야와 마찬가지로, 우리들은 가끔씩 발생하는 주의실패를 관찰함으로써 그 기능에 대하여 많은 것을 배울 수 있다.

행동 수준 스펙트럼의 다른 끝(지식 기반 행동의 정반대)에는 숙련 기반 행동이 있다. 실행, 자기훈련 및 인지의 재형성에 의해 우리들은 점차 기술의 기초, 즉 의식적 목표설정, 가이던스를 개개 행위의 거의 자동화된 제어에 결합시키는 능력을 습득할 수 있다. 하나하나의 동작, 언어에 대해 고민을 하지 않고도 우리들

19) 음성을 수반하지 않는 자기 자신의 사고도구를 가리킨다.

은 미리 정해진 순서로 원활하게 움직이거나 말할 수 있다. 이것이 습관이 형성되는 방법이고 숙련 기반 행동의 본질이다. 미국의 심리학자 제임스(William James)는 "우리들이 행동할 때에 필요한 의식적으로 기울이는 주의가 습관에 의해 줄어든다."고 하였다.[20)]

이와 같은 행동의 단계적인 자동화는 보편적이고, 정신적 행동의 모든 영역에서 일어난다. 우리들의 사회적 작용조차 시간과 경험을 거쳐 점점 자동화해 간다. 이와 같은 제어를 무의식적 습관의 흐름, 즉 운동프로그램에 맡기는 능력이 없다면, 우리들은 한정된 주의자원 모두를 지금 이 순간에 대처하는 데 소비해 버리고, 과거를 돌이켜 보거나 미래를 준비하는 것은 불가능해질 것이다. 그러한 끊임없는 '현재에의 집중'은 지탱될 수 없다. 구두끈을 매는 데 하루 전체를 소비할 수 있다. 그러나 공짜는 없다. 자동화는 이따금씩 방심이라는 대가를 수반한다.

지식 기반 행동과 숙련 기반 행동의 중간에 규칙 기반 행동이 있다. 이것은 어떤 종류의 문제에 대처하기 위하여 거의 습관화된 일련의 숙련 기반 활동에서 벗어날 필요가 있는 경우의 행동 수준이다. 일반적인 문제에 대해 우리들은 훈련, 경험 또는 절차서를 통해 습득한 뭔가의 미리 준비된 해결책을 가지고 있다. 이들 해결책은 '규칙'이라고 표현될 수 있다: "문제가 X이면 해결책은 Y이다." 또는 "징조 A와 B가 존재하면, 그것은 C형의 문제이다." 이들 '규칙'은 경험, 훈련의 결과로서 습득되고 전문지식의 구성요소이다.

그러나 규칙 수준의 행동은 다양한 에러와 관련되어 있다. 우리들은 반대되는 표시·암시(contraindication)를 알아차리지 못해 (보통 상황에서의) 적절한 규칙을 잘못 적용할 수 있다. 그리고

20) W. James, *Principles of Psychology*, Holt, 1889, p. 114.

표 1.4 숙련 기반, 규칙 기반 및 지식 기반 수준 행동의 주된 특징

수준	특징
숙련 기반(SB)	진행상황을 이따금 체크하면서 일상적 작업의 자동화된 통제
규칙 기반(RB)	훈련받은 문제에 미리 준비된 규칙 또는 해결책을 패턴 매칭
지식 기반(KB)	직면하는 새로운 문제에 대한 의식적이고 느리며 노력을 요하는 시도

잘못된 규칙을 적용하거나, 적절한 규칙을 적용하는 데 실패할 수 있다(착각에 따른 위반).

새롭거나 예기치 못한 상황에서처럼 미리 준비된 해결책이 없는 경우, 우리는 느리고 힘들지만 강력한 의식적 제어모드를 사용하여 '급히' 해결책을 생각해 내지 않을 수 없다. 이것은 에러를 저지르기 매우 쉬운 행동 수준이고 다양한 시스템상의 오류에 빠지기 쉽다.

1) 숙련 기반 행동

숙련 기반 행동이란 사람이 완전하게 습득하여 숙련된 행동을 하는 것을 말한다. 어떠한 사람들이 주어진 과제에 대해 경험이 풍부하다면, 이들은 입력정보를 숙련 기반 수준에서 처리하는 경향을 보이고, 원래의 지각적 요소들에 대해 자동적이고 무의식적으로 반응한다.[21] 그들은 주어진 단서들을 해석하거나 통합할 필요가 없으며, 가능한 행위들에 대해 생각할 필요도 없다. 그 대신 반응을 유도하는 신호(signals)로서의 단서들에 반응하기만 한다.

21) 무의식적으로 행동한다는 것은 주의하지 않고 있다는 것이기도 한데, 주의가 가지 않으면 정보처리가 일어나지 않는다. 그리고 정보처리가 일어나지 않으면 기억이 나지 않기 때문에 무식의적인 행동은 기억이 나지 않는 경우가 많다.

익숙한 길을 달리기 편한 환경에서 운전하는 버스 운전기사의 행동을 예로 들 수 있다. 운전의 순서도, 코스도 몸에 익숙해져 있고, 어느 교차로에서는 정체가 심하다든지, 어느 버스 정류장에서는 초등학생이 장난치는 경우가 많으니까 주의해야 한다든지 하는 고차원의 정보도 무의식 중에 활용하면서 행동하는, 바로 프로와 같은 행동이라고 할 수 있다. 올림픽 경기에 출장하는 체조선수나 숙련된 외과의가 하는 봉합수술 등도 숙련 기반 행동이라고 할 수 있다.

숙련 기반 행동에서는 하나하나의 기법에서부터 고차원의 상황 판단까지가 일련의 흐름 속에서 아주 자연스럽게 행해진다는 점에서 '전자동', '습관적'이라고 할 수 있다. 버스 운전기사가 안전 운전하면서 차내 방송을 하는 것처럼, 복수의 일을 병행하여 빠르게 행하는 것이 가능하고 피로도 적다.

전문가들은 광범위한 숙련 기반을 갖고 있다.[22)] 따라서 전문가들은 숙련 기반 행동을 선택하는 경향이 있지만, 과제에 따라 세 가지 수준 사이를 옮겨 다닌다. 이전에 경험해 보지 못했던 시스템 고장과 같은 새로운 상황이 발생하면 전문가들이라 해도 (이러한 상황은 친숙하지 못하기 때문에) 분석적인 지식 기반 수준으로 되돌아간다. 이 세 가지 수준의 행동의 적절한 선택(의사결정)이 행동결과의 효과성을 결정한다.

2) 규칙 기반 행동

규칙 기반 행동이란 사람이 무언가의 단서를 토대로 취하는 행동을 의미한다. 특정 사상(事象)에 친숙하기는 하지만 그에 대한 경험이 풍부하지 못한 경우, 사람들은 규칙 기반 수준에서 입력정보를 처리하고 상황에 대처한다. 학습의 중간 수준쯤 되면 사람들은

22) 물론 전문가들은 광범위한 규칙 기반도 가지고 있다.

훈련이나 경험을 통해 몇 가지 규칙을 습득한다. 즉, 사람들은 사상에 익숙해짐에 따라 사상의 특징을 파악하고 그 특징을 토대로 대처방법을 선택하여 대처하게 된다.

자동차 운전을 예로 들면, 운전조작 자체에는 숙달되어 있지만, 내비게이션·지도(地圖)나 조수석의 도움에 따라서 운전하는 것과 같은 단계이다. 두 번째 신호에서 우회전하니까 우회전 차선으로 이동하면 좋겠다고 생각하거나, 여기는 일방통행이니까 근처의 다른 길을 찾자고 판단하는 등 주위상황과 규칙을 토대로 한 판단을 각 장면마다 하는 것과 같은 행동이다. 기기를 운용하기 위해 사용매뉴얼을 따르거나 빵을 굽기 위해 조리법을 따르는 것도 규칙 기반 행동이다.

규칙 기반 행동에서는, 변속레버의 변환이나 브레이크 조작 등의 기본 조작은 별로 생각하지 않더라도 할 수 있지만, 어느 길로 들어가야 되는지 등의 상위단계에서는 그때그때의 판단이 요구되기 때문에, 이 행동은 '반(半)자동적'인 단계의 행동이라고 할 수 있다. 지식 기반 행동보다는 처리건수도 늘어나고 속도도 조금 빨라지며, 피로도 좀 덜하다. 규칙에 따른다는 의미에서 '모방적'인 행동이라고 할 수도 있다. 그러나 주로 규칙 기반 수준에서 작업하는 작업자들도 새로운 상황을 만나게 되면 지식 기반 처리로 돌아가야 한다.

3) 지식 기반 행동

지식 기반 행동이란 인간이 입력정보에 대하여 그때마다 생각하여 행동하는 것을 말한다. 어떤 상황이 새로운 것이라면 사람들은 이 상황에 적용할 만한 규칙들(즉, 과거의 경험을 통해 저장된 규칙들)을 갖고 있지 못할 것이다. 따라서 이들은 지식 기반 수준에서 행동하여야 하는데, 지식 기반 수준에서는 본질적으로 개념적 정보를 이용한 분석적 처리가 일어난다. 초심자들은 분석적인 지식 기반적 수준에서만(또는 문서화된 절차가 있다면 규칙 기반 수준에서) 작업할 수 있다.

예컨대, 처음으로 자동차를 운전할 때를 상상해 보자. 운전학원에서 운전을 배우는 사람은 변속레버나 사이드브레이크를 확인한 후 시동키를 돌리고 브레이크 페달을 밟으면서 변속레버를 드라이브에 놓고 사이드브레이크를 푼다. 이 행동들을 하나씩 머릿속에서 생각하면서 하는 것이 지식 기반 행동에 해당한다. 처음으로 채혈을 하는 신출내기 간호사의 행동도 전형적인 지식 기반 행동이라고 할 수 있다. 필요한 종류의 채혈용 시험관을 준비하고, 주사기에 두꺼운 바늘을 꽂고, 환자의 팔에 구혈대를 감고, 알코올 솜으로 닦으면서 바늘이 잘 들어갈 수 있을 것 같은 혈관을 찾는 등의 단계를 하나씩 생각하면서 하는 것이다.

이러한 행동은 각각의 단계를 생각하면서 하는 '비자동적' 행동이다. 많은 행동을 동시에 처리할 수 없기 때문에, 처리속도가 늦고 피로도가 높다. 그때그때의 상황에 대처한다는 점에서는 '창조적'이라고도 할 수 있다.

참고 행동유형과 휴먼에러[23)]

리즌은 업무 현장에서는 '실수에 대한 지혜'가 필요하다고 말한다. '실수에 대한 지혜'란 유능하고 잘 숙련된 사람도 시스템 문제에 기인한 에러를 경험할 수 있음을 이해하는 것이다. 리즌에

23) C. Clapper, J. Merlino and C. Stockmeier(eds.), *Zero Harm – How to Achieve Patient and Workforce Safety in Healthcare*, McGraw-Hill, 2019, pp. 101~103 참조.

따르면 대체로 세 종류의 요인이 에러를 발생시킨다. ① 개인의 신체적·정신적 상태(예: 작업자가 피로하거나 미숙한 것), ② 환경적 맥락(예: 주의를 산만하게 하는 것, 잦은 교체, 장비의 이용 불가능, 시간 부족), ③ 당면한 업무와 관련된 요인(예: 복잡한 업무수행의 필요, 기준치 초과 시 알람과 같은 기능의 결여).

분명한 것은 구조(사람, 자원 또는 조직구성), 프로토콜, 작업설계 및 기술을 포함한 시스템적 요인들이 종사자들로 하여금 업무를 정확히 수행하게 하고 에러를 저지르기 어렵게 해야 한다는 점이다. 안전과 신뢰성에 초점을 맞추는 문화도 에러 발생의 잠재성을 크게 줄여 줄 것이다.

조직에서 에러를 방지하는 방법을 검토하기 전에 에러 자체에 관해 자세히 살펴볼 필요가 있다. 사람은 세 유형의 에러를 경험한다. ① 숙련 기반 에러, ② 규칙 기반 에러, ③ 지식 기반 에러. 이 범주는 개인이 에러를 경험할 당시의 인지 기능의 성격을 반영한다. 사람마다 수행하는 업무에 익숙한 정도와 과제를 수행할 때의 의식적 사고(thought)의 적용 정도가 다르다.

'숙련 기반 행동'과 관련하여, 우리 뇌에는 습관과 반복을 통해 생기는 잘 개발된 숙련 패턴이 존재한다. 숙련 기반 에러를 경험할 때는, 의도하지 않은 행위착오(slip, 잘못된 일을 하다), 망각(lapse, 어떤 일을 하는 것을 잊어버리다) 또는 실수(fumble, 잘못 처리하다)를 저지르게 된다. 서두르다가 무심코 열쇠를 차 안에 둔 채로 문을 잠근 경우, 또는 의료장비를 치우는 것을 잊어버려 그것에 걸려 넘어지는 경우는, 숙련 기반 에러를 경험하는 것이다. 일반적으로 우리는 매일 수천 개의 숙련 기반 일에 종사하는데, 연구 결과에 따르면 보통은 이런 일상적이고 익숙한 일을 잘 수행하므로, 이런 일을 1,000번 수행할 때 한 번만 에러를 저지른다. 이런 에러는 대개 주의가 산만했거나 피로했거나 충분한 주의를 기울이지 않았을 때 발생한다.

'규칙 기반 행동'을 할 때, 우리의 뇌는 일에 종사하면서 운영 원리와 적용할 규칙을 살핀다. 보통은 교육 또는 경험을 통해 학습한 규칙을 살피게 된다. 규칙 기반 에러는 다음 셋 중 하나에서 발생하는 경향이 있다. ① 잘못된 규칙을 적용한다, ② 규칙을 잘못 적용한다, ③ 규칙을 따르지 않기로 한다. 작업지시내용이 여느 때와 다른데도 감독자가 지시내용을 알고 있었을 것이라고 생각하면서 그에게 질문하지 않는 결정을 할 수 있다. 투약하기 전에 환자가 누구인지 안다고 생각하여 환자의 아이디를 체크하지 않을 수도 있다. 의료계에서 생기는 대다수의 에러는 규칙 기반 모드에서 발생하는 경향이 있다. 사람은 규칙 기반 에러를 숙련 기반 에러보다 더 쉽게 저지른다. 100번 일을 할 때 한 번꼴로 저지른다. 회사의 많은 업무는 규칙에 기반하는 경향을 가지고 있다. 우리는 업무를 수행할 때, 업무를 표준화하고 그것의 질을 개선하기 위해 프로토콜과 규칙을 지속적으로 적용한다.

규칙이 존재하지 않거나 알려지지 않은 새롭거나 익숙하지 않은 상황에서는 '지식 기반 행동'을 하게 된다. 이때 우리는 일종의 문제 해결 모드에 들어간다. 당연하지만, 연구 결과에 따르면 이런 모드에서 일할 때 에러가 꽤 자주 발생하고 우리가 하는 일의 30~60%에 영향을 미친다. 배우는 게 쉽다고 말하는 사람은 아무도 없다! 우리는 익숙지 않은 상황에 직면할 때 경험이 많은 사람들로부터 도움을 얻으려고 좀 더 노력해야 할 것이다.

5 휴먼에러

휴먼에러의 원인에 대해서는, 심리학·의학적인 해명이 이루어져 오고 있지만, 그 정체(identity)가 모두 해명되고 있는 것은 아니다. 이 에러의 정체가 복잡한 일례로, 한국어로 '에러'를 의미하는 단어가 많이 있다는 것을 지적할 수 있다. 잘못, 실수, 과실, 과오, 착각, 착오, 실패, 실책, 오류, 깜박 등이 있고, 영어로도 mistake, fault, slip, lapse, error 등의 여러 용어가 있다.

이들 용어의 의미가 반드시 동일한 것은 아니지만, 휴먼에러의 정체 규명이 그만큼 어렵다는 것을 상징적으로 나타낸다. 휴먼에러의 분류도 에러의 개념, 보는 관점에 따라 달라 보편적으로 합의된 것은 존재하지 않고 당분간 그럴 전망도 없지만, 일반적으로 휴먼에러라고 불리는 원인으로 많은 사고·재해가 발생하고 있다.

이하에서는, 휴먼에러에 대한 지식을 심화시키고 휴먼에러 간의 차이를 비교함으로써 다양한 휴먼에러의 성격을 이해하는 한편, 이에 대한 대처방안을 내리는 데 참고·활용할 수 있도록 휴먼에러의 개념, 종류, 성질 및 이에 대한 접근방법 등을 소개하고자 한다.

(1) 휴먼에러의 개념

휴먼에러의 개념을 넓게 보면 인간의 불안전행동이 대부분 포함될 것이지만, 이를 엄밀하게(좁게) 보면 고의로 일으킨 규칙 등의 위반(violation)은 휴먼에러에 포함되지 않을 것이다. 일부 학자는 휴먼에러의 범위에 위반까지를 포함하는 것으로 보고 있는데,[24)]

24) C. D. Wickens, J. D. Lee, S. E. Gordon Becker and Y. Liu, *An Introduction to Human Factors Engineering*, 2nd ed., Pearson Education, 2013, p. 347.

이는 휴먼에러의 범위를 시스템의 효율이나 안전을 저해하는 부적절한 인간의 행동이라고 보면서 매우 넓게 보는 관점이다. 이에 반해, 휴먼에러를 매우 좁게 보는 관점은 휴먼에러를 인간의 특성에 기인한 에러로 보는 것으로, 지식이 없었거나 기능을 습득하고 있지 않았거나 수행할 생각이 없었던 경우의 불안전행동은 에러라고 보지 않을 것이다. 이와 같이 휴먼에러의 개념과 범위에는 사람에 따라 다양한 스펙트럼이 존재한다.

휴먼에러는 "시스템으로부터 요구되는 성과(performance)로부터의 일탈",[25] "시스템에 의해 정의된 허용한계를 넘는 일련의 인간행동"[26]이라고 정의되기도 하지만, "달성하려고 하였던 목적에서 의도하지 않게 일탈하게 된, 기대에 반한 인간의 행동"[27] 또는 "원하는(의도한) 결과를 달성하기 위하여 사전에 계획된 일련의 심리적·신체적 활동(activity)의 실패, 즉 원하는(의도한) 결과를 달성하지 못한 일련의 계획된 행동으로서 무언가의 예측할 수 없는 사건의 작용(개입)이 없는 것"[28]으로 정의되는 것이 일반적이다. 마지막의 정의에는 다른 정의와 비교하여 통제 가능한 행동을 행운 또는 불운과 구별하기 위해 "예측할 수 없는 사건의 작용(개입)이 없는"이라는 표현이 추가되어 있는데, 가장 엄밀한 정의라

25) D. Meister, *Human Factors: Theory and Practice*, John Wiley & Sons, Inc., 1971, p. 6.

26) A. D. Swain and H. E. Guttmann, *Handbook of human reliability analysis with emphasis on nuclear power plant applications*, NUREG/CR-1278, U.S. Nuclear Regulatory Commission, 1983, p. 2-7.

27) 中央労働災害防止協会, 安全衛生用語辞典, 中央労働災害防止協会, 2005, pp. 473~474.

28) J. Reason, *Human Error*, Cambridge University Press, 1990, pp. 9, 17; J. Reason, *Managing the Risks of Organizational Accidents*, Ashgate Publishing, 1997, p. 71. 여기에서 '무언가의 통제할 수 없는 사건의 개입이 없는 것'이라는 표현은 행운 또는 불운의 작용에 기인한 (행위의) 실패를 통제 가능한(controllable) 행위와 분리하기 위한 것이다.

고 할 수 있다.

따라서 일반적 견해에 따르면, 휴먼에러에서는 행위자가 바라는 대로의 결과를 기대하고 계획적인 행위를 했다는 것이 그 전제이다. 그런데 기대한 대로의 성과를 얻을 수 없게 되어 휴먼에러가 된 것이다. 즉, 휴먼에러는 의도와 결과가 어긋난 것이다. 휴먼에러는 특별하고 이상한 성질을 가지고 있는 행위를 의미하는 것이 아니라, 일상생활에서 거의 매일 체험하고 있는 통상적인 행위이고 누구라도 이해할 수 있는 사상(事象)이라고 할 수 있다. 즉, 인간은 에러를 하기 십상인데, 포착한 정보에 반응하여 과거의 경험 등을 기초로 최적의 행위를 하려고 했지만, 결과적으로 적절하지 않은 행위가 되어 버린 것을 휴먼에러라고 할 수 있다.

휴먼에러에 관한 이상의 개념 정의를 종합하여 분해하면, 'ⅰ) 사전계획에 따른 인간의 어떤 정신적 또는 신체적 활동이 있고, ⅱ) 그 활동이 의도치 않게 어떤 허용범위에서 일탈한 것으로서, ⅲ) 우연에 의한 것은 제외한다'는 것으로 요약될 수 있다.[29] 불안전행동의 또 하나의 유형인 위반은 당사자가 의도적으로 허용범위에서 일탈한 것으로서 휴먼에러와 함께 불안전행동에 해당하지만, 휴먼에러와는 발생(인지) 메커니즘을 달리하기 때문에 휴먼에러와 구별하여 보는 것이 일반적이고 실용적이다.

한편, 앞에서 언급한 인간공학(Human Factors)의 관점에서는, 휴먼에러는 생리적 특성, 인지적 특성 등 인간이 본래 가지고 있는 특성(지식, 경험을 포함한다)과 인간을 둘러싼 기계, 절차서, 팀워크, 교육훈련시스템 등의 환경이 잘 합치하지 않아 유발되는 것이라고 정의될 수 있다.

29) fail safe 등에 의해 시스템의 허용범위가 넓으면 같은 행동이라도 휴먼에러는 감소하게 된다.

산업체에서의 전통적인 인간공학적 개입은 개별 작업자를 위한 작업장소나 물리적 환경의 개선에 초점을 맞추어 왔는데, 이러한 접근은 미시적 인간공학(Microergonomics)이라고 불려 왔다. 그러나 미시적 인간공학 접근을 산업체에 적용하였을 때의 효과를 분석한 연구들은, 미시적 인간공학이 사회적·조직적 차원보다는 물리적·인지적 차원에서만 인간의 행동과 안전의 문제를 해결하고자 하였기 때문에 때로는 성공적이지 못하였다는 것을 보여 주었다. 이 때문에 최근에는 기존의 전통적인 인간공학적 고려뿐만 아니라 사회적·조직적 맥락과 같은 좀 더 넓은 관점에서 인간의 행동과 안전의 문제를 해결하고자 하는 리엔지니어링 작업시스템이 강조되고 있다.

거시적 인간공학(Macroergonomics) 접근은 인간의 행동과 안전의 문제를 조직의 인적·사회적·기술적·경제적 하위시스템에 대한 분석을 포함하여 다루고자 한다. 즉, 이러한 접근은 개별 작업자의 인간-기계시스템뿐만 아니라 좀 더 큰 시스템을 고려한다. 그리고 이 접근은 종업원 참가(관여)의 증가 등 좀 더 넓은 사회적·조직적 요인들에 초점을 맞추고 있는 것으로서, 안전문화에서의 차이를 통해 휴먼에러에 대한 조직적 원인 제공을 이해하고자 하였던 리즌의 접근방법과 매우 유사하다.[30] 인간의 사회적 측면(요소)이 관련되어 있기 때문에 휴먼에러에 대한 조직적 원인 제공은 전통적인 공학 설계방안으로는 해결될 수 없는 경우도 있다. 기술적 시스템을 사회적 시스템과 통합하고자 하는 것의 일반적 목적은 조직개발과 산업심리학과 같은 분야의 목표와 유사하다.

거시적 인간공학 중에서 가장 흔히 적용되는 방법은 참여적 인

30) C. D. Wickens, J. D. Lee, S. E. Gordon Becker and Y. Liu, *An Introduction to Human Factors Engineering*, 2nd ed., Pearson Education, 2013, pp. 483~484 참조.

간공학의 사용이다. 이 방법에서 근로자들은 처음부터 프로그램에 중심적으로 참여하게 된다.

(2) 휴먼에러의 종류

휴먼에러에 관하여 몇 개의 가능한 정의가 있는 것처럼, 휴먼에러의 분류에도 여러 가지 방법이 있다. 휴먼에러의 분류법에는 각각의 목적이 있다. 어떤 분류법을 선택할 것인지는 휴먼에러의 네 가지 기본요소인 의도, 행위, 결과, 정황의 어느 것에 가장 관심이 있는지 또는 어느 것이 가장 실용적인지에 달려 있다.

휴먼에러에 관한 어떤 분류법을 선택하든, 휴먼에러의 다양한 종류 및 각 종류별 발생 원인과 메커니즘을 정확히 이해해야 휴먼에러, 나아가 이로 인한 사고·재해에 대한 종합적이고 효과적인 대책을 수립할 수 있다. 휴먼에러에 대한 이해가 부족하면, 그 원인을 파악할 필요성 자체를 인식하지 못하거나 그 원인을 제대로 파악하지 못하고, 그 결과 휴먼에러와 사고·재해에 대한 부정확하거나 효과적이지 못한 대책으로 이어질 수 있다.

1) 리즌의 분류: 인간의 정보처리과정(의도)의 관점[31)]

휴먼에러라는 행동에 이른 경위를 알기 위해서는 인간 사고의 흐름, 즉 인간의 정보처리과정(또는 인지과정이라고도 한다) 또는 의도의 관점에서 검토하는 것이 필요하다. 이러한 관점에 선 분류 중에서 가장 널리 알려져 있는 것이 다음의 리즌에 의한 분류이다.

---

31) J. Reason, *Human Error*, Cambridge University Press, 1990, p. 9 이하; J. Reason, *Managing Maintemance Error*, Ashgate Publishing, 2003, p. 40 이하; J. Reason, *The Human Contribution: Unsafe Acts, Accidents and Heroic Recoveries*, CRC Press, 2008, pp. 29~30 이하 참조.

리즌은 불안전행동(unsafe act)을 정보처리과정에 착목하여 네 가지로 분류하고 있다.[32] 의도하지 않은(계획대로 되지 않은) 불안전행동[33]으로 행위착오(slip)와 망각(lapse)을 그 예로 들고, 의도한

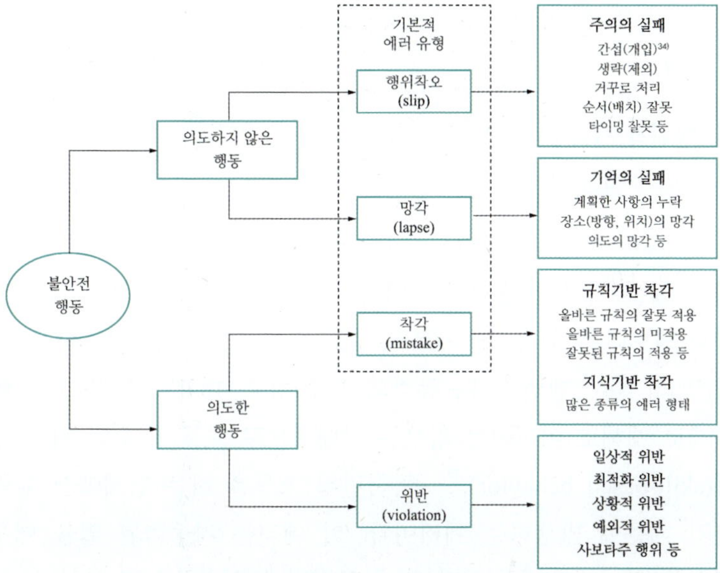

그림 1.4 리즌의 불안전행동의 유형[35]

심리상태의 차이로 분류한 여러 불안전행동의 개괄. 먼저 불완전행동이 의도되었는지, 의도되지 않았는지를 구분하고, 다음으로 에러와 위반을 구분한다.

---

32) 만약에 행동 자체(불안전행동이 아니다)를 할 사전 의도가 없었다면 이것은 에러라기보다는 무의식적(involuntary) 행동 또는 자동증(automatism)이다. 자동증이란 의식이나 의지의 통제를 벗어난 정신현상 내지 행동으로서, 본인은 그 행동을 하고 싶다거나 행하고 있는 것을 느끼지 않는다. 자동증의 예로는 운전하다가 깜박 조는 것, 누군가와 이야기를 나누면서 걷다가 무심코 적신호의 횡단보도로 건너가는 행동, 반사적 행동이 있다.

33) 의도(계획)는 적절했지만 행위가 의도(계획)대로 실시되지 않은 것이다.

34) 바람직하지 않거나 의도하지 않은 행위의 출현이다. 강한 습관의 개입이 대표적인 예이다.

35) J. Reason, *Human Error*, Cambridge University Press, 1990, p. 207.

(계획과 부합하는) 불안전행동으로 착각(mistake)과 위반(violation)을 그 예로 들고 있다.[36] 그는 이 불안전행동 중 행위착오, 망각, 착각만을 에러로 분류하고,[37] 위반은 에러로 보지 않으면서 에러와 구별하고 있다(그림 1.4 참조). 즉, 리즌의 분류방식에 의하면, 위반은 불안전행동에는 해당하지만 휴먼에러에는 해당하지 않는다.

① 행위착오(slip)

㉠ 주의의 실패

행위착오(slip)란 주의(attention)의 실패라고도 한다. 이것은 의도하지 않은 잘못된 행위 중 '아차 하는 사이에(부주의로)' 수행된 행위(의도와는 다른 행위)로서, 계획되지 않은 행위가 표면화된 것(말의 실수, 펜의 실수, 동작의 실수)이고, 대체로 눈에 잘 띄어 실제로 재해로 이어지는 경우는 상대적으로 드물다. 숙련 기반 행동(skill-based behavior),[38] 즉 숙련된 행동을 하는 단계에서 깜박했기 때문에 발생하는 에러이다. 이 에러는 자동화된 일을 매우 익숙한 환경에서 수행하던 중에 무언가 주의의 '뺏김'(선입관, 산

36) 제2편 제2장에서 설명하였듯이, 행위의 의도가 잘못된 착각은 행위 의도의 잘못이 일부러 저질러진 것은 아니므로, 엄밀하게는 의도하지 않은 행동이라고 볼 수도 있다.

37) 행위착오, 망각, 착각은 정보처리과정, 즉 '인지과정'에 착목하여 분류된 휴먼에러(불안전행동) 유형이므로, 행위착오, 망각, 착각이라는 휴먼에러(불안전행동)에 불안전행동 자체뿐만 아니라 후술하는(제3편 제2장 1 (1) 인지적 요인) 그것의 인적 요인 중 하나인 '인지적 요인'의 내용적 요소도 이미 포함되어 있음에 유의할 필요가 있다.

38) 인간의 행동을 숙련 기반 행동(skill-based behavior), 규칙 기반 행동(rule-based behavior) 및 지식 기반 행동(knowledge-based behavior)이라는 세 가지 수준으로 최초로 구분하여 소개한 것은 덴마크의 저명한 시스템안전, 인간공학 및 인지시스템공학 연구자인 라스무센(Jens Rasmussen)에 의해서이다. 이에 대해서는 앞의 4에서 설명한 바 있다.

만 등)에 의해 가장 발생하기 쉽다. 그 예로는, '하차하려고 계획한 전철역에서 내리지 않고 자주 하차해 왔던 그 앞 전철역에서 내리고 말았다.', '말이 헛나가 남편을 부르려고 했는데 애완견의 이름을 불렀다.'(습관의 간섭), '신발을 신은 채 슬리퍼를 신었다.'(생략), '저장키를 누르려다가 삭제키를 눌렀다.', '용변이 급하여 서두르다가 남자 화장실에 들어간다는 것이 남자화장실 표시를 보고도 여자화장실에 들어가고 말았다.', '브레이크 페달을 밟는다는 것이 가속 페달을 밟았다.'[39](거꾸로 처리), '시동을 켜 놓은 상태에서 변속기 레버를 주차(P)가 아닌 후진(R)에 잘못 놓고 내렸다.', '뚜껑을 따지 않고 캔 맥주를 따르려고 했다.'[순서(배치) 잘못] 등이 있다. 그리고 평지에서 뭔가에 걸리거나 미끄러져 넘어지는 것, 계단에서 작업발판 등에서 발을 헛디디는 것, 탁자 위에 놓인 레이저 포인터를 집으려다 손에서 놓치는 바람에 바닥에 떨어뜨리는 것, 웹사이트에서 검색어로 '산업안전보건법 개정'이라고 타이핑하려는 사이에 문득 기차 예약을 해야 한다는 생각이 들어 '산업안전보건법 예매'라고 타이핑하는 것도 행위착오의 일종이다. 대부분의 행위착오는 의도되지 않은 '수행' 에러라고 볼 수 있다.

39) 이것에 의한 사망사고 사례로는, 2023년 9월 서울시의 한 도로에서 승용차 운전자가 운전 중에 서류를 주우려다 브레이크 페달 대신에 가속 페달을 밟아 횡단보도를 건너던 행인들을 쳐 4명의 사상자를 낸 사고, 2023년 3월 전북 순창군 농협 조합장 선거 투표소 앞 주차장에서 1톤 트럭이 브레이크 페달을 밟는다는 것이 가속 페달을 밟아 투표를 위해 줄을 서 있던 사람들을 향해 돌진하여 20명의 사상자를 낸 사고, 2023년 12월 수원역 버스환승센터에서 버스기사가 현금기기의 고장 여부를 확인하기 위해 사이드 브레이크를 채우지 않은 채 잠시 운전석에서 일어난 사이 버스가 움직여 당황한 나머지 브레이크 페달이 아닌 가속 페달을 밟아 18명의 사상자를 낸 사고, 2024년 7월 인천시 남동구에서 1톤 탑차가 브레이크 페달을 밟는다는 것이 가속 페달을 밟아 가로수 정비작업을 하던 동료 작업자들을 덮쳐 작업자 2명이 숨지고 1명이 다친 사고 등이 있다.

[세상 읽기] 행위착오(slip)에 의한 그 밖의 사망사고 사례

- 2021년 12월 안양시 만안구 도로포장 공사현장에서 롤러 운전기사가 롤러에 밟힌 안전고깔을 옮기려고 기어를 중립에 놓고 운전석에서 내려오던 순간에 운전기사의 윗옷에 걸린 기어봉이 주행상태로 바뀌어 롤러가 급발진하는 바람에 롤러 바로 앞에서 작업하고 있던 근로자 3명이 롤러에 깔려 사망하였다.
- 2022년 2월 수리 완료된 탈사기(진동모터로 진동을 발생시켜 주물에 부착된 주물사를 제거하는 장치)를 본체에 다시 안착시키는 작업을 하기 위해 협력사 대표 A와 피재자 B가 본체 하부로 내려가 전선 삽입 작업을 한 후 B가 출입구가 아닌 곳으로 나오려던 상황에서 A가 소지하고 있던 천장크레인 무선제어조작기(리모콘)가 실수로 잘못 눌리게 되면서(오조작) 천장크레인에 매달려 있던 탈사기가 흔들려 탈사기와 본체 사이에 작업자의 머리가 협착되어 사망하였다.
- 2022년 4월 크레인이 체인을 통해 (프레스) 클러치 커버와 연결되어 있는 상태에서(클러치 커버와 프레스는 물려 있었다) 리모컨으로 크레인을 이따금 미세조정하던 재해자 중 1명이 리모컨을 의도치 않게 잘못 눌러 물려 있던 클러치 커버와 프레스가 갑자기 들어 올려지면서 체인이 파단되고 클러치 커버가 분리되는 바람에 그 위 작업공간에 있던 2명의 작업자가 추락하여 사망하였다.
- 2024년 1월 충북 진천의 한 마트에서 30 cm 높이 플라스틱 박스에 올라가 설명절 상품진열대를 설치하려고 못질을 하던 60대 근로자가 발을 헛디뎌 넘어지면서 바닥에 머리를 부딪혀 사망하였다.
- 2024년 10월 전북 군산시 옥구읍의 한 레미콘 제조업체에서 컨베이어 벨트에 묻은 폐콘크리트 잔여물로 인해 벨트가 움직이지 않자, 설비점검 등의 업무를 담당하는 60대 작업자가 쇠막대기를 이용해 잔여물을 떼어내는 순간 멈춰 있던 벨트가 갑자기 움직이는 바람에, 작업자가 중심을 잃고 구조물(기계)에 끼여 숨졌다.

행위착오에 대한 대책으로는 행위자가 의도한 대로 행동할 수 있도록, 예컨대 스위치를 행위착오가 일어나지 않을 배열로 설치하는 것, 작업 전에 지적호칭, 안전회의 등 안전활동을 하는 것, fool proof(오조작 방지) 조치를 취하는 것(예: 기계의 덮개를 확실히 닫지 않았을 때 기계가 회전하지 않도록 하는 것, 프레스의

2개의 버튼을 함께 눌러야만 기동하도록 하여 1개의 버튼을 잘못 눌렀을 때 기동하지 않도록 하는 것) 등을 생각할 수 있다.

㉡ 인지의 실패

인지의 실패도 행위착오의 한 유형이다. 주의의 실패를 넓은 의미로 보면 인지의 실패도 주의의 실패에 포함되는 것으로 볼 수 있다. 인지의 실패는 다음의 두 가지 주요한 그룹으로 나뉜다.

- 대상, 메시지, 신호 등의 오인
- 문제 있는 상황의 미검출(검사 또는 모니터링 실패)

오인의 원인이 되는 주요한 요인을 제시하면 다음과 같다.

- 유사: 올바른 대상과 틀린 대상 간의 외관, 위치, 기능 등
- 불명확: 조명의 불충분, 나쁜 S/N비
- 기대: 보고 싶은 것만을 보는 경향
- 익숙함: 숙련되고 습관적인 일에서는 지각이 조잡해짐

오인이란 감각기능에 의해 수집한 사실에 대해 잘못된 심적 해석(mental interpretation)을 하는 것을 의미한다. 이 에러는 지금까지의 많은 중대사고의 원인이 되어 왔다. 그중에는 신호를 잘못 해석한 열차 운전사와 계기(특히 오래된 '살인적인' 3침식 고도계)가 제공하는 비행고도정보를 오인한 조종사의 경우도 있다.

오인의 주된 원인은 올바른 대상과 틀린 대상 간의 유사성(외관, 위치, 기능 등)이다. 이 상황은 나쁜 S/N비(즉 불충분한 조명, 접근 곤란 등)에 의해 악화될 수 있다. 예를 들면, 어떤 항공기의 보수작업자는 항공기의 유압계오일을 보충할 필요가 있었는데, 오일을 보충하고 나서 작업자는 (비어 있는) 엔진오일 통을 가지고

있는 것을 알게 되었다. 유압계오일과 엔진오일은 조명이 나쁜 창고에서 아주 유사한 통에 보관되어 있었다.

오인은 선입관에 의해서도 강한 영향을 받는다. 즉 우리들은 보는 것을 예측하여 사물을 보는 경향이 있다. 우리들이 지각하는 것은 두 가지 유형의 정보로부터 얻어진다. 즉 우리들의 감각기능에 의해 얻어지는 사실과 장기기억에 저장되어 있는 지식구조이다. 지각한 사실이 약하거나 애매할수록 우리들의 지각은 기대 또는 저장되어 있는 지식구조에 의해 지배되기 싶다. 무엇이 일어나고 있다는 것을 일단 마음속에 그리면, 설령 그것에 모순된 사실을 입수하더라도, 이 인식을 긍정하는 정보만을 선택하는 경향이 있다. 강한 습관은 기대와 같은 것이기도 하다. 즉 우리들은 어떤 것이 설령 잘못된 것이라 하더라도, 익숙하거나 예상되는 것과 대략적으로 지각이 일치하면 이를 받아들이는 경우가 종종 있다.

결함을 검출하는 새로운 기법과 기술이 있음에도 불구하고, 결함을 발견하는 일의 대부분은 여전히 사람의 눈에 의존하고 있다. 미검출 에러의 전형은 검사하는 동안 눈에 보이는 결함을 알아차리지 못하는 것이다.

미검출 에러를 조장하는 주요 요인은 다음과 같이 요약할 수 있다.

- 결함에 도달하기 전에 검사가 중단되었다.
- 검사자의 주의가 산만하거나 정신이 팔려 있었거나 검사자가 피곤하였거나 서둘렀다.
- 검사자는 거기에는 결함이 없다는 선입관을 가지고 있었다.
- 1개의 결함은 발견되었지만, 그 근처의 결함은 간과되었다.
- 조명이 부적절하였다. 먼지 또는 기름이 있었다.
- 휴식이 부족하였다.

• 일에 몰두하지 않았다.

그 밖의 요인으로는 경험 부족과 더불어, 징조와 증상에 있어 주의해야 할 것에 대한 지식 획득을 위해 충분히 교육훈련을 받지 않은 것도 있다. 그리고 사람의 시각에 대한 생리적 한계를 고려에 넣지 않는 경우도 있다. 예를 들면, 전문가에 의한 검사는 낮은 조도의 상황에서 실시되는 경우가 있는데, 검사자는 눈이 어둠에 익숙해지는 데 걸리는 10분 이상을 기다리는 것을 꺼릴 수 있다. 미검출 에러는 경계심[40] 감퇴가 관계하기도 한다. 긴 시간의 따분한 검사작업에서 마음은 다른 것으로 이동하는 경향이 있다. 검출하려고 하지 않은 때에 검출되는 경우가 많은 것은 놀라운 일이 아니다. 이하에 이에 대한 예를 제시한다.[41]

> 18시간의 긴 초과근무 후 보수작업자는 22시경 엔진에 대한 통상적인 검사를 실시했다. 보수작업자는 냉류 덕트 영역 내부의 명확한 손상을 간과했다. 이 손상은 다른 결함의 조사에서 발견되었다.

ⓒ 행위착오 촉진요인

행위착오는 우연의 산물이 아니다. 행위착오는 예측 가능한 패턴에 해당하고 다음과 같은 세 가지의 명확한 원인과 관련된다.

• 익숙한 상황에서의 일상적이고 습관적인 작업의 수행
• 어떤 관련되지 않은 몰두 또는 주의산만에 의해 '빼앗긴' 주의
• 행위 계획 또는 주위 상황의 일부 변경

40) 감시작업을 계속하는 상황에서 주의력을 유지하는 것.
41) J. Reason and A. Hobbs, *Managing Maintenance Error*, Ashgate Publishing, 2003, pp. 40~42.

역설적으로 말하면, 방심은 숙련된 것, 즉 대부분 자동화된 방법으로 일상적인 행위를 컨트롤할 수 있는 것에 대해 지불하는 대가이다. 그러므로 행위착오와 망각이 익숙한 환경에서 숙련된 습관적인 작업을 실시하고 있는 동안에 가장 발생하기 쉽다는 것은 당연하다. 물론 컴퓨터 키보드를 사용하는 것과 같은 새로운 기능을 학습할 때에도 에러가 발생하지만, 이들 에러는 틀림없이 경험 부족과 운동신경 결여에 기인한 서투른 손놀림과 잘못 치기일 것이다.

주의는 한정된 (유용한) 것이다. 주의는 어느 것에 기울여지면 필연적으로 다른 것에 대해서는 소멸된다. 주의를 빼앗기는 것은 이 한정된 주의 자원의 대부분이 수행 중인 작업과 관계가 없는 것에 기울여지는 경우이다. 그것이 내면적인 걱정거리이면 그것을 사로잡힘이라고 부르고, 외적으로 바로 근처에서 발생한 것이면 주의산만이라고 부른다. 이런저런 주의의 빼앗김은 방심의 행위착오 또는 망각에 불가결한 조건이다. 작업의 어떤 중요한 선택점에 대한 주의는 방심 상태에선 없어지는 것이다.

많은 행위착오에는 특정 상황에서의 통상적이거나 관습적인 행위가 관여되어 있다. 이것을 강력하지만 잘못된 행위착오라고 부른다. 이 잘못된 행위는 많은 경우에 완벽하게 일관성이 있다. 그것들은 단지 그 당시에 의도된 것이 아니었을 뿐이다. 행위착오의 계기는 의도 또는 국소적 상황의 뭔가의 변화이다. 만약 그 변화가 그때 발생하지 않았다면, 행동은 익숙한 경로를 따라 의도한 대로 진행되어 갔을 것이다. 이와 같이 모든 종류의 변화는 강력한 에러 생성 요인이다.[42)]

42) Ibid., pp. 48∼49.

② 망각(lapse)[43)]

망각(lapse)은 기억(memory)의 실패라고도 한다. 이것은 의도하지 않은 잘못된 행위가 행위착오보다 숨겨진 형태로 발생하는 에러로서 주로 기억의 기능 부전(실패)이 개재하는 에러이고, 실제의 행동에서 반드시 눈에 보이는 형태로 나타나는 것은 아니며, 경험하는 본인만이 알아차릴 수 있다. 망각 역시 행위착오와 마찬가지로 숙련 기반 행동(skill-based behavior)의 일종이다. 정비사들이 자신의 의도와는 달리 조여야 할 나사를 조이지 않은 채 현장을 떠나는 경우, 작업하느라 화재감지기를 꺼 놓았다가 작업이 끝난 후 이를 켜지 않은 채 현장을 떠나는 경우, 대변을 보고 물을 내리지 않은 경우, 하차할 역을 지나쳐 버리는 경우, 거스름돈을 받는 걸 잊어버리는 경우 등과 같이 해야 할 일을 깜박 잊고 하지 않는(일단 계획한 행위의 실행을 잊는) 경우가 그 전형적인 예이고,[44)] 중매쟁이가 인사 중에 신부의 이름을 까먹은 경우, 말하려고 한 것을 잊어버린 경우 등과 같이 필요한 때에 필요한 지식을 생각해 낼 수 없는 것도 망각에 해당하는 예이다.[45)]

43) 망각에 대한 설명은 제3편 제2장 [1] (1) 인지적 요인도 참조하기 바란다.

44) 리즌은 비행기 정비에서 가장 많이 발생하는 에러가 망각이라고 강조하였다.

45) 망각에 의한 사망사고 사례로는, 2023년 2월 발전소 부두 하역기(15 m 높이)의 낙탄 처리 설비에서 한 번에 많은 낙탄을 밑으로 떨어뜨리기 위해 철제 그레이팅(약 60 cm × 80 cm) 하나를 제거해 놓은 상태에서, 작업자가 작업하면서 뒷걸음질을 하다가 본인 뒤에 그레이팅이 빠져 있는 개구부가 있는(그레이팅을 제거해 놓은) 줄을 깜박 잊고 개구부로 추락하여 사망한 사고, 2014년 7월 경기도 이천 OB맥주 공장에서 산업용 형광등 교체 작업을 하던 중 외주업체 작업자가 전기차단기를 내리는 것을 깜박 잊고 산업용 형광등을 설치하다가 감전으로 사망한 사고가 있다. 일상생활에서 발생한 망각에 의한 사고 사례로는, 배터리가 들어 있는 백팩 바깥쪽 옆 주머니의 지퍼 채우는 것을 깜박 잊은 채 전철 선반 위에 가방을 올려놓다가 배터리가 의자에 앉아 있던 승객의 얼굴에 떨어져 콧등에 열상을 입은 사고가 있다.

호주의 항공 보수작업자에 대한 조사에서 600건의 보수사고 보고를 수집했다. 망각은 가장 자주 발견되는 에러 형태로 사고의 20%에 관여하고 있다.[46)]

망각에 대한 대책은, 기억의 결락(缺落)에 대처하기 위해 체크리스트 등을 준비하거나, 기억을 되살리는 분명한 표시를 하거나, 또는 장치·설비 조작 시 하나씩 절차를 밟아 나가지 않으면 다음으로 진행되지 않게끔 만들어 놓는 것 등을 들 수 있다.

망각은 다음과 같은 세 가지의 정보처리 단계의 하나 또는 복수에서 발생할 수 있다.

- 입력 실패: 기억해야 할 사항에 대해 충분한 주의가 기울여지지 않아 단기기억(의식적 작업영역)에서 사라진다.
- 저장 실패: 기억한 내용이 장기기억에서 쇠퇴하거나 간섭을 받는다.
- 출력(기억 회생) 실패: 알고 있는 사항을 필요한 때에 생각해 낼 수 없다.

㉠ 입력 실패

자주 있는 '입력 실패'로 제시되는 것은 말해진 것을 기억하지 못하거나 이전 행위를 알아차리지 못하는 것이다. 누군가를 소개받을 때 가장 잊어버리기 쉬운 것은 무엇일까. 그것은 이름이다. 왜? 이름은 그 사람에 관한 쇄도하는 새로운 정보의 일부이고, 그것에 집중하여 특별한 노력을 하지 않는 한 머릿속에 넣어지지 않는 경우가 많다(그의 외견 또는 직업에 대해서도 기억할 수 없는 경

46) A. Hobbs, "The Links between Errors and Error-producing Condition in Aircraft Maintenance", Paper given to 15th Symposium on Humna Factors in Aviation Maintenance, 27-29 March 2001, London.

우가 자주 있다). 이것은 어떤 것에 적절한 양의 주의를 기울이는 것은 나중에 생각해 낼 수 있기 위한 전제라는 것을 말해 준다.

'입력 실패'의 두 번째 종류는 이전의 행위를 '잊어버리는 것'이다. 사실은 기억하지 못한다는 말이 더 좋은 표현이다. 이 경우도 주의의 실패가 원인이다. 예를 들면, 상당히 익숙하고 일상적인 작업을 실시하는 경우에는 대부분의 경우 우리의 마음은 진행 중의 일에 향해 있지 않다. 이것은 작업을 원만하게 실시하기 위해 필요한 것이다. 그 결과, 공구를 어디에 두었는지 잊어버리거나, 손에 쥐고 있는 것을 찾으며 돌아다니게 된다.

그 밖의 다양한 입력 실패에는 다음과 같은 종류가 있다.

- **일련의 행위에서 위치를 모르게 된다**: 상당히 일상화된 작업을 하는 중에 정신을 차리면 절차의 어디에 있는지 바로 알지 못한다. 위치를 모르는 에러는 위험한 결과를 초래할 가능성이 있다. 즉 당신의 위치를 다시 알려고 할 때에 잘못하는 것이다. 이때 두 종류의 에러가 있다. 하나는 절차 진행 중에 실제로 한 것보다도 많이 했다고 판단하고, 일부 이전 절차를 생략하는 것이다. 또 하나는 덜 위험하지만 실제보다도 나아가지 않았다고 판단하고 동일한 절차를 불필요하게 반복하는 것이다(예컨대 찻주전자에 2배 양의 차를 넣는다).
- **시간의 공백 경험**: 우리들은 직전의 몇 분간 어디를 걷거나 운전했는지 또는 정확하게 무엇을 했는지 기억할 수 없는 경우가 있다. 예를 들면, 샤워를 하고 있는 동안에 머리에 샴푸를 묻혔는지 어떤지를 기억할 수 없는 경우가 있다. 사실은 (있었다고 하면) 샴푸를 씻어 내고 바로 그다음 그 밖의 다른 것을 생각해 왔다. 요컨대, 일상적인 세부사항에 주의를 기울이지 않았던 것이다.

㉡ 저장 실패

저장 실패는 여러 형태가 있지만, 작업 관련 활동에 가장 나쁜 영향을 줄 수 있는 것은 뭔가를 하려고 하는 의도 그 자체를 잊어버리는 것이다. 어떤 행동 또는 일을 하려는 의도가 즉시 행동으로 옮겨지는 경우는 드물다. 통상 실행하기 위한 적절한 시기와 장소까지 기억 속에 유지되어야 한다. 이 의도의 기억은 '전망 기억(prospective memory)'[47]으로 불리고, 잊어버리거나 일탈하는 경향이 강하기 때문에 행위가 의도한 대로 실행되지 않는다. 많은 보수작업자는 차로 귀가하는 도중에 갑자기 "내가 했나, 하지 않았나?", "내가 연료 뚜껑을 교환했나? 공구를 제거했나?"라고 걱정을 하는 일에 익숙할 것이다.

물론 의도를 완전히 잊어버려 완전히 기억에 남아 있지 않게 될 가능성도 있다. 그러나 대부분의 경우는 망각이 단계적으로 일어난다. 의도를 완전히 잊어버릴 무렵에 '내가 무엇을 하고 있어야지.'라는 의식이 생긴다. 무엇을 하고 있어야 한다는 막연한 불안감을 가지고 있지만, 무엇을 어디에서 해야 하는지를 생각해 낼 수 없다.

또 하나 일어나기 쉬운 공통된 경험은 의도를 기억하여 그것을 이행하기 시작하지만, 도중에 통상적으로 다른 것에 몰두하거나 주의를 빼앗겨, 당신이 하려고 한 것을 잊어버리는 것이다. 이것은 상점, 부품창고에서 일어날 가능성이 있고, 가정에서도 열린 서랍 또는 찬장 앞에 우두커니 서 있을 수 있다. 단순히 무엇을 가지러 왔는지를 생각해 낼 수 없는 것이다. 이것이 '여기에서 내가 무엇을 하고 있지?' 느낌이다.

세 번째 가능성은 실행계획에 착수하여 끝났다고 생각했지만,

---

47) 앞으로 실시하기 위한 계획적 기억.

뭔가 빠뜨렸다는 것을 나중에 발견한다. 자주 있는 경험은 집에 돌아오고 나서 발송하려고 했던 우편물이 현관 테이블 위에 아직 놓여 있는 것을 발견하는 것이다.

ⓒ 출력 실패

출력 실패는 당신의 기억력이 당신을 실망시킬 수 있는 가장 흔한 방법 중의 하나이다. 연령과 함께 점점 흔해진다. "그의 이름은 뭐지?"와 같은 경험이다.

출력 실패는 '생각이 날 듯 말 듯 한(tip-of-the-tongue)' 상태이다. 이것은 알고 있을 만한 이름 또는 단어를 생각해 낼 수 없다는 것을 깨닫는 상태이다. 찾고 있는 단어는 감질나게 가깝게 느껴진다. 즉 생각이 날 듯 말 듯 하다. 어떤 다른 단어 또는 이름이 마음에 떠오르지만 당신이 찾으려는 것은 아니라는 것을 알기 때문에 많은 경우 문제는 악화된다. 그러나 어쨌든 당신은 생각해 내려는 것에 가깝게 있다는 강한 감각도 있다.[48)]

망각은 이상과 같은 정보처리 단계에 따른 요인이 아닌 다음 요인에 의해 발생하기도 한다.

ⓔ 중단 후의 생략

진행 중에 필요한 체크를 하는 것의 실패는 뭔가의 국소적인 방해에 의해 일어나는 경우가 있다. 예를 들면, 매뉴얼을 가져올 생각으로 선반에서 그것을 꺼낼 때 다른 책이 떨어진다. 당신은 책을 원래 상태로 되돌려 놓지만 가지러 온 매뉴얼 없이 그 장소를 떠난다.

---

48) J. Reason and A. Hobbs, *Managing Maintenance Error*, Ashgate Publishing, 2003, pp. 43~46.

어떤 경우에는 중단이 그 후의 행위를 '잊게 하는' 원인이 되거나, 뭔가 다른 것으로 일탈되게 한다. 또 다른 경우에는 중단에 대처하는 것과 관련된 행위가 무의식중에 원래의 일련의 행위의 일부로 인식하게 한다. 예를 들면, 차를 넣으려고 하다가 티백 갑이 비어 있는 것을 알아차린다. 찬장에 가서 새로운 갑을 개봉한다. 그러고 나서 티백을 넣는 것을 깜박 잊고 비어 있는 찻주전자에 끓는 물을 붓는다.

㉤ 조기의 퇴장

제목이 말해 주듯이, 조기의(premature) 퇴장이란 모든 행위가 완료되기 전에 일을 끝내려는 상황이다. 예를 들면, 신발을 신은 채 샤워하는 것이다. 일상적인 일의 마지막에 가까워짐에 따라, 우리의 마음은 다음 행동으로 뛰어넘어 버리고, 최초 일의 마지막 절차를 빠뜨리게 된다. 예를 들면, 산소공급시스템을 테스트하기 위해 압축공기가 사용되었는데, 테스트 완료 시에 보수작업자가 시스템을 산소가 아닌 공기에 연결된 상태로 두고 말았다.

③ 착각(mistake)[49)]

착각(mistake)은 행위가 의도(계획)와 정확하게 합치되지만, 부적절한 행위가 의도(계획)된 것이다. 의도(intention)의 실패이다. 즉, 계획(의도)이 부적절한 것이다. 착각은 목적의 설정 또는 목적 달성을 위한 수단의 구체화와 관련된 판단(추론) 또는 양 과정에서의 결함 또는 실패라고 정의될 수 있고, 이 의사결정체계에 따른 행동이 계획대로 진행되는지 여부와는 관계없다. 이 정의로 볼 때, 착각은 확실히 행위착오보다 포착하기 어렵고 복잡하며 이해

49) 착각에 대한 설명은 제3편 제2장 ① (1) 인지적 요인도 참조하기 바란다.

되기 어렵다. 착각은 기본적으로는 잘못된 지식이 선택되는 것, 잘못된 감각정보[50)]에 근거하여 잘못된 판단이 이루어지는 것이 원인이다. 선택한 지식, 판단이 '올바르다'고 하는 메타인지가 작용하기 때문에 잘못을 깨닫기 어렵다. 그 결과, 착각은 일반적으로 행위착오보다 위험도가 훨씬 높게 되고, 그 특성상 검출도 훨씬 어렵다.[51)] 이 착각은 상황판단을 잘못하거나 행동(규칙)의 선택을 잘못하는 등의 '판단·의사결정' 단계의 에러라고 할 수 있다.

또한 착각은 규칙 기반 행동(rule-based behavior)에서 올바른 규칙을 잘못 적용하거나 잘못된 규칙을 적용하거나 올바른 규칙을 적용하지 않는 에러(rule-based mistake)와 지식 기반 행동(knowledge-based behavior)에서 잘못된 판단(믿음), 과신, 과소평가 등에 의해 범하는 에러(knowledge-based mistake)로 구분된다. 전자의 에러는 속도제한이 시속 60 km인 도로에서 80 km로 잘못 판단하고 속도를 70 km까지 올려 운전하는 것과 같은 에러이다. 후자의 에러는 이전에 단순한 숙취로 진찰을 받았던 환자가 심야에 구토를 호소하여 구급외래진료를 할 때(새롭거나 익숙하지 않은 상황) 이전의 기억에 사로잡혀 장폐색증과 같은 중증환자일 가능성을 염두에 두지 않은 것과 같은 에러이다.[52)]

착각에 대처하는 방법으로는, 상황을 정확히 이해할 수 있도록 표시를 해 놓거나, 기계·설비의 조작(취급) 방법을 표준화하거나, 또는 상황에 따라 취하여야 할 행동을 미리 절차서에 제시해 놓

50) 감각 대상들을 오감으로 받아들임으로써 얻은 느낌을 가리킨다.

51) 착각이 휴먼에러 중 대형사고로 이어지는 비중이 가장 높은 이유이다.

52) 화장실을 예로 든 앞의 행위착오 사례와는 달리, 어떤 남자가 남자화장실, 여자화장실 표시도 보지 않고 좌측이 남자화장실일 거라고 지레짐작하면서 여자화장실로 들어간 것은 착각에 해당한다. 외양적으로 동일한 행위로 보이지만 내심상태에 따라 행위착오가 될 수도 있고 착각이 될 수도 있다.

는 것과 같은 대책을 생각할 수 있다. 물론 상황판단, 행동결정 등을 적절하게 할 수 있도록 사전에 충분한 교육훈련을 실시하는 것도 중요한 대책이다.

"요르단 미군기지 피습, 아군 드론으로 착각해 요격 안 해"[53)]

친이란 민병대의 무인기(드론) 공격으로 미군 3명이 숨진 게 미군의 오판에 따른 인재(human error)라는 주장이 제기됐다. 자폭하려 기지에 달려드는 드론을 귀환하는 자국 드론과 구별하지 못한 요르단 타워 22 소속 미군의 미숙한 대응이 수십 명의 사상자를 냈다는 것이다.

미 월스트리트저널(WSJ)은 당국자들의 주장을 인용해 미군 소속 드론이 임무 수행 후 기지로 복귀하던 시점에 친이란 민병대의 이란산 샤헤드 드론도 미군 기지로 침투했다고 29일(현지시간) 보도했다. 두 드론이 동시에 들어오면서 미군이 적기 식별에 실패했다는 내용이다.

AP통신도 같은 날 '미군이 적 드론을 아군으로 착각해 피해를 봤다'는 내용의 예비 보고서를 공개했다. 해당 문서에 따르면 미군 드론이 타워 22로 돌아오던 중 적 드론이 낮은 고도를 유지하며 비행 중이었는데 미군이 피아를 혼동하면서 샤헤드 드론이 격추당하지 않고 기지를 때렸다.

통신은 타워 22 내부에 대규모 대공 방어 시스템은 없었지만 '드론 잡는 무기'라 불리는 '코요테'가 배치되어 있었다고 설명했다. 미군이 오인하지 않고 코요테를 정상 작동시켰다면 적군기를 격추할 수 있었다는 이야기다.

착각(mistake)에 의한 사상사고 사례

- 2014년 1월 폐알루미늄 수거 · 처리업체에서 5톤 집게차 운전자가 폐기물을 내리는 작업을 하던 중 근처에 있는 작업자 A를 보지 못하는 바람에 A가 집게차 마스트(집게차에서 집게 부분이 돌아갈 수 있도록 하는 회전판)와 화물 적재함 사이에 끼이는 사고로 사망하였다.

53) 이예림 기자, 세계일보, 2014. 1. 30.

- 2021년 2월 철광석, 석탄 등의 원료를 선박에서 하역하여 저장시설(yard)로 이송하는 설비에서 해당 설비의 정비작업 담당 협력사 직원 A가 정비작업 개시 전 계획된 작업 외의 부분에서 추가 정비가 필요한 곳을 발굴하기 위해 (하역기가 고정된 위치에서 가동할 것으로 예상하고) 비계획적인 설비점검을 하던 중에 하역기 운전자가 그곳에 A가 있다는 것을 인지하지 못하고 하역기를 이동시키는 바람에 A가 하역기에 치여 사망하였다.
- 2021년 6월 타워크레인 지상 조립 중 타워크레인 설치전문업체의 대표자이자 작업지휘자 A가 부속자재(캣헤드)의 날카로운 부위에 섬유제 슬링벨트를 체결(작업방법 오류)해도 괜찮을 거라고 생각하고 체결한 슬링벨트가 파단되는 바람에 이동식 크레인에 매달려 올려지던 부속자재가 A에 낙하하여 협착으로 사망하였다.
- 2021년 10월 서울 금천구 가산메트로 지식산업센터 신축공사현장에서 지하 3층 발전기실 전기공사를 하던 중 작업자 중 1명이 화재경보기의 수동 조작 스위치인 줄을 모르고(다른 스위치로 알고) 이를 누르는 바람에 이산화탄소 소화약제가 누출돼 4명이 숨지고 17명이 부상을 입었다.
- 2022년 5월 지역자활센터에서 파쇄기 담당자 A가 피재자 B에게 파쇄기에서 배출되는 비철 정리를 요청하여 B가 비철 정리를 하던 중 다른 작업자가 B에게 파쇄기가 헛돌고 있다고 말하자, B가 파쇄기 투입 컨베이어의 가동을 멈추고 컨베이어에 들어가 투입물 정리작업을 하던 상황에서, A는 컨베이어가 멈춰 있는 것을 발견하고 컨베이어 CCTV 화면으로 확인한 후 다시 가동시키자 컨베이어에서 작업 중인 B가 컨베이어의 갑작스런 작동으로 파쇄기에 말려 들어가 사망하였다.
- 2022년 11월 선박부품 제조공장에서 열교환기를 제작하는 작업을 하던 중 찬넬(재질: 스테인리스강, 무게: 4.37 kg) 끝단의 날카로운 부분에 섬유제 슬링벨트를 체결(작업방법 오류)해도 괜찮을 거라고 생각하고 체결한 슬링벨트가 끊어지는 바람에 천장크레인으로 인양되던 찬넬이 그 아래에서 작업을 하던 작업자 2명한테 낙하하여 1명이 사망하고 또 다른 1명이 부상을 입었다.
- 2023년 3월 경기도 이천시 소재 세방물류센터 창고 신축공사 현장에서 덕트 설치작업을 위해 덕트공이 동료 작업자가 몰던 시저형 고소작업대에 탑승해 격벽 설치용 철구조물(사각파이프, 2.5 m) 밑으로 이동하던 중 철구조물을 통과한 줄 알고 일어서다가 철구조물과 고소작업대 난간대 사이에 머리가 협착되어 사망하였다.

- 2023년 9월 충남 서천군 소재 발전소에서 이 회사 운전원 A와 협력사 운전원 B (경력 20년 이상의 감독자) 등이 현장에서 발생한 트러블을 해결하기 위해 먼저 모터 구동 밸브(MOV, Motor Operating Valve)의 통신카드를 교체했지만 문제가 해결되지 않았고, 2차로 전원카드를 교체했지만 이번에도 해결되지 않았다. 이에 이들은 MOV를 로컬로 전환하여 조작키로 한 다음, 전단(수동차단)밸브를 닫지 않은 상태에서 MOV를 개방하게 되었는데, 그 순간 저장탱크의 높은 압력(270 bar)이 후단배관에 가압되면서 flexible metal hose가 압력을 이기지 못하고 파열됐고, 그 바람에 전면부에서 지켜보고 있던 협력사 운전원 C가 사망하고 3명이 중경상을 입었다.[54)]
- 2024년 1월 전라남도 신안 이목리의 한 배전 선로작업 현장에서 50대 작업자가 전기를 차단한 뒤 전선을 연결하고 있었는데, 현장에서 약 2 km 떨어진 곳에 있는 한전 배전센터 직원이 작업이 끝난 것으로 잘못 생각하고 아무런 예고 없이 22,000 V의 전기를 투입하는 바람에 작업자가 감전되는 사고를 당하였다.
- 2024년 6월 3호선 연신내역 전기실에서 지축전기관리소 부관리소장이 변경된 KEC(한국전기설비규정)에 맞도록 고압케이블에 상(문자) 구분 스티커를 부착하는 작업 중(추정) 급전된 배전반과 단전된 배전반을 착각하는 바람에 감전으로 사망하였다.
- 2024년 7월 서울 삼각지역 부근 지하철 환기시설(환풍구) 안에서 50대 용역업체 작업자가 점검용 LED 투광등을 설치하기 위한 배선 설치작업(풀박스 케이블 결선작업)을 하던 중 다른 스위치를 전력 차단 스위치인 것으로 착각하는 바람에 다른 스위치를 내리고 작업을 하다가 감전으로 사망하였다.
- 2024년 10월 광주 아파트단지 분리수거장 근처 인도(人道)에서 학교 수업을 마치고 집으로 돌아가던 초등학교 1학년 A양이 주차하기 위해 후진하던 민간 폐기물 처리업체의 5톤 생활폐기물 수거차량에 치여 현장에서 숨졌다.

fool proof 조치는 행위착오, 망각, 착각 세 가지 모두에 대한 방지대책으로 적용할 수 있다.

---

54) 운전원들은 전단 밸브가 열린 상태에서 MOV가 개방되면 탱크의 높은 압력(270 bar)이 후단 배관에 가압되면서 파열될 수 있다는 점에 대해 인지하지 못한(지식이 없는) 상태에서 MOV 조작을 한 것이 사고의 직접적 원인인 것으로 생각된다.

④ 위반(violation)

위반(violation)은 사용자가 의도적으로 부적절한 행위를 하는 것이다. 이것에는 일상적 위반, 최적화 위반, 상황적(필요한) 위반, 예외적 위반, 사보타주(sabotage: 게으름을 피움) 등이 있다. "이 고속도로는 속도제한이 시속 80 km이지만 100 km까지는 단속된 적이 없으니까…."라는 것이 일상적 위반이고, "작년 내시경 검사를 했을 때 이 환자는 간염이 없었고 간염검사는 시간도 걸리니까, 이번에는 생략하자(아마 괜찮겠지)." 등이 예외적 위반이다. 사보타주는 문자 그대로 의도적으로 '게으름을 피우는' 것이다.

위반에 대한 대책은 기본적으로 올바른 규칙을 제정하여 이를 충분히 알리고 준수의 필요성을 납득시키며 위반행위자에 대해 경고, 제재 등을 통해 시정하도록 하는 것이다.

참고 의도(정보처리과정)에 착목한 불안전행동 유형 분류[55)]

- 사전에 행위의 의도가 있었는가? 만약 없었다면 이것은 에러라기보다는 무의식적(involuntary) 행동 또는 자동증(automatism)[56)]이다.
- 의도되었다면(사전에 행위의 의도가 있었다면), 그 행위는 계획대로 실행되었는가? 그러지 않았다면, 그것은 방심상태의 행위착오 또는 망각이라고 말해진다. 행위의 실행단계 또는 기억단계의 실패이다.

---

55) J. Reason, *The Human Contribution: Unsafe Acts, Accidents and Heroic Recoveries*, 2008, pp. 29~30.

56) 자동증에 대해서는 223쪽 32번 각주 참조.

- 행위가 의도한 대로 이루어졌다면, 그 행위는 바랐던 결과를 달성했는가? 그러지 않았다면(의도한 결과가 달성되지 않았다면), 그것은 착각이라고 하는 계획과정의 실패일 가능성이 높다. 행위의 계획이 무언가 부적절하였기 때문에, 계획대로 행위가 이루어졌어도 목표를 달성하지 못한 것이다. 이것의 발생은 행위의 성질에 기인한 것일 수도 있고 상황의 평가에 기인한 것일 수도 있으며, 둘 다일 수도 있다. 행위착오와 망각이 행위의 실행수준에서 발생하는 것인 반면, 착각은 계획을 세우는 훨씬 더 복잡한 과정에서 발생한다. 착각은 규칙에 기반한 것이거나 지식에 기반한 것이다.
- 행위가 의도한 대로 이루어지고 의도한 결과가 달성되었다면, 그 행위는 표준작업절차로부터의 무엇인가의 의도적인 일탈을 수반했는가? 만약 그랬다면, 그것은 일종의 위반(violation)이다.[57)]
- 재해에 따라서는 그것의 인적 원인으로 행위착오, 망각, 착각, 위반이 복합적으로 작용할 수 있다. 따라서 재해발생의 원인을 분석할 때 이들을 택일적 관계로 보고 접근하는 것은 잘못이다.

리즌은 에러가 발생하는 인지단계(cognitive stage)와 세 가지 기본적 에러 유형의 관계를 표 1.5와 같이 나타내고 있다.

57) 정신과정으로 볼 때 휴먼에러를 저질렀지만, 결과적으로는 위반이 되는 일이 적지 않다. 따라서 행동에 따라서는 휴먼에러와 위반 둘 다에 해당할 수 있다. 그리고 행동을 할 때 위반의 의도는 없었지만 결과적으로 위반이 되는(의도한 결과가 달성되지 않은) 행동(특히 착각)과 위반의 의도를 가지고 위반을 저지른(의도한 결과가 달성된) 행동은 구분되어야 한다.

표 1.5 에러 발생의 인지단계에 따른 기본적 에러 유형의 분류[58)]

인지단계	기본적 에러 유형
계획수립(planning)	착각(mistake)
기억저장(storage)	망각(lapse)
실행(execution)	행위착오(slip)

세 가지 기본적 에러 유형은 라스무센의 행동 수준(performance level)과 다음과 같이 연관 지을 수 있다.

표 1.6 라스무센의 행동 수준과 기본적 에러 유형의 관계

수행 수준	기본적 에러 유형
숙련 기반 수준(SB)	행위착오(slip), 망각(lapse)
규칙 기반 수준(RB)	규칙 기반 착각(mistake)
지식 기반 수준(KB)	지식 기반 착각(mistake)

정보처리과정에 의한 분류는 휴먼에러라는 행동을 관찰하는 것만으로는 정확하게 이루어지기 어렵다. 예를 들면, A버튼을 눌러야 하는데 B버튼을 누른 경우, 그것이 착각[의사(意思) 자체가 B버튼을 누른다는 잘못된 의사가 있었다]인지, 행위착오(의사는 올바랐지만, 행위단계에서 무심코 B버튼을 누르고 말았다)인지는 작업자 본인한테 듣지 않으면 판단하기 어렵다.

휴먼에러를 정보처리과정의 관점에서 분류하기 위해서는 휴먼에러를 일으킨 당사자의 심리 데이터를 얻는 것이 불가결하다. 사고 또는 휴먼에러 보고서만으로는 분류가 불가능한 경우가 적지 않다. 이것은 휴먼에러를 정보처리과정의 관점에서 분류하는 경우

58) J. Reason, *Human Error*, Cambridge University Press, 1990, p. 13.

에 수반되는 다소의 어려움이라고 할 수 있다.

2) 스웨인의 분류: 행동 관찰의 관점[59)]

미국의 인간공학자이자 심리학자인 스웨인(Alan D. Swain)은 원자력발전소의 휴먼에러 유형을 조사하는 과정에서 휴먼에러를 행동(behaviour) 관찰에 기초하여 분류하는 방법을 주장하였다. 그는 먼저 휴먼에러를 작업 수행에 필요한 행동을 하는 과정에서 발생하는 에러와 작업 수행에 불필요한 행동을 한 경우의 에러로 분류하였다. 그리고 전자의 에러를 생략 에러(omission error)와 수행 에러(commission error)로 구분하고, 수행 에러를 다시 시간 에러(time error), 선택 에러(selection error), 순서 에러(error of sequence), 질적 에러(qualitative error)로 좀 더 상세하게 나누었다(표 1.7 참조).

표 1.7 스웨인의 휴먼에러의 분류

• 생략 에러 (omission error)	작업의 전체 또는 일부 절차(step)를 수행하지 않았다(누락하였다).
• 시간 에러 (time error)	작업을 너무 이르거나 늦게 수행하였다.
• 선택 에러 (selection error)	잘못된 방법을 선택하거나 잘못된 지휘 또는 안내를 하였다.
• 순서 에러 (error of sequence)	작업을 수행하는 순서가 틀렸다.
• 질적 에러 (qualitative error)	너무 적거나 많은 작업을 수행하였다.
• 불필요 수행 에러 (extraneous error)	작업과 관계없는 행동을 하였다.

59) A. D. Swain and H. E. Guttmann, *Handbook of Human Reliability Analysis with Emphasis on Nuclear Power Plant Applications(Final Report)*, NUREG/CR-1278, U.S. Nuclear Regulatory Commission, 1983, p. 2-16 참조.

스웨인의 휴먼에러 분류는 결과(로서의 행동)를 기준으로 한 분류로서, 에러 간의 구분이 뚜렷하여 누구라도 정확하게 분류하는 것이 가능하다. 이에 따라 스웨인의 분류는 휴먼에러 분류방법의 기본모델이 되어 유사한 휴먼에러 분류방법들이 나오는 기초가 되었다. 다만, 스웨인의 분류에서는 '어떻게 해서 휴먼에러가 발생하였는가'라는 프로세스의 분석은 이루어지지 않았다. 즉, 스웨인의 분류만으로는 휴먼에러에 이른 경위를 아는 것이 불가능하다.

3) 루크의 분류: 제품의 라이프 사이클의 관점[60)]

미국의 심리학자인 루크(Luther W. Rook)는 제품의 설계단계에서부터 사용단계에 이르는 동안(라이프 사이클)의 여러 과정에서 휴먼에러를 표 1.8과 같이 제시하고 있다.

표 1.8 루크의 휴먼에러의 분류

• 인간공학적 설계 에러	• 제작 에러	• 검사 에러
• 설치 및 보수 에러	• 조작 에러	• 취급 에러

4) 오오시마 마사미츠의 분류: 행동 프로세스의 관점[61)]

일본의 의학자인 오오시마 마사미츠(大島正光)는 휴먼에러를 인간의 행동 프로세스의 관점에서 표 1.9와 같이 분류하고 있는데, 이 분류는 '입력－결정－출력－피드백'이라는 인간행동의 프로세스 중의 모든 시점에 휴먼에러를 일으키는 원인이 있다는 것을 나타내고 있다.

60) L. W. Rook, *Reduction of Human Error in Industrial Production*, Office of Technical Services, 1962.

61) 大島正光, 《ヒト—その未知へのアプローチ》, 同文書院, 1982, p. 32 이하.

표 1.9 오오시마 마사미츠의 휴먼에러의 분류

• 입력의 에러	• 정보처리의 에러
• 의사결정의 에러	• 출력 지시 단계에서의 에러
• 출력의 에러	• 피드백 단계에서의 에러

5) 마이스터의 분류: 복합적 관점[62)]

미국의 인간공학자인 마이스터(David Meister)는 에러를 다음과 같이 여러 가지 방법으로 분류하였다.

- 무엇이 에러를 일으켰는지의 관점(에러 원인)
- 에러의 결과는 무엇인가의 관점(에러 결과)
- 에러가 발생한 시스템 전개 단계(설계, 생산, 시험, 운영)의 관점(시스템 전개 에러)

참고 국소적 합리화 원칙[63)]

사람들이 한 일은 그 시점에서 보면 그들에게 의미 있는 것이다. 인적 요인을 다루는 학문에서는 이것을 국소적 합리화 원칙(local rationality principle)이라고 부른다. 이 원칙에 따르면, 사람들은 그들의 관점, 관심의 초점, 상황에 대한 지식, 자신들의 목적, 그들이 일하는 조직의 목적을 고려하여 합리적으로 일을 한다는 것이다.

휴먼에러 조사를 할 때, 조사자는 사람들이 그들의 상황을 고려하여 일을 합리적으로 수행하고 있다고 가정해야 한다. 사람들은

62) D. Meister, *Human Factors: Theory and Practice*, John Wiley & Sons, Inc., 1971, pp. 23~30.

63) S. Dekker, *The Field Guide to Human Error Investigations*, Cranfield University Press, 2002, p. 12.

그들을 둘러싼 복잡성, 딜레마, 역관계 및 불확실성을 고려하여 나름대로 최선을 다하고 있다. 사람들의 실수를 찾아내고 강조하는 것만으로는 아무것도 설명하지 못한다. 사람들이 (해야 할 것을) 하지 않은 것을 말하는 것만으로는 그들이 하지 않은 것에 대한 이유를 밝히지 못한다.

휴먼에러 조사의 요점은 지금 문제(논란)가 되고 있는 행위와 판단이 그 당시에 사람들에게 통한 이유를 이해하는 것이다. 조사자는 사람들의 실수가 이해될 때까지 그것에 대해 파고들어 가야 한다. 조사자는 그들이 처했던 상황을 재구성하고 재구축해야 한다. 즉 조사자는 문제가 된 행위와 판단을 그들의 행동의 흐름에 놓고 봐야 하고, 사람들이 그 시점에 그들을 둘러싸고 있었던 세계에 어떻게 합리적으로 맞추었는지를 확인해야 한다.

참고 휴먼에러를 바라보는 두 가지 시각

휴먼에러는 사람의 행위가 무언가의 기준에서 일탈한 것이다. 일탈하는 기준을 무엇으로 할지는 인간공학적 접근과 심리적 접근 간에 차이가 있다. 인간공학적 접근은 행위의 허용범위와 같은 객관적인 기준을 상정한다.[64) 따라서 밖으로 나타난 눈에 보이는 행위가 객관적으로 정해진 행위나 그 결과의 범위(허용범위)로부터 일탈하면, 그것을 휴먼에러로 간주한다. 그 경우, 행위자가 고의로 일탈했는지 여부는 묻지 않는다. 따라서 행위자가 고의로 위반하는 것에 의해 일탈한 경우라 하더라도, 동일하게 휴먼에러로 본다.

64) A. D. Swain and H. E. Guttmann, *Handbook of Human Reliability Analysis with Emphasis on Nuclear Power Plant Applications*, NUREG/CR-1278, U.S. Nuclear Regulatory Commission, 1983, p. 2-7.

이에 반해, 심리적 접근은 어떻게 할 생각이었는가라는 의도를 기준으로 하는 경우가 많다.[65] 이 정의에 따르면, 위반은 허용 가능한 행위범위로부터 일탈하려고 하는 의도대로 행해진 것이고 의도로부터는 일탈하고 있지 않아 휴먼에러라고 보지 않는다. 이렇게 하려고 하는 의도와는 다른 행위나 결과가 되어 버린 것, 즉 의도로부터 일탈한 행위나 결과만을 휴먼에러라고 생각한다.

(3) 휴먼에러의 발견[66]

에러의 발견과 회복(교정)의 용이성은 에러의 유형에 따라 크게 다르다. 이것은 행동을 판단하는 척도 또는 기준에 의해 결정된다. 우리들은 태어날 때부터 위치감각 및 운동감각을 갖추고 있어, 수직방향으로부터의 일탈을 발견하고 교정할 수 있다. 이 때문에, 발이 걸려 넘어질 뻔하거나 비틀거리는 일은 무의식중에 발견되어 회복된다.

'계획대로이지 않은 행위'인 행위착오는 비교적 간단하게 발견할 수 있다. 우리들은 일반적으로 우리들의 현재의 의도가 무엇인지를 알고 있거나 상황을 보면 명백히 일탈하고 있다는 것을 알고 있기 때문이다. 예를 들면, 슬리퍼를 신은 채 목욕탕에 들어가거나 커피 메이커에 "감사합니다."라고 말하는 것이 계획의 일부분이 아니라는 것을 곧바로 깨닫는다. 기억의 망각도 쉽게 발견된다. 잘 알고 있는 사람의 이름이 생각나지 않는 것을 알게 되면 바로 당황한다. 그런데 무언가를 잊어버렸을 때 깨달을 때까지의 시간은

65) J. Reason. *Human Error*, Cambridge University Press, 1990, pp. 9~10.

66) J. Reason, *The Human Contribution: Unsafe Acts, Accidents and Heroic Recoveries*, CRC Press, 2008, pp. 30~31 참조.

잊어버린 내용에 따라 크게 다르다. 치과 예약을 깜박한 것은 깨달을 때까지 몇 개월 걸릴 수도 있는 반면, 쇼핑을 할 때 지갑을 가져오지 않은 것은 계산대에 섰을 때 깨닫게 된다.

한편, 착각을 발견하는 것은 많은 경우 어렵고, 경우에 따라서는 불가능하다. 그것은 의도한 목표를 향한 이상적인 방법을 반드시 알고 있는 것이 아니기 때문이다. 의도한 결과를 달성할 수 없는 것, 그것 자체가 mistake는 아니다. 계획에는 두 가지 요소가 있다. 즉, 프로세스(아는 것, 판단하는 것, 결정하는 것 등)와 결과(의도한 것인지 여부, 좋은 것인지 여부)이다. 대부분의 사람들이 올바르다고 판단한 프로세스라 하더라도, 계획자의 관리를 벗어나 있는 상황 때문에 의도하지 않은 결과가 될 가능성이 있다. 역으로, 부적절한 계획임에도 예상하지 못한 행운이 작용하여 좋은 결과를 얻는 경우도 있다. 운은 행운이든 불운이든 편파적이지 않다. 즉, 운(행운 또는 불운)은 그것을 입거나 당할 만한 사람과 그렇지 않은 사람을 구별하지 않는다.

참고 주의의무와 업무상과실치사상죄

재해를 일으킨 사람이 업무상과실치사상죄에 물어지는 경우가 있다. 그 이유는 사회는 업무를 맡는 사람에게 '(업무상) 주의의무'를 요구하고 있기 때문이다. 주의의무란 어떤 행위를 할 때에 일정한 주의를 기울일 의무를 가리키는 것으로, 구체적으로는 "이대로 일을 계속한다면, 어떻게 될까?"라고 하는 '결과예견의무'와, 만약 좋지 않은 결과가 예견되면 그것을 회피하기 위한 조치를 취하는 '결과회피의무'라는 두 가지의 의무로 구성된다. 이것은 '위험성(risk) 예견'과 '위험성(risk) 회피'를 해야 한다는 것이다. 취급하는 업무가 위험할수록 "이대로 일을 계속해도 괜찮을까?", "휴먼에러가 발생하지는 않을까?", "사고로 이어지지는 않을까?" 등과 같은 것을 항상 생각하지 않으면 안 된다는 것을 의미한다.

(4) 휴먼에러의 결과[67)]

에러의 대부분은 중요하지 않은 것이다. 사실 많은 에러는 당사자도 그의 동료도 깨닫지 못하고 지나친다. 그러나 리스크가 큰 스포츠경기나 위험한 산업에서 접하는 환경과 같은 위험한 환경에서는, 에러는 나쁜 결과를 초래할 수 있고 실제로 초래한다. 이 경우에는 일반적으로 에러를 그 결과의 중대성에 따라 분류하는 것이 필요하다.

에러가 초래하는 결과는 대체로 심리적 선행요인보다는 상황(circumstance)에 의해 결정된다는 것이 강조될 필요가 있다. 전기주전자를 토스터로 착각하여 전기주전자의 스위치를 켜는 것은 약간 당황스럽긴 해도 웃고 넘어갈 수 있다. 그러나 1986년 체르노빌 원자력발전소 사고와 같이, 원자력발전소에서 제어장치의 잘못된 조작은 비참한 결과를 초래하였다. 작업자에 의한 이 행위착오 자체만으로는 원자로를 폭발시키기에 충분하지 않았지만, 대참사를 일으킨 사건 연쇄(concatenation of events)의 필요한 일부분을 형성하였다.

경영자, 저널리스트, 법률가는 에러의 원인과 그 영향 간에 대칭성이 있다고 잘못 생각하는 경향이 강하다. 1명 이상의 사망사고를 초래한 의도하지 않은 행위가, 그것이 실제로는 다반사로 발생하는 방심상태의 행위착오였던 경우에도, 엄청나게 나쁜 큰 실수의 산물인 것으로 흔히 간주된다. 물론 잠재적으로 리스크가 높

67) Ibid., pp. 34~36 참조.

은 분야에서 일하고 있는 전문가에게는 그 동료, 고객에 대하여 '주의의무'가 있다. 이것은 그들에게 잠재적 위험요인을 인지하고 에러를 유발할 것으로 알려진 상황에서 특별히 주의를 기울일 것을 요구한다. 요컨대, 위험이 크면 클수록 '에러에 관한 예지(식견)'의 필요성이 점점 높아진다.

에러가 어처구니없고 무분별한 경우도 있을 수 있지만 일반적으로는 에러를 윤리상의 문제로 취급하는 것은 큰 잘못이다. 에러가 무능력과 반드시 일치하는 것은 아니다(예컨대 의료관계자들 사이에서는 지금까지 이러한 견해가 강하게 유지되어 왔지만).

잘못을 저지르기 쉬운 것은 인간 조건(human condition)의 일부분이다. 에러를 근절할 수는 없지만, 에러는 예측되고 그에 따라 관리될 수 있다. 인간 조건을 근본적으로 변화시키는 것은 불가능하지만, 에러를 줄이고 좀 더 쉽게 교정될 수 있도록 사람이 일하는 상황을 변화시키는 것은 가능하다.

에러의 결과는 그 중대성에 따라 다음과 같이 분류되는 경향이 있다.

- **무료 교훈**(free lesson)[68] : 이것은 다른 상황에서는 나쁜 결과를 초래하였을 중요하지 않은 불안전행동이다. 이와 같은 모든 아차사고는 개인 수준에서도 조직 수준에서도 학습의 기회를 제공한다.
- **일탈**(exceedance) : 이것은 경우에 따라서는 에러라고 할 수 있지만, 반드시 에러인 것은 아니다. 일탈은 인간의 행동이 안전한계의 막다른 상황의 근처까지 탈선하는 상황들이다. 이와 같은 일탈은 심각한 재해(accident)의 발생요소가 된다.

68) 대가를 지불하지 않고 얻어진 교훈, 즉 중대한 피해를 일으키지 않은 사고로부터 배우는 것으로 아차사고를 의미한다.

예를 들면, 민간항공에서는 비행기 데이터가 컴퓨터로 분석되어 비행고도 이탈,[69] 진입속도 초과(부족), 경착륙 등의 일탈이 검출된다. 동일하게 철도에서는 정지신호무시진입(SPAD, signal passed at danger)[70]과 관련된 정보를 오랜 기간 수집·분석하고 있다. 영국의 연구에 의하면, 일정 기간 수집된 정지신호무시진입의 대부분이 일부 소수의 신호에서 발생하였다. 이것은 문제가 기관사의 정지신호무시진입의 경향에 있는 것이 아니라, 신호 표시의 보기 어려움, 나쁜 위치에의 설치에 원인이 있다는 것을 나타낸다.

- **사고(incident)** : 이 용어는 광범위하게 사용되고 있지만, 그 의미에 대해 엄밀한 의견의 일치는 없다. 일반적으로 incident는 보고, 내부조사 중 어느 하나 또는 쌍방을 행할 만한 가치가 있는 중대한 '위기일발(close call)'의 사건(event)이다. Incident는 일시적인 피해 또는 비교적 적은 금전적 손실을 수반할 수 있다. 예를 들면, 의료에서 incident는 환자에게 작은 상처를 입히는 사건, 또는 심각한 위해가 운 좋게 회피되는 경우를 포함할 수 있다. 설령 몇 개의 방호(defences)가 건너뛰어지거나 파괴되었더라도, 방벽(barrier), 안전장치(safeguard)의 일부가 효과적으로 기능하여 중대사고에 이르지 않은 경우도 포함된다. 이들 사고분석으로부터 방호요소의 취약성에 관한 중요한 정보가 명확해진다. 그리고 이것들의 분석으로부터 '위기(edge)'가 비교적 안전한 상태와 참사 사이에서 어디에 있는지를 알

69) 지정된 비행고도에서 위 또는 아래로 300 feet(약 90 m) 이상 벗어나는 것을 말한다.

70) 철도차량이 자기에게 주어진 신호를 위반하고 신호기의 안쪽(위험한 쪽)으로 진입하는 것을 의미한다. SPAD를 예방하기 위해 각 국가의 철도는 ATS, ATC, ATP 등 신호보안장치를 설치하여 적용하는 등 엄격하게 관리하고 있다.

수 있다. 예방접종이 질병의 예방에 도움이 되듯이, incident는 재해의 방지에 기여한다고 할 수 있다. 아주 조금의 해를 입히는 것이 시스템 방호를 강화하는 데 기여한다.

- **재해(accident)** : 이것들은 부상, 자산의 손실, 환경피해 및(또는) 사망이라고 하는 중대한 부정적인 결과를 초래하는 사건들이다. accident는 개인재해(individual accident)와 조직재해(organizational accident)[71]라고 하는 명백히 다른 그룹으로 나뉜다. 전자는 발생빈도는 높지만 중요도는 낮은 사건이고, 며칠간의 휴업이 필요한 전도, 추락, 낙하, 충돌 등이다. 이들 휴업부상재해자 수[정확하게 말하면, 일정 기간의 근로자 수로 정규화된 빈도(normalised frequency)]는 조직의 상대적인 안전지표 및 다른 조직 또는 업종과의 비교수단으로 자주 이용되고 있다. 한편, 조직사고는 발생빈도는 낮지만 중대한 사건이다. 폭발, (자동차)충돌, (항공기)추락, 붕괴, 독성물질의 누출 등을 동반하는 사건이다.

표 1.10은 세 가지 사건의 특성을 양(빈도), 비용(사람, 자산, 환경의 손실) 및 '선행하는(upstream)' 기여요인을 파악하기 위하여 사용할 수 있는 정황에 관한 정보(contextual information)의 양으로 비교한 것이다. 이용 가능한 정황에 관한 정보는 일반적으로 부정적인 사건의 빈도에 반비례한다. 건수는 많지만 설명 정보가 매우 적은 exceedance와는 대조적으로, 조직사고는 광범위하게 조사·보고된다. 전체적으로, 이들 사건은 되풀이되는 문제가 장소, 활동, 업무 및 관계자들의 어디에 있는지를 드러내 보이게 할 수 있다.

---

71) 우리나라에서 organizational accident는 대체로 '조직사고'로 번역되고 있다.

표 1.10 exceedance, incident 및 accident의 특성 비교

유형	양(빈도)	비용	정황 자료
exceedance	매우 많음	매우 낮음	적음
incident	중간 정도~많음	적음~중간 정도	중간 정도~많음
accident	적음~매우 적음	수용하기 어려울 정도로 높음	대부분의 경우 많음

참고 휴먼에러를 둘러싼 허구[72)]

휴먼에러에 관한 이야기에는 많은 허구(myth)가 있지만, 여기에서는 그중의 세 가지, "에러는 본질적으로 나쁜 것이다.", "나쁜 사람이 나쁜 에러를 저지른다.", "에러는 규칙성이 없고 매우 변동이 심하다."에 초점을 맞출 것이다.

에러는 본질적으로 나쁜 것이 아니다. 새로운 상황에서 시행착오하면서 학습할 때에는, 에러는 불가결한 것이다. 이와 같이 에러는 일견 나쁜 것으로 보이지만 필요한 것이기도 하다. 숙련과 습관화된 일련의 행위에 필요한 자동성(automaticity)[73)]에 의해 우리들은 계획한 것과 다른 행위(행위착오)를 하는 경향이 있다. 일관성 있는 계획적인 행위에 필요한 주의자원이 한정되어 있기 때문에, 우리들은 부주의와 정보과다의 희생양이 된다. 있는 그대로의(명백한) 사실보다 '구조화된 지식, 스키마(schema)[74)]'가 내장되어 있는 장기기억이 지배하면, 우리들은 시야 협착(tunnel vision) 및 확증편향(confirmation bias)[75)]에 빠지기 쉽다. 사람 마음의 강력한 우

72) J. Reason, *The Human Contribution: Unsafe Acts, Accidents and Heroic Recoveries*, CRC Press, 2008, pp. 36~38.

73) 의식하지 않고 기계적으로 할 수 있는 것을 의미한다.

74) 패턴화된 인식. 인간의 기본적인 인식구조로서 기존 이해방식이나 경험이 새로운 정보를 이해하는 데 영향을 미치는 것을 말한다.

선사항의 하나는 의미 부여를 하려고 하는 것이다. 우리가 적절하게 활동하기 위해서는 세상의 의미를 이해할 필요가 있다. 이것은 인간의 혼에 뿌리 깊이 박혀 있다.[76)]

대부분의 어린이와 많은 성인이 공통적으로 믿고 있는 것에 '공정세상가설(just world hypothesis)'[77)]이 있다. 이 가설은 정신과정과 그 결과 간의 조화를 가정하고 있다. 간단하게 표현하면, 나쁜 것은 나쁜 사람에게 발생하고 좋은 것은 훌륭한 사람에게 발생한다는 것이다. 그러나 현실은 그렇지 않다. 우연과 기타 예측 불가능한 요인이 잘 수립된 계획을 망가뜨릴 수 있다. 반대로, 행운은 돼지의 귀를 비단 지갑으로, 조잡한 계획을 대성공으로 만들 수도 있다.

에러관리의 기본적인 규칙 중 하나는 우수한 사람이 최악의 에

---

75) 자신이 품은 선입관, 신념 등을 긍정적으로 증명하는 정보만을 추구하고, 그것에 반하는 정보를 경시 또는 무시하는 것을 말한다. 확증 편향에 대해서는 후술하는 제3편 제2장 ① (1) 인지적 요인의 인지적 편향 부분에서 자세히 설명하기로 한다.

76) 인간은 의미를 먹고 산다. 의미는 우리 삶에 질서를 부여할 뿐만 아니라 우리 자신의 정체성을 분명히 해 준다(최인철, 《굿라이프: 내 삶을 바꾸는 심리학의 지혜》, 21세기북스, 153쪽). 미국의 심리학자 클링거(Eric Klinger)의 말처럼 "사람의 뇌는 의미 없는 삶을 지속할 수 없다."

77) 사회심리학에서 다루는 '공정세상가설'은 1966년에 미국의 심리학자 러너(Melvin J. Lerner)가 처음으로 주장한 가설로서, 이 가설의 근거는 사람들은 누구나 자신이 한 일에 대해 응당한 대가를 받는다고 믿는다는 것이다. 좋은 사람은 보답을 받을 것이고 나쁜 사람은 벌을 받을 것이라고 믿는다. 여기서 중요한 점은 사람들은 현상을 놓고 역으로 추리한다는 것이다. 누군가 잘된 것을 보면 그가 그 행운에 합당한 행동을 했을 것이라고 결론을 내린다. 이런 생각에 따르면, 단지 그가 좋은 결과를 얻었기 때문에 그 사람은 좋은 사람이 되는 것이다. 이런 경향 때문에 희생자를 비난하는 현상이 자주 나타난다. 사람들은 범죄에 희생된 사람이나 어려운 상황에 빠진 회사를 보면서 그런 불행을 정당화시키는 경향이 있다. 반대의 경우도 마찬가지이다. 사람들은 성공한 사람들에게서 긍정적인 미덕을 발견하려 애쓰고, 그렇게 함으로써 그들의 성공을 정당화시킨다[이경남 역, 《권력의 기술》, 청림출판, 2011(J. Pfeffer, *Power: Why Some People Have It and Others Don't*, Harper Business, 2010), 22~24쪽 참조].

러를 저지를 수 있다는 것이다. 이것에는 많은 이유가 있다. 우수한 사람은 새로운 기술을 시도하는 방식으로 현재의 관행 한계점(선)에서 밀고 나아가는 경향이 있다. 그들은 종종 감독(관리)의 지위에 있고 동시에 여러 업무를 수행하기 때문에 쉽게 주의를 빼앗기거나 정신이 팔린다. 예를 들면, 유지보수 세계에서 관리자들은 때때로 자신의 기능 저하를 피하기 위하여 분별없이 '몸소' 작업을 하는 경우가 있다.

또 하나의 널리 퍼져 있는 허구는, 에러는 '느닷없이' 발생하고 그 형태가 매우 다양하다는 것이다. 어느 쪽도 사실과는 다르다. 에러에는 규칙성이 있고, 에러는 재발성이 있는 예측 가능한 형태를 취한다. 다음에 제시하듯이, 각각의 에러는 각각의 해당되는 상황에서 발생한다.

- 자신이 무엇을 하고 있는지 알고 있을 때 에러가 발생하는 경우가 있다. 즉, 익숙해진 상황에서 일상적인 작업을 실행하고 있는 동안에 행위가 계획대로 실행되지 않는다. 이들 에러는 규칙적인 '깜박하는(absent minded)' 행위착오와 망각의 형태를 취한다. 그리고 실언, (발부리)걸림, 헛디딤이라는 형태로도 나타날 수 있다.
- 자신이 무엇을 하고 있는지 알고 있다고 생각할 때 에러가 발생하는 경우도 있다. 예를 들면, 훈련을 받은 적이 있는 문제라고 생각되는 것을 다루면서, 평상시의 적절한 규칙을 잘못 적용하거나, 적절하지 않은 규칙을 적용하거나, 적절한 규칙을 적용하지 못한다. 이것들은 규칙 기반 착각과 위반이다.
- 새로운 상황에 직면하고 자신이 무엇을 하고 있는지를 확신할 수 없을 때에 에러는 틀림없이 발생한다. 이것들은 지식 기반 착각이고 다양한 형태를 취한다.

의료분야를 예로 들면, 이들 에러의 유형은 다음과 같은 모습으로 나타난다.

- 내과의가 0.5 mg 대신에 5 mg으로 처방전에 잘못 기재한다(행위 착오).
- 간호사가 내복약을 늦게 건넨다(망각).
- 내과의가 신장에 문제를 안고 있는 환자에 투여하는 항생제인 아미노글루코시드(amino-glucoside)의 투여량을 조정하기 위한 조합식을 잘못 적용한다(규칙 기반 착각).
- 신참 의사가 신장병 환자에 대한 투여량을 조절하는 요건을 잘 이해하지 못하여 상기의 조정을 하지 못한다(지식 기반 착각).

에러가 불규칙적인 사건이 아니라는 것은 동일한 상황에서 다른 사람이 동일한 종류의 에러를 계속하여 저지른다고 하는, 에러를 재발시키는 함정이 존재하는 것에서도 나타난다.

(5) 휴먼에러에 대한 접근방법[78)]

리즌은 휴먼에러의 문제는 두 가지 방법 — 인간 중심 접근(person approach)과 시스템 중심 접근(system approach) — 으로 검토될 수 있다고 강조한다. 인간 중심 접근은 사람들의 부주의, 정신적 결점 또는 태만을 비난하면서 사람들의 에러에 초점을 맞춘다. 반면, 시스템 중심 접근은 사람들이 작업을 하는 조건(condition)과 에러를 피하거나 에러의 영향을 완화하기 위한 방안을 만들기 위해 노력하는 조건에 집중한다. 각 접근방법은 에러의 인과관계모델을 가

78) J. Stranks, *Human Factors and Behavioural Safety*, Routledge, 2007, pp. 128～129; J. Reason, "Human Error: Models and Management", BMJ, 320 (7237), 2000, pp. 768～770 참조.

지고 있고, 이 각 모델은 에러의 관리에 있어 상당히 다른 철학으로 연결된다.

다른 조직보다 재해가 적게 발생하는 경향이 있는 고신뢰성 조직(HRO)은 인간의 가변성(variability)이 에러의 회피에서 반드시 인식되어야 할 문제라는 사실을 알고 있다.

1) 인간 중심 접근

이 접근은 작업자(operator)가 범하기 쉬운 불안전행동, 예컨대 일선에 있는 사람들의 에러, 절차 위반에 초점을 맞추는 전통적이고 널리 보급된 접근방식이다. 이 접근방식은 불안전행동이 본질적으로 부주의, 태만, 망각, 경솔, 잘못된 동기부여 그리고 심지어 무모함 등과 같은 비정상적인 정신과정과 연관되어 있다고 본다.

따라서 이와 관련된 대응책은 안전포스터의 사용과 같은 인간행동의 바람직하지 않은 가변성을 감소시키는 방법, 올바른 수동식 조작기법과 같이 사람들에게 어떠한 것을 안전한 특정 방식으로 하도록 상기시키는 방법, 초기의 안전운전포스터에서 그랬듯이 사람들의 공포감에 호소하는 것에 초점을 맞춘다. 또 다른 방법에는 징계조치, 평판, 비난하기, 창피 주기와 더불어 작업허가시스템과 같은 공식적 안전작업시스템의 준비와 실행, 작업자 재훈련 등이 포함된다.

이러한 접근방법을 취하는 관리자들은 에러를 일종의 정신적인 문제로 취급한다. 즉, "나쁜 것은 불량한 사람에게서 발생한다."는 것이다. 이러한 접근방법은 일반적으로 '공정세상가설(just world hypothesis)'로 알려져 있다.

인간 중심 접근은 여전히 많은 조직에서 지배적인 접근방법으로 남아 있다. 근로자들은 많은 관리자들에 의해 안전한 작업방법과 불안전한 작업방법을 선택할 수 있는 '자유로운 행위자(free agent)'로 이해된다. 개인들을 비난하고 그들에게 책임을 지우는 것은 관리자들의 입장에서 더 이상의 조치가 요구되지 않는 '즉효의 해결책(quick fix)'이다.

인간 중심 접근이 가지고 있는 다른 약점은 휴먼에러의 개인적 원인에 집중함으로써 불안전행동을 그것의 시스템 맥락과 단절시키는 것이다. 그 결과 휴먼에러의 두 가지 중요한 측면이 간과될 수 있다. 첫째, 최악의 실수를 하는 것은 종종 엔지니어, 디자이너 등과 같은 잘 훈련되고 오랜 기간 종사한 '전문가'이다. 에러가 훈련되지 않고 경험이 없는 사람들과 관련되어 있다는 생각은 그릇된 통념(myth)이다. 둘째, 에러는 무규칙적(random)이지 않고 반복되는 패턴을 가지는 경향이 있다. 즉, 전기장비의 유지보수에서와 같은 유사한 상황들은 관련된 작업자가 누구인가에 관계없이 유사한 에러를 야기한다.

효과적인 리스크 관리는 상당 부분 올바른 안전문화를 구축하고 증진시키는 데에 달려 있다. 이것은 조직에 손실을 야기하는 모든 사건 — 부상재해, 직업병, 보고된 위험사고(dangerous occurrence) 및 아차사고 등 — 에 대해 상세하게 분석하는 것을 포함한다. 이러한 분석 없이는 반복되는 에러 함정과 이러한 함정을 피하기 위해 필요한 수단을 파악할 방법은 없을 것이다.

2) 시스템 중심 접근

시스템 중심 접근은 인간은 오류를 저지르기 쉽고 실수를 한다, 그리고 사용자들은 그 사실을 받아들여야 한다는 관점을 취한다. 이를 기초로 하여, 에러는 가장 훌륭한 조직에서도 예상될 수 있다는 것을 기본적 전제로 삼는다. 이 접근방법은 조직 프로세스(organizational process)가 인간 조건(human condition)과 완전히 조화를 이뤄 작동될 수 없다고 인식한다. 에러는 원인이라기보다는 결과이고, 그것의 원인은 인간의 기질(nature)의 비뚤어짐에 있다기보다는 '선행하는(upstream)' 시스템적 요인에 있는 것으로 여겨진다. 이 시스템직 요인은, ⅰ) 작업장에서 반복되는 '에러 함정(error trap)'과 ⅱ) 장비의 결함 있는 인간공학적 설계, 부정확한 작업장 레이아웃(layout) 및 경영진 자신의 안전보건책임에 대한 무관심 등으로 인해 발생하는 에러 함정을 야기하는 '조직 프로세스'를 포함한다.

이 접근의 중심적 개념은 '시스템 방어(system defence)'이다. 모든 위험한 공정과 기술은 방호수단(barrier)과 안전장치(safeguard)를 포함하고 있다. 중대재해와 같은 불행한 결과가 발생하는 경우, 중요한 것은 '누가' 에러를 범하였는가가 아니라, 이 시스템 방어가 '어떻게' 그리고 '왜' 실패하였는가이다.

시스템 중심 접근방법의 대응책은 우리가 인간 조건을 바꿀 수는 없지만, 인간이 일하는 조건은 바꿀 수 있다는 전제에 기반하고 있다.

3) 인간 중심 접근과 시스템 중심 접근의 균형[79)]

시스템 중심 접근은 일견 기여요인을 이해하는 관점에서도, 개선을 위한 시사를 얻는 데 있어서도, 사고의 인과관계를 검토하는 매우 적절한 방법인 것으로 생각되지만, 시스템 중심 접근의 극단적인 입장을 취하는 경우에는 이 접근 또한 한계를 가지고 있다.

시스템과 구조를 중시하는 것은 필요하지만, 우리들 개별 행위

79) J. Reason, *The Human Contribution, Unsafe Acts, Accidents and Heroic Recoveries*, CRC Press, 2008, pp. 102～103 참조.

자들이 시스템 대책에 과도하게 의존하고 인간의 완전성(완전할 수 있음)에 대한 믿음을 포기하는 것은 치명적이다. 미국 보스턴에 있는 대형병원의 외과전문의 아툴 가완디(Atul Gawande)가 쓴 훌륭한 에세이(2002)의 결론 부분에서 이 점을 설득력 있게 설명하고 있다.

> 통계학적으로 보면 언젠가 나는 누군가의 주담관(main bile duct)을 절단해 버릴 것이다(복강경 담낭절제수술에서 빈발하는 에러). 그러나 나는 담낭절제수술을 할 때 항상 충분한 의지와 노력으로 그 예상을 깨는 것이 가능하다고 믿는다. 이것은 전문가의 단순한 허영심이 아니다. '최적화된' 시스템에서조차 적절한 의료의 필수적인 부분이다. 담낭절제수술과 같은 수술은 에러가 얼마나 쉽게 발생할 수 있는지를 나에게 가르쳐 준다. 그러나 그것은 그 밖의 무언가가 중요하다는 것 또한 보여 주었다. 즉, 노력이 중요하다. 아주 미세한 부분까지 노력하고 주의를 기울이는 것이 생명을 구할 수 있다.

의료분야나 위험한 기업의 현장 제일선에서 일하는 사람들은 대체로 시스템을 급격하게 변화시키거나 무언가 전면적인 변화를 일으킬 기회는 가지고 있지 않지만, 그들은 한층 더 노력하는 것을 다짐할 수는 있다. 특히 의료는 의료종사자 1인에 대해 환자가 1인 이상이 되는 관계에서 제공된다. 다른 사람에게 맡길 수 없는 매우 개인적인 일이고, 개인적 자질이 중요하다. 이렇게 생각하지 않으면, '내가 뭘 할 수 있을까? 이것은 시스템의 문제야.'라고 생각하는 '학습된 무력감'[80]에 빠질 수 있다.

현장 제일선에서 일하는 사람들의 정신적 스킬을 훈련함으로써 그들의 '에러에 관한 식견'을 높일 수 있다. 즉, 그들이 에러 발생

80) 학습된 무력감에 대해서는 정진우, 《안전문화 – 이론과 실천(4판)》, 교문사, 2024, 49쪽을 참조하기 바란다.

가능성이 높은 환경을 발견하고 그것에 대응하여 행동할 수 있도록 상황을 '간파'하는 능력을 길러 주는 것이다. 이것은 현장 제일선에서 일하는 개인의 긍정적인 점을 강조하는 인식이고, 그 결과 '영웅으로서의 인간'의 가능성을 이끌어 낼 수 있다. 이는 '개인의 주의 깊음(individual mindfulness)'이라고 불리는 것이다. 즉, 잠재적인 위험성을 인지하고 이것들에 적절하게 대처하기 위한 즉응성(contingency)을 갖추는 것, 위험에 유의하고 위험의 존재에 본능적인 경계심(feral vigilance)을 갖는 것이다.

참고 휴먼에러를 극복하는 방법[81)]

2015년 3월 독일의 항공사 저먼윙스(Germanwings) 비행기 4U9525편이 알프스 산맥에 추락했을 때, 조사관들이 그 원인을 찾는 것은 어렵지 않았다. 부기장 루비츠(Andreas Lubitz)는 우울증을 겪고 있었고, 그는 수백 명의 승객과 동반 자살하는 것을 택한 것으로 드러났다. 그러나 이것이 모든 이야기를 말해 주는 것은 아니다. 조사관들은 그 이상의 것을 알 필요가 있었다. 어떻게 해서 정신적 문제가 있는 조종사가 승객을 가득 태운 비행기를 조종할 수 있었을까? 어떻게 그는 조종실의 문을 잠가 기장이 들어오는 것을 막았을까? 시스템의 어떤 결함이 상황의 치명적인 조합을 가능하게 만든 것일까?

대형사고 뒤에는 이런 질문들이 상례적으로 따라온다. 이 질문들은 복잡한 기술시스템에서 인간이 중요한 요소이기는 하지만 하나의 구성요소에 불과하다는 생각을 반영한다. 사람들은 종종

81) D. Starr, The Tricks Used by Pilots, Surgeons & Engineers to Overcome Human Error, 2015/5/29. Available from: URL:http://nautil.us/blog/the-tricks-used-by-pilots-surgeons-engineers-to-overcome-human-error.

기계적 원인을 찾지 못했을 때 '휴먼에러'를 원인으로 지목한다. 그러나 저먼윙스와 다른 참사의 조사관이 알고 있듯이, 인간의 실수는 진공상태에서는 좀처럼 발생하지 않기 때문에, 이것은 너무 단순한 접근방법이다.

인류역사의 대부분의 기간 동안, 기술적 사고(technological accident)로 발전하는 실수라는 의미의 '휴먼에러'라는 개념은 존재하지 않았었다. 우리의 조상들도 에러를 저지른 것은 틀림없지만, 그 피해는 기껏해야 장인이 다루는 수공구에 의한 재해 정도였다. 그러나 이것은 산업혁명과 함께 바뀌었다. 단순히 도구를 사용하는 것이 아니고, 작업자 또한 어떤 의미에서는 공장에 있는 톱니바퀴의 톱니처럼 하나의 도구가 되었다. 반복작업을 해야 하는 상황에서 사고는 흔한 일이 되었다. 때로는 전체 생산라인을 멈추게 할 정도로 심각한 사고가 발생하였다. 공장 소유자들은 기계에서 결함을 찾기보다는 근로자의 탓으로 돌리곤 하였다. 20세기 초 작업심리학자들은 소위 '사고를 일으키기 쉬운(accident-prone)' 근로자들을 연구하고 무엇이 그들로 하여금 그렇게 하게 하는지 의아스럽게 여겼다. 이 용어를 만든 사람들 중의 한 명인 영국의 산업심리학자 파머(Eric Farmer)는 이들을 판별하는 방법과 그들에 의한 피해를 최소화하는 방법에 대해 연구하였다.

2차 대전은 휴먼에러의 의미를 크게 변화시켰다. 급격한 기술의 발전은 사고 경향성이 가장 낮은 이들조차도 때로 실수를 하도록 만들었다. 1943년에 미국 공군은 심리학자 차파니스(Alphonse Chapanis)에게 위험하고 이해 못할 에러를 반복적으로 범하는 조종사들의 사례에 대한 조사를 요청하였다. 어떤 조종사들은 특정 항공기를 탈 때 안전하게 착륙한 후 바퀴를 다시 집어넣는 실수를 하곤 하였다. 이 때문에 크고 무거운 비행기가 지상에 충돌하고 화염에 휩싸이는 일이 발생하였다. 차파니스는 조종사들을 인터뷰하는 한편 조종석을 면밀히 조사하였다. 그는 B-175 비행기의 날개조종 레버와 착륙용 바퀴 레버가 똑같이 생겼으며 바로 옆에 위치하고 있다는 것을 발견하였다. 조종사들은 날개를 조종하려다가 바퀴를 다시 집어넣었던 것이다. 이 사례에서 문제는 조종사가 아니라 그를 둘러싸고 있었던 기술설계에 있다는 것이 명백하였다.

전쟁이 끝난 후, 이 같은 사고방식은 산업 분야로 옮겨져 '인간공학'으로 발전하였다. 이 접근방식은 대체로 표면적인 원인에 해당하는 인간을 더 이상 비난하는 것이 아니라, 인간이 기계·설비 등을 운전하는(operate) 환경에 해당하는 복잡한 시스템을 조사하고자 하였다. 즉, 전쟁 이전에는 인간은 에러의 원인으로 간주되었지만, 전쟁 이후에는 인간은 의도치 않게 시스템의 일부로 짜넣어진 에러의 구현자(inheritor)로 간주되었다. 1967년에는 이런 에러들을 찾아내기 위해 미국 연방교통안전위원회(NTSB)가 설립되었다. 전문가들로 구성된 NTSB의 '긴급수사팀(Go Teams)'은 기술적 및 절차적 분석을 행하기 위해 교통 또는 파이프라인 재해에 초점을 맞추었다. 오늘날 비행기를 타는 것이 통계적으로 가장 안전한 것이 된 데에는 이 기관이 기여한 바가 많다.

재해는 피할 수 없지만, 재해와 함께 우리의 에러에 대한 이해는 좀 더 깊어지고 있다. 전문가들은 휴먼에러인 것으로 보이는 것의 원인에 기술만 있는 것이 아니라 그 기술이 운용되는 문화도 있다는 것을 알게 되었다. 스리마일섬 원자력발전소 사건에서 사회학자 페로는 '정상사고(Normal Accidents)'라는 이론을 개발하였다. 이 사고방식에 의하면, 수천 개의 부품과 동작이 필요한 일부 기술들은 그 엄청난 복잡성 때문에 사고(accident)가 불가피하게 발생한다. 챌린저호 우주선 비극 후에, 미국의 사회학자 본(Diane Vaughan)은 '비정상의 정상화(normalization of deviance)'[82] 라는 이론을 만들었다. 이 이론은 NASA 직원들이 여러 해에 걸쳐 가연성 가스가 새는 것을 막는 오링(O-ring)의 결함을 보는 것에 너무 익숙해져 있어서, 이 문제가 심각한 사고를 일으키리라고는 생각할 수 없게 된 것을 지적하고 있다.

이러한 종류의 접근방식에서 주목을 끄는 것은 그것의 정교함뿐만 아니라 선제적인(proactive) 대책을 강구하는 특성이다. 무엇보다 단순히 '암적인 존재(bad apple)' 탓만으로 돌리는 것은 시스템상의 결함을 해결하는 데 아무런 도움이 되지 않는다. 이러한 이유 때문에, '근원적 원인 분석(RCA, Root Cause Analysis)'이라고 불리는 이러한 접근방법은 중화학공업, 소방, 의료 분야 등 다양한 분야에 활용되어 왔다. 몇십 년 전까지만 하더라도 마취는 가장 위험한 의학 시술 중의 하나였다. 이 문제는 의료진이 산소 튜브와 질소 튜브를 혼동하지 않도록 장치를 새롭게 디자인하는 것으로 상당 부분 해결되었다. 펜실베이니아 대학의 마취학 교수인 플라이셔(Lee Fleisher)에 따르면, 오늘날 마취사고율은 1/50로 줄었다고 한다. 어떤 외과의사들은 수술 전에 마치 조종사들이 하는 것처럼 체크리스트를 확인한다. 그리고 어깨 회전근개 수술을 받을 때 간호사에게 한쪽 어깨에는 'yes'를, 그리고 다른 쪽 어깨에는 'no'를 써 놓도록 한다. 이것은 항공 분야로부터 영향을 받은 또 다른 여분의(redundant) 안전조치이다.

근원적 원인 분석에 대한 가장 문제가 되는 새로운 영역은 사법시스템이다. 잘못된 기소 또는 부당한 판결보다 더 비난받을 만한 것이 있을까? 그런데 심리학자와 법전문가들은 법적 참사

82) '리스크 정상화(risk normalization)'라고도 한다.

(legal catastrophe)의 원인이 지나치게 열성적이거나 잘못된 단 한 명의 검사나 경찰보다는 다양한 요인들에 기인한다고 본다. 미주리(Missouri)주의 퍼거슨(Ferguson)시에서 있었던 브라운(Michael Brown) 총기사고를 생각해 보자. 누구도 경찰관 윌슨(Darren Wilson)이 그날 아침 일어나 비무장한 10대를 사살할 것이라고는 생각지 못했을 것이다. 따라서 우리는 종전의 어떤 결정과 정책이 그로 하여금 그런 선택을 하게 하였는지를 가장 먼저 물어야 한다. 그는 치명적이지 않은 무기류를 휴대하고 있었는가? 그는 '단계적 축소 훈련(de-escalation training)'[83)]을 받았는가? 그의 순찰차에는 파트너가 있었어야 하지 않았는가? 인종주의와 '세입에 의존하는 치안(revenue based policing)'은 이 비극적 사건에 어느 정도 원인제공을 하였는가?

"이 문제는 단지 경찰이나 검찰의 문제가 아니다." 경찰과 법정에 이런 시스템적 분석을 도입하기 위해 전국적인 노력을 하고 있는 한 유명한 변호사인 도일(James Doyle)의 말이다. "담당 사건 수와 예산을 정하는 것도 사람들이고, 다른 사람들이 적응하여야 하는 거대한 상황(압박)을 만든 것도 사람들이다."

당사자들의 행동으로 다른 사람에게 피해를 입힌 루비츠 또는 윌슨과 같은 사람들을 변호하려는 것은 아니다. 그러나 모든 비극의 원인을 실질적으로 파악하기 위해서는, 복잡한 사회기술시스템망(web) 속에서 살고 있는 불완전한 존재인 우리 자신을 있는 그대로 보는 것이 중요하다. 이것이 비난하기에 앞서 우리에게 얼마간의 겸손이 필요한 이유이다.

83) 갈등의 고조를 방지하고 갈등을 평화롭게 해결하기 위해 고안된, 경찰을 대상으로 한 훈련으로서 사람의 동요와 폭력의 잠재성을 감소시키는 효과를 노린다.

참고 비정상의 정상화

본(Diane Vaughan)은 챌린저호 사고 10년 후에 발표한 그의 논문[84)]을 통해 챌린저호 사고에 대한 그때까지의 통념적 해석들에 반대하는 새로운 시각을 제시하였다. 본은 사고의 원인을 잘못된 공학적 분석, 커뮤니케이션의 실패, 집단사고(groupthink)[85)]의 문제로 돌리는 접근 또는 NASA의 정치적·경제적·제도적 환경(환경적 위협에 해당하는 최고관리자들의 정책결정과 엔지니어들에 대한 압력 등) 탓으로 돌리는 접근, 즉 챌린저호 사고를 이상 또는 비정상(anomaly)으로 환원시키는 접근에 반대한다.

NASA에 일어난 것은 비정상이 아니라 여러 모든 조직에서 일어나는 것이었다. 본은 다른 분석자들이 이용하지 않은 기록자료와 인터뷰를 통해 여러 면에서 챌린저호 발사 결정에 대한 통념을 수정한다. 첫째, 발사 결정(2시간의 원격회의) 전의 정책결정들이 챌린저호 사고에 중요한 역할을 하였다고 주장한다. 둘째, 조직의 최고관리자들의 정책결정이 어떻게 조직 전체적으로 낙수효과(trickle-down effect)를 일으켰고, 어떻게 조직의 구조와 문화를 바꾸었으며, 조직의 하층부에서 이루어진 공식적인 공학적 리스크(위험성) 평가에 어떻게 영향을 끼쳤는지를 설명한다. 셋째, (안전에 우선하는) 생산(실적)에 대한 관심(production concern)이 조직의 문화에 스며들었다고 주장하지만, 조직의 문화가 세 가지의 중요한 문화적 요소 — 생산에 대한 관심, 관료주의적 책임, 독자적인 기술문화 — 에 의해 좌우되었다는 것을 밝힘으로써 전통적인

84) D. Vaughan, "The Trickle-Down Effect: Policy Decisions, Risky Work, and the Challenger Tragedy", *California Management Review, 39*(2), 1997, pp. 80～102.

85) 집단사고에 대해서는 제3편 제2장 [1] 인적 요인 (3) 사회심리적 요인에서 상세히 설명한다.

이해에 이의를 제기한다. 넷째, 이 복잡한 문화가 위험한 일을 하는 모든 사람, 관리자 및 엔지니어 등에게 어떻게 영향을 미쳤는지를 보여 준다.

그렇다면 위의 사항들을 고려했을 때, 어떠한 정책결정들과 문화가 챌린지호 참사의 기술적 원인인 고체 로켓부스터에 대한 공학적 결정에 영향을 주고 로켓부스터 작업팀으로 하여금 위험을 수용하고 발사(비행)하는 결정을 하도록 하였을까? 본은 정치적 거래와 조직 엘리트들의 목표설정이 조직문화를 바꾸어 생산(실적)에 대한 관심이 조직을 지배하게 되고 NASA의 조악한 판단을 조장하였다는 분석에 동의한다. NASA의 관련된 단체 — 국회, 백악관, 하청업체 — 와의 관계 또한 조직문화를 바꾸었는데, 정치적 책임과 그에 따른 생산(실적) 압박이 조직(독자적인 기술문화)에 침투되었다. 본의 설명에 의하면, 이러한 정책결정들은 다음과 같은 세 가지 측면의 문화를 낳았다. 이 세 가지 문화는 다 함께 챌린저호 발사과정에서 위험성을 수용하고 발사하기로 한 반복적인 결정의 원인으로 작용하였다.

① **독자적인 기술문화(the original technical culture)** : 아폴로 우주선 시대의 눈부신 성공을 낳은 공학적으로 우수한 규범은 NASA의 독자적인 기술문화를 형성하였다. 그 문화에서 중요한 것은 '더러운 손(dirty hands)' 접근방법으로 알려져 있는, 조직 내 직업상의 기술적 전문성과 기술관련 경험적 지식에 대한 신뢰 및 존중이다. 또한 독자적인 기술문화는 과학적 실증주의를 고집하였다. 그리고 이것은 리스크(위험성) 평가가 광범위한 조사, 공학적 원리 및 정밀한 정량적 분석에 의해 실시될 것을 요구하였다. 발사 결정에 주관적이고 직관적인 것은 허용되지 않고 확실한 공학적 데이터에 기초

한 흠 없는 정확한 정량적 분석이 요구되었다. 하지만 이러한 독자적인 기술문화는 다음의 두 문화 사이에서 수난을 겪게 된다.

② **정치적 책임(political accountability)** : 아폴로 우주선 시대에 의회는 NASA에 백지수표를 위임했다. 그러나 NASA의 최고관리자들은 의회에 우주왕복선을 마치 수익사업처럼 홍보했고, 우주왕복선을 마치 버스처럼 만들고자 했다. 일정을 맞추는 것은 의회로부터의 계속된 자금지원의 핵심요건이 되었다. 이에 따라 생산(실적) 및 비용절감의 압박과 일정에 대한 압박이 생겨났다. 이것은 조직의 독자적인 기술문화에 영향을 미쳤다.

③ **관료주의적 책임(bureaucratic accountability)** : 아폴로 시대 이후 국제적 우주경쟁과 우주왕복선의 다중 부품 설계, 그것의 복잡한 임무 탓에 최고관리자들은 '하청을 주는(contracting out)' 관행을 제도화하였다. 이런 확대된 하청 탓에 NASA와 하청업체는 조정을 위해 더 많은 규칙을 필요로 하게 되었고, 규칙에 대한 집중과 급증한 서류작업이 조직문화에 중요해졌다. '더러운 손' 접근은 하청화로 인해 약화되었다. 많은 NASA 엔지니어들은 그들의 손을 더럽게 하기보다는(직접 하기보다는) 하청업체를 감독하는 책임을 부여받았다. 그들은 사무와 서류작성에 더 많은 시간을 쏟게 되었다.

이러한 세 가지 요소는 다음과 같이 챌린저호 발사과정에서 발견된 비정상들을 정상화시켰다(normalization of deviance). 상층부에서의 우주왕복선을 경제적으로 만들겠다는 결정은, 어떤 부분이 수용 불가능한 위험(unacceptable risk)이라는 것을 정량적 분석으로 제시하지 않는 한, 추가적으로 면밀한 테스트를 하기 위한 자금지원을 요청하기 어렵게 만들었다. 예전에는 엔지니어가 발사해도 안전하다는 사실을 증명해야 했지만, 발사가 지연됨에 따라 거꾸로 발사하면 위험하다는 사실을 증명해야 하였다. 그리고 일정이 문제였다는 것을 지적하지 않을 수 없다. 의회로부터 더 많은 예산을 지원받기 위하여 발사율(횟수)을 지나치게 낙관적으로 잡았기 때문에, 어떤 부분이 비행안전에 위협이라는 것을 데이터로 입증하지 않는 한 발사 연기는 불가능하였다. 독자적인 기술문화 속에서는 정량적 데이터가 필요했다. 공학적 우려와 직관은 일정을 연기하기에는 불충분한 이유였다. NASA는 우주왕복선을 가능한 한 빨리 발사하려고 했고, 그 결과 효율성을 위해 안전성이 희생되었던 것이다.[86] 또한 관료주의적 책임 문화 때문에, 관리자들과 엔지니어들은 자신들이 모든 규칙들과 절차들을 준수했다면, 잔류위험성을 감소시키고 안전을 보장하기 위하여 그들이 할 수 있는 모든 것을 하였다고 생각하는 경향이 있었다. 엔지니어들은 반복적으로 발견된 위험신호들을 잘 받아들이지 못했거나, 위험신호를 받아들이더라도 위험의 징조를 예견된 것이거나 수용 가능한 것으로 재해석하였다.

본은 지금까지의 논의를 바탕으로 세 가지의 제언을 한다. 첫째는 권력자들의 결정에 대한 것이다. 최고관리자들은 그들의 의사결정이 위험한 작업을 하는 조직 하층부의 구성원들에게까지 영향을 미친다는 것을 유념해야 한다. 또한 조직의 구조를 바꾸는 결정은, 그것이 안전에 미칠 영향을 고려하고 난 후 진행되어야 한다. 조직을 줄이는(downsize) 것은 시스템의 복잡성을 감소시킴으로써 장기적 관점에서 안전을 강화할 수 있지만, 단기적으로는

86) K. Vicente, *The Human Factor: Revolutionizing the Way People Live with Technology*, Routledge, 2004, p. 187 참조.

에러가 생길 가능성을 늘릴 수 있다.

둘째는 문화에 대한 것이다. 조직은 안전을 확보하기 위해 규칙을 만들지만, 그 규칙들 자체가 추가적 위험을 생산할 수 있다. 효과적인 규칙 시스템을 보장하기 위해서는, 정상적인 작업상황에서 규칙위반행동과 규칙준수행동 둘 다를 살펴보아야 한다. 조직은 규칙위반이 얼마나 광범위한지, 어떤 규칙이 위반되고 있는지, 왜 위반되는지를 알게 됨으로써 도움을 얻을 수 있다. 또한 위험을 경감시키기 위해서는 일터에서 인종, 성, 경험의 차이 등의 다양성이 안전에 어떤 영향을 끼치는지도 살펴볼 필요가 있다.

셋째는 신호(조짐)에 대한 것이다. 의사결정이나 회의에 있어 모든 관련 정보들이 고려될 수 있도록 각별한 노력이 기울여져야 한다. 따라서 하급자나 신참 혹은 조직의 주변부에 있는 사람들을 계속해서 인정할 필요가 있다. 이들은 유용한 정보를 가지고 있으나 표현하지 않을 수 있기 때문이다.

(6) 대뇌의 정보처리기능과 휴먼에러

인간은 에러를 일으키기 쉽다고 말한다. 휴먼에러는 앞에서 살펴본 바와 같이 일반적으로 "달성하려고 한 목표로부터 의도치 않게 일탈하게 된 기대에 반한 행동"이라고 정의되고 있다. 즉, 고의로 에러를 일으키려고 하는 뇌로부터의 지시는 없고, 포착한 정보에 반응하여 과거의 경험 등을 토대로 최량(最良)의 행동을 하려고 하였지만, 결과적으로 적절하지 않은 행동이 되어 버린 것을 에러라고 말하고 있는 것이다.

한편, 인간은 자신을 둘러싼 주위의 환경 속에서, 자신이 의도한 일을 행하기 위해 대뇌의 '새로운 뇌(신피질)'를 사용하여 방대한 외계(外界)정보를 기초로 다양한 행동을 자율적으로, 그리고 가능성을 생각하면서 그때그때의 행동을 결정하고 있는데, 그 과정에서 무심코 잊거나 깜박 놓치는 경우가 있는바, 이것은 고도의 판단처리를 하는 동안 발생하는 에러라고 할 수 있다.

대뇌의 정보처리 프로세스는 그 사람의 특성적인 조건과 그 사람이 존재하고 있는 환경조건에 의해 영향을 받는 것으로 알려져 있는바, 대뇌의 정보처리기능으로 보아 인간의 행동이 어떤 과정을 거쳐 이루어지는지를 아는 것도 중요하다. 인간의 정보처리모델에 대해서는, 일본의 의학자 하시모토(橋本邦衛)가 인적 요인을 고려한 모델을 제시하고 있다.

이 모델에 의하면, 인간의 정보처리는 외계정보 → 감각기 → 감각중추 → 판단 → 운동중추 → 운동기 → 행동·발언 순으로 이루어지는데, 판단의 부위에서는 거대한 용량을 가지는 기억이 활용된다. 운동에서 행동으로 이동하는 단계에서는, 신경계를 통해 감각기, 감각중추에 신호가 보내지고, 그 효과를 판정함과 아울러 수정을 하는 피드백 회로가 작동한다.[87)]

하시모토는 이 모델에 기초하여 휴먼에러의 발생부위를 대뇌의 정보처리 프로세스에서 찾는 분류법을 제시하고 있다. 이 분류법은 휴먼에러가 어떠한 정보처리와 관련하여 발생하는지, 나아가 에러의 직접적 요인으로서 어떠한 행동 또는 동기가 관여하였는지라는 생리적 요인의 분석으로도 연결되는 것으로서, 그 내용은 다음과 같다.[88)]

---

87) 이상의 내용은 大関親, 《新しい時代の安全管理のすべて(第6版)》, 中央労働災害防止協会, 2014, pp. 378~380을 참조하였다.

88) 이하의 내용은 橋本邦衛, 《安全人間工学(第4版)》, 中央労働災害防止協会, 2004, pp. 83~84를 참조하였다.

1) 인지·확인의 에러

인지·확인의 에러는 어떤 환경, 생리적·심리적 조건 중에서 외계의 정보를 받아들여 대뇌의 감각중추에서 인지되기까지의 과정에서 일어나는 에러이다.

여기에서 '인지'라고 하는 것은 목전에 제시된 정보, 신호, 지시 등을 시각 등을 통해 인식하는 것이고, '확인'이라고 하는 것은 작업을 절차대로 진행하기 위하여 작업의 상황, 다음의 행동·작업에 대한 정보, 신호 등을 필요한 것과 불필요한 것으로 선별하고 필요한 것에 대해 인식하는 것을 말한다. 구체적으로는 지각하지 못하거나 지각을 잘못하는 것, 인지하지 못하거나 인지를 잘못하는 것, 확인하지 못하거나 확인을 잘못하는 것 등이 있다.

2) 판단·기억의 에러

인지한 정보를 기억(지식과 경험에 기초하고 있다)에 비추어 판단하고 상황에 적응하도록 행동 의사결정을 하여 운동중추에서 동작지령을 보내게 되는데, 이 과정에서 발생하는 에러가 판단·기억의 에러이다.

기억의 대부분도 이 중추의 영역에서 처리되는데, 예컨대 "그것을 잊어버려 알지 못했다.", "기억의 잘못으로 판단을 그르쳤다." 등의 에러가 이에 해당한다. 구체적으로는 기억이 없거나 기억을 잘못하는 것, 잊어버리는 것, 판단을 잘못하는 것, 결정을 잘못하는 것 등이 있다.

3) 동작·조작의 에러

동작·조작의 에러는 운동중추에서 의지적으로 동작·조작이 지령되지만, 동작·조작이 발현되는 과정에서 잘못하는 에러를 말한다.

구체적으로는 동작·조작 자체가 결락(缺落)되거나 동작·조작 자체를 생략하는 것, 동작·조작 자세가 흐트러지는 것, 동작·조작 절차를 건너뛰는 것, 동작·조작 절차를 잘못하는 것 등이 있다.

이와 같이 분류할 수 있다고 해도, 실제로는 인지의 에러인지 판단의 에러인지 구별하기 어려운 에러가 있다. 그리고 과거에 종료한 사고조사결과 등을 분류하는 경우, 오판단 또는 오조작이라는 말로 표현된 에러가 실제로는 어느 단계에 속하는지 결정하기 어려운 경우가 상당히 많다. 또한 인지의 에러라 해도, 실제로 기억의 잘못에 의한 것은 판단·기억의 에러에 포함시켜야 할 것이다. 정확한 분류는 사고조사를 담당한 사람의 에러분석능력에 달려 있다.

그리고 에러를 그 발생과정에서 분류하였다고 하더라도, 그것만으로는 '무엇이 일어났는지'는 알 수 있어도, '왜 에러가 일어났는지'는 알 수 없다. 따라서 이 정보처리에 관련된 에러가 발생하는 방식, 그 동기부여 요인, 외적 배경요인 등에 대한 상세한 분석·파악이 반드시 필요하다.

(7) 휴먼에러의 일반적 성질[89)]

1) 에러는 대뇌의 정상적 활동의 소산

인간은 에러를 일으키는 동물이라고 말한다. 그러나 아무데서나 에러를 일으키는 것은 아니다. 매일의 생활 속에서도 어떤 때에는 에러를 일으키기 쉽고, 어떤 때에는 거의 에러를 일으키지 않고 생활하고 있다. 이것은 기본적으로는 인간이 살아 있다는 것의 증거이기도 하고, 생리학적으로 말하면 대뇌 속에 있는 '오래된 뇌

89) 橋本邦衛, 《安全人間工学(第4版)》, 中央労働災害防止協会, 2004, pp. 85~87 참조.

(구피질)'가 생명유지를 위해 신체와 정신을 활동리듬 또는 휴식리듬에 의해 규제하고 전체의 균형을 유지하고 있기 때문이다. 즉, 인간은 에러를 일으키기 쉽다고는 하지만, 인간이 에러를 일으키는 에러율은 계속 변화하고 있는 것이 생체현상의 본질이고, 인간의 에러율(human error rate)이라고 하는 고유의 수치가 존재하는 것은 아니다. 그렇기 때문에 인간은 요주의(要注意) 장면에서는 에러를 일으키지 않고 능숙하게 헤쳐 나가는 능력을 갖출 수 있게 된다.

한편, 인간은 자신을 둘러싼 주위의 환경 속에서 인간답고 자신다운 행동을 하기 위하여, 대뇌의 '새로운 뇌(신피질)'를 사용하여 방대한 외계정보로부터 다양한 행동의 가능성을 모색하면서, 자율적으로 그때그때의 행동을 결정하는데, 이러한 복잡한 주고받음 속에서 다양하고 고급의 판단처리를 하는 사이에 에러가 발생하기도 한다는 것을 이해할 필요가 있다.

2) '깜박'은 살아가기 위한 지혜

에러 중에는 '깜박 실수'에 기인하는 것이 많다고 한다. 이 상태를 단순히 인간의 태만(게으름) 탓이라고 생각하는 관리자가 많다. 그러나 70~80년의 긴 생애를 완수하기 위해서는, 매일 7~8시간 수면을 취하고, 또 깨어 있는 시간의 3/4 이상을 편한 상태로 두지 않으면, 두뇌는 지탱하지 못하게 된다. 깜박하는 것은 '오래된 뇌'가 만들어 내는 살기 위한 지혜라고 인식(전제)하고, 이것을 위험작업에서는 어떻게 하면 기교 있게 잘 회피할 것인지를 강구하는 것이 인간 특성에 맞는 안전관리라고 할 수 있다.

3) 에러를 일으키는 순간의 행동은 의식되지 않는다

에러는 고의로는 일어나지 않고, 일으키는 자도 없다. 고의로 일으킨 규칙 위반은 에러라고 하지 않는다. '새로운 뇌'는 사회생활의 평화를 바라고, 이성을 움직여 스스로의 감정, 악의를 억제하며, 에러를 일으키지 않겠다고 마음에 다짐하기도 한다.

그런데도 에러를 일으키는 것은 그 순간의 행동을 의식할 수 없기 때문이다. 이 의식의 '간극'도 '오래된 뇌'가 만들므로, 스스로도 왜 에러를 일으켰는지를 모르는 것이 보통이지만, 이것을 방심이라든가 태만 탓이라고 결론 내리기 전에, 이 의식의 간극이야말로 동작을 하나하나씩 차례대로 의식하는 것의 번거로움에서 우리들을 벗어나게 해 주는 조물주의 지혜라고 생각해야 하지 않을까? 이것은 의지적인 행위이더라도, 그 전부를 계속하여 의식하는 것은 불가능하고, 그럴 필요도 없다고 하는 행동의 생리적 경제원칙에 근거하는 것으로, 그 의미에서도 인간은 에러를 피할 수 없도록 되어 있다.

4) 에러에도 객관적인 이유가 존재한다

우리들은 사소한 미스(miss)를 연중 일으키고 있지만, 뼈아픈 에러는 좀처럼 일으키지 않는다. 이것은 뼈아픈 에러의 발생 이유를 자신 나름대로 객관적으로 알고 있기 때문이다. '새로운 뇌'는 의식적인 행동의 세부(細部)를 매우 단기적이기는 하지만 기억하고 있고, 무의식적으로 일으킨 에러의 직후라면, 행동미스로부터의 원인을 짐작해서 알아맞히는 것이 가능하다. 예를 들면, 문을 잠갔는지 안 잠갔는지를 그 직후라면 손이나 팔에 남는 감촉으로부터 아는 것이 가능하고, 이것이 문 닫는 것을 잊어버리는 것을 방지하는 하나의 뒷받침이 되고 있다.

'오래된 뇌'는 뼈아픈 실패를 '벌(罰)'로 느끼는 중추(中樞)를 가지고 있고, '새로운 뇌'를 책망하면서 "(실패)하고 말았다!"라고 자각하게 한다. 그리고 '새로운 뇌'는 자신 나름대로 실패의 원인을 생각하고, 이러이러한 조건이 있었기 때문이라고 논리적으로 조리(條理)를 세워 본다. 이렇게 하여 동일한 조건이 나타났을 때에는, '오래된 뇌'의 벌 중추가 경계경보를 낸다.

에러관리가 올바르면 에러는 좀처럼 일어나지 않을 것이다. 에러관리가 효과를 거둘 수 있는 것은 일견 고의적으로 보이는 에러의 원인에도 조리 있는 객관적 이유가 존재하기 때문이다.

5) 작업미스를 사고로 연결시키는 배후요인

작업미스라고 하는 것은 직접적으로는 당사자의 에러에 의한 경우가 많지만, 에러와 작업미스의 관계가 항상 동일하지는 않다. 에러가 발생하여도 도중에 수정되면 작업미스로는 되지 않는 경우가 있고, 작업상 부적절한 조건 때문에 작업미스가 유발되기도 한다. 그리고 에러에 기인하는 사고는 당사자의 에러만으로는 일어나지 않는다. 졸음운전을 하더라도 충돌하는 일이 없으면 사고로 이어지지 않는다.

이렇게 보면 인적 사고라고 불리는 것은 작업자 단독의 에러에 의한 것은 거의 없다고 할 수 있으며, 그 주변, 배후에 매우 많은 요인이 있고, 복잡한 상호관계에 의해 작업미스가 유발되고, 나아가 사고로 연결되기도 한다. 따라서 휴먼에러 관련 사고에 대해서는 원인을 바로 작업자의 개인적 실수라고 단정하기 전에, 사고발생의 전후 사정을 객관적·시계열적으로 밝혀내고, 작업자를 둘러싼 주변에서 배후요인을 찾아내고자 노력하는 것이 무엇보다도 필요하다. 요컨대, 이것은 휴먼에러 그 자체는 방지할 수 없지만,

배후요인과의 연쇄를 단절하는 것에 의해 인적 사고를 방지하는 것은 가능하다는 접근방식이 성립한다는 것을 의미한다.

참고 휴먼에러(및 위반) 관리의 주요 원칙[90)]

- 가장 우수한 사람도 때로는 최악의 에러를 저지를 수 있다.
- 선입관(preoccupation), 주의산만, 건망증, 부주의와 같은 단기간의 정신상태는 에러 순서(sequence)의 마지막 부분이고 가장 관리하기 어려운 부분이다.
- 우리들은 인간 조건(human condition)을 바꿀 수 없다. 인간은 항상 에러를 저지르고 위반을 범할 것이다. 그러나 불안전행동이 덜 유발되도록 인간이 일하는 상황을 바꿀 수는 있다.
- 에러에 대해 사람을 비난하는 것은, 감정적으로는 만족시키겠지만, (에러에 따라서는) 사람들이 장래에 에러를 저지르는 경향에 효과가 미미하거나 없을 것이다.
- 에러는 대체로 의도되지 않은 것이다. 사람들이 당초에 하려고 의도하지 않은 것을 관리자가 컨트롤하는 것은 매우 어렵다.
- 에러는 정보 문제로부터 발생한다. 이에 대한 최선의 해결방법은 사람의 머릿속 또는 작업현장의 어딘가에 있는 가용정보를 개선하는 것이다.
- 위반은 사회적 문제 및 동기부여 문제이다. 이에 대한 대책으로서 최선의 방법은, 한편으로는 사람들의 규범, 신념, 태도 및 문화를 바꾸는 것이고, 다른 한편으로는 절차서의 신뢰성, 적용성, 가용성 및 정확성을 향상시키는 것이다.

90) J. Reason, *Managing the Risks of Organizational Accidents*, Ashgate Publishing, 1997, pp. 153~154 참조.

- 위반은 두 가지 방식으로 작용한다. 하나는 위반자가 후속적으로 에러를 저지를 가능성을 높인다는 점이고, 또 하나는 이 에러에 의해 해로운 결과가 초래될 가능성이 높아진다는 점이다.

6 휴먼에러와 시스템에러

휴먼에러가 원인이 되는 사고·재해가 많이 발생하고 있다. 그런데 그 내용을 더욱 심도 있게 검토하면, 순수하게 사람의 오조작, 오판단에 의한 것도 있지만, 에러의 원인이 설비, 작업의 결함 또는 관리운영 면에 불비(不備)가 있고, 그 때문에 착각하여 조작을 잘못한 경우도 있다.

예를 들면, 작업에 관한 잘못된 정보에 의해 작업을 진행하다가 재해가 발생한 사례에 대해 살펴보면, 해당 작업절차서가 갖추어져 있지 않은 관계로 조작을 잘못하여 재해를 입은 경우, 조작의 잘못이 휴먼에러이기는 하지만, 그 배경에 있는 것은 오히려 작업시스템의 결함에 의한 에러, 즉 시스템에러라고 할 수 있다.

에러는 휴먼에러와 시스템에러로 구분할 수 있는데(표 1.11 참조), 외견상 휴먼에러라 하더라도 실제 의미에서는 시스템에러로 볼 수 있는 것이 상당히 많을 것으로 생각된다.

표 1.11 휴먼에러와 시스템에러

휴먼에러	시스템에러
• 인지·확인의 미스 • 오판단 • 오조작 • 기능 미숙	• 작업절차(기준)의 불량 • 점검의 불량 • 지휘명령의 불량 • 작업정보의 제공 미스 • 유지보수의 불량

사고·재해가 발생하면 최종적인 행위를 하였던 작업자(operator)가 사고·재해의 발생 원인으로 종종 간주된다. 그러나 대부분의 경우 작업자는 이전부터 연속적으로 발생해 왔던 문제 또는 이미 잠재되어 있었던 문제를 단지 촉발한 마지막 '방아쇠' 역할을 한 것에 불과하고, 사고·재해의 발생이 불가피하였다고 보는 경우, 즉 자주 사용하는 말로 '예견되었던 사고·재해'가 발생한 것이라고 볼 수 있는 경우가 적지 않다.

리즌은 사고·재해가 이미 존재하고 있었던 잠재적 사고(재해) 원인에 의해 발생할 수 있다고 보면서 이러한 잠재적 사고원인의 종류를 제시하였다. 여기에는 열악한 작업환경, 잘못된 인간공학적 인터페이스(interface), 부적절한 수면시간과 피로, 교육훈련의 부족, 부실한 작업지원, 부적절한 유지보수, 생산성을 과다하게 중시하는 경영진의 태도, 부적절한 작업장 분위기 등이 포함된다. 이러한 요인들은 소위 조직 내의 안전문화라고 부르는 것으로 구현된다.[91)]

한편, 사고·재해의 책임을 묻는 과정에서 잠재적 사고·재해원인보다 현장관계자의 행동(판단)에 초점을 맞추고 그들에게 책임을 추궁하는 경우가 많다. 예컨대, 어떤 작업자가 안전모를 착용하지 않아 부상을 입었다면, 사람들은 부상을 입은 사람이 분명히 에러(실수)를 저질렀기 때문이라고 생각하고, 이 피재자에게 부상의 책임을 돌리는 경향이 있다. 추궁의 내용도 작업자가 어떤 잘못된 결정을 내렸는가에 맞추어져 있는데, 이는 겉으로 드러난 것만으로 판단하는 것이다. 어떤 사고에 대해 사고조사관은 그에게 쉽게 떠오르는(가용한) 부정적 결과의 사례만을 가지고 당해 사고

91) C. D. Wickens, J. D. Lee, S. E. Gordon Becker and Y. Liu, *An Introduction to Human Factors Engineering*, 2nd ed., Pearson Education, 2013, p. 348.

에 대해 작업자가 에러를 저질렀기 때문이라고 잘못 결론 내리는 경우가 종종 있다. 사고조사관이 최종행위자인 작업자의 과실을 밖으로 드러난 사후상황을 보고 판단하는 것은 쉬울 수 있으나 정확하지 않을 수 있다. 이는 작업자의 행동이 에러 발생에 일조하였는지 아니면 전적인 책임이 있는지를 결정하는 데에 상당한 주의가 필요하다는 것을 의미한다.

에러의 책임을 사고·재해의 외양적인 현상만을 기초로 특정 작업자를 포함한 현장관계자를 중심으로 부과한다면 안전관리에 오히려 부정적인 결과를 초래할 수 있다. 이런 경우, 현장관계자들은 쉽게 보이는 사후상황만으로 사고·재해의 책임이 그들에게 있는 것으로 밝혀져 자신들이 주로 처벌을 받을 수 있다고 생각하고, 작업장에서의 위험요소와 위험정도를 파악하는 데 중요한 자료로 사용될 수 있는 것들에 대한 자발적이고 적극적인 보고를 하지 않을 수 있다.

7 당사자에러와 조직에러

사고·재해는 현장근무자(front-line person)의 잘못된 행동인 당사자에러(active error 또는 active failure)[92]에 의해 발생하기도 하고, 이 당사자에러를 유발하는 환경·배경의 문제, 즉 조직에러(organizational error)[93]에 기인하여 발생하기도 한다. 이에 착안하여 에러를 당사자에러와 조직에러로 구분하기도 한다.[94]

92) 당사자에러는 휴먼에러 외에 위반도 포함한다.
93) 잠재적 에러(latent failure)라고 하기도 한다.
94) J. Reason, "A System Approach to Organizational Error", *Ergonomics*, 38(8), 1995, pp. 1708~1721 참조.

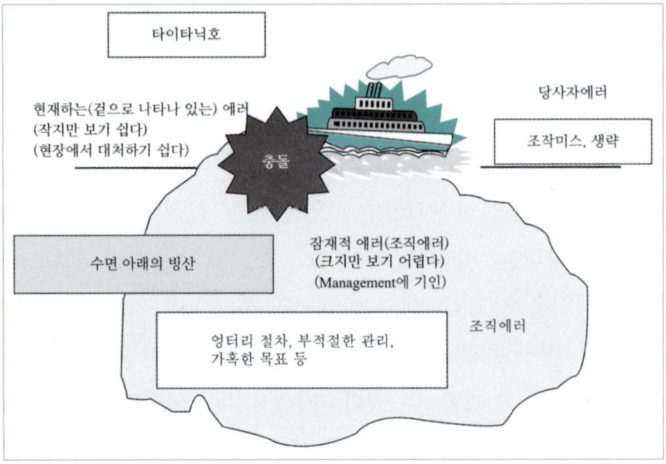

그림 1.5 당사자에러와 조직에러

당사자에러와 조직에러의 관계는 그림 1.5와 같이 나타낼 수 있다. 당사자에러는 조작미스, 누락 등 현재화(顯在化)된 에러로서 부피는 작지만 발견하기 쉬운 반면에, 조직에러는 잘못된 절차, 부적절한 관리, 무리한(가혹한) 목표, 인력의 부족 등 해수면 아래의 빙산에 해당하는 조직의 관리(management) 문제에 관계된 잠재적 에러로서 부피는 크지만 발견하기 어렵다.

사고·재해가 발생하면 현장의 당사자가 제1책임자로서 처벌되는 일이 흔히 있어 왔지만, 과학기술의 발달에 의해 대규모 시스템으로서의 화학플랜트나 교통시스템 등이 출현하고 있는 상황에서는, 단순히 현장에 가장 가까운 당사자에게만 책임을 묻는 것이 타당하지 않은 사례가 수없이 나타나고 있다. 특히, 대형사고·재해의 배경에는 기계·설비와 절차 외에, 기업과 사회, 법률·제도 등의 요인이 존재하는 경우도 적지 않다. 대형사고일수록 당사자에러보다는 조직에러에 초점을 맞추어 분석하는 것이 필요하다.

어떠한 사고가 개인사고(individual accident)라고 가정하면, 나쁜 결과가 발생하기 직전에 있었던 불안전행동을 발견하는 것만으로 사고의 원인규명은 끝날 것이다. 국제적으로도 사고의 직접적 요인인 당사자에러를 확인하는 것으로 중대사고의 조사가 완료되지 않게 된 것은 그렇게 오래되지 않았다. 그동안 사고의 책임을 제일선(front-line)에서 에러를 범한 개인으로 한정하는 것은—최고경영자의 결정과 특정 사건의 인과관계를 밝히는 데 항상 문제가 있어 온 사법관계자들은 말할 것도 없이—사고조사관과 관련조직체들을 만족시켜 왔다. 매스컴 등에 의해 여론화되지 않은 많은 중대사고에 대해서는 아직도 당사자에러를 사고의 주요한 원인으로 보는 시각이 맹위를 떨치고 있다.[95)]

오늘날 최소한 재해예방 선진국에서만큼은 사고조사관과 관할기관 모두 단순히 '제일선(sharp end)'에 있는 사람의 실수를 발견하는 것만으로 조직사고(organizational accident)의 원인에 대한 조사를 끝내지 않을 것이다. 지금은 이러한 불안전행동을 사고의 주요한 원인이 아니라 결과로 간주하여야 한다는 견해가 설득력을 얻고 있다.[96)] 실수를 하는 것은 인간 조건의 불가피한 부분이기도 하지만, 복잡한 시스템 속에서 일하는 인간은, 개인을 대상으로 한 심리학 영역에서는 일반적으로 설명할 수 없는 이유로 에러를 저지르거나 절차를 위반하거나 한다. 이 이유에 해당하는 것이 잠재적 상황(latent condition)이다.

95) J. Reason, *Managing the Risks of Organitational Accidents*, Ashgate Publishing, 1997, p. 10 참조.

96) 에러를 원인이라기보다는 결과로 보는 관점은 우즈(David Woods)와 오하이오 주립대학에 있는 그의 동료들에 의해 제시되어 발전되어 왔다(D. D. Woods, S. Dekker, R. Cook, L. Jonhannesen and N. Sarter, *Behind Human Error*, 2nd ed., CRC Press, 2010 참조).

당사자에러와 조직에러 간의 매우 중요한 차이는 대체로 다음 두 가지의 조직적 요인이다. 첫 번째는, 악영향을 미치는 데 걸린 시간과 관련이 있다. 당사자에러는 일반적으로 즉각적이고 비교적 단기간의 영향을 미치는 데 반해, 조직에러는 국소적(현장) 상황(local circumstance)과 상호작용하여 시스템의 방호(defence)를 무너뜨릴 때까지는 한동안은 특별한 해를 끼치지 않은 채 잠복해 있다. 두 번째는, 해당 에러를 유발한 사람의 조직 내의 위치와 관련이 있다. 당사자에러는 인간·시스템 인터페이스(interface)에 있는(즉, 시스템과 직접 관련 있는) 사람들(제일선에 있는 직원들)에 의해 저질러진다. 반면에, 조직에러는 조직의 상층부 그리고 조직과 관련된 제조과정, 계약(도급)과정 및 규제·정부기관에서 야기된다.

특정 당사자에러는 특정 사건에 국한되는 경향이 있는 반면에, 조직에러(잠재적 상황)는—발견되지 않고 고쳐지지 않으면—수많은 다른 사고의 원인이 될 수 있다. 조직에러(잠재적 상황)는 에러와 위반을 조장하는 국소적(작업장) 요인[local(workplace) factor]의 촉발을 통하여 당사자에러의 발생 가능성을 증가시킬 수 있다. 또한 조직에러(잠재적 상황)는 시스템의 방호, 방벽 및 안전장치에 영향을 미쳐 불안전행동의 결과를 악화시킬 수 있다.[97)]

참고 많은 경우 잘못된 오래전부터의 관행[98)]

에러관리에 대한 생각에는 새로운 것은 없다. 채찍 또는 회초리가 아마도 에러관리를 위한 최초의 도구 중 하나였을 것이다. 그러나

97) J. Reason, *Managing the Risks of Organizational Accidents*, Ashgate Publishing, 1997, pp. 10~11 참조.

98) Ibid., pp. 125~126 참조.

원리에 입각한 종합적인 프로그램의 이행은 매우 드문 것이 현실이다. 대부분의 에러관리의 시도는 계획적이라기보다는 대증요법적이고, 선제적이라기보다는 반응적이며, 원리 중심적이라기보다는 이벤트 중심적이다. 또한 휴먼에러의 성질, 다양성 및 원인을 이해하는 데 있어, 지난 20~30년간 행동과학에서 이룩한 획기적인 발전이 대체로 무시되고 있다.

지금까지의 에러관리 방식과 관련된 문제점에는 다음과 같은 것이 있다.

- 다음에 일어날 에러를 예측하거나 방어하기보다 직전에 발생한 에러의 '불끄기'에 기를 쓴다.
- 잠재적 상황(latent condition)보다 당사자에러(active failure)에 집중한다.
- 에러 발생에 기여한 상황적 요인보다 인간 그 자체에 주목한다.
- 훈계와 징계조치에 크게 의존한다.
- '경솔', '태도 불량', '무책임' 등과 같이 비난 위주의 본질적으로는 무의미한 말을 사용한다.
- 우발적 에러유발요인과 시스템적 에러유발요인을 제대로 구분하지 못한다.
- 일반적으로 에러와 사고의 인과관계에 관한 최신의 human factor 지식에 근거하고 있지 않다.

제2장

불안전행동의 배후요인

불안전행동은 산업현장에서는 일반적으로 '불안전상태'와 대비하여 안전성을 저해하는 인간행동을 가리킨다. 앞에서 불안전행동의 직접적 요인으로 지식의 부족, 기능의 부족, 의욕의 부족, 인간의 특성으로서의 에러, 이 네 가지를 들었는데, 그 배후에는 더 많은 요인이 있다.

한편, 인간행동의 상세한 특징에 대해서는 아직 완전하게 알려져 있지 않고, 앞으로 해명이 이루어져야 할 부분도 적지 않다. 특히 고성능의 정보처리기능을 가지고 있는 인간의 뇌는 본능적인 행동을 담당하는 '오래된 뇌(구피질)'와 고도로 진화한 '새로운 뇌(신피질)'가 공존하는 이른바 '아날로그·디지털 컴퓨터'로서, 디지털 컴퓨터와는 다른 정보처리 메커니즘으로 되어 있는 것 외에, 생활 및 교육환경, 조직의 상황 등으로부터 영향을 받아 행동하는 특성도 가지고 있다.

이 불안전행동에 관해서는 많은 연구가 있는데, '에러', '미스'라고 부르는 불안전행동은 "인간과 환경, 기계, 시스템의 인터페이스(interface)에 발생하는 부적합 현상"이라고 할 수 있다.

전술한 장 이론(Field Theory)에서 설명하였듯이, 레빈은 인간의 행동을 B = f (P · E)로 나타내고 있다. 이에 따르면, 인간의 불안전행동은 ① 인간의 특성적 요인에 해당하는 인적 요인[1], 즉 인간의 특성으로서의 요인에 해당하는 인지적 요인, 생리적 요인, 사회심리적 요인과 ② 환경적(외적) 요인[2]에 의해 발생한다고 할 수 있다. 이하에서는 직장에 존재하는 각각의 요인에 대하여 살펴보기로 한다.

1 인적 요인

(1) 인지적 요인

1) 장면(상황)행동[3]

인간은 돌발적으로 위기적 상황에 직면하면, 그것에 의식이 집중되어 다른 사항을 의식하지 못하고 분별없이 행동하는 경우가 있는데,[4] 이와 같이 어떤 방향으로 강한 요구가 있으면 그 방향으로 직진하는 것을 '장면(場面)행동' 또는 '상황행동'이라고 한다.[5]

---

1) 재해발생 메커니즘에서 일반적으로 재해의 네 가지 요인(4M)으로 일컬어지고 있는 인적 요인, 기계 · 설비적 요인, 작업 · 환경적 요인, 관리적 요인 중 인적 요인을 가리킨다.

2) 재해발생 메커니즘에서 일방적으로 재해의 네 가지 요인(4M)으로 일컬어지고 있는 인적 요인, 기계 · 설비적 요인, 작업 · 환경적 요인, 관리적 요인 중 기계 · 설비적 요인, 작업 · 환경적 요인, 관리적 요인을 가리킨다.

3) 大関親, 《新しい時代の安全管理のすべて(第7版)》, 中央労働災害防止協会, 2020, p. 395.

4) 완전한 집중이 사고를 초래하는 한 요인이 될 수도 있다.

5) 장면(상황)행동과 후술하는 주연적(周縁的, 주변적) 동작, 무의식행동 등은 단어 표현 때문에 이 자체가 휴먼에러(불안전행동)인 것처럼 오해될 수 있는데,

예를 들면, 컨베이어벨트에서 운반되는 물품에 문제가 있는 것을 발견하고, 불량품인 이 물품을 급하게 손으로 꺼내려다가 물품의 모서리에 손을 베이는 재해가 이러한 경우에 해당한다.[6] 그리고 산소결핍증 또는 황화수소중독으로 쓰러진 동료를 구출하려고 서둘러 맨홀 안으로 뛰어 들어갔다가 사신도 쓰러져 버리는 재해, 롤러 다짐 작업상황을 살펴보던 협력사 현장소장이 채무상환을 심하게 독촉하는 상대방과의 통화에 정신이 집중되어 롤러 다짐 작업반경 안까지 들어가는 바람에 경고음을 울리면서 후진하는 롤러를 미처 의식하지 못하여 롤러에 치여 사망한 사고도 장면행동에 해당한다.[7]

장면행동은 위기를 의식하지 못한 결과로서 큰 사고·재해로 연결되는 경우가 있으므로, 이를 방지하기 위해서는 위험한 대상에는 접근할 수 없도록 방책, 울(enclosure) 등으로 방호하는 것, 위험성에 대해 미리 지식을 부여하여 두는 것, 감시자를 배치하는 것 등이 필요하다.

2) 주연적(周縁的, 주변적) 동작[8]

인간은 어떤 것을 의식의 중심에 놓고 생각하면서 동작을 하는 도중에 그 주된 동작 외에 습관적인 동작을 의식의 한쪽 구석[주

이것들은 내용상 휴먼에러(불안전행동) 유발요인에 해당하는 인지적 요인에 해당한다.

6) 2022. 10. 23. 경기도 성남의 한 제빵공장에서 검수작업 도중 컨베이어벨트로 올라가는 플라스틱 상자 중 하나가 제대로 장착되지 않자 이를 빼내려다가 상자와 이 상자를 위쪽으로 끌어 올려 주는 기계(자동 박스포장기) 사이에 손이 끼면서 손가락(검지)이 절단되는 사고가 발생하기도 하였다.

7) 장면행동은 리즌의 인간의 정보처리과정(의도)에 입각한 분류방식에 따르면 착각(mistake)에 해당한다.

8) 大関親, 《新しい時代の安全管理のすべて(第7版)》, 中央労働災害防止協会, 2020, pp. 396~397.

연(周緣)] 또는 주변에서만 행하는 경우가 있다.

예를 들면, 철골 위에서 아크용접을 하고 있는 작업자는 빈번하게 신체의 방향을 변화시키거나 일어서거나 하면서 작업을 수행하는 경우가 많은데, 이와 같은 주연적(주변적) 동작은 거의 의식하지 않은 채 이루어지기 때문에 주변의 추락위험 등을 알아차리지 못하는 경우가 많다. 이와 같은 주연적 동작에 대해서는 주위의 상황에 적응하도록 조정을 하지 않기 때문에 위험장소에 접근하고 마는 경우도 있다.[9), 10)]

이에 대한 대응으로는, 의식 밖에 있거나 의식이 희미한 동작이 작업 도중에 이루어질 수 있는 것을 미리 상정하여 위험장소에 울타리, 난간 등의 방호조치를 하는 것이 필요하다. 그것이 시간적으로 맞지 않는 경우에는 차선책으로 감시인을 배치하는 것, 접근금지의 표시를 하는 것 등이 있다.

3) 망각

일상생활 중에 무언가를 잊어버리는 것은 누구라도 겪는 일인데, 작업 중에 중요한 절차·순서를 잊으면 사고·재해로 연결될 수 있다. 망각에 관한 연구는 기억이 얼마나 유지하기 힘든지를 보여준다. 그러나 관리자 중에는 한번 지시·교육을 하면 계속 효과가 있을 것이라고 생각하는 사람이 적지 않다. 예컨대, 재해가 발생한 후, 해당 관리자는 "재해예방을 위해 이미 작업자 모두에게 교

9) 환기구에 끼어 있는 낙엽을 제거하기 위해 환기구의 그레이팅 덮개가 제거된 상태에서 환기구 주변의 낙엽을 쓸면서 환기구 쪽으로 뒷걸음질을 하던 주차장 관리자가 청소를 하는 데 의식이 집중되면서 개구부 쪽으로 조금씩 다가가고 있다는 것을 의식하지 못하는 바람에 개구부로 추락하여 사망한 사고도 주연적 동작의 한 예이다.

10) 주변적 동작은 리즌의 인간의 정보처리과정(의도)에 입각한 분류방식에 따르면 행위착오(slip)에 해당한다.

육하였습니다."라는 변명을 하곤 한다.

독일의 기억 심리학자인 에빙하우스(Hermann Ebbinghaus)의 망각곡선(1885년, 그림 2.1)[11]에서 알 수 있듯이, 한번 기억한 것도 얼마 안 지나 급속히 잊어버리지만, 시간의 경과와 함께 잊어버리는 정도가 완만하게 된다. 일반적으로 최근 기억은 쉽게 잊어버리고 오래된 기억은 잘 잊지 않는다는 것을 이 망각곡선이 나타내고 있다.

현장 작업에 필요한 연락, 정보의 전달은 당일 아침 또는 전날에 이루어지는 경우가 많지만, 한참 전에 지시·교육 등을 하는 경우도 적지 않다. 그러나 기억을 유지하려는 시도가 없거나 의식적으로 복습하지 않는 한, 지시·교육 등을 받은 것은 1시간 정도 지나면 약 절반은 잊어버리고 6일 정도 지나면 3/4도 남지 않으므로, 중요하거나 위험한 작업에 대해서는 작업 개시 직전에 재차 확인하거나 지시하는 것이 필요하다.

경과시간	20분	1시간	9시간	1일	2일	6일	1개월
망각률(%)	42	56	64	66	72	75	79

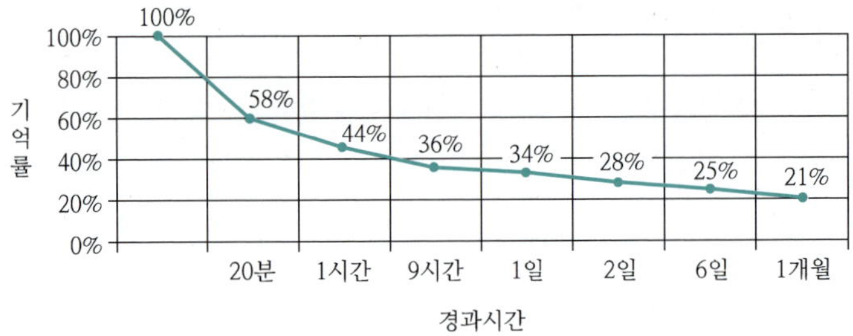

그림 2.1 에빙하우스의 망각곡선

11) '자음·모음·자음(3개의 알파벳)'으로 이루어진 무의미한 음절(예컨대, WID, ZOF, TAS 등)을 피험자에게 암기하게 하고 일정 시간 경과 후의 기억률을 실험·조사하여 그래프화한 것이 에빙하우스의 망각곡선이다. 이로부터 알 수 있는 것은, 기억은 기억한 직후에 반절 정도 잊어버리고 남은 기억은 천천히 잊혀지면서 장기간 유지된다는 점이다.

[세상 읽기] "어린이집 데려다준다는 걸 잊어버렸어요"[12]

일본에서 어린이를 장시간 차 안에 방치해 죽음에 이르게 하는 사고가 끊이지 않으면서 대책 마련이 시급하다는 목소리가 커지고 있다.

14일 요미우리신문과 마이니치신문 등에 따르면 지난 12일 오후 5시 25분쯤 오사카부 기시와다시에서 한 아버지가 차 안에서 두 살 된 딸이 늘어져 있는 것을 발견하고 병원으로 옮겼지만 숨졌다.

일본 경찰은 이날 최고기온 20도가 넘는 상황에서 약 9시간 동안 차 안에 방치돼 열사병으로 사망했을 가능성을 조사하고 있다. 경찰에 따르면 오전 8시쯤 아버지는 숨진 딸과 장녀, 막내딸을 차에 태워 어린이집으로 향했다. 같은 어린이집에 다니는 장녀와 막내딸을 데려다줬지만 둘째를 맡기는 것을 깜빡하고 집으로 돌아갔다.

오후 5시쯤 집으로 데려올 시간이 되어 둘째가 다니는 어린이집을 찾았지만 어린이집 관계자는 "등원하지 않았다"고 했고, 놀란 아버지가 차 내부를 확인해 보니 카시트에 앉아 있던 아이는 의식을 잃은 상태였다. 아버지는 "어린이집에 맡겼다고 생각했다"며 "차창 등은 모두 닫힌 상태였다"고 경찰에 진술한 것으로 알려졌다. 부인은 오전부터 볼일이 있어 외출한 상태였다.

일본에서 아이를 차 안에 방치해 사망하게 한 사고는 빈번하게 발생하고 있다. NHK에 따르면 2020년 6월 이바라키현 쓰쿠바시에서는 두 살짜리 여자아이가 아버지의 차 안에서 7시간이나 갇혀 사망한 사고가 있었다. 아버지는 숨진 아이와 초등학생 딸아이 2명을 각각 데려다줬지만 사망한 딸을 어린이집에 보내는 것을 깜빡한 채 집으로 돌아왔다. 곧바로 재택근무를 한 아버지는 어린이집에서 딸을 데려올 시간이 되자 그제야 딸을 차 안에 방치한 것을 기억해 냈지만 이미 딸은 사망한 상태였다. 아버지는 당시 경찰 조사에서 "머릿속이 일로 가득해 아이를 데려다주는 것을 잊어버렸다"고 진술했다.

어린이집의 무관심으로 방치돼 사망한 아이들도 있다. 지난 9월 5일 시즈오카현 마키노하라시에서는 세 살짜리 여자아이가 유치원 통학 버스에 5시간 갇혀 열사병으로 사망했다. 아이가 등원하지 않았다면 유치원에서 즉각 보호자에게 연락했어야 한다는 일본 네티즌들의 비판이 이어지고 있다.

NHK는 "아이에게 경적을 울리거나 비상등을 켜는 방법을 가르칠 필요가 있다"며 "당장 필요한 대책은 부모가 차에서 내릴 때 아이에게 신경 쓸 수 있도록 휴대전화나 지갑 등의 귀중품을 아이 옆에 두는 것을 습관화하는 것"이라고 지적했다.

12) 김진아 특파원, 서울신문, 2022. 11. 15.

4) 감각착오

인간에게 감각착오는 으레 따르기 마련인데, 시각, 청각, 촉각 등에서 이 현상이 발생한다.

그림 2.2는 오래전부터 심리학에서 소개되어 온 선의 길이에 대한 착시의 예이다. 뮐러-라이어(Müller-Lyer) 착시[13]에서는 화살표가 안쪽을 향한 선이 바깥쪽을 향한 선보다 길어 보이고, 폰조(Ponzo) 착시[14]에서는 사다리꼴 모양의 기울어진 두 변 사이에 같은 길이의 수평 선분 2개를 위아래로 배치하면 위의 선분이 더 길어 보이는 것이 보통이다. 즉, 두 그림 모두 길이가 다른 것으로 보이지만(위의 선이 길어 보이지만), 둘 다 같은 길이이다.

그리고 그림 2.3에 제시된 2개의 그림에서 각 그림의 가운데에 있는 동그라미는 완전히 동일한 크기이다. 그런데 우리들의 눈으로 볼 때, 좌측 그림의 동그라미가 더 작게 보일 것이다.

물건의 대소(크기)의 판단에 대해서도 인간에게는 일반적으로 표 2.1과 같은 감각착오가 생기기 쉽다.

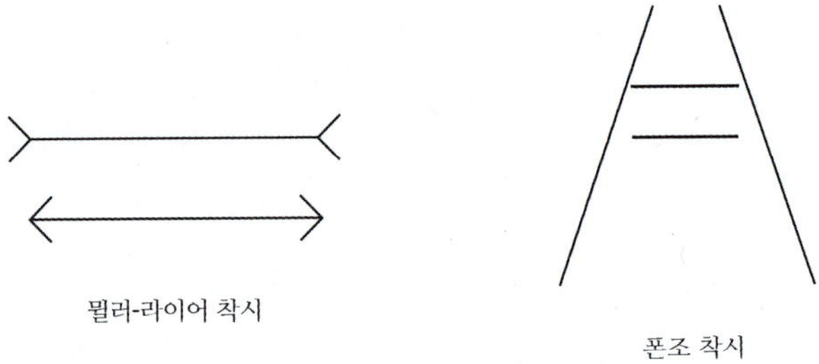

그림 2.2 눈의 착오(착시)

13) 독일의 심리학자이자 사회학자인 뮐러-라이어(Franz Carl Müller-Lyer)의 이름에서 명명된 착시이다.

14) 이탈리아의 심리학자 폰조(Mario Ponzo)의 이름에서 명명된 착시이다.

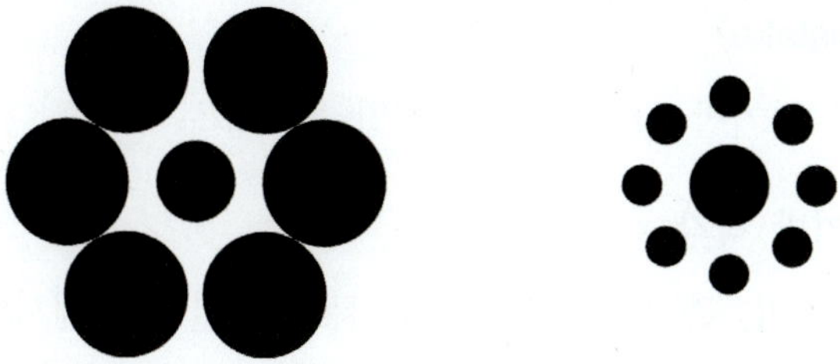

그림 2.3 에빙하우스의 착시

표 2.1 크기 판단의 감각착오

- 난색(暖色)은 크게 보인다.
- 가치(value)가 높은 것은 크게 보인다.
- 주위에 작은 것이 있을 때에는 주위에 큰 것이 있는 경우보다 크게 보인다.
- 공간이 협소한 경우에는 넓은 경우보다 크게 보인다.
- 공간의 투명도가 높은 경우에는 크게 보인다.

청각에 대해서는 표 2.2와 같은 감각착오가 생기기 쉽다.

표 2.2 청각적 착오

- 유사언어의 혼동
- 숫자를 잘못 들음
- 긍정과 부정의 혼동
- 대칭어의 교체: 좌-우, 상-하
- 판단의 잘못
- 듣는 것을 놓침
- 주어와 객어의 혼동
- 순서의 탈락, 역전
- 현실에 없는 언어의 삽입
- 기타(망각, 기억의 혼동 등)

촉각은 원시적 감각의 하나이지만, 통상 인간은 상당히 둔감하다고 한다.

이들 감각착오를 작업 중에 발생시키지 않기 위해서는 기계·설비, 환경 등을 개선하는 것이 중요한데, 예컨대 선택의 에러가 발생하지 않도록 계통별로 색깔 구분을 하는 것, 크기·위치를 달리하는 것 등이 필요하다.

5) 착각(mistake)

착각은 규칙 기반 착각과 지식 기반 착각으로 구분된다.[15)]

① 규칙 기반 착각

작업자의 착각, 즉 의도 형성 또는 문제 해결 레벨에서의 실패는 적절한 규칙 또는 절차로부터의 일탈로 이해될 필요가 있다. 규칙은 훈련과 경험을 통해 작업자의 머릿속에 존재하기도 하고, 매뉴얼이나 표준작업절차로 작성되기도 한다.

규칙 기반 에러는 작업활동 과정에서 주로 다음 두 가지 형태로 발생할 수 있다.

- **적절한 규칙의 오적용(상정)**: 통상의 경우에는 적절한 규칙인데 적절하지 않은 상황에서 사용될 수 있다. 이것은 아마도 습관적인 것 또는 상황의 변화를 감지하지 못한 것에 의한 것이다.
- **부적절한 규칙의 적용(습관)**: 부적절한 규칙은 일을 완성시킬 수 있지만 바람직하지 않은 결과를 초래할 수 있다.

위반, 즉 적절한 규칙을 적용하지 않는 것은 불안전행동 중에서 뚜렷이 다른 유형에 해당하고, 에러와는 많은 점에서 차이가 있다. 이 책에서는 적절한 규칙의 오적용 또는 부적절한 규칙의 적용을 규칙 기반 착각으로 취급한다. 위반은 착각을 포함할 수 있고 종종 포함하기도 하지만, 그 자체가 중요하고 별도로 취급될 필요가 있다.

㉠ 적절한 규칙의 오적용

'적절한 규칙 또는 원칙'은 과거에 그 가치가 증명된 것이다. 규

---

15) 착각에 대해서는 제3편 제1장 5 (2) 휴먼에러의 종류도 참조하기 바란다.

칙은 기재되어 있을 수도 있고, 단순한 경험칙(rule of thumb)으로 존재할 수도 있다. 적절한 규칙을 잘못 적용하는 것은 규칙이 당초 의도한 일반적 특징을 많이 공유하고 있지만 중요한 차이가 간과되는 상황에서 발생할 수 있다. 예를 들면, 어떤 보수작업자가 타이어의 정확한 압력은 1 cm^2당 ○○ kg이라는 규칙을 만들었다고 하자. 이와 같은 상정은 상황이 변하지 않는 한 원활하게 작용하지만, 규칙에 대한 예외가 맞닥뜨리면 이 규칙은 에러를 유발할 것이다. 문제 해결 규칙을 적용하는 업무는 서로 다른 문제가 일반적 요소를 공유할 수 있다는 사실에 의해 복잡해지는 경우가 많다. 환언하면, 주어진 문제가 일반적 규칙(유용한 규칙이기 때문에 일반적이다)을 적용해야 한다는 점을 나타내는 징후와 좀처럼 사용하지 않는 규칙을 적용해야 한다는 점을 가리키는 상반된 징후 양쪽을 제시할 수 있다.

㉡ 나쁜 규칙(습관)의 적용

많은 사람은 일을 배울 때 나쁜 습관을 몸에 익힌다. 문제는 그러한 나쁜 습관이 사람의 일상적 작업의 일부가 된다는 점이다. 누구도 그들의 잘못을 지적하지 않으면, 그들은 작업습관대로 일을 끝내는 것이 고착화된다. 그리고 대부분의 경우 적어도 그들의 습관 또는 규칙의 결함을 드러내는 상황에 직면할 때까지는 나쁜 결과가 발생하지 않는다. 토목공사 장비이든 항공기이든 유압으로 작동되는 시스템을 갖춘 장비로 유압장치를 가압하기 전에, 유압장치가 정지하고 있는 동안 제어장치가 작동되지 않도록 하는 것이 (적절한) 규칙으로 되어 있다고 가정하자. 이 규칙을 지키지 않으면, 유압장치가 기동되는 순간에 시스템이 예기치 않게 작동하기 시작하여 놀라운 나쁜 사건이 발생할 수 있다. 그러나 보수작업자는 '유압장치를 기동하고 바로 컨트롤 스위치를 켜는' 부적절한 규칙으로 일을 계속 하면서도, 그가 부적절한 습관이나 규칙을 적용하고 있다는 것을 알려 줄 사고를 경험하지 않을 수 있다. 그러나 가령 누군가가 착륙되어 있는 항공기의 보조익 또는 기어 선택기를 작동시키면 이 부적절한 규칙은 중대한 위험을 초래한다.

아마도 부적절한 규칙의 가장 슬픈 사례는 대참사가 된 1988년 12월 12일 영국 런던 클래펌 정션(Clapham Junction)역에서의 열차 충돌의 주된 원인에 해당하는 것이다.[16] 북쪽으로 향하는 통근 열차가 청신호를 지나친 후에 정차 중인 열차에 추돌했다. 35명이 사망하고 약 500명이 부상을 입었다. 신호기가 불안전 방향으로 고장 난 것이 원인이었지만, 전날 신호케이블을 교체한 기술자의 작업습관이 이 신호기 고장에 직접 관련되어 있었다. 기술자는 오래된 케이블을 잘라 내거나 감아 올리지 않고, 그것을 방해가 되지 않게 단지 뒤쪽으로 구부렸다. 오래된 절연 테이프를 재사용하는 것은 그 기술자의 습관(또 하나의 부적절한 규칙)이기도 했다. 그러나 이때 케이블 와이어 단부의 노출된 부분에는 테이프가 전혀 감겨 있지 않았다(위반). 그 결과, 신호기가 근처 기기에 접촉되어 신호 실패(잘못된 신호)를 야기하였다.

문제의 기술자는 의욕이 있는 근면한 사람이었지만, 지금까지 12년 동안 근무하면서 적절한 훈련을 받아 본 적이 없었다. 그는 다른 사람의 작업을 보거나 스스로 여러 시도를 하면서 일을 익혔다. 그 결과, 그의 부적절한 규칙은 수정되지 않고 고착되었다.[17]

---

16) A. Hidden, *Investigation into the Clapham Junction Railway Accident*, HMSO, 1989.

17) J. Reason and A. Hobbs, *Managing Maintenance Error*, Ashgate Publishing, 2003, pp. 49~51.

② 지식 기반 착각

어떤 행위를 해야 할지를 이해하기 위해 우리가 '기본 원칙(first principle)'으로 돌아가야 하는 새로운 문제 또는 상황에 직면할 때, 지식 기반 문제 해결이 관여한다.

지식 기반 문제 해결을 필요로 하는 상황의 대다수는 사고 없이 해결되지만, 이들 과제는 보수작업자가 직면하는 모든 상황 중에서 가장 에러율이 높은 것이다. 지식 기반 문제 해결 중에 발생하는 에러는 두 가지 이유로 발생한다. 문제 해결의 실패 및/또는 시스템에 대한 지식 부족이다.

지식 기반 에러는 작업을 처음으로 실시할 때에 특히 발생하기 쉽다. 다음에 그 예를 제시한다.

> 대형 쌍발 제트기 브레이크의 개조 요청이 있었다. 처음으로 이 일을 수행한 유자격 보수작업자는 서류를 잘못 해석하여 부품을 상하 거꾸로 설치했다. 이 개조를 이전에 수행한 적이 있는 다른 작업자가 이 잘못을 발견하고 항공기가 이륙하기 전에 에러는 고쳐졌다.

경험 부족의 보수작업자가 지식 기반 에러를 일으키기 가장 쉽지만, 숙련된 보수작업자조차 때때로 말려드는 경우가 있다. 새롭거나 익숙하지 않은 작업, 통상과는 다른 개조 또는 진단하기 어려운 결함은 모두 지식 기반 에러를 일으킬 수 있다. 약 60%의 보수작업자는 설령 올바르게 실시하고 있는지 확실하지 않은데도 익숙하지 않은 일을 계속한 적이 있다고 보고한다(그림 2.4 참조).[18]

18) A. Hobbs and A. Williamson, *Aircraft Maintenance Safety Survey – Results*, Australian Transport Safety Bureau, 2000.

**지난 약 1년간 작업 중에 올바르게 실시하고 있는지
불확실한데도 익숙지 않은 일을 얼마나 자주 했는가?**

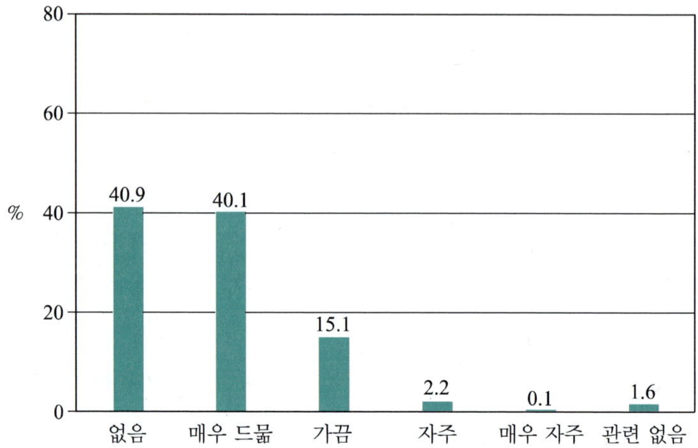

그림 2.4 진행방법이 불확실함에도 익숙지 않은 일을 계속했는지에 대해 질문을 받은 항공 보수작업자

다행스러운 점은 사람들이 새로운 문제에 직면하고 있다는 것을 대체로 깨닫고 기술적인 지원이든 동료한테든 도움을 요청할 수 있다는 점이다.

6) 잡념

작업 중에 일 외의 문제, 예컨대 놀러 갈 계획, TV 드라마 회상, 가정문제 등이 의식을 점유하고 있어, 이 때문에 불안전행동을 하는 경우도 적지 않다.

특히, 고민거리는 작업에 대한 주의력을 종종 중단시킨다. 아무리 없애려고 해도 떠오르는 것이 고민거리의 특징이고, 가족의 질병, 채무, 인간관계의 얽힘, 이성과의 교제 등의 문제로 고민하기 시작하면, 사태가 호전되지 않는 한 일에 집중할 수가 없다. 고민이 심각해지면, 정차역에서 전차를 멈추지 않고 통과해 버린 운전

사의 예도 있는 것처럼, 언제 사고를 일으킬지 알 수 없는 상태가 출현한다.

이것에 대한 대응으로서는, 직속상관과의 원만한 인간관계, 동료와의 대화 활성화, 심리상담체제의 구축 등이 효과적이고, 인사에 관한 문제라면 해당 부서뿐만 아니라 회사 차원에서 종합적으로 강구하는 것이 필요하다.

7) 무의식행동

인간은 주연적 동작, 잡념 외에도 무의식적으로 불안전행동을 하는 경우가 있다. 일상생활에서 우리들은 주위의 사상(事象)을 의식적으로 관찰하면서 행동하고 있는가 하면, 오히려 의식하지 않은 채 행동하는 경우가 더 많다.

무의식행동은 행동의 의도 없이 이루어지는 것(의식이나 의지의 통제를 벗어난 행동)[19]과 행동의 의도는 있지만 행동과정이 무의식적으로 이루어지는 것(행위착오)으로 대별할 수 있다.

뜨거운 차를 꿀꺽 들이켰다가 펄쩍 뛴 적이 있거나, 친구와 담소를 나누면서 걷다가 적신호의 횡단보도를 건너가려고 했던 것과 같은 경험은 많은 사람이 가지고 있을 것이다. 이러한 현상은 익숙한 환경에서 행동할 때나 서두를 때 일어나기 쉽고, 일할 때에도 방심, 간과, 오인의 형태로 나타나는 경우가 적지 않다.

이것에 대한 대응으로서는, 장면행동, 주연적 동작에 대한 대응과 마찬가지로, 방심, 오인 등에 의한 행동이 사고·재해에 이르는 것을 상정한 안전조치의 실시, 지적호칭(指摘呼稱) 등을 하는 것이 필요하다.

19) 협의의 무의식행동에 해당한다.

8) 억측판단

억측판단이란 자의적인 주관적 판단, 희망적 관측을 토대로 위험을 확인하지 않은 채 괜찮을 거라고 생각하고 행동하는 것을 말한다.[20] 예를 들면, 교차로에서 신호를 기다리고 있던 자동차가 전방의 신호가 녹색으로 바뀌고 나서 발차하는 것이 아니라, 좌우의 신호가 적색으로 바뀌자마자 바로 출발하는 행동 등이 이것에 해당한다.

억측판단에는 억측으로 이끄는 유도요인이 관계하고 있다. 이 유도요인의 종류에는 다음과 같은 것이 있다.[21]

- **강한 원망(願望)**: 사거리에서 적색 신호로 바뀌기 직전임에도 불구하고 무리하게 사거리를 통과하려고 하여 사고가 발생한 경우가 적지 않다. 이러한 경우들은, 기다리는 것은 귀찮다고 하는 강한 원망이 있어, 적색 신호로 바뀌기 전에 건널 수 있다고, 즉 '괜찮겠지.'라고 억측하고 오히려 액셀을 밟아 사고를 일으킨 사례들에 해당한다.
- **정보와 지식의 불확실한 이해**: 다음은 호이스트를 사용하여 10톤 화물을 들어 올리는 작업현장에서 발생한 사고 사례이다. 10톤용 와이어(로프)가 보이지 않아 마침 근처에 있던 와이어를 사용하다가, 들어 올리는 도중에 와이어가 절단되는 바람에 낙하한 화물로 인하여 작업자가 부상당했다. 여기에서 괜찮을 것이라는 판단을 하게 된 이유는, 철제 와이어라는 이미지와 그에 덧붙여 근처에 있는 와이어이니까 화물 무게에 적합한 와이어일 거라는 막연한 이해에 근거한 억측이었다.

---

20) 억측판단은 리즌의 인간의 정보처리과정(의도)에 입각한 분류방식에 따르면 착각(mistake)의 일종에 해당한다.

21) 長町三生, 《安全管理の人間工学》, 海文堂出版, 1995, pp. 92~94 참조.

- **과거의 경험**: 교차로의 충돌사고 중에는 적신호를 무시하고 통과하려다 일어난 사고도 있다. 이와 같은 사고는 지금까지도 이런 종류의 행위를 반복해 온 결과인 경우가 많다. 즉, 이제까지 여러 차례 적신호에 통과하였지만 아무 일도 일어나지 않았던 경험이 운전자에게 이번에도 또는 이 교차로에서도 '괜찮을 거야.'라는 억측판단을 하게 한 것이다.
- **선입관**: 차를 운전하는 운전자는 주행 중 여러 가지 판단에 직면한다. 사고 중에는 판단의 실수를 원인으로 하는 것도 있는데, 이 경우에 선입관이 작용하고 있는 경우도 있다. 예를 들면, 큰 교차로에 접어들 때, 마주 달려오는 차가 전방 왼쪽으로 좌회전하려는 모습을 인지하였다. 이쪽은 직진 차량이었기 때문에 속력을 줄이지 않고 교차로에 진입하였는데, 대기하고 있어야 할 그 차가 갑자기 좌회전하는 바람에 그 차의 뒷부분에 그만 충돌하는 사고가 발생하였다. 여기에서는 '내 쪽이 직진방향, 즉 우선(優先)방향이니까.'라는 선입관이 안전에 대한 배려를 방해하고 사고에 이르게 한 것이다.

위 어느 경우에나 합리적인 근거에 선 판단이 아니라 임의적이고 근거 없는 생각에 지나지 않은 억측이 사고로 연결된 것이라고 할 수 있다. 동시에 억측에는 반드시 그것을 일으키는 요인이 있다. 이 요인, 즉 구피질의 작용이 억측으로 유도하여(심리학에서는 '합리화'라고 한다) '괜찮다'고 생각하게 한 것이다.

이러한 억측판단을 방지하기 위해서는, 위험감각(위험감수성)의 고양과 더불어 안전 확인을 습관화하는 것, 작업정보를 정확히 전달하고 파악하는 것, 과거 경험에 사로잡혀 선입관을 가지고 판단하지 않는 것, 자신에게 편한 대로 희망적 관측을 하지 않는 것, 반드시 정해진 규칙에 따라 작업을 하는 것 등의 철저가 필요하다. 그리고 그룹토의 형식으로 구성원의 억측에 의한 실패경험을 서로 발표하고 해당 판단에 근거가 없었음을 분석해 가는 과정을 통해 억측에는 구피질이 작용하고 있음을 전원이 납득하는 안전 소집단 활동 또한 억측판단 방지에 효과적이다.

9) 억지(자의)해석[22)]

이 특성은 일상 또는 직장 생활에서 자주 발현되는데, 중대한 사고로 이어진 사례가 매우 많다. 일반적으로 인간은 다양한 정보를 수집한다. 그리고 수집된 정보가 자신이 생각하고 있는 것과 다르거나 정보 간에 상호 모순되는 것이 있으면 불안해진다. 그래서 불안감을 줄이고 그러한 정보를 자의적으로 해석하여 전체를 편리하게 설명할 수 있는 '이야기'를 만들어 내고 안심하는 경향이 있다. 이것을 '억지(자의)해석(story building strategy)'이라고 한다.

예를 들면, 1999년 1월 11일(월요일) 요코하마 시립 대학병원에서 환자를 착각한 사고에서는 수술실에 환자가 잘못 들여보내졌음을 나타내는 정보가 몇 개 있었지만, 관계자들은 이들 징후를 자신들의 편의에 맞게 해석을 하고서 엉뚱한 환자를 수술하였다. 의사는 환자의 머리카락 길이가 금요일에 보았을 때와 비교하여 짧다는 것을 알아차리고 그 환자와 다르지 않을까 하고 의문을 가졌다. 하지만 '이 사람, 토요일이나 일요일에 이발을 했나 보군.'이라고 편한 대로 해석하고 납득하고 말았다.

그리고 폐동맥압, 폐동맥설입압의 수치가 수술 전과는 달리 정상인 것에 대해서는 '폐동맥압, 폐동맥설입압이 내려간 것은 마취

22) 河野龍太郎, 《医療におけるヒューマンエラー(第2版)》, 医学書院, 2014, pp. 43~44 참조.

약에 의해 말초혈관이 이완되었기 때문이다.'라고 생각하고, 말초혈관의 확장으로 승모변의 역류가 개선되어 폐동맥압이 정상화된 것 같다고 생각해 버렸다. 게다가 경식도(經食道) 초음파 소견이 수술 전의 소견과 달리 좌방(左房)의 확장이 보이지 않고 승모변의 역류가 경도(輕度)인 것에 대해서는 '드문 일이지만 지난번 검사와 이번 검사 사이에 병상(病狀)이 변화했기 때문일 것이다.'라고 해석하고 납득하고 말았다.

한편, 인간은 성가신 것에 대해서는 한번 납득할 수 있는 해석을 하게 되면 그것 이상의 원인 또는 다른 원인이 있는지를 더 이상 알아보지 않게 되는 경향이 있다.

10) 위험감수성[23] 미약

불안전행동을 방지하려는 관점에서는 개별 작업자가 무엇을 기준으로 하여 위험하다고 생각하는지가 중요하다. 즉, 작업자가 자신의 작업 대상인 기계·설비, 작업내용 등에 어떤 위험이 잠재하고 있는지를 인식하거나 주변 환경에 대해 위험을 느끼고 있는지 여부의 문제이다.

같은 기계·설비라 하더라도 어떤 작업자는 위험을 느끼고, 어떤 작업자는 거의 아무것도 느끼지 않는 경우도 있는데, 후자의 경우는 사고·재해의 위험이 높다고 할 수 있다.

---

23) '안전불감증'은 위험한 상황임에도 불구하고 위험을 인식하지 못하고 위험한 상태를 방치하거나 위험한 행동을 하는 의식·태도를 가리키고자 하는 용어이지만, 단어 자체만으로는 안전을 못 느끼는 증상이라는 의미를 가지고 있어, 그 의도하고자 하는 의미와 단어 자체가 가지는 의미 간에 큰 간극이 존재한다. 즉, 안전불감증이라는 표현은 이것이 전달하고자 하는 의도를 전혀 반영하지 못하고 있고, 오히려 그 의도와 정반대의 의미를 가지고 있다. 안전불감증이 의도하는 의미를 정확하게 담기 위해서는 '위험불감증'이라는 표현이 적합하다. 이 위험불감증의 반대말이 '위험감수성'이다.

위험감수성이 낮은 대표적인 사례는 과거의 재해사례를 토대로 최저한의 필요한 사항을 규정하고 있는 「산업안전보건법」의 규정 내용을 '소귀에 경 읽기' 식으로 완전히 무시하고 있는 경우이다. 물론 위험감수성은 작업자 측만의 문제가 아니라 안전보건교육의 미실시 등 사업주 측에 문제가 있는 경우가 많다.

미약한 위험감수성에 대한 효과적인 대응은 안전보건교육, 재해사례의 상호 공유·검토, 위험예지훈련, TBM, 아차사고발굴(보고)활동 등을 통해 위험감수성을 높이는 것이다.

참고 여키스-도슨 법칙(Yerkes-Dodson Law)

1908년 미국의 비교심리학자인 로버트 여키스(Robert M. Yerkes)와 존 도슨(John D. Dodson)이 밝혀낸 법칙으로, 각성(arousal) 수준과 성과(performance) 수준 사이에는 '역U자형 함수(inverted-U function)관계'가 성립한다는 이론(각성[24] 가설)을 제시하였다.

그래프에서 성과 수준은 각성이 증가함에 따라 증가하지만 특정 지점, 즉 거꾸로 된 U자 꼭대기 지점까지만 증가하고 그 이후에는 다시 감소하는 형태를 보인다. 중간 수준의 각성 상태에서 성과 수준이 가장 높고, 너무 낮거나 너무 높은 수준의 각성 상태에서는 성과 수준이 낮아진다는 것이다. 이 중간 수준의 각성이 가장 높은 성과 수준을 가능하게 하므로 이를 '각성의 최적범위(optimum level of arousal)'라고 일컫는다.

예를 들어, 중요한 시험을 잘 보아야 한다는 부담 때문에 지나치게 각성되면 정보처리를 잘할 수 없게 되어 다 알고 있는 문제도 제대로 답하지 못하는 등 시험 불안 상태에 빠지게 된다.[25] 또

24) 여기에서 말하는 각성이란 무언가를 하려고 할 때의 심적인 긴장 또는 흥분이라고 할 수 있다.

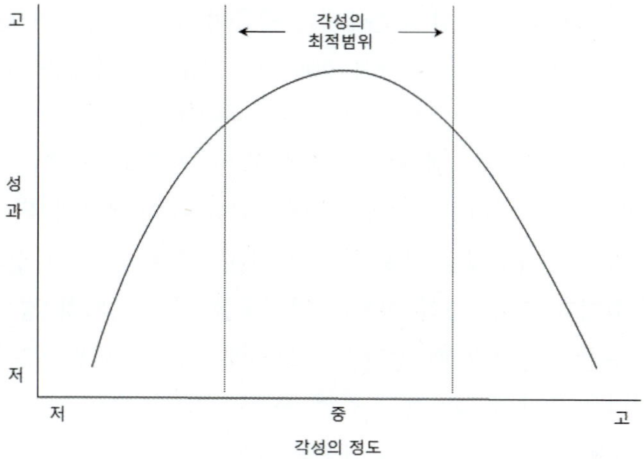

각성 가설: 각성과 성과의 관계

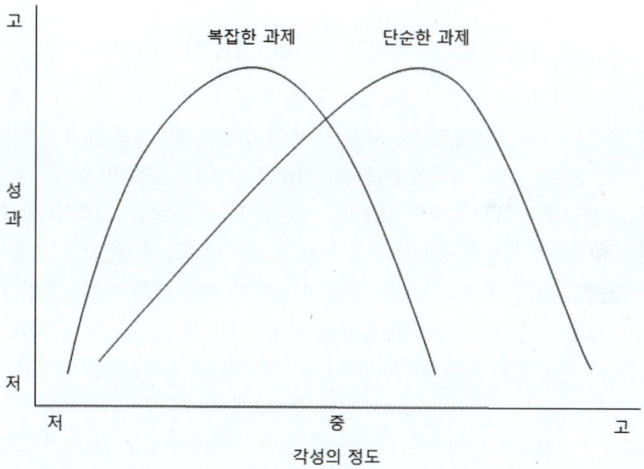

과제의 복잡성과 각성·성과의 관계

그림 2.5 여키스–도슨 법칙

25) 불안감정이 과도하면 '어떻게 해야 할지 모르겠다.', '앞일이 걱정이다.'와 같은 생각에 휩싸이고 행동의 혼란이나 저해를 일으켜 에러 · 사고의 원인이 되기 쉽다.

한 지나치게 낮은 각성 수준에서는 졸음이 오고 집중력이 떨어져 시험에 실패하게 된다. 따라서 효과적인 행동을 위해서는 각성 상태가 중간인 최적 수준으로 유지되는 것이 바람직하다.

한편, 성과 수준은 과제의 특성에 의존하기도 한다. 즉, 개인의 각성이 과제의 난이도에 적합할 때 성과 수준이 최대가 된다. 간단한 과제의 경우에는 각성 수준이 상대적으로 높을 때 성과 수준이 최대가 된다. 중간 정도의 난이도를 지닌 과제의 경우에는 각성 수준이 중간일 때 성과가 최고치에 달한다. 한편, 복잡하거나 어려운 과제의 경우에는 각성 수준이 상대적으로 낮을 때 성과 수준이 최대가 된다. 즉, 최적의 각성은 단순한 과제보다 복잡한 과제에 대해 낮다.[26)]

[세상 읽기] '적당한' 불안과 '과도한' 불안[27)]

신종 코로나바이러스 사태가 계속되는 요즘, 가장 화두가 되는 단어는 바로 '불안'이 아닐까 싶다. 맞닥뜨리는 사람 중 열에 여덟이 마스크를 하고 있는 아침 출근길의 풍경은 우리 사회의 현재 심리상태를 보여주는 단적인 예다.

사실 불안은 가장 원초적인 감정이자 생존을 위해 필수적인 감정이다. 식량을 구하러 나섰다가 깊은 산속에서 처음 보는 동굴을 발견한 원시인의 상황을 가정해 보자. 불안을 잘 느끼지 못하는 사람이라면 겁 없이 동굴 속으로 들어갔다가 그 안에 있던 맹수와 맞닥뜨리고 말았을 것이다. 반대로 불안을 좀 더 쉽게 느끼는 사람은 동굴 안의 작은 기척에 놀라 도망친 덕분에 살아남았을 것이고, 자신의 불안한 기질을 디엔에이(DNA)에 담아 자손에게 물려주었을 가능성이 높다. 결론적으로 이 시대를 살고 있는 우리들은 어떤 의미에선 모두 '불안한 사람'의 후손이라고 할 수 있는 것이다.

---

26) 여키스-도슨 법칙에 따르면, 긴장이나 흥분하기 쉬운 사람은 단순한 작업은 가능하지만 복잡한 작업에는 맞지 않는다.

27) 오동훈, 한겨레신문, 2020. 2. 13.

다만 불안이 생존에 도움이 되려면 중요한 전제조건이 붙는다. 바로 그 수준이 '적당해야' 한다는 것이다. 맹수의 기척을 느끼고 무사히 도망쳤지만 이후 두려움 때문에 자신이 살던 동굴 밖으로 한 발자국도 나가지 않으려 한다면 어떻게 될까. 아마도 며칠 내로 굶어 죽고 말 것이다. 이럴 땐 불안에 브레이크를 걸어줄 필요가 있다. 뇌 안에서 불안을 담당하는 부위는 안쪽 깊숙한 곳에 위치한 '편도체'이고, 브레이크를 담당하는 부위는 이마 쪽에 있는 '전전두엽'이다. 편도체가 활성화되었다는 신호가 감지되면 전전두엽이 이어서 활성화되면서 내가 느끼는 불안의 수준이 적합한지 확인하고, 합리적인 행동을 할 수 있도록 생각을 정리해 준다. '외출해서 낯선 사람과 접촉하는 건 불안하지만, 마스크를 착용하면 괜찮을 거야'라고 생각하는 것은 적절한 불안과 이성이 조화를 이루어 끌어낸 최선의 결론이다.

그런데 불안이 일정 수준을 넘겨 공포가 되면 전전두엽의 기능이 억제되어 버린다. 바로 눈앞의 맹수와 대치하고 있는 상황이라면 곧바로 움직여야만 살아남을 수 있기 때문에, 논리적인 판단보다는 본능적인 감각에 따라 싸울지 도망칠지를 즉각 결정해야 한다. 문제는 실제로 그렇지 않은데도 눈앞에 너무 큰 위협이 존재한다고 느끼는 경우다. 원래대로라면 전전두엽이 작동해서 불안을 낮춰줄 만한 일인데도, 잘못된 정보에 의해 이미 편도체가 거세게 요동쳐버리는 탓에 손을 댈 수 없는 것이다. 대표적인 예로 공황장애가 있다. 평범한 상황임에도 머릿속에서는 생존을 위협받는 것으로 잘못 인식을 하게 되고, 이로 인해 강렬한 공포를 느끼며 통제 불능의 상태로 빠져들게 되는 것이다.

이러한 뇌 메커니즘을 고려하였을 때 이번 신종 코로나 사태의 안정에 있어 신속한 대응 못지않게 중요한 것은 과도한 불안을 억제하는 것이다. 특정 이슈가 주목받기 시작하면 에스엔에스(SNS)나 1인 미디어를 통해 관련된 거짓 정보들을 만들고 유포하는 이들이 어김없이 등장한다. 최근에도 살고 있는 지역에 확진 환자가 발생했다고 거짓 소문을 낸 대학생과, 지하철에서 우한에서 온 폐렴 환자 행세를 해 사람들을 대피하게 만든 스트리머가 뉴스를 장식했다. 이러한 거짓 정보는 자극적인 내용을 바탕으로 불안에 취약한 사람들에게 공황장애와 마찬가지로 잘못된 위협 신호를 만들어낸다. 그 결과 편도체가 과활성화되고, 전전두엽의 기능이 더욱 억제되면서 불안감이 걷잡을 수 없이 증폭되어 버리는 것이다. 당사자는 단순히 재미로 한 행동이라며 대수롭지 않게 여길지 모르나 가벼운 말 한마디가 큰 파도가 되어 일상의 균형을 무너뜨리는 경우를 진료실에서 자주 마주하게 된다. 이러한 거짓 정보가 필터링되어 조기에 차단되고 정확한 사실만이 주어진다면, 우리가 가진 고유의 전전두엽 기능이 제대로 발휘되어 불안을 건강하게 승화시킬 수 있을 것이다.

11) 지름길반응

지름길반응(행동)은 위반의 일종으로서 문자 그대로 지나가야 할 길이 있음에도 불구하고 가급적 가까운 길을 걸어 빨리 목적장소에 도달하려고 하는 행동을 말한다. 지름길 반응에는 시간, 자원 등을 절약하고자 하는(효율을 중시하는) 마음, 귀찮다는 생각 등이 작용한다. 우리들의 일상생활에서도 이와 같은 행동은 적지 않고, 대각선 횡단보도(스크램블 교차로)[28]는 이것을 역으로 이용한 것이다.

공장 내의 통로에 흰 선으로 표시하거나 건설현장에서 작업자의 통행통로를 정해 놓고 있어도, 최단거리를 지나가려고 이것을 무시하고 소정의 통로가 아니라 움직이고 있는 기계 옆을 지나가거나, 바닥에 놓여 있는 불안정한 재료 위를 걷다가 재해를 입는 경우가 적지 않다.

이것에 대한 대응으로서는, 안전보건교육 등을 통해 규칙을 준수하는 것의 철저, 위험감각(위험감수성)의 고양 등이 필요하다.

12) 생략행위

생략행위는 지름길반응과 유사한 행동으로서, 이것 역시 효율 중시의 마음, 귀찮다는 생각 등이 작용하여 나오는 행동이다. 생략행위 역시 위반의 일종이다. 작업 시에 소정의 작업용구를 사용하지 않고 가까이에 있는 다른 용도의 용구를 사용하는 것, 소정의 보호구를 사용하지 않는 것, 정해져 있는 작업절차를 지키지 않는 것 등이 그 예이다.

생략행위는 계획단계에서 안전대책에 대해 충분히 검토된 작업,

---

28) 교통량이 많은 교차로에서 모든 방향의 차량을 정지시킨 뒤에 보행자가 어느 방향으로나 자유롭게 갈 수 있도록 한 교차점을 말한다.

본격적인 대규모의 작업에서는 그다지 발생하지 않지만, 부수적인 작업, 임시적인 단시간작업에서 발생하는 경우가 많고, 작업자가 피로하거나 일이 재촉되고 있는 경우에 생략의 형태로 일어나는 경우도 있다.

이러한 생략행위는 구피질의 작용 중 하나이다. 구피질은 귀찮은 것이나 면밀한 것을 매우 싫어하고 가능한 한 편안한 행위를 하고 싶어 하기 때문에, 자기 멋대로의 판단으로 생략행위를 하게 된다.

생략행위를 방지하기 위해서는, 직장 전체의 분위기, 집단으로서의 규율, 근로의욕·사기의 고양, 구피질이라는 자기중심적인 감정을 억제하는 힘을 강하게 하는 트레이닝 등이 중요하고, 특히 작업의 직접적인 지휘자인 현장감독자의 리더십이 요구된다. 그리고 작업개시 전의 절차, 사용기계·설비 및 보호구 준비의 확인 등도 필요하다.

13) 숙달(익숙함)

불안전행동은 일에 대한 지식이 부족하고 경험이 쌓이지 않은 자에게만 발현하는 것은 아니고, 숙련자의 경우에도 발현한다. 신규자는 조작지식·기술의 부족에 의한 에러가 가장 많고, 베테랑이 되면 유사성, 선입관, 강한 습관 등에 기인한 오인에 의한 에러가 많아진다고 한다.

숙련자는 작업을 능숙하고 빠르게 그리고 힘들이지 않으면서 안전하게 수행하는 능력이 보통의 작업자보다 높지만, 작업을 숙지하고 있거나 작업에 익숙해져 있어 작업의 세부적인 절차를 무의식적이고 자동적으로 연속동작에 의해 진행하는 경향이 있기 때문에, 예컨대 기계·설비 등에 여느 때와 다른 이상이 있어도 놓쳐 버리는 경우가 있다.

표 2.3 숙련자가 부상을 입는 이유

- 오랫동안 같은 일을 하고 있다: 습관동작이 나온다.
- 일을 잘 알고 있다: 지레짐작을 한다.
- 능숙하게 일을 할 수 있다: 생략을 한다.
- 일에 자신을 가지고 있다: 확인을 하지 않는다.
- 빨리 일을 할 수 있다: 다른 일에 손을 댄다.

숙련자가 부상을 입는 이유로는 표 2.3과 같은 것을 들 수 있다.

14) 성격

성격에 관한 가장 고전적이고 보편적인 정의에 따르면, "성격이란 개인의 특징적인 행동, 생각, 감정 패턴을 결정하는 정신신체적인(psychophysical) 체계 그리고 개인 내부의 역동적인 조직(organization)"이다.[29] 이와 같이 성격은 심리적 개념이지만 신체적 특징과도 연관되어 있고 '조직화'되어 있는 것으로서, 조직화되어 있지 않고 단편화되어 있는(나타나는) 것은 성격 장애의 징후이다. 성격은 안정성과 일관성을 보인다.

이러한 성격과 재해의 관계에 대해서는 반드시 명확한 것은 아니지만, 미국의 심리학자인 젠킨스(Thomas N. Jenkins)는 재해발생자에 대한 조사를 하고, 다음과 같은 성격에 대해서는 주목하는 것이 필요하다고 주장한 바 있다.[30]

- **주의일탈(注意逸脫) 성격** : 주의가 다른 데로 벗어나기 일쑤이다.

29) G. W. Allport, *Pattern and Growth in Personality*, Holt, Rinehart & Winston, 1961. p. 28.

30) T. N. Jenkins, "Measurement of the Primary Factors of the Total Personality", *The Journal of Psychology*, 54(2), 1962, pp. 417~442.

- **충동 또는 천려(淺慮) 성격**: 신중함이 필요한 경우인데도 인식 부족 때문에 얼뜬 행동을 하는 경우가 많다.
- **집단이반(集團離反) 성격**: 규칙, 사회관습을 받아들이려고 하는 마음이 적다.
- **대인불감(對人不感) 성격**: 타인의 마음을 이해하려고 하지 않고 무시하는 경향이 강하다.
- **고통감 이상(異常) 성격**: 고통을 그다지 마음에 두지 않을 뿐만 아니라, 스릴을 맛보려고까지 한다. 게다가 과거에 경험한 고통을 곧바로 잊어버린다.
- **자기과신 또는 분식(粉飾) 성격**: 자신감이 너무 강하고, 위험에 대한 감각이 둔하다.
- **사회 부적응 성격**: 과잉적인 자기주장의 태도를 취하기 쉽고, 팀워크·그룹목표에 무관심하다.

한편, 일찍이 1900년대 초반에는 통계적 유의성의 개념을 반영하지 않은 잘못된 통계분석이 사용된 관계로 사고를 일으키기 쉬운(accident-prone) 사람=성격이라는 개념이 일부 생기기도 하였다. 사고를 일으키기 쉬운 것으로 보이는 '집단'이 있기는 하지만(예컨대, 25세 이하의 남성 운전자 집단), 작업상황에 관한 연구는 산업계의 경우 만성적으로 사고를 잘 내는 '사람'(성격)은 좀처럼 발견하기 어렵다는 것을 보여 주고 있다. 그리고 주의 깊게 통제된 연구에 의하면, 사고를 잘 내는 성향(accident-proneness)은 일반적으로 질병, 감정적 교란과 같은 일시적인 조건에 기인한다. 한편, 사고발생비율이 높은 것처럼 보이는 사람들은 사고위험에 많이 노출되는 사람들일 가능성이 크다. 최근 산업안전 전문가들은 사고를 일으키기 쉬운 사람(성격)을 찾는 것보다 사고를 일으

키기 쉬운 상황을 찾는 것이 더 비용효과적이라고 결론짓고 있다.[31)]

사고를 일으키기 쉬운 사람이라는 말은 그 기준이 명확한 것도 아니고 그다지 유용한 개념이라고 볼 수 없어 현재에는 화제가 되고 있지 않다.[32)] 그리고 이 개념은 종종 사고에 관계된 사람을 비난하고 그를 사고를 일으키기 쉬운 자라고 분류함으로써 잘못된 안전관행을 도외시하거나 정당화하는 데 이용되기도 하였다. 다만, 작업장의 상황에 따라서는 특정 성격이 사고로 이어질 가능성이 상대적으로 높을 수 있으므로 작업자의 성격을 알아 두는 것이 작업의 안전을 확보하기 위해 필요하다는 점은 부정할 수 없다.[33)]

성격 문제에 대한 대응으로서는, 다른 방법과 마찬가지로, 기계·설비의 안전화, 작업환경의 개선과 반복적인 안전보건교육, 위험예지활동, TBM 등을 들 수 있다.

참고 사고경향성(accident proneness)

일상적으로 '저 사람은 위험한 사람이다.', '또 저 사람이 사고를 냈어?'라는 식으로 사고를 일으킬 가능성에 개인차가 있는 것처럼 생각하곤 한다. 실제로 사고를 일으키기 쉬운 사람은 존재하는 것일까? 만약 존재한다고 하면, 사고를 일으키기 어려운 성격을 가

---

31) A. D. Swain and H. E. Guttmann, *Handbook of Human Reliability Analysis with Emphasis on Nuclear Power Plant Applications(Final Report)*, NUREG/CR-1278, U.S. Nuclear Regulatory Commission, 1983, p. 2-15.

32) 범죄심리학에서도 어떤 유형의 퍼스낼리티가 필연적으로 범죄행위로 연결되는지는 분명치 않다고 보고 있다.

33) 성격과 별개로 관리·감독자가 부하 직원의 지식, 경험, 연령 등의 '특성'을 알아 두는 것은 안전관리 차원에서 반드시 필요하다.

진 사람을 채용하는 것을 통해 사고를 감소시킬 수 있을 것이다. 사고에서 차지하는 사람 성격의 중요성을 생각하여 심리학 분야에서도 이러한 사고를 일으키기 쉬운 사람이 갖는 성격에 관한 연구가 과거에 많이 이루어졌었다.

사고를 일으키기 쉬운 성격은 사고경향성(accident proneness)이라고 말해진다. 위험에 조우하는 정도는 동일함에도 사고확률은 사람마다 다를 수 있다. 그 확률의 대소를 결정하는 '인간의 특성'이 사고경향성이다. 이전에는 사고의 통계적인 분석으로부터 '사고경향성'의 존재가 주장되는 경우가 많았다. 종전에는 사고를 일으키기 쉬운 성격·태도로서 다음 11가지 특성이 지적되는 경우가 있었다.

① 주의가 산만하다, ② 주의 깊지 못하다, ③ 협조성이 부족하다, ④ 수치심, 죄악감이 없다, ⑤ 눈에 띄고 싶어 한다, ⑥ 정서불안정·충동적이다, ⑦ 긴장하기 쉽다, ⑧ 무책임하다, ⑨ 경솔하다, ⑩ 규칙을 지키지 않는다, ⑪ 자신의 세계에 틀어박히기 쉽다.

그러나 현재는 특정한 사람을 '사고를 일으키기 쉽다'고 단정하는 것에 대한 저항감 등이 있어 이러한 접근방식은 그다지 강조되지 않고 있다.

개별 테스트에서 이들 특성을 적확하게 파악하는 것 자체에 큰 한계가 있고, 설령 이들 특성을 적확하게 파악하는 것이 가능하다고 하더라도, 이들 특성은 환경요인으로부터도 영향을 받고 또 변화할 가능성을 가지므로, 현재는 그다지 지지되지 않는 접근방식이 되고 있다. 사고를 일으키기 쉬운 성격·태도를 가진 사람이라도 위험감수성이 높으면 사고를 일으키지 않는 경우가 있고, 반대로 사고경향성을 갖고 있지 않은 사람이라도 위험감행적이면 사고를 일으키는 경우가 있는 것이다.

15) 인지적 편향[34)]

인간은 항상 보거나 듣는 정보(획득한 정보)를 있는 그대로 지각하고 인지하는 것은 아니고, 규칙대로 행동하는 것도 아니다. 사람이나 사물에 대한 비논리적인 추론에 따라 잘못된 판단·해석을 하여 에러를 저지르는 경우가 있는가 하면 규칙을 위반하기도 한다. 인지적 편향(cognitive bias)은 인간의 '특성'이어서 이를 개선하는 것은 매우 어렵고, 따라서 많은 노력이 필요하다. 우리들은 인간에게 이러한 특성이 있다는 것을 이해하고, 그 전제하에서 자신과 다른 사람의 행동에 유념함과 아울러 작업(환경)개선을 도모할 필요가 있다.

인지적 편향은 인간의 본능에 가깝다. "안전은 인간 본능과의 끊임없는 싸움이다"[겔러(E. Scott Geller)]. 인간의 본능과의 싸움에서 이기기 위해서는 인간의 본능에 대한 깊은 이해가 필요하다. 인간의 본능에 대한 면밀한 이해와 이를 바탕으로 한 대처가 부족할 때 안전관리는 좌초된다.[35)] "적을 알고 나를 알면 백 번 싸워도 위태롭지 않다"(지피지기 백전불태). 이 말을 한마디로 말하면 '정보전'에서 승리해야 한다는 의미이다. 이기기 위해서는 싸우는 상대를 이해하는 것이 전제조건이다. 인지적 편향과 같은 인간의 본능을 제대로 파악하지 않은 채 수립된 안전대책은 현장작동성이 떨어지거나 지속 가능하지 않아 실패로 끝날 가능성이 매우 높다.

---

34) 인지적 편향이라는 비합리적 사고는 인지심리학에서 인기가 있는 대표적인 주제이다.

35) 불안전행동의 원천은 인간의 본능에서 끌어낼 수 있다. 인간이라는 피조물은 컨트롤되지 않으면 어떤 형태로든 불안전행동을 하게 되어 있다. 안전관리란 인간에 대한 불신의 표출이라고 할 수 있다. 만약 인간이 신이라면 안전관리도 필요 없을 것이다. 인간의 본능(행위와 욕망)을 투명하게 조망하며 적확하고 설득력 있게 해명하는 것이 안전학의 필수적인 일부분이 될 수밖에 없는 이유이다.

① 정상화 편향

인간은 원래 보수적이어서 이상상태에 맞닥뜨렸을 때에도 이상(異常)을 인정하려 하지 않고, (형편 또는 사정이) 좋지 않은 정보를 가능한 한 낙관적인 방법으로 해석하여 행동을 하지 않거나 명확한 증거가 없으면(애매하면) 심각하지 않은 상황으로 생각하거나 낙관적으로 상황을 해석하는 경향이 있다. 다시 말해서, 인간에게는 인지(認知)의 편견(편견에 의한 인식의 왜곡)이 작용하여 현실을 받아들이지 않는 성향이 있는데, 인간은 이 편견 때문에 머리가 비상상태라는 인식으로 바뀌지 않는 상태에 빠지기도 한다. 이것을 '정상화 편향(normalcy bias)'이라고 한다.

정상화 편향은 네 가지의 심리작용, 즉 위험을 믿지 않거나 거부하는 태도, 낙관적 견해, 지식의 결여, 타인의 일이라고 생각하는 심리가 개재하고 있다. 그리고 정상화 편향에서 나타나는 경향에는 대별하여 두 가지가 있는 것으로 본다. 하나는 이상한 상태를 고지하는 현상(예컨대 재해경보, 전조현상)을 보통의 일상적 틀 속에 밀어 넣어 이상성(異常性)을 감쇄하여 파악하려고 하는 경향이다. 다른 하나는 심리적 균형 회복과정과 관련된 것으로서 극단적으로 큰 위험의 존재가 고지되어도 그 위험이 사람들의 대응능력을 훨씬 상회하고, 위험성의 고지에 애매성이 있는 경우 큰 위험이 강요하는 심리적 긴장상태를 해소하기 위하여 이 애매성이 허용하는 범위로 위험도를 낮게 평가하는 경향이다.

정상화 편향은 사람들이 재난의 발생 가능성과 영향에 대하여 과소평가하거나 무시하고 대책을 세우지 않는 등 행동을 하지 않는 현상을 일컫는 심리학 개념으로서 비상상태가 발생하여 위험이 근접하고 있는 것을 느낀 후에도 평상시대로의 판단·해석을 계속하고 사태를 낙관적으로 보는 것을 가리킨다. 이는 그동안 경험하지 못한 일은 앞으로도 없을 것이라고 믿는 심리를 말하는 것으로서, 커다란 위험에 놓여 있거나 위험이 임박하였음에도 지금 상황도 평소와 다름없는 정상적인 상황이라고 생각하며 애써 현실을 회피하면서 대응불능 또는 무대응의 상태에 빠지도록 한다. 쉽게 말해서, 긴급한 상황에 맞닥뜨린 사람이 주위 환경이 돌연 크게 바뀌었는데도 '설마 심각한 일이 일어날 리가 없다', '자신만은 괜찮을 것이다', '심각하게는 되지 않을 것이다' 등과 같이 생각하고 마는 자기방위적 심리가 발생한다.[36)]

예를 들면, 화재 때 겨우 구조된 사람 중에는 "화재경보가 있었지만 대수롭지 않게 생각하고 실내에 가만히 있었습니다."라고 말하는 사람이 있다. 1986년 4월 26일에 구소련에서 발생한 체르노빌 원자력발전소 사고 때에도 관계자들은 당초 사태의 심각성을 이해하지 못했다. 단지 '시스템의 어딘가에 작은 문제가 일어났겠지.'라고 가볍게 생각하였던 것으로 분석되고 있다.

정상화 편향에 대한 대표적 사례 중의 하나는 2차 대전 때 유태인들에게 닥쳤던 사건이다. 미국의 투자전략가인 비그스(Barton Biggs)는 그의 저서 《Wealth, War and Wisdom》에서 다음과 같이 기록하였다. 히틀러가 총리가 되자, 1935년 말까지 10만 명의 유태인들은 위험을 느끼고 독일을 떠났지만, 45만 명은 최악의 경우가 지났다고 생각하거나 그렇게 희망하여 독일에 남았다. 그들은 오랫동안 독일에 살면서 자리를 잡았고 문화, 예술 등 다방면에서 만족스러운 삶을 유지해 온 당장의 안락함 때문에 그들에게 닥친 위기를 믿을 수 없었다. 그들은 나치의 반유대주의가 일과성

36) 정상화 편향의 반대개념은 정상으로부터의 사소한 이탈도 재난이 임박하고 있다는 신호를 보내는 것으로 여기는 '최악의 상황을 생각하는 편견(worst-case thinking bias)' 또는 과잉반응(overaction)이다. 이러한 성향을 가지고 있는 사람은 공황장애, 광장공포증, 고소공포증, 폐소공포증 등에 걸리기 쉽다.

이라고 믿었지만, 사태는 점점 빠르게 그리고 심각하게 전개되어 갔다. 결국 이들은 재산과 기업체를 모두 압류당하고 대다수가 강제수용소로 끌려가 생명까지 잃게 되었다.

정상화 편향의 또 다른 대표적인 사례는 1982년 7월 23일 일본 나가사키에서 발생한 재난이다. 그날 비는 좀처럼 그칠 기미를 보이지 않았다. 이미 11일 동안 60 cm의 비가 내리고 '호우경보'까지 내려져 있던 터였다. 점심때가 지나자 마치 하늘에 구멍이라도 뚫린 듯 빗줄기는 더욱 굵어졌다. 일부 주민들은 상황이 심상치 않다고 느끼기 시작했다. 오후 4시 55분, 정부는 이 지역에 홍수경보를 발령하고 긴급히 대피할 것을 권고했다. 그러나 밤 9시 정부가 주민 대피 현황을 점검한 결과, 대피한 주민은 고작 13%에 불과했다. 대다수 주민들은 큰 문제는 없을 것이라고 생각하며 대피하지 않고 그 지역에 남아 있었다. 결국 3일간 쏟아진 폭우로 홍수가 나면서 이 지역에서만 265명이 사망하고, 34명이 행방불명되는 참사가 벌어졌다.

또한 2005년 9월 20일 미국 뉴올리언스에 허리케인 카트리나가 접근해 오기 하루 전에 그 도시를 떠나도록 명령받았음에도 불구하고, 수천 명의 사람들은 그 명령을 무시하고 여전히 거주지에 남아 있었던 사례(1,464명 사망), 1980년 5월 미국 워싱턴주에 위치해 있는 세인트헬렌스산(Mount St. Helens)에서 거대한 화산폭발이 발생할 우려가 있었음에도 불구하고, 많은 사람들이 그 주위를 어슬렁거리고 있었던 사례(57명 사망), 1987년 11월 영국 킹스크로스역(King's Cross station)의 지하 터널에서 연기가 눈에 보이게 피어오르고 있었음에도 불구하고 사람들이 분별없이 일과(日課)를 수행하거나 화염에 싸인 복합빌딩 안으로 몰려 들어간 사례(31명 사망) 등에서도 정상화 편향이 작용하였다는 것을 알 수 있다.

이 외에도, 정상화 편향 현상은 미국 뉴욕의 9·11 테러에서 여객기가 세계무역센터 빌딩에 충돌한(2001년 9월 11일) 후 계단을 내려갈 때까지 한동안 빌딩 내의 많은 사람들이 엄청난 위험이 실제로 발생하고 있다는 것을 믿지 않으려 하고 꾸물거렸던 사례, 거대한 태풍이나 화산폭발 등이 임박하였다고 과학자들이 경고하였음에도 불구하고 지역주민들이 이를 들으려 하지 않고 대피하지 않은 많은 사례 등에서 발견된다.[37)]

몸상태가 나쁜데도 '가벼운 감기일 거야.'라고 생각하며 폐렴 등의 중요한 징후를 놓치는 것도 정상화 편향의 일종이다. 이것은 환자에서도 의료종사자에서도 발견된다.

정상화 편향의 부정적인 면은 재난관리의 4단계(준비,[38)] 경고,[39)] 대응, 복구)를 효과적으로 실시함으로써 방지될 수 있다.[40)] 개인적으로는 마음의 비상 스위치를 켜 놓고(on) 있는 자세가 필요하다.

② 확증 편향

확증 편향(confirmation bias 또는 myside bias)은 한마디로 '거봐! 내 말이 맞잖아'라는 심리 또는 '보고 싶은 것만 보고 듣고 싶은 것만 듣는 심리'로서 영국의 심리학자 웨이슨(Peter Wason)이 1960년에 제시한 가설이다. 자신의 가치관이나 기존의 신념·믿음(생각)에 기초하여 이것과 일치하거나 이것을 보강하는 정보만을 받아들이고 그렇지 않은 정보는 경시하거나 무시하는 경향을 말

37) T. Clark, *Nerve: Poise Under Pressure, Serenity Under Stress, and the Brave New Science of Fear and Cool*, Little, Brown and Company, 2011, p. 245.
38) 재난의 발생 가능성을 공개적으로 인정하고 비상시 대책을 수립하는 것을 포함한다.
39) 분명하고 명확하며 잦은 경고를 발하는 것과 공중(公衆)이 경고를 이해하고 믿도록 돕는 것을 포함한다.
40) "Normalcy bias", Wikipedia.

한다. 이는 자신의 신념이나 믿음을 유지하려는 본능이며, 자신의 신념·믿음에 구멍이 뚫리는 것을 좋아하지 않기 때문이다. 이 확증 편향은 우리의 무의식 깊은 곳에 숨어서 우리를 지배하고, 인간이 얼마나 자기중심적이며 또 편견이나 선입견을 고치기 얼마나 어려운지도 설명해 준다. 확증 편향은 '프레임[41) 효과'라고 부르기도 한다. 인지 부조화(cognitive dissonance)[42)]가 내적 일관성에 관한 것이라면, 확증 편향은 외적 일관성에 관한 것이다.

우리는 무언가를 사실이라고 믿고 싶을 때 이 믿음을 뒷받침하는 정보를 찾으려는 습성이 있다. 이런 습성은 정보를 해석할 때에만 일어나는 것이 아니라 정보를 수집하는 단계에서부터 나타난다. 동일한 출처, 동일한 내용의 정보를 반복해서 받아들임으로써 기존의 생각을 계속해서 강화하며 자기합리화를 하는 것이다. 정보의 중복은 자신의 판단에 대한 확신을 더해 주지만 판단의 정확도를 높여 주는 것은 아니다.

1979년에 로드(Charles Lord), 로스(Lee Ross), 레퍼(Mark Lepper)라는 세 심리학자는 사람이 자신의 신념과 다른 증거에 대해 어떤 태도를 보이는지 알아보는 심리 실험을 했다. 이들은 사형제도를

---

41) 프레임은 인식의 방법으로서 인간이 성장하면서 생각을 효율적으로 하기 위해 생각의 처리방식을 공식화한 것을 의미한다. 동일한 상황이라도 어떠한 프레임을 가지고 상황을 해석하느냐에 따라 사람들의 생각이 달라질 수 있다.

42) '인지 부조화 이론'이란 미국의 사회심리학자 페스팅거(Leon Festinger)가 처음으로 제기한 이론으로, 개인이 가지고 있는 생각·신념과 행동 간의 부조화가 유발하는 심리적 불편함을 해소하기 위한 생각·신념 또는 행동의 변화를 설명하는 이론이다. 우리는 태도와 행동 간의 일관성을 유지하고자 하는 근본적인 동기를 지니고 있어서, 인지적 부조화를 경험하면 이를 해소하기 위해 자신의 생각(신념)이나 행동 중 하나를 변화시킴으로써 심리적 불편감을 해결하고 자신에 대한 일관성을 유지하려고 한다(한국심리학회, 《심리학용어사전》, 2014 참조). 인지 부조화 개념을 잘 설명해 주는 표현은 알베르 카뮈(Albert Camus)의 다음과 같은 말이다. "인간은 자신의 삶이 부조리하지 않다고 스스로 설득하면서 생을 보내는 동물이다."

찬성하는 집단과 반대하는 집단에게 사형에 대한 상반된 두 가지 연구결과를 보여 주었다. 한 연구결과는 사형이 살인을 억제하는 효과가 있다는 사실을 지지하는 증거를 제시하고 있었고, 다른 연구결과는 사형이 별다른 억제효과가 없다는 증거를 제시하고 있었다. 사형이 살인을 억제하는 효과가 있다는 연구결과에 대해 사형에 찬성하는 집단은 연구가 '신뢰할 만하다'고 평가했지만, 사형에 반대하는 집단은 '신뢰할 만하지 않다'고 평가했다. 연구의 신뢰성에 대한 판단은 참가자들이 실험 전에 가지고 있던 태도와 일치했다. 즉, 심리 실험에 참여한 사람들은 자신의 생각과 맞는 증거가 더 조리 있고 설득력이 있다고 판단했다. 그 결과 실험 참가자들의 원래 생각이 변하기는커녕 더욱 확고해졌다고 한다. 연구자들은 실험 참가자들이 종전에 가지고 있던 신념이 자기들의 신념에 부합하는 정보는 중요하게 여기도록 하고 그렇지 않은 정보는 무시하게 하였을 가능성에 주목하였다.

보통 사람들보다는 조직의 관리자들이 확증 편향의 포로가 되기 쉽다. 일을 성공적으로 끝내야 하는 직업적 압박이 있기 때문이다. "어떻게 이런 일이 일어날 수 있단 말인가!"라는 탄식을 자아내는 대형사고의 이면엔 관리자들의 확증 편향이 작용한 경우가 많다. 위험하다는 경고가 있어도 관리자들은 안전하다는 내부보고나 자료에만 눈을 돌리기 때문에 경고를 무시하는 경향이 있다는 것이다.[43] 그러나 우리가 위험 경고를 무시한다고 해서 위험이 사라지는 것은 아니다. 페로(Charles Perrow)의 《정상사고》 책을 보면, 확증 편향 때문에 발생한 참사에 대한 수많은 사례가 담겨 있다.[44]

---

43) 강준만, 《감정독재》, 인물과사상사, 2013, 132쪽.

44) 이진원 옮김, 《똑똑한 기업을 한순간에 무너뜨린 위험한 전략》, 흐름출판,

자신의 회사가 안전하다고 믿는 임직원은 지금까지 재해가 발생하지 않은 것에 안심한다. 그러나 재해의 잠재적인 원인을 찾으려고 하지 않고 그 징조에 해당하는 아차사고를 보려고 하지 않는다. 이것도 확증 편향의 일종이다.

이러한 확증 편향이 나타나는 이유가 뭘까? 무엇보다도 자신의 생각이 틀렸다는 것을 스스로 인정하기가 싫기 때문이다. 그래서 우리는 우리와 생각이 같은 사람들끼리 어울리는 것을 좋아하고, 우리 생각과 다른 생각은 듣고 싶어 하지 않는다. 한마디로 사람들은 새로운 이야기를 듣기보다는 자신의 믿음을 확인받고 싶어 한다.

확증 편향에 빠지지 않으려면 다양한 관점의 정보를 수용하려는 태도와 자신과 다른 생각을 가지고 있는 사람들의 의견도 들으려고 하는 자세를 갖추는 것이 필요하다. 그리고 자신의 생각과는 다른 일이 일어났을 때, 그 일이 아무리 사소한 것이라 할지라도 결코 무시하지 말아야 한다. '우리는 언제든 틀릴 수 있다'는 생각을 지닌 열린 사람이 되어야 한다. 조직 내부의 정보 또는 의견 외에 조직 외부의 여러 전문가를 자문단으로 두어 새로운 견해를 구하는 것도 한 방법이다. 그래야 상황을 정확히 파악하고 올바른 판단을 내릴 수 있다. 또한 구성원들의 비판적 사고능력을 키울 필요가 있다. '과연 그러한가?'를 의식적으로 따져 보는 분위기를 조성하는 것이다. 비록 작지만 위험의 신호 또는 정보가 있는데도 관리자를 위시한 구성원들은 이를 간과해 버리거나 별문제가 없다고 여기기 쉽기 때문이다.

2009(Paul B. Carroll and Chunka Mui, *Billion Dollar Lessons: What You Can Learn from the Most Inexcusable Business Failures of the Last 25 Years*, 2009), 284쪽.

③ 매몰비용 오류

지금까지 많은 돈이나 노력, 시간 등을 투입한 경우 이것을 아까워하여 그것을 지속하려는 강한 성향이 있는데, 이를 가리켜 매몰비용 오류(sunk cost fallacy)라고 한다. 이 때문에 위험라인에 도달하고 있는데도, '모처럼의 기회라고 해서', '아깝다고 하여' 지금까지 하고 있던 일에서 물러나지 않다가 현재와 미래의 복지와 안전 등을 훼손하는 일이 발생할 수 있다. 예컨대 그동안 준비를 많이 한 등산 당일에 몸 상태가 조금 나쁜데도 지금까지 준비한 것이 아까워 무리하게 등산을 하기로 결정하는 것도 매몰비용 오류의 일종이라고 할 수 있다. 이는 낭비를 싫어하고 또 낭비하는 것으로 보이는 걸 싫어하는 동시에 자신의 과오를 인정하기 싫어하는 자기합리화(정당화) 욕구 때문에 발생한다. 인지 부조화에 대한 대응이라고 볼 수 있다.

미국의 심리학자 아키스와 블러머(Hal R. Arkes & Catherine Blumer)는 1985년 심리 테스트를 통해 개인적인 결정에서 매몰비용의 영향을 받는 경우가 50%나 된다고 지적했다.[45] 그 후 심리학계의 연구에선 개인보다는 집단이 매몰비용에 더 집착하는 경향이 있다는 사실이 밝혀졌다.

매몰비용 오류에 함몰되지 않기 위해서는 미리 철퇴 라인을 정량적·구체적으로 정하고, 감정을 억눌러 이에 따르는 의사결정을 하는 것이 바람직하다.

④ 사후확신 편향

사후확신 편향(hindsight bias)은 어떤 사건의 결과를 알고 난 후

45) H. R. Arkes & C. Blumer, "The Psychology of Sunk Cost", *Organizational Behavior and Human Decision Processes, 35*(1), 1985, pp. 124~140.

에 마치 스스로가 사전에 그 일의 결과가 그렇게 나타날 것이라는 걸 예측하고 있었던 것처럼 생각(착각)하는 심리적 경향을 말한다. 이미 결과가 드러난 상태에서 사건의 전개과정을 거꾸로 더듬어 꿰맞추고는 처음부터 그렇게 사건이 진행될 줄 알았다는 식이다. 사후확신 편향에 빠지면, 우연적인 사건일지라도 필연적으로 그렇게 발생할 수밖에 없었던 것처럼 여긴다.

어떤 일이 발생했을 때 실제로는 그 일을 예측할 수 없었음에도 불구하고 예측할 수 있었다고 믿는 것이 이 편향을 구성하는 핵심 요소이다. 우연에 의해 설명될 수 있는 사건들이 결과가 알려지고 난 후에는 대개 필연적인 사건으로 해석되는 예가 이 편향의 결과이다. 이러한 편향으로 인해 사람들은 "나는 처음부터 그렇게 될 줄 알고 있었다.", "내 이럴 줄 알았다."고 착각하게 된다. 이러한 편향은 역사적인 사건들에 대한 해석 및 사고·재해의 책임에 대한 접근에서도 나타난다.

충돌사고를 일으킨 사람에 대하여, "철저히 주의를 기울였더라면 방지할 수 있었을 텐데(방지하지 못한 것은 철저히 주의하지 않았기 때문이야)."라고 말하는 식이다. 누구도 사고를 일으키고 싶었던 것은 아닐 것이고, 충돌한 것은 그때 주의가 미치지 못한 뭔가의 이유 때문일 텐데, 사고에 이르기까지의 시간축을 함께 걸음으로써 사고원인을 철저히 규명하려고 하는 것이 아니라, 신의 입장에서 모든 것을 꿰뚫어보고 있다는 식으로 말하는 것이다.

사후확신 편향은 후지혜(後知慧) 편향, 사후설명 편향, 사후판단 편향, 뒷북 편향이라고도 하고, 선견지명(先見之明)에 빗대서 후견지명(後見之明) 효과라고도 한다. 영어 표현으로는 '그럴 줄 알았어 효과(knew-it-all-along effect)'라고도 알려져 있다. 이는 피쇼프와 베이스(Baruch Fischhoff & Ruth Beyth)가 1975년에 발표한 논문 제목의 일부인 "나는 그렇게 될 줄 알았지(I Knew It Would Happen)."라는 표현이 계기가 되었다.

사후확신 편향은 상반된 결과에 대해 각각의 당연한 분석을 사후에 들이댈 때 흔히 나타난다. 예를 들면, 전쟁에서 적응을 잘하는 사람은 교육 수준이 높은 사람이라는 결과가 있다고 하면 "당연하지! 교육을 많이 받으면 스트레스 해소능력이 향상되고 상황적응능력도 높아지기 때문이지."라고 말한다. 반대로 교육 수준이 낮은 사람들이 전쟁 적응능력이 뛰어나다는 결과를 소개하면 "당연하지. 생각이 너무 많으면 힘들어. 단순한 게 최고야."라고 말한다.[46)]

언론은 어떤 큰 사고가 발생하면 '예고된 참사'라거나 '예고된 인재(人災)'라는 말을 즐겨 쓴다. 이렇듯 사고가 발생한 후에 "나는 이미 알고 있었다."거나 "내 이럴 줄 알았어."라고 말하는 건 사후확신 편향의 일종이다.

사후확신 편향은 사람들로 하여금 자신이 훌륭한 예언가라고 믿게 만들기 때문에 위험하다. 그것은 우리를 오만하게 만들고 그릇된 판단을 내리도록 인도한다. 사람들은 제각각 자신만의 가설을 세우고 이미 일어난 결과에 그럴듯하게 끼워 맞춘 후 순전히 개인적인 의견을 근거로 잘못된 결론을 내린다.[47)] 사후확신 편향이 발생하는 이유는 남에게 자신을 유능하게 보이고 싶고, 상황을 잘 파악하고 예측하는 통제감을 느끼고 싶기 때문이다.

이스라엘 태생의 심리학자이자 행동경제학자로서 2002년 노벨 경제학상을 수상한 카너먼(Daniel Kahneman)은 사후확신 편향은 과정의 건전성이 아니라 결과의 좋고 나쁨에 따라 결정의 질을

46) 최인철, 《프레임: 나를 바꾸는 심리학의 지혜(제2판)》, 21세기북스, 2016, 196쪽.
47) 두행숙 옮김, 《스마트한 생각들》, 걷는나무, 2012(Rolf Dobelli, *Die Kunst des klaren Denkens*, DTV Deutscher Taschenbuch, 2011), 171~172쪽.

평가하도록 유도하기 때문에 의사결정자들의 평가에 악영향을 끼친다고 주장하면서 다음과 같이 말한다.

“위험하지 않은 수술이었지만 예상치 못한 사고로 환자가 죽는 경우를 생각해 보자. 이 사건을 접한 판사는 이렇게 말할 확률이 크다. ‘사실은 위험한 수술이었으며, 의사는 그 수술을 좀 더 신중하게 검토했어야 했다.’ 이처럼 예전에 내린 결정을 과정이 아닌 최종 결과로 판단하려는 ‘결과 편향(outcome bias)’은 결정 당시에는 합리적이었던 믿음들을 따져 보며 적절히 평가하는 일을 불가능하게 만든다. 사후확신은 의사, 금융가, 3루 코치, 최고경영자, 사회복지사, 외교관, 정치인처럼 타인을 대신해서 의사결정을 하는 사람들에게 특히 불리한 결과를 낳는다. 결과가 나쁘게 나오면 아무리 좋은 결정을 내렸다 해도 비난받고, 이후로는 분명 성공적이었던 결정들마저 신뢰받지 못한다.”[48]

지혜로운 사람이 되기 위해서는 사후에 내리는 모든 판단에 대한 확신을 지금보다 더욱 줄여야 한다. “내 그럴 줄 알았지.”라는 말이 튀어나오려고 할 때 ‘내가 진짜 알았을까?’라고 솔직하게 자문해 봐야 한다. “도대체 왜 이런 결과를 예상하지 못했어?”라고 아랫사람을 문책하기 전에 ‘정말 나는 그 결과를 예측할 수 있었을까?’라고 다시 자문해 보는 자세가 필요하다.[49] 나아가, 지식의 질을 양질의 것으로 하는 노력을 태만히 하지 않고, 검증 마인드와 명확한 원인분석의 자세를 갖는 것이 필요하다.

---

48) 이진원 옮김, 《생각에 관한 생각》, 김영사, 2012(Daniel, Kahneman, *Thinking, Fast and Slow*, Farrar, Straus and Giroux, 2011), 279쪽.

49) 최인철, 《프레임: 나를 바꾸는 심리학의 지혜(제2판)》, 21세기북스, 2016, 197쪽.

⑤ 보수성 편향

새로운 사태에 직면하거나 새로운 정보를 접했음에도 지금까지의 생각에 고집을 부리면서 생각을 바꾸지 않는 경향을 보수성 편향이라 한다. 예를 들면, 어떤 우량기업의 업적 전망이 좋다고 하여 주식투자를 하고 있던 사람이 그 회사의 제품결함 뉴스를 접하고서도, 그 회사만큼은 그런 일은 없을 것이라고 생각하면서 주식을 내다 팔지 않는 것이다.[50] 동종 업종의 다른 회사에서 사망사고가 발생한 뉴스를 접하고서도, 면밀한 검토·분석 없이 우리 회사는 그 회사와 달라 사고는 절대 발생하지 않을 것이라고 부정하는 것도 이러한 편향 때문이다.

이러한 편향에 빠지지 않기 위해서는, 자신이 가지고 있는 생각이 틀릴 수 있다고 의심하는 자세와 새로운 상황이나 정보에 열린 마음(open mind)을 가지고 대하는 자세가 필요하다.

⑥ 전문가 에러

실제 상황보다는 전문가(행정기관을 포함한다)의 의견, 지시 등 정보를 과신하거나(검토도 하지 않고 그대로 받아들이거나), 전문가로부터의 정보를 과도하게 기다리는 것을 전문가 에러(expert error)라고 한다.

경찰(치안전문가), 소방(화재·대피전문가), 그 밖의 안전전문가들이 위기 시에 범할 수 있는 판단미스가 이 전문가 에러와 결합하여 최악의 결과를 초래할 수 있다. 전문가가 사람들에게 침착(평온)을 호소하거나 사고가 발생한 장소에서 대기하도록 하는 바람에, 결과적으로 사람들의 피난(대피)이 늦어지고 마는 사태가

50) 小松原明哲, 《安全人間工学の理論と技術－ヒューマンエラーの防止と現場力の向上》, 丸善出版, 2016, p. 89.

이에 해당한다. 사람들의 혼란을 방지하려고 한 좋은 의도의 일이 반대의 결과가 되어 버리는 일이라고 할 수 있다.

조직에서는 구성원들의 위험감수성을 배양하는 교육훈련을 평상시에 꾸준히 실시하는 것이 바람직하다. 구성원들은 자신이 작업하거나 생활하는 장소에 대해 어떤 조건에서 어떤 재해가 발생할 가능성이 있는지에 대해 평상시에 지식을 습득해 놓을 필요가 있다. 또한 자기 자신에 대한 방어적 마음가짐(mindset)을 갖는 것이 중요하다. 전문가의 의견을 존중하는 것도 중요하지만, 급박한 상황에서는 이러한 지식과 마음가짐을 바탕으로 방재정보는 어디까지나 참고정보로 생각하고 자신의 판단하에 피난할 수 있어야 한다.

⑦ 자동화 함정과 아이러니

자동화 함정이란 고도로 자동화된 시스템의 운전(operation)에 있어서 시스템의 기기표시를 신뢰하고 현실을 무시하여 버리는 경향, 플랜트의 현장 작업자가 연기 발생을 인지하고 보고하였는데도 제어반에 이상표시가 나타나지 않으면 제어실의 조작자가 보고를 무시하는 경향 등을 말한다. 현실에서는 자동화시스템의 센서가 고장 나 있거나, 스위치가 끊어져 있거나, 센서로는 검출할 수 없는 곳에서의 문제여서 제어반에 이상표시가 나타나지 않는 것일 수 있다. 현실보다 우수한 것은 없다는 점에 대한 투철한 인식이 필요하다.[51)]

자동제어시스템이 고장 났을 때는 수동으로 제어를 해야 한다. 수동제어는 고도의 숙련을 요하는 작업이고, 스킬의 유지에는 끊

51) 小松原明哲, 《安全人間工学の理論と技術－ヒューマンエラーの防止と現場力の向上》, 丸善出版, 2016, p. 91.

임없는 연습이 필요하다. 그런데 자동제어시스템은 좀처럼 고장 나지 않기 때문에, 작업자가 이 기본적인 수동제어 스킬을 연습할 기회가 적어진다. 자동제어시스템의 신뢰성이 높을수록 작업자가 직접적으로 개입할 기회가 줄어들고, 작업자 개입을 필요로 하는 나머지 업무의 요구 수준은 점점 높아질 것이다. 수동적인 개입을 거의 필요로 하지 않는 가장 성공적인 자동화된 시스템이야말로 작업자의 교육훈련에 가장 많은 투자를 필요로 할 것이다.[52)]

한편, 시스템 설계자가 80:20 문제—재해의 약 80%는 인간의 잘못에 기인하고 20%만이 기술적 잘못에 기인한다—로 알려져 온 것을 해결하기 위해 추구해 온 방법 중의 하나는 인간-시스템 인터페이스에 더욱더 자동화를 도입하는 것이었다. 물론 잘못을 저지르기 쉬운 인간을 제어 루프(control loop)로부터 떼어 놓고자 하는 바람이 자동화의 급격한 증가의 유일한 이유는 아니다. 20세기 후반부터 크게 발전해 온 컴퓨터 능력의 이용가능성이 강력한 동기로 작용해 왔고, 또한 이러한 최첨단기술의 이용은 상당한 상업적 이점을 제공할 수 있었다.

영국의 심리학자 베인브릿지(Lisanne Bainbridge)가 '자동화의 아이러니'라고 적절하게 부른 것을 일상적인 말로 살펴볼 필요가 있다.[53)]

- 오퍼레이터 업무의 쉬운 부분을 제거함으로써 작업의 어려운 부분을 훨씬 더 어렵게 할 수 있다.

52) J. Reason, *Human Error*, Cambridge University Press, 1990, pp. 180, 182.
53) L. Bainbridge, "Ironies of Automation" in J. Rasmussen, K. Duncan and J. Leplat(eds.), *New Technology and Human Error*, Chichester, 1987, pp. 271 ~283 참조.

- 많은 시스템 설계자가 인간은 신뢰할 수 없고 비효율적이라고 생각하지만, 설계자는 자동화 방법을 생각할 수 없는 업무에 대처하는 것을 여전히 인간에게 맡긴다. 특히 어떤 예상치 못한 실패 후 시스템을 안전한 상태로 복구하는 일.
- 고도로 자동화된 시스템에서 오퍼레이터의 업무는 '자동장치'가 설계대로 작동하도록 하기 위해 시스템을 감시하는 것이다. 그러나 동기부여가 높은 사람조차도 오랜 시간 경계를 늦추지 않는 것이 곤란하다는 점은 잘 알려져 있다. 따라서 어떤 사람이라도 매우 드문 비정상적인 상태를 경계하기에 적합하지 않다.
- 숙련을 유지하기 위해서는 끊임없이 연마될 필요가 있다. 그러나 매우 드물게만 고장 날 뿐인 자동화 시스템은 긴급 시에 필요한 숙련을 연마할 기회를 박탈한다. 그 결과, 작업자는 자신의 주변적인 존재가치를 정당화하는 능력에서 숙련을 잃게 된다.
- 작업자 교육훈련에 가장 많은 투자를 필요로 하는 것은 인력의 개입 필요성이 낮은 가장 성공적인 자동화 시스템이다.

⑧ 공정세상가설

공정세상가설(Just World Hypothesis)은 세상은 예측가능하며 이해할 수 있고, 따라서 통제할 수 있다고 생각하는 심리적 경향을 말한다. 근로자들은 많은 관리자들에 의해 안전한 작업방법과 불안전한 작업방법을 선택할 수 있는 '자유로운 행위자(free agent)'로 이해된다. 그 결과 사고·재해가 발생하면 희생자나 현장관계자를 비난하는 경향으로 이어진다.

사람들은 나쁜 일은 나쁜 사람에게만 발생하고, 반대로 좋은 일은 좋은 사람에게만 발생한다는 생각을 하기 쉽다. 따라서 사고에 관여한 개인은 불행한 결과를 겪었다는 이유로 나쁜 사람으로 간주되곤 한다. 즉, 누군가에게 안 좋은 일이 생기면 사람들은 세상이 공정하다고 믿기 때문에 그가 나쁜 사람이었을 것이라고 결론을 내리곤 한다.

공정세상가설은 아래에서 설명하는 '기본적 귀인오류(fundamental attribution error)'가 발생하는 원인 중 하나로 작용한다. 그리고 이 가설은 비극적 사고(재해)의 희생자들을 보면서 자신은 그런 사고(재해)를 겪지 않을 것이라고 안심하고 자신의 상황을 정당화하려는 시도로 연결된다.

이러한 공정세상가설에 대해서는, 공정세상가설의 오류에 대한 비판적 사고를 갖는 것과 '상황적 귀인(situational attribution)'이 차지하는 비중을 등한시하지 않는 것 등으로 대처할 필요가 있다.

⑨ 기본적 귀인오류

기본적 귀인오류(fundamental attribution error)란 관찰자가 다른 이들의 행동을 설명할 때 상황요인들의 영향을 과소평가하고 행위자의 내적·기질적인 요인들의 영향을 과대평가하는 심리적 경향을 말한다.[54] 사람들은 기본적 귀인오류로 인하여 상황보다는

54) 오스트리아의 심리학자인 프리츠 하이더(Fritz Heider)는 《대인관계의 심리학》이라는 책에서 귀인이론(Attribution Theory)을 최초로 논하면서(F. Heider, *The Psychology of Interpersonal Relations*, Wiley, 1958, p. 322), 사람들은 다른 사람의 행동을 설명할 때 상황적 귀인은 무시하고 기질적 귀인으로 설명하는 경향이 크다고 주장했다. 기질적 귀인(dispositional attribution)은 행동의 원인을 개인의 성격, 동기, 태도 등에서 찾는 것이다. 어떤 사람의 행동이 그 사람으로 하여금 특정한 방식으로 생각하고 느끼고 행동하게 만드는 그 사람의 비교적 지속적인 경향성에 의해 일어났다고 판단한다면 기질적 귀인을 한다고 할 수 있다. 반면에, 상황적 귀인(situational attribution)은 행동의 원인을 사회규범, 외부환경, 우연한 기회 등에서 찾는 것으로서, 어떤 사람의 행동이 그것이 일어난 상황하에서 어떤 일시적 요인에 의해 일어났다고 판단한다면 상황적 귀인을 한다고 할 수 있다.

개인을 비난하는 경향이 있다. 즉, 다른 사람의 행동에 대해 그들의 성향 때문에 일어난다고 믿어 버리곤 한다.[55)]

사람들이 상황적 요인을 무시하고 기질적 요인에 귀인하는 이유는, 행동의 상황적 요인은 가시적이지 않은 경우가 많고, 그리고 상황이 무시할 수 없을 정도로 명백한 경우에도 그 상황에 대한 정보를 얻기 어렵고 이용하기도 어렵기 때문이다.

기본적 귀인오류는 휴먼에러를 무언가의 결과라기보다는 원인으로 받아들이게 되는 주요 이유 중 하나이다. 그리고 기본적 귀인오류가 인간 성격의 근본적인 것으로 되어 있는 이유는 '자유의지(free will)'에 대한 환상과 깊은 관련이 있다.

이 기본적 귀인오류에 빠지지 않기 위해서는, 사람의 행위는 항상 현장의 환경으로부터 영향과 제약을 받을 수 있다는 사실을 인식하는 한편, 절대적 자유의지에 대한 환상을 버리는 것이 필요하다.

⑩ 최소 노력의 원리 및 관리적 편리성의 원리[56)]

조직에는 제일선에 있는 작업자를 불행한 사건의 주요한 원인으로, 그리고 그 후의 문제개선의 주된 대상으로 보는 경향을 강화하는 프로세스가 작동한다. 현장 제일선에서 사람의 직접적인 에러를 발견하고 이것을 사고의 '원인'으로 간주하는 것은 대체로 손쉬울 뿐만 아니라 다른 것에 추가적으로 눈을 돌릴 필요성을 없게 만든다. 이를 '최소 노력의 원리(principle of least effort)'[57)]

55) 반면에 자신에 대해서는 상황적 귀인을 하는 경향이 강하다.

56) J. Reason, *The Human Contribution: Unsafe Acts, Accidents and Heroic Recoveries*, CRC Press, 2008, pp. 75~76.

57) 개인이나 조직은 가장 적은 양의 노력 또는 에너지 지출이 요구될 것 같은 방법을 선택하려고 한다는 기본행동원리를 가리킨다. 최소 노력의 법칙, 최소 행동(least action)의 법칙이라고도 불린다. 최소 노력의 원리(법칙)를 따르는 것은 인간 본성이다. 우리의 뇌는 가급적 에너지를 아끼는 방향으로 움직

라고 한다.

또한 조직은 사고·재해조사를 시스템과 직접적으로 접하는 사람들의 불안전행동으로 한정함으로써, 그것에 맞추어 과실의 범위를 좁히고, 나아가 조직의 책임을 최소화할 수 있는데, 이를 '관리적 편리성의 원리(principle of administrative convenience)'라고 한다.

관리자가 이러한 오류에 빠질 경우, 불안전행동의 원인을 제일선에 있는 개인의 탓으로 돌려 버리고 상황에 착목하지 않기 때문에, 시스템 관리자는 불충분한 교육, 부족한 감독, 부적절한 도구와 설비, 인원부족, 시간압박 등의 작업현장적 유발요인 및 자원배분, 인원배치, 계획, 스케줄링, 의사소통, 관리, 감사 등의 조직적 요인을 간과하게 된다. 이러한 오류에 빠지지 않기 위해서는 최대한 에러를 유발하는 상황을 발견하기 위해 노력하는 것이 필요하다.

이상과 같은 인지적 편향은 모두 정보를 자신에게 유리하게 해석하는 것이기 때문에, 그 함정에 빠지지 않기 위해서는 해석기준을 올바르게 가지는 것이 필요하다. 종업원뿐만 아니라 관리자들 역시, 아니 오히려 관리자들부터 자기 자신에게도 인지적 편향이라는 특질이 있을 수 있다는 것을 확실히 인식하고, 자신의 해석을 항상 성찰하는 것, 해당 사태에서 이해관계가 없는 제3자의 의견을 듣는 것, 매뉴얼 등의 문서에 판단기준상의 애매한 부분을 배제하고 명확하게 나타내는 것, 상황적·구조적 요인을 살펴보고 해결하려고 노력하는 것 등이 필요하다.

사업주는 구성원들이 일상적으로 이러한 인지적 편향을 가지고

이므로, 목적을 달성하기 위해 여러 선택 사이에서 결정해야 할 때, 사람들은 자연스럽게 수고가 적게 드는 선택으로 기울게 된다. 즉, 우리는 취할 수 있는 행동들 중에서 최소의 노력으로 가장 큰 가치를 만들어 내는 행동을 한다. 쉽게 말해 우리는 쉬운 일을 하는 쪽으로 동기가 부여된다.

있고 또 언제라도 빠질 수 있다는 것을 전제로 하여 사업장 차원의 예방 및 비상대책을 마련하고 추진하여야 한다. 이는 인지적 편향에 관한 각종 이론이 우리에게 던져 주는 의미심장한 시사점이라고 할 수 있다.

(2) 생리적 요인

1) 피로

피로는 작업능률과도 관련되지만 주의력 산만 등을 초래하므로 안전과도 밀접한 관련이 있다. 중대한 에러를 범할 때까지 자신이 피로한 상태에 있다는 것을 인식하지 못하는 경우도 있다.

피로의 양태는 '육체적 피로'와 '정신적 피로'와 같이 피로한 부분(작업내용)에 따라, '일시적(급성) 피로'와 '만성적 피로'와 같이 피로의 모습(발현시간)에 따라 각각 분류될 수 있다.

일시적 피로는 시간적으로 긴 육체적·정신적 긴장, 예컨대 심한 근육노동, 정신을 집중해야 하는 작업, 감정적 긴장, 수면부족 등 이후에 느끼는 피곤함, 권태감이다. 이것은 적당한 휴식, 수면, 휴식 등에 의해 회복할 수 있다. 만성적 피로는 일시적인 피로가 회복되기 전에 다음 일시적 피로가 발생하고, 이 상태가 반복적으로 계속 축적되어 질병을 초래하는 요인이 되는 피로이다. 피로는 가령(加齡)과도 관계가 있는데, 일반적으로 가령과 함께 피로회복에 필요한 시간은 길어진다.

한편, 육체적 피로에 해당하는 근육의 피로가 신경세포의 결합부에 해당하는 시냅스의 피로와 대뇌중추의 피로, 즉 정신적 피로에 영향을 미치기도 한다. 예컨대, 일정한 소리를 들으면 타액분비를 일으키는 개를 달리게 하여 피로하게 하면, 이 조건반사가 약해지거나 사라져 버린다.

피로와 유사한 것으로 각성상태 또는 경계(vigilance)가 있다. 이것은 주의를 지속시켜 신호출현을 지켜보고 있는 상태이다. 발전소, 화학공장의 중앙제어실(control room) 등에서 계기류를 감시하는 운전원, 장거리비행에서의 수평비행 시 조종사가 이 상태가 된다. 이 작업에서의 에러는 중요한 신호(징후)를 놓치는 것이다. 이것을 방지하기 위해서는 적당한 시간마다 강제적으로 휴식을 취하도록 하거나 작업전환을 하는 것이 효과적이다. 방공시스템의 레이더 감시작업 연구에서는, 감시를 2~3시간 계속해서 하면 타깃의 검출률이 1/3~1/2로 저하하는데, 20~30분마다 단시간 휴식 또는 작업전환을 하면 저하속도를 늦출 수 있다고 한다.[58)]

작업현장에서의 피로란, 작업하는 것에 수반하여

- 작업능률의 저하
- 생체의 타각적인 증상의 발생
- 피로의 자각

등의 변화가 생기는 것을 말한다. 이 세 가지는 피로의 특징이다.

피로의 정도는 실용적으로는 표 2.4와 같이 4단계로 구분되는데, 2단계의 상태에서 멎게 하는 것이 바람직하다.

표 2.4 피로 정도의 분류

1. 그날 중으로 회복되고 익일로 넘어가지 않는다.
2. 익일로 넘어가지만, 정규 휴일을 거치면서 회복된다.
3. 정규 휴일 외에 휴일을 갖지 않으면 회복할 수 없다.
4. 사고, 착오, 노이로제, 수면불량 등의 나쁜 상태를 일으킨다.

58) 河野龍太郎, 《医療におけるヒューマンエラー: なぜ間違える どう防ぐ(第2版)》, 医学書院, 2014, pp. 41~42.

표 2.5 능률 저하의 형태

• 업무량의 감소	• 착오의 증가
• 업무량의 혼란	• 업무 정밀도의 저하
• 단위 업무량당 시간의 연장	• 업무의 숙달에 시간이 필요함
• 창의, 고안 등이 나오기 어려움	• 올바른 판단을 하기 어려움

그리고 피로의 특징 중 하나인 능률 저하는 단순히 작업량이 저하된다는 것이 아니라, 일을 많이 처리할 수 있는데도 피로가 커서 능률이 오르지 않게 된다는 것을 의미한다. 능률 저하의 형태로는 표 2.5와 같은 사항이 제시되고 있다.

피로의 증상으로는 능률 저하 외에, 경계심의 약화, 집중력의 상실, 주변 환경에 대한 인지의 감소, 기억의 실패, 종잡을 수 없는 생각 등이 제시되고 있다. 인간은 작업하는 것을 통해 크든 작든 피로를 느끼는데, 근육의 에너지 소비량이 많아지면 육체피로가 커지고, 작업시간이 길어져도 피로는 증가한다.

최근에는 작업의 기계화가 현저히 진전되고 에너지의 소모가 큰 육체피로가 감소하는 반면에, 정신적 피로도가 큰 일이 증가하고 있다. 또한 교대근무, 생산의 자동화에 수반하는 감시업무, 트러블 발생 시의 정신적인 긴장도도 증가하고 있다. 정신적인 피로는 감정, 의욕의 작용에도 영향을 준다. 육체적인 피로는 비교적 회복되기 쉽고, 정신적인 피로는 회복하기 어렵다. 그렇지만 어느 쪽도 피로를 익일로 넘기면 과로가 되는 것은 마찬가지이다.

피로는 인간의 신체기능을 저하시켜 작업 중의 긴장감과 작업의 정확도를 저하시키므로, 에러를 유발하고 나아가 사고·재해를 초래하는 하나의 요인이 될 수 있다. 그런데 우리들은 피로를 단지 일상적인 불편(이상)으로 생각하는 나머지 피로가 종종 잠재적으로 사고·재해의 중요한 원인이 될 수 있다는 점을 간과하곤 한다.

표 2.6 피로의 원인

- 미숙련
- 수면부족 또는 철야
- 지나치게 긴 통근시간
- 연령이 너무 적거나 고령인 경우
- 질병에 의한 체력저하의 시기 또는 생리일 등
- 지나치게 긴 일(一)연속작업시간
- 휴게시간의 부족, 휴일의 부족
- 저녁근로 또는 야간(심야)근로[59]의 동시연속근무
- 저녁근로 또는 야간(심야)근로의 며칠 연속근무
- 지나치게 긴 잔업
- 작업강도의 과대(過大)
- 근로시간 중의 평균 에너지대사율[60]의 과대(過大)
- 나쁜 환경(예: 낮은 조도, 공기 중 CO_2의 과잉, 진동 등)
- 독물(毒物)작용
- 작업조건의 불비(예: 작업위치가 너무 낮거나 높은 경우)

피로의 원인으로 생각할 수 있는 것을 정리하면 표 2.6과 같다.[61]

참고 피로와 교통사고

■ **'안전운전의 적' 피로**

버스 교통사고의 주범은 '졸음운전'인 것으로 나타났다. 특히 장시간 근로로 인한 피로누적이 졸음운전의 가장 큰 원인이라고 분석되었다.

교통안전공단이 3년간(2010~2012) 버스 교통사고를 경험한 운전자 182명을 대상으로 심층면접조사를 실시한 결과에 따르면, 안전운

59) 야간근로는 오후 10시부터 오전 6시 사이의 근로를 말한다(「근로기준법」 제56조).

60) 에너지대사율 = 노동대사량(작업에만 필요한 칼로리) ÷ 기초대사량(생명유지에만 필요한 칼로리)

61) 大島正光, 《ヒト—その未知へのアプローチ, 同文書院》, 1982, p. 45 이하 참조.

표 2.7 버스 교통사고 발생원인(실제 교통사고 경험자 182명 대상)

구분	인적 요인	차량 요인	도로환경 요인	무응답	합계
경험자(명)	109	18	52	3	182
비율(%)	59.9	9.9	28.6	1.6	100

표 2.8 버스 교통사고 인적 요인 발생원인(인적 요인 교통사고 경험자 109명 대상)

구분	졸음 운전	잡담, 장난	장치 조작	운전 미숙	휴대 전화	DMB 시청	흡연	음식 섭취	심리적 고민	기타	합계
경험자(명)	29	5	5	26	4	3	1	1	3	32	109
비율(%)	26.6	4.6	4.6	23.9	3.7	2.8	0.9	0.9	2.8	29.4	100

자료: 교통안전공단

전 불이행과 같은 인적 요인에 의한 교통사고가 전체의 59.9%(109명)를 차지했는데(표 2.7 참조), 이 중 졸음운전이 26.6%(29명)로 가장 많았다(표 2.8 참조).

졸음운전의 원인으로는 피로누적(75.9%), 식곤증(13.8%), 전날 과음(6.9%), 불면증(3.4%) 순으로 나타났는데, 이 중 가장 많은 비율을 차지한 피로누적의 원인으로는 근무형태가 1일 2교대(53.8%), 격일제(38.5%), 복격일제(2일 근무, 1일 휴무)(6.0%) 순으로 나타났다.

피로는 잠재적 사고요인이라 할 수 있는 ⅰ) 주의력 집중의 편재, ⅱ) 운전조작의 잘못, ⅲ) 정보를 차단하는 졸음 등을 발생시켜 결국 교통사고를 유발하는 원인이 될 수 있다. 즉, 정신적·육체적 피로가 쌓이면 신경계 피로가 생겨 감각, 지각이 둔화되고, 나아가 조절기능이 저하되어 운전 중 인지, 판단, 조작의 차질을 초래하며, 심지어는 수면상태에 빠지게 되어 교통사고에 이르게 한다.

■ 유럽에서의 교통사고와 피로[62)]

도로교통사고의 20%는 운전자의 피로가 중요한 원인이라고 조사되었다. 그리고 다른 여러 조사는 장시간 운전자의 50% 이상이 자동차에서 잠이 든 적이 있다는 것을 보여 준다.

한편, 유럽교통안전위원회(European Transport Safety Council)의 보고에 따르면, 사망을 초래하는 교통사고의 약 45%가 낮 시간보다 교통량이 훨씬 적은 밤 시간에 발생하였다. 부상자의 경우는 단지 18%만 밤에 발생하였다. 이것은 피로가 몰리는 밤에 발생하는 사고가 중대사고로 이어질 위험이 훨씬 크다는 것을 의미한다. 그리고 이 위원회는 밤에 운전할 때 교통사고위험의 최고치가 낮에 운전할 때보다 10배 정도에 달한다고 밝혔다.

2) 수면부족

인간은 생물인 이상 생물학적 메커니즘에 의해 강하게 지배된다. 따라서 이 특성을 피하는 것은 불가능하거나, 그 특성을 인위적으로 바꿀 수 있는 여지는 극히 한정되어 있다.

동물인 인간은 아침에 일어나 밤에 잠자는 시계를 체내에 가지고 있다. 이 체내 시계가 가지고 있는 리듬을 생체 리듬(사카디안 리듬, Circadian Rhythm)이라고 하는데, 대체로 하루를 주기로 하고 있다. 이 체내 시계는 매일 24시간으로 리셋되고 있다. 생체 리듬의 주요한 기능은 수면과 체온을 컨트롤하는 것이다. 체온이 높을 때는 주의력이 높고 활동성도 높아져 기능적으로 일하는 것이 가능하다. 반대로 체온이 낮을 때는 졸림을 느끼고 주의력이 저하된다.

---

62) European Agency for Safety and Health at Work, *OSH in figures: Occupational safety and health in the transport sector*, 2011. pp. 21, 187～188.

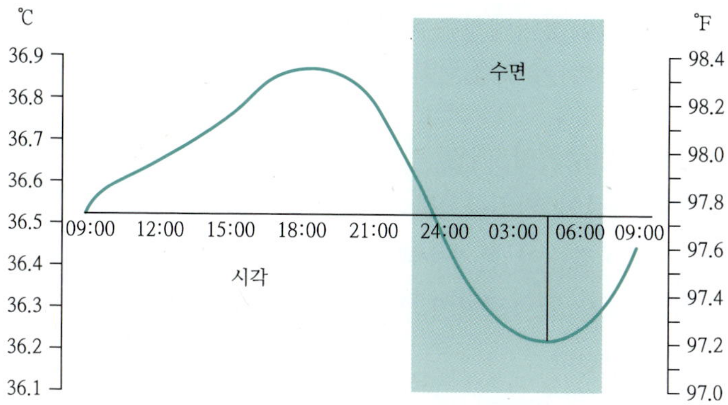

그림 2.6 구강 내 체온의 리듬

평균적인 성인은 동트기 전에 체온이 가장 낮아진다(그림 2.6 참조). 외향적이거나 야간형 인간은 내향적이거나 아침형 인간보다 최고점이나 최저점이 조금 늦게 나타난다.[63)]

생리학적으로 말하면, 야근은 잠재적으로 에러를 일으키기 쉽게 한다. 24시간 인원배치체제가 불충분한 경우는, 인원 부족에다가 생체 리듬에 지배되고 있는 점 때문에 에러 발생 가능성이 높아진다.

이 점을 고려하여, 하룻밤 정도 자지 않았다고 바로 병에 걸리는 것은 아닐지라도, 건강하고 안전한 일상·직장생활이 되기 위해서는 일정한 수면시간이 확보되도록 하여야 한다.

수면부족의 영향은 다음과 같은 경향으로 나타난다.

- 졸린다. 특히, 오후에 이 느낌이 강해진다.
- 신체가 나른하고, 활력이 부족한 느낌이 든다.
- 자율신경계에 장해가 생기기 쉽고, 의욕부진, 구역질, 설사 등을 일으키기 쉽다.

63) F. H. Hawkins, *Human Factors in Flight*, 2nd ed., Routledge, 1993, pp. 60~61.

- 정신기능의 영역에서는 의욕이 생기지 않고, 주의가 집중되지 않으며, 끈기가 계속되지 않는다.

그리고 수면부족이 매일 계속되면, 내장, 혈관계의 기능장해가 생기고, 피로감이 커진다. 정신 면에서도 의욕, 기력이 저하되고, 주의의 지속·집중이 불가능해지며, 정서불안에 빠진다. 지식·지능에 현저한 장해는 생기지 않지만, 그것을 활용하는 의사, 의욕에 지장이 생긴다.

수면을 제대로 취하지 못하여 생기는 피로는 축적된다. "수면의 장점을 똑같이 모방하거나 대체할 수 있는 약이나 절차는 아직까지 발견되지 않았다." 미국 펜타곤 방위고등연구계획국에서 발표한 내용이다. 이 계획국은 수면부족에서 회복할 수 있는 유일한

표 2.9 수면부족의 영향

- 피로 증대
- 능률 저하
- 재해 유발
- 결근 증가
- 계획성 상실
- 오인, 간과, 수(數)의 잘못, 타성에 사로잡힌 실수의 증가
- 질병에 걸리기 쉬워짐
- 새로운 사태에 즉응할 수 없게 됨
- 과실, 보통 일어날 수 없는 부주의, 망아(忘我)에 가까운 과실을 일으킴. 위험하다고 알면서도 해 버림
- 보통 때는 억제되어 있던 자신의 버릇이 나옴
- 보거나 생각하는 부분이 한정되어, 그 때문에 생각지 않게 넘어질 뻔하거나, 생각지 않은 충돌, 전도 등에 의한 부상을 입음
- 타인과의 연락이 나빠짐. 타인과 이야기를 할 때 생각지 않은 것을 말하거나 중요한 말을 잊어버리거나 잘못 듣거나 함
- 전신의 조화를 잃고, 부자연스러운 자세를 타성적으로 계속하여 국소피로의 원인이 됨

방법은 수면을 더 취하는 수밖에 없다는 결론을 내렸다.[64)]

수면부족의 영향을 정리하면 표 2.9와 같다. 이들 증상은 인간의 판단·결정능력을 떨어뜨려 치명적인 실수를 하게 할 수 있으므로 수면부족의 상태는 안전 확보의 관점에서도 배제될 필요가 있다.

참고 수면부족의 값비싼 대가[65)]

졸음이 올 때 운전하거나 일하는 것은 분명히 매우 위험하다. 수면부족, 수면호흡장애, 불면증, 교대근무 등 졸린 이유가 무엇이든 그 결과는 치명적일 수 있다. 미국의학연구소(Institute of Medicine)[66)]의 연구자들은 최근 역사에서 가장 위험하고 환경 파괴적인 사건들 중 일부는 수면장애(sleep disorders), 교대근무 또는 수면부족(lack of sleep) 때문에[67)] 일어났다고 보고한다. 특히 불면(loss of sleep) 및 야간교대근무와 관련된 실수(night shift related errors)가 한 원인이 된 사고는 다음과 같다.

- 체르노빌 원자력발전소의 노심용융사고(1986)
- 스리마일섬 원자력발전소의 노심용융사고(1979)
- 인도 보팔(Bhopal) 화학공장의 폭발사고(1984)
- 엑손 발데즈(Exxon Valdez) 유조선의 좌초사고(1989)

64) 황병일 수면칼럼－수면부족은 대형 사고를 불러오는 원인, 매일경제, 2017. 11. 8.

65) M. Gelb and H. Hindin, *Gasp!: Airway Health－The Hidden Path To Wellness*, CreateSpace Independent Publishing Platform, 2016, pp. 150～152.

66) Institute of Medicine은 2015년에 National Academy of Medicine으로 이름이 바뀌었다.

67) 수면부족이 유일한 사고원인이 아니라 여러 사고원인 중 하나로 작용했을 것으로 판단된다.

• 스타 프린세스(Star Princess) 크루즈선의 좌초사고(2006)

미국 질병통제센터(CDC)에 따르면, 미국에서 "졸음운전은 연간 약 1,550명의 사망자와 4만 명의 부상자를 발생시킨다. 하룻밤 잠을 자지 않고 운전하는 것은 음주운전을 하는 것과 마찬가지이다." 공중(公衆)안전의 위험성 때문에 군대, NASA, 항공사 등의 사업주들은 근로자들이 졸리지 않은지를 확인할 필요가 있다.

4명의 사상자를 낸 뉴욕 열차사고는 열차 기관사의 졸음이 원인이었다. 그는 심한 폐쇄성 수면무호흡증 환자였고 낮에 심한 졸음을 겪었다. 미국 국가교통안전위원회(NTSB)의 공식적인 판단에 의하면, 기관사의 치료받지 않은 폐쇄성 수면무호흡증으로 인해 열차사고가 발생하였다는 것이다. 다시 말해, 그 기관사의 수면무호흡증을 진단하고 치료하였다면 사고는 예방할 수 있었고 사망자들의 생명을 구할 수 있었을 것이다.

근로자들 자신도 수면부족으로 인한 높은 위험을 경험한다. 스위스 연구자들에 따르면, 수면문제가 있는 근로자들은 작업현장에서 부상을 입을 가능성이 62%나 높았고, 작업장 부상의 13%가 근로자의 수면문제 때문에 일어났다. 스웨덴에서 약 5만 명을 20년간 추적조사한 연구에 따르면, 수면문제가 있다고 답변한 사람들은 작업장 사고로 사망할 가능성이 거의 2배였다.

의학적으로 관련된 사망과 병원에서의 진단과 치료의 오류도 수면부족에 의해 증가하는 것으로 조사되고 있다. 의학연구소의 연구에 따르면, 한 주에 80시간 미만 근무하는 레지던트들에 비해 80시간 이상 근무하는 레지던트들이 환자에게 해로운 영향을 주는 심각한 의학적 오류를 범할 가능성이 50% 더 높았다. 또 다른 연구에서 일부 인턴들의 근무시간을 줄인 후 그들이 실수하는 비율을 통상적인 일정대로 근무하는 인턴들의 실수 비율과 비교한 결과, 일반적으로 더 오래 근무하는 인턴들의 중대한 의학적 실수 비율이 22% 더 높은 것으로 나타났다. 그 차이는 근무시간이 짧았던 인턴들이 한 주에 평균 6시간 정도 더 수면할 수 있었던 사실로 주로 설명될 수 있다.

챌린저호 폭발사고 조사를 맡았던 대통령사고조사위원회 보고서에서는 NASA 핵심관리자들의 수면부족에 따른 피로와 발사 스케줄에 대한 압박이 정상적인 의사결정을 하지 못하게 만들었다고 지적하고 있다.

3) 신체기능 등의 부적응

작업을 할 때에 신체 각 부분의 치수, 오른쪽 움직임, 왼쪽 움직임 등이 작업공간, 작업용 기기·용구 등과 적합하지 않은 경우에는 상당히 무리한 자세를 취할 수밖에 없는 경우가 있다.

그리고 물건을 보거나 소리를 듣거나 시간을 판단하는 지각의 움직임과 그것에 반응하는 수족의 동작에 대해 살펴보면, 지각의 움직임이 동작의 움직임에 비해 우수한 지각형의 사람한테 무사고자가 많고, 역으로 지각판단이 생기기 전에 동작 쪽이 선행하는 동작형의 사람한테 사고가 많다고 한다. 단, 어느 쪽이든 극단적인 것보다는 균형을 취하는 쪽이 불안전행동의 방지 면에서 바람직하다.

지능에 대해서는 과거에는 높을수록 좋다고 했지만, 최근에는 지능이 높은 자와 낮은 자가 높은 사고발생률을 보이고 그 중간에 위치하는 자가 낮은 사고발생률을 보이는 U자형이 정설로 받아들여지고 있다. 그리고 각 작업내용에 대응한 적당한 지능수준이 안전상 바람직하다고 말해지고 있다.

4) 알코올

술 성분인 알코올(정식명은 에틸알코올)은 유기용제이고, 적당량의 음주는 스트레스 해소에 효과가 있지만, 알코올의 분해과정에서 아세트알데히드라는 유해한 물질을 만들고, 중독이 되면 마약중독과 같은 작용이 있다. 그리고 중독까지는 가지 않더라도 신체에 알코올이 남은 상태에서 작업을 하는 것은 안전을 확보하는 데 있어 문제가 된다.

작업과의 관계에서는 술 깨는 속도가 중요한데, 일정량 이상을 마시면 혈중 알코올이 사라질 때까지 상당한 시간이 걸리고, 과음의 경우는 하루가 경과하지 않으면 혈중 알코올 농도가 제로로 되지 않는다고 한다.

따라서 개인차나 마시는 방법에 따른 차이는 있겠지만, 일정량 이상 마시면 다음 날 아침은 물론이거니와 정오가 지날 때까지 알코올이 남은 상태로 작업을 하게 되고, 불안전행동을 일으키기 쉽게 되므로 평일에는 적당한 양으로 그치는 것이 바람직하다.

5) 질병

뇌에 관계하는 질병은 인간 정신의 병이고 그 원인이 명확하지 않은 것도 있어 오랫동안 금기시되어 왔다. 그러나 뇌의 분자 메커니즘이 해명됨에 따라 그 치료방법도 진척되고, 뇌 관련 질병을 가진 상태로 직장에서 일하는 경우도 증가하고 있으므로, 작업 중에 발증(發症)하여 불안전행동 등에 이르지 않도록 직장 차원의 관심과 배려가 필요하다.

- **조현병(schizophrenia)** : 종래는 정신분열증으로 불렸지만, 2011년에 조현병(調絃病)으로 공식 명칭을 변경하였다. 정신분열증

이란 병명이 사회적 이질감과 거부감을 불러일으킨다는 이유로, 편견을 없애기 위하여 개명된 것이다. 전 세계의 조현병 평생 유병률(개인이 평생 단 한 번이라도 걸릴 확률)은 1%로 비교적 흔한 정신질환[68]이다. 조현(調絃)이란 사전적인 의미로 현악기의 줄을 고른다는 뜻으로, 조현병 환자의 모습이 마치 현악기가 정상적으로 조율되지 못했을 때의 모습처럼 혼란스러운 상태를 보이는 것과 같다는 데서 비롯되었다. 망상, 환각(환청), 와해된 언어(예: 빈번한 탈선), 정서적 둔감 등의 증상과 더불어 사회적 기능에 장애를 일으킬 수도 있는 정신과 질환이다. 특징적인 증상은 먼저 감정의 분열이 발생하고 정상인과 감정이 서로 통하지 않게 되는 것이다. 충동조절에 문제가 있을 수 있고, 치료하지 않은 환자는 흔히 공격적인 행동을 보인다. 또한 자살시도가 상당히 많기 때문에 주의를 기울여야 한다.[69]

- **조울증(躁鬱症)** : 조울증은 기분장애의 대표적인 질환 중의 하나이다. 기분이 들뜨는 조증이 나타나기도 하고, 기분이 가라앉는 우울증이 나타나기도 한다는 의미에서 '양극성장애'라고도 한다. 조증(躁症)은 비정상적으로 고양되고 과대하거나 과민한 기분이 특징적인 조증 삽화(manic episode)에 나타나는 기분상태이다. 조증 삽화기의 환자는 과대한 계획을 세우고 자신만만하고 야심 찬 계획이 좌절될 경우 쉽게 과민하게 변하기도 한다. 대체로 기분이 고양되어 있으나 사소한 일에 분

68) 「정신건강증진 및 정신질환자 복지서비스 지원에 관한 법률」상 '정신질환자'라 함은 망상, 환각, 사고(思考)나 기분의 장애 등으로 인하여 독립적으로 일상생활을 영위하는 데 중대한 제약이 있는 사람을 말한다(제3조 제1호). 정신질환에는 조현병(정신분열병), 강박증, 우울증, 조울증, 불안증, 불면증, 우울증, 치매, 섬망, 학습장애, 틱장애, 공황장애 등 굉장히 많은 종류가 있다.

69) 조현병(정신분열병)은 「산업안전보건법」 제138조 및 동법 시행규칙 제220조 제1항 제2호에 의해 '질병자의 근로금지' 대상 질병으로 정해져 있다.

노를 일으키고 과격한 행동을 일으킬 수도 있다. 반면에 울증(鬱症) 삽화(depressive episode) 상태가 되면, 우울한 기분, 불안, 초조함, 무기력감, 절망감 등을 호소한다. 미래를 비관적으로 느끼며 잔걱정이 많아진다. 매사에 자신감이 없고, 이전에 했던 일들이 힘들게 느껴지면서 아무 일도 할 수 없는 것처럼 느낀다. 자신이 쓸모없는 사람이라고 생각하며 자살을 생각하기도 한다. 주변 사람들이 자신을 비웃거나 놀린다는 피해의식이 생기기도 하며, 이것이 심해지면 피해망상이 될 수 있다. 사고의 속도가 느려지고 이해력과 판단력이 감소한다.

- **뇌전증**: 과거에는 '간질'이 정식 명칭으로 사용되었으나, 2009년에 '뇌전증'으로 공식 명칭을 변경하였다. 뇌전증은 이전에는 치료하기 어려운 질환이며 잘 낫지 않는다는 속설이 널리 퍼져 있었지만, 현대에 들어와서 뇌전증 발작이 신경세포의 일시적이고 불규칙적인 이상흥분현상에 의해 발생하는 것이라고 밝혀졌다. 뇌전증은 갑자기 의식이 없어지고, 전신의 근육이 경련을 일으키며, 부르짖는 소리를 내고 쓰러지는 경우가 많다. 또한 호흡곤란·청색증(青色症)·고함 등의 증상이 나타나면서 전신이 뻣뻣해지고 눈동자와 고개가 한쪽으로 돌아가는 강직 현상이 나타난다. 입에서 침과 거품이 나오기도 한다. 적절한 치료를 받으면 사회적으로나 가정적으로나 정상적인 생활이 가능한 질병이다.

이상과 같은 뇌와 관계되는 질병, 또는 심각한 질병은 아니더라도 관절염, 오십견, 편두통, 안구건조증 등의 질병은 업무에 대한 집중도를 떨어뜨리고 주의를 빼앗기게 함으로써 사고·재해를 유발하는 요인으로 작용할 수 있으므로, 이러한 점까지 감안하여 질병자 자신의 노력과 더불어 조직 차원에서 세심한 안전관리를 해

나가는 것이 중요하다.

6) 스트레스

스트레스는 소위 현대병이라고 한다. 사회환경, 노동환경이 급격하게 변화하면서 그것에 동반하여 일하는 사람들의 스트레스가 악화되고 있다고 지적되고 있다. 특히 성과주의가 중심적인 인사노무관리가 되어 이 문제가 스트레스의 큰 원인으로 작용하고 있다.

과학기술의 발전 등으로 인간은 근육노동으로부터 해방된 반면, 밀도가 높은 노동, 복잡한 인간관계 등으로 뇌에 긴장이 강요되고 있고 신경의 혹사로 연결되는 두뇌노동에 많이 종사하고 있다. 스트레스는 의학적으로 뇌간(腦幹)의 생명활동과 그것을 조절하는 대뇌, 소뇌 활동의 불균형이 원인이라고 한다. 스트레스는 작업자의 일에 대한 주의력 등을 떨어뜨려 불안전행동, 나아가 사고·재해의 원인이 될 수 있다.

7) 고령

고령화의 진전으로 고령자의 경제활동 참여가 증가하고 있고 앞으로도 증가할 것으로 예상된다. 인간은 고령화와 함께 신체의 민첩성이 떨어지고 반응시간이 길어지며, 생리적 기능, 특히 시력·청력 등의 감각기능, 평형기능과 근력 등의 저하가 초래된다. 이러한 신체적 기능의 저하는 위험대응·회피능력을 떨어뜨리고 몸의 유연성, 자세의 균형유지능력과 지구성·회복력 등을 저하시켜, 결국 추락·전락(轉落), 전도 등 여러 가지 산업재해의 원인이 되기도 한다.

고령자가 계속적으로 일을 하는 것은 사회복지비용을 감소시키고 삶의 활력을 높이는 등의 효과가 있을 뿐만 아니라, 안전 측면에서 볼 때도 오랜 기간 배양되어 온 기능, 경험을 살리는 의미에서 긍정적인 측면이 있다. 반면, 개개인에 따라 차이는 있지만 고령화에 수반되는 신체 각 기능의 저하와 재해 간에는 상관성이 있으므로, 이 점을 배려하면서 그 능력을 활용해 나가는 것이 필요한 바, 고령자의 특성에 착목한 작업환경의 개선, 근로시간의 적정화, 건강 유지·증진의 지도 등을 위해 노력해 나갈 필요가 있다.

참고 페달 오조작과 고령의 관계: "브레이크 밟았는데…풀악셀?" 페달 오조작 사고 4건 중 1건은 고령자[70)]

삼성화재 교통안전문화연구소, 페달 오조작 사고 특성 분석
페달 오조작 사고 매월 160건 이상 발생…연평균 2,000건
65세 이상 운전자 25.7%…절반은 주차구역에서 발생

페달을 잘못 밟아 일어나는 교통사고가 매달 160건 이상 발생하는 것으로 나타났다.

삼성화재 교통안전문화연구소는 16일 '페달 오조작 사고특성 분석 결과'를 발표했다. 2019년부터 올해 6월까지 발생한 삼성화재 자동차보험 가입 차량의 자동차사고를 분석한 결과, 페달 오조작 사고는 매월 160건 이상(연평균 2,000여 건) 발생하고 있었다.

페달 오조작 사고는 브레이크 페달과 가속 페달을 번갈아 밟아야 하는 상황에서 주로 발생했으며 사고장소는 주로 주차장, 교차로, 신호등 앞에서 많이 발생했다.

연령대별로는 65세 이상 운전자의 페달 오조작 사고가 2,718건 발생해 25.7%를 점유했고, 70세 이상 운전자 페달 오조작 사고 점유율은 동 연령대 면허소지자 점유율 대비 2.5배 높게 나타나 고령운전자에게 페달 오조작 방지 장치를 우선 보급하는 지원제

70) 최정훈 기자, 이데일리, 2024. 10. 16.

도 마련이 시급한 것으로 분석됐다.

특히 페달 오조작 사고는 가속 페달과 감속 페달을 번갈아 밟아야 하는 상황에서 빈발하였는데, 2건 중 1건은 주차구역 주차 및 출차 중 발생했다. 61세 이상부터 급격히 증가하여 페달 오조작 사고 4건 중 1건은 65세 이상 고령운전자에서 발생했다.

페달 오조작 사고점유율은 61세 이상부터 급격히 증가하여 전체 페달 오조작 사고의 39.1%를 점유하였으며, 특히 65세 이상 운전자의 페달 오조작 사고는 총 2,718건으로 전체 오조작 사고의 25.7%를 점유했다. 또한 45~54세 여성운전자 페달 오조작 사고 건이 동일 연령 남성보다 많았다.

박요한 삼성교통안전문화연구소 수석연구원은 "페달 오조작 사고는 연령과 성별을 막론하고 누구에게나 발생할 수 있는 사고며 특히 고령운전자가 상대적으로 취약해, 페달 오조작을 감지, 차단하는 장치에 대해 의무화에 준하는 보급 정책이 필요하다"며 "이를 위해 신규 차량에는 페달 오조작 방지장치 의무 장착 방안을 신속히 도입함은 물론, 일본처럼 기존 차량에도 장착할 수 있는 애프터마켓용 제품을 개발하고 성능을 인증해 보급함으로써 가속 페달 오조작에 따른 사고 예방에 대한 적극적인 노력이 절실하다"고 지적했다.

이어 "특히 고령자에 대해 우선 보급 확대가 될 수 있도록 구매 지원 정책과 장착 차량에 대한 자동차보험료 할인 등이 뒷받침되면 가속페달 오조작 사고 예방에 큰 효과 있을 것이다"고 강조했다.

(3) 사회심리적 요인

1) 직장의 인간관계

① 인간의 욕구

미국의 심리학자인 매슬로우(Abraham H. Maslow)는 인간이 본래 가지고 있는 욕구에 대하여 그림 2.7에 보는 것처럼 피라미드 형태의 구조를 한 '욕구 5단계'로 설명하고 있다. 이 이론은 인간의 욕구에 위계적(계층적) 질서가 존재한다는 의미를 담아 욕구위계이론(Need Hierarchy Theory)이라고도 하며, 창제자의 이름을 따서 '매슬로우의 욕구이론'이라고 부르기도 한다. 즉, 직장에서 일하고 있는 자는 일정한 목적·욕구를 가지고 있는데, 그것을 5단계로 분류하고, 저위(低位)의 계층 욕구가 충족되면 순차적으로 고위(高位)의 욕구계층으로 이행한다는 접근이다.[71)]

피라미드의 가장 저변(제1층)에 위치하고 있는 생리적 욕구(physiological need)는 인간이 생명을 유지해 나가기 위해 필요한

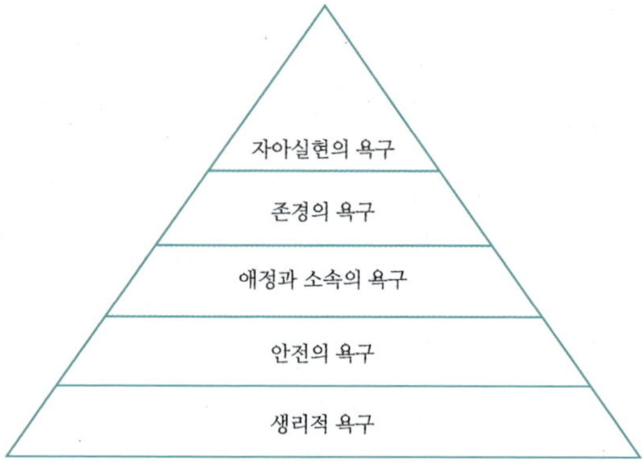

그림 2.7 매슬로우의 욕구피라미드

71) A. H. Maslow, *Motivation and Personality*, 2nd ed., Harper & Row, 1970.

의식주에 관한 기본적 욕구로서, 식욕, 성욕, 수면 등이 해당하는데, 금전적 욕구도 포함된다고 생각한다.

제2단계인 안전의 욕구(safety need)는 신체적 및 심리적 위험으로부터 보호되고 안전해지기를 바라는 욕구이다. 목전의 위험으로부터 몸을 지키려고 하는 위험회피 성향이자 생리적 욕구의 결여에서 벗어나려고 하는 자기보존의 욕구라고 할 수 있다. 상해를 받지 않으려고 내 몸의 안전을 도모하는 것, 자신의 보신을 위해 자기변호, 자기주장을 하는 것 등이 포함된다.

단, 안전의 욕구라고는 하지만 여기에서 말하는 안전의 욕구는 사업장의 안전관리를 위하여 스스로의 행동을 규율하고 규칙을 준수하는 등 바람직한 안전수준을 달성하려는 능동적인 욕구[72), 73)] 라기보다는 방어적이고 자기본위적인 결핍욕구(deficiency needs)이다.

생리적 욕구와 안전의 욕구는 기본욕구(생물학적 결핍욕구)들

72) 이러한 능동적인 욕구는 본능적인 욕구(기본욕구)라기보다는 인위적인 노력이 지속적으로 많이 요구되는 욕구이다. 사실 안전하게 작업하는 것보다 위험을 무릅쓰는 것이 보다 편리하고 편안하며 일반적인 일이다. 과거 경험은 통상적으로 작업을 하든 여행을 하든 놀이를 하든 위험한 행동을 선택하는 우리의 결정을 뒷받침해 준다. 그래서 우리는 우리 스스로와 다른 사람들을 위험한 행동을 피하고 안전한 행동을 유지하도록 동기부여하기 위하여 인간 본능과의 끊임없는 싸움에 종종 몰두한다. 감독자, 동료작업자 또는 친구로부터의 요구는 우리에게 지름길행동을 하거나 위험을 무릅쓰라고 압력을 가하기도 한다. 안전절차 모두를 따르는 것은 불편하거나 성가실 수 있다(E. S. Geller, *The Psychology of Safety Handbook*, CRC Press, 2001, p. 53). 이러한 주장을 압축적으로 잘 표현해 주는 것이 앞에서 소개한 "안전은 대체로 인간 본능과의 끊임없는 싸움이다."라는 겔러의 말이다. 안전은 비(非)가시적이고 즉각적이지 않다는 점, 재해 발생확률이 낮다는 점이 안전행동을 자발적으로 실천하기 어렵게 한다. 즉, 안전에는 인위적인 노력이 필요하다.

73) 조직에서 안전수준의 향상을 위하여 실시하는 사전예방적인 각종 안전활동의 활성화를 위해서는 2단계 안전의 욕구보다는 오히려 3단계 애정과 소속의 욕구, 4단계 존경의 욕구, 5단계 자아실현의 욕구를 활용하는 것이 필요하다.

로서 욕구 충족의 긴박성이 강조된다. 이 기본욕구들이 적절한 수준으로 충족되어야 상위 위계의 심리적 욕구가 활성화될 수 있다.

제3단계인 애정과 소속의 욕구(need for love and belonging)는 사람끼리 사이가 좋고 적절한 관계를 유지하면서 동료로서의 관계를 만들고자 하는 욕구인데, 고독하게 있는 것이 아니라 동료를 찾고 특정 집단에 소속하며 타인으로부터 사랑받고 싶어 하는 욕구로서 사회적 욕구라고도 한다.

제4단계인 존경의 욕구(need for esteem)는 타인으로부터 존중받고, 자신의 능력을 높이 평가받고 싶어 하는 욕구로서 존중의 욕구라고도 한다. 지위, 존경, 인정, 명예, 위신, 자존심, 성공 등에 대한 욕구를 말한다. 이러한 존경(존중)의 욕구가 충족되지 못하면 열등감이나 무력감, 신경증적 경향 등이 유발된다.

마지막 단계인 자아실현의 욕구(self-actualization need)란, 자신에게 적합한 일을 함으로써 인간으로서 실현할 수 있는 자기 나름대로의 최상의 인간이 되려는 욕구로서 자기완성의 욕구이다. 사람마다 자신이 추구하는 자기완성의 모습이 서로 다르기 때문에, 동일한 자아실현의 욕구에 의해서 지배되더라도, 이 욕구가 표출되는 형태는 다양하다. 이 욕구의 충족은 외적 보상이 아니라 내적 만족에 의해서 평가된다. 자아실현의 욕구는 존경의 욕구까지의 하위 욕구들이 먼저 충족되어야 나타난다.[74)]

매슬로우에 따르면, 어떤 욕구가 충족되지 않으면 그 욕구에 대한 동기가 생겨나는데, 특히 충족되지 않은 가장 하위 수준의 욕구에 의해 동기가 생겨난다. 즉, 만약 어떤 두 가지 수준의 욕구가 충족되지 않는다면 보다 낮은 수준의 욕구에 의해 동기가 발생하

74) 5개 위계로 세분된 욕구들을 크게 범주화하면, 하위 위계의 생물학적 결핍욕구와 이보다 상위의 성장욕구의 두 범주(수준)로 나눌 수 있다.

게 된다는 것이다. 따라서 배고픈 사람은 위험에 대해서는 아무런 관심도 없고 도둑질에 대한 처벌이 가혹할지라도 음식을 훔치는 위험을 감수할 것이다. 또한 안전의 욕구가 충족되지 못한 사람은 모임에 참석해서 친구들과 좋은 시간을 보내는 것에는 아무런 관심도 없을 것이다. 그러나 매슬로우는 이러한 위계에 예외가 있을 수 있으며, 어떤 개인들은 하위 수준의 욕구보다 상위 수준의 욕구를 더 중요하게 생각할 수 있다고 하였다.[75), 76)]

욕구위계이론은 인간의 다양한 욕구체계를 강조함으로써 조직 내에서 생물학적 결핍욕구에 의존한 동기화 전략에 제한점이 있음을 깨닫게 한 계기가 되었다. 즉, 생리적 욕구나 안전의 욕구가 일정한 수준 이상으로 충족된 조건에서 애정과 소속의 욕구, 존경의 욕구, 자아실현의 욕구와 같은 상위욕구를 충족시킬 수 있는 동기전략이 중요함을 일깨워 주었다.

한편, 여러 단계의 욕구를 가지고 있는 많은 사람이 직장이라고 하는 동일 장소에서 공동작업 또는 자신보다 상위의 직위에 있는 관리·감독자의 지휘명령을 받으면서 작업을 하고 있는 점을 감안하면, 사고방식의 차이에 의한 협조의 어려움, 반목, 감정의 갈등, 관리·감독자와의 가치관 차이 등이 발생하는 것은 당연하다.

그러나 직장에서 이들 배경요인을 방치한 상태에서 작업을 행하게 하는 것은 생산성의 저하, 작업의욕의 침체, 작업절차의 혼

---

75) 박동건 옮김, 《산업 및 조직 심리학(제6판)》, 학지사, 2015(P. E. Spector, *Industrial and Organizational Psychology: Research and Practice*, 6th ed., Wiley, 2011), 278쪽.

76) 매슬로우에 따르면, 5개 욕구들 가운데 어느 하나의 욕구가 우세하게 되면 이웃한 욕구들의 영향력이 크게 낮아지지만, 그렇다고 해서 그 욕구가 전혀 작용하지 않는 것은 아니다. 즉, 여러 욕구들 가운데 하나 이상의 욕구들이 동시에 작용하거나 활성화될 수 있다. 물론 일정한 시점에서 작용하는 여러 욕구의 상대적 강도는 서로 다를 것이다.

란 등을 초래할 뿐만 아니라 불안전행동을 발현시킬 가능성이 높다. 작업자의 임금이 상당히 낮은 수준인 경우에는 작업자들이 매우 위험한 작업임에도 이를 감수하거나 불안전한 행동에 대한 남의 비난에 아랑곳하지 않을 수 있다는 것도 욕구위계이론이 시사하는 점이라 할 수 있다.

② 의욕의 고양

상기와 같이 인간은 본능으로서의 생리적 욕구에서 시작하여 순차적으로 고위(高位)의 욕구를 거쳐 자기실현까지 도달하고 싶어하는 욕구를 가지고 있고, 개인차는 있지만 이러한 욕구의 실현이 보일 때는 의욕도 강화된다.

한편, 관리·감독자 등으로부터 "규칙을 지키려는 의욕이 없다.", "아무리 가르쳐도 행동으로 옮기지 않는다." 등 작업자의 안전에 대한 의욕 문제가 제기되는 경우가 적지 않지만, 상사로부터 아무리 "의욕을 가져라."라는 말을 들어도 바로 그런 마음이 좀처럼 생기지 않는 것이 인간이다. 의욕이 없는 채 멍하게 작업을 계속하고 있으면 작업의 능률은 올라가지 않고, 일과의 위화감이 피로 등으로 쌓이고, 그것이 심해지면 불안전행동의 요인이 된다.

단, 제2단계인 안전에 대한 욕구는 동물들도 보이는 위험회피의 본능적 욕구인데, 아무리 빈들거리는 자라도 목전의 위험으로부터는 반드시 회피하고 싶다는 욕구가 작동하기 마련이므로, 재해라는 결과를 초래한 경우에는 눈에 보이지 않는 위험이 있었던 경우라고 생각해야 하고, 단순히 의욕이 없다고 처리하는 것은 타당하지 않다.

그리고 직장집단 중에서는, "무리로서 활동하고 싶다."(애정과 소속의 욕구 또는 사회적 욕구), "동료로부터 인정받을 수 있도록 자기계발을 하고 싶다."(존중의 욕구), "자기의 능력을 가급적 높이고 싶다."(자기실현의 욕구)라고 하는 인간으로서의 욕구가 있기 때문에, 작업자의 의욕을 고양하기 위해서는, 이 점을 충분히 이해한 후 욕구의 고차원화와 결부시키는 대응, 방법을 적용해 가는 것이 필요하다. 특히, 개인의 욕구를 실현하는 과정에서는, 항상 동료, 집단을 의식하여 동료가 하면 자신도 한다는 의식을 상당히 강하게 가지는 경향이 있고, 모두가 상의하여 다 함께 결정한 것은 일반적으로 충실히 실행하게 된다.

즉, 집단에서 결정한 사항에 대하여, 나아가 "나 자신도 ○○을 한다."고 스스로 결심하거나, 집단의사결정에 자신 또한 주체적으로 참여한 경우에는 상당한 확률로 지켜질 것이기 때문에, 집단으로서의 의사결정이나 그 과정이 개인적 '의욕'의 중요한 요소가 된다고 할 수 있다.

작업자 한 사람 한 사람이

- 안전활동에 대해 중요한 역할을 하고 있다는 성취감
- 안전활동이 평가받고 있다는 충실감
- 안전에 관하여 능력을 인정받고 있다는 만족감
- 안전에 관하여 책임을 갖고 있다는 책임감
- 안전활동이 향상되고 있다는 성장감

을 느끼고 작업을 하는 경우에는, 직장 전체가 활기 넘치게 되고 불안전행동의 방지에 대해서도 일체적으로 추진되는 것을 기대할 수 있다. 여기서 불안전행동의 방지라고 하면 바로 안전보건교육이라는 말이 떠오르지만, 안전보건교육은 인간에게 지식을 부여하여 이성을 담당하는 대뇌의 신피질을 단련하는 것이지, 의욕이라고 하는 인간의 본능적인 부분을 담당하는 구피질을 단련하는 것은 아니므로, 의욕의 고양으로는 바로는 연결되지 않는 것이다.

작업자의 의욕을 높이기 위해서는 다음과 같은 것을 배려할 필요가 있다.

- 최고경영자가 의욕에 투철한 자신의 자세를 구체적 언동(言動)으로 종업원에게 보인다.
- 관리·감독자가 먼저 의욕을 보이고 솔선수범한다.
- 보람 있는 직장 만들기를 추진한다(일의 충실감과 의욕은 정비례한다).
- 프로의식(일에 대한 긍지와 기쁨)을 고양한다.
- 책임감(프로는 자신의 일에서는 에러를 일으키지 않는다)을 갖게 한다.
- 직장 전체적으로 결정된 안전행동목표에 대하여 각자가 하여야 한다고 하는 의지를 갖게 한다.
- 위의 방법들에 의해서도 의욕에 여전히 문제가 있는 자는, 한 사람 한 사람에 대해 그 이유를 파악하고 적절한 대책을 생각한다.

이러한 것은 작업자에게 프로페셔널로서의 일과 안전을 일체적으로 실시하게 하기 위한, 이른바 유도의 의미를 갖는 것이고, 지식, 기능을 부여하기 위한 교육과는 달리 '동기부여'를 위한 것이다.

③ 직장과 생활의 고민

인간은 누구라도 많든 적든 고민거리를 갖고 있고, 그 내용은 연애, 가정적 문제, 주택대출금 변제문제, 알코올, 질병, 피로, 수면부족 등 다종다양하다. 이들 문제에 대하여 해결 전망이 잘 보이지 않으면, 이 고민이 직장으로까지 이어져 불안전행동으로 연결될 가능성이 있다. 또한 고민은 정도가 가벼운 것에서 상당히 심각한 것도 있고, 그 영향이 지각, 결근 등으로 나타나는 것 외에,

나아가 자살 등에 이르는 예도 있다.

우리나라의 자살자 수는 2020년 기준 13,195명으로 인구 10만 명당 25.7명이다. 이는 경제협력개발기구(OECD) 중 가장 높고 OECD 평균보다 2배 이상 높은 것이다.[77] 우리의 근로환경을 포함한 사회환경이 자살률과 깊은 관련이 있는 것으로 생각된다.

일하는 사람의 자살을 예방하기 위해서는, 고민을 갖고 있는 사람들에 대해 관리·감독자 등이 좋은 상담자가 되거나 사업장 차원에서 생활지도 등을 하는 것이 필요하다. 단, 사업장에서 누군가에 대해 불안한 징조를 파악하더라도 민감한 마음의 문제이고 안이하게 간섭하는 것은 피하여야 하지만, 평상시부터 동료, 부하의 상담에 응해 주는 분위기 조성, 사업장 차원의 마음건강 상담(카운슬링) 체제 구축 등을 통해 적절한 원조와 지도를 하는 것이 필요하다.

④ 관리·감독자의 역할

직장에서 인간관계를 원만하게 가지면서 안전한 작업을 확보하기 위해서는 일선에서 작업을 지휘·감독하는 관리·감독자의 역할이 특히 중요하다.

관리·감독자는 작업 중에 부하 직원의 불안전행동, 산업안전보건법령, 사내 안전보건관리규정 등에 대하여 규칙 위반이 있는 것을 발견하는 경우도 적지 않다. 본래라면 이와 같은 행동에 대하여 바로 그 현장에서 개선하게 하여야 하는데, '너무 잔소리가 많아서는 원망을 살 것 같다.'든가, '직장에서의 경험이 풍부한 자이니까 주의를 주는 것이 어렵다.' 등과 같은 생각에 한 번 더 발견하면 그때 가서 주의를 주어야겠다고 생각하는 사례도 보인다.

그러나 안전에 안이한 타협은 금물이고, 안전에는 청신호와 적

77) 통계청, 《사망원인통계연보》, 2021.

신호는 있지만 황색의 주의신호는 존재하지 않는다. 순간의 주저가 큰 사고, 중대한 재해로 연결되는 경우가 있다는 것은 과거의 많은 사례가 증명하고 있다.

따라서 직장에서 필요한 것은 바로 행동으로 옮기거나 지시하거나 하는 것이 중요한데, 이를 위해서는 관리·감독자가 다음과 같은 역할을 담당해야 한다는 것을 자각하고 있어야 한다.

첫째, 부하 직원의 목표, 과제 등의 달성을 위하여 독려, 지도를 하는 것이다. 일을 할당하고, 필요한 것을 가르치며, 때로는 격려, 질책을 하는 것이다.

둘째, 직장의 인간관계를 양호하게 유지하기 위한 노력이다. 부하 직원들의 반목을 방지하고, 자신도 부하 직원과의 양호한 신뢰관계를 만드는 것이다.

전자는 일 중심의 행동, 후자는 인간관계 중심의 행동이라고도 할 수 있는데, 관리·감독자는 이와 같이 두 가지의 역할을 동시에 하여야 한다. 그러나 관리·감독자에 대한 부하 직원의 고충, 불만에는 대체로 다음과 같은 경향이 있다.

- 인간관계 중심의 행동이 적은 관리·감독자에 대해서는 일에 관한 행동 여하에 관계없이 부하 직원의 고충·불만이 많다.
- 인간관계 중심의 행동이 중간 정도인 관리·감독자에 대해서는 일 중심의 행동이 많아지면 부하 직원의 고충·불만이 급속히 증가한다.
- 평소부터 인간관계 중심의 행동이 많은 관리·감독자에 대해서는 일 중심의 행동이 많아지더라도 부하 직원의 고충·불만이 증가하지 않는다.

즉, 부하 직원의 불평·불만·고충은 일의 어려움에서보다는 직

표 2.10 인간관계가 나쁜 직장에서의 현상

- 관리·감독자의 작업지휘체제가 잘 기능하지 않는다.
- 작업절차가 철저하게 지켜지지 않는다.
- 감독자가 없으면 건성으로 한다.
- OJT가 잘 이루어지지 않는다.
- 임시로 작업반을 편성하는 경우, 일의 내용에 따른 사람의 배치가 어렵다. 이 경우, 임시로 책임자가 된 자가 작업지휘를 충분히 할 수 없다.
- 결근자가 있는 경우, 작업분담의 변경으로 인해 불평이 나오기 쉽다.
- 미팅이 잘 진행되지 않는다.

장 안에서의 인간관계의 서투름에서 더 많이 발생하고, 인간관계가 나빠지면 표 2.10과 같은 현상이 생기는 경우가 많아지므로, 불안전행동의 방지와 일의 원만한 수행을 위해서는 관리·감독자를 중심으로 한 양호한 인간관계의 형성이 중요한 것이다.

2) 리더십

리더십이란, 집단의 목표, 과제를 달성하기 위하여 상위의 직무에 있는 자가 부하 직원에 대하여 영향력을 행사하는 것으로서, 기업활동의 단위인 직장에서도 관리·감독자가 부하 직원에 대하여 적절한 지시, 관리를 하면 그 직장의 업적은 올라가고 안전성적도 올라가게 된다.

리더가 안전에 관하여 취하여야 할 행동은 다음과 같다.

- **안전의 기본을 공부한다**: 작업장의 위험을 배제하기 위해서는, 불안전행동을 비롯하여 안전에 관한 기본적인, 그리고 폭넓고 깊은 지식이 필요하고, 나아가 이것을 배우려는 의지를 가지고 있어야 한다.
- **작업장에 있는 안전상의 문제점을 철저하게 발굴한다**: 관리·감독자는 자신이 관장하는 작업장의 실태에 관해서는 자신이 가

장 잘 알고 있다. 생산 및 안전의 목표를 정하기 위해서는, 먼저 해결하여야 할 작업장에 잠재하는 문제점을 철저하게 발굴하는 것이 필요하다.

- **부하 직원의 특성을 가능한 한 상세히 파악한다**: 관리·감독자가 부하 직원의 성격, 장단점, 취미 등 프라이버시를 침해하지 않는 범위에서 알아 두는 것은 안전관리를 하는 데 있어 중요하고, 인간관계를 양호하게 하기 위해서도 필요하다.
- **부하 전원에 안전활동의 역할을 분담시킨다**: 안전하고 안심하게 일할 수 있는 작업장의 조성은 관리·감독자의 노력만으로는 불가능하고, 관리·감독하에 있는 모든 자의 이해, 협력과 실천이 불가결하다. 이를 위해서는, 부하 전원에게 안전활동에 대한 역할분담을 시키는 것이 효과적이고, 또 그것을 통하여 참가의식이 배양된다.
- **자신의 책임을 자각한다**: 지시한 사항이 실시되지 않거나 부서에서 결정된 사항이 준수되지 않는 것은 부하 직원의 탓이 아니라 자신의 책임이라는 것을 자각한다.

3) 팀워크

팀워크라는 말은 스포츠를 비롯하여 많은 장면에서 사용되고 있는데, 직장에서는 동일한 부서에서 일을 하고 있는 자가 연대의식을 가지고 부서 전원이 사기(전원을 위하여 자신이 하고 있다는 적극적인 의사)가 가득 찬 상태에서 목표 달성을 위해 단결력을 발휘하여 일을 하는 상태를 말한다. 팀워크가 흐트러지면 모든 면에서 좋은 결과를 얻을 수 없다.

부서에서 한 사람에게 불안전행동이 있으면, 당사자의 재해로 끝나지 않고 주변의 동료 등에게, 때로는 건물 내 전원에게 피해를 미칠 수도 있다. 또한 한 사람의 규칙(rule) 무시가 전원의 안전습관을 쓸모없게 만드는 경우도 있다. 따라서 리더를 중심으로 한 팀워크는 직장의 규율을 강고하게 하면서 불안전행동과 불안전상태를 직장에서 없애기 위해서도 중요하다.

팀워크가 좋은 부서에서는 전원이 규율·규칙을 집단 차원에서 받아들이고, 멤버는 서로 강하게 단결하고 협력하여 이것을 이행하려고 하는 분위기로 가득 차 있을 것이다. 이와 같은 부서에서는 각자가 동료를 동료로 의식하고 자신도 동료의 중요한 일원으로 자각하고 있기 때문에, 동료에게 불안전행동이 있으면 기분 나쁘지 않게 서로 주의를 줄 수 있고, 안전규칙 위반은 동료를 위험하게 하는 것으로 생각하는 등 자율적으로 규칙을 준수하는 분위기가 형성된다. 그리고 집단을 형성하고 있는 사람들 간에는 자연스럽게 집단규율이라고 하는 행동·판단의 기준이 형성되고, 한번 형성된 이 규율은 각자에 의해 계속 준수되게 된다.

즉, 불안전행동을 금지하고 안전의 규율에 따라 하여야 할 것은 하고 하지 말아야 할 것은 절대로 하지 않는다는 것이 하나의 집단 규율로 형성되는 것이 필요하고, 이것은 팀워크라고 하는 토대가 있어야 가능한 것이다. 따라서 팀워크는 중요한 요소라고 할 수 있는데, 그것을 높여 가기 위해서는 다음 사항에 대한 기반을 구축할 필요가 있다.

- 멤버를 구성하고 있는 자가 심신 모두 건전하고 자신의 역할에 대해 책임감을 가지고 있을 것, 그리고 집단의 목표를 충분히 이해하고 있을 것
- 멤버 각자가 동료의 역할, 실력을 이해하고 신뢰하고 있을 것, 특히 관리·감독자, 리더를 신뢰하고 있을 것

이 기반 위에 서서 다음과 같은 구체적인 사항을 배려하고, 팀으로서 불안전행동을 추방하기 위한 행동기준을 확립하는 것이 필요하다.

- 집단으로서의 안전활동 목표를 명확히 정한다. 이 경우 목표는 구체적이고 현실적이며, 달성이 가능한 것으로 한다.
- 집단의 목표를 결정할 때는 집단의 전원이 참가하고 결정한다. 이 경우 전원이 주역이 되도록 한다.
- 멤버 한 사람 한 사람의 역할, 행동목표를 명확히 한다. 집단의 목표뿐만 아니라 개인의 행동목표를 정한다. 리더는 각자의 행동목표가 명확하게 되었는지에 대하여 충분히 배려한다.

또한 팀워크를 가지기 위해서는 전술한 리더의 요건이 필요한데, 동시에 리더에게는 말하는 기술, 듣는 기술, 정리하는 기술, 칭찬하는 기술, 질책하는 기술도 요구된다.

4) 커뮤니케이션

커뮤니케이션이란 정보·의사·의견 등을 타인에게 전달하는 것, 그리고 이것에 의해 영향을 주는 것을 말하고, 여러 가지 장면에서 폭넓게 사용되고 있다. 커뮤니케이션은 매사를 올바르고 신속하며 정확하게 실시하기 위해서는 불가결한 것이고, 실패하였을 때에는 커뮤니케이션이 불충분하였다는 식으로도 사용되고 있다.

기업·사업장에서는 최고경영자부터 제일선의 작업자에게 이르기까지 다양한 커뮤니케이션을 통하여 일이 진행되고 있고, 이것이 원활하게 되지 않으면 일이 멈추거나 불량품이 나오거나 또는 사고·재해에 이르게 된다.

우리나라에서 과거에는 많은 것을 굳이 말하지 않아도 매사를 이

심전심으로 이해하고 진행하는 것이 미덕이라는 풍조도 있었지만, 다종다양한 정보를 정리하면서 일을 원활하게 진행하여야 하는 오늘날에는 이와 같은 형태로 일을 하는 것은 불가능해지고 있다.

커뮤니케이션이라고 해도 그 실제에는 여러 가지 형태가 있고, 직장에서 이루어지고 있는 경우에는 지시·전달 형식의, 이른바 일방통행(one-way)인 것도 적지 않다.

물론 이와 같은 형식으로 보통의 일이 진행되어도 지장이 없는 경우도 적지 않겠지만, 다양한 인간관계 속에서 높은 생산성, 안전을 확보하는 데 있어서 이러한 진행은 오래갈 수 없고, 조직 각층의 관리·감독자, 관계하는 작업자 등이 각자 가지고 있는 의견, 제안 등도 파악·수집하고 활용하는 것이 불가결하다. 특히 안전활동에서는 쌍방향(two-way) 커뮤니케이션이 중요하다.

일의 능률, 생산성에 대한 것은 관리·감독자, 작업자 모두 프로페셔널이고 커뮤니케이션도 원활한 경우가 많지만, 안전의 규칙, 관행 등에 대해서는 양자의 생각, 지식 등에 차이가 있거나 어긋나는 일도 드물지 않게 발생한다.

예를 들면, 불안전행동을 배제하려고 하는 경우, 상사와 부하 간에 위험의 인식이 달라, 관리·감독자가 위험하다고 생각하여 안전대 등의 보호구를 사용하는 것을 지시하더라도, 작업자가 위험하지 않다고 생각하고 있으면 실제의 작업에서는 착용하지 않을 가능성이 크고, 반대로 작업자가 스스로의 경험으로 볼 때 위험하다고 생각하고 있어도 작업능률을 우선하는 관리·감독자가 작업의 강행을 지시하는 경우도 있다. 이와 같은 상황에서 실제의 작업을 수행하는 것은 매우 위험하고, 이 문제를 해결하기 위해서 쌍방향의 커뮤니케이션이 불가결하다.

IT(정보기술)의 급속한 진전은 커뮤니케이션에 큰 변화를 초래하고 있다. 즉, 컴퓨터 등의 IT를 구사한 정보의 전달수단은 그 범위의 확대와 시간의 단축을 가져오고, 국경을 초월한 풍부한 정보의 입수 등을 가능하게 하는 것 외에, 전달내용의 정확도도 현격히 높아지고 있지만, 사람과 사람의 접촉, 대화에 의한 의사·정보의 전달 기회를 현저하게 감소시키고 있다.

또한 인터넷을 통해 국내외의 안전에 관한 새로운 정보, 재해사례, 아차사고정보 등을 수집하고, 그것을 컴퓨터로 처리하여 정보로 신속하게 제공하는 것 등이 가능하게 되었지만, 이들 정보는 그대로 활용할 수 없는 것도 있고, 각각의 직장 실태에 입각하여 취사선택하거나 수정·가공하여 활용하기 위해서는, 안전·보건관리자, 작업장의 리더 등을 중심으로 충분한 대화를 통해 검토하는 것이 필요하다.

나아가, 불안전행동에 밀접하게 관련되는 인간특성으로서의 문제, 고민 등에 대해서는, 아무리 IT기술이 진전되더라도 대화 이외의 수단만으로 해결하는 데에는 많은 한계가 있다. 향후의 커뮤니케이션에 대해서는 사람과 IT의 조화를 배려하면서 효과적으로 실시해 가는 것이 중요하다.

참고 1997년 대한항공 비행기 괌 추락사고[78)]
– 커뮤니케이션의 실패에 의한 사고 사례

1997년 8월 5일 아침 6시 알람소리에 맞춰 대한항공 801편[79)] 기

78) M. Gladwell, *Outliers – The Story of Success,* Back Bay Books, 2008, pp. 177~182, 209~223. 이 글은 1997년 8월 6일 오전 1시 43분경(현지 시각) 서울 김포발 대한항공 801편, 등록번호 HL7468(기종: 보잉 747-3B5B)이 미국령 괌의 안토니오 B. 원 팻 국제공항으로의 착륙을 위해 접근하던 중 추락해 승객과 승무원 총 254명 중 228명이 사망한 항공사고를 대상으로 하고 있다.

79) 대한항공 801편은 결심고도까지 활주로가 확인되지 않았으나 복행(go around: 항공기가 여러 요인으로 인해 정상적인 착륙이 불가능하다고 여겨질 때 조종

장이 잠에서 깨어났다. 나중에 그의 가족이 조사관들에게 들려준 얘기에 따르면, 그는 체육관에 가서 1시간 정도 운동을 한 후 집에 돌아와 저녁에 떠날 괌으로의 비행 계획을 검토했다고 한다. 그는 잠시 휴식을 취한 뒤 점심을 먹고는 오후 3시에 일찌감치 서울을 빠져나와 김포 공항으로 향했다.

공군에서 제대한 후 대한항공에 입사한 그는 그때까지 거의 4년간 조종사로 일해 왔다. 그의 비행시간은 총 9,800시간에 달했으며 그중 3,200시간은 점보기를 조종했다. 몇 달 전에는 낮은 고도에서 고장 난 점보기의 엔진을 훌륭하게 다뤄 대한항공으로부터 상을 받기도 했다. 마흔두 살이던 그는 열흘 전에 진단받은 기관지염을 제외하면 건강상태가 좋은 편이었다.

저녁 7시에 기장과 부기장 그리고 항공기관사[80]는 함께 비행에 대한 서류를 검토했다. 그들이 몰게 될 비행기는 보잉 747로 항공계에서 '걸작'으로 알려진 모델이다. 한때 대통령 전용기로 사용되기도 했던 그 기체의 작동상태는 완벽했다.

드디어 밤 10시 30분에 게이트를 떠난 대한항공 801편은 20분 후 지면과 떨어졌다. 이륙에는 아무런 문제가 없었다. 오전 1시 30분이 되었을 무렵, 801편은 비구름을 뚫고 내려왔고 항공기관사가 멀리서 반짝이는 괌 공항의 불빛을 발견했다. 항공기관사가 물었다.

"이게 괌이야?"

사의 판단에 따라 다시 이륙하는 상황)이 늦어져 계속 하강하다 괌 공항 바로 앞의 산에 기체가 충돌하면서 끌려간 뒤에 멈춰 섰고, 그 직후 누유(漏油)와 스파크로 폭발했다.

80) 요즘 여객기들은 컴퓨터 자동화되어 기장, 부기장 두 명으로 조종이 가능하지만, 예전에는 일부 기종의 경우 제3의 조종사인 flight engineer, 즉 항공기관사가 탑승하여 기체의 각종 시스템을 컨트롤하는 역할을 하였다.

잠시 침묵한 후 그가 다시 말했다.

"이거 괌이야, 괌!"

기장이 웃음을 터뜨렸다.

"허허허, 괌 좋네."

부기장은 관제소에 "찰리 브라보(CB, 비구름)에서 나왔다."고 보고하며 "6번 활주로 왼쪽으로 레이더를 유도해 달라."고 요청했다. 비행기는 괌 공항을 향해 고도를 낮추기 시작했다. 기장은 육안으로도 착륙이 가능할 것 같다고 말했다. 그는 괌 공항과 김포 공항 사이를 여덟 번이나 운항한 경험이 있었기 때문에 공항과 그 주변 지형을 잘 알고 있었다. 랜딩기어가 내려갔다. 플랩[81]의 각도는 10도였다. 오전 1시 41분 48초에 기장이 말했다.

"와이퍼 온."

항공기관사가 와이퍼를 켰다. 비가 오고 있었다. 부기장이 혼잣말을 했다.

"안 보이잖아?"

그는 활주로를 찾고 있었지만 보이지 않았다. 1초 후에 충돌 방지 장치에서 전자음성이 들려왔다.

"500피트."

비행기는 지상 500피트 위치에 있었던 것이다. 그 위치에서 활주로가 안 보일 리가 있을까? 2초가 지났다. 항공기관사가 "어!"라며 놀라는 투로 말했다. 오전 1시 42분 19초, 부기장이 말했다.

"착륙을 포기합시다."

조종간을 당기고 하늘로 올라가 큰 원을 그린 다음 다시 착륙을 시도하자는 얘기였다. 1초 후에 항공기관사가 말했다.

---

81) 비행기의 날개 뒤편에서 속도를 낮추거나 날개의 압력을 변화시키기 위해 움직이는 판.

"안 보입니다."

부기장이 덧붙였다.

"안 보이죠? 착륙 포기!"

오전 1시 42분 22초, 항공기관사가 다시 말했다.

"올라갑시다."

오전 1시 42분 23초, 기장이 대답했다.

"복행."

하지만 그 비행기를 추락으로부터 건져 내기엔 이미 늦었다. 오전 1시 42분 26초, 대한항공 801편은 공항의 남서쪽 4.8 km 지점에 있는 니미츠 힐(Nimitz Hill)이라는 야산을 들이받았고, 6,000만 달러에 달하는 21만 2,000 kg짜리 강철은 시속 160 km의 속도로 암석지대에 처박혔다. 소나무를 살짝 건드린 후 석유 파이프라인에 걸린 기체는 화염에 휩싸여 골짜기로 떨어지기 전까지 600 m가량 더 미끄러졌다. 구조대원들이 추락 현장에 도착하기 전에 254명의 탑승자 중 228명이 사망했다.

사고 당일의 고장, 날씨 및 피로

비행기 추락사고에 대한 조사를 담당하는 미국 NTSB(전미교통안전위원회) 본부는 워싱턴 포토맥강 옆에 쪼그리고 앉아 있는 70년대 풍의 건물에 자리 잡고 있다. 그곳에 가면 위원회의 긴 복도를 따라 엔진 터빈이 녹아내린 조각, 헬리콥터 회전날개에서 문제가 되었던 부분 등 파손된 비행기의 잔해로 꽉 찬 연구실들이 배치되어 있다. 그 연구실들 중 하나에 흔히 블랙박스라고 불리는 조종실 음성 및 데이터 녹음기가 놓여 있었는데, 그것은 1996년에 110명의 사망자를 낸 플로리다 밸류젯(valujet) 여객기 추락사고 현장에서 회수한 것이었다. 신발 상자 크기에 두꺼운 강철판으로 만들어진 블랙박스는 뭔가에 의해 엄청난 힘으로 물어뜯긴 것처럼 구멍이 나 있었다.

교통안전위원회의 조사관들 중 일부는 기술자로 그들은 추락사고 현장에서 물질적 증거들을 수집한다. 조종사들은 또 다른 종류의 증거물에 해당한다. 엄청나게 많은 심리학자들이 조종사들이 추락 직전까지 나눈 몇 분간의 대화 기록을 듣고 그들이 어떤 말을 했으며 무슨 생각을 하고 있었는지 알아내는 일을 담당하고 있다. 교통안전위원회에서 블랙박스 해독에 관한 한 최고의 전문가는 50년대 스타일에 깡마른 심리학 박사 브레너(Malcom Brenner)로, 그는 대한항공의 괌 추락사고를 조사한 사람 중 하나이기도 하다. 브레너는 조용히 입을 열었다.

"일반적으로 괌에 진입하는 것은 어렵지 않습니다."

괌 공항에는 글라이드 스코프(glide scope)라는 항공 유도등이 있기 때문에 조종사는 공항에서 쏘아 주는 거대한 레이저 빔을 따라 비행기를 몰고 들어오기만 하면 된다. 하지만 그날 밤에는 글라이드 스코프가 나간 상태였다.

"그날따라 글라이드 스코프가 작동 불능 상태였습니다. 수리를 위해 다른 섬에 보내졌죠. 하늘에 떠 있는 사람들에게 글라이드 스코프가 작동하지 않는다는 경고가 발송되었습니다."

그러나 이것은 큰 문제가 되지 않는다. 글라이드 스코프를 수리하고 있던 그달에 이미 괌 공항에는 1,500여 편의 비행기가 안전하게 착륙했다. 그것은 그저 착륙을 좀 더 어렵게 만드는 아주 사소한 일에 불과했다. 브레너는 심각한 표정으로 말을 이었다.

"두 번째 요소는 날씨였습니다. 남태평양에 들어서면 일반적으로 기상상태에 대해 보고를 받게 되어 있습니다. 폭풍이 없으면 대개 열대낙원이라는 보고가 올라가지만, 그날 밤엔 모니터에 스톰 셀(storm cell: 습기를 머금고 마치 하나의 덩어리처럼 움직이는 공기. 이것이 모여 폭풍을 유발한다)이 잔뜩 떴지요. 대한항공 조종사들은 공항에서 몇 km 떨어진 지점에 나타난 스톰 셀을 통과해야 하는 상황이었습니다. 기장이 결정을 내려야 했죠. 착륙을 위해 그들이 해야 할 일은 무엇이었을까요? 아마도 그들은 분명 VOR(초단파 전방향식 무선 표지)/DME(전방향 무선 거리측정 장비)를 보고 접근하는 식으로 비행기를 몰아야 했을 겁니다. 복잡하죠. 엉덩이가 쑤실 정도로 힘들어요. 제대로 해내려면 많은 협업이 필요합니다. 긴장의 끈을 놓쳐서는 안 돼요. 하지만 몇 km 앞에서 아시다시피 기장은 괌 공항의 불빛을 봤습니다. 안도했죠. 그러고는 '비주얼 어프로치 하겠습니다.'라고 말한 거죠."

VOR은 공항에 다가갈 때 조종사가 자신의 고도를 파악할 수 있도록 신호를 보내 주는 신호기이다. 글라이드 스코프가 끼어들기 전까지 조종사들은 VOR에 의존하고 있었다. 기장은 VOR을 기점으로 비행기를 접근시킨 다음, 공항의 불빛이 보이면 육안으로 착륙시킬 생각이었다. 이것은 합당한 전략이다. 조종사들은 언제나 시계(視界) 착륙을 한다. 그런데 조종사들은 대개 하나의 계획이 망가지면 대안을 마련하지만, 이 기장은 그렇게 하지 않았다.

"그들은 관제소와 협력했어야 합니다. DME를 이용해 하강하고 있다는 것을 보고했어야 했지요. 하지만 그 말을 하지 않았습니다. 스톰 셀이 주변에 가득하고 쭉 가다가 어느 시점을 넘으면 구름을 뚫고 공항의 불빛이 보일 거라고 가정하고 있었다면, 500피트 상공에서도 불빛이 보이지 않을 때 고도를 높였어야죠. 그리고 한 가지 잘못된 사실이 있었습니다. 그가 전략적으로 이용하고 있던 VOR은 공항에 있는 것이 아니었어요. 4 km 떨어진 니미츠 힐에 있는 거였죠. 물론 그게 맞는 공항도 있습니다. 공항에 VOR이 있고 곧장 따라가면 활주로가 나오죠. 하지만 괌에서는 VOR을 따라가면 니미츠 힐로 이어집니다."

기장은 VOR을 알고 있었다. 그것은 기장이 괌 공항에 보고한 내용에 명확히 적혀 있다. 그는 괌 공항에 여덟 번이나 착륙해 본 경험이 있고 이륙하기 전에도 그 점을 특별히 언급했다. 그러나 다시 강조하지만 이것은 새벽에 벌어진 일이고 그는 전날 아침 6시부터 잠을 자지 못했다. 브레너는 계속해서 분석결과를 들려주었다.

"피로도 한 원인이 됐죠. 그 코스는 왕복비행입니다. 한국 시간으로 새벽에 비행기를 타고 착륙한 다음, 지상에서 몇 시간을 보내고 해가 떠오를 때 다시 나가는 거죠. 기장은 한 달 전에도 그런 비행을 해 봤습니다. 그때 그는 1등석에 앉아서 잤죠. 그런데 이제 다시 비행해서 들어가는데 그는 매우 피곤하다고 말하고 있습니다."

괌 사고도 아비앙카 52편 사고와 마찬가지로 비행기 추락사고의 세 가지 전통적인 전제조건, 즉 사소한 기술적 고장, 나쁜 날씨, 피곤한 조종사가 있었다. 이것들 중 어느 것도 단독으로는 사고를 유발하기엔 충분하지 않다. 조종석에 있는 모든 사람의 결합된 에러가 있어야 세 가지 모두가 결합될 수 있다. 그렇게 해서 대한항공 801편은 사고의 한가운데로 빨려 들어가고 말았다.

사고의 또 하나의 요인

다음은 대한항공 801편이 추락하기 30분 전부터 블랙박스에 녹음된 것이다. 그 내용은 피곤하다고 불평하는 기장의 말로 시작된다.

(오전 1시 20분 1초) 기장 이거 뭐, 왕복해 가지고 9시간 나와야 뭐 조금이라도 있는 것 아니야? 이것 8시간 나오면 말짱 헛일 아냐? 8시간 가지곤 아무 도움 안 되는 것…….[82] 아이고, 최대로 고

82) 김포-괌 왕복시간은 8시간이 안 되므로 초과근무 수당 지급 대상에 해당되지 않는 것을 두고 하는 말이다.

생시키는구나. 최대로. 아마 이래 되면 캐빈 승무원들 호텔비 안 들어가고, 비행시간 최대로 하지요. 어쨌든 우리를 최대로 일하게 하는군.

의자를 움직이는 소리가 들린다. 1분 경과 후

(오전 1시 21분 13초) 기장 어…… 정말로…… 졸리네.(이해할 수 없는 말)

부기장 그렇죠.

그러고 나서 이 비행에서 가장 결정적인 순간 중 한 부분이 온다. 부기장은 이렇게 말했다.

부기장 비가 더 오지 않을까요? 이 지역에서요.

부기장은 이 말을 하기까지 오랜 시간 많은 생각을 해야만 했을 것이다. 그는 라트와트가 조종하는 개방적인 분위기의 조종실에 앉아 있던 것이 아니었다. 대한항공 승무원들 사이에는 선배가 은퇴할 때 후배가 식사를 대접한다거나 선물을 제공하는 풍습이 있다. 한 전직 대한항공 조종사에 따르면 상당수 조종실의 분위기가 '기장이 책임지고 자신이 원하는 방향으로, 자신이 생각하는 대로 비행기를 조종하고 다른 사람은 조용히 앉아서 아무것도 하지 않는 것'이었다고 한다.

한번은 대한항공에 대한 델타항공의 보고서가 익명으로 인터넷에 공개되어 파장을 불러일으킨 적이 있다. 참고인 중 한 명에 따르면 부기장이 관제탑의 지시를 잘못 듣고 다른 비행기가 올라탔어야 할 항로로 비행기를 인도하는 경우를 목격했다고 한다.

"부기장은 뭔가 잘못되었다는 것을 깨달았지만 아무 말도 하지 못했다……. 시계가 잘 확보되어 있음에도 불구하고 누구도 밖을 내다보고 현재 방향이 잘못되어 있다는 것을 지적하지 않았다."

결국 비행기의 레이더가 에러를 잡아냈으며 그 증언에서 결정적 문장이 뒤따라온다.

"기장은 부기장의 에러를 탓하며 그를 손등으로 때렸다."

손등으로 때렸다고? 분명 장난은 아닐 것이다. 비행 전의 예비 모임을 위해 세 명의 조종사가 만난 자리에서 부기장과 항공기관사는 기장에게 허리를 숙여 인사했다. 이때 부기장은 손을 내밀어 악수를 하며 존경 어린 말투로 "처음 뵙겠습니다."라고 말했다. 이 말은 '당신을 만나는 게 처음입니다'라는 뜻이다. 한국어에는 말하는 이와 듣는 이 사이의 관계를 반영해 적용되는 복잡한 경어체계가 있다. 아주 낮춤(해라), 예사 낮춤(하게), 예사 높임(하오), 아주 높임(하십시오) 등이 그것이다. 기장에게 말할 때, 부기장은 이들 중 적절한 표현을 찾기 위해 고심하지 않을 수 없다. 이는 커뮤니케이션 상대방과의 관계에 엄청난 주의를 기울여야 하는 문화를 바탕에 두고 있다.

한국의 언어학자 손호민의 책을 보자.

> 밥상에서 손아랫사람은 손윗사람이 앉아 수저를 들 때까지 수저를 들어서는 안 되며, 손윗사람이 수저를 내려놓을 때까지 자리를 떠서도 안 된다. 사회적으로 상급자가 있는 곳에서 담배를 피워서는 안 된다. 자기보다 높은 사람과 술을 마실 때는, 잔을 가리고 몸을 돌려서 마셔야 한다……. 자신의 친지가 아니라 해도 사회적으로 높은 사람이 들어오면 자리에서 일어나야 하며 그 앞을 함부로 지나쳐서 걸어가도 안 된다. 연장자가 누구냐, 누가 더 높으냐에 따라 모든 사회적 행동양식이 규정되어 있다. '찬물에도 위아래가 있다'는 말이 보여 주는 것처럼 차가운 물을 마실 때도 순서를 지켜야 한다.

부기장은 "비가 더 오지 않을까요? 이 지역에서요."라고 말하는 대신 어떻게 말해야 했을까? 우리는 그가 말하고자 했던 것을 알고 있다.

"기장님, 비상대책 없이 시계 접근을 하겠다고 하셨지만 바깥 날씨가 끔찍합니다. 구름을 뚫고 나가면 활주로를 볼 수 있을 것 같다고 하셨는데, 만약 안 보이면 어떡하시겠습니까? 밖은 완전히 깜깜하고 비는 쏟아지는데 글라이드 스코프는 작동하지 않고 있습니다."

하지만 이렇게 말하지 못했다. 그는 힌트를 주면서 스스로 상급자에게 할 수 있는 최선을 다했다고 생각했을 것이다. 부기장은 날씨에 대해 다시는 언급하지 않았다. 비행기가 구름을 뚫고 나와 조종사들이 먼 곳의 불빛을 발견했을 때의 상황이다. 항공기관사가 물었다.

"이게 괌이야?"

잠시 침묵한 후 그가 다시 물었다.

"이거 괌이야, 괌!"

기장이 웃음을 터뜨렸다.

"허허허, 괌 좋네."

하지만 좋지 않았다. 착각을 하고 있었을 뿐이다. 공항에서 32 km나 떨어진 지점이었고 주변의 기상상황은 엄청나게 좋지 않았다. 날씨를 추적하는 것이 그의 임무였던 터라 항공기관사는 이 사실을 잘 알고 있었고 그는 이렇게 말했다.

"오늘, 기상레이더 덕 많이 본다."

기상레이더 덕을 많이 본다고? 두 번째 힌트는 이렇게 제시되었다. 항공기관사가 말하고자 했던 것은 부기장이 의도했던 것과 똑같았다. 그는 아마도 이렇게 말하고 싶었을 것이다.

"육안에만 의존해서 착륙을 시도할 수 있는 상황이 아닙니다. 기상레이더에 뜬 걸 보세요. 계속 가면 문제가 생길 수 있습니다."

서구인의 눈에는 항공기관사가 이런 말을 고작 한 번만 하고 말았다는 것이 의아하게 보일 수 있다. 서구인의 의사소통은 언어학자들이 '화자 중심'이라고 부르는 원칙, 즉 의사소통이 명확하게 이뤄지지 않으면 부정확하게 말한 화자에게 책임을 묻는 원칙에 기반하고 있다. 심지어 플로리다항공의 비극에서도 부기장은 날개 위에 쌓인 얼음이 초래할 수 있는 위험에 대해 네 차례나 힌트를 주었고, 자신이 말하고자 하는 것을 정확히 전달하기 위해 각각 다른 화법을 구사하고 있다. 그는 자신과 기장 간의 권력 거리를 의식하긴 했지만 의사소통에 문제가 있을 경우 말하는 사람의 문제로 보는 서구 문화에 따라 행동했다.

그러나 한국은 다른 많은 아시아 국가와 마찬가지로 듣는 사람 중심이다. 대화 내용을 알아듣는 것은 듣는 사람의 책임이다. 항공기관사의 생각으론 자신은 충분히 말했다.

손호민은 회사원 김씨와 과장 사이의 대화를 다음과 같이 묘사하고 있다.

과장 날씨도 춥고 출출하네.(의미: 술 한잔하거나 식사하러 갈까?)

회사원 김씨 한잔 어떻습니까?(의미: 제가 술 사겠습니다.)

과장 괜찮아. 신경 쓰지 마.(의미: 그 말을 반복한다면 제안을 받아들이겠다.)

회사원 김씨 배고프실 텐데, 가시죠.(의미: 저는 당신을 대접할 의향이 있습니다.)

과장 그렇게 할까.(의미: 받아들이겠다.)

대화 참여자가 서로 상대방의 의중을 세심하게 짚어 가며 말하고 듣는다는 점에서 이 미묘한 대화에는 일종의 아름다움이 존재한다. 무감각과 무관심을 허용하지 않는다는 의미에서 이 대화는 세련되어 있다.

그러나 권력 거리가 먼 사람 간의 커뮤니케이션은 듣는 사람이 충분한 주의를 기울일 능력이 있을 때라야 제대로 이뤄질 수 있다. 양쪽 모두 상대방의 의중을 떠볼 만한 시간이 많을 때 가능한 것이다. 비바람이 몰아치는 밤, 글라이드 스코프가 고장 난 공항으로 비행기를 착륙시켜야 하는 탈진한 조종사에게는 어울리지 않는다.

문화적 유산의 영향

2000년 대한항공은 델타항공으로부터 데이비드 그린버그(David Greenberg)를 비행 담당자로 영입했다. 그린버그가 처음으로 한 일은 그가 대한항공의 문제를 뿌리부터 파악하고 있지 않았다면 내놓을 수 없었던 것이다. 우선 그는 전 항공사 승무원의 영어 실력 평가에 들어갔다. 그는 당시의 상황을 솔직히 말해 주었다.

"괜찮은 사람도 있었고 그렇지 못한 사람도 있었습니다. 우리는 곧바로 항공 영어 능력을 향상시킬 수 있는 프로그램을 개발하기 시작했지요."

그는 두 번째 단계로 보잉의 계열사인 알테온(Alteon)에 대한항공의 교육 및 훈련 프로그램을 의뢰했다.

"알테온은 영어로 훈련 프로그램을 짰습니다. 한국어를 할 수 없었죠."

그린버그는 '대한항공의 공용어는 영어다. 만약 대한항공의 조종사로 남고 싶다면 영어를 유창하게 구사할 수 있어야 한다.'는 규칙을 세웠다.

"이건 결코 무리한 요구가 아닙니다. 모두에게 평등하게 기회가 주어졌고 언어가 문제인 사람은 휴직한 후 자비로 공부를 하고 올 수 있게 해 주었죠. 하지만 언어는 필터에 불과했습니다. 그 누구도 비행 기술이 모자라 퇴사한 사람은 없었다고 기억합니다."

그린버그는 영어가 항공 세계의 공통 언어라는 점에 착안했다. 승무원들이 비행절차에 따라 지켜야 하는 체크리스트는 모두 영어로 기록되어 있다. 그것을 복창할 때 승무원들은 영어로 말한다. 세계 어디서든 관제탑과 커뮤니케이션할 때도 영어로 말해야 한다.

"케네디 공항에서 러시아워에 착륙하려고 하는 경우, 비언어적인 방법으로 커뮤니케이션할 수는 없지요. 어디까지나 대화로 풀어 가야 하므로, 상황이 어떻게 돌아가고 있는지 잘 이해하고 있다는 걸 보여 줄 필요가 있습니다. 물론 한국 사람들끼리 영어로 말할 필요는 없겠죠. 그러나 외국인과 대화해야 하는 경우라면 영어는 중요해집니다."

그린버그는 조종사들에게 또 다른 정체성을 심어 주고자 애썼다. 그들이 문화적 유산의 함정에 빠져 있다는 것을 심각한 문제로 보았기 때문이다. 일단 조종석에 앉았을 때는 기존의 역할로부터 벗어날 필요가 있었고, 언어는 그 전환을 이끌어 내는 열쇠였다. 영어로는 한국어의 복잡한 경어체계를 사용할 수 없지 않은가.

그린버그 개혁의 중요한 부분은 '하지 않은 것'에 있다. 그는 절망에 빠지지 않았고, 대한항공 조종사들을 몽땅 해고하지 않았으며, 권력 거리가 가까운 문화권의 조종사로 대체하지도 않았다. 그는 문화적 유산이 문제이고, 그 힘은 강력하고 널리 퍼져 있으며 본래의 유용성이 사라진 후에도 오래도록 지속된다는 것을 잘 알고 있었다. 하지만 그 문화적 유산을 떨쳐 낼 수 없는 것으로 보지는 않았다. 그는 한국인이 스스로의 문화적 기원에 솔직해지고 항공 세계와 맞지 않는 부분과 정면으로 대결할 의향이 있다면 그것을 바꿀 수 있을 거라고 믿었다. 결국 그는 하키선수로부터 소프트웨어 재벌, 인수합병 변호사까지 모든 이들이 성공으로 가는 길에서 제공받았던 것, 즉 일에 대한 관계를 변화시킬 기회를 대한항공 조종사에게도 제공했다는 말이다.

그린버그는 대한항공을 떠난 후 카고 360(Cargo 360)이라는 신생 화물 항공사의 설립을 도왔는데, 그때 대한항공 조종사 몇 명을 데리고 갔다. 그들은 모두 항공기관사였고 대한항공의 경직된 위계질서에서 기장과 부기장 다음의 세 번째 위치에 있었던 사람들이었다.

"그들은 대한항공의 기존 환경 속에서 15~18년씩 일한 사람들이었죠. 사다리의 가장 아래쪽에 있으면서도 그들은 자신의 역할에 충실했습니다. 우리는 그들을 다시 훈련시켰고 서양 승무원들과 함께 배치했습니다. 결과는 매우 성공적이었죠. 자신의 스타일을 확 바꾼 그들은 새출발을 했습니다. 짐을 벗어던진 겁니다. 이제 50대에 접어든 그들은 누군가의 명령을 기다리지 않습니다. 그동안 한 우물을 깊게 판 연장자들이 새로 훈련을 받고 서구 항공사의 조종석에서 성공적으로 일하고 있는 겁니다. 우리는 그들을 그들의 문화 속에서 끄집어내 새로운 규범에 적응시켜 주었습니다."

정말 놀라울 정도로 자유롭게 한 사례이다. 우리는 문화와 역사, 개인을 둘러싼 외부세계가 전문적인 영역에서의 성공을 얼마나 좌우하는지는 물론 좋은 조종사가 되기 위한 조건도 알고 있다. 비행기를 산중턱에 들이받은 조종사들이라 할지라도 그들을 가혹하게 내던져야 하는 것은 아니다. 실패로부터 성공을 이끌어 내는 길을 찾아야 한다.

그 전에 우리는 오랫동안 외면해 왔던 주제에 솔직해질 필요가 있다. 1994년 보잉사가 홉스테더 지수와 국가당 비행기 추락사고의 상관관계를 명확하게 보여 주는 자료를 출판했을 때, 보잉사

연구원들은 여러 문화권 사람들의 기분을 상하게 하지 않기 위해서 안간힘을 썼다. 보잉사의 항공안전 수석 엔지니어는 이렇게 말했다.

"이곳에 문제의 전부가 있다고 말하려는 것이 아니다. 문제의 일부가 그곳에 있다고 말하는 것뿐이다."

우리는 왜 매우 민감할까? 우리 각자는 강점과 약점, 경향과 특성의 독특한 혼합체인 문화의 영향을 받는다는 사실을 인정하는 것이 왜 그토록 어려운 일일까? 우리는 자신이 속한 문화로부터 자유로울 수 없다. 이 사실을 무시하면 비행기가 추락한다.

추락

다시 조종실로 돌아가 보자.

"오늘, 기상레이더 덕 많이 본다."

이제는 누구도 이렇게 말하지 않는다. 하지만 그때는 1997년으로 대한항공이 조종실 내 권력 거리의 문제를 심각하게 받아들이지 않던 시절이었다. 기장은 지쳤고 항공기관사의 속마음은 기장에게 전달되지 않고 있었다. 기장이 대답했다.

"그래, 정말 쓸모 있지."

그는 듣고 있지 않았다. 비행기는 VOR을 목표로 날아가고 있었고 그 VOR은 산중턱에 있었다. 날씨가 개지 않아 조종사들은 아무것도 볼 수 없었다. 기장은 랜딩기어를 내리고 플랩을 펼쳤다.

오전 1시 41분 48초, 기장이 말했다.

"와이퍼 온."

항공기관사는 와이퍼를 켰다. 비가 오고 있었다.

오전 1시 41분 59초, 부기장이 혼잣말을 했다.

"안 보이잖아."

그는 활주로를 찾고 있었다. 보이지 않는다. 그는 아마도 가슴이 철렁했을 것이다. 1초 후, 지표 근접 경보장치에서 생기 없는 기계음이 흘러나왔다.

"500피트."

기체는 지상 500피트에 있었다. 이 경우 지표면은 니미츠 힐의 경사면이었다. 하지만 땅 위에 활주로가 있을 거라고 생각했던 조종사들은 혼란에 빠졌다. 왜 활주로가 보이지 않는 걸까? 항공기관사가 놀라는 어투로 "어!"라고 말했다. 경보장치에서 울리는 소리를 듣고 그들이 처음 생각했던 위치와 달리 자신들이 어디 있는지 파악하기 위해 얼마나 열심히 머리를 썼을지 우리는 어렵지 않게 짐작할 수 있다.

오전 1시 42분 19초, 부기장이 말했다.

"착륙, 포기합시다."

그는 결국 힌트를 주다가 동료에게 권유하는 방식으로 어조를 높였다. 그는 착륙을 취소하고 싶었던 것이다. 훗날 조사를 통해 그 시점에 부기장이 조종권을 넘겨받고 조종간을 당겼더라면, 니미츠 힐에 충돌하지 않고 재착륙을 시도할 수 있는 충분한 여유가 있었음이 확인되었다. 부기장은 기장이 명백히 잘못하고 있을 경우, 그렇게 행동하라고 훈련을 받고 있다. 하지만 그것은 교실에서 배우는 내용일 뿐이고 하늘에서 벌어지는 일은 엄연히 달랐다. 에러를 저지르면 손등으로 맞을 수도 있는 것이 조종실의 현실이었다.

오전 1시 42분 20초, 항공기관사가 말했다.

"안 보입니다."

결국 재앙이 그들 앞에 얼굴을 드러낼 때가 되어서야 부기장과 항공기관사가 마침내 입을 열었다. 그들은 기장이 복행하여 조종간을 당기고 다시 착륙을 시도하기를 바랐다. 하지만 너무 늦었다.

오전 1시 42분 21초, 부기장. "안 보입니다. 착륙 포기."
오전 1시 42분 22초, 항공기관사. "올라갑시다."
오전 1시 42분 23초, 기장. "복행."
오전 1시 42분 24초 05, 지표 근접 경보장치: "100피트."
오전 1시 42분 24초 84, 지표 근접 경보장치: "50."
오전 1시 42분 25초 19, 지표 근접 경보장치: "40."
오전 1시 42분 25초 50, 지표 근접 경보장치: "30."
오전 1시 42분 25초 78, 지표 근접 경보장치: "20."
오전 1시 42분 25초 78, 충돌음
오전 1시 42분 28초 65, 목소리
오전 1시 42분 28초 91, 신음소리
오전 1시 42분 30초 52, 목소리
녹음 끝.

5) 알고 있어도 말할 수 없다

1992년 7월 31일 타이국제항공 311편이 네팔의 카트만두 근처의 산에 충돌하여 승무원과 승객 113명 모두가 사망한 사고가 일어났다. 원인은 어떤 고장 때문에 다시 착륙하려고 선회했을 때, 기장이 남과 북을 착각했기 때문이다. 그런데 놀라운 것은, 보이스 리코더를 분석한 결과 부기장은 기장이 엉뚱한 방향으로 조종하고 있는 것을 알고 있었던 것으로 추정된다는 점이다. 그러나 부기장은 기장에게 적극적으로 자신의 생각을 전하지 않았다. '알고 있었다면 말해 주었어야 하지 않는가? 왜 그런 간단한 것을 할 수 없었을까?' 하고 생각할지도 모른다.

왜 그런 간단한 것을 할 수 없었을까? 그것은 사람이란 권위를 가진 사람 앞에서 약해지기 때문이다. 특히 지시를 하거나 복종을 요구하는 사람이 권위가 높은 사람일수록 자신의 의견을 말하는 것은 매우 어렵다.

신입 간호사가 선배 간호사의 의료기기 조작에 의문을 품었다. 이런 경우 선배 간호사에게 말하면 좋다는 것은 알고 있다. 그런데 자신이 잘못 알고 있던 것이라면 선배 간호사가 이런 지적에 대해 분명 화를 낼 것이라고 생각하는 경향이 있다. 결국 말하지 않은 결과로 사고가 발생하고야 말았다. 유사한 사례는 여러 곳에서 일어나고 있다. '의문이 있으면 물어보면 되지 않는가?'라고 생각할지도 모르지만, 위계질서가 강한 조직에서는 결코 쉽지 않은 일이다.

밀그램의 복종실험

권위(authority)에 대한 복종과 관련해서는 '밀그램 실험(Milgram Experiment)'[83]이 유명하다. 예일 대학 심리학과 교수(사회심리학자) 스탠리 밀그램(Stanley Milgram)은 1960년대 초(1961~1964)에 수많은 사람들이 '권위에 의한 불법적 지시'에 항거하지 못한다는 것을 일련의 실험(권위에 대한 복종 실험)을 통해 증명해 보였다. 밀그램은 "사람들은 권위자가 명령할 때 그것이 평소 가지고 있던 도덕적 규범에 어긋나더라도 복종하는 경향이 있다."는 이론적인 가설을 실험해 보기로 했다. 1961년의 첫 실험에서 밀그램은 다음과 같은 준비를 하였다.[84]

83) 이 실험은 제2차 세계대전 당시 나치 독일의 유태인 대학살에서 주된 역할을 담당했던 아돌프 아이히만(Adolf Eichmann)의 이름을 따 일명 '아이히만(Eichmann) 실험'이라고도 불린다. 통상적으로 생각하면 도저히 불가능할 것 같은 잔혹한 행위가 어떻게 해서 가능했는지를 아는 데 있어 시사점이 풍부한 실험이다.

84) 밀그램 실험에 관한 이하의 설명은 S. Milgram, *Obedience to Authority: An Experimental View*, Tavistock Publications, 1974를 참조하였다.

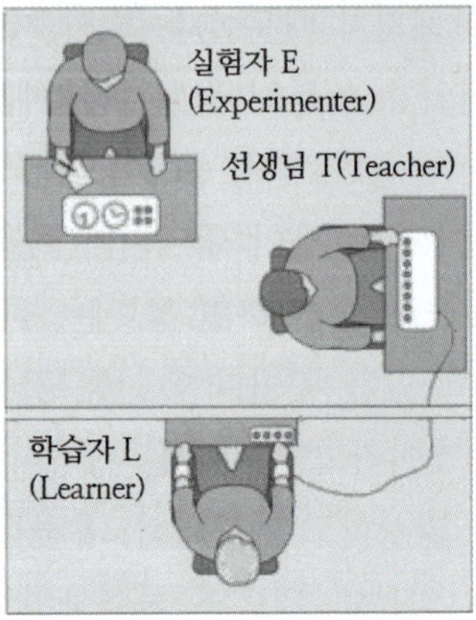

그림 2.8 밀그램 실험

밀그램은 '징벌에 의한 학습효과를 측정하는 실험'이라고 포장해 선생님의 역할로서 실험에 참여할 사람들(피실험자)을 모집하였다. 실험할 방은 둘로 나뉘고 여기에 사람들이 배치되었다. 그림 2.8의 E는 실험자로서 지시(명령)를 하는 역할을 하였다. 그리고 T는 선생님의 역할을 하는 사람으로서 진짜 피실험자이다. T 앞에는 30개의 스위치가 있고 각각의 스위치에는 15 V에서 450 V까지의 전압이 15 V씩 차이를 두고 표기되어 있었다. 스위치에는 묶음별로 '약한 충격', '중간 충격', '위험: 심각한 충격'을 기재하여 실제 그 전압에 대해 사전지식이 없는 사람도 위험성을 알 수 있도록 하였다. '이 버튼을 누르면 건너편 방에 있는 L, 즉 학습자에게 전기충격이 가해진다.'라고 생각하도록 만들어져 있었다. 전기충격장치는 사실 가짜이고, 실제로 전기충격이 가해지지는 않았다. 이는 어디까지나 선생님 역할을 하는 자(T)로 하여금 학습자(L)에게 전압이 가해진다고 믿도록 하기 위한 장치였다.

피실험자(선생님 T) 외에 실험에 참여한 두 명을 부연 설명하면,

한 명은 피실험자인 척하는 고도로 훈련된 연기자(실험 보조자)로 학습자 역할을 맡았고, 다른 한 명은 강력한 권위를 가진 실험자 역할을 받아 선생님 역할을 맡은 피실험자에게 명령을 내렸다. 선생님은 단어 짝(word pair)을 읽어 주며 학습자가 그것을 제대로 기억하는지 확인하였다. 선생님은 만약 학습자가 틀리거나 무반응을 보일 때마다 점차 강한 전기충격을 가하도록 실험자로부터 지시를 받았다. 실험자는 학습자가 문제를 틀릴 때마다 15 V부터 시작하여 450 V까지 한 번에 15 V씩 높여서 전기충격을 가하라고 선생님에게 지시하였다. 밀그램이 주시했던 것은 선생님들이 전압을 높여 가는 과정에서 어떤 태도를 보이는가였다. 실험자는 흰색 가운을 입고 전압을 올릴지 말지 고민하는 선생님들에게 "실험의 모든 책임은 내가 진다."며 전압을 올릴 것을 지시하였다.

실험이 진행되면서 점차 강화되는 전기충격에 학습자는 점차 몸이 불편함을 호소하기 시작하였다. 120 V에 이르면 더 이상 참을 수 없다고 선생님에게 항의하기도 하였다(방에는 인터폰이 있다). 150 V에 이르면 소리를 지르고 마침내 공포에 질린 학습자는 벽을 두드리며 밖으로 나가게 해 달라고 하였다.

물론 위에서도 이야기했듯이 실제로 전기충격이 가해진 것은 아니다. 학습자는 다만 그러한 행동을 연기하도록 요청받았을 뿐이다. 하지만 피실험자들은 그것이 연기라고는 도무지 생각할 수 없었다. 이러한 상황에서 몇 명이나 되는 선생님이 최고충격의 전기충격을 학습자들에게 가할 것인가?

밀그램은 실험을 시작하기 전에 예일 대학 심리학과 4학년 학생들에게 이 실험의 결과를 미리 예측해 보도록 하였다. 높게 예측한 사람조차 기껏해야 3% 정도가 최고수준의 전기충격을 주리라고 예측하였다. 그러나 그 예측은 완벽히 빗나갔다. 실험 결과는 충격적이었다. 65%(40명 중 26명)가 실험자의 명령에 따라 최고의 전기충격(450 V)까지 전압을 올렸다. 즉, 65%의 사람들이 상대를 죽일 수도 있음에도 불구하고 권위에 복종했다는 이야기가 된다. 단 12.5%의 사람만이 300 V 이하에서 양심의 가책을 느끼고 실험을 중단(거부)하였고, 나머지(22.5%)는 단지 450 V 이하에서 중단했을 뿐이다. 300 V나 450 V나 인체에 치명적인 영향을 미치는 것은 동일하기 때문에, 마찬가지로 잔인한 행동으로 볼 수 있다.[85]

학습자의 모습이나 소리를 들을 수 없을 때 선생님이 복종할 확률은 가장 높았고(93%), 학습자와 선생님이 같은 방에 있는 경우엔 복종률이 반대로 30%까지 떨어졌다. 이를 통해 선생님과 학습자가 정서적·신체적으로 거리가 가까울수록 권위에 대한 반발도 강해진다는 것을 알 수 있다.

이 실험 이후 밀그램의 실험은 더욱 다양한 상황으로 확대된다. 밀그램은 지시를 하는 자, 즉 권위자와의 거리가 멀어지는 것 또한 복종을 약하게 한다는 것을 발견하였다. 실험자가 더 가까이 있을수록 복종률은 올라갔고, 실험자가 방 바깥에서 전화로 피실험자에게 지시하는 경우의 복종률은 가장 낮았다(21%). 또한 선생님들에게 별다른 조건 없이 스스로 원하는 만큼의 전기충격을 가할 수 있도록 하였을 경우 대부분이 45 V 이상의 충격은 가하지 않았다.

이 실험에서 많은 사람들은 자신의 행동이 좋은 결과[밀그램 실험에서는 체벌(전기충격)을 통한 학습성과]를 가져온다고 여기며 권위자의 지시에 따라 타인에게 가학적인 행위를 저질렀다. 밀그

85) 선생님들은 전기충격이 일정 강도를 넘어서 학습자가 고통스러워할 때 뒤쪽의 실험자를 돌아보며 실험의 지속 여부를 물었다. 실험자가 사무적인 태도로 재개를 지시했을 때 많은 사람들은 실험자에게 분노를 표하기도 하고 동시에 전기충격을 받는 학습자를 걱정했다. 그러나 그러면서도 그들은 계속하여 전기충격을 가했다.

램 실험은 일상에서는 별로 눈에 띄지 않았던 평범한 사람들이 어떻게 권위에 복종하게 되는가를 보여 줌으로써, 불합리한 지시에 대해 옳고 그름을 따지지 않고 맹목적으로 따르게 되면 누구나 쉽게 '악의 평범성(banality of evil)'[86] 또는 '도덕적 판단의 마비'에 빠질 수 있다는 것을 역설한 것이라고 할 수 있다. 그리고 개인들은 행위의 결과에 대해 그 책임을 누군가에게 전가할 수 있다면 그것이 잘못된 것일지라도 별다른 신중함 없이 복종한다는 것 또한 밀그램 실험은 잘 보여 주고 있다. 특히, 책임의 전가 대상이 가진 권위가 클수록 행위의 의사결정에 무감각해지는 경향이 있다. 그 행위의 결과는 내 책임이 아니라는 인식이 커지는 것이다.

밀그램 실험은 또한 평범한 사람들이 비윤리적이고 파괴적인 행동을 할 수 있는 이유는 개인의 성격문제라기보다는(인간이 공격적이거나 악하다는 뜻이 아니라) 상황에 있을 것이라고(즉 환경적 영향에 취약하다고) 주장하면서, 설득력 있는 상황이 주어지면 이성적인 사람이라도 윤리적·도덕적인 규칙을 무시하고 권위를 가진 상대의 지시에 따라 얼마든지 잔인한 행동을 실행할 수 있다는

86) 독일 출신의 유태계 미국 정치철학자 한나 아렌트(Hannah Arendt)는 《예루살렘의 아이히만(Eichmann in Jerusalem: A Report on the Banality of Evil)》(1963)이라는 책에서 유태인 학살의 실무책임자였던 아이히만에게서 자신이 저지른 일과 자신의 책임을 연결 짓지 못하는 '악의 평범성'이라는 개념을 이끌어 냈다. 한나는 역사 속 악행은 광신자나 반사회성 인격장애자들이 아닌 국가에 순응하며 자신의 행동을 평범하다고 여기는 보통 사람들에 의해 행해진다고 주장했다. 일상성에 묻혀, "누구나 다 이러는데.", "나 하나만 반대한다고 뭐가 달라지겠어.", "나는 지시받은 대로 하기만 하면 돼." 등의 핑계로 스스로 생각하기를 그만둔다면, 평범한 우리는 언제든 악을 저지를 수 있다는 것이다. 그것은 우리가 세상 또는 조직을 보다 바람직하게 만들고 싶다면, 어떤 이념이나 지도자 또는 조직의 방침을 맹목적으로 따라서는 안 되고 스스로 사유해야 한다는 것을 의미한다. '무사유=사유 능력 없음(thoughtlessness)', 구체적으로 말하면 생각하고 궁리하지 않음이야말로 악을 산출하는 정신의 바탕인 것이다.

점을 보여 주었다. 밀그램 실험은 다른 사람에 의해 그대로 재현되기도 하였는데,[87] 그 결과는 밀그램 실험과 거의 동일하였다.

일반적인 조직에서 최고경영자를 비롯한 상급자가 저지르는 안전 관련 법규·규칙 등 기준 위반의 대부분은 상급자 혼자만의 생각으로 저질러지지 않는다. 부하 직원이 문제를 알아차리고 문제 제기를 할 만한 상황이지만 그렇게 하지 않는 경우도 있다. 부당하다는 것을 알면서도 상급자를 의식하여 말하지 못하기 때문에 이런 일이 발생할 수 있다.

안전과 관련된 지시·명령의 경우에도, 상급자는 그의 권위가 크면 클수록 자신이 내린 지시에 설령 문제가 많더라도 부하 직원이 이에 대해 문제 제기를 하기 어려운 현실을 직시하여야 한다. 자신의 지시·명령이 일사천리로 이행된다는 사실만을 가지고 자신의 지시·명령이 옳다고 생각하는 것은 착각이다. 부하 직원들 역시 상급자의 지시·명령에 대해 옳고 그름을 구분하고 잘못되거나 부당한 지시·명령에 대해서는 어떤 형태로든 말할 자세와 능력이 있어야만 파국적인 상황을 막을 수 있을 것이다. 안전에 대해 생각하는 힘이 권력(권위)에 의해 마비될 경우, 평범성에서도 안전기준 위반이 쉽게 저질러지고 일상화될 수 있다는 것을 역사적 경험을 통해 각인할 필요가 있다.

87) 2008년 미국 산타클라라 대학의 심리학 교수인 제리 버거(Jerry Burger)가 재현한 실험 결과, 60%가 넘는 피실험자가 전압을 최대로 높였고, 2010년 프랑스의 한 리얼리티 프로그램에서 재현된 실험에서는 약 80%가 전압을 최대로 높였다.

참고 1990년 콜롬비아항공 아비앙카 추락사고[88] – 권력 거리가 낳은 사고 사례

실제 생활에서 비행기 추락사고는 영화에서 일어나는 것과 동일한 방법으로는 거의 발생하지 않는다. 엔진의 일부가 굉음을 내며 폭발하는 일은 없다. 이륙하던 중 그 힘을 버티지 못해 방향타가 뚝 하고 부러지지도 않는다. 첨단기술은 일반적인 상업 민항기를 토스터기처럼 믿을 만한 것으로 바꿔 놓았다. 따라서 비행기 추락사고는 경미한 장애와 겉보기에 사소한 고장이 축적된 결과일 가능성이 매우 높다.

일반적으로 충돌사고가 발생하는 경우에는 날씨가 좋지 않다. 반드시 끔찍한 정도는 아니지만 조종사가 평소보다 더 스트레스를 느낄 만큼 나쁘다. 또한 추락사고 중 압도적으로 많은 사고가 지연된 비행에서 발생하는데, 이 경우 조종사는 서두른다. 조종사가 12시간 이상 운항하는 바람에 피로가 누적되어 정확하게 판단할 수 없었던 경우도 전체 사고의 52%를 차지한다. 그리고 44%는 두 명의 조종사가 함께 비행을 해 본 경험이 없어 서로에게 편안하지 않은 경우에 발생한다.

전형적인 사고는 연속적으로 발생하는 여러 개의 휴먼에러들과 관련되어 있다. 조종사들 중 한 명이 단독으로는 문제가 되지 않는 잘못된 뭔가를 저지른다. 곧이어 조종사들 중 다른 한 명이 또 다른 에러를 저지른다. 이것만으로는 아직 참사에 이르지 않는다. 그 뒤에 또 다른 에러가 저질러지고, 에러들이 연속해서 저질러진다. 참사가 발생하는 것은 이 모든 에러들이 결합되었을 때이다.

이 여러 에러들이 지식이나 비행기술로 인한 문제에 해당하는

---

88) M. Gladwell, *Outliers – The Story of Success,* Back Bay Books, 2008, pp. 182~209.

경우는 드물다. 조종사가 어떤 중요한 기술적인 조작을 해내야 하는 상황은 아니다. 비행기 추락사고를 유발하는 에러들의 유형은 변함없이 팀워크나 의사소통 에러이다. 중요한 뭔가를 알고 있는 한 조종사가 여하튼 다른 조종사에게 그것을 말해 주지 않는다. 한 조종사가 뭔가를 잘못했는데 다른 조종사가 그 문제를 알아채지 못한다. 복잡한 상황은 일련의 여러 조치들을 통해 해결될 필요가 있지만, 웬일인지 조종사들이 조정하는 데 실패하여 그것들 중 하나를 놓치게 된다.

오랫동안 보잉사의 최고 안전 엔지니어로 일해 온 위너(Earl Weener)는 에러의 문제를 날카롭게 지적한다.

"조종석 디자인은 전체적으로 두 사람이 조종하는 것을 염두에 두고 설계됩니다. 따라서 한 사람이 다른 사람을 체크해 주거나 서로 역할분담을 할 때 가장 잘 작동하죠. 비행기는 조종 에러를 절대 적당히 봐주고 넘어가지 않습니다. 오랜 경험을 통해 두 사람이 협동해서 비행기를 모는 것이, 한 사람이 비행기를 몰다가 더는 조종할 수 없게 되었을 때 다른 사람이 넘겨받는 것보다 훨씬 안전하다는 사실이 입증되었죠."

1990년 1월 콜롬비아항공사의 아비앙카(Avianca) 52편 추락사고는 1997년 8월 괌에서 발생한 대한항공 비행기 추락사고와 흡사하다.

그 비행기의 기장은 카비에데스(Laureano Caviedes), 부기장은 클로츠(Mauricio Klotz)로 항로는 콜롬비아의 메델린(Medellin)을 떠나 뉴욕의 케네디 공항에 도착하는 것이었다. 그날 저녁, 날씨는 좋지 않았다. 짙은 안개를 동반한 높은 바람이 북동쪽 이스트 코스트(East Coast) 방향에서 불어오고 있었다. 그 탓에 뉴왁(Newark) 공항 203대, 라구아디아(Laguardia) 공항 200대, 필라델피아 공항 161대, 보스턴의 로간(Logan) 공항 53대, 그리고 케네디 공항에서 99대의 비행기가 연착하고 있었다. 날씨 때문에 아비앙카 52편은 항공관제기관의 지시에 따라 뉴욕에 세 번이나 착륙하려다 포기했다. 비행기는 버지니아 노퍽(Norfork)[89]을 9분간 맴돌았고 애틀랜틱시티(Atlantic City)[90] 위에서 29분, 케네디 공항 남쪽 64 km 지점에서 또 29분을 머물렀다.

이렇게 1시간 30분의 지연 끝에 아비앙카 52편이 착륙할 수 있도록 활주로가 비워졌다. 그런데 착륙을 위해 마지막 접근을 하고 있을 때 비행기는 강렬한 바람의 저항과 맞닥뜨리고 말았다. 강한 역풍을 맞게 된 순간 그들은 활강고도를 유지하기 위해 출력을 더 낼 수밖에 없었다. 다음 순간 아무런 조짐도 없이 역풍이 극적으로 멈추었고 비행기는 강한 출력으로 인해 활주로에 착륙할 수 없을 만큼 멀리 나가 버렸다.

이럴 경우, 통상적으로는 즉각 오토파일럿으로 전환해 윈드시어(Wind shear)[91]에 대응하도록 되어 있다. 그러나 아비앙카 52편의 오토파일럿 기능은 마비되어 있었고 스위치도 꺼진 상태였다. 마지막 순간 기장은 조종간을 당기며 '복행'을 선언했다. 아비앙카 52편은 롱아일랜드 위로 큰 원을 그리며 케네디 공항으로 재접근했다. 갑자기 기체의 엔진 중 하나가 꺼졌다. 몇 초 후에 두 번째 엔진 고장이 발생했다.

"활주로 나와라!"

동체 착륙을 하는 한이 있더라도 비행기를 안전하게 공항으로 인도하고 싶었던 기장은 절망적으로 소리쳤다. 하지만 케네디 공항은 25 km 떨어진 곳에 있었다. 결국 비행기는 오이스터베이

89) 미국 버지니아주에 있는 독립 도시.
90) 미국 뉴저지주 남동부 애틀랜틱 카운티에 있는 대서양 연안 휴양지.
91) 대기 중에서 바람의 속도와 방향이 급격히 변하는 현상으로서 대기권의 다양한 고도에서 발생할 수 있으며, 특히 항공기 이착륙 시 매우 위험한 기상 현상이다.

(Oyster Bay)의 호화로운 거주지로 추락했다. 테니스 챔피언 존 매켄로(John McEnroe) 아버지의 사유지에 처박혔던 것이다. 탑승객 158명 중에서 73명이 사망했고, 추락 원인이 규명되기까지는 채 하루도 걸리지 않았다.

기체에도 공항에도 전혀 이상이 없었다. 조종사들이 술이나 약에 취해 있던 것도 아니었다. 단지 비행기에 연료가 없었을 뿐이다.

조종실의 모호한 태도

아랍에미리트항공의 베테랑 조종사이자 오랜 세월 '인적 요소', 즉 핵발전소나 항공기처럼 복잡한 시스템과 인간이 어떻게 상호작용하는가를 연구해 온 라트와트(Suren Ratwatte)는 그 사고를 두고 "전형적인 사례입니다."라고 한마디로 잘라 말했다.

평생 민간 항공기를 몰아 온 40대의 라트와트는 맨해튼의 쉐라톤호텔(Sheraton Hotel) 로비에 앉아 있었다. 두바이에서 출발해 케네디 공항에 도착하는 아랍에미리트항공의 비행기를 막 착륙시키고 나서였다. 그는 아비앙카 52편 사고를 잘 알고 있었다. 라트와트는 추락사고를 유발하는 일반적인 요소를 북동풍, 장시간의 공중체공, 오토파일럿의 잔고장으로 압축했다. 이 세 가지 패턴은 비행기가 허공에서 시간을 허비하게 할 뿐 아니라, 높은 고도에 비해 더 많은 연료를 소비하게 하는 저고도 비행을 하도록 만드는 원인이다.

"아비앙카 52편은 707이었죠. 오래된 기체일 뿐 아니라 조종하기도 까다롭습니다. 구세대 비행기라 할 일이 아주 많습니다. 조종시스템은 인력으로 움직이는데, 풀리(pulley)[92]와 온갖 조종간이 기체의 금속제 보조날개와 곧바로 연결되어 있지요. 그 비행기를

92) 바퀴에 홈을 파고 이에 줄을 걸어 돌려 물건을 움직이는 장치.

몰려면 힘이 좋아야 합니다. 하늘에 떠서 그 막대를 당겨야 한다고 생각해 보세요. 노를 젓는 것만큼이나 힘든 일입니다. 제가 요즘 몰고 다니는 비행기는 손가락 끝으로도 몰 수 있어요. 저는 조이스틱을 씁니다. 제가 보는 계기판은 큼지막한데, 707의 계기판은 커피잔처럼 작아요. 여기다 오토파일럿이 고장 난 상황이라면 기장은 커피잔처럼 자그마한 9개의 계기판을 일일이 눈으로 확인하면서 오른손으로는 비행기의 속도를 조절하고, 왼손으로는 비행기를 조종해야 합니다. 한계에 다다랐겠죠. 더 이상 뭘 해 볼 여력이 없었을 겁니다. 피곤해서 나가떨어졌을 때를 생각해 보세요. 판단력은 마비됩니다. 다른 때였다면 놓치지 않았을 것을 놓치기 시작하는 거죠."

추락 현장에서 회수된 블랙박스의 녹음을 들어 보면 비행 말미에 이르렀을 때, 카비에데스 기장은 마치 영어로 말할 힘도 없다는 듯 관제탑의 지시내용을 스페인어로 말해 달라고 요청했다. 그는 무려 아홉 번이나 반복해서 지시내용을 다시 말해 달라고 했다.

"더 크게 말하게."

거의 마지막에 이르렀을 때 그는 말했다.

"저들의 말이 들리지 않는군."

비행기가 케네디 공항의 남동쪽에서 40분이나 대기 비행하고 있을 무렵에 조종석의 모든 사람은 연료가 떨어져 가고 있음을 알고 있었고, 기장은 100 km 떨어진 필라델피아 공항에 착륙 요청을 할 수 있었다. 그러나 하지 않았다. 그는 마치 뉴욕에 사로잡힌 것 같았다. 착륙이 중단되었을 때, 비행기의 고도가 너무 낮다는 것을 경고하는 지표근접경보장치(Ground Proximity Warning System)[93]가 적어도 15회 이상 울렸지만, 기장은 알아채지 못했

93) 고도가 낮아지면 조종사에게 경보를 발하는 장치.

다. 그는 즉시 상승해야 했으나 하지 않았다. 그는 탈진한 상태였다.

그 모든 것이 진행되는 동안 조종석은 무거운 침묵에 짓눌려 있었다. 카비에데스 기장 옆에는 클로츠 부기장이 앉아 있었지만, 블랙박스에 녹음된 것은 그저 펄럭이는 바람 소리와 엔진의 소음뿐이었다. 관제탑과의 통신을 조율하는 것은 클로츠의 책임이었고, 이는 그날 밤 그의 역할이 매우 결정적이었다는 것을 뜻한다. 하지만 그는 완전히 수동적인 자세로 일관했다. 다른 공항에 접근할 수 있을 만한 연료가 남아 있지 않다는 말을 꺼낸 것은 세 번째 접근 시도가 불발로 돌아간 다음이었다. 그가 관제탑에서 들은 말은 "잠시 대기."였고, 이후 "케네디 공항이 정리될 것이다."는 말을 들었다.

훗날 조사관들은 아비앙카 52편의 조종사들이 케네디 공항 주위를 맴돌고 있던 비행기 수십 편의 차례를 건너뛰고 자신들이 먼저 착륙할 수 있다고 믿었을 것이라고 판단했다. 사실은 그렇지 않았다. 관제탑은 그들을 대기 줄의 맨 끝에 세워 놓았을 뿐이다. 그렇다면 조종사들은 비행기의 상황을 분명하게 전달하기 위한 재시도를 하지 않았던 것일까? 그렇다. 38분이 지나도록 그들은 연료에 대해 두 번 다시 언급하지 않았다.

생사를 결정지은 의사소통력

라트와트는 조종실이 조용하다는 것은 있을 수 없는 일이라고 했다. 그 이유를 설명하며 그는 자신이 그날 아침 두바이에서 날아오며 겪은 일을 들려주었다.

"갑자기 뒷좌석에 앉은 여성이 구토를 하더니 졸도를 하고 말았습니다. 그녀의 남편은 영어도 힌두어도 펀자브어[94]도 할 줄 몰

94) 인도와 파키스탄 인근의 펀자브 지방에서 사용하는 언어.

랐죠. 그와 대화할 수 있는 사람은 아무도 없었습니다. 그 일이 벌어졌을 때 저는 막 모스크바를 지나고 있었지만, 모스크바로 돌아갈 수 없다는 것을 알았습니다. 모스크바에 착륙하면 무슨 일이 벌어질지 전혀 알 수 없었으니까요. 저는 부기장에게 헬싱키로 가자고 했습니다."

라트와트가 당면한 문제는 그들이 예상 거리의 절반도 날아오지 않았기 때문에 착륙을 시도하기에는 탱크에 너무 많은 연료가 남아 있다는 것이었다.

"착륙이 가능한 최저 무게를 60톤이나 초과하고 있었죠. 그때 저는 선택을 해야만 했어요. 연료를 버릴 수도 있었지만, 그러면 아래에 있는 나라들이 싫어하겠죠. 러시아 측에서 발틱해에 연료를 버리고 오라고 했을지라도 40분을 낭비했을 테고 그러면 그 승객은 목숨을 잃을 수도 있었습니다. 그래서 어디든 착륙하기로 했죠. 제가 결정했습니다."

그것은 기체가 무거운 상태에서 착륙을 시도한다는 의미다. 또한 그 무게의 비행기를 다루는 것은 자동 착륙시스템에 설정되어 있지 않아 수동으로 착륙해야 한다는 뜻이기도 했다.

"제가 조종간을 잡았습니다. 부드럽게 땅에 내려앉지 않으면 구조적 파손을 겪을 위험이 있었죠. 진짜 큰일이 일어날 수도 있습니다. 무게가 많이 나가면 제 성능이 다 발휘되지도 않습니다. 활주로로 내려가다가 다시 상승해야 할 때, 고도를 회복할 수 있을 만큼 양력(揚力)[95]이 충분하지 않을 수도 있지요. 갑자기 할 일이 많아졌습니다. 여러 개의 공으로 저글링을 하는 것이나 마찬가지죠. 더욱이 제대로 해내야만 합니다. 긴 비행구간이었기 때문에

95) 유체 속을 운동하는 물체에 운동 방향과 수직 방향으로 작용하는 힘. 비행기는 날개에 생기는 양력으로 공중을 난다.

조종사가 두 명 더 있었어요. 저는 그들을 깨웠고 그들 또한 같은 배를 타게 되었죠. 네 명이 협동한 겁니다. 저는 헬싱키에 가 본 적이 없었기 때문에 공항이 어떻게 생겼는지, 활주로의 길이가 충분한지 등에 대해 아는 것이 없었습니다. 우선 진입로를 찾아야 했고 착륙 기능성을 파악해야 했으며 기기 작동의 변수도 확인하면서 동료들에게 무슨 일이 벌어졌는지 설명해야 했습니다. 그러자니 서로 다른 세 집단과 동시에 이야기하기도 했죠. 아랍에미리트항공사, 의사와 전화로 상담할 수 있게 해 주는 애리조나의 메드링크(MedLink), 그리고 뒤쪽에서 환자를 돌보고 있던 두 명의 의사와 함께 말이죠. 40분간 논스톱이었습니다."

그는 잠시 숨을 고르더니 이야기를 이어 갔다.

"헬싱키의 날씨가 좋았던 것은 행운이었어요. 나쁜 날씨를 무릅쓰고 무거운 비행기를 익숙하지 않은 공항에 착륙시키는 것은 좋지 않죠. 선진국 핀란드답게 사태에 유연하게 대처했고 이미 준비가 끝나 있었어요. 저는 그들에게 '기체가 무겁다. 맞바람을 맞으며 착륙하고 싶다.'라고 말했습니다. 그런 상황에서는 속도를 낮춰야 하죠. 그들은 '문제없다.'고 대답했습니다. 그리고 평소에 쓰던 방향과 반대쪽으로 우리를 인도했어요. 우리는 평소 같으면 소음 문제로 접근할 수 없던 도시 위 상공을 통해 공항에 들어갔습니다."

그 비상사태를 이끈 라트와트에게 필요했던 것은 무엇일까?

우선 좋은 조종사여야 했다. 기체가 무거운 상태에서 착륙할 수 있을 만한 기술이 필요했으니 말이다. 그러나 그 비상착륙을 성공으로 이끄는 데 결정적인 역할을 한 것은 조종 기술의 영역 밖에 있는 것이었다. 그는 비행기가 손상될 위험과 한 여성의 위태로운 생명 사이에서 판단을 내려야 했으며, 결정을 내린 후에는 모스크

바와 헬싱키 중 어느 곳에 환자를 내려 주는 것이 더 나은지를 생각해야 했다. 또한 그는 자신이 한 번도 가 보지 않은 공항의 수용 능력을 혼자서 재빠르게 생각해야 했다. 과연 그곳은 60톤이나 초과하는 비행기를 받아 줄 수 있을까?

더 중요하게도 그는 승객, 의사, 동료 조종사, 그가 깨운 예비 조종사, 두바이의 본사 관리자, 헬싱키의 관제탑 등의 사람들과 이야기를 해야 했다. 승객이 졸도한 순간부터 헬싱키에 착륙한 그 40분간 조종실에 침묵이 감돌았던 적은 한순간도 없었다. 라트와트에게 필요했던 것은 의사소통 능력이었고, 그것은 명령을 내리는 차원을 넘어 가장 분명하고 잘 알아들을 수 있는 방식으로 사람들을 격려하고 채근하고 달래고 협상하고 정보를 교환하는 것을 포함한다.

비상상황에서의 지나가는 말투

아비앙카 52편이 첫 번째 착륙 시도에 실패할 때까지의 대화내용 녹취록은 그와 정반대이다. 날씨도 좋지 않았다. 안개가 너무 짙어 클로츠와 카비에데스는 자신들이 어디에 있는지조차 알 수 없었다. 그들의 대화내용이 아니라 대화방식에 주의를 기울여 녹취록을 읽어 보자. 특히 대화 사이의 침묵 시간과 클로츠의 말투에 집중해 볼 필요가 있다.

카비에데스 활주로, 어디 있나? 못 찾겠는데. 못 찾겠어.

그들은 랜딩기어를 집어넣었다. 기장은 클로츠에게 다음 착륙 신호 요청을 하라고 지시한다. 10초 경과.

카비에데스 (혼잣말하듯) 연료가 없어…….

17초 후 조종사들은 상황에 대해 서로 기계적으로 설명한다.

카비에데스 활주로에 무슨 일이 있기라도 한 건가? 안 보이는데.
클로츠 안 보입니다.

관제탑에서 교신이 들어와 왼쪽으로 꺾으라고 지시한다.

카비에데스 지금 비상사태라고 전해!
클로츠 (관제탑을 향해) 1-0-8로 향하라고? 음, 알았다. 재시도하겠다. 아, 연료가 떨어지고 있다.

그러면 조종석의 상황을 그려 보자. 비행기의 연료가 위험한 수준으로 부족한 상태이다. 그들은 첫 번째 착륙 시도 기회를 날려 버렸고 비행기가 얼마나 더 날 수 있을지 모른다. 기장은 절박하다.

"지금 비상사태라고 전해!"

그런데 클로츠는 뭐라고 말하는가?

"1-0-8로 향하라고? 음, 알았다. 재시도하겠다. 아, 연료가 떨어지고 있다."

관제탑의 입장에서 '연료가 떨어지고 있다'는 말은 아무런 의미가 없다. 목적지를 향해 다가갈수록 모든 비행기는 당연히 연료가 떨어지고 있기 때문이다. 클로츠의 이 말이 과연 아비앙카 52편이 다른 공항에 착륙을 시도할 수 있을 만큼 연료가 없다는 뜻으로 들릴까? 아니면 슬슬 연료 부족이 걱정되기 시작한다는 말처럼 보일까?

클로츠는 관제탑과의 정기적인 상황 보고에서 연료 부족에 대한 걱정을 후반부에 가서야 비로소 언급했다. 이건 마치 레스토랑에서 "예, 커피 좀 더 주시고요. 흠, 닭 뼈가 목에 걸렸어요."라고 말하는 것이나 마찬가지다. 웨이터가 이 말을 얼마나 진지하게 들어 줄까? 클로츠와 통신했던 관제탑의 통신요원은 그가 '지나가는 말투'로 연료 이야기를 했다고 훗날 증언했다.

폭풍이 몰아치는 밤이면 모든 관제탑 통신요원은 조종사들의 연료 부족 타령을 신물 나게 듣는다. 클로츠가 중간에 '아'라고 한 박자 쉼으로써 자기 말의 중요성을 강조했을지라도 결과는 마찬가지다. 그날 밤 아비앙카 52편과 교신한 또 다른 통신요원도 비슷하게 증언했다.

"부기장은 대단히 일상적인 어투로 말했다. 비상사태에 놓인 사람의 목소리가 아니었다."

완곡어법과의 싸움

비상사태에 놓인 클로츠가 사용한 화법을 일컬어 언어학자들은 '완곡어법(mitigated speech)'이라고 표현한다. 전달 내용을 부드럽게 하거나 상대편의 감정을 상하지 않게 하려는 화법이다. 예의 바르게 행동할 때, 부끄럽거나 당황스러운 일을 겪었을 때, 권위 있는 사람 앞에 섰을 때 우리는 완곡어법을 사용한다. 직장 상사에게 뭔가를 부탁하면서 "월요일까지 필요합니다."라고 말하는 사람은 아무도 없을 것이다. 그럴 때는 완곡어법을 사용하게 된다.

"불편을 끼쳐 죄송하지만, 이것을 주말 동안 검토해 주시면 대단히 좋을 것 같습니다."

이런 상황에서는 완곡어법을 사용하는 것이 적절하다. 그러나 다른 상황, 가령 폭풍우가 몰아치는 밤 조종석 안에서라면 완곡어법을 사용하는 것은 심각한 문제다. 언어학자 피셔(Ute Fisher)와 오라사누(Judith Orasanu)는 기장과 부기장들에게 다음과 같은 상황을 제시한 후, 그때 어떻게 반응할 것인지 물어보았다.

"당신은 기상레이더를 통해 40 km 전방에 강한 폭풍우가 몰아치고 있다는 사실을 알았다. 그런데 당신이 폭풍우와 돌풍이 몰아친다고 말했음에도 (기장 또는 부기장이) 속도를 마하 0.73으로 유지하며 항로를 변경하려 하지 않는다. 당신은 그 지역을 통과할 수 없음을 확실히 해야 한다. 이때 당신은 그에게 어떤 말을 하겠는가?"

피셔와 오라사누는 상대방에게 경로를 바꾸고 나쁜 날씨를 피하자고 말하는 6단계 방법을 제시했다. 그 각각은 완곡어법의 수준에 따라 나뉘게 된다.

1. **명령** "우로 30도 급선회." 자신의 뜻을 가장 직설적으로 명확하게 말하는 방법이다. 완곡어법은 없다.
2. **의무적 진술** "제가 보기에 우리는 지금 오른쪽으로 가야 합니다." 이전에 비해 덜 구체적인 요구를 하면서 '우리'라는 말을 사용하고 있다. 약간 부드러워졌다.
3. **권유** "날씨를 살펴봅시다." 이 진술은 "우리는 같은 배를 타고 있다"는 내용을 포함한다.
4. **질문하기** "어느 방향으로 피하면 좋을까요?" 이것은 '권유'보다 부드러운 표현이다. 상대방이 책임자라는 사실을 인정해 주고 있기 때문이다.
5. **참고사항 제시** "제 생각에는 왼쪽이나 오른쪽으로 꺾는 것이 현명할 듯싶습니다."
6. **힌트 주기** "40 km 밖에 있는 것들이 좋지 않아 보이는데요." 이것은 가장 완곡한 표현이다.

피셔와 오라사누는 압도적으로 많은 수의 기장이 이런 상황에서 명령을 내린다는 것을 확인했다.

"우로 30도 급선회!"

그들은 자신의 판단이 틀렸을 경우를 두려워하지 않았다. 반대로 부기장들은 자신의 상사에게 말하고 있었기 때문에 가장 완곡한 표현을 선택한 경우가 압도적으로 많았다. 그들은 힌트를 줬을 뿐이다. 피셔와 오라사누의 연구결과는 우리의 경각심을 일깨워 준다. 힌트를 주는 것은 가장 알아듣기 어렵고 동시에 가장 무시당하기 쉬운 화법이라는 것이 밝혀졌기 때문이다.

1982년, 워싱턴D.C.의 외곽에서 플로리다항공(Air Florida)사의 비행기가 추락하는 사고가 발생했다. 이륙을 앞두고 비행기 날개에 위험할 정도로 많은 얼음이 맺혀 있다는 사실을 발견한 부기장은 기장에게 네 번이나 그 사실을 말했다. 문제는 말하는 방식에 있었다. 그는 계속 모호하게 힌트만 주었던 것이다.

부기장 저기, 저 뒤쪽에 얼음이 맺혀 있습니다. 보이죠?
부기장 뒤에 맺힌 성에와 다른 것이 보이십니까?
부기장 이런, 이거 제빙작업이 실패한 모양이네요. 안전하지 않다는 생각이 드는데요. 어떻습니까?

최종적으로 이륙 허가를 받은 다음, 부기장은 완곡어법을 두 단계 건너뛰고 권유를 한다.

부기장 여기서 잠시 대기하는 동안 날개 상판을 살펴보도록 하죠.
기장 우리는 1분 내로 이륙해야 하네.

그 비행기가 포토맥강으로 처박히기 직전 부기장이 한 말은 힌트나 권유, 혹은 명령 따위가 아니었다. 그저 있는 사실을 그대로 표현했을 뿐이다. 그리고 그 시점에서야 기장은 그의 말에 동의했다.

부기장 기장님, 떨어지고 있습니다. 기장님!
기장 나도 알아.

우리는 완곡어법의 관점에서 비행기 추락사고에서 발견되는 특이점 하나를 이해할 수 있다. 민간 항공사에서 기장과 부기장은 동등하게 비행에 관한 책임을 진다. 하지만 역사적으로 기장이 조종석에 앉아 있을 때 훨씬 더 많은 추락사고가 발생했다. 이 무슨 말도 안 되는 얘기냐고?

플로리다항공사의 비행기 추락사고를 생각해 보자. 부기장이 기장 노릇을 하고 있었다면 과연 네 번씩이나 힌트만 주고 있었을까? 그렇지 않다. 그는 분명 명령을 내렸을 것이고, 그랬다면 비행기는 추락하지 않았을 것이다. 비행시간이 더 짧은 조종사가 조종간을 잡을 때 비행기가 더욱 안전한 이유는 경험이 더 많은 조종사가 거리낌 없이 말할 수 있기 때문이다.

완곡어법과의 싸움은 최근 15년간 민간 항공사의 최우선 과제가 되었다. 대부분의 대형 항공사는 '승무원 자원관리(CRM, Crew Resource Management)'라는 훈련 프로그램을 실시한다. 이는 연차가 낮은 승무원이 자신의 의사를 분명하고 효율적으로 전달할 수 있게 해 주는 훈련이다. 또한 많은 항공사가 상황이 나쁜 방향으로 흘러가고 있을 때 부조종사가 조종사의 권한을 양도받을 수 있는 절차를 마련하고 있다. 예를 들어 "기장님, 걱정스러운데요."라는 말에 이어 "기장님, 이래서는 안 됩니다."라고 말해도 기장이 반응하지 않으면, "기장님, 안전한 상황이 아니라고 생각합니다."라고 말한다. 만약 이 말을 해도 통하지 않을 경우, 부기장은 비행기 운항에 대한 전권을 넘겨받게 된다. 많은 항공 전문가가 최근에 항공사고가 놀라울 정도로 감소한 이유는 이러한 완곡어법과의 싸움이 승리로 돌아갔기 때문이라고 판단한다.

완곡어법의 문제를 진지하게 생각하고 있다는 라트와트는 한 가지 사례를 들려주었다.

"아랍에미리트항공은 기장과 부기장이 서로를 이름으로 부르게 합니다. 제가 볼 때 이것은 많은 도움이 될 것 같아요. '기장님, 뭔가 잘못하시는 것 같습니다.'라고 말하는 건 어렵죠. 하지만 이름을 부르면 그런 말을 하기가 좀 더 쉽습니다."

그는 아마도 아비앙카 52편의 추락사고를 보고 많은 교훈을 얻은 모양이었다.

"저는 제 자신의 권위를 낮추고자 무척 애씁니다. 함께 조종하는 승무원에게 늘 이렇게 말하죠. '나는 그리 자주 비행하지 않네. 한 달에 두세 번이 고작이야. 나보다 자네가 훨씬 많이 비행하고 있지. 내가 뭔가 멍청한 짓을 한다면 그것은 내 최근 비행빈도가 낮아서 그런 걸세. 그러니 제때에 정확하게 말해 주게. 도와 달라는 말일세.' 희망적인 것은 이렇게 말하면 입을 여는 데 도움이 된다는 겁니다."

에러보다 더 중요한 구조적인 문제

이제 아비앙카 52편의 조종실로 돌아가 보자. 그 비행기는 첫 번째 착륙 시도에 실패한 후 선회하고 있는 중이다. 언제 착륙할 수 있는지 확인하기 위해 클로츠는 관제탑과 무선으로 통신하고 있다. 카비에데스가 그에게 묻는다.

카비에데스 저쪽에서는 뭐래?

클로츠 이미 말했는데…… 우리가 다시 접근할 건데, 그건 지금 우리가 더 이상…….

4초의 침묵이 흐른다.

카비에데스 비상사태라고 전달해.

4초의 침묵이 더 흐른다. 기장은 재차 묻는다.

카비에데스 저쪽에 말해 봤어?

클로츠 예, 기장님. 이미 전달했습니다.

클로츠는 다시 통상적 관례를 지키지 않고 관제탑과 대화한다.

클로츠 1-5-0, 고도 2,000 유지. 아비앙카 0-5-2 헤비.

기장은 분명 공황상태에 빠지기 직전인 것으로 보인다.

카비에데스 연료가 없다고 전달해!

클로츠는 다시 관제탑과 교신한다.

클로츠 고도를 높여서 3,000으로 유지. 그리고 아, 연료가 떨어지고 있습니다.

또다시 반복이다. 모든 항공 관제사들이 집중해서 듣도록 훈련된 마법의 단어. '비상'이라는 말은 전혀 입에 담지 않고 있다. 그저 '아'라고 한 박자 쉰 후 덧붙이고 있을 뿐이다. 에러를 몇 번 했는지 세어 본다면 이 시점에서 아비앙카 52편의 승무원이 저지른 에러는 이미 10개가 넘는다.

카비에데스 연료가 없다고 전달한 거 맞아?

클로츠 예, 기장님. 이미 전달했습니다.

카비에데스 OK.

만약 이 사고가 비극으로 끝나지 않았다면 이들이 대화하는 모습은 1930~1940년대에 활약한 명콤비 코미디언 애보트(Abbott)와 코스텔로(Costello)의 코미디의 한 장면과 비교되었을 것이다.

이제 1분가량 지났다.

관제탑 아비앙카 0-5-2 헤비. 아. 관제탑은 북동쪽 15마일로 인도한 후 진입로로 들여보낼 계획이다. 승무원과 연료 상태 모두 괜찮은가?

클로츠 그런 것 같다. 대단히 고맙다.

그런 것 같다고? 대단히 고맙다고? 추락하기 직전인 사람들이! 비행 안내원 한 사람이 조종실로 들어와 0으로 되어 있는 연료 눈금을 가리키며 손가락으로 목을 따는 시늉을 해 보였다. 이어지는 5분간 누구도 말을 하지 않았다. 무전기가 시끄럽게 규정된 사항들을 떠들고 있는 가운데, 기관사가 비명을 질렀다.

"4번 엔진이 꺼졌습니다!"

카비에데스가 말했다.

"활주로 나와라."

하지만 활주로는 25 km 저편에 있었다. 36초간의 침묵이 흘렀다. 담당 관제사의 목소리가 마지막으로 울려 퍼졌다.

관제탑 음, 공항에, 공항에 들어올 수 있을 만큼 연료가 있는가?

녹취록은 여기서 끝난다.

문화적 특성과 추락사고의 연관성

라트와트는 이 충돌사고에서 우리가 반드시 이해해야 할 점을 꼬집어 주고 있다.

"뉴욕 관제탑의 요원들은 무례하고 공격적이며 툭하면 조롱을 하는 것으로 악명이 높은 집단입니다. 물론 실력도 대단히 좋지요. 어느 정도는 강제력까지 동원해 엄청난 양의 교통량을 다루고 있습니다. 케네디 공항 근처에서 길을 잃은 어느 조종사에 대한 재미있는 이야기가 있어요. 땅에서 올려다보면 케네디 공항 인근의 상공이 얼마나 어지러운지 알 길이 없지요. 완전 미로입니다. 어느 조종사가 헤매자 한 여성관제사가 조종사에게 화가 나서 말했어요. '그만, 아무것도 하지 말아요. 내가 말할 때까지 내게 말 걸지 말아요.' 그리고 그냥 그렇게 내버려 뒀죠. 결국 조종사가 마이크를 잡고 말했습니다. '관제사님, 우리가 전생에 부부였습니까?' 그들은 믿기 힘들 정도로 강압적입니다. 늘 '내가 통제한다. 닥치고 시키는 대로 해'라는 식이죠. 한마디로 조종사를 휘어잡지

요. 휘어잡히기 싫으면 반대로 조종사가 휘어잡아야 합니다. 그러면 그들은 '그래, 알겠다.'라고만 하죠. 맞서 싸우지 않으면 뉴욕 관제탑은 철길을 깔아 줍니다. 한 영국항공(British Airways) 편이 뉴욕에 들어오던 때가 기억나는군요. 조종사들은 뉴욕 관제탑 근처에 방치되어 있었어요. 그때 영국 조종사들이 '네놈들은 히스로우(Heathrow) 공항에 와서 비행기 다루는 법을 배워야 해.'라고 하더군요. 뉴욕 관제탑은 그 모양입니다. 정말이지, 정말 불편한 곳이죠. 아비앙카 52편을 운행하던 조종사들은 분명 속사포처럼 쏘아붙이는 말 앞에서 당황했을 겁니다."

라트와트는 케네디 공항 관제탑에 자신의 상황을 설명하지 못하는 모습을 상상하는 것은 불가능하다. 그가 저돌적이고 고집이 세서가 아니라 세계를 보는 방식이 다르기 때문이다. 그는 조종석에 도움이 필요하면 예비 승무원을 깨운다. 모스크바에 내리는 것이 옳지 않다고 생각하면 헬싱키로 향하고, 헬싱키 공항이 등에 바람을 맞으며 착륙하도록 인도하면 맞바람을 맞으며 내리겠다는 의사를 표명한다.

나와 인터뷰를 하던 날, 그는 헬싱키에서 출발할 때 잘못된 활주로 선 위에 비행기를 올려놓았다. 부기장이 그것을 발견하고 즉시 에러를 지적했다. 라트와트는 그것을 떠올리며 웃었다.

"마사(Masa)는 스위스 사람이에요. 제 잘못을 지적하면서 아주 행복해하더군요. 돌아오는 내내 제게 핀잔을 주었습니다. 아비앙카 52편 조종사들이 해야 했던 일은 관제탑에 '우리는 그쪽에서 시도하고자 하는 대로 운항할 만큼 연료가 없다.'고 말하는 것뿐이었어요. '그렇게 못한다. 10분 안에 착륙해야만 한다.'고 말하는 게 해야 할 일의 전부였죠. 관제사가 내뿜는 압박을 이겨 내고 이 말을 해야 하는데 그걸 못 해낸 겁니다."

문화적 일반화가 우리를 불편하게 할 수도 있음을 알고 있던 라트와트는 매우 조심스럽게 말했다. 하지만 아비앙카 52편에서 발생한 사고는 그저 기장은 피곤했고 부기장은 서툴렀다는 단순한 설명으로 납득할 수 있을 만한 것은 아니다. 그 사고는 더욱 복잡한 설명을 필요로 한다. 조종석의 문제는 훨씬 근본적이며 구조적인 것이었다. 그렇다면 조종사들이 콜롬비아 출신이라는 것은 이 충돌사고에 어떤 영향을 미쳤을까?

라트와트는 좀 이해하기 힘들다는 듯 말했다.

"어떤 미국인 조종사도 그런 식으로 대응하지 않습니다. 간단하잖아요. 미국인들은 이렇게 말합니다. '이봐 친구, 난 착륙해야 돼.'"

1960년대와 1970년대에 걸쳐 네덜란드 심리학자 홉스테더(Geert Hofstede)는 IBM 유럽 본사의 인적자원 담당부서에서 의뢰한 연구를 진행하고 있었다. 홉스테더는 세계를 돌며 그들이 어떻게 문제를 해결하는지, 어떻게 협업하는지, 그리고 상급자에 대한 태도는 어떠한지 등을 인터뷰했다. 시간이 흐르면서 홉스테더는 길고 복잡한 질문지를 통해 문화 간의 차이를 분석할 수 있을 만큼 광대한 데이터베이스를 축적하게 되었다. 이렇게 탄생한 '홉스테더 기준(Hofstede's Dimension)'[96]은 오늘날에도 다문화심리학을 연구하는 데 가장 널리 쓰이고 있다.

홉스테더는 개인이 집단보다 개인 스스로를 얼마나 중요하게 생각하는지에 따라 문화가 구분될 수 있다고 주장한다. 그는 이것을 '개인주의-집단주의 척도(individualism-collectivism scale)'라고

96) 홉스테더의 문화 기준 이론(Hofstede's cultural dimension theory)은 각 나라의 문화적 차이를 다음과 같은 여섯 가지 기준으로 설명한다. ① 권력 거리(power distance), ② 장기 지향성(long-term orientation), ③ 개인주의(individualism), ④ 불확실성 회피(uncertainty avoidance), ⑤ 남자다움 선호(masculinity), ⑥ 하고 싶은 대로 함(indulgence).

부르는데, 개인주의에서 가장 높은 점수를 받는 나라는 미국이다. 그런 점에서 미국이 선진국 중 유일하게 일반 의료보험을 적용하지 않는 나라라는 것은 전혀 놀라운 일이 아니다. 그 반대편 끝에는 과테말라가 자리 잡고 있다.

또 다른 홉스테더 기준은 '불확실성 회피(uncertainty avoidance)'에 대한 것이다. 애매한 것이 과연 얼마나 받아들여지는가? 다음의 다섯 나라는 홉스테더의 데이터베이스에서 불확실성 회피 지수가 가장 높은 나라들로서, 이들 국가는 규칙과 계획에 의지하는 경향이 강하고 상황에 관계없이 절차에 충실할 가능성이 높다.

1. 그리스
2. 포르투갈
3. 과테말라
4. 우루과이
5. 벨기에

다음 다섯 나라는 모호함에 가장 관용적인 문화를 가진 나라들이다.

49. 홍콩
50. 스웨덴
51. 덴마크
52. 자메이카
53. 싱가포르

물론 홉스테더는 이 척도에서 몇 점을 받느냐로 옳거나 그르다는 가치 판단을 내리지 않는다. 또한 어떤 문화권에 속하는 사람이 반드시 그 문화권의 성향대로 행동하는 것도 아니다. 과테말라 출신이지만 개인주의적으로 행동하는 사람도 있을 수 있다. 그가 말하고자 하는 것은 니스벳과 코헨이 미시건 대학의 복도 실험을 통해 주장하고자 했던 것과 비슷하다.

"우리는 각각 고유한 인격을 지니고 있다. 하지만 그 밑바탕에는 우리가 성장해 온 공동체의 문화적 환경을 통해 영향을 받은 것이 있으며, 그 차이는 놀라울 만큼 두드러진다."

벨기에와 덴마크는 비행기로 1시간도 걸리지 않는 거리에 위치해 있다. 그리고 덴마크인은 벨기에인과 비슷해 보이기 때문에 코펜하겐(Copenhagen) 거리에 뚝 떨어지면 그곳이 브뤼셀(Brussels) 거리인지 구분하기 어려울 정도다. 하지만 불확실성 회피라는 잣대를 놓고 보면, 두 나라는 그보다 더 멀 수 없을 만큼 먼 사이다. 불확실성의 잣대 앞에서 덴마크인은 유럽 국가 사람이 아닌 자메이카인과 훨씬 더 유사하다.

덴마크와 벨기에는 넓은 의미에서 유럽식 사회민주주의 전통에 속하는 나라지만 역사, 정치구조, 종교, 전통, 언어, 음식, 건축, 문학 등이 모두 다르다. 이 모든 차이를 종합해 보면 위험과 불확실성을 무릅써야 하는 특정한 상황에서 덴마크인은 벨기에인과 전혀 다른 방식으로 대응한다는 결론을 내리게 된다.

모든 홉스테더 지수 중에서 가장 흥미를 끄는 것은 아마도 '권력 거리 지수(PDI, Power Distance Index)'[97]일 것이다. 권력 거리

97) 권력 거리란 조직(단체)에서 권력이 작은 구성원이 권력의 불평등한 분배를 수용하고 기대하는 정도이다. 권력 거리가 작은 문화에서는 부하 직원이 상사에게 일방적으로 의존하는 정도가 약하며 부하 직원과 상사 간의 관계가 보다 상호 의존적이고 민주적일 것이라고 기대할 수 있다. 반면, 권력 거리가 큰 문화에서는 권력이 작은 측이 전제적이고 가부장적인 권력관계를 그대로 수용하기 쉽다. 이러한 의미에서 홉스테더의 권력 거리 지수는 객관적인 권력 분포 차이를 반영하는 것이 아니라, 권력 불평등을 사람이 어떻게 받아들이냐에 관한 것이라고 할 수 있다. 한마디로 상사에게 반론할 때 느끼는 심리적 저항 강도를 의미한다. 권력 거리 지수가 높을수록 반론 제기가 어렵다고 해석할 수 있다. 따라서 안전수준이 높은 조직을 만들려면 리더와 상사는

지수란 특정 문화가 위계질서와 권위를 얼마나 존중하는지를 나타낸다. 이를 측정하기 위해 홉스테더는 "직원들이 관리자의 의견에 동의하지 않음에도 두려움 때문에 그것을 드러내지 않은 일이 얼마나 자주 발생하는가?"라는 질문을 했다. 또한 조직이나 집단 내에서 권력이 약한 구성원이 권력이 불평등하게 분배되고 있음을 인정하거나 혹은 그렇다고 짐작하는지 알아보기 위해, "나이 많은 사람이 얼마나 존중받고 또한 두려움의 대상이 되고 있는가?" 그리고 "권력층이 특권층으로 받아들여지고 있는가?" 같은 질문을 추가적으로 제시했다.

홉스테더는 자신의 저서 《문화의 결과(Culture's Consequence)》에서 권력 거리 지수가 낮은 나라에 대해 다음과 같이 기술하고 있다.

> 권력은 그것을 가진 사람이 부끄러워하고 은밀하게 행사해야 할 그 무엇이다. 나는 스웨덴(권력 거리 지수가 낮은 나라)의 한 대학교 교직원이 권력을 행사하려면 권력이 없는 것처럼 보여야 한다고 말하는 것을 들은 적도 있다. 이런 상황에서는 지도자가 격식을 차리는 모습보다 그 반대의 모습을 더 노출시키고자 한다. 오스트리아(권력 거리 지수가 낮은 나라)의 수상 크레이스키(Bruno Kreisky)는 종종 전차를 타고 출근하는 것으로 유명했다. 나는 1974년에 네덜란드(권력 거리 지수가 낮은 나라) 수상 윌(Joop den Uyl)이 포르투갈에서 캠핑카를 타고 캠핑장에서 쉬고 있는 모습을 직접 목격하기도 했다. 권력자들의 이런 모습은 권력 거리 지수가 높은 벨기에나 프랑스 같은 나라에서는 거의 보기 어렵다.[98]

'소극적 경청'에서 끝낼 것이 아니라 자신과 반대되는 의견을 적극적으로 찾아 나서고 받아들이려는 자세가 필요하다.

98) 홉스테더는 몇 년 전 같은 분야의 비슷한 공장들이 독일과 프랑스에서 각각 어떻게 다른 모습을 보였는지 연구한 결과를 인용하고 있다. 프랑스 공장은

홉스테더의 발견이 항공업계 종사자들에게 큰 영향을 주었으리라는 것은 충분히 짐작 가능한 일이 아닌가. 완곡어법을 추방하고 협동심을 높이기 위한 모든 것이 결국 무엇을 위한 것이겠는가? 한마디로 그 목적은 조종실 내의 권력 거리 지수를 낮추고자 하는 데에 있다. 홉스테더가 했던 "직원들이 관리자의 의견에 동의하지 않음에도 두려움 때문에 그것을 드러내지 않는 일이 얼마나 자주 발생하는가?"라는 질문은, 항공 전문가들이 부기장들에게 수없이 물었던 바로 그 질문이기도 하다.

그뿐 아니라 홉스테더의 연구는 항공산업계에서 누구도 의심해 본 적 없던 부분에 대해서도 묻고 있다. 그것은 부기장들이 자기 의견을 드러내도록 하는 것은 그가 자라 온 문화의 권력 거리 지수에 큰 영향을 받는다는 점이다. 관제사가 아무리 당황스럽게 몰아붙여도 치명적 결과를 초래하는 미국인 조종사는 한 명도 없다고 했던 라트와트의 말이 뜻하는 바가 바로 그것이다. 미국은 권력 거리 지수가 낮은 문화를 갖고 있다. 아무리 강한 압박을 받을지라도 미국인은 미국인다운 방식으로 생각한다. 미국인다운 방식이란 관제탑의 관제사 역시 자신과 마찬가지로 사람일 뿐이라고 생각하는 것이다.

하지만 어떤 나라는 권력 거리 지수가 그 정반대에 있다. 과연 어떤 나라일까? 바로 콜롬비아다. 비행기 조종사의 행동을 설명할 때 문화적 요소를 고려하는 것이 매우 중요하다는 것을 강조해 온 심리학자 헬름라이히(Robert Helmreich)는 아비앙카 52편의 추락

평균 26%가 관리자 및 특수직으로 구성되어 있었다(독일은 16%). 그런데 프랑스인은 최고 관리자에게 독일인보다 더 많은 급료를 지불했다. 홉스테더는 이러한 비교를 통해 위계질서에 대한 문화적 태도 차이를 알 수 있다고 주장한다. 프랑스의 권력 거리 지수는 독일에 비해 2배나 높다. 그들은 독일인이 필요로 하지 않는 위계질서를 원하고 또한 뒷받침하고 있는 셈이다.

사고에 큰 충격을 받았다. 그는 콜롬비아인의 국민성을 감안하지 않고는 사고 당시의 클로츠의 행동을 이해할 수 없으며, 그날 그가 곤경에 빠졌던 것은 권위에 대한 존중이 몸에 익은 사람이 빠지게 되는 곤경과 동일한 것임을 주장하는 에세이를 발표했다.

그 일부를 인용해 보자.

> 권력 거리 지수가 높은 나라에서 상급자들이 흔히 그렇듯 기장이 명확한 결정을 내리지 못하자 부기장은 좌절감을 느꼈다. 부기장과 기관사 모두 기장이 결정을 내려 주기를 바라며 누구도 대안을 내놓을 생각은 하지 못하고 있었다.

클로츠는 스스로를 하급자로 보았고, 따라서 문제를 해결하는 것은 그의 몫이 아니었다. 그 일은 기장이 해야만 했는데 그때 기장은 탈진 상태로 아무 말도 하지 않았다. 그러자 강압적 성향이 강한 케네디 공항 관제탑은 비행기가 계속 허공에서 맴돌도록 내버려 두었다. 클로츠는 자신들이 곤경에 처했다는 사실을 전달하고자 계속 시도했지만 그는 하급자가 상급자에게 말하듯, 다시 말해 자신의 문화적 배경에서나 통하는 방식으로 이야기했다.

그러나 관제탑 요원들은 콜롬비아인이 아니었다. 그들은 권력 거리 지수가 낮은 미국인이었다. 미국인은 자신과 조종사 사이에 위계질서가 있다는 생각 따위는 하지 않으며, 그들에게는 부기장의 완곡어법이 상급자에 대한 하급자의 간곡한 화법으로 읽히지도 않았다. 단지 그것은 조종사에게 별다른 문제가 없다는 것을 뜻할 뿐이었다.

실제로 관제탑과 클로츠 사이의 의사소통이 문화적 차이로 틀어지고 있다는 것이 확실히 드러나는 대목이 있다. 읽다 보면 고통스러울 지경이다. 이것은 충돌을 몇 분 앞두고 아비앙카 52편과 관제탑 사이에 오간 마지막 대화이기도 하다. 클로츠가 방금 연료 상황을 묻는 관제탑의 질문에 "그런 것 같다. 대단히 고맙다."라고 대답한 다음, 카비에데스 기장이 클로츠에게 물었다.

카비에데스 그쪽에서 뭐래?

클로츠 화가 난 것 같은데요.

화가 났다니! 클로츠는 상처를 받고 있었다. 바로 이 시점에서 비행기는 재앙으로 빨려들어 가고 있었다. 하지만 그는 하급자는 무조건 상급자의 지시에 따라야 한다는 문화적 배경의 강력한 힘에서 벗어나지 못하고 있었다. 그는 자신이 처한 곤경을 말하려다가 실패했다고 생각했고 관제탑에 있는 상급자의 심기를 불편하게 했다는 결론을 내리고 말았다.

케네디 공항에서 벌어진 추락사고 이후에 아비앙카항공의 경영진은 사후평가를 실시했다. 그들은 연이어 네 건의 사고를 겪은 다음이었고[바랑키야(Barranquilla)[99], 쿠쿠타(Cucuta)[100], 마드리드, 뉴욕], 그 모든 사고를 통해 "신체적 결함이 없고 평균이거나 평균 이상의 비행능력을 가진 조종사들을 선별했음에도 여전히 사고가 발생했다"는 결론을 내렸다. 그들의 보고서는 마드리드 추락사고의 경우, 부기장이 기장에게 상황이 얼마나 위험한지 설명하고자 노력했다는 것을 기록하고 있다.

"부기장은 옳았다. 하지만 그들은 사망하고 말았다. 왜냐하면 부기장의 질문에 함축된 제안이 너무 약했기 때문이다. 기장은 그의 말을 완전히 무시했다. 어쩌면 부기장은 기장의 결정에 의문을 표시함으로써 그의 뜻에 항거하는 것처럼 보이고 싶지 않았을 수도

99) 카리브해 연안의 베네수엘라 접경 도시.
100) 콜롬비아 동부의 베네수엘라 접경 도시.

있다. 아니면 기장이 그 지역을 여러 차례 비행했다는 것을 알았기 때문에 인정받지 못하는 말을 더 이상 하고 싶지 않았을지도 모른다. 부기장은 자신의 견해를 더 강력하게 표출했어야 했다."

자신이 하는 일에서 성공할 수 있는 능력은 출신지의 성격과 강하게 결합되어 있기 때문에 권력 거리 지수가 높은 문화에서 좋은 조종사가 나오기란 쉽지 않을 수 있다. 하지만 권력 거리 지수가 가장 높은 나라는 콜롬비아가 아니다. 헬름라이히와 그의 동료인 메리트(Ashleigh Merritt)는 전 세계 조종사들의 권력 거리 지수를 측정한 적이 있다. 그 결과가 궁금한가? 1위는 브라질이었고 2위는 한국이었다.[101]

6) 동조[102] 편향

같은 팀의 다른 구성원 모두가 자신과 다른 의견을 제시하고 있을 때, 그래도 자신의 의견을 당당히 말할 수 있을까? 폴란드 출신의 미국 심리학자인 애쉬(Solomon Asch)는 1955년에 개인과 개인, 개인과 집단 간의 상호작용으로 나타나는 사회적 영향(동조성에 대한 사회적 압력의 영향) 과정을 밝히기 위해 간단한 집단 실험(동조실험)을 하였다(1958년).

집단을 이룬 피실험자 8명에게 카드 두 장을 보여 주었다(그림 2.9). 한 장에는 선분이 1개만 그려져 있고(표준 자극), 또 다른 한

---

101) 조종사들의 권력 거리 지수에서 상위 5위에 속하는 나라는 다음과 같다. 이것을 국가별 비행기 추락사고 발생빈도와 대조하면 보기 좋게 맞아떨어진다. 1. 브라질, 2. 한국, 3. 모로코, 4. 멕시코, 5. 필리핀. 다음은 조종사들의 권력 거리 지수가 가장 낮은 다섯 나라의 목록이다. 15. 미국, 16. 아일랜드, 17. 남아프리카공화국, 18. 오스트레일리아, 19. 뉴질랜드.

102) 동조(同調)는 집단의 성향을 따라가거나 자신의 신념이 분명하지 않을 때 나타나는 심리적 현상이다. 사회심리학에서는 동조를 실제적 혹은 상상적 집단의 압력의 결과로 신념이나 행동에 변화가 일어나는 것이라고 정의하고 있다.

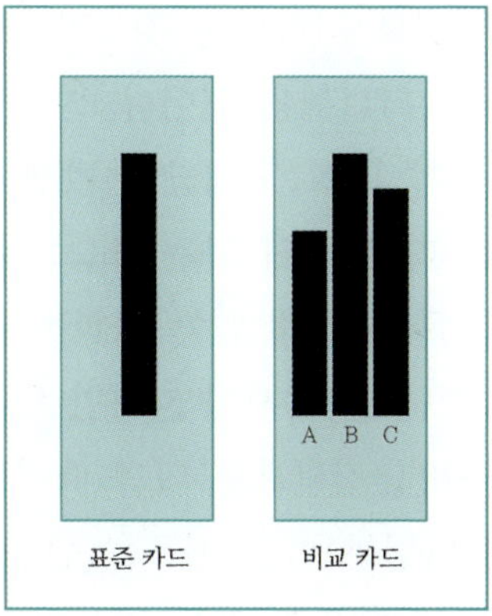

그림 2.9 제시된 두 장의 카드

두 장의 카드를 제시하면서 "표준 카드에 그려진 선분의 길이와 가장 가까운 길이의 선분이 어떤 것인가?"라고 물었다.

장의 카드에는 각각의 길이가 다른 선분 3개가 그려져 있다. 피실험자들에게 3개의 선분 가운데 어떤 선분이 표준 자극과 같은 길이인지를 판단하도록 요구하였다. 피실험자는 1명씩 순서대로 답하기로 되어 있었는데, 8명 중 진짜 피실험자는 1명뿐이고, 나머지 7명은 가짜 피실험자였다. 가짜 피실험자들은 미리 결정된 대로 '3번'이라고 잘못된 답변을 하도록 되어 있었다. 그리고 진짜 피실험자가 대답할 차례는 마지막으로 또는 마지막에서 두 번째로 설정하였다.

실험 결과, 진짜 피실험자들 중 약 1/3이 다수자인 가짜 피실험자들과 동일한 답변, 즉 잘못된 답변을 하였다. 이 실험을 통해 주위의 사람이 겨우 6명 정도라도 그들이 자신과 다른 의견을 가지고 있으면, 자신의 의견을 주장하는 것이 매우 어렵다는 것을 알 수 있다.

모두가 그렇다고 하니까 자신도 주위의 의견에 따르게 되는 동조 편향(conformity bias) 현상은 다수 의견이 올바르다고 하는 다수파 동조 편향의 형태로 나타나는 경우가 많은데, 이는 일상적 업무 장면에서도 일어나기 쉬운 일이다.[103)]

그리고 이 동조 편향 현상은 재난이 발생하였을 때 사람들이 주변사람들의 행동을 따라 하게 되는 모습으로도 나타나고, 많은 사람이 같이 있으면 두려워하지 않는 과학적 근거 없는 심리에서도 찾아볼 수 있다. 재난 발생 시에 혼자만 있는 경우에는 자신의 판단으로 대응을 하지만, 집단으로 있을 때에는 무의식적으로 서로에게 동조를 하여 타인과 다른 행동을 쉽사리 취하지 않고, 안심감(安心感) 때문에 대피 등의 행동 타이밍이 늦어진다.

이러한 동조 편향의 실제 사례는 2011년 3월 11일에 발생한 동일본 대지진 때 사람들이 취한 극과 극의 대응에서 찾아볼 수 있다. 미야기현(宮城県)의 한 어촌마을인 유리아게(閖上)에서는 지진 경보에 바로 대피하지 않고(지진과 쓰나미 사이에는 70분의 시간이 있었다) 많은 사람들이 서로의 태도에 동조하다가 희생자 수가 커진 사례(700여명 사망)가 있었다. 당시에 마을의 거리에 나와 보니 대피하는 사람이 없고, 다들 집에 가만히 있는 것 같아서, 많은 사람들이 자신도 집에 있었던 것으로 분석되고 있다. 반면에 지진이 발생하면 제일 먼저 피하라는 교육을 받아 온 이와테현(岩手県) 가마이시시(釜石市)에 있는 한 중학교 학생들은 지진이 나자 교사의 피난 지시가 있기도 전에 대피를 시작하였고, 그러자 이 모습을 본 길거리에 있던 초등학생들도 덩달아 피난 행렬에

103) 여론이 형성되는 과정에서 자신의 입장이 다수의 의견과 동일하면 자신 있게 의견을 표방하고, 소수의 의견에 속하는 경우에는 부정적 평가를 받거나 고립되는 것을 염려하여 침묵하는 현상을 설명하는 '침묵의 나선 이론(Spiral of Silence Theory)'도 동조 편향과 맥락을 같이한다. 침묵의 나선 이론은 독일의 커뮤니케이션 학자이자 여론조사기관 알렌스바흐 연구소의 소장이었던 노이만(Elisabeth Noelle Neumann)에 의해 1971년에 주장되어 1974년 심리이론으로 정립되었다.

동참한 결과, 이 지역에 거주하는 초·중학생의 생존율이 99.8%(학교 관리하에 있었던 학생의 경우 100%)였다고 한다.[104)]

우리나라 대구지하철 화재사고(2003년 2월 18일) 때에도 전동차 안에 연기가 자욱했는데도 동요하지 않거나 피난하려고 하지 않은 사람들이 많았던 것도 다른 사람들이 행동하지 않았기 때문일 것이다. 세월호 침몰사고(2014년 4월 16일) 때에도 마찬가지이다. 주위의 많은 친구들을 보면서 큰일이 발생하였다고 생각하지 못했을 것이다.[105)]

동조 편향의 부정적인 면은 반복적인 교육훈련을 실시하는 것과 위험감수성을 향상시키는 것으로 방지할 수 있다. 개인적으로는 용기를 내어 솔선행동을 취하는 자세도 필요하다.

7) 링겔만 효과

자신이 환자를 확인하지 않아도 다른 누군가가 확인할 것이라고 생각해 확인을 하지 않아서 사고가 발생한 사례가 있다. 사람은 자신이 하지 않아도 다른 누군가가 할 것이라고 생각하여 일을 거르기도 하고, 팀을 이루어 작업할 때에는 혼자서 할 때보다도 열심히 하지 않게 되는 현상을 미국의 사회심리학자인 빕 라테인(Bibb Latané)은 '사회적 태만(social loafing)'이라고 하였다.[106)]

사회적 태만이라는 현상을 최초로 발견한 사람은 프랑스의 농공학자인 링겔만(Maximilien Ringelmann)이었다. 그는 1명, 2명, 3

---

104) 片田敏孝, 《人が死なない防災》, 集英社, 2012, pp. 57~58, 64~72 참조.

105) 이 사고들에서는 '지하철에서 화재 같은 것이 일어날 리 없다.', '이렇게 큰 배가 전복될 리 없다.'와 같이 생각하는 '정상화 편견'도 복합적으로 작용하여 피난행동이 늦어지게 되었을 것이다.

106) B. Latané, K. Williams and S. Harkins, "Many Hands Make Light the Work: The Causes and Consequences of Social Loafing", *Journal of Personality Social Psychology*, 37, 1979, pp. 822~832.

명, 그리고 8명이 줄을 당기게 한 뒤, 그 힘을 측정하여 1인당 당기는 힘을 계산하였다. 그 결과 혼자서 줄을 당기는 힘을 100%라고 하면, 2명일 때 각 개인의 힘은 93%, 3명일 때는 85%, 그리고 8명일 때는 49%의 힘밖에 주지 않았다. 집단에 참여하는 사람의 수가 늘어날수록 성과에 대한 1인당 공헌도가 저하되는 현상이 발생한 것이다. 혼자가 아닌 여러 사람이 함께 한다면 '나 혼자쯤이야 책임과 의무를 다하지 않아도 표 나지 않겠지'라는 심리가 작용한 것이다. 이와 같이 집단의 개별 구성원들이 집단의 규모가 커짐에 따라 잠재적인 역량을 발휘하지 않거나 무임승차하려고 하는 등 노력을 덜 기울이는 경향을 '링겔만 효과(Ringelmann effect)'라고 한다.[107] 링겔만 효과는 참여자가 늘어날수록 시너지 효과가 발생하기보다는 역시너지 현상이 나타나는 것을 가리킨다.

하지만 모두가 이와 같은 사회적 태만에 빠지는 것은 아니며, 각 구성원이 자신의 역량을 십분 발휘하여 좋은 결과(시너지 효과)를 얻는 팀도 있다. 그렇다면 사회적 태만을 줄이고, 오히려 사회적 촉진을 증가시키기 위해서는 어떻게 하여야 할까?

만약 함께 일을 진행하더라도 참여자들의 기여도(공헌도)를 확인할 수 있거나 그것에 대한 개별적인 평가가 이루어진다면, 사람들은 개인의 노력을 더욱 투입하는 쪽으로 자신의 행동을 수정하려 할 것이다. 또한 너무 큰 집단을 만드는 대신 소규모 집단으로 집단을 구성하면 응집력도 더욱 강해질 수 있고 개인의 기여도도 더욱 잘 드러날 수 있다. 그 밖에도 집단의 개별 구성원에게 그의 노력이 집단의 성공에 꼭 필요하다고 믿게 할 때, 각 구성원이 자

107) A. G. Ingham, G. Levinger, J. Graves and V. Peckham, "Ringelman Effect: Studies of Group Size and Group Performance", *Journal of Experimental Social Psychology*, 10, 1974, pp. 371～384.

신이 속한 집단에 대해 긍정적인 태도를 지니고 있을 때, 집단이 달성하려는 목표가 명확할 때, 집단의 과제가 개인과 연관이 높을 때 사회적 태만이 감소한다.

8) 집단사고의 함정

사람들이 모여 의사결정을 할 때 그 사람들이 뛰어난 사람들일지라도 커다란 실패를 범하는 경우가 있다. 미국의 사회심리학자인 재니스(Irving Lester Janis)는 혼자서 일을 하면 뛰어난 성과를 올리는 사람들이 여럿 모여서는 어리석은 의사결정을 해 버리는 과정을 '집단사고(groupthink)'라고 명명하였다.[108] 이 집단사고는 집단에 의한 사고의 단점이 집단의 의사결정과정에 나타나는 현상을 가리킨다.[109]

재니스는 집단의 의사결정에서 집단사고 발생을 억제하는 것은 구성원의 '자립적(독립적)인 비판적 사고'이고, 구성원 간의 응집력, 친밀함, 일체감 등이 증가할수록 '자립적인 비판적 사고'는 후

108) I. L. Janis, *Victims of Groupthink: A Psychological Study of Foreign-policy Decisions and Fiascoes*, Houghton Mifflin, 1972 참조.

109) 집단사고에 대비되는 개념으로 집단지성(collective intelligence)이라는 말이 있다. 다수의 개체들이 서로 협력하거나 경쟁하는 과정을 통하여 얻게 된 집단의 지적 능력을 의미하며, 이는 개체의 지적 능력보다 우수하다는 것이다. 이 개념은 하버드 대학 교수이자 곤충학자 휠러(William Morton Wheeler)가 1910년에 출간한 《개미: 그들의 구조·발달·행동(Ants: Their Structure, Development, and Behavior)》에서 처음 제시하였다. 휠러는 개체로는 미미한 개미가 집단생활에서 협력과 경쟁을 통해 거대한 개미집을 만들어 내는 것을 보고, 이를 근거로 개미는 개체로서는 미미하지만 군집하에서는 높은 지적 능력을 발휘한다고 설명하였다. 집단지성을 발휘하기 위해서는 다양성(다양한 사람들이 모여야 한다), 독립성(타인에게 휩쓸리지 않아야 한다), 분산화(문제를 해결하는 방식이 한곳에 집중되어서는 안 된다), 통합(분산된 지식과 경험이 공유될 수 있는 시스템이 있어야 한다) 등의 조건이 필요하다.

퇴하며, 의사결정과정에서 집단이 외부자를 따돌리고 정책결정내용을 알리지 않는 등의 폐쇄성을 가질 때에 집단사고가 생기기 쉽다고 지적하고 있다. 그리고 권위주의적 리더가 존재하는 경우, 집단의 구성원들은 리더가 선호하는 의견에 대해서 반대하지 못하여 집단사고의 발생 가능성이 높아진다.

1961년 4월, 쿠바인 망명 부대원 1,400명이 미국 해군, 공군, CIA의 지원 아래 쿠바의 피그스만을 침공했다. 목적은 카스트로의 혁명정부를 무너뜨리는 것이었다. 하지만 모든 것이 계획대로 되지 않았고, 작전은 대실패로 끝났다. 이 계획은 뛰어난 사람들이 모인 케네디 정권에 의해 승인된 것이었다.[110]

재니스는 집단사고의 주요 증상으로 다음 여덟 가지를 제시하였다. 이 증상들은 세 가지 주요 유형으로 구분될 수 있다.[111]

유형 Ⅰ : 집단의 과대평가 – 힘과 도덕성

- 과도한 낙관주의를 유발하고 극단적인 위험감수를 조장하는, 대부분 또는 모든 구성원들에 의해 공유된 불사신(不死身, invulnerability)에 대한 환상(illusion)
- 집단 구성원들로 하여금 그들의 결정에 대한 윤리적 또는 도덕적 결과를 무시하도록 하는, 집단 고유의 도덕성에 대한 무조건적인 믿음

110) 재니스는 피그스만 침공 작전이 대실패로 끝난 이유에 대해 다음과 같이 진단하였다(I. L. Janis, *Groupthink: Psychological Studies of Policy Decisions and Fiascoes*, 2nd ed., Wadsworth, 1982, pp. 35~46).
- 자신들이야말로 유일하게 올바른 판단력을 가지고 있다고 과신했다.
- 비판적인 정보의 가치를 경시하고, 그러한 외부정보를 지지하는 구성원을 무시했다.
- 그 결과, 다른 집단, 정보 등으로부터 고립되고, 잘못된 최초 정보와 그것에 근거한 결정을 변경하지 않은 채 행동에 돌입하고 말았다.

111) Ibid., pp. 174~175.

유형 II : 폐쇄적인 마음자세

- 집단 구성원들이 그들의 지난 의사결정에 다시 참여하기 전에 그들의 전제(가정)를 재고하게 할 만한 경고나 정보가 있는데도 이를 무시하기 위하여 억지로 합리화하려는 집단적인 시도
- 적의 리더에 대해, 그의 진정한 협상 시도조차도 강하게 의심할 정도로 매우 악하다고 보거나, 아무리 위험한 공격을 하더라도 이를 고려하지 못할 정도로 매우 약하거나 어리석은 것으로 보는 고정관념

유형 III : 통일성에 대한 압력

- 각 구성원의 의심과 반대의견의 중요성을 스스로 과소평가하도록 하는, 명백한 집단 합의로부터의 일탈에 대한 자기검열
- 판단에 관하여 구성원들이 다수의 견해에 따르고 있다는 만장일치에 대한 공유된 환상(부분적으로는 일탈에 대한 자기검열에 기인하고, 침묵이 곧 동의를 의미한다는 잘못된 가정에 의해 강화된다)
- 집단의 고정관념, 착각 또는 표명(약속)에 강력한 반대 주장을 하는 구성원에 대해, 이러한 유형의 반대는 충실한 구성원들에게 기대되는 것과 상반된다고 노골적으로 표현하는 직접적인 압력
- 집단의 마인드가드(mindguard)[112]를 자처하면서, 집단 결정의 효과성과 도덕성에 대한 구성원들의 공유된 자기도취를 산산조각 낼 수 있는 부정적인 정보로부터 집단을 보호하는 구성원의 출현

112) 다른 사람의 '신변'을 보호하는 일을 임무로 하는 사람을 '보디가드'라고 부르는 것에 비유하여 다른 사람의 '정신'을 보호하는 일을 임무로 하는 사람을 '마인드가드'라고 표현한다.

재니스는 이러한 집단사고를 방지하는 방안으로 다음과 같은 방안을 제시하였다.[113)]

- 방침을 결정하는 집단의 리더는 각 구성원에게 비판적인 평가자로서의 역할을 부여하고, 집단에게 반대와 의심을 표현하는 것에 높은 우선순위를 두도록 장려해야 한다. 이러한 관행은 구성원들이 자신들의 부동의(반대)의 어조를 누그러뜨리지 않도록 하기 위해 리더가 자신의 판단에 대한 비판을 수용하는 것을 통해 강화될 수 있다.
- 조직의 위계질서 속에 있는 리더는 방침을 결정하는 임무를 집단에게 부여할 때, 처음부터 자신의 선호와 희망을 말해서는 안 되고 어느 한쪽으로 치우치지 않아야 한다. 이 관행을 위해서는, 각 리더가 그가 채택되기를 바라는 특정 제안을 옹호해서는 안 되고, 그의 상황설명을 문제의 범위와 가용자원의 한계에 대해 편향되지 않는 설명을 하는 것으로 국한할 필요가 있다. 이를 통해, 회의참가자에게 개방적인 질문(문의) 분위기를 형성하고 광범위한 대안을 공정하게 개발할 기회가 제공된다.
- 조직은 동일한 문제를 해결하기 위해 여러 개의 독립적인 계획수립 및 평가 집단을 두고 각각 다른 리더하에서 숙의(熟議)를 하는 관리적 실천을 일상적으로 하여야 한다.
- 대안의 실현 가능성과 효과성이 분석되고 있는 기간 동안, 의사결정집단은 때때로 2개 이상의 하위집단(subgroup)으로 나누어 각 책임자의 지휘하에서 별도로 회합하고, 그다음에 그들의 차이를 조정하기 위해 한자리에 모여야 한다.

---

113) I. L. Janis, *Groupthink: Psychological Studies of Policy Decisions and Fiascoes*, 2nd ed., Wadsworth, 1982, pp. 262~268 참조.

- 의사결정집단의 각 구성원은 집단의 숙의내용을 그 자신의 조직단위에서 신뢰받고 있는 동료들과 주기적으로 토론하고 그들의 반응을 보고하여야 한다.
- 1명 이상의 외부전문가 또는 의사결정집단의 핵심멤버가 아닌 조직 내의 적격자들이 각 회의에 시차를 두고 초청되고 핵심멤버의 견해에 의문을 제기하도록 권장되어야 한다.
- 대안을 평가하기 위한 모든 회의에서 최소한 1명에게 '선의의 비판자 노릇을 하는 사람(devil's advocate)'[114]의 역할을 부여하여야 한다.
- 문제가 라이벌 국가 또는 조직과의 관계를 포함하는 경우에는 언제나 라이벌로부터의 모든 경고신호를 조사하고 라이벌의 의도에 대한 여러 시나리오를 만드는 데 상당한 시간이 투자되어야 한다.
- 최선의 대안인 것으로 생각되는 것에 대한 예비적 합의에 도달한 후, 의사결정집단은 구성원들이 그들의 모든 나머지 의문들을 가능한 한 활발하게 표현하고 최종적인 선택을 하기 전에 전체 문제를 다시 생각하도록 하는 '추가적인 기회(second chance)'를 제공하는 회의를 개최하여야 한다.

집단토의의 부정적인 면으로서, 집단의 결정은 개인의 결정보다도 모험을 무릅쓴다고 하는 '모험 이행(risky shift)'이라고 하는 것이 있다.

---

114) 일반적으로는 '악마의 대변인[가톨릭에서 어떠한 인물을 성인품(聖人品)으로 추대하는 과정에서 그릇된 추대를 막기 위해 시복 시성(諡福諡聖) 청원인들의 반대편에서 시복 시성을 가로막는 역할을 하는 직책]'이라고 말한다.

왈라치(Michael A. Wallach)와 코간(Nathan Kogan)의 실험에서는 이하의 문제에 대하여 한 사람씩 답변을 받은 경우와 집단으로 토의한 후 전원일치의 답변을 받은 경우를 비교하였다.[115)]

"중한 심장병에 걸린 사람이 있어 대수술을 받지 않으면 일상생활을 하는 것을 포기하여야 한다. 그러나 이 수술은 잘되면 완치되지만, 실패하면 생명을 잃게 된다고 한다. 수술할까, 하지 말까 고민하고 있다." 이 문제에 대한 집단토의의 결과는 최초의 개인결정들보다도 위험하고, 토의 후의 각 개인의 의사결정도 토의 전의 각 개인의 의사결정보다 위험한 방향이 되었다. 그리고 토의 전의 위험감수의 정도와 집단토의에서의 영향력 사이에는 정(正)의 상관관계가 발견되었다. 즉, 위험한 선택을 하는 사람일수록 토의에서 적극적인 역할을 하는 것이 발견된 것이다.

이처럼 집단의 의사결정이 개인의 의사결정보다 위험한 선택을 하는 모험 이행과 달리, 이후 연구자들은 모험 이행과 정반대인 '보수 이행(cautious shift)'도 가능함을 증명하였다. 집단토의 후에 더 보수적인 결정을 내리는 것이다. 결국 집단토의는 구성원들의 성향을 극단으로 치닫게 한다는 사실이 밝혀졌다. 이처럼 집단이 개인보다 극단적인 의사결정을 하는 현상을 '집단극화(group polarization)'라고 한다.

사람들은 개인의 의사결정보다는 집단의 의사결정이 효과적이라고 믿는 경향이 있지만 꼭 그렇지만은 않다. 역사적으로 보았을 때, 의사결정자들은 집단사고와 집단극화를 통해 중요한 순간에 어처구니없는 극단적인 선택을 한 경우가 적지 않았다.

---

115) M. A. Wallach, N. Kogan and D. J. Bem, "Group Influence on Individual Risk Taking", *The Journal of Abnormal and Social Psychology*, 65(2), 1962, pp. 75~86.

참고 집단사고란[116)]

기업과 정부의 고위 의사결정집단은 대개 옳은 결정을 내릴 수 있는 전문가들로 구성된다. 그러나 때로는 전문가들이 집단을 이루어 결정할 때 의사결정과정에 어떤 일이 발생하여, 합리적이고 명석한 전문가라면 절대 내리지 않을 터무니없는 결정을 하게 되는 어처구니없는 일이 발생한다.

재니스는 크게 실패한 결정들을 심층 분석하여 집단이 결정할 때 무엇이 잘못될 수 있는지에 대한 이론을 발전시켰다. 집단사고는 개별 구성원의 생각으로는 좋지 않다고 생각하는 결정을 집단이 선택할 때 나타나는 현상이다. 재니스는 포드 자동차 회사가 에드셀(Edsel)을 생산하기로 결정하고 '자동차계의 타이타닉'으로 불릴 만큼 엄청난 실패를 한(300만 달러의 손해를 본) 사건, 결국 완전히 실패로 끝난 케네디 정부의 쿠바 피그스만 침공 결정, 존슨 정부가 베트남전을 단계적으로 확대하기로 결정했지만 미국이 끝내 이기지 못한 전쟁을 예로 들었다.

무어헤드(Moorhead), 페렌스(Ference)와 넥(Neck)(1991)은 1986년 챌린저호를 발사한 결정을 분석했다.[117)] 추운 날씨가 심각한 기계적 결함을 야기할 수 있다는 경고에도 불구하고 NASA 직원들은 결빙 온도에서 챌린저호를 발사하기로 결정했고, 미국 역사상 최악의 우주선 참사를 낳았다.

재니스에 따르면, 집단사고는 강력한 리더가 있는 응집력이 높은

116) 박동건 옮김, 《산업 및 조직 심리학(제6판)》, 학지사, 2015(P. E. Spector, *Industrial and Organizational Psychology: Research and Practice*, 6th ed., Wiley, 2011), 444~446쪽 참조.

117) G. Moorhead, R. Ference and C. P. Neck, "Group Decision Fiascoes Continue: Space Shuttle Challenger and a Revised Groupthink Framework", *Human Relations*, 44(6), 1991, pp. 539~550.

집단에서 순응과 조화를 유지하려는 사회적 압력이 합리적인 의사결정보다 우위에 있을 때 발생하기 쉽다. 집단사고의 가능성은 의사결정을 하는 집단이 외부의 의견과 영향력에서 고립되어 있을 때 증가한다. 다음에 제시된 사건의 단계를 주목할 필요가 있다.

한 집단의 리더가 회의에서 좋지 않은 아이디어를 제시한다. 처음에 각 구성원은 그 아이디어가 좋지 않다고 의심하지만 그렇게 말하기를 꺼린다. 임금님의 새 옷 이야기처럼 아무도 손을 번쩍 들고 리더의 의견에 이의를 제기하기를 원하지 않는다. 각 구성원들은 주위를 둘러보고 모든 사람이 침묵하는 데 주목한다. 그러고는 자신이 처음에 했던 판단이 잘못되었다고 생각하기 시작한다. 결국 자신 이외의 모든 사람이 그 아이디어를 그리 나쁘게 여기고 있는 것 같지 않다는 생각이 들기 시작한다. 집단과정이 진행됨에 따라 아주 사소한 의구심까지도 합리화되어 빠르게 사라지고 집단의 관점을 따르라는 압력이 개인 구성원들을 짓누른다. 그림 2.10에는 집단사고에 이르게 하는 일부 요소가 제시되어 있다.

재니스는 집단사고를 피하는 방법을 몇 가지 제안하고 있는데, 이 제안들을 아우르는 두 가지 기본적인 생각이 있다. 첫째, 집단의 리더는 집단회의에서 제시되는 여러 가지 대안을 억제하려고 하지 말고 공정한 중재자의 역할을 해야 한다. 둘째, 집단의 구성원들은 의사결정의 단계마다 대안들을 비판적으로 평가하고 결정이 현명한지를 지지하거나 반박하는 정보를 계속 얻으려고 노력

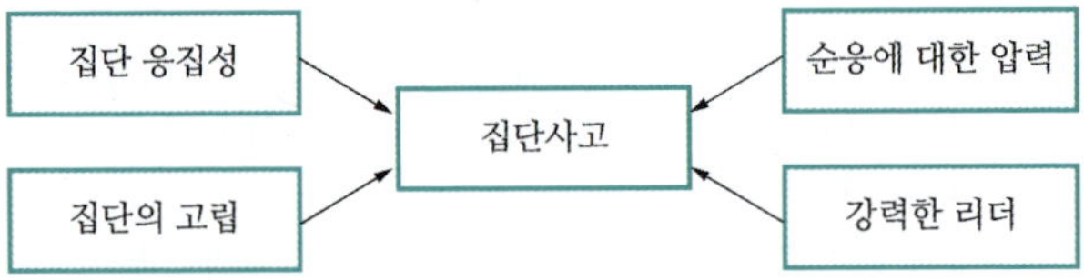

그림 2.10 집단사고에 이르게 하는 여러 요인

해야 한다. 재니스는 집단이 비판적이고 객관적인 마음가짐을 유지하도록 하는 일정한 행동들을 제안하였다. 예를 들어, 중요한 주제를 논의하기 위해 집단을 주기적으로 더 작은 하위집단들로 나누고, 의사결정을 하는 집단의 구성원들은 하급자들과 문제를 논의할 필요가 있다. 이러한 행동들은 집단이 잘못된 결정을 내리게 하는 집단사고의 함정에 빠지지 않도록 하는 데 도움이 될 수 있다.

2 환경적(외적) 요인

이제까지는 인간의 불안전행동에 영향을 미치는 인적 요인(인간의 특성적 요인)에 대하여 살펴보았다. 다음으로는 인적 요인 외에 인간의 불안전행동에 영향을 주는 환경적(외적) 요인에 대하여 살펴보기로 한다.

(1) 기계·설비적 요인

일반적으로 사고·재해의 직접적 원인으로 불안전행동 외에 불안전상태가 있다는 것에서도 알 수 있듯이, 인간의 불안전행동을 방지하기 위해서는 불안전상태에 충분히 대응하는 것도 필요하다.

불안전상태의 대표적인 요인인 기계·설비 등의 경우, 그 구조(재료, 강도 등), 기능(가동상태, 성능 등), 외관(형태, 위험부의 덮개 등) 외에, 작업성(부품 배치, 표시, 조작의 용이성 등), 보전성(점검·정비가 용이하고 적은 횟수로 끝나는 등), 신뢰성(고장, 트러블이 적은 등)의 문제 때문에, 이것이 인간의 불안전행동에 영향을 미치는 요인이 되는 경우가 적지 않다.

(2) 작업·환경적 요인

인간의 불안전행동에 영향을 미치는 작업적 요인으로는 작업내용, 작업방법·자세, 작업강도 등 작업 그 자체에 관련된 요인과 작업을 실시하는 장소의 환경조건에 관한 요인(작업공간, 정리정돈, 조명, 온·습도 등)이 있는데, 이들 모두 인간의 불안전행동을 유발하는 요인이 된다.

(3) 관리적 요인

인간의 불안전행동의 요인에 대해서는 인적 요인이 직접적으로 관련되어 있지만, 이들 요인을 해소·억제하기 위해서는 안전관리 조직의 구축, 안전관리계획의 작성·실시·평가, 교육훈련의 실시, 사람의 적정배치, 건강관리의 철저 등의 관리적 요인도 상당한 영향을 미치고 있고, 많은 사고·재해의 원인으로 제시되는 경우도 많다.

관리적 요인은 「산업안전보건법」에서 중요사항으로 규정되어 있고 인적 요인과도 깊이 관련되어 있는 사항으로서, 이에 대하여 충분히 인식하고 대응하는 것이 필요하다.

제3장

부주의[1]의 심리학

사업장에서 사고·재해가 발생한 사례를 분석해 보면, 작업자가 충분히 주의를 기울였다면 사고·재해를 일으키지 않았거나 막을 수 있었을 거라고 생각이 드는 경우가 종종 있다. 부주의를 사고·재해의 한 원인으로 보는 것 자체가 틀린 것은 아니다.

그러나 부주의를 사고·재해의 '제1원인'으로 제시하는 것은 특별한 경우를 제외하고는 많은 문제가 있다. 그럼에도 우리 사회에서는 부주의에 지나치게 기대는 것의 문제점에 대해 아직 충분히 인식되지 못하고 있다. 따라서 사고·재해를 효과적으로 방지하기 위해서는 이 부주의가 가지는 의미에 대하여 올바르게 인식하는 것이 중요하다고 할 수 있다.

1 주의력의 한계

주의라는 말의 의미는 마음에 새겨 조심하는 것, 어떤 한곳이나 일에 관심을 집중하여 기울이는 것, 위험 등을 만나지 않도록 조

1) 이 장에서의 부주의는 일상적으로 사용되는 넓은 의미의 부주의를 가리키는 것으로서 망각, 착각을 포함한다.

심하는 것 등을 가리킨다. 그리고 주의력에 대해서는, 한 가지 일에 마음을 집중하여 나가는 힘을 가리킨다. 그런데 일본의 안전심리학자인 카노우 히로시(狩野広之)는 인간의 주의력에는 한계가 있다고 하면서 다음과 같이 말하고 있다.[2)]

"인간의 주의력이 무한하지 않다는 것은 알고 있다. 그러나 그 지속시간이 어느 정도이고, 공간적인 폭이 어느 정도인지는 여러 가지 조건에서 규제를 받기 때문에, 구체적인 장(場)의 조건이 명확히 되지 않는 한, 일률적으로 이것을 말할 수는 없다. 그러나 보통의 조건에서 단일의 변화하지 않는 자극을 명료하게 의식하고 있는 시간은 1초 또는 수 초에 불과하고, 결코 긴 시간 동안 지속되지 않는다. 주의의 파동(波動)이라는 현상이 있는데, 본인은 주의를 하고 있다는 생각을 하고 있더라도, 실제는 명료하게 의식하고 있지 않은 순간들이 많다. 다음으로는 공간적인 폭인데, 이것은 물리적 공간 차원의 문제라기보다는, 심리적 공간에서의 방향성이라고 하는 점에 기본적인 제약이 있다."

다시 말해서, 인간은 심신기능이 정상적인 상태에 있어도 그 주의력에는 한계가 있고 파동성이 있어 높은 주의상태를 지속하는 것은 불가능하다(파동성). 그리고 눈앞의 것은 인식하지만 후방에는 주의가 미치지 않고, 어느 한 방향에 주의하면 다른 방향에는 주의가 미치지 않는다(방향성).

어느 하나에 주의를 기울이면 다른 것에 주의를 빼앗길 수 있다. 주의력의 '선택성'에 대해서는 대뇌피질에서의 의식 작용 면으로부터도 추정할 수 있다. 대뇌피질은 동시에 두 방향으로부터 받은 정보에 대해서는 동시에 처리할 수 없는 하나의 채널(one channel)이라고 한다. 2명의 상대로부터 동시에 말을 듣는 경우

2) 狩野広之, 《不注意とミスのはなし》, 労働科学研究所, 1972, p. 8.

이야기의 내용을 동등하게 이해할 수는 없으며, 눈으로 사물을 보는 경우에도 두 가지의 것을 동시에 확실히 볼 수는 없고, 반드시 어느 한쪽에 주의가 강하게 미치는 선택성이 있다. 한편, 우리의 뇌는 많은 소리 중에서 자신에게 필요한 정보를 무의식적으로 선택할 수 있는 기능을 가지고 있다. 이것을 '칵테일 파티 효과(cocktail-party effect)'[3]라고 한다. 음성의 선택적 청취(selective listening to speech)라는 것으로 선택적 주의의 대표적인 예이다.

또한 주의력에는 '일점(一點) 집중'의 특성이 있다.[4] 예를 들면, 다수의 각종 미터기가 나란히 있는 집중감시제어실 등에서 1개의 미터기 지시(指示)에 중대한 변화가 생기면, 주의는 그 미터기에 집중되고, 미터기가 관계하고 있는 시스템의 다른 정보는 거의 의식되지 않는 상태가 되는 것이 이것에 해당한다. 어느 한 가지 작업에 집중하면 다른 작업에는 주의가 미치지 않는다는 것이고, 과거에 발생한 중대한 사고·재해에서도 이와 같은 상태가 있었던 적이 다수 보고되고 있다.

이러한 사실로부터, 주의력에는 다음과 같은 특성(한계)이 있다는 점을 인식하여 둘 필요가 있다.

- 파동성(지속되지 않는다)이 있는 점

---

3) 1953년에 영국의 인지심리학자인 체리(E. Colin Cherry)에 의해 제창되었다. 칵테일 파티처럼 많은 사람이 잡담하고 있는 가운데에서도 자신의 이름이나 자신이 관심을 갖고 있는 것에 대한 이야기 등은 자연스럽게 알아들을 수 있다. 이와 같이 인간은 소리를 처리하여 필요한 정보만을 재구축할 수 있다(E. C. Cherry, "Some Experiments on the Recognition of Speech, with One and with Two Ears", *The Journal of the Acoustical Society of America*, 25(5), 1953, pp. 975~979 참조).

4) 이 특성은 눈이 특정 위치를 향하고 있지만 주의가 다른 곳에 있어서 눈이 향하는 위치의 대상이 지각되지 못하는 현상이나 상태를 의미하는 '무주의 맹시(inattentional blindness)'와는 구별되는 특성임에 유의할 필요가 있다.

- 방향성(동시에 두 방향에 주의가 향하지 않는다)이 있는 점
- 선택성(동시에 두 가지를 처리할 수 없다)이 있는 점
- 일점(一點) 집중성(한 가지에 집중하면 다른 것에 주의가 가지 않는다)이 있는 점

주의력의 특성에 대해 한 가지 예를 들어 설명하면 다음과 같다. 우리 일상생활 중에는, 예컨대 신호등이 없는 횡단보도에서 일단 정지하고 자동차의 접근이 없다는 것을 확인한 후에 횡단하여야 하는데, 확인하지 않고 건너가려다 차에 치이는 것과 같이 "전혀 주의를 하지 않았다."는 말을 들어도 변명의 여지가 없는 행위가 종종 발생한다. 자살이라고 하는 특수한 경우를 제외하면, 달리는 자동차에 치일 것이라고 생각하는 경우는 없을 것이고, '왜 그와 같은 행동을 하였을까.'라는 의문이 들 수밖에 없는데, 본인으로부터 들어 봐도 대부분의 경우는 "왜 그랬는지 도대체 알 수 없다."는 답변이 나온다고 한다. 사고의 진상을 추정하면, 직전까지는 확인하려고 생각하고 있었지만, 그 순간은 무의식인 채로 행동하였을 것이다. 결국 이 경우는 주의력의 특성 중 '파동성'에 의해 발생한 것이라고 생각된다.[5)]

2 부주의에 대한 지금까지의 생각

(1) 안이한 대책 3종 세트

부주의와 관련된 큰 문제가 발생하면 어떠한 형태로든 안전에 관한 검토회의가 개최되어 안전대책을 강구하게 된다. 거기에서 도

5) 大関親, 《新しい時代の安全管理のすべて(第6版)》, 中央労働災害防止協会, 2014, pp. 433~434 참조.

출된 안전대책으로서는, 안전의식의 고양을 목적으로 한 다음 세 가지가 자주 제시된다.

- "충분히 주의하면서 작업하도록!"이라는 지시가 이루어진다.
- '안전제일'이라는 슬로건을 벽에 붙인다.
- 안전전문가에 의한 강연회를 개최한다.

필자는 산업현장에서 광범위하게 이루어지는 이 세 가지 대책을 '안이한 대책 3종 세트'라고 부른다. 이 '3종 세트'가 그다지 효과가 없다는 사실은 유사한 사고가 재발하고 있다는 사실로부터 쉽게 알 수 있다.

그러나 이러한 '3종 세트'가 전혀 효과가 없다는 것은 아니며, 다소 효과는 기대할 수 있을 것이다. 문제는 '3종 세트'에 만족하거나 이것 이외의 효과적인 대책은 특별히 없다고 생각하고 포기하는 점에 있다.

(2) 단순 부주의로 처리

부주의의 재발방지대책으로서 가장 널리 이루어지고 있는 것이 '주의', '확인'이다. 그러나 당사자는 어떤 행위가 잠재적으로 얼마나 위험한지 전혀 깨닫지 못하고 있을 수 있다. 그렇다면 주의, 확인만으로 작업자의 부주의를 방지할 수 있을까?

어느 작업자도 그렇게 하고 싶어서 부주의를 일으키는 것은 아니다. 에러를 의도적으로 저지르는 작업자는 없을 것이다. 문제는 에러를 단순 부주의로 처리하는 것이다. 왜냐하면 단순 부주의로 처리하는 순간, 그 이면에 있는 유발요인이 보이지 않기 때문이다. 인간은 보고 싶은 것을 보는 경향이 있어, 어떤 특정의 관점을 취하면 다른 것이 보이지 않게 된다.

'단순 부주의가 아니다. 무언가 다른 것이 있을지도 모른다.'라고 생각하는 것이 필요하다. 그렇지 않으면 부주의에 관계된 요인은 알 수 없다. 다시 한번 반복하면, "단순 부주의로 처리해서는 안 된다. 표면적인 파악방법으로 접근해서는 안 된다."

(3) 정신형(精神型) 안전의 한계

많은 부주의는 언뜻 보면 단순한 부주의로 보인다. "그때 잠깐 주의를 기울였더라면 방지할 수 있었을 것이다.", "제대로 확인하였더라면 사고가 일어나지 않았을 것이다."라고 생각하곤 한다. 그래서 "정신 바짝 차려!" 식의 대책이 유효하게 작동할 것으로 생각한다. 그러나 현실에서 또 다시 유사한 부주의가 발생한다. 이는 부주의 방지대책이 유효하지 않았다는 것을 반증하는 것이다.

전술한 부주의 방지의 '안이한 대책 3종 세트'에는 공통점이 있다. 세 가지 모두 인간의 심리에 호소하는 부주의 방지대책이라는 점이다. 그런데 인간의 심리를 구체적으로 제어하는 것은 쉽지 않다. 외부에서 인간의 마음에 작용하여 그것을 세세하게 제어하는 것은 매우 어렵다. 예를 들면, "확실히 확인하고 나서 하세요!"라고 지도하여도, 주변의 환경조건에 의해 그것을 실시할 수 없거나 또는 매우 곤란한 경우도 적지 않다. 따라서 인간의 마음을 제어하는 방법에 과도하게 기대는 것이 아니라, 좀 더 확실한 방법에 주로 기대어 노력을 기울이는 것이 필요하다. "정신 바짝 차리고 해!", "멍한 상태에서 작업하면 안 돼!", "눈앞의 일에 집중해!" 등과 같은 인간의 정신력에 호소하는 안전대책, 즉 의식 고양에 의한 방법을 제일(第一)로 하는 부주의 방지대책에 한계가 있다는 것은 역사가 잘 증명해 보이고 있다.

3 부주의는 왜 줄어들지 않는가

(1) '이치에 맞는 대책'이 아닌 한 부주의는 발생한다

의식의 고양에는 한계가 있고, 주의의 지속성은 오래가지 못한다. 우리들이 지향하여야 할 새로운 부주의 방지·감소방법의 기본은 과학에 근거한 방법이어야 한다. 또한 부주의(행동) 방지·감소를 목표로 하여 전략과 전술을 명확히 함으로써 조직적·체계적으로 노력하는 것이 매우 중요하다. 따라서 향후 부주의 방지대책은 인간의 심리에 호소하기보다는 가능한 한 본질적 대책, 공학적 대책, 절차, 제도 등 유형적(有形的)인 것, 구체적인 행동으로 연결되는 것이 바람직하다.[6)]

부주의 방지는 항상 과학적인 관점에 기초해야 한다. 실제로 일어난 사고를 수집하여 데이터베이스를 만들고, 경험과 학문적 지식 등을 기초로 대책을 강구하여 실행하는 자세가 중요하다.

부주의 방지대책은 '이치에 맞지 않는' 한 원활하게 이루어질 수 없다. 이 '이치에 맞는다'는 것은 과학적·경험적으로 올바르다는 의미이고, 여기에는 인간행동의 제어의 문제도 포함된다.

(2) 인간의 심리에 호소하는 대책의 한계

부주의는 개인의 특성이라는 사고방식이 아직 대세이다. 그렇다 보니 부주의에 대하여 "멍한 상태로 일하니까 부주의한 것이다.",

6) 그렇다고 인간의 심리에 호소하는 대책이 무용하다는 의미는 결코 아니며, 효과 면에서 유형적인 대책보다 떨어지므로 과도하거나 편중되게 의존하는 것을 경계할 필요가 있다는 의미이다.

"집중하지 않아 부주의를 저지르는 것이다." 등과 같은 인식에 머물러 있는 경우가 많다. 이와 같이 생각하고 있는 한, 부주의 방지대책을 마련하는 데에도 한계가 있을 수밖에 없다.

이와 같은 사고방식은 조직의 상위직에 있는 사람들뿐만 아니라 현장의 안전활동에 종사하고 있는 담당자에게서도 많이 발견된다. 사고의 원인에 대해 "부주의가 원인이다."라는 진단에 머물고, 현장에서 일하는 사람의 안전의식에 주로 기대하는 재발방지대책이 양산되는 이유이다. 앞에서 설명한 지시, 슬로건, 강연회와 같은 '안이한 대책 3종 세트'도 이러한 대책의 일종이다. 그리고 부주의가 원인이라는 진단만으로 그치게 되면, 사람은 이것 이상의 원인이 작용했을 가능성을 생각하지 않게 되는 경향이 있다.

4 부주의행동[7]은 결과

사고·재해사례를 깊이 분석해 보면, 주의하지 못한 사람에게 문제가 있는 것이 아니라 실수를 하기 쉬운 표시 또는 알기 어려운 설명서 등이 부주의행동을 유발하였다고 생각하는 것이 타당한 경우가 적지 않다.

우리가 통상적으로 일컫는 부주의행동은 휴먼에러의 일종으로서 인간이 원래 가지고 있는 여러 특성과 인간을 둘러싼 광의(廣義)의 환경(기계·설비, 절차서, 교육, 감독, 팀워크 등)이 상호작용한 결과로 이루어진 행동 중 어떤 기대된 범위에서 일탈한 것이라고 생각할 수 있다. 즉, 부주의행동(에러)은 인간이 원래 가지

7) 여기에서의 부주의행동은 인지과정의 관점에서 바라본 휴먼에러(행위착오, 망각, 착각)와 동일한 의미로 사용되고 있다.

고 있는 특성이 그를 둘러싼 광의의 환경과 잘 합치되지 않아, 그 결과로서 유발되는 것이라고 생각된다. 복수의 부주의행동 유발요인(error inducing factor)이 중첩되어 일종의 배경을 만든 경우는 부주의행동이 유발될 가능성이 높아진다. 여기에서 말하는 광의의 환경이란, 기계·설비와 같은 하드웨어, 절차서(매뉴얼), 체크리스트와 같은 소프트웨어, 작업방법의 부적절, 작업환경조건의 불량 등을 말한다.

요컨대, 부주의행동을 일으키기 쉬운 환경이 인간이 본래 가지고 있는 특성과 서로 작용하여 결과적으로 부주의행동이 발생하는 것이다. 부주의행동을 일으키기 쉬운 요인이 복수로 있으면 요인이 서로 얽혀 상승작용이 일어남으로써 나아가 부주의행동이 유발될 가능성이 높아진다.

우리나라의 사고보고서에서는 부주의행동이 원인이라고 지적하는 경우가 많지만,[8] 적어도 부주의행동 발생 메커니즘으로 생각하면 부주의행동은 '원인'이 아니라 결과라고 할 수 있다. 부주의행동은 원인으로 간주되어서는 안 되고, 배후요인에서 유발된 '결과'라고 이해하는 것이 사고방지를 위한 중요한 사고방식이다. 즉, "부주의행동은 원인이 아니라 결과이다."라는 관점에 서지 않으면, 효과적인 사고방지대책을 생각해 내는 데에는 한계가 있다.

부주의행동에 대한 이러한 사고방식은 현장에서 실제로 일하는 사람, 관리하는 사람 모두 이해하고 있어야 한다. 이러한 사고방식이 이해되지 않는 한 근본적인 부주의행동 방지대책은 나올 수 없다. 부주의행동을 일으킨 당사자에게만 원인을 귀속시키는 한

8) 부주의행동의 배후요인을 찾아내려고 하지 않는 것이 문제이지, 부주의행동을 사고의 직접적인 '원인'이라고 표현하는 것 자체가 문제는 아니다. 사고발생과정·요인을 설명하는 데 있어 표현방식의 차이일 뿐이기 때문이다.

사고방지대책의 유효성에는 한계가 있는 것이다. 부주의행동은 발생하는 것이 아니라 유발되는 것이다. 그리고 이 유발하는 원인을 충분히 분석하여 대책을 세우는 것이 제일 우선시되어야 한다.[9]

따라서 여전히 우리나라에 뿌리 깊게 잠재하고 있는 "사고·재해의 원인은 부주의행동이다."라는 표현 또는 생각은 정확하지 않다. 다시 강조하자면, 부주의행동은 결과이고, '그 원인'은 인간 특성으로서의 주의력의 한계와 인간을 둘러싼 조건(환경)이라고 보는 것이 정확할 것이다.

사고·재해 등의 원인조사 등을 할 경우에는, 이 점을 충분히 이해하고 부주의행동의 배후에 있는 '실질적 원인의 파악'까지 들어가는 것이 중요하다. 그리고 안전대책을 마련할 때에는, 전술한 대로 인간에 의존하지 않는 본질적 대책, 공학적 대책, 절차서, 체크리스트를 사용하는 등 가능한 한 유형적(有形的)인 대책을 우선하여야 한다. 인간에 의존하는 것을 우선시하는 안전대책은, 인간 자체가 취약하므로, 마찬가지로 취약할 것이기 때문이다.

참고 휴먼에러는 결과이지 원인이 아니다[10]

휴먼에러는 장기간에 걸쳐 언론이나 사고조사관에 의해 사용되어 온 '(사고)원인들' 목록의 하나이다. 하지만 휴먼에러는 결과이지 원인이 아니다.[11] 조직사고의 경우, 에러는 선행요인(upstream)인

9) 河野龍太郎, 《医療におけるヒューマンエラー: なぜ間違える どう防ぐ(第2版)》, 医学書院, 2014, pp. 29~30 참조.

10) J. Reason, *Managing the Risks of Organizational Accidents*, Ashgate Publishing, 1997, pp. 126~127 참조.

11) 휴먼에러는 인간이 본래 가지고 있는 특성(인지적 특성, 생리적 특성, 사회심리적 특성)과 인간을 둘러싼 환경[기계·설비적 요인(Machine), 작업·환경적 요인(Media), 관리적 요인(Management)]이 잘 합치되지 않아 발생하는 것이라고 할 수 있다.

작업장 요인(workplace factor)이나 조직적 요인(organizational factor)에 의해 형성되고 유발된다.[12] 에러를 확인(파악)하는 것은 원인조사의 단순한 시작에 불과하며 끝이 아니다. 에러는 그것에 뒤따를 수 있는 참사에 대한 원인 설명만큼이나 많은 설명이 필요한 것이다. 에러를 유발한 맥락(상황)을 이해하는 것만으로도 에러의 재발 방지를 기대할 수 있다.

그렇다면 사람들은 왜 휴먼에러를 설명을 필요로 하는 어떤 것이라기보다는 하나의 설명(사고원인)으로 선뜻 받아들일까? 대답은 인간의 본성에 뿌리 깊게 박혀 있다. 심리학자들은 이것을 '기본적 귀인오류(fundamental attribution error)'[13]라고 부른다.

누군가가 나쁜 짓을 저지른 것을 보거나 들을 경우, 이것을 개인의 성격에 원래 내재하고 있는 어떤 점 때문이라고 여긴다. 그가 부주의하거나, 어리석거나, 멍청하거나, 무능력하거나, 무모하거나 또는 경솔하다고 말하는 경향이 있다. 그러나 만약 당신이 그에게

12) 조직사고(조직 차원에서 발생하는 사고)가 아닌 개인사고(개인 차원에서 발생하는 사고)에서의 에러 중에는 상황적 요인(작업장 요인, 조직적 요인)의 영향은 작용하지 않거나 미약하게 작용하여 발생하는 에러도 적지 않다.

13) 어떤 행동의 배경에는 성격요인과 상황논리 양쪽 모두가 작용한다. 문제는 어느 쪽에 더 무게를 두느냐 하는 것인데, 상황보다는 성격 쪽에 두는 경향을 '기본적 귀인오류'라 한다. 심리학자 로스(Lee Ross)가 주장한 이론이다. 귀인은 상황적 귀인과 기질적 귀인으로 나뉘는데, 상황적 귀인은 "어떠한 상황으로 인해서 이러한 결과가 발생한 것이다."라고 결론을 내리는 것이고, 기질적 귀인은 "그 사람의 본질이 그러하기 때문에 이러한 일이 발생한 것이다."라고 결론을 내리는 것이다. 사람들은 남의 행동을 판단할 때에 상황적 귀인으로 생각하지 않고 대부분 기질적 귀인으로 판단해 버리는 '기본적 귀인오류'를 범하기 쉽다. 예컨대 친구가 약속시간에 늦었을 경우, 차가 막혔을 수도 있고 집에 갑자기 일이 생겨서 다시 들어갔다가 왔을 수도 있다(상황적 귀인). 그런데 우리는 그런 생각을 하기보다는 '이 녀석은 원래 이런 녀석이었지….', '게으르고 시간관념도 부족하고….' 등(기질적 귀인)과 같이 생각하기 쉽다. 이러한 오류를 범하는 이유는 상황적 귀인을 하기보다는 기질적 귀인을 하는 것이 더 쉽고 간편하기 때문이다.

왜 이런 방식으로 행동했는지 물을 기회가 있다고 하면, 그는 거의 틀림없이 그 당시의 어떤 상황을 가리키면서 선택의 여지가 없었다 — 상황이 그렇게 하도록 만들었다 — 고 말할 것이다. 물론 진실은 개인의 성격과 상황 사이의 어딘가에 있을 것이다.

5 주의력과 대뇌의 활동

(1) 의식수준과 뇌파

의식의 정도는 하루 중 다양하게 변화하는데, 그것은 대뇌, 특히 신(新)피질로부터 나오고 있는 뇌파[14)]의 파형 패턴으로 알 수 있다.

대표적인 뇌파의 패턴으로는 β파, α파, θ파, 방추파(紡錘波, spindle wave), δ파가 있는데, 이들은 뇌의 활동상태(진동하는 주파수 범위), 즉 의식수준(level)에 대응하여 독특한 파형을 갖고 있다.

- **β(베타)파** : 뇌세포가 활발하게 활동하고 풍부한 정신기능을 발휘하고 있는 상태에서 발생하는 파형으로서 '활동파'라고도 한다.
- **α(알파)파** : 뇌가 안정상태에 있고 가장 보통이라고 인정되는 상태에서 나타나는 파형으로서 '휴식파'라고도 한다.
- **θ(세타)파** : 의식이 둔한 상태에 있고 졸음도 심하며 에러를 일으키기 쉬운 상태에서 발생하는 파형이다.
- **방추파** : 수면의 상태에서 나타나는 파형이다.

14) 뇌파란 뇌신경 사이에 신호가 전달될 때 생기는 전기의 흐름을 말한다. '뇌에서 나오는 신호' 혹은 '뇌의 목소리'라고 할 수 있다.

- **δ(델타)파** : 숙면의 상태, 삼매경에 이르는 명상 또는 의식불명 상태에서 나타나는 파형이다.

(2) 의식수준의 단계 구분

일본의 의학자인 하시모토는 대뇌 생리학의 관점에서 뇌파 패턴을 기초로 의식수준(level)을 5단계로 분류하고, 각각의 단계에서 의식의 상태, 주의의 작용, 생리적 상태, 신뢰성 등을 표 3.1과 같이 제시하고 있다.[15)]

이 표에서 보면, 안전작업을 위해서는 작업자가 상시 phase Ⅲ의 상태에서 작업을 하는 것이 바람직하지만, 전두엽은 아주 쉽게 피곤해지므로, 긴장하여 일을 계속하려고 노력하여도 곧 phase Ⅱ의 의식수준이 되고, 불안전행동을 하기 쉬운 상태로 되어 버린다.

하시모토의 조사에 의하면, 근무 중의 2/3에서 3/4은 phase Ⅱ이고, 특히 익숙한 정상(定常, normal = routine)작업[16)]에서는 대부분이 phase Ⅱ에서 처리되고 있다. 즉, 익숙한 작업이기 때문에 예측기능의 활발한 활동, 창조적인 의지력을 그다지 기대하지 않아도 할 수 있는 작업을 하고 있다고 할 수 있다.

따라서 이와 같은 작업에 대해서는, 의식수준이 phase Ⅱ라 하더라도 사고·재해가 발생하지 않도록 기계·설비, 작업환경의 안전화를 도모해 두는 것이 필요하다. 그리고 작업 도중에 비정상(非定常, abnormal = nonroutine)작업을 하는 경우에는 의식수준이 phase Ⅲ로 전환되도록 하여야 한다.

---

15) 이하의 내용은 주로 橋本邦衛, 《安全人間工学(第4版)》, 中央労働災害防止協会, 2004, pp. 93~95를 참조하였다.

16) 매일 또는 짧은 주기로 반복적으로 수행되는 일상적인 작업을 말한다.

표 3.1 의식수준의 5단계

단계(phase)	뇌파 패턴	의식 상태(mode)	주의의 작용	생리적 상태	신뢰성
0	δ파	무의식, 실신	없음	수면, 뇌발작	0
Ⅰ	θ파	subnormal, 의식이 둔한 상태	inactive	피로, 단조, 졸림, 취중	0.9 이하
Ⅱ	α파	normal, 편안한 상태 (relaxed)	passive, 마음의 내부로 향함	안정상태, 휴식 시, 정상작업 시	0.99~0.99999
Ⅲ	β파	normal, 명석한 상태 (clear)	active, 적극적, 주의범위가 넓음	적극적 활동 시	0.999999 이상
Ⅳ	β파 또는 간질파	hypernormal, excited	일점에 집중, 올바른 판단 불가	긴급방위반응, 큰 당황 → 패닉	0.9 이하

- phase 0 : 무의식 상태(수면 상태, 실신한 상태 등)이기 때문에, 작업 중에는 있을 수 없는 상태이다.
- phase Ⅰ : 뇌파에서는 θ파가 우세한 상태로서, 술에 취해 있거나 망연히 있는 때 또는 앉아서 졸고 있는 때와 같은 의식 상태이다. 의식이 둔하고 강한 부주의상태가 계속되며, 깜박 잊는 일과 실수가 많아진다.
- phase Ⅱ : α파에 대응하는 의식수준이고 보통의 의식 상태이지만, 단순한 일을 하고 있는 때와 같이 마음이 편안한 상태로서, 예측기능이 활발하지 않고 사태를 분석하는 능력이 발휘되지 않는 상태이다. 휴식 시의 편안한 상태이고, 전두엽은 그다지 활동하고 있지 않아 깜박하는 실수를 하기 쉽다.
- phase Ⅲ : β파의 의식수준으로서, 적당한 긴장감과 주의력이 작동하고 있고, 사태의 분석, 예측능력이 가장 잘 발휘되고 있는 상태이다. 의식은 밝고 맑으며, 전두엽이 완전히(활발히) 활동하고 있고, 실수를 하는 일도 거의 없다.
- phase Ⅳ : 긴장의 과다 또는 정동(情動)[17] 흥분 시의 상태로서, 대뇌의 에너지 수준은 매우 높지만, 주의가 눈앞의 한 점에 흡착(집중)되어 사고협착에 빠져 있고, 냉정한 분석이나 올바른 판단에 의한 임기응변의 대응이 불가능하다. 실수를 범하기 쉽고, 심하면 크게 당황하거나 공포감이 엄습하여 패닉상태가 됨에 따라 대뇌의 정보처리기능이 분열상태에 빠진다.

17) 일시적으로 왈칵 치솟는 감정을 의미한다. 타오르는 듯한 애정이나 강렬한 증오 같은 것이 이에 해당된다.

이 전환방법의 하나로서 큰 목소리로 '지적호칭(指摘呼稱)'을 하는 것이 효과적이라고 한다. 감시인, 작업지휘자를 배치하여 작업자의 행동을 감시하고 필요한 지시를 하는 것도 이 목적에 따른 것이다. 단, 지적호칭도 상시적으로 행하면 효과가 없어지므로 필요한 때에 중점적으로 하는 것이 바람직하다.

인간의 일상생활, 직장생활에서는 이와 같은 주의, 부주의의 상태가 변동되면서 반복되고 있다. 요컨대, 주의상태의 반대에 부주의가 있는 것이 아니라, 주의의 옆에 부주의가 바싹 붙어 다니기 때문에, 주의하려는 의사가 작용하여도 자연법칙적으로 부주의가 발생하는 것이다.

이와 같이, 인간이 부주의를 완전히 피하는 것은 무리이기 때문에, "주의하시오!"라는 방식으로 불안전행동을 방지하려고 하여도 그것은 뜻대로 되지 않는 것이고, 작업자의 의식수준의 효과적인 전환방법 도입, 기계·설비 및 환경 측면에서의 궁리가 필요하다.

6 의식수준과 부주의행동의 관계[18)]

(1) phase I

phase I 의 경우는 심하게 피로한 때의 몹시 귀찮다고 하는 기분이 선행하므로, 다음과 같은 부주의행동(휴먼에러)이 일어나기 쉽다.

18) 橋本邦衛, 《安全人間工学(第4版)》, 中央労働災害防止協会, 2004, pp. 100~103; 大関親, 《新しい時代の安全管理のすべて(第6版)》, 中央労働災害防止協会, 2014, pp. 439~441 참조.

1) 인지·확인의 에러

- 눈앞의 신호·변화를 놓친다. 무관심하여 지나쳐 버린다.
- 귀찮다고 하는 기분이 앞서 점검·확인을 생략한다.

2) 판단·기억의 에러

- 지시·연락사항을 깜박 잊어버린다.

3) 동작·조작의 에러

- 눈앞에 생긴 일에 안이하게(상황, 결과를 생각하지 않고) 손을 댄다(장면행동).
- 감정적으로 난폭하게 다룬다.
- 성급하게 작업을 마감한다.

(2) phase Ⅱ

phase Ⅱ의 경우는 예기치 않은 사태에 주의를 빼앗겨 인지를 잘못하거나, 충분히 확인하지 않고 지레짐작을 하는 에러를 범하기 쉽다. 확인할 것까지 없다고 생각하거나, 상대를 알고 있다고 자신만의 생각에 빠지거나, 억제가 의지적으로 안 되고 컨트롤을 상실하는 등 판단, 의사결정을 둘러싼 정보처리상의 에러행동이 많아진다.

1) 인지·확인의 에러

- 예기치 않은 사태에 주의를 빼앗겨(예측 부족) 인지(認知)·확인을 잘못한다.
- 이해를 잘못하거나 지레짐작을 한다.

2) 판단 · 기억의 에러

- 위험하다고 알고 있었지만 순간적으로 위험을 잊어버린다.
- 확인할 것까지도 없다고 믿고 점검을 생략한다(예측 과잉).
- 전에도 성공하였으니 이번에도 괜찮을 것이라고 판단한다.
- 상대도 알고 있다고 생각하고 연락하지 않는다.
- 일이 끝났다고 생각하고 다음 작업을 시작한다.
- 일이 갑자기 끼어든 것에 정신을 빼앗겨 절차를 생략하거나 잘못 밟는다.
- 다음 작업(걱정거리)에 마음을 두다가 절차를 잊어버린다.

3) 동작 · 조작의 에러

- 잠깐 동안을 기다리지 않고 다른 것에 손을 대 중요한 시기를 놓친다.
- 돌출적인 습관동작을 컨트롤하지 못한다.
- 반사적으로 손을 내민다(의지에 대한 억제가 되지 않는다).
- 지름길반응, 단락(短絡)반응[19]을 한다.

(3) phase Ⅲ

phase Ⅲ의 경우는 주의력이 가장 잘 작동하고 주의의 범위도 넓지만, 그런데도 시간, 상황 등이 절박한 경우에는 판단을 잘못하는 형태의 에러가 발생하기도 한다.

대뇌의 정보처리회로는 하나의 채널(one channel) 구조라고 불

19) 단락반응이란, 특정 목표를 향한 힘에 의해 움직여, 일체의 지적 판단을 거치지 않고 이루어지는 직접적 행동[충동적(衝動的) · 직관적(直觀的) 반응]을 말한다.

릴 만큼 좁기 때문에, 대량의 판단처리에 직면한 때는, 그 정보를 잘 처리할 수 없는 대뇌의 구조상의 한계에 기인한 에러가 발생할 수 있다.

자동기계의 상태에 문제가 있어 열심히 조정을 하고 있었는데, 그 문제가 해결되었을 때에 뒤쪽에 있는 산업용 로봇의 팔(manipulator)이 펴져 이것에 의해 일격을 받아 중상을 입은 재해의 경우에는, 조정작업이기 때문에 phaseⅢ의 상태였다고 생각되는데, 복수의 정보를 한 번에 처리할 수 없었던 예에 해당한다. 그 밖에 다음과 같은 에러가 있다.

- 시간의 절박, 상황의 급변 때문에 즉시 판단을 하여야 하는 상황에 직면하여 행동을 잘못한다.
- 고장 수리 등 일에 열중하다가 주위의 상황, 시간의 경과를 알아차리지 못하여 타이밍을 놓친다.
- 작업과제가 너무 복잡하여 골똘히 생각에 잠기는 바람에 처리하여야 할 일을 놓쳐 버린다.

(4) phase Ⅳ

phaseⅣ의 경우는 눈앞에서 발생한 일에 흠칫 놀라 그것에 주의를 빼앗기거나, 당황하여 잘못된 조작을 하는 것과 같은 에러행동이 나오기 쉽다. phaseⅠ과 마찬가지로, 이 경우는 판단 등의 고차원 기능과는 무관계한 상황적인 에러가 많은 것이 특징이다.

1) 인지·확인의 에러

- 돌발사태에 놀라 일점(一點) 집중, 다른 정보를 무시한다.

2) 판단 · 기억의 에러

- 과도한 긴장 또는 당황에 따른 흥분 때문에 판단이 혼란스러워지거나 불가능해진다.
- 화 또는 공포 때문에 냉정한 판단을 하지 못한다.

3) 동작 · 조작의 에러

- 패닉상태에서 무(無)목적 · 무의미한 동작을 반복한다.
- 과도한 긴장 또는 당황에 따른 흥분 때문에 실수를 한다.

7 주의와 부주의[20)]

(1) 주의와 부주의의 리듬

사고와 휴먼에러가 발생하면, "부주의했기 때문에 사고가 일어난 거야. 좀 더 주의를 했었어야지!"라고 자주 말하곤 한다. 그런데 주의를 지속하는 것은 가능한 일일까?

작업 중의 근로자를 예로 들어 설명하면, 그는 작업장에 들어오고 나서 어제 보았던 TV 드라마를 생각하기도 하고, 담배를 피우고 싶다고 생각하기도 하며, 소리가 나는 방향으로 눈을 돌리는 등 여러 가지로 부주의하게 된다. 이 상태를 그림으로 표현하면 그림 3.1과 같다. 이 그림에서는 산 쪽이 '주의'에 해당하고 계곡 부분이 '부주의'에 해당한다. 작업 중에는 주의가 아마 5~10분간은 지속될 것이다. 그러나 1시간 정도씩이나 오래 지속되지는 않는다.

20) 이 부분은 주로 長町三生, 《安全管理の人間工学》, 海文堂出版, 1995, pp. 64~71을 참조하였다.

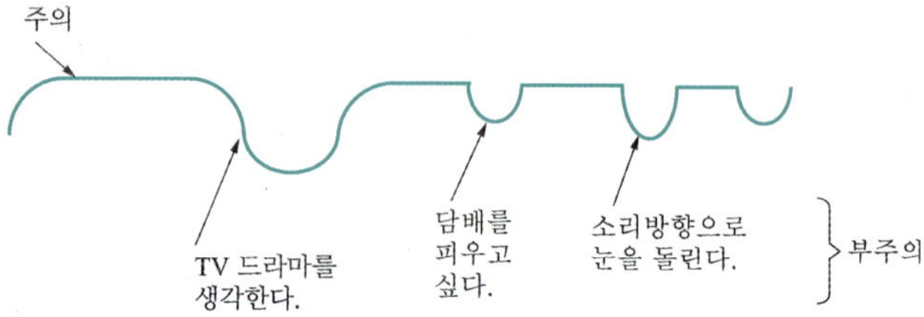

그림 3.1 일반작업 중의 주의와 부주의

인간의 주의력에 대해 조금 더 알아보자. 실험에서 학생에게 재미있다고 평판이 나 있는 컴퓨터게임을 하도록 하고, 어느 점수 이상은 상금을 준다는 약속을 했다. 그 사이 피실험자의 뇌파를 측정했다. 게임에 열중하고 있으면 뇌파 중 β파가 나타나지만, 부주의하게 되면 뇌파는 α파로 변하게 된다. 실험에 참여한 전원이 게임 개시와 동시에 열중하였지만, 20~30분이 경과하자 α파가 짧은 시간이지만 출현하였다. 이것은 게임과 같은 놀이라도 주의는 20~30분 정도밖에 지속되지 않음을 나타낸다. 즉, 대뇌는 반드시 짧은 시간이나마 휴식을 필요로 한다.

이와 같이 보면, "주의하라."고 지시하는 것만으로는 한계가 있음을 알 수 있다. 그러나 대뇌의 요구대로 휴식해서는 곤란한 경우도 있다. 그리고 주의가 필요한 때에는 의도적으로 주의상태로 하는 것이 불가능한 것은 아니다. 부주의는 예컨대 다음과 같은 방식으로 쫓아낼 수 있다.

1) 일의 의욕을 가지는 것

일의 의욕이 없을 때, 일이 재미없다고 느꼈을 때, 또는 회사에 불만을 가지고 있을 때 부주의가 빈번하게 나타난다. 이러한 일에 마음이 내키지 않는다는 경험은 정도의 차이가 있지만 누구나 가지고 있을 것이다. 이에 대한 근본적인 치료는 간단하지 않지만,

일 중에 무언가 재미나 보람을 찾는 것이다. 그렇게 하면 하나의 일이 끝날 때까지 주의가 지속된다.

2) 지적호칭 등으로 확인하는 것

인간의 주의와 부주의는 단시간에 교체되지만 부주의할 때마다 사고가 일어나는 것은 아니다. 만약 그렇다면, 누구나 매일 수십 회 사고를 당하게 될 것이다. 실제로는 주위에 유해위험요인이 있고, 부주의하여 그 유해위험요인에 접촉했을 때에 비로소 사고가 발생한다. 따라서 주위의 유해위험요인을 발견하여, 그것을 피하여 작업을 하면 안전하게 된다.

유해위험요인을 발견하면 가장 좋은 방법이 지적호칭(指摘呼稱)이다. 손가락으로 가리켜 '전원 좋음', '와이어 좋음', '스위치 좋음' 등이라고 말하는 방법은, 손가락으로 가리키고 소리를 냄으로써 대뇌를 활성화시켜 부주의가 일시적으로 날아가 버리고 강한 주의상태가 되게 한다. 대뇌가 작은 휴식을 취하려고 할 때에 의도적으로 주의를 강하게 하는 것이다. 즉, 부주의하지 않도록 자신의 의지로 주의를 컨트롤하는 것이다. 지적호칭의 연습을 반복하다 보면 주의를 컨트롤하는 방법을 습득할 수 있지만, 지적호칭을 엉성하게 하면 주의하여야 할 때에 부주의가 나타난다.

부주의가 되는 것은 인간의 자연적인 모습이라고 할 수 있다. 주의를 계속 지속해 가는 것은 신만이 가능한 일이다. 다만, 조금 부주의하더라도 유해위험요인이 없거나 안전조치를 확실히 한다면, 재해로 이어지지 않을 수 있다. 따라서 중요한 것은 지적호칭 등 각종 안전활동을 통해 유해위험요인을 발견하여 그것에 접촉되지 않도록 하거나 안전조치를 확실히 취하는 것이다. 관리·감독자도 막연히 "부주의하면 안 된다."라고만 하지 말고, "유해위험요인을 발견하라.", "안전조치를 이행하라." 등도 함께 지도·지시하여야 한다.

(2) 주의와 관심

우리들 대부분은 예컨대 명동과 같은 번화가에서 길을 걷고 있다가 친구나 지인(知人)의 모습을 발견하여 큰 소리로 불렀던 기억을 가지고 있을 것이다. 다른 사람들은 거의 눈에 들어오지 않고, 친구나 지인만 눈에 보인다. 또는 남성이라면 길이나 차 안에서 미인에게 눈이 바로 간다.

이와 같이 관심이 있는 곳에는 주의가 기울여지지만, 관심이 없는 곳에는 주의가 기울여지지 않는다. 따라서 작업하는 중에도 충전부분과 회전부분 등 주의를 기울이지 않으면 안 되는 유해위험요인에 대해서도, 이것들에 관심이 없는 경우에는 눈과 주의가 향하지 않을 것이다. "지적호칭을 하시오."라고 아무리 세심하게 지도하더라도, 원래 이들 유해위험요인을 가볍게 보거나 관심이 없는 작업자에게는 유해위험요인에 주의가 기울여지지 않을 것이다. 따라서 직장에서는 어떠한 것이 유해위험요인인지, 왜 그것이 유해위험요인인지에 대해서 전원이 의논을 하고 확실히 머리에 주입시켜 의식을 강화하는 것이 중요하다.

(3) 주의의 강약과 주의의 범위

주의에는, 확인하기 위하여 어느 대상에 주의를 강하게 기울이면(집중하면), 그 주위의 것이 보이지 않게 되는 성질이 있다. 반대로 전체를 넓게 탐색하면, 전체로 주의가 분산되어 중요한 것을 간과할 수 있다. 이와 같이 주의를 강하게 하면 주의의 범위는 좁아지고, 주의를 전체적으로 넓게 향하게 하면 주의는 약해지는 특징이 있다.

현장에서는 이러한 원리를 염두에 두어 작업을 관리할 필요가 있다. 일의 개시 전에는 주의를 넓게 하여 무엇이 어떻게 되고 있는지를 확인하여 둔다. 다음으로, 금일의 일의 대상에 주의를 집중하여 상황파악과 일의 순서를 생각하도록 한다. 이와 같은 방식을 습관화하면 부주의에 의한 사고는 발생하지 않을 것이다. 전신주 작업과 같은 환경에서 일을 하는 경우에는, 특히 이 원리에 따라 행동할 필요가 있다.

작업을 하고 있는 동안에는 작업자의 주의가 집중되어 있고, 작업의 종료 직후에도 아직 주의가 집중되어 있는 상태가 남아 있다. 이때가 위험한 상태인데, 다른 동작을 하려고 할 때, 주위에 있는 유해위험요인(예: 개구부)을 알아차리지 못하고 사고(추락)로 연결되는 경우가 있다. 따라서 일을 종료했을 때에는 일단 주의를 느슨하게 하여 주위를 가볍게 둘러보고, 유해위험요인의 존재를 확인하고 나서 다음 동작으로 이동하도록 지도할 필요가 있다. 특히 건설현장 등에서는 이러한 지도가 유효하다.

(4) 강한 주의 후의 이완(弛緩)

여기에서 설명하는 것은 앞에서 설명한 것과 현상적으로는 역으로 보이는 경우이다. 곤란한 일에 강하게 주의를 집중하고 긴장한 뒤에는 주의의 느슨함(이완)이 발생한다. 예를 들면, 전기공사의 전신주 위의 작업 등에서 일을 끝내고 전주를 내려올 때, 조금만 더 내려가면 지상이라고 생각하여 뛰어내리는 바람에, 다리를 그만 구덩이에 빠뜨려 골절되는 경우가 있다.

따라서 강한 주의의 집중을 요하는 일에서는, 일이 완료될 때까지 그대로 긴장을 지속시켜 의식을 바꾸지 않도록 하거나, 일이 일단락된 시점에서 단시간만 긴장을 풀고 그 후 재차 긴장을 강하게 하여 일을 종료하도록 지도하는 것이 인간의 특성에서 볼 때 바람직하다고 할 수 있다.

(5) 깜박사고

우리 주변에서는 뜻밖의 사고라고 할 수 있는 깜박사고가 종종 발생한다. 다른 건물로 도구를 가지러 달려가던 작업자가 마침 정차해 있던 10톤 트럭의 짐받이에 세게 머리를 부딪쳐 상처를 입은 사고가 발생하였다. 부상을 입었기 때문에 재해사고임에는 틀림없다. 그런데 10톤 트럭이라고 하면 큰 물체이므로 보이지 않았을 리는 없다고 생각하는 것이 보통이다. 나중에 병원에서 본인으로부터 들은 이야기에 의하면, 그 전날 가정에서 일어났던 부부싸움이 달리고 있는 도중에 불현듯 생각나는 바람에 트럭을 알아차리지 못한 것이 원인이었다고 한다.

깜박사고는 몽롱(θ파의 작용), 뭔가에 골몰 등에 기인하여 발생한다. 어느 것이든 주의가 집중되어 있지 않다는 점에서 공통적이며, 대뇌가 활성화되어 있지 않은 상황이다. 깜박사고 방지를 위해서는 여러 가지 대책이 있는데, 작업 개시 전에 실시하는 TBM에서 충분히 협의하거나 주의를 환기시키는 것도 의식을 높이는 데에 도움이 된다. 또 일의 의미를 가르쳐 일의 실행에 책임의식을 갖도록 하면, 일에 대한 의욕 또는 흥미가 생기므로 깜박사고 방지에 도움이 된다.

제4장

위반의 심리학

1 위반이란

지금까지 설명한 에러 유형과는 상당히 다른 위험한 행동의 중요한 유형이 있다. 이것은 위반이다. 건설, 제철, 석유정제, 의료, 원자력발전과 같은 다양한 환경에서 작업자들은 때때로 표준절차로부터 일탈하고 지름길행동을 한다. 위험한 작업의 대부분은 상당한 수준으로 규제되고 있다. 작업자들은 법적 요구사항, 제조자의 보수매뉴얼, 회사의 절차서 및 문서화되어 있지 않은 안전행동의 규범을 준수하면서 직무를 수행하는 것이 기대되고 있다. 그러나 좋은 의도로 규칙과 절차서를 늘리는 것이 작업자가 위반하지 않고 작업을 완료하는 것을 곤란하게 할 정도로 허용되는 행위의 범위를 제한하는 것으로 작용할 수 있다.

전형적인 에러와 위반의 구별은 때로는 애매할 수 있다. 위반이 착각이거나 위반자가 비준수에 의한 영향을 이해하지 못하는 경우는 특히 그러하다. 그러나 두 가지 사이에는 많은 중요한 차이

가 있다. 이것을 이하에 요약한다.[1)]

- **의도**: 행위착오, 망각 및 착각은 의도한 것이 아니다. 그러나 통상 사람은 고의로 절차의 위반을 저지른다(자동적으로 된 만큼 상당히 뿌리 깊은 경우는 제외한다). 그러나 사람들은 비준수행위를 의도적으로 실행할 수 있지만, 그들이 일반적으로 드물게 발생하는 나쁜 결과를 초래하려는 의도를 가지고 있는 것은 아닌 점에 주목하는 것이 중요하다. 사보타주하는 사람만이 비준수행위와 그것의 나쁜 결과 쌍방을 의도하고 있다.
- **정보 대 동기부여**: 에러는 정보의 문제에서 생기고, 사람의 머릿속의 정보든 작업장의 정보든 일반적으로 정보를 개선함으로써 교정된다. 한편 위반은 대체로 동기부여 요인, 신념, 태도 및 규범으로 인해, 그리고 전체적인 조직문화로 인해 발생한다. 적절한 규칙의 비준수를 줄이려고 하면, 이들 요인을 해결할 필요가 있다.
- **인구통계학적 특성**: 남성이 여성보다 많이 위반하고, 젊은 사람들이 연장자들보다 위반이 많다. 동일한 패턴은 에러에서는 보이지 않는다.

유럽 항공회사에 관한 연구에서는 보수작업의 34%가 정식 절차서에 위반하는 방법으로 실시되고 있다는 것이 밝혀졌고, 오스트리아 항공회사의 조사에 따르면, 보수에 기인한 문제의 17%에 위반이 관련되어 있다.

작업 수행 중에 위반이 일상적으로 이루어지고 있다는 것은 놀랄 만한 일은 아니다. 보수작업과 관련된 공통의 위반에는 다음과

---

1) 이하는 J. Reason and A. Hobbs, *Managing Maintenance Error*, Ashgate Publishing, 2003, pp. 54~55.

같은 것이 있다.

- 승인된 정보원이 아니라 허가되어 있지 않은 메모 또는 비공식 규칙(black book)을 참조하는 것
- 정식 문서화된 절차를 벗어나는 것
- 누구도 주위에 있을 것 같지 않아서 작업을 하기 전에 시스템을 안전한 상태로 하지 않는 것
- 보수절차의 마지막에 요구되고 있는 기능 확인을 하지 않는 것
- 작업을 위한 올바른 도구를 사용하지 않는 것
- 실제로 하지 않았는데 체크했다고 사인하는 것

2 불안전행동으로서의 위반

위반에는 여러 가지 형태가 있고 그 모두가 반드시 불안전한 것은 아니다. 에러와 위반은 일반적으로 불안전행동이라고 하는 일반적인 제목으로 그룹화되고, 비준수(위반)행위는 (에러와 같이) 그것이 발생한 행동수준(level of performance)에 따라 숙련 기반(skill-based), 규칙 기반(rule-based), 지식 기반(knowledge-based)으로 분류된다.[2] 각각의 경우에서 규칙과 절차를 준수하지 않는 결정은 개인적 요인, 정황적 요인, 사회적 요인, 시스템적 요인의 영향을 받아 이루어진다. 다만, 이들 요인(영향)들의 우위는 위반의 유형에 따라 다르다.[3]

---

2) 이 절은 주로 J. Reason, *The Human Contribution: Unsafe Acts, Accidents and Heroic Recoveries*, CRC Press, 2008, pp. 51~55를 참조하였다.

3) 위반의 위상, 유형, 특징 및 억지방안 등에 대한 상세한 설명은 정진우, 《안전과 법 – 안전관리의 법적 접근(3판)》, 교문사, 2024, 434쪽 이하를 참조하기 바란다.

(1) 숙련 기반 수준의 위반

숙련 기반 수준의 위반은 숙련되거나 습관화된 행위 목록의 일부분을 형성한다. 이 위반에는 편법(corner-cutting)이 얽혀 있는 일이 많다(예: 작업관련 두 지점 사이를 최소의 노력이 드는 길로 가는 절차 생략). 이와 같은 일상적인 위반은 세련되지 않은 절차, 상대적으로 대수롭지 않은 상황에 의해 촉진된다. 위반하여도 거의 제재를 받지 않는 경우, 준수하여도 사실상 보상이 이루어지지 않는 경우에 주로 발생한다. 예컨대 도회지의 공원을 보면, 우리는 조경 건축가에 의해 원래 계획된 보도(步道)를 볼 수 있다. 그리고 우리는 버스정류장과 지하철역 사이의 지름길로 가고자 하는 공원 이용자들에 의해 공원 안에 잔디를 가로지르는 희미한 길이 별도로 나 있는 것 또한 볼 수 있다.

일반적으로 숙련 기반 수준의 활동을 절차화할 필요성은 거의 없다. 대부분의 경우 행위들은 몸에 밴 습관이고, 그 습관의 상세 내용은 어쨌든 말로 다 표현할 수 없으며 상기하는 것조차 불가능하다. 예를 들면, 숙련된 직인(職人)을 대상으로 스크루드라이버의 사용방법을 설명하는 절차를 작성하는 것은 의미가 없다. 절차서에서 숙련 기반 수준의 활동을 다루는 경우에는, "주의를 충분히 기울이시오.", "○○할 때는 주의하시오." 등과 같이 대개 일반적인 충고의 형태를 취하는 경향이 있다.

'낙관적 위반(optimizing violation)', 즉 스릴을 추구하는 위반도 숙련 기반 수준 위반의 큰 특징이다. 이 카테고리는 위반의 별도의 유형이라기보다는 오히려 인간의 행위는 여러 목적을 위하여 존재하고, 그 목적 중에는 일 본래의 목적과는 무관계한 것이 있다는 것을 나타낸다. 즉, 자동차 운전자의 본래의 목적은 A지점에서 B지점으로 가는 것이다. 그러나 그 도중에 운전자는 스피드를 내고 싶은 욕구 또는 공격적 본능을 충족시키려고 할 수도 있다. 이와 동일하게, 선원은 변화가 없는 항해의 무료함을 없애기 위하여 안전운전절차로부터 일탈할 수 있다. 예를 들면, 배를 운전하는 능숙함을 보여 주기 위하여 접근해 오는 배 가까이 항해할 수도 있다(이것은 여러 충돌사고의 기여요인이다).

일 본래의 목적을 엄밀하게 추구하는 것이 아니라, 개인의 목적을 달성하려고 하는 경향이 개인의 행동스타일의 일부가 되는 경우가 있다. 이것은 자동차의 운전에서 상당히 뚜렷하게 발견된다. 그리고 이 경향은 연령별로 볼 때 특정 인구집단, 특히 젊은 남성의 특징이기도 하다.

(2) 규칙 기반 수준의 위반

안전절차, 규칙, 규제는 주로 문제가 있는 상황, 위험한 상황에서의 행동을 컨트롤하기 위하여 정해져(작성되어) 있고, 규칙 기반 수준의 행동에 관한 것이 가장 많다.

일정한 시스템 또는 과학기술의 초기단계에서, 절차서는 일을 하는 방법, 예견되는 잠재적인 위험성에 대처하는 방법에 대한 설명을 간결하게 제시하고 있다. 그러나 과거의 사고(incident), 재해(accident)로부터 습득된 교훈을 반영하기 위하여 절차가 계속적으로 개정되고, 그러한 개정은 대체로 과거의 좋지 않은 사건과 관련된 특정행위를 금지한다. 그 결과, 과학기술이 성숙됨에 따라 허용되는 행동범위가 점차 좁아진다. 그러나 업무상 또는 비즈니스의 제약 속에서 일을 완료하기 위하여 '필요한' 행동범위는 줄어들지 않을 수 있다. 요컨대, 허용되는 행동의 범위가 필요한 행동의 범위보다 좁아진다. 에러가 정신적 프로세스의 불완전성에 기인하는 것인 반면, 위반은 규제와 시스템이 허용되는 행동을 지나치게 한정함으로써 초래될 수 있다. 이것이 상황적 위반(situational violation) 또는 필요한 위반(necessary violation)의 조건을 만든다. 이들 상황에서는 위반이 있을 법한(possible) 해결책이거나 어떤 경우에는(예: 체르노빌 사고) 유일한 해결책이 된다.

상황적 위반의 특징은 화물기차의 연결작업의 예를 통해 설명될 수 있다. 6개월마다 개정되는 영국 국철의 '작업규칙'은 연결작업을 위해 화물기차가 속도를 늦추어 이동하는 중에, 즉 연결하려고 하는 화물기차를 선도기관차(pilot engine)로 정지 중의 화물기차 쪽으로 이동시킬 때, 연결작업자가 화물기차 사이에 들어가는 것을 금지하고 있었다. 화물기차가 정지한 후에만 연결작업자가 화물기차 사이에 들어가 필요한 연결을 하는 것으로 되어 있었다. 그러나 완충기가 완전히 확장되어 있는 경우에는, 화물기차를 연결하기 위한 쇠고랑(shackle)이 너무 짧아 연결될 수 없는 경우가 가끔 있다. 연결작업을 실시할 수 있는 것은 화물기차가 처음에 접촉하여 완충기가 일시적으로 압착된 순간뿐이다. 이와 같이, 이들 특정 화물기차들을 연결할 수 있는 유일하고 신속한 방법은 이동 중에 화물기차 사이에 연결작업자가 들어가는 것이다.

1994년 이전의 영국 철도에서는 매년 허용할 수 없는 수의 연결작업자가 완충기 사이에 끼어 사망하는 사고가 발생하였다. 이 사실로부터 다음과 같은 점이 명백해진다. 위반 자체가 꼭 피해를 입히는 것은 아니다. 치명적일 수 있는 것은 바로 위반하고 있는 상황에서 저질러지는 에러이다.

화물기차의 연결작업 사례는 상황적(필요한) 위반에 대하여 중요한 점을 보여 주고 있다. 즉, 일상적 위반과 낙관적 위반이 최소 노력과 스릴과 같은 개인적 목적의 달성에 확실히 관련되어 있는 반면에, 필요한 위반은 작업장과 시스템의 결함에 근원이 있다. 처음에는 비준수가 일을 수행하기 위해 불가결한 것으로 보인다. 그러나 비준수가 한번 행해지면, 상황적 위반이 일을 좀 더 용이하게 수행하는 방법이 되어 습관화된 숙련 기반 행동의 일부가 되어 버리는 경우가 종종 발견된다.

규칙 기반 위반은 숙련 기반 위반보다 의도적일 가능성이 높다. 그러나 착각(mistake)이 바람직한 목적을 달성할 것이라고 믿고 이루어지는 의도적인 행위인 것과 마찬가지로, 상황적 위반은 나쁜 결과는 초래되지 않을 것이라고 믿고 이루어지는 의도적인 행위이다. 위반으로 예상되는 손실(비용)보다 이익 쪽이 클 것이라고 전망될 때, 위반은 손실-이익 판단에 의해 구체화(실현)된다. 한편 상황적 위반에는 착각과 절차의 비준수 양쪽 모두가 관련되어 있을 수 있다.

(3) 지식 기반 수준의 위반

지식 기반 수준의 활동은 일정한 훈련 또는 절차지침이 존재할 가능성이 없는 이례적이거나 새로운 상황에서 이루어진다. 훈련교원과 절차서 작성자가 대처할 수 있는 것은 알려져 있거나 예견할 수 있는 상황뿐이다.

체르노빌 참사는 '예외적 위반'을 가장 잘 설명한다. 출력레벨이 25% 이하로 떨어졌을 때, 플랜트는 위험한 상태가 되었고, 정(正)의 기포 계수(void coefficient : 손을 쓸 수 없는 상황으로 떨어질 가능성이 있고, 실제로 그렇게 된 반응도)가 될 가능성이 높았다. 그 후의 활동의 거의 모든 것이 예외적 위반, 좀 더 정확하게 말하면 '잘못된 규칙 일탈(misvention : mistaken과 circumvention의 합성어)'이고 폭발을 불가피하게 하였다. 원자로의 물리적 특성에 관한 기초지식이 없는 운전원은 줄어드는 기회 속에서 시험을 완료하려고 안전장치를 계속하여 해제하는 것을 고집하였다.

지식 기반 수준에서 직면하는 문제는 미래의 우주비행사에게 화성의 표면이 완전히 새로운 것일 정도로 새로운 문제는 아니다. 이 문제에는 드물지만 대비훈련이 실시된(trained-for) 상황의 돌발적 발생, 또는 개별적으로는 익숙한 상황들의 생각지 않은 조합이 얽혀 있는 경우가 많다.

2명의 작업자가 원유 파이프라인을 점검하고 있는 상황을 고찰해 보자. 이것은 빈번하게 사망사고가 발생하는 상황이다. 1명이 점검피트에 들어가 위험성이 매우 높은 황화수소가스에 폭로되어 쓰러진다. 동료는 이와 같은 상황의 대처법, 예컨대 무선으로 구조를 요구하고 결코 피트 속에 들어가지 말라는 훈련을 받았음에도 불구하고, 본능적인 충동에 이끌려 동료를 구조하기 위하여 피트로 뛰어내려, 자신 또한 황화수소가스에 폭로되어 쓰러진다. 사고에 대한 훈련은 받았지만, 실제로 이와 같은 상황을 경험한 적은 없었다.

3 위반의 유형

위반도 에러와 동일하게 여러 형태를 취한다. 크게 나누어 세 가지의 주된 카테고리가 있다.[4)]

4) 이하는 J. Reason and A. Hobbs, *Managing Maintenance Error*, Ashgate Publishing, 2003, pp. 55～58.

- **일상적 위반** : 이 위반은 불필요한 노력을 줄이기 위하여, 일을 빨리 끝내기 위하여, 또는 불필요하게 힘든 절차라고 생각하는 것을 피하기 위하여 저질러진다.
- **스릴을 위한 위반, 비기능적 위반** : 사람들은 많은 목표를 가지고 있고, 모든 목표가 일과 관계있는 것은 아니다. 이들 위반은 남자다움을 과시하기 위하여, 지루함을 피하기 위하여 또는 단순히 쾌감을 위하여 저질러진다.
- **상황적 위반** : 때로는 절차서에 엄밀하게 따라서는 일을 완료시키는 것이 불가능한 경우가 있다. 이 경우, 문제는 주로 절차서 작성자에게 있다.

(1) 일상적 위반

호주의 보수작업자에 대한 조사에 따르면, 일상적인 위반은 불안전행동의 가장 보편적인 형태의 하나이다.[5] 보수작업자의 30% 이상은 작업이 끝나기 전에 완료 사인을 한 적이 있고, 90% 이상은 올바른 공구, 설비 없이 일을 한 적이 있다고 한다. 그리고 동일하게 90% 이상이 익숙한 일에 대해 승인된 문서를 참조하지 않았다고 한다. 매일의 작업에서 일상적인 위반을 보다 많이 저질렀다고 고백한 작업자가 항공기의 지연, 착륙 실패 등을 초래하는 감항성(堪航性)[6]에 영향을 미치는 사고에 관련될 가능성도 높았다.

이러한 지름길행동 위반은 보수작업자의 일상적 작업관행의 통상적인 부분을 형성할 수 있다. 환언하면, 지름길행동 위반은 숙

5) A. Hobbs, "The Links Between Errors and Error-producing Conditions in Aircraft Maintenance", Paper given to 15th symposium on Human Factors in Aviation Maintenance 27-29 March 2001.

6) 항공기가 목적지까지 안전하게 비행할 가능성.

련 기반 수준의 행동으로 고착화된다. 최소 노력의 원리는 인간 행동에서 큰 원동력이다.

(2) 스릴을 위한 위반, 비기능적 위반

인간은 로봇과 달리 여러 욕구를 가진 복잡한 생물이다. 어떤 욕구는 일을 효율적으로 끝마치는 것과 관련될 수 있지만, 좀 더 개인적인 욕망에서 기인하는 것도 있다. 그 결과, 업무 관련 욕구 및 개인적 욕구의 충족이 뒤얽히게 된다. 예를 들면, 차 운전사의 욕구는 A지점에서 B지점으로 가는 것이다. 그 과정에서 그 또는 그녀(통상은 그)는 스피드를 즐기려고 하거나 공격적인 본능을 충족시키려고 할 수 있다. 그러나 중대한 문제는 이 기본적인 본능의 충족이 사람에게 에러를 저지르게 하는 경우에 발생한다. 위반 그 자체가 반드시 안전작업절차를 위반하면서 저지르는 에러만큼 많이 피해를 끼치는 것은 아니다.

시속 180 km의 운전은 통상 그것만으로는 자동차사고의 원인이 되지 않는다. 그러나 그와 같은 속도로 운전하는 것은 비교적 낯선 경험인 경우가 많다. 이와 같은 상황에서는 차의 운전특성을 잘못 판단하기 쉬워진다. 이것은 두 가지의 나쁜 결과를 초래한다. 즉, 에러를 일으키기 쉬울 뿐만 아니라 이 에러가 나쁜 결과를 초래할 가능성을 높인다. 위반에 에러가 추가되면 재해가 된다.

비기능적(non-functional) 목표를 최대한 달성하려고 하는 경향은 개인이 일하는 스타일의 일부가 될 수 있다. 한계를 테스트하는 것이 태생적 본능인 젊은 남성에 대해서는 특히 사실일 것 같다. 18세부터 25세까지의 남성이 교통 사망사고의 가장 높은 위험성에 있는 것은 우연이 아니다. 전술한 것처럼 이 연령과 성별의 차는 적어도 통상적인 경제활동 기간에서의 '에러' 경향에서는 분명하지 않다.

산업현장의 작업에서 스릴을 느끼기 위한 위반, 비기능적 위반은 지름길행동 또는 일상적 위반만큼 흔하지는 않지만 때때로 발생한다. 장난 또는 통과의례[7]가 비기능적 위반의 일반적인 형태이다.

(3) 상황적 위반

신뢰할 수 있는 동료로부터 막 끝난 일을 확인해 달라고 의뢰를 받았다고 가정하자. 당신의 사인은 그가 일을 올바르게 실시했는지를 확인하기 위해 필요하다. 그 일은 여러 액세스 패널(access panel)이 제거되어야만 보일 수 있는 구역 안에 있다. 당신이 그 일을 점검할 준비를 하고 도착했더니 동료가 모든 패널을 원래대로 돌려놓았다는 것을 알게 되었다. 이것은 당신이 그 패널을 제거하지 않으면 그가 한 것을 알 방법은 없다는 것을 의미한다. 당신은 어떻게 할 것인가? 이와 같은 사건은 상황적 위반을 낳는다.

노력을 피하거나 스릴을 느끼거나 과시하거나 남성다워 보이게 하거나 솜씨를 보이는 것과 같은 개인적 동기는 일상적 위반 또는 스릴을 느끼기 위한 위반을 형성하는 데 큰 역할을 하는 반면, 상황적 위반은 작업상황과 절차 간의 미스매치에 의해 발생한다. 상황적 위반을 저지를 때의 일차적 목적은 단지 일이 마쳐지도록 하는 것이다. 문제는 작업자보다는 시스템 전체에 있다. 다음의 사례를 통해 요점을 제시하고자 한다.

---

7) 어떤 집단에서 입문을 위하여 관례적으로 과도하게 위험한 것을 요구하거나 스스로 하는 것.

연결작업자의 일은 화차를 연결하는 것이다. 영국에서는 화차를 연결시키는 작업을 할 때 연결작업자가 화차 사이에 있는 것을 금지하고 있다. 연결작업자는 긴 막대기를 이용하여 연결시키는 것으로 되어 있다. 그러나 완충기가 완전히 확장되어 있을 때 연결 쇠고랑(shackle)이 너무 짧아 연결할 수 없는 경우가 있다. 작업을 하기 위해서는, 연결작업자는 화차 사이에 들어가 완충기가 수축하여 접촉하는 순간에 쇠고랑으로 연결하여야 한다. 그러나 많은 작업자에게 이 단발적인 지식 기반 행위가 숙련 기반의 또는 일상적인 작업방식이 될 수 있다. 이 방법은 노력을 줄이고, 완충기가 90~120 cm 떨어져 있기 때문에 화차 사이에 있는 것이 충분히 안전한 것처럼 보인다. 사고는 연결작업자가 위반하면서 에러를 저지를 때 발생한다. 즉 연결작업자는 미끄러지거나 주의가 산만해질 수 있다. 과거에 연결작업자는 입환(shunting)과 관련하여 상대적으로 많은 수의 사망자가 발생하였다. 대부분의 사망사고에서 연결작업자는 완충기 사이에 끼이거나 차바퀴에 깔려 사망하였다. 확실히 이것들은 위반하는 동안 저질러진 에러들이다(위반+에러=중대재해).[8)]

보수작업 등 위험한 작업에서는 상황적 위반의 기회와 유혹이 많이 제공된다. 작업자는 그들의 사용자로부터 절차에 따르도록 요청받는 동시에 절박한 마감시간에 맞추도록 독려되는 딜레마에 직면하는 경우가 많다. 어떤 기계공은 이것을 다음과 같이 요약했다. "관리자는 우리들에게 절차서를 문자 그대로 따르라고 말하지만, 절차서가 방해가 되지 않도록 하고 상식적인 행동을 하라고 말한다." 많은 위반이 비교적 경미한 결과로 끝나고 있지만, 어떤

8) R. J. Free, "The Role of Procedural Violations in Railway Accidents", Ph.D Thesis, University of Manchester, 1994.

상황적 위반은 위험성이 클 수 있다. 특히 시스템에 내장된 방호 수단 또는 안전장치를 제거할 때 특히 위험하다. 호주의 보수작업자 조사에 따르면, 30% 이상이 시간 부족 때문에 필요한 기능시험을 실시하지 않은 적이 있다.[9]

상황적 위반은 제일선에서 손을 더럽히는 사람들만이 관련되는 것은 아니다. 1998년 5월에 호주 해군의 보급선 웨스트레일리아(Westralia)호 선상에서 브레이크 연료호스가 파열되고 디젤연료가 뜨거운 엔진으로 비산되어 화재가 발생했다. 그리고 승조원 중 4명이 화재 진압 중에 사망했다.[10] 그 배는 최근에 보수정비를 마친 뒤였다. 보수 중에 금속제의 연료배관이 유연한 호스로 교환되었다. 이런 유형의 개조는 로이드 선급협회에 의해 승인되어 해군의 정식 구성품 변경 프로세스를 통해 처리되어야 한다. 그러나 정식의 승인 프로세스는 무시되고 부적절한 호스가 사용되었다. 조사를 통해 일반적으로 기질이 좋은(선의의) 직원에 의해 때로는 해군의 정식 구성품 변경 프로세스를 회피하는 일이 있다는 점이 밝혀졌다.

4 누가 가장 위반할 가능성이 높은가

에러율은 적어도 노동연령의 통상적인 범위 내에서는 성별 또는 연령에 따라 뚜렷하게 달라지지 않는 반면, 규칙을 위반할 가능성이 높은 사람은 비교적 쉽게 특정되는 그룹을 형성하고 있다. 그

9) A Hobbs and A. Williamson, *Aircraft Maintenance Safety Survey – Results*, Australian Transport Safety Bureau, 2000.

10) Department of Defence, *Report of the Board of Inquiry into the Fire in HMAS Westralia on 5 May 1998*, Australian Capital Territory.

들의 주요한 인구학적 및 심리학적 특성은 다음과 같다.[11)]

- 젊은 남성
- 자신의 업무능력을 다른 사람과 비교하여 높게 평가하고 있는 사람
- 비교적 경험이 많고 특히 에러 경향이 없는 사람
- 사고, 재해의 전력을 가지고 있을 가능성이 높은 사람
- 다른 사람이 생각하는 것과 결과에 대한 부정적인 의견에 거의 구속받지 않는 사람

5 왜 사람은 안전규칙을 위반하는가

위반과 젊은 남성 간에 밀접한 관계가 있다고 가정하면, 모든 것을 테스토스테론(testosterone)[12)]의 과잉분비 탓으로 돌리고 싶어진다. 젊은 남성은 일반적으로 매우 건강하고 반사신경이 좋으며, 신체능력의 정점에 있고 한계까지 시도해 보고 싶어 한다.

다행히, 위반하고자 하는 심리적 및 신체적 욕구는 연령과 함께 급속히 약화되어 간다. 준수행위가 많아지는 것은, 책임의 증가와 가족의 유대가 강해지기 때문이라는 것은 말할 필요가 없으며, 위험에 직면하여 자신이 사망할 가능성, 질병에 걸릴 가능성, 취약성 및 일반적인 약점에 관한 인식이 높아지는 것과도 관계가 있다.

연령과 함께 준수행위가 많아지는 이유로, 동일하게 또는 아마도 그것 이상으로 중요한 것은, 중년, 연장자 등에게는 젊은 사람과는

11) 이 절은 주로 J. Reason, *The Human Contribution: Unsafe Acts, Accidents and Heroic Recoveries*, CRC Press, 2008, p. 55를 참조하였다.

12) 남성의 대표적인 성(性) 호르몬으로 자신감 형성과 남성 역할의 수행에 기여한다.

다른 준거 대상(그들이 존중하는 사람들)이 존재한다는 점이다. 좀 더 원숙한 '중요한 타자(他者)들'은 일반적으로 위반을 용인하지 않는다. 아마도 동일한 요인이 성별 차이에서도 중요한 역할을 하고 있다. 위반은 다른 여성들이 특별히 높이 평가하거나 칭찬할 만한 어떤 것이 아니다.

대부분의 사회에서는 이러한 젊은 남성의 특질을 이용하여 전쟁에서 싸우거나 거리를 단속하는 데 젊은 남성을 채용하지만, 어쨌든 위반의 원인을 모두 테스토스테론 탓으로 돌리는 것은, 우리가 그것(테스토스테론)에 대해 사회적으로 받아들일 만한 무언가를 할 방법을 가지고 있지 않기 때문에 큰 의미는 없다. 그래서 우리들은 관리(감당)할 수 있는 것을 생각하여야 한다. 특히, 잠재적으로 불안전한 위반을 촉진하는 태도, 생각, 집단규범, 상황요인은 무엇일까를 찾아볼 필요가 있다. 다소 어려움을 수반하지만, 이것들 중에는 변화될 수 있는 것이 있기 때문이다.

자동차 운전 시의 위반에 관한 한 조사에 의하면, 비준수(위반) 행위는 잠재적으로 위험한 여러 생각(belief), 즉 착각(환상, illusion)과 관련되어 있다. 이러한 '착각(환상)' 중 중요한 것은 다음과 같다.[13)]

- **컨트롤의 착각**: 상습적인 위반자는 스스로 강력하다고 느끼고, 위험한 상황이 초래하는 결과를 스스로 제어할 수 있는 정도에 대해 과대평가한다. 한편, 자신의 행동이 스스로 생각하기에 별것 아닌(하찮은) 규범을 따르고 있는 데 불과하다고 느끼는 경우에는, 그들은 반대의 감각, 즉 무력감을 느낄 수도 있다.

13) 이 절은 주로 Ibid., pp. 55~57을 참조하였다.

- **불사신의 착각** : 위반자는 스스로의 규칙 위반이 나쁜 결과로 연결될 가능성을 과소평가한다. 자신의 스킬은 잠재적인 위험원(hazard)을 항상 극복할(이겨 낼) 것이라고 생각한다. 동일한 맥락에서, 젊은 남성은 자기 자신이 다른 사람의 좋지 않은 행동의 희생자가 될 가능성이 있다고 생각하지 않는다. 최근 연구에서, 젊은 남성들에게 자신들이 노상범죄의 피해자가 될 가능성을 평가하게 하였더니, 거리에서 습격당하여 금품을 빼앗기거나 습격당하거나 할 가능성을 현실의 1/7로 과소평가하였다. 실제는 그들이 가장 리스크가 높은 그룹이다. 자동차의 운전, 잠재적으로 위험한 상황에서 일하는 경우에도 동일한 경향이 존재하고 있는 것 같다.[14)]
- **우월의 착각** : 이 착각에는 두 가지 측면이 있다. 첫째, 위반에 관한 자계식(self-reported) 설문지에서 최고득점인 사람은 자신의 기술, 특히 자동차의 운전기술이 다른 사람보다 높다고 평가한다. 둘째, 위반자는 자신의 위반 경향이 다른 사람에 비해 심하다고는 생각하지 않는다.

우리는 이러한 위반경향을 다음과 같은 일련의 말로 표현할 수도 있다.

- 내가 그것을 처리(감당)할 수 있다.
- 나는 그것을 피할(모면할) 수 있다.

14) 어느 한 사업장에서 여러 물탱크의 뚜껑을 닫는 작업을 하던 작업자가 한 물탱크에서 내려갔다가 다른 물탱크에 다시 올라가려면 시간이 걸리고 번거롭다고 생각하여 A 물탱크에서 B 물탱크로 뛰어넘으려다가 넘지 못하고 떨어지는 사고가 발생하여 재해를 입게 되었다. 이 작업자는 물탱크 간의 간격이 좁다고 생각하여(좁게 보여) 자신의 실력이라면 충분히 뛰어넘을 수 있다고 착각(불사신의 착각)한 것이다.

- 나로서는 어쩔 수 없다.
- 모든 사람이 다 한다.
- 그것이 회사가 실제로 원하는 바이다.
- 회사는 보고도 못 본 체한다.

6 위반의 마음 '경제학'

위반은 의도적인 행위이다. 사람들은 비준수행위의 인지된 비용과 이익을 저울에 달아, 예상되는 손실보다 이익이 상회한다고 판단하는 경우 위반에 손을 담그게 된다.

많은 비준수행위의 경우, 위반하는 것이 때로는 좀 더 용이한 작업수행방법이고, 반드시 명백한 나쁜 결과를 초래하는 것도 아니라는 것을 경험상 알고 있다. 이익은 가까이 있고 비용은 멀리 있는 것으로 보이며, 재해는 발생할 가능성이 없다고 생각된다.

여기에서 도전적인 과제는 좀 더 강한 제재 등에 의해 위반의 비용을 증가시키는 것이 아니라 준수에 대한 인지되는 이익을 증가시키는 것이다. 이것은 절차를 실행 가능한 것, 그리고 일을 수

표 4.1 위반의 '대차대조표'

인식되는 이익	인식되는 비용
• 보다 일하기 쉬움 • 시간을 절약할 수 있음 • 보다 흥미진진함 • 일을 완성시킬 수 있음 • 솜씨를 보일 수 있음 • 납기를 지킬 수 있음 • 남자답게 보일 수 있음	• 사고의 원인이 됨 • 자신 또는 타인이 부상을 입음 • 재산 피해가 발생함 • 수리하는 데 비용이 많이 듦 • 제재/징벌을 받음 • 일자리/승진기회가 상실됨 • 동료로부터 비난을 받음

행할 때 가장 빠르고 효율적인 방법으로 하는 것을 의미한다. 부적절하거나 조잡한 절차에 의해 야기되는 신뢰의 부족은 위반에 대해 인지되는 이익을 증가시킬 것이다.[15)]

참고 인센티브와 도덕감정(처벌로 저하되는 윤리)[16)]

좋은 사회를 어떻게 이룰 수 있을지는 인류의 영원한 과제다. 아리스토텔레스의 후예들은 사람들의 덕성을 고양하고 도덕감정을 북돋우는 것이 해결방법이라고 믿었다. 반면, 애덤 스미스를 필두로 한 경제학자들은 사유재산권과 경쟁적인 시장이 갖춰지면 도덕에 의존하지 않고 자신의 이익에만 관심을 기울이더라도 가격과 인센티브의 작동을 통해 사회 전체의 이익이 달성되는 비전을 제시하였다.

그니지(Uri Gneezy)와 러스티치니(Aldo Rustichini)는 처벌과 윤리 관계에 관한 흥미로운 실험을 실시하였다.[17)] 아이를 맡기는 데이케어(day care) 센터에서는 약속시간에 부모가 아이를 데리러 오게 되어 있지만 지각하는 부모도 종종 볼 수 있었다. 그들은 이스라엘의 몇 군데 데이케어 센터를 골라 지각하는 부모에게 지각시간에 따라 소액의 벌금을 부과하도록 하였다. 통상적인 예측으로는 지각은 감소할 것이다. 그런데 이 제도가 실시된 후에 오히려 지각하는 부모는 증가하였다. 이 실험은 20주 동안 실시되었고, 4주 경과한 후에 벌금제가 도입되었다. 6주 차부터 지각하는 부모가 증가하기 시작하더니, 7주 이후에는 지각하는 부모가 벌금제

15) 이상은 주로 J. Reason, *The Human Contribution: Unsafe Acts, Accidents and Heroic Recoveries*, CRC Press, 2008, p. 57을 참조하였다.

16) 友野典男, 《行動経済学 : 経済は「感情」で動いている》, 光文社, 2006, pp. 304~305; 박종현, 〈좋은 시민의 양손, 인센티브와 도덕감정〉, 한겨레신문, 2017. 5. 30. 참조.

17) U. Gneezy and A. Rustichini, “A FINE IS A PRICE”, *The Journal of Legal Studies*, 29(1), 2000, pp. 1~17.

도입 이전의 2배가 되었다. 16주 후에 다시 벌금제를 없앴지만 지각은 높은 수준인 채 그대로였다.

그니지와 러스티치니는 벌금이 없을 경우에 부모는 지각하는 것에 대해 죄의식을 느꼈고 그 감정이 지각을 예방한 것인데, 벌금제가 도입된 이후에는 '시간을 돈으로 사겠다'는 거래의 일종으로 여기게 됨으로써, 양심의 가책을 느끼지 않고 지각을 할 수 있게 된 것은 아닌가 하고 설명한다. 벌금 부과를 중지한 후에도 지각이 이전 수준으로 돌아오지 않은 것은 단순히 지각의 가격이 제로가 됐을 뿐이라고 받아들였기 때문이다. 즉, 제재 시스템이 도입됨으로써 사회규범이나 윤리에 따라 규제되던 행동이 시장에서의 거래처럼 느껴지게 된 것이다.[18)]

이 이야기는 인센티브가 공감, 동정, 정의, 호혜, 공정, 이타심과 같은 우리의 도덕감정을 몰아내고 사회적 규범을 훼손한다는 점을 잘 보여 준다. 이것은 또한 시장원리가 일상의 구석까지 침입해 가치와 규범의 타락을 재촉한 끝에 사회를 각자도생하는 '사막'으로 변질시킬 위험을 경고하는 사례로도 널리 회자되었다.

그러나 인센티브가 성공을 거둔 경우도 있다. 2002년 아일랜드에서는 비닐 쇼핑백 사용에 소액의 세금을 부과해 그 사용이 94%나 줄었다고 한다. 미국 샌타페이연구소(Santa Fe Institute)의 경제학자 볼스(Samuel Bowles)는 이 두 사례의 차이를 도덕적 메시지 유무에서 찾는다. 전자의 경우 벌금만 도입했을 뿐 그 징벌의 정당화가 없었기에 지각은 옳고 그름의 도덕적 문제가 아니라 벌금으로 구매할 수 있는 새로운 서비스로 여겨졌다. 반면, 아일랜드에서는 부과금 시행 전에 비닐의 유해성을 알리는 공론화 과정을 거침으로

18) 벌하는 것이 도덕심을 약화시켜 버리는 경우도 있다. 그 이유는 벌을 받는 것으로 죄에 대한 대가를 모두 치렀다고 생각하는 경향이 있기 때문이다.

써 그것이 비도덕적 행위임을 명확히 했던 것이다.

실험경제학의 연구들을 보면, 인센티브와 메시지를 어떻게 배합하는가에 따라 결과는 확연히 달랐다. 어린이집의 사례에서 벌금제도의 도입과 함께 시간 엄수가 왜 중요하고 지각이 왜 부끄러운 일인지를 분명히 인지시키는 공론화 과정이 병행되었다면 지각은 확실히 줄어들었을 것이다. 그리고 "늦는 것은 나쁘다."는 메시지만 제시되는 것보다는 이러한 호소에 벌금이 더해졌을 때 도덕적 메시지의 효과가 한층 강화된다는 점도 강조하고 싶다.

도덕과 당위만으로 좋은 사회를 만들 수 없다는 경제학자들의 문제 제기는 옳았다. 그러나 도덕감정의 도움 없이 당근과 채찍만으로 사람의 행동 문제를 해결할 수 있다는 바람은 불완전한 꿈이었다. 또한 좋은 사회를 이루는 데 도덕이 요구된다는 철학자들의 통찰은 옳았지만, 잘 설계된 인센티브가 도덕감정을 도리어 고양시킬 수 있다는 점은 간과되었다.

7 부적절한 절차서

대부분의 위반이 일부 작업자 측의 비뚤어진 마음에 기인한다고 생각하는 것은 적절하지 않을 것이다. 비준수(non-compliance)를 유발하는 태도와 신념은 문제의 절반에 지나지 않는다. 나머지 절반 또는 그 이상은 부적절한 절차서에 기인한다.

예컨대 원자력 산업 분야에서는 모든 사람 행동(human performance) 문제의 약 70%가 부적절한 절차서에서 그 원인이 찾아질 수 있다. 즉, 잘못된 정보가 기재되어 있거나, 현 상황에 맞지 않아 기능할 수 없거나, 알려져(주지되어) 있지 않거나, 너무 예전

것이거나(더 이상 쓸모가 없거나), 작업 시에 찾을 수 없거나, 내용을 이해할 수 없거나, 당해 작업에 대해 작성되어 있지 않거나 하기 때문이다.

절차서가 부적절하거나 존재하지 않거나 기능하지 않는 것은 특정 분야에 국한된 문제는 아니고 대부분의 분야에서 발견된다.

한편, 작업자들이 공식적인 절차서를 따르지 않는 이유로 제시하는 것을 열거해 보면 다음과 같다.

- 절차서에 쓰여 있는 대로 하면 작업을 마칠 수 없다.
- 절차서가 있는 것을 알지 못한다.
- 절차서보다 자신의 기능과 경험에 의지하는 것을 선호한다.
- 절차서에 무엇이 쓰여 있는지 알고 있다고 억측한다.[19)]

8 절차서 추가와 위반

모든 조직은 인간행동의 타고난 변동성과 조직 구성원 행동의 높은 규칙성에 대한 시스템의 요구 사이에서 긴장을 겪는다. 위험한 시스템의 관리자들은 인간행동을 효율적이고 생산적일 뿐만 아니라 안전하기까지 한 경로로 제한하기 위해 노력해야 한다. 두 가지 목표를 달성하기 위해 가장 널리 사용되는 수단이 절차서이다. 그러나 생산을 위한 절차서와 보호(안전)를 위한 절차서 사이에는 많은 중요한 차이가 있다.

결코 불변인 것은 아니지만, 효율적인 작업을 보장하기 위해 작

19) J. Reason, *The Human Contribution: Unsafe Acts, Accidents and Heroic Recoveries*, CRC Press, 2008, pp. 58~59.

성된 절차서와 생산설비와 그것을 사용한 작업의 성질에 따라 매우 자연스럽게 만들어지는 경향이 있다. 반면에, 안전작업절차서는 최근의 사고, 재해와 관련된 행위를 금지하기 위해 계속적으로 수정된다. 시간이 지나면서, '규정집(rule book)'에 추가되는 사항들은 점점 구속적인 것이 되어 가고, 허용되는 행동의 범위를 (결코 최적 조건이 아닌 상태에서) 일을 완성하는 데 필요한 행동보다 훨씬 적은 범위로 좁히는 경우가 많다.

그림 4.1은 어떤 시스템의 역사에서 허용되는 행동이 축소되어 가는 모습을 나타내고 있다. 이것은 화학공정플랜트, 철도, 항공 또는 조직사고 위험이 있는 모든 위험기술에 해당한다. 음영 구역 사이의 공간이 허용되는 행동의 범위를 가리킨다. 시간이 지남에 따라, 조직은 인간행동이 기여요인으로 확인되는 재해(accident)와 사고(incident)를 불가피하게 겪는다. 사건(event)이 발생할 때마다 사건과 관련된 행동을 금지하기 위해 절차가 수정된다. 그 결과,

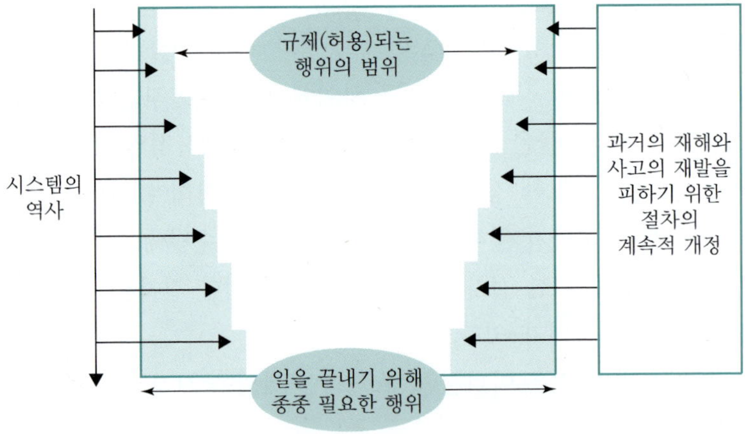

그림 4.1 필요한 추가 안전절차가 작업을 효율적으로 수행하기 위해 요구되는 행위의 범위를 줄이는 방식

허용되는 행동의 범위가 모든 필요한 작업을 수행하는 데 요구되는 것보다 좁은 범위로 점점 줄어든다. 이들 일을 하는 유일한 방법은 절차를 위반하는 것이다.

예를 들면, 영국 철도 규정집은 화차의 연결작업원(열차를 편성할 때 화차를 연결하는 사람)이 서 있는 화차 쪽으로 결합하기 위해 일련의 화차를 (선로 안전 확인용) 선도 기관차로 끌고 갈 때 화차 사이에 있는 것을 금지하고 있다. 화차가 멈춰 있을 때만 연결작업을 하기 위해 화차 사이에 들어갈 수 있다. 그러나 종종 완충기가 최대로 벌어져 있는 경우에는 화차를 연결하기 위한 샤클이 너무 짧아 연결될 수가 없다. 화차가 마주치면서 완충기가 순간적으로 압축될 때에만 샤클을 연결하는 일을 할 수 있다. 이 연결을 하는 가장 좋은 방법은 연결을 위해 움직이고 있는 화차 사이에 사람이 있는 것이다. 연결작업은 위험한 일이다. 많은 연결작업원이 완충기 사이에 끼이거나 바퀴 밑으로 떨어져 사망한다. 규칙 위반으로 그들이 사망한 것은 아니다. 완충기 간에도, 화차 간에도 적절한 공간이 있다. 종종 치명적이라고 밝혀진 것은 연결작업원이 화차 사이에 있는 규칙 위반을 하고 있을 때 뒤이어 에러를 하고 만 것이다. 그는 순간적으로 주의를 빼앗겼거나 무심코 완충기 사이에 들어갔거나, 또는 미끄러져 화차 바퀴 밑으로 추락했을 수도 있다. 위반에 에러가 더해지는 것이 위험한 작업에서 자주 참사의 공식이 되고 있다.

그러나 재해에 관련된 행동들이 따로따로(in isolation) 단순히 반복되는 것은 대개 나쁜 결과를 초래하지 않는다. 사건 초기에 그것들의 기여는 잠재적 상황, 국소적 촉발요인 및 기타 즉발적 에러의 복잡한 상호작용 중에서 단지 하나의 원인에 불과할 뿐이다. 재해에 관련된 행동은 단독으로는 나쁜 결과 발생에 필요조건일 수는 있으나 충분조건은 전혀 아니다. 이들 요소의 조합이 똑같은 형태로 재발되는 일은 비록 있다 해도 극히 드물기 때문에, 작업자들은 이들 단발적인 위반에는 대개 제재가 수반되지 않는다는 것을 재빨리 알아차린다. 사실 그들은 이러한 위반이 보다 간단하고 효율적인 작업방식으로 이어진다는 것을 발견하는 경우가 많다.

아이러니하게도 안전한 작업 실천을 계속적으로 강화하는 것으로 인한 영향 중의 하나는 위반이 저질러질 가능성을 증가시킨다는 것이다. 허용되는 행동의 범위가 절차가 일상적으로 위반되거나 업무적 필요성 때문에 위반을 하는 경우에 해당할 정도로 줄어든다. 에러는 다양한 정신적 활동의 불충분에 의해 발생하는 반면, 많은 위반은 절차의 과잉규정에 의해 유발된다.

그러나 이것이 이야기의 끝이 아니다. 단발적인 금지된 행동은 대부분 사소할 것이지만, 그것이 어떤 과거 사건에 관련되었다는 사실은, 그것이 일반적으로는 나쁜 결과를 초래하지 않는다고 하더라도, 그 행위가 위반자에 대한 위험성을 증가시킬 수 있다는 점을 말해 준다.

위반으로 위험성이 증가하는 경우 중 하나는 에러를 뒤이어 발생하게 할 가능성을 높이기 때문이다. 예컨대 시속 150 km로 운전하는 것이 그 자체는 사고 원인으로는 충분조건이 아니다. 그러나 이 속도가 운전자의 평균속도보다 높은 것은 거의 확실하기 때문에, 제동거리나 자동차의 조정특성을 잘못 판단할 가능성이 높다. 그러면 이러한 에러를 허용할 여지(에러를 저질러도 괜찮을 여지)가 상당히 감소되기 때문에, 에러가 용서받을 가능성은 낮아진다. 이와 같이 위반은 두 가지 결과를 초래할 수 있다. 위반은 뒤따르는 에러의 가능성을 증가시킬 수도 있고, 또한 나쁜 결과를 초래할 가능성을 증가시킬 수도 있다.

많은 위험한 기술에서 중요한 문제가 되는 것은 위반을 하는지의 여부가 아니라 언제 위반을 하는가이다. 아마도 더 중요한 것은 언제 준수하는가이다. 작업을 완료하기 위해서 금지된 행위가 필요한 경우에는 규칙이 위반될 것이다. 거의 모든 위험한 업무에서는, 규정된 영역 밖에 있는 행동이지만 동등한 수준의 숙련을 공유하는 사람들 사이에서는 수용되는 행위라고 간주되는 경우가 있다. 대부분의 경험이 많은 작업자들은 안전과 재해 사이의 '경계'가 어디에 있는지 대략 알고 있고, 극단적인 상황을 제외하면 그것을 벗어나지 않는다. 그러나 그 경계에 관하여 자신들이 현재 어디에 있는지에 대해서는, 그들이 항상 충분히 인식하지 않고 있는 것은 아니다. 허용되는 행동의 좁은 범위 내로 물러서거나 작업을 완전히 멈추기까지 하는 것이 현명한 때가 있다. 하지만 언제 이것을 해야 할지를 결정하는 것은 까다롭고 종종 틀릴 수 있는 판단의 문제이다.[20)]

20) J. Reason, *Managing the Risks of Organizational Accidents*, Ashgate Publishing, 1997, pp. 49~51 참조.

1. 동기이론의 분류

인간의 동기를 설명하고 동기유발방법의 처방을 시도하는 이론은 매우 많고 그 유형론 또한 많다. 동기이론 분류의 기준은 다양하지만 가장 일반적인 것은 동기의 기초가 되는 욕구와 유인의 내용에 초점을 두는가, 아니면 동기유발의 과정에 초점을 두는가에 관한 기준이다. 이러한 기준에 따라 동기이론은 일반적으로 내용이론과 과정이론이라는 두 가지 큰 범주로 분류되고 있다.

동기를 유발하는 요인의 내용을 설명하는 동기이론의 범주를 내용이론(Content Theory)이라고 한다. 내용이론은 무엇이 사람들의 동기를 유발하는가에 관심을 갖고 욕구와 욕구에서 비롯되는 충동, 욕구의 배열, 유인 또는 달성하려는 목표 등을 설명한다. 내용이론의 핵심 대상은 대개 인간의 욕구이다. 그러므로 내용이론을 욕구이론(Need Theory)이라 부르기도 한다.

사람들의 동기가 구체적으로 어떤 과정을 통해 어떻게 유발되고 특정 행동을 하게 되는지 그 과정을 설명하려는 이론을 과정이론(Process Theory)이라고 한다. 과정이론은 동기유발의 요인들이 교호작용하여 행동을 야기하고 그 방향을 설정하며 행동을 지속 또는 중단시키는 과정을 설명하려는 것이다.

2. 내용이론

욕구이론을 분류할 때 흔히 인간모형 또는 인간관이라는 말을 사용한다. 욕구이론은 인간이 어떤 욕구를 가졌으며 어떤 유인에 반응하는가와 관련하여 인간에 대한 관점 또는 모형을 설정하기 때문이다. 여기서도 그러한 관행에 따라 인간모형이라는 폭넓은 범주를 먼저 분류하려 한다.

인간의 욕구체계는 지극히 복잡하다. 욕구에 국한하여 인간을 보더라도 인간은 복잡한 존재이다. 이러한 이치를 그대로 받아들이는 것이 복잡한 인간모형이다. 복잡한 인간관은 과학적으로 보편성을 지닌 것이며 또한 인간관리의 실제에서 상황적응적인, 조심스러운 접근을 촉구하는 실용적 가치도 지닌 것이다. 그러나 연구와 실천에 유용한 길잡이를 제공할 수 있으려면 보다 단순한 인간모형을 만들고 이를 유형화해야 한다.

여기서는 복잡한 인간에 관한 모형을 기반으로 하고 처방적 선호의 변천과정에 따라 합리적·경제적 인간모형(고전적 인간모형), 사회적 인간모형(인간관계론적 모형, 신고전적 인간모형), 자아실현적 인간모형(성장이론모형, 현대적 인간모형) 등 세 가지 인간모형의 범주를 구분하려 한다. 이러한 분류틀은 샤인(Edgar H. Schein)의 아이디어를 빌려 만든 것이다.

(1) 합리적 · 경제적 인간모형(고전적 인간모형)

합리적·경제적 인간모형(rational-economic man model)은 오늘날도 상황의 여하에 따라서는 유효하게 적용될 수 있는 내용이론의 한 범주이다.

합리적·경제적 인간의 특성을 규정해 주는 주요 명제는 ⅰ) 인간의 합리적·타산적 측면, ⅱ) 인간욕구의 획일성, ⅲ) 인간의 경제성(쾌락추구를 위한 경제적 욕구와 경제적 유인), ⅳ) 직무수행에 대한 인간의 피동성, ⅴ) 동기유발의 외재성 등이다.

합리적·경제적 인간모형에서 강조하는 동기의 심리적 기초와 유인은 경제적 욕구와 경제적 유인이다. 경제적 유인에는 보수와 같은 금전적 유인뿐만 아니라 승진, 복무조건, 그 밖의 편익이 포함된다.

1) 인간에 대한 가정

합리적·경제적 인간모형의 주요 가정은 다음과 같이 요약할 수 있다.

① 경제적 이익의 타산적 추구

인간은 경제적·물질적 욕구를 지닌 타산적 존재이다. 경제적 유인의 제공에 의하여 인간의 동기를 유발할 수 있다. 인간은 쾌락을 원하며 그것을 얻는 수단인 경제적 이익을 추구한다. 이익을 추구하는 데 아주 타산적이기 때문에 인간을 합리적이라고 본다.

② 개인주의적 인간

조직 내의 인간은 원자적(개체적) 개인으로 행동하며 조직구성원들은 심리적으로 상호 분리되어 있다.

③ 개인목표와 조직목표의 상충

사람들은 조직이 시키는 일을 고통으로 생각하며 게으르고 책임지기를 싫어한다. 조직은 일하는 것을 원하고 개인은 쾌락과 경제적 이익을 원하기 때문에 조직의 목표와 개인의 목표(욕구충족)는 상충된다.

④ 인간의 피동성

조직이 요구하는 직무수행에 대하여 사람들은 피동적이다. 외재적으로 유인을 제공하여 동기를 유발하지 않으면 조직에 기여하는 행동을 하지 못한다. 피동적 인간은 외적 조건의 설정(조작적 조건화)으로 길들일 수 있다.

2) 인간관리전략의 처방

합리적·경제적 인간모형의 가정을 받아들이는 관리전략은 원자적인 개인을 대상으로 하는 교환모형(exchange model)에 입각하고 있다. 사람들이 일을 하는 고통과 희생을 감수한다는 교환조건으로 경제적 보상을 받도록 해야 한다는 것이 교환모형의 핵심을 이루는 논리이다.

교환형 관리는 불신관리이므로 교환의 약속을 지키는지를 면밀히 감시하고 통제하는 강압형 전략의 뒷받침을 받아야 한다. 그리고 사람을 길들이는 전략의 뒷받침도 받아야 한다. 교환형 관리전략은 교환·강압·길들이기에 의해 사람들을 직접적으로 조종하는 전략이다. 그러한 조종의 책임은 관리자들에게 있다.

고전적 욕구이론에 바탕을 둔 교환형 관리전략과 이를 뒷받침하는 강압·길들이기의 전략은 전체적으로 '강경한 접근방법(hard approach)'이라는 별명을 얻고 있다. 강경한 접근방법은 조직의 구조를 고층의 집권적 구조로 만들게 된다.

(2) 사회적 인간모형(인간관계론적 모형, 신고전적 인간모형)

사회적 인간모형(social man model)을 '인간관계론적 모형' 또는 '신고전적 인간모형'이라고도 부르는 이유는 그것이 인간관계론의 기초를 이루었고 행동과학의 신고전이론에서 널리 수용되었기 때문이다.

사회적 인간모형의 특성을 규정해 주는 주요 명제는 ⅰ) 인간의 감성적 측면, ⅱ) 인간욕구의 획일성, ⅲ) 인간의 집단성·사회성(사회적 욕구와 사회적 유인), ⅳ) 직무수행에 대한 인간의 피동성, ⅴ) 동기유발의 외재성 등이다.

사회적 인간모형에서 강조하는 동기의 심리적 기초와 유인은 사회적 욕구와 사회적 유인이다.

1) 인간에 대한 가정

사회적 인간모형의 주요 가정은 다음과 같이 요약할 수 있다.

① 사회성 · 감성적 행동

인간은 사회적 욕구를 지닌 존재로서 사회적 욕구를 충족시켜 주는 유인이 제공될 때 비로소 동기가 유발된다. 인간은 경제적 타산에 따른 합리적 행동보다 사회적 욕구충족을 위한 감성적 행동의 성향을 보인다.

② 집단적 존재

조직 내의 인간은 원자적인 개인으로서가 아니라 집단의 구성원으로 행동한다. 조직구성원들은 경제적 유인이나 관리자가 하는 통제보다 동료집단의 사회적 압력에 더 민감하게 반응한다.

③ 개인목표와 조직목표의 상충성

사회적 욕구의 충족을 추구하는 개인의 목표와 직무성취를 추구하는 조직의 목표는 상충된다.

④ 피동성

인간은 조직이 요구하는 직무수행에 대해 피동적이기 때문에 사회적 유인을 제공해 외재적으로 동기를 유발해야 한다.

인간의 경제성·합리성보다는 인간의 사회성 내지 집단성을 중요시하고 사회적 욕구에 초점을 두고 있다는 점에서 사회적 인간모형은 고전적 인간모형과 정면으로 대조되는 측면을 가지고 있다.

그러나 고전적 인간모형과 사회적 인간모형은 여러 가지 공통점을 가지고 있다. 두 가지 모형이 다 같이 인간의 피동성, 동기유발의 외재성, 욕구체계의 획일성을 원칙적으로 전제하고 있다. 그리고 조직의 요청과는 상반되는 개인의 욕구를 충족시켜 주는 교환조건으로 조직을 위한 개인의 희생을 받아 낼 수 있다고 믿는 점이라든지 욕구의 충족이 바로 직무수행의 동기가 된다고 보는 점 또한 두 가지 모형이 함께 지니는 특성이라 할 수 있다. 인간을 자율규제가 가능한 자유인이 아니라 지배의 대상으로 이해한 점도 같다.

2) 인간관리전략의 처방

사회적 인간모형에 입각한 관리전략은 집단구성원으로서 개인을 대상으로 하지만 이 역시 교환적인 것이다. 개인의 사회적 욕구를 충족시켜 주는 한도 내에서 개인은 조직의 직무수행요구에 응한다는 전제하에 사회적 유인과 직무수행을 교환하도록 처방한다.

이러한 교환관계를 유지하는 전략은 집단구성원 간의 교호작용, 개인의 감정과 정서적인 요청, 참여, 동료의 사회적 통제 등에 역점을 두어 사람을 어루만지고 달래는 것이다. 따라서 사람들은 인간관계론적인 인간관리전략을 '부드러운 접근방법(soft approach)'이라고도 부른다. 인간관리의 부드러운 접근방법은 조직 내에 어느 정도의 분권화 경향을 조성하고 비공식집단과 일선감독자의 리더십을 중요한 국면으로 부각시킨다.

(3) 자아실현적 인간모형(현대적 인간모형, 성장이론)

자아실현적 인간모형(self-actualizing man model)은 오늘날 처방적 차원에서 가장 많은 지지를 받고 있기 때문에 그것을 현대적 인간모형이라 부르기도 한다. 그러나 실천세계에서의 적용률이 아직까지 그리 높은 편은 아니다.

자아실현적 인간모형의 가정을 제공하는 이론을 성장이론(Growth Theory)이라고도 부른다. 인간의 복수욕구를 인정하지만 인간의 자아실현적·성장적 측면을 가장 강조하기 때문에 성장이론이라고 한다. 성장이론을 신인간관계론(neo-human-relations approach)이라 부르는 학자도 있다.

성장이론이 설정하는 자아실현적 인간모형을 특징짓는 명제는 i) 고급의 인간속성, ii) 복수욕구의 존재, iii) 자아실현적 욕구와 직무유인, iv) 직무수행에 대한 인간의 능동성, v) 내재적 동기유발 등이다.

성장이론은 단일욕구가 아닌 복수욕구의 체계가 있음을 확인한다. 그러면서도 동기의 심리적 기초 가운데서 인간의 성장적 욕구 내지 자아실현적 욕구를 가장 중요시하고 그에 대응하는 관리방침을 처방한다. 동기유발의 유인으로는 직무요인을 핵심적인 것으로 지목한다.

1) 인간에 대한 가정

자아실현적 인간모형의 인간에 대한 가정은 다음과 같다.

① 자아실현적 · 성장지향적 인간

조직 내의 인간은 여러 가지 욕구를 가지고 있지만, 그 가운데서 가장 중요한 최고급의 인간적 욕구는 자아실현적 욕구이다. 인간은 일을 통해 자아실현을 하고 성장·성숙하려는 존재이다.

② 개인목표와 조직목표의 통합 가능성

개인은 조직이 원하는 직무수행에서 의미와 보람을 찾고 직무수행동기를 스스로 유발할 수 있기 때문에 개인의 목표와 조직의 목표가 융화·통합될 가능성이 높다.

③ 능동성 · 동기유발의 내재성

조직 내의 인간은 조직의 목표추구에 능동적으로 가담할 수 있다.

조직구성원은 직무수행을 통해 자아실현의 보람을 찾기 때문에 직무수행동기를 내재적으로 유발할 수 있다.

④ 자율규제적 인간

인간은 경제적 유인이나 사회적 유인 또는 강압적 통제에 의해 외재적으로 관리해야만 일을 할 수 있는 존재가 아니다. 내재적 동기유발을 통해 자율규제를 할 수 있는 자유인이다.

2) 인간관리전략의 처방

자아실현적 인간모형은 인간을 보다 온전한 자유인으로 보고 인간을 직접적인 조종과 '다스림'에서 벗어나게 하여 자율적·창의적 업무성취와 보람 있는 직업생활을 보장하려고 한다. 조직의 목표와 개인의 목표가 융화·통합될 수 있는 가능성이 높다는 인식하에 통합형(統合型: integration model)의 인간관리를 처방한다. 통합형 관리는 참여·협동·신뢰를 강조하며 사람들이 일을 통해 성취하고 성숙할 수 있는 여건을 조성한다. 요컨대 자아실현적 인간모형에 입각한 인간관리전략은 고급의 인간속성을 중요시하고 옹호하는 인간주의를 지향하는 것이다.

이러한 관리전략은 권한보다는 임무를 중시하는 조직설계, 관리단위의 하향조정을 통한 조직의 저층구조화, 그리고 구조의 잠정화를 촉진한다.

3) 성장이론의 예시

자아실현적 인간의 특성을 규명하는 성장이론, 자아실현적 인간모형에 입각하여 인간관리전략을 처방하는 성장이론, 그리고 자아실현적인 인간모형에 깊이 연관된 이론은 대단히 많다. 그 가운데서 널리 인용되고 있는 네 가지 예를 보기로 한다.

① 욕구위계(단계)이론

매슬로우(Abraham H. Maslow)가 정립한 욕구위계(단계)이론(Need Hierarchy Theory)의 핵심적 내용은 다음과 같이 요약할 수 있다.

첫째, 인간의 욕구는 다섯 가지 욕구의 계층에 따라 순차적으로 발로된다. 최하급으로부터 최상급에 이르는 욕구의 계층은 i) 생리적 욕구, ii) 안전의 욕구, iii) 애정과 소속의 욕구, iv) 존경의 욕구, v) 자아실현의 욕구로 구성된다.

둘째, 인간의 다섯 가지 기본적 욕구는 서로 상관되어 있으며 이들은 우선순위의 계층을 이루고 있다.

셋째, 욕구의 발로는 순차적이며 한 단계의 욕구가 어느 정도(부분적으로) 충족되면 다음 단계의 욕구가 점차적으로 부각되어 간다. 최하급의 생리적 욕구가 가장 먼저 발로되며 고급의 인간적 욕구인 자아실현의 욕구는 마지막으로 발로된다.

넷째, 대부분의 사람들은 순차적으로 발로되는 다섯 가지 욕구를 부분적으로밖에 충족시키지 못하고 있기 때문에 인간은 항상 무엇인가를 '원하는 동물(wanting animal)'이라 할 수 있다.

다섯째, 어떤 욕구가 충족되면 그 욕구의 강도는 약해진다. 충족된 욕구는 동기유발요인으로서의 의미를 상실한다.

매슬로우의 이론은 복수욕구의 존재를 확인하고 자아실현의 욕구를 가장 인간적인 욕구로 부각시킴으로써 탈전통적인 인간관리 전략의 개척에 선도적 역할을 하였다. 자아실현의 욕구를 가장 고급의 욕구로 규정하고 그 중요성을 강조하기 때문에 매슬로우의 이론을 성장이론이라고도 한다.[21]

---

21) 우리나라에서는 욕구단계이론을 욕구위계이론, 욕구단계설, 욕구계층설 등 다양한 이름으로 명명하고 있다.

② ERG이론

매슬로우의 욕구이론을 수정하여 조직상황에서의 개인의 동기를 좀 더 현실적으로 설명하려는 것이 ERG이론이다. 이 이론은 앨더퍼(Clayton Paul Alderfer)가 인간의 욕구에 대해 매슬로우의 욕구위계이론을 발전시켜 주장한 이론이다. 인간의 욕구를 중요도순으로 계층화했다는 점에서는 매슬로우의 욕구위계이론과 동일하게 정의하지만, 그 단계를 5개 욕구를 3개 욕구(존재욕구, 관계욕구, 성장욕구)로 축약하여 제시하였다는 점에서 차이를 보인다.

존재욕구(Existence needs)

내용	예시
기본적인 욕구로 음식, 공기, 물, 임금 그리고 작업조건과 같은 것에 대한 욕구로서 매슬로우의 생리적 욕구와 안전의 욕구에 해당한다고 할 수 있다.	배고픔, 갈증, 안식처 등과 같은 생리적·물질적 욕망으로서 봉급과 쾌적한 물리적 작업조건과 같은 물질적 욕구가 이 범주에 속한다.

관계욕구(Relatedness needs)

내용	예시
의미 있는 사회적·개인적 인간관계 형성에 의해서 충족될 수 있는 욕구로서 매슬로우의 애정과 소속의 욕구 및 존경의 욕구의 일부를 포함한다고 볼 수 있다.	직장에서 타인과의 대인관계, 가족, 친구 등과의 관계와 관련된 모든 욕구를 포괄한다.

성장욕구(Growth needs)

내용	예시
개인의 생산적이고 창의적인 공헌에 의해서 충족될 수 있는 욕구로서 매슬로우의 자아실현의 욕구와 존경의 욕구에 해당한다고 할 수 있다.	개인의 창조적 성장, 잠재력의 극대화 등과 관련된 모든 욕구를 가리킨다. 이러한 욕구는 한 개인이 자기 능력을 극대화할 뿐만 아니라 능력개발을 필요로 하는 일에 종사함으로써 충족이 가능하다.

ERG이론에서는 위의 세 가지 욕구가 다음과 같은 원리로 작용한다. 욕구좌절(needs frustration)은 고차원 욕구인 성장욕구가 충족되지 않으면 저차원 욕구인 관계욕구를 더욱 원하게 된다는 것이다. 욕구강도(needs strength)는 저차원 욕구인 존재욕구가 충족될수록 고차원 욕구인 관계욕구에 대한 바람이 커진다는 것으로 매슬로우의 이론과 같은 시각을 가지고 있다. 욕구만족(needs satisfaction)은 각 수준의 욕구가 충족되지 않을수록 그 욕구에 대한 갈망은 더욱 커진다는 것이다.

ERG이론에 따르면, 상위에 있는 욕구를 충족시키지 못하면 보다 하위의 욕구가 더욱 증가하여 이를 충족시키려면 기존의 몇 배나 더 노력을 해야 한다. 즉, 욕구를 단계적인 계층적 개념이 아닌 욕구의 구체성 정도에 따라 분류한 것이기 때문에 욕구 간의 순서가 있는 것이라고 파악하는 것이 아니다. 또한 개개인마다 세 가지 욕구의 상대적 크기가 서로 다를 수 있으며 개인의 성격과 문화에 따라 달라질 수 있다고 한다.

ERG이론은 하위욕구의 충족이 상위욕구에 대한 욕망을 더 커지게 한다는 점에서 매슬로우의 이론과 기본적인 시각을 같이하지만 몇 가지 차이점이 존재한다.

첫째, 저차원 욕구가 만족되면 고차원 욕구로 진행된다는 매슬로우의 욕구위계이론에 비해 ERG이론은 좌절-퇴행(frustration-regression) 요소를 추가하였다. 좌절-퇴행은 고차원 욕구가 충족되지 않았을 때 오히려 저차원 욕구의 중요성이 커지고 그에 따라 바라는 바도 커진다는 주장이다. 욕구 충족 행동은 만족-진행(satisfaction-progression)과 좌절-퇴행으로 나뉜다. 만족-진행 행동이란 하위 수준의 욕구가 만족되면 상위 수준의 욕구가 강하게 나타난다는 것으로, 매슬로우의 이론과 같은 맥락으로 설명할 수 있다. 좌절-퇴행 행동이란 상위 수준의 욕구를 추구하다가 좌절되면 하위 수준의 욕구로 내려가는 것을 말한다. 예를 들면, 성장욕구차원에서 자기 능력에 맞는 보람 있는 일을 하려다가 좌절되면 동료와의 관계를 더욱 긴밀하게 유지하는 것과 같이 관계욕구를 강화한다는 것이다. 좌절-퇴행의 가설은 욕구의 좌절이 가져오는 조직관리적 의미를 구체적으로 부각시켰는데, 관계욕구나 성장욕구가 좌절되었을 때 그 하위단계의 욕구를 더욱 갈망하게 된다는 주장은 관계욕구의 좌절이 존재욕구의 일부인 금전적 보상을 더 많이 요구하게 한다는 점을 시사하고 있다. 종업원들은 정신적·심리적 성장을 원하고 있고, 조직이 그것을 적절하게 보상하지 못하는 경우 조직은 이에 상응하는 비용을 치러야 한다는 것으로 경영자에게 종업원의 고차원 욕구 충족의 필요성을 고취하였다.

둘째, 욕구위계이론과 달리 ERG이론은 인간행위에 한 가지 이상의 욕구가 동시에 작용할 수 있다고 가정하였다.

셋째, ERG이론은 욕구위계이론에서 가장 많은 비판을 받았던 '저차원 욕구 충족이 고차원 욕구에 대한 필수적인 선행조건'이라는 것을 배제하고 오히려 고차원 욕구에 대한 결핍이 저차원 욕구의 중요성을 더욱 강조하게 된다고 주장하였다.

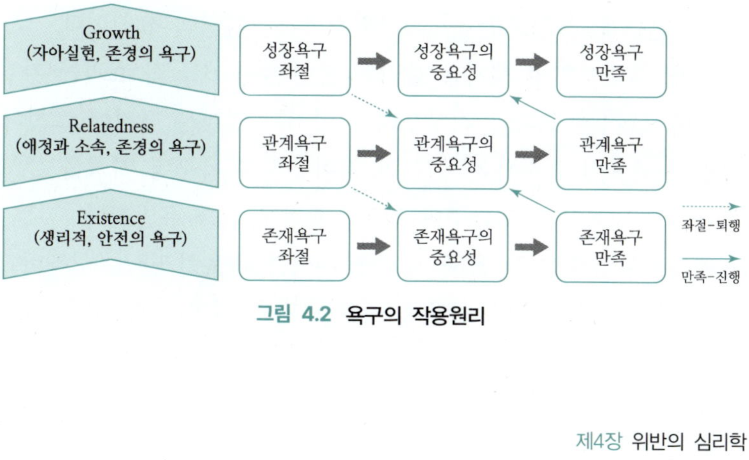

그림 4.2 욕구의 작용원리

③ 2요인이론(동기-위생이론)

허즈버그(Frederick Irving Herzberg)의 2요인이론(Two Factor Theory) 또는 동기-위생이론(Motivation-Hygiene Theory)은 만족을 얻으려는 욕구와 불만(고통)을 피하려는 욕구를 별개의 차원에 놓아 이원화하고, 동기요인(직무수행동기를 유발하는 요인: motivator)과 위생요인(불만의 야기 또는 해소로 작용하는 요인: hygiene factor)으로 이원화한다.

2요인이론을 요약하면 다음과 같다.

첫째, 인간의 기본적인 욕구는 서로 반대방향을 가리키는 2개의 평행선과 같이 이원화되어 있다. 한 가지 욕구체계는 불유쾌하거나 고통스러운 일을 피하려는 것이고, 다른 한 가지 욕구체계는 개인적 성장을 갈구하는 것이다.

둘째, 조직생활에서 경험하는 불만과 만족은 서로 별개의 차원에 있으며 양자는 반대개념이 아니다.

셋째, 조직생활에서 만족을 주는 요인과 불만을 주는 요인은 서로 다르다. 직무만족의 결정인자는 직무수행의 성취와 그에 대한 인정, 보람 있는 직무, 직무수행의 책임과 직무수행을 통한 성장 등 직무 자체에 관련되어 있고 개인에게 성장감을 줄 수 있는 요인이다. 불만 야기에 관련된 요인은 조직의 정책과 관리, 감독, 보수, 대인관계, 작업조건 등 직무외적 또는 환경적 요인이다.

넷째, 불만요인의 제거는 불만을 줄여 주는 소극적 효과를 가질 뿐이며, 그러한 효과가 직무행태에 미치는 영향은 단기에 그친다. 반면 만족요인의 확대는 인간의 자아실현의 욕구에 자극을 주고 적극적인 만족을 가져다주며 직무수행의 동기를 유발한다.

매슬로우의 이론이 욕구 자체에 주의를 기울인 반면, 허즈버그의 이론은 욕구충족의 요인에 초점을 맞춘 것이라 할 수 있다.

④ X이론과 Y이론

맥그리거(Douglas Murray McGregor)는 모든 관리전략의 이면에는 인간관(인간의 욕구와 동기에 대한 가정)이 있음을 전제하고 이를 두 가지 범주로 구분하였다. 전통적 관리체제(관리전략)를 정당화하는 인간관을 X이론(Theory X)이라 부르고 인간의 성장적 측면에 착안한 새로운 관리체제를 뒷받침해 주는 인간관을 Y이론(Theory Y)이라 명명하였다. X이론은 매슬로우가 말한 욕구단계 가운데서 하급욕구를 중요시하는 것이며 Y이론은 비교적 고급욕구를 중요시하는 것이라고 할 수 있다. 그의 Y이론이 성장이론에 해당한다.

X이론은 대부분의 사람들이 일을 싫어한다는 것, 책임을 맡으려 하지 않는다는 것, 행동할 바를 다른 사람이 지시해 주기 바란다는 것, 생리적 욕구 또는 안전의 욕구에 자극을 주는 금전적 보상이나 처벌의 위협에서 일할 동기를 얻는다는 것 등을 가정한다.

이러한 X이론에 입각한 관리전략은 인간의 하급욕구에 자극을 주거나 그것을 만족시켜 주는 데 주력하게 되며 외재적 통제를 강화하는 방향으로 나가게 된다.

맥그리거는 인간본질에 관한 X이론은 그릇된 것이라고 비판하였다. 그리고 X이론에 입각하여 지시·통제를 주무기로 삼는 관리전략을 펴는 경우 고급욕구의 충족을 원하는 현대인에게 동기유인을 제공하지 못할 것이라고 말하였다.

X이론을 대체할 새로운 인간관으로 제안한 것이 Y이론이다. Y이론은 대개의 사람들이 본성적으로 일을 싫어하거나 게으르다거나 또는 신뢰할 수 없는 존재가 아니라는 것, 근본적으로 자기규제를 할 수 있으며 조건만 갖추어지면 창의적으로 일에 임할 수 있다는 것, 자아만족·자아실현 등 고급욕구의 충족을 통해 일할

동기를 얻는다는 것 등을 가정한다.

Y이론에 입각한 관리전략은 인간의 잠재력이 능동적으로 발휘될 수 있는 여건을 조성하는 것이다. 맥그리거의 이론을 성장이론으로 소개하는 것은 그의 이론이 Y이론에 역점을 두고 있는 까닭이다.

(4) 복잡한 인간모형: 상황적응적 욕구이론

복잡한 인간모형(complex man model)은 오늘날 우리가 받아들이는 과학적 원리이다. 이것은 상황적응적 관리처방을 촉구하는 실용적 준거가 되기도 한다. 이 모형은 또한 보다 단순한 인간모형을 유형화하는 데 일종의 모체를 제공한다.

복잡한 인간모형은 욕구와 유인의 다양성·복잡성, 그리고 동기유발전략의 상황적응성을 강조한다.

1) 인간에 대한 가정

복잡한 인간모형의 주요 가정은 다음과 같다.

① 욕구의 복잡성 · 가변성

인간의 욕구체계는 복잡하다. 욕구의 종류는 아주 많으며 욕구 간의 관계와 결합양태는 매우 다양하기 때문에 욕구체계가 복잡하다고 하는 것이다. 욕구체계가 복잡할 뿐만 아니라 그것은 사람의 성장단계에 따라 그리고 생활조건에 따라 달라질 수 있다.

② 개인차

욕구체계는 사람마다 다를 수 있다. 인간의 욕구체계는 복잡할 뿐만 아니라 복잡성의 양태가 사람마다 같은 것도 아니다.

③ 욕구의 학습

사람은 조직생활의 경험을 통해서 새로운 욕구를 배울 수 있다.

④ 역할에 따른 욕구의 변화

사람이 조직에서 맡는 역할과 근무조건이 다르면 그의 욕구도 달라질 수 있다.

⑤ 참여 · 순응이 다양한 이유

조직에 참여하는 이유가 되는 욕구는 사람에 따라 다를 수 있다. 그리고 사람들은 그들의 욕구체계와 능력 및 담당업무가 다름에 따라 서로 다른 관리전략에 순응할 수 있다.

2) 인간관리전략의 처방

복잡한 인간에 관한 모형이 처방하는 인간관리전략의 요점은 조직구성원의 가변성과 개인차를 고려해야 한다는 것, 개인차를 존중하고 개인차의 발견을 위해 진단적 접근을 해야 한다는 것, 사람들의 욕구와 동기가 서로 다른 만큼 그들을 다르게 취급해야 한다는 것 등이다. 복잡한 인간모형의 관리처방은 조직의 적응성과 융통성을 높이고 상황적 요청에 부응할 수 있도록 조직의 양태를 다양화·유연화할 것을 요구한다.

3. 과정이론

과정이론이 대상으로 삼는 동기유발의 과정은 복잡한 현상이다. 사람과 상황이 복잡하기 때문에 동기유발의 과정 또한 복잡한 것일 수밖에 없다. 동기유발의 원인과 과정이 복잡한 만큼 그 어떤 국면에 착안하느냐에 따라 이를 설명하는 접근방법은 여러 가지로 분화될 수 있다.

지금까지 널리 소개되어 온 이론들은 대개 외재적 동기유발을 전제로 하는 전통적 동기이론들이다. 오늘날 처방적으로 가장 선호되는 것은 내재적 동기유발이다. 그러나 대내적 동기유발과정에 대한 연구는 오히려 기대에 못 미치고 있다.

인용빈도가 높은 과정이론들 가운데서 기대이론, 형평이론, 학습이론을 설명하고 내재적 동기유발과정에 관한 이론들을 소개한 다음 통합화의 노력에 대해 언급하려 한다.

(1) 기대이론

기대이론(Expectancy Theory)은 욕구충족과 직무수행 사이의 직접적이고 적극적인 상관관계에 대해 의문을 표시하고 욕구와 만족 그리고 동기유발 사이에 기대(期待: expectation)라는 요인을 명확하게 개입시킨다. 기대이론은 욕구·만족·동기유발의 체계에 기대라는 인식론적 개념을 추가하여 동기유발의 과정을 설명한다.

대체로 보아 기대이론은 사람마다 그 욕구의 발현이 다를 수 있고 욕구충족이라는 결과의 실현과 자기가 취할 행동 사이의 관계를 다르게 지각할 수 있다는 것을 전제한다. 그리고 동기의 강도는 어떤 결과(outcome)에 부여하는 가치(결과를 얻으려는 욕구의 크기)와 특정한 행동이 그것을 가져온다는 기대에 달려 있다고 한다. 즉, 동기의 강도는 결과에 부여하는 가치와 특정한 행동이 원하는 결과를 가져다줄 것이라는 기대의 함수라고 표현할 수 있다.

기대이론의 범주에 포함되는 이론은 많다. 먼저, 브룸(Victor Harold Vroom)은 선호-기대이론(Preference-Expectation Theory)

을 통해 일정한 행동을 하려는 한 사람의 정신적인 힘(motive)은 그 행동이 가져올 가능성이 있는 모든 결과에 부여하는 가중치(효용)와 그러한 결과의 달성에 그 행동이 가질 것으로 지각하는 유용성을 곱한 것에 달려 있다고 주장하였다.

라이먼 포터(Lyman W. Porter)와 에드워드 롤러(Edward E. Lawler Ⅲ)의 성과-만족이론(Preference-Satisfaction Theory)은 직무성취(성과)와 거기에 결부된 외재적·내재적 보상에 부여하는 가치, 그리고 어떤 노력이 보상으로 가져다줄 것이라는 기대가 직무수행노력을 좌우한다고 설명한다. 그들은 직무성취의 수준이 직무만족의 원인이 될 수 있다는 점을 지적하고 외재적 보상뿐만 아니라 내재적 보상에도 관심을 보인다.

조고폴로스(Basil S. Georgopoulos), 마호니(Gerald M. Mahoney), 존스(Nyle W. Jones, Jr.)는 그들의 통로-목표이론(path-goal approach to productivity)에서 일정한 수준의 생산활동을 하려는 개인의 동기는 그가 추구하려는 목표에 반영되어 있는 개인의 욕구와 그러한 목표 달성에 이르는 수단 또는 통로로서 생산성 제고 행동(productivity behavior)이 갖는 상대적 유용성(효용성)에 대한 개인의 지각에 달려 있다고 하였다. 개인적 목표에 이르는 통로로서 생산성이 갖는 수단성 내지 효율성에 대한 근로자의 지각은 행동을 결정하는 독립변수라고 한다.

(2) 형평이론

처우의 비교적 형평성에 대한 사람들의 지각과 신념이 직무행태에 영향을 미친다고 설명하는 과정이론들을 집합적으로 형평이론(Equity Theory: 공정성이론, 공평성이론 또는 사회적 교환이론)

이라 부른다.

형평이론의 핵심적 논점은 i) 사람들은 직무수행에 대한 자기의 기여에 부합되는 공정하고 형평성 있는 보상이 무엇인가에 관한 신념을 형성하게 된다는 것, ii) 사람들은 자기의 보상·기여비율을 다른 사람들의 그것과 비교하는 경향이 있다는 것, iii) 다른 사람들의 경우와 비교하여 자기 자신에 대한 처우가 공평하지 못하다고 믿게 되면 그것을 시정하기 위해 무엇인가를 하려는 동기를 유발하게 된다는 것이다.

형평이론이나 기대이론은 다 같이 인식 또는 지각의 과정을 토대로 동기유발을 설명한다는 공통점을 가지고 있다. 그러나 관심의 초점과 설명의 방법에 있어서 양자는 구별된다. 기대이론은 보상·수단·기대의 상호작용과정에서 보상을 최대화하려는 동기가 유발되는 현상에 초점을 두고 있다. 형평이론은 투입과 소득의 비교적인 불균형이 동기유발에 미치는 영향을 논의의 초점으로 삼는다.

(3) 학습이론

개인의 동기유발에 관한 학습이론(Learning Theory)은 학습이라는 과정을 통해 동기가 유발되는 현상을 기술하고 그에 대해 처방하는 것이다.

학습이론에서 말하는 학습은 경험의 결과 행태에 비교적 항구적인(장기적인) 변화가 일어나는 과정을 지칭한다.

학습이라는 개념을 사용하여 행태변화·동기유발을 설명하는 이론은 여러 갈래로 분화되어 있다. 그중에서 우리가 관심을 갖는 것은 조작적 조건화이론(Operant Conditioning Theory)이다.

조작적 조건화이론은 행동의 결과를 조건화함으로써 행태적 반응을 유발하는 과정을 설명한다. 이 이론의 설명틀은 세 가지 구성요소를 가지고 있다. 세 가지 구성요소란 선행자극(A: antecedent), 행태적 반응(B: behavior), 행태적 반응의 결과(C: consequence)를 말한다. 이 이론의 핵심적 원리는 사람들이 업무상황(자극)에 처하여 조직이 바라는 행동(행태적 반응)을 하면 그에 결부해 혜택=강화요인(행태적 반응의 결과)을 제공하고 바람직하지 않은 행동을 하면 처벌과 같은 불이익=약화요인(행태적 반응의 결과)을 가하여 바람직한 행동을 학습시켜야 한다는 것이다.

조작적 조건화이론은 관찰 가능한 행태변화에 초점을 두는 행태주의이론이며 자발적 학습만을 대상으로 한다. 본능, 성장, 운동에 따른 피로, 부상과 질병, 뇌 손상, 약물투여 등으로 인한 행태변화는 대상으로 하지 않는다. 오늘날 동기를 연구하는 사람들이 준거로 삼는 학습이론은 대개 조작적 조건화이론이다.

(4) 내재적 동기유발에 관한 이론

성장이론(자아실현적 인간모형)은 동기유발의 내재성을 가정한다. 이러한 가정을 받아들이는 과정이론들은 내재적 동기유발과정을 설명한다. 성장이론은 인간의 일에 대한 욕구와 직무수행동기를 거의 동일시하고 있다. 따라서 그에 입각한 과정이론들의 이론구조는 비교적 단순하다. 그러나 실증적 연구를 통해 이를 검증하는 일은 쉽지 않다. 내재적 동기유발이론 두 가지를 예시한다.

1) 인지평가이론

인지평가이론(Cognitive Evaluation Theory)은 인간이 스스로 직무수행동기를 유발할 수 있다는 가정을 기초로 하고 있다. 이 이론은 인간은 유능하고 자기 인생을 스스로 통제할 수 있다는 느낌을 가지려는 욕구를 지녔으며 어떤 직무수행이 그러한 욕구를 충족시킬 수 있으면 직무수행동기를 내재적으로 유발할 수 있다고 주장한다. 그러한 조건하에서 사람들은 오직 직무 자체가 제공하는 개인적 즐거움 때문에 직무를 수행한다고 한다. 이때 외재적 유인의 제공은 동기유발에 오히려 방해가 된다고 한다.

2) 직무특성이론

직무특성이론(Job Characteristic Theory)은 환경적 요인(외재적 동기유발요인: 직무요인)과 개인적 요인(내재적 동기유발요인)을 결합하여 동기유발과정을 설명한다. 이 이론의 핵심적 논점은 잘 설계된 직무가 사람의 욕구를 충족시키고 그러한 욕구의 충족은 동기를 유발한다는 것이다. 성장욕구가 강한 사람들은 그렇지 않은 사람들에 비해 바람직한 직무국면에 더 적극적으로 반응한다고 한다.

3) 목표설정이론과 자기효능감이론

목표설정이론과 자기효능감이론도 내재적 동기유발에 관련되는 이론으로 소개하는 사람들이 있다.

목표설정이론(Goal Setting Theory)은 구체적이고 어려운 목표의 설정과 목표성취도에 대한 환류의 제공이 일하는 사람의 동기를 유발하고 업무성취수준을 향상시킨다고 설명하는 이론이다. 목표설정이론은 인간이 목표 달성을 위해 최선을 다할 수 있는 존재라고 전제한다. 그리고 목표 설정이 동기유발의 유인을 제공한다고 전제한다.

자기효능(효력)감이론(Self-efficacy Theory)은 자기효능감이 동기를 유발한다고 설명한다. 자기효능감이란 자기가 어떤 임무를 수행할 수 있다는 믿음이다. 자기효능감이론은 자기효능감이 높은 사람은 불리한 상황이나 부정적 환류에 직면하여 더 많이 노력하려는 동기를 유발한다는 전제하에 자기효능감 증진방안을 처방한다. 훈련(직무관련 경험)을 통한 자신감 키우기, 자기와 비슷한 사람이 임무성취에 성공하는 사례를 보고 대리경험하기, 설득을 통한 자신감 불어넣기 등은 자기효능감 증진방안의 예이다.

제4편

위험감수성

우리 사회를 떠들썩하게 한 대형사고는 직접적으로는 방아쇠에 해당하는 작업자의 불안전행동에 기인하는 경우가 많고*, 현업부문의 관리자가 평상시의 현장 실태에 주목하여 잠재하는 위험을 통찰하고 있었다면 방지할 수 있었을 사고라고 해도 과언이 아니다.

평상시 현장에서 현물(現物)을 보면서, '기계와 설비는 어떻게 작동되고 있는가?', '작업환경은 어떠한 상태인가?', '폭우, 강풍 등에 의해 어떠한 이상한 상태가 발생할까?', 그리고 작업자들이 휴먼에러를 할 수 있다는 것을 염두에 두면서, '사람은 현재의 상태에서 어떠한 행동을 할까?', '작업자들이 위험물질을 다루는 방식에는 어떠한 것들이 있을까?', '작업자들이 물질, 기계·설비를 잘못 취급하면 어떠한 위험한 일이 생길까?' 등을 생각하고 잠재위험을 통찰하는 것이 사업장의 문화로 정착되도록 할 필요가 있다.

이 통찰을 적절하게 하기 위해서는, 각자가 자신의 안전의식(위험감수성)을 높이는 한편, 특히 현업부문에서는 설비의 구조, 작동 원리, 취급물질의 특성과 유해·위험성, 인간의 특성 등을 알고 있어야 한다. 평상시부터 이러한 노력을 거듭하는 것이 위험에 대한 감수성을 높이는 것에 큰 도움이 된다.

경영자와 함께 관리·감독자 및 작업자 각자가 입장, 담당임무에 따라 자신은 무엇을 하여야 할까를 자각하고, 현장의 하루하루의 실태를 주의하여 살핌으로써 유해위험요인을 배제해 나가는 것이 재해를 방지하는 데 불가결하다.

---

* 물론 사고·재해의 원인을 깊이 분석해 들어가면 조직적(시스템적) 문제가 그 원인으로 작용한 경우가 많음은 주지의 사실이다.

제1장

위험감수성의 위상

1 위험감수성이란

'위험감수성'이란, 무엇이 위험한지, 어떻게 행동하면 위험한 상태가 되는지를 직관적으로 파악하고, 리스크의 크고 작음을 민감하게 감지하는(알아차리는) 능력을 말한다. 요컨대, 위험한 것을 위험하다고 감지하는 능력을 '위험감수성'이라고 부른다. 안전을 확보하기 위해서는 경험, 지식, 기능만으로는 부족하고, 이에 추가하여 태도·의욕이 불가결한데, 위험감수성은 이 태도·의욕과 다름없다.

우리 인간은 어린 시절부터 그리고 성인이 되고 나서도 여러 위험한 경험을 하거나 부모·선배 등으로부터 여러 가지를 배우면서 성장한다. 그 경험은 잊어버리지 않는 기억이 되어 신변의 상황을 보고 위험상태(정도)를 수시로 감지할 수 있게 된다.

무엇을 위험하다고 감지할 것인지는 사람에 따라 다르다. 즉, 사람에 따라서는 그것에 민감한 사람과 그렇지 않은(둔감한) 사람이 있다. 위험을 알아차리지 못하는 사람은 결과적으로 재해를 입기 쉬우므로, 재해를 입지 않도록 하기 위해서는 어떻게든 종업원들의 위험감수성을 높여 놓을 필요가 있다. 여러 회사에서 안전교육, 체험훈련, 모의훈련, 안전활동 등을 실시하는 것도 결국 종업원들의 위험감수성을 높이는 것이 목적이라고 할 수 있다.

위험감수성에 의해 위험은 격감된다. 위험을 감지하면 위험의 저감·회피의 수단을 생각할 수 있기 때문이다. 즉, 안전확보의 첫걸음은 위험을 감지하는 것이다. 위험을 감지할 수 없으면 위험을 저감하는 방법도 있을 수 없다. 따라서 '안전의 반대는 위험불감증'[1]이라고 할 수 있다. 위험감수성을 높이기 위해서라도 우리들의 상식은 세상의 비상식일 수도 있다는 겸허한 마음을 항상 가지는 것이 중요하다.

2 위험감수성과 위험감행성

위험감수성의 향상을 생각하는 경우, 인간의 행동이 단순히 '위험감수성'만으로 결정되는 것은 아니기 때문에, '위험감행성'의 영향에 대해서도 이해해 둘 필요가 있다.

위험감수성이 '어느 정도 위험에 민감한가'를 나타내는 것인 반면, 위험감행성은 '어느 정도의 위험까지 받아들이는가'를 나타낸다. 위험감행성이 높은 사람은 위험하다고 느껴도 굳이 그 위험을 받아들여 행동하는 경향이 강하고, 반대로 위험감행성이 낮은 사람은 위험하다고 느낀 위험을 피하는 경향이 강하다. 이 위험감수

1) '위험불감증'의 반대말이 '위험감수성'이므로, 결국 안전을 확보하기 위해서는 위험감수성을 높여야 한다고 말할 수 있다. 이른바 '안전불감증'이라는 말은 의미상 맞지 않는 표현이고 '위험불감증'이라는 말이 타당하다. 참고로, 안전불감증이라는 용어는 경향신문 1989년 9월 18일 자 보도에서 처음 사용된 것으로 보인다.

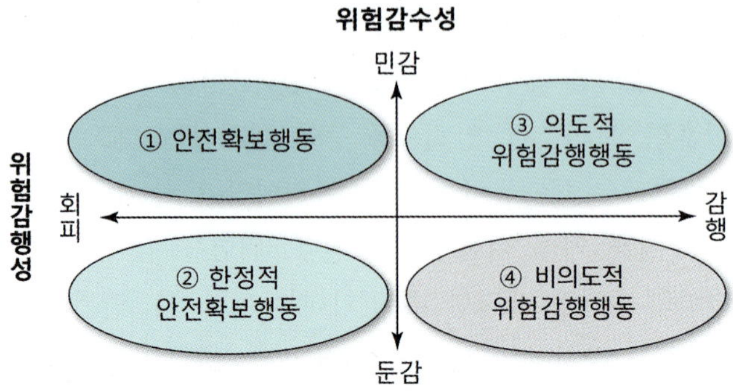

그림 1.1 위험감수성과 위험감행성의 관계

성과 위험감행성의 조합에 따라 인간의 행동은 그림 1.1과 같이 네 가지 유형으로 분류할 수 있다.

① **안전확보행동**: 위험감수성이 높고, 위험감행성이 낮은 유형. 위험을 민감하게 느끼고, 그 위험을 가능한 한 회피하는 경향이 강하다.

② **한정적 안전확보행동**: 위험감수성, 위험감행성 모두 낮은 유형. 위험에 둔감하지만, 기본적으로 위험을 회피하는 경향이 있기 때문에, 결과적으로 안전이 확보될 확률이 높다. 이러한 유형은 초심자에게 많다. 통상적으로는 위험을 피할 수 있지만, 상황의 위험에 대응하여 회피하고 있는 것은 아니기 때문에, 특수한 위험, 복잡한 상황 등에는 대응할 수 없다.

③ **의도적 위험감행행동**: 위험감수성, 위험감행성 모두 높은 유형. 위험을 민감하게 감지하고 있어도 그 위험을 피하려 하지 않고 굳이 위험상태에 들어간다.

④ **비의도적 위험감행행동**: 위험감수성이 낮고, 위험감행성이 높은 유형. 위험에 대하여 둔감하고 위험을 피하려고 하지 않는다.

말할 필요도 없이 ①의 유형이 가장 이상적이다. ②의 유형은 훈련으로 위험감수성을 향상시킬 수 있으면 큰 재해방지효과를 기대할 수 있다. ③의 유형은 단지 위험을 무릅쓰기 쉬운 자만 해당되는 것이 아니라, 현장을 맡고 있는 감독자가 '위험한 작업이고 부하에게 시키면 걱정되므로, 숙련된 자신이 대신하여 한다'고 하는 경우이고, 감독자 자신이 피재(被災)하는 원인이 되기도 한다. ④의 유형은 신입사원에게서 자주 보이는 유형으로서, 의욕, 전향적인 자세는 있지만, 작업능력은 아직 낮은 자이다.

이들 네 가지의 인간행동유형을 행동영향요인과 행동원리를 이용하여 '리스크 회피(안전행동)'와 '리스크 수용(불안전행동)'에 이르는 경위를 표현하면, 그림 1.2와 같이 정리할 수 있다.

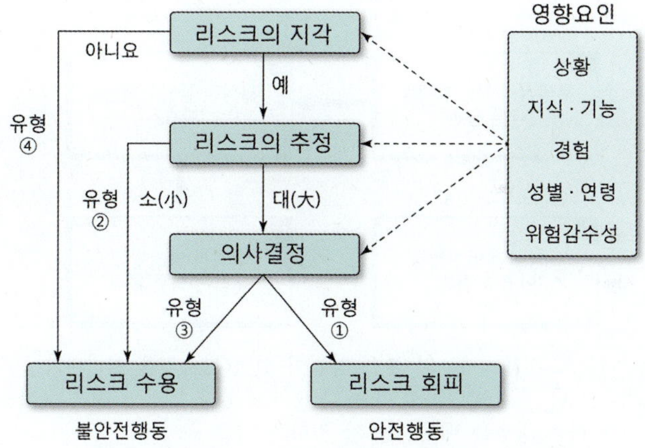

그림 1.2 리스크 회피와 리스크 수용에 이르는 경위[2)]

2) 芳賀繁, 『事故がなくならない理由: 安全対策の落とし穴』, PHP研究所, 2012, p. 78을 필자가 약간 수정하였다.

리스크를 알아차리는 능력, 리스크를 평가하는 능력은 위험예지훈련, 위험체감훈련 등으로 그 능력을 높이는 것이 가능하다. 그러나 알아차린 리스크에 대해 그것을 회피할지, 또는 굳이 위험을 수용하여 리스크가 높은 행동을 할지는 영향요인으로서의 상황, 지식, 경험, 성별, 연령뿐만 아니라 위험감수성에 의해서도 영향을 받게 된다. 다시 말해서, 위험감수성이 다른 영향요인과 함께 리스크를 회피하게 하고, 불안전행동, 즉 리스크 수용을 억제하는 힘이 된다. 이 리스크 수용을 억제하는 힘은 조직 전체에 침투한 안전문화에 의해 영향을 받는다고 말할 수 있다.

3 위험감수성과 행동의 변화

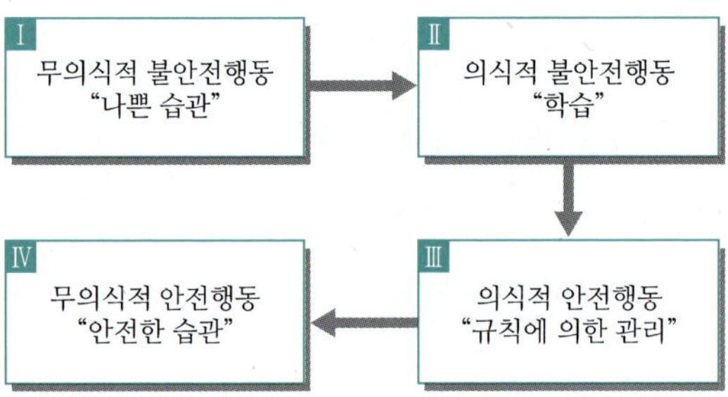

Ⅰ: “나는 그것을 하는 더 좋은 방법이 있었다는 것을 몰랐다.”
Ⅱ: “나는 더 좋은 방법이 있다는 것을 알고 있다. 나는 그것을 올바르게 하는 방법을 배울 필요가 있다.”
Ⅲ: “나는 그것을 올바르게 하고 있다는 것을 알고 있다. 나는 승인된 절차를 따르고 있다.”
Ⅳ: “나는 그것에 대해 더 이상 생각하지 않는다. 나는 그것이 올바르다는 것을 알고 있고, 이제 그것은 나의 안전한 습관이다.”

그림 1.3 나쁜 습관에서 안전한 습관으로의 발전 과정[3]

3) E. S. Geller, *The Psychology of Safety Handbook*, CRC Press, 2001, p. 146.

미국의 안전심리학자인 겔러(E. Scott Geller)는 사람들이 안전한(올바른) 습관을 발전시킬 때에는 흔히 '무의식적 불안전행동(나쁜 습관) → 의식적 불안전행동(학습) → 의식적 안전행동(규칙에 의한 관리) → 무의식적 안전행동(안전한 습관)' 과정을 겪는다고 보았다.

조직에서는 구성원들의 위험감수성을 높일 수 있는 다양한 안전활동을 전개함으로써 구성원들이 궁극적으로 무의식적 안전행동(안전한 습관) 단계로 발전해 나가도록 지속적으로 노력할 필요가 있다.

제2장

안전 최우선의 정성

1 근로자의 가족을 포함한 행복을 위하여

(1) 안전·안심의 사회를

우리들은 일상의 일, 사생활 속에서 어느 정도 위험을 예지(豫知)하여 행동하고 있을까? 생활수준이 높아지고 생활이 매우 편리해진 반면, 일, 사생활의 근처에 위험이 잠재하고 있는 것을 평상시에는 거의 의식하고 있지 않은 사람이 의외로 많다.

오늘날에는 개인주의가 심해지면서 자신의 몸을 지키는 것에 급급하여 '살아가기 위해서는 무엇을 해도 상관이 없다.', '다른 사람은 자신의 이익을 얻기 위한 도구이다.'라고 생각하는 슬픈 풍조까지 보인다. 서로 돕는 이웃 간의 인간관계도, 안식처이어야 할 가족관계도 점점 소원해지고 있고, 일순간에 증오로 변하여 처참한 비극이 발생하기도 한다.

나아가, 소고기, 야채, 어류 등의 산지(産地) 위장, 식품 유통기한의 개찬(改竄) 문제도 자주 언론에 보도되는 등 식품의 안전이 위협받는 사건도 적지 않다. 교통재해의 경우에도 과속, 무리한 차선 변경, 과적 등에 의한 대형사고, 졸음·음주에 의한 사고 등이 자주 보도되고, 사업장에서도 중대사고, 대폭발 등 중대재해가 끊이지 않고 있다. 최근 발생하고 있는 사고·재해의 대부분은 위험에 대한 감수성을 높이면 방지할 수 있었을 것이라고 생각된다.

우리나라의 산업재해에 의한 피재자(被災者) 수는 장기적으로 보면 감소하고 있지만, 여전히 연간 약 2,000명이 사망하고 있는 상황에 있고, 국제비교가 가능한 사망사고 발생률(2021년 기준 사고사망만인율 0.43)로 볼 때, 우리나라는 OECD 국가 중에서 여전히 최하위권에 있다. 위험하지 않은 직장과 안전·안심의 사회를 만들기 위해서는 사회 전체의 위험감수성을 강화할 필요가 있다.

(2) 공동사회(Gemeinschaft)의 마음을

우리들은 다종다양한 인간관계와 집단 속에서 생활하고 있다. 만약 부모와 자식이라는 집단이 없었다면 우리들은 이 세상에서 성장하는 것이 불가능할 것이다. 그리고 성장하여 성인이 되어 가는 과정에서도, 노는 시간, 학교, 직장, 지역사회 등 여러 가지 인간집단에 속하게 되고, 거기에서 받는 영향은 헤아릴 수 없다.

인간은 집단(사회) 없이는 살아갈 수 없고, 인간은 본래 이러한 사회적 측면을 빼고는 생각할 수 없다. 동시에 집단(사회)도 우리 인간 없이는 성립될 수 없다. 그리고 보통 인간은 자각하고 있는 것보다 훨씬 많은 여러 집단에 속하여 거기에서 무언가의 역할을 하고 있다. 예를 들면, 어떤 사람은 가족의 일원임과 아울러 기업인으로서, 직장인으로서, 그리고 노동조합원으로서, 나아가 학교 동창회, 종교단체, 등산동아리, 골프동아리 등에서 만나기도 한다.

이와 같이 개인을 중심으로 생각하면, 여러 가지 집단이 한 사람의 인간을 둘러싸고 존재하고 있다. 그러나 집단이라고 해도, 각각의 집단은 목적, 성격, 규범(rule)이 서로 다르다. 집단을 구분하는 방법에는 여러 가지 방법이 있다. 이 중 독일의 사회학자 퇴니에스(Ferdinand Tönnies)는 결합의 동기를 기준으로 사회집단의 유형을 다음 두 가지로 구분하고 있다.

- **공동사회(Gemeinschaft)** : 주로 애정, 정서적 유대 등으로 성립하는 사회집단, 민족공동체를 말한다(가족, 친인척, 친구, 촌락·마을 등의 지역사회 등).
- **이익사회(Gesellschaft)** : 주로 이익·이해타산, 계약 등에 의해 성립하는 사회집단을 말한다(회사, 노동조합, 정당, 학교, 문화단체 등).

인간사회에서의 삶은 고대사회에서 현대사회에 이르기까지 사회의 발전에 대응하여 생활구조, 생활내용이 달라지고, 인간의 사회생활도 많이 복잡해지는 한편 거기에 속하는 집단도 현격히 많아졌다. 나아가, 그곳에 속하는 집단의 성질도 옛날과 같은 가족·친족·촌락 등 공동사회를 중심으로 한 동질집단의 사회에서, 차츰 학교·기업체·연구기관·관청·공공기업체 등 이익사회를 중심으로 한 사회와 깊은 관련성을 갖게 되었다.

퇴니에스가 "사회는 역사적으로 공동사회에서 이익사회의 시대로 이행한다."고 말했듯이, 우리나라에서도 최근 문화적으로 풍부한 생활 속에서 국민 의식의 중점은 이익사회로 크게 변화하여, 본래는 공동사회이어야 할 가족관계에 대해서도 이익사회의 의식이 널리 퍼지고 있다.

직장에서도 예전과 비교하여 인간관계가 메말라 가고 있다는 지적이 적지 않다. 모든 사람은 가족관계와 함께 직장의 인간관계에서도, 권리와 의무를 넘어 깊은 애정과 신뢰하에 따뜻한 인간적 관계 속에서 서로 도움을 주고, 가족생활에서도, 일하는 장소에서도 행복을 향수하고 싶어 한다.

기업에서 관리·감독자는 직원들의 안전과 건강 문제에 접근할 때에, 직원들의 이러한 정서를 고려하여 공동사회(Gemeinschaft)적인 마음과 배려를 가지고, 또 그러한 직장분위기를 조성하기 위해 노력하는 것이 필요하다.

(3) 천국도 지금 가을이야?

어떤 사업장에서 산업재해에 의한 사망재해가 발생하였다. 그다음 해 유족으로 남은 초등학생이 작성하여 학교에 제출한 작문 중에는 다음과 같은 구절이 쓰여 있었다.

"아빠! 천국도 지금 가을이야?"

피재자(被災者)가 일하고 있던 직장의 관리자는 이 작문을 보고 마음이 너무 아파, 재해는 있어서는 안 된다는 것을 폐부 깊숙이 새겼다고 한다.

부모를 잃은 아이한테는 그 부모는 시간이 아무리 지나도 지난날의 추억이 되지를 않고, 깊은 슬픔과 함께 평생 마음속의 상처로 남아 있게 된다. 가족에게 석별의 기억은 시간이 지나도 지워지지 않는다는 것을 잊어서는 안 된다.

(4) 3만분의 1 이야기

다음은 약 3만 명의 종업원이 일하고 있는 사업장에서 있었던 이야기이다. 오래전의 이야기이지만 각자의 가족을 포함한 행복을 위하여 재해예방의 필요성을 마음에 호소하는 실례로서, 정성 어린 안전관리의 필요성에 대해 마음 깊이 감명을 받아 소개를 한다.

산업재해에 의해 사망한 유족의 빈소에 사죄와 조문을 위하여 경영진이 방문을 하였다. 망인의 부인은 첫째 아이가 달라붙어 있는 상태에서 우유를 먹는 둘째 아이를 안고 있었다. 눈물도 말라 있었고 힘없이 고개를 숙이고 있었다.

경영진은 조문을 하고 부인에게 인사를 하였다. 그때 부인이 "지금 회사에는 몇 명이 일하고 있습니까?"라고 물었다. "협력사의 근로자를 포함하여 3만 명입니다."라고 답하자, 부인은 "저의 남편이 죽은 것은 회사에 있어서는 3만분의 1을 잃은 셈이네요. 그러나 저는 인생의 모든 것을 잃었습니다."라고 중얼거리는 것이었다. 부인에게 있어서도, 남은 2명의 아이들에게 있어서도 무엇과도 바꿀 수 없는 사람을 잃은 것이다.

그 깊은 슬픔의 한마디 말을 듣고 경영진과 자리를 함께한 인사부장은 둔기로 머리를 맞은 것과 같은 느낌이 들었다고 한다. 그리고 산업재해 예방에 대한 생각을 완전히 바꾸었다고 한다. 인사부장은, 종업원 한 사람 한 사람은 각자의 가족에게 있어서는 그 무엇과도 바꿀 수 없는 소중한 존재이고 인생의 모든 것이나 마찬가지라는 '생명의 더할 나위 없는 소중함' 인식이야말로 안전관리활동의 원점이라는 것을 깨닫게 된 것이다.

(5) 자식을 잃은 부친의 바람

어떤 공장에서 재해에 의해 독신이었던 자식을 잃은 부친의 심정을 소개한다. 제조품종이 변하는 것에 맞추어 6명의 작업자가 높이 6 m 남짓 되는 제조기계의 조정 작업을 하고 있었다.

피재(被災)한 작업자가 작업을 하다가 실수하여 스패너를 떨어뜨렸다. 운 나쁘게도 스패너가 제조기계의 주위에 설치되어 있는 깔판과 기계 사이로 깊이 2 m 정도의 지하실에 떨어졌다.

지하실에는 제조기계를 가동하기 위한 유압장치, 윤활유펌프, 유압·압축공기에 의해 작동하는 실린더 등이 많이 설치되어 있고, 게다가 여러 기계가 몰려 있어 위험하기 때문에 “책임자의 허가 없이 절대로 들어가지 마시오.”라고 쓰여 있는 표지판을 입구에 설치하여 놓았다. 지하실은 그곳에 출입할 때 외에는 조명등을 꺼 놓고 있었다. 그런데 피재(被災)한 작업자는 자신이 떨어뜨린 스패너를 주우려고 무단(無斷)으로 제조기계의 후방에 있는 입구를 통해 지하실로 들어갔다.

제조기계의 조정이 끝나 책임자의 지시에 의해 기계의 운전을 재개하였다. 그곳에 있던 모든 사람은 피재자가 없는 것을 알아차렸으나, 화장실에 갔을 것이라고 생각하였다. 그러나 시간이 한참 지났는데도 돌아오지 않아 기계를 멈추고 어디에 있는지를 찾아보기로 하였다. 좀처럼 발견되지 않아 ‘혹시 지하실에 들어갔을까.’라고 생각하고 지하실을 찾아보았더니, 실린더에 의해 작동하는 암(arm)에 피재자의 복부가 끼여 있었다.

피재자가 어두운 지하실에서 기계와 그 주위의 깔판 사이로 새어 들어온 희미한 빛을 통해 실린더 암의 작동부분에 떨어져 있는 스패너를 발견하고 그것을 주우려고 했을 때, 실린더가 갑자기 작동하여 피재자의 몸이 끼인 것으로 조사되었다.

장례가 끝난 후 직장의 관리자가 유족인 부친을 피재현장으로 안내하여, 사죄를 하고 재해의 발생상황을 설명하였다. 부친은 “내 아들이 누구라도 알고 있고 당연히 지켜야 할 기본적인 규칙(rule)

을 지키지 않아 이번 일이 발생한 것은 인정합니다."라며 뜻밖에도 이성을 잃지 않고 피재상황을 냉정하게 받아들였다.

그러나 계속해서 다음과 같은 마음을 피력하였다. "내 자식이 규칙을 위반한 것은 이번뿐만이 아니었을 거라 생각합니다. 평상시에도 여러 규칙을 위반하였을 것으로 짐작됩니다. 직장에는 관리자, 감독자 등 책임자분들이 있지 않습니까. 평상시부터 규칙 위반을 엄하게 시정시키기 위한 지도를 하였더라면 이번 일을 막을 수 있지 않았을까 하는 아쉬움이 남는 것 또한 사실입니다."

부친은 아들의 성격을 알고 있었기 때문에 이런 말을 하였을 것이다. 그 후 이 공장에서는 지하실 입구의 문에 자물쇠를 채웠다고 한다. 이 재해는 회사가 현업부문의 관리·감독자로 하여금 작업자가 불안전한 행동을 하지 않도록, 설비대책을 우선적으로 실시하는 것과 아울러, 한 사람 한 사람의 지식, 기능과 성격에 대해서도 파악함으로써, 개개인의 특성에 맞추어 평상시의 개별지도를 철저히 하는 것이 중요하다는 인식을 다시금 하게 한다.

(6) 발생 재해에 대한 관리·감독자의 반성

관리·감독자의 안전연수회에서 자신이 책임자로 담당하고 있는 직장에서 재해가 발생한 경험이 있는 사람들에게 "발생한 재해에 대하여 직장의 책임자로서 어떤 기분을 느꼈습니까?"를 물으면, 적지 않은 사람들로부터 "평상시부터 규칙 위반, 불안전행동에 대하여 엄하게 지도해 오지 않았다."는 반성의 말을 듣게 된다.

재해가 발생한 직후나 과거에 발생한 재해를 상기할 때에는 이와 같은 마음을 갖는다. 그러나 평상시의 직장관리에서는 생산, 공사를 원만하게 진행하는 것, 품질의 확보, 비용의 절감에 대해서는 강하게 의식하지만, 안전배려에 대해서는 태만히 하기 쉬운 것이 많은 직장의 엄연한 실태이지 않을까.

최근에는 불안전행동을 하는 작업자를 꾸짖는 관리·감독자가 적어졌다는 말을 자주 듣는다. 위험한 행동, 규칙 위반을 반복하는 자에게 엄하게 질책할 수 있는 관리·감독자가 아니라면 매사를 철저히 하기 위한 지도력도 발휘할 수 없는 것 아닐까.[1)]

(7) 오른팔을 잃은 부자유스러운 생활

양식당에서 가족과 함께 식사를 하고 있었는데, 60세 남짓의 오른팔이 없는 남자와 그 부인이 우리 옆 테이블에 앉았다. 초등학생인 우리 아이들이 이상하다는 듯이 남자를 물끄러미 쳐다보자, 남자는 친절하게도 30세 때 기계에 끼여 오른팔을 잃어버렸다고 설명해 주었다. 잠시 후 부부 앞에 주문한 돈가스가 각각 놓였다. 그러자 부인이 남편 앞에 놓인 돈가스를 나이프와 포크로 작게 잘라 주었다. 남편은 왼손에 포크를 잡고 포크로 돈가스를 찍어 천천히 입에 넣었다. 극히 부자연스러운 동작이었다.

이 모습을 보고 '저 부부는 30세부터 지금까지 오랜 기간 부부 모두 여러 가지 면에서 부자유스러운 생활을 해 왔을 것이고, 앞으로도 부자연스러운 생활을 계속해야 하겠구나.' 하고 느끼면서, 오체만족으로 생활할 수 있는 나 자신의 행복을 실감하고, 사망재해는 논외로 하더라도, 적어도 후유장해가 남는 재해는 어떻게 해서든 발생하여서는 안 되는 일이라고 새삼 인식하였다.

우리들은 평상시 후유장애에 의한 부자연스러운 생활을 생각해

---

1) 물론 회사에서는 규칙 위반의 정도와 성격에 따라서 해당자에 대해 징계까지 할 수 있는 장치를 마련해 놓아야 한다.

보는 일은 거의 없을 것이다. 만약 자신이 산업재해에 의해 후유장애가 남으면 어떤 부자연스러운 생활을 하여야 하는지를 상정하고, 안전을 최우선시하는 직장관리에 의해 안전작업을 정착시킬 필요가 있다.

(8) 재해가 발생하면

재해는 직장 사람들에게 큰 충격을 주고, 직장의 분위기는 일전(一轉)하여 침울해지며, "어떻게 재해가 발생한 것일까?", "부상의 정도는?" 등 재해에 대해 궁금해하면서 기분이 동요된다. 다른 작업장에서도 재해의 발생을 슬퍼하면서 유사재해를 방지하기 위하여 노력하여야겠다는 생각을 한다.

재해가 발생한 작업장에서는 다른 작업장에 폐를 끼친 책임을 느끼지 않을 수 없다. 나아가 작업을 그만두고, 피재자 가족에게의 연락, 입원수속 지원, 현장확인, 조사 때문에 출입하는 사람들에 대한 응대, 설명, 재해원인의 검토, 재발방지대책의 실시, 안전관리·활동의 수정·보완 등 재해를 일으킨 작업장의 관계자는 매우 다망(多忙)하게 되고, 침통한 생각으로 본래의 일을 희생하면서 많은 노력을 들여 대응하여야 한다. 하물며 인명(人命)에 관계되는 재해라면, 재해를 일으킨 작업장의 책임자는 상당히 오랜 기간 거의 일이 손에 잡히지 않을 것이다. 사법당국으로부터 처벌될 수도 있고, 나중에 피재자 측으로부터 손해배상을 청구받게 될 수도 있다. 그리고 그 이상으로 각각의 가족에게 더할 나위 없이 소중한 사람을 죽게 하였다는 고통은 매우 힘든 것이 된다.

재해에 의해 생기는 이와 같은 큰 부담을 정신적인 고통을 수반하는 것 없이 적은 경제적 부담으로 해결할 수 있는 '재해방지 노력'으로 대체하는 것이 현명하고 보람 있는 일이 아닐까?

(9) 재해가 없는 직장 만들기에 정성을

연수회 등에서 "우리들은 왜 일하는 것일까?"라는 질문을 하면, 대부분의 사람으로부터 "생활을 위하여."라는 답변만이 돌아온다.

우리들은 회사의 일(노동)을 통하여 제품, 서비스를 세상에 제공하고 사회에 공헌하고 있다. 그런데 현대는 옛날의 칼, 화살 등을 만드는 장인처럼, 한 사람의 인간이 최초부터 최후까지 제품의 제조를 담당하고, 그것을 상대에게 전하여 감사를 받는 기쁨을 몸으로 느끼는 일은 거의 없어졌다.

고도로 발달한 현대의 문명사회에서는, 사람들 각자가 전문분야로 나누어져 수많은 분업에 의해 작업을 해 나감으로써 훌륭한 완성품을 만들어 내고 있는 것을 상기하여야 한다. 한 사람 한 사람이 각각의 역할을 자각하고, 더 좋은 제품, 서비스를 좀 더 저렴하게 사회에 제공하는 의식을 철저히 하며, 자긍심과 보람을 가지고 매일의 일에 힘쓰는 것이 요구된다.

"일은 사람을 키운다."는 말이 있다. 그러나 단지 만연(漫然)히 또는 마지못해 하고 있어서는 일은 사람을 키워 주지 않는다. 일이야말로 인간에게 주어진 매우 소중한 것임을 인식하고, 자기에게 주어진 일에 온힘을 다해 노력할 때, 일은 부지불식간에 자신을 키워 준다. 직업을 의미하는 독일의 Beruf, 영어의 calling은 모두 어원적으로는 '신으로부터 부름을 받은 것'이라는 의미이다. 이와 같이 직업이란 신으로부터 주어진 것이라는 생각, 나아가 직업을 인간 완성의 중요한 계기로 삼는 윤리적인 생각이 저류(低流)에 존재한다. 즉, 일은 매슬로우 욕구이론의 마지막 단계인 '자아실현의 욕구'를 충족시킬 수 있는 중요한 수단이라고 할 수 있다.

일(노동)을 하는 목적의 원점은 생활을 위한 것이므로, 기업이 적정한 이윤을 올릴 수 있도록 모두가 노력하는 것 또한 당연히 요구되지만, 기업에서 일하는 사람은 어떠한 입장에 있는 사람이라 하더라도 적정한 근로조건하에서 일하고 적정한 임금을 받으며 자신과 자신을 둘러싸고 있는 가족의 행복을 유지하고 더 높이는 것이 가장 기본적인 노동의 목적일 것이다.

기업경영도 경영자와 더불어 종업원의 행복을 유지하고 더 높이는 것이 가능해야 비로소 사회적 책임을 다할 수 있고 국가 등에 공헌할 수 있다.

재해는 피재자와 그 가족의 행복을 근저에서 파괴하고, 부상의 정도에 따라서는 그 개인과 가족을 최대의 불행에 빠뜨리며, 경영과 노동의 기본적인 목적을 모두 달성할 수 없게 한다. 재해는 절대로 있어서는 안 되는 것이고, 모두가 힘을 합하면 무재해를 계속하는 것은 가능한 일이다. 이러한 점은 경영자와 관리·감독자가 함께 이해하고 있어야 할 뿐만 아니라, 일상의 업무 중에서 마음이 담긴 진심의 안전관리를 하지 않으면 달성될 수 없다.

안전의 확보를 위해서는, 법률 등에서 규제되고 있기 때문에 하는 것이라는 생각에서 한 걸음 더 나아가, "한 사람 한 사람이 중요한 존재이다."라는 인간존중의 마음을 강하게 갖고 구성원 전원이 참가하는 진정 어린 안전관리활동이 반드시 필요하다. 한 사람 한 사람은 각자의 가족에게 있어서는 '그 무엇과도 바꿀 수 없는 소중한 사람'이기 때문이다.

2 실천의 철저 없이 무재해는 없다

(1) 개별 작업장·작업자에게 관심을 갖고 실천의 철저를

훌륭한 안전방침을 정하고 많은 시간과 노력, 비용을 들여 여러 가지 사업장 안전활동을 하고 있는데도, 사고·재해가 발생하게 되면, 각자의 노력이 공허한 것이 될 수 있다. 따라서 안전활동이 실질적이고 실효를 거둘 수 있도록 지속적으로 노력하여야 한다.

이를 위하여 안전활동은 담당부서, 담당임무에 적합한 '매일의 작업 속에서의 실천활동'이 되어야 한다. 일상의 작업 중에 필요로 하는 안전(배려)을 일 자체로 포함하여야만 안전실적으로 연결될 수 있고, 최고경영자부터 현장작업자에 이르기까지 모든 구성원이 각자의 담당업무에 맞추어 행하여야 할 안전(배려)을 일상 업무 중에 끈기 있고 확실하게 실천하는 것이 무재해의 계속을 위해 필수불가결하다.

무재해를 계속하려면, 모든 작업장의 모든 사람에 의하여 실천이 철저히 이루어져야 하는데, 어떠한 것이라도 실천의 철저를 도모하려면 많은 곤란이 수반되기 마련이다.

관리·감독자는 일상의 직장관리를 하면서 '철저'라는 말을 쉽게 너무 많이 사용하고 있는 것은 아닐까? 실수를 하면 "앞으로 철저히 하자."라고 결의를 표명하거나 안전보건계획에서도 '○○의 철저'라는 말을 자주 사용하고 있다.

철저히 한다는 것은 모든 사람이 확실히 실천하는 것이고, 한 사람이라도 실천하지 않으면 철저히 하는 것은 되지 않는다. 즉, 철저를 기하기 위해서는 사업장 전체적으로 일상적인 실천이 뒷받침되어야 하고, 그렇지 않으면 '철저'라는 말은 공허한 구호로 끝날 수 있다.

무재해를 계속하려면 철저를 도모하여야 하므로, 추진하고 있는 여러 가지 안전활동 중에서 당장 철저하게 할 필요가 있는 활동을 중점적으로 추진하여야 한다. 그리고 관리자가 개별 작업장, 개개인에 관심을 갖고 수준이 낮은 작업장, 개인에 대하여 어떻게 손을 내밀어 지도하면 좋을지를 궁리하면서 수준을 끌어올리기 위해 노력하는 것이 중요하다.

(2) 실행계획을 포함한 안전보건계획 수립을

많은 사업장은 회사의 산업안전보건에 관한 방침과 목표를 토대로 매년 안전보건계획을 작성하고 있고, 안전수준을 향상시키기 위해 각 작업장에서 추진하여야 할 구체적인 항목이 제시되고 있다.

그러나 많은 추진항목을 열거하는 것만으로는, 각각의 작업장에서 "누가, 언제, 어떻게 추진할 것인가?"에 대한 인식이 개별적으로 다르게 되고, 어떻게 하더라도 작업장 간의 수준 차이가 생기게 된다. 그리고 1년이 지나 다음 연도의 계획을 수립할 때에 연초에 제시한 대부분의 추진항목이 중동무이 상태로 끝나 버렸다는 반성을 하지만, 다음 연도에도 동일한 계획을 작성하는 일이 반복되는 경우가 다반사이다.

안전보건계획에 반영한 실시항목별 목표와 월별 실행계획을 만들어 계획적으로 추진함으로써 모든 작업장에서의 안전역량을 높일 필요가 있다. 다만, 실시항목이 지나치게 많거나 현실성이 부족하면 모든 항목을 착실하게 실천하기에는 부하가 너무 커질 수 있다는 점을 고려할 필요가 있다.

계획은 그림의 떡이 되어서는 안 된다. 실시항목을 충분히 검토하여 반영하는 것이 필요하다.

(3) 연수 후에는 실행계획 만들기를

많은 안전연수에서는 앞으로 노력하여야 할 사항에 대하여 그룹토의에서 토론한 결과를 작성하여 발표하는 경우가 많다. 연수를 받고 있을 때는 강의, 그룹토의 등에서 배운 것을 사업장에서 실천하려고 생각한다. 그러나 직장에 돌아가면 매일의 생산, 공사의 진척 등 책임자로서의 다망한 일이 기다리고 있으므로, 연수회에서 앞으로 추진하려고 생각했던 사항은 잊어버리고, 실천으로 연결되지 않은 채 하루하루를 보내기 십상이다. 이와 같이 효율이 높지 않은 연수를 개선하여 연수의 성과를 매일의 업무 중에서 의식적으로 추진할 필요가 있다.

이를 위해서는, 연수에서 깨달은 사항 중에서 자신이 실천할 사항을 정하고 의식적으로 노력하는 것이 필요하다. 그러나 실천하려고 하는 사항에 대해 항목만을 정해 놓아서는 구체성이 부족하여, 적절한 실천으로 연결되기 어렵다. 따라서 '무엇을, 언제(언제까지), 어떻게'를 생각하여, 구체적인 실행계획을 수립해 놓는 것이 필요하다. 이를 위해서는, 예컨대 안전연수의 마지막에 각자가 앞으로 실천할 사항 1~3가지 항목을 채택하여 구체적인 실천계획을 만들어 보도록 하는 것이 필요하다.

직장에 돌아가면 상사에게 연수결과를 보고하는 한편, 연수회에서 작성한 실행계획을 보이고 결의를 표명한 후, 평상시 눈에 잘 띄도록 책상 위에 놓거나 게시판에 게시하는 등 매일 의식적으로 실천하도록 심혈을 기울일 필요가 있다. 실행계획서는 깨끗

한 상태로 유지할 필요는 없으므로, 매월 말에 실천상황을 체크하고, 진척상황, 향후의 다짐 등을 붉은 글씨로 기록하거나 표시하는 것이 필요하다.

(4) 형식에 혼을 불어넣는다

안전활동을 좋은 형식으로 행하고 있어도 수단과 목적을 그르치면 사고·재해의 방지에 도움이 되지 않는 상황이 되기 쉽다. 여러 가지 안전활동을 사고·재해방지의 실적으로 연결시키기 위해서는 수단과 목적이 잘못되지 않도록 하여야 한다.

예를 들면, 지적호칭(指摘呼稱)은 단순히 큰 동작과 큰 소리로 한다고 하여 되는 것이 아니다. 지적호칭을 하는 것은 수단이고, 목적은 작업의 요소요소가 안전한 상태인지를 확실히 확인하는 것이다. 안전한 행동에 도움이 되는 지적호칭이 아니라면, 지적호칭을 하는 의미는 없다. 마찬가지로 위험예지활동(훈련)을 하는 것도 수단이고, 목적은 개개인의 위험에 대한 감수성을 높이고 전원 참가에 의해 안전을 선취(先取)하는 것이다.

또한 직장에서는 단위작업마다 작업절차서를 작성하고 있는데, 작업절차서를 만들어 놓은 채 이를 실제의 작업행동에 활용하지 않는다면, 작업절차서를 작성하는 의미가 없을 것이다. 작업절차서를 작성하는 것은 수단이고, 모두가 작업절차서대로 올바른 작업방법으로 작업하는 것이 목적이다.

이와 같이, 각각의 안전활동에 대하여 수단과 목적이 뒤바뀌지 않도록 유의하고 목적에 맞는 추진을 하는 것이 중요하다.

최근 많은 직장에서 "안전활동이 매너리즘에 빠져 있다.", "형식화되어 있다."는 문제가 종종 지적되고 있다. 안전활동에 대해서도 교육훈련에 의해 '본연의 자세'의 기본을 알고 습관화하여 일상 업무 중에서 실천하여야 한다. 그러나 언제까지나 배운 대로만 행하고 있어서는 활동이 매너리즘에 빠져 재해의 방지에 도움이 되지 않게 된다. 우선은 배운 기본대로 해 보되, 활동에 혼을 불어넣기 위하여, 자신들의 작업장 실태에 맞춰 지혜를 짜내가면서 골똘히 궁리하는 것이 필요하다. 또한 '지속적 개선(continual improvement)'이 중요하다.

(5) 안전지표에 변명은 불필요

안전진단에서 지적받은 불안전에 대해, 현상을 긍정하는 마음이 강하여, 작업장의 실정상 불안전이 될 수밖에 없는 이유 등에 대해 변명을 하는 감독자가 적지 않다. 그런데 작업장의 책임자로서 지적을 솔직하게 받아들이는 겸허함이 필요하지 않을까?

안전진단 때뿐만 아니라 견학을 하는 학생이나 일반인들로부터 "저 작업은 위험하지 않습니까?"라는 감상을 들었을 때, 내심 "괜한 말을 한다." 또는 "작업장의 실태를 알지도 못하면서 쓸데없는 말을 하지 말았으면 좋겠다."라는 반발의 마음을 갖기 쉽다.

좀 더 안전한 직장 만들기를 위하여, '모든 사람이 스승'이라 생각하고, 제3자의 지적에 대해서도 "지적해 주어 감사하다."는 감사의 마음으로 받아들이고 메모해 두는 것이 필요하다. 그리고 나중에 이를 작업장에서 관계자들이 모여 함께 검토하여, 필요하다고 인정되는 개선을 체크해 두는 것이 필요하다.

한편, 안전진단에 동행하는 현장 담당의 관리·감독자가 현장에서 지적하는 사항에 대하여 납득을 하기는 하지만 메모하지 않는 경우가 종종 있다. 진단자가 나중에 지적사항을 리포트에 정리하여 제출해 줄 것이라는 마음으로 메모하지 않는 것일까? 이런 자세가 안전에 대한 열의의 결여를 드러내는 것이다.

지적사항의 수가 적으면 기억해 둘 수 있지만, 지적사항이 많을 경우에는 시간이 지나면 완전히 잊어버린다. 모처럼 지적받는 것이기 때문에, 겸허하게 받아들여 모든 지적사항을 메모해 두는 것이 중요하다. 현장의 실태를 가장 잘 알고 있는 것은 그 작업장을 담당하고 있는 관리·감독자이기 때문에, 모두 메모하여 둔 다음 나중에 직장의 관계자가 검토하여 필요한 개선을 할 필요가 있다. 어떠한 지적이 있어도 반드시 메모하는 것을 유념하여야 한다.

(6) 안전관리·활동에 지혜를

어떤 사업장에 방문하였을 때의 일이다. 사장실 옆 회의실에 다음과 같은 문언(文言)을 큰 종이에 써서 게시해 놓고 있었다.

"지혜를 짜내라. 지혜가 없는 자는 땀을 내라. 땀도 없는 자는 쓸모없다."

엄혹한 기업경쟁을 극복하기 위해, 기업을 존속시키기 위한 경영자의 비통한 생각을 이 말에서 느꼈다. 경제의 글로벌화에 의한 냉엄한 기업경쟁에서 살아남기 위해서는, 땀을 흘리는 것뿐만 아니라, 모두가 지혜를 짜내어 실적을 올리지 않으면 안 된다. 이것은 안전관리의 방법과 직장에서 추진하고 있는 안전활동에 대해서도 마찬가지이다.

안전관리의 방법과 추진하고 있는 직장 안전활동을 사고·재해의 방지에 한층 도움이 되도록 하기 위해서는, 모두가 지혜를 짜내어 궁리하고 검토하는 것이 중요하다.

(7) 아폴로 11호의 교훈

1969년에 쏘아 올린 아폴로 11호가 달 표면에 착륙하였을 때 전 세계 사람들은 경악하였다. 암스트롱(Neil Armstrong)이 달 표면에 내렸을 때에, "이것은 한 사람의 인간에 있어서는 작은 일보이지만, 인류에게 있어서는 위대한 비약이다."라고 한 말은 지금도 사람들에게 회자되고 있는 유명한 말이다. 당시의 신문들은 매우 고도의 기술집적인 우주로켓이 개발된 것은 발명·발견에 의한 것이 아니라, 다음 두 가지에 의한 것이라고 보도하였다.

그중 하나는, 세계 속의 각 분야에서 개발된 기술을 로켓에 적용(build in)한 것이다. 다른 하나는, 기지에서 로켓의 개발에 착수한 사람들이 얼굴을 마주하면 반드시 "May I help you?"라는 말을 주고받은 것이다. 높은 적용 기술과 목적 달성을 위한 관계자 모두의 적극적인 협력풍토가 성공을 이끌었다고 할 수 있다.

이것은 우리들의 직장에서도 교훈으로 삼을 필요가 있다. 일상생활 중에서 직장 동료, 상사·부하 등과 상의하고 그들한테 듣고 그들을 보고 있는 중에 직장의 설비, 작업방법의 개선에 도움이 되는 힌트를 찾아낼 수 있는 것이 의외로 많다. 일상생활 중에서 보고 듣는 것, 신문·TV의 보도, 어린이의 말 한마디 등에도 정보가 있다. 이것의 활용을 위해서는 항상 문제의식을 갖고 있는 것이 필요하다.

안전관리활동, 작업현장의 안전대책에 대해서도 동일하게 감수성을 높여, 다른 회사나 사업장을 견학할 때 또는 평상시 보고 듣는 것에서 힌트를 포착하여 좀 더 높은 효과를 올리는 활동이 되도록 궁리할 필요가 있다.

3 세심함은 안전의 알파

(1) 아이를 생각하는 부모의 마음으로

필자가 알고 지내던 어느 한 전자제품회사의 부장으로부터 들은 이야기이다.

며칠 전, 유치원에 다니던 부장의 둘째 아이가 자전거를 타다가 넘어져 무릎에 찰과상을 입었다. 경상이었지만 피가 조금 흐르고 있었다. 이것을 본 부장의 아내는 소스라치게 놀라면서 눈물을 글썽거렸다. 부장 역시 걱정이 되는 건 마찬가지였다.

이때, 부장은 '이런 것이 자식을 생각하는 부모의 마음이구나.'라고 느꼈다고 한다. 각 종업원에게는 부상을 입으면 몹시 가슴 아파하고 평생에 걸쳐 고통을 공유할 가족이 있을 것이다. 그런 만큼 직장의 책임자는 종업원의 가족을 포함한 행복을 항상 염두에 두고 안전관리를 하여야 할 것이다.

그 부장이 담당하고 있던 현업부서에는 종업원이 약 450명, 협력회사의 직원이 약 250명으로, 약 700명이 일하고 있었다. 작업절차서 작성, 아차사고발굴(보고)활동 등 안전활동에 대해서도 다각도로 궁리를 하면서 매우 열심히 노력하여 현업부서에서의 재해는 점점 감소하고 있었다. 그러나 재해가 없는 해는 없었고, 불안전한 행동에 의한 재해가 중상은 아니었지만 매년 1~3건씩 발생하고 있었다.

재해가 발생하면 그때마다 진지하게 재발방지대책을 검토하는 한편, 부서의 안전회의, 익월 초의 전원 조회에서 재해방지의 필요성을 절실히 호소하고 안전최우선의 행동을 하도록 엄하게 지시를 하였다.

그러나 재해가 발생하고 시간이 조금 지나면, 자신부터 생산, 품질에 대해서는 관심을 보이고 구체적으로 지시를 하지만, 안전에 대해서는 특별히 문제가 생기지 않으면 구체적인 관심을 보이지 않았다. 둘째 아이의 찰과상을 계기로, 그 부장은 자신의 일상적인 안전활동의 방법을 다시 생각하고 많이 반성하였다.

(2) 안전최우선의 자세를 언동으로 보여야

한 조직의 관리자로서 안전을 진정으로 생각한다면, 안전에 관한 문제에 임할 때 막연하게 말하고 추상적으로 실천하는 것만으로는 충분하지 않다. 구체적인 언동이 동반되어야 한다. 안전최우선을 구체적인 언동으로 보이는 방법으로는 매일 다음 세 가지의 사항을 유의하면서 실천하는 것이 요구된다.

첫째, 매일 1회는 안전에 대하여 반드시 말을 한다.

둘째, 직장 사람들로부터 안전상의 문제를 제기받으면 반드시 개선을 위한 구체적 방안을 제시한다.

셋째, 안전활동의 추진방법, 설비, 작업방법의 안전 측면에 대하여 개선하였다는 보고를 받은 경우에는 그 후 현장에 나갈 때에 개선이 적절하게 이루어졌는지를 스스로 확인한다.

관리자가 이 세 가지의 사항을 유념하면서 실천한다면, 그 부서의 사람들은 "우리 상사는 안전에 대해 정말이지 매우 열심이다."라고 느끼게 될 것이다. 그리고 본인들도 자연스럽게 마음으로 느끼는 바가 클 것이다. 안전에 있어 관리자의 솔선수범이란 이와 같은 실천을 하는 것까지를 의미한다고 보아야 하지 않을까?

그렇게 되면, 작업장 전체적으로 안전의식이 현격히 높아지고, 부서원들이 생산·품질활동뿐만 아니라 안전활동에도 적극적으로 노력하는 한편, 안전을 배려한 작업이 되도록 매사에 유의하게 되고, 협력회사의 직원들을 포함하여 모든 구성원이 경미한 재해도 입지 않으면서 무재해를 달성할 수 있게 될 것이다. 그리고 무재해의 보람과 행복을 실감할 수 있게 될 것이다. 나아가, 품질이 향상되어 불량이 줄어들고 생산성(이익) 향상에도 큰 도움이 된다. 안전에 유의하여 작업을 한다는 것은 올바른 방법으로 작업한다는 것을 의미하기 때문에, 작업의 미스가 없어지고, 안전 측면뿐만 아니라 품질 측면에도 크게 기여를 하게 되는 것이다.

그런데 무재해를 달성하였다고 하여 직장의 안전실력을 과신하거나 자만해서는 안 된다. 관리자들이 안전에 대한 관심을 거의 보이지 않게 되면, 종업원들의 안전의식은 서서히 저하되고, 머지않아 재해발생으로 연결될 가능성이 커지게 된다. 안전관리에 방심은 금물이고, 지속적인 관리가 필수적이다.

(3) 설비의 안전대책은 어디까지

어느 교육기관에서 안전보건관리책임자를 대상으로 강의를 하고 난 후에 어느 경영자로부터 "안전을 확보하려면 설비의 본질적 안전화를 우선하고, 에러를 하여도 재해가 되지 않도록 하는 것이 중요하지만, 모든 에러를 설비적 대책으로 대응하는 것은 현실적으로 불가능하고, 기업이기 때문에 채산성을 도외시한 투자를 할 수는 없다. 설비의 안전대책은 어디까지 하면 좋겠는가?"라는 질문을 받았다.

이 질문에 대하여 필자는, 자신이 경영자로서 어떻게 할지와 직장에서 일하고 있는 사람들이 자신의 가족이라면 어떻게 할지, 이 두 가지의 관점을 양립시키기 위하여 자신은 어떻게 하여야 하는

지를 생각하고, 이에 대응하는 것이 현실적이고 합리적이라고 답변하였다.

어떤 설비는 불안전하므로 안전대책을 실시하여야 하지만, 많은 비용이 소요될 수 있다. 기업의 경영실적이 좋으면 많은 투자를 할 수 있지만, 적자경영을 하고 있으면, 경영책임자로서 다액의 투자를 하는 것에 고민을 할 것이다.

많은 사업장의 경우, 개선해야 하는 불안전한 설비·상태를 막상 리스트업하면, 의외로 많은 불안전한 설비·상태가 제시되는 것이 현실이다. 이 경우, 설비개선을 계획적으로 진행하는 것이 중요하지만, 리스트업한 많은 불안전한 설비 모두에 대하여 경영사정을 무시하고 근본적인 개선조치를 하는 것은 불가능할 것이다.

그렇다고 하더라도 자신의 가족이 일하고 있다면 "개선이 곤란하기 때문에 주의하도록!"으로만 끝낼 수는 없을 것이다. 저렴하게 할 수 있는 개선방법은 없는지 궁리하게 될 것이다. 나아가 우선 어떻게 할지를 생각하고, 지금 바로 가능한 안전대책을 실시함과 아울러, 항상 작업자에 대한 배려를 하여 주의를 환기시킬 것이다.

이것은 라인(line) 관리·감독자에 대해서도 마찬가지인데, "자신이 경영책임자라면 어떻게 할까?"와 "담당부서의 사람들이 자신의 가족이라면 어떻게 할까?"의 두 가지 관점에서 개개의 불안전한 설비에 대한 대응을 검토한다면, 재해에 대한 제동이 가능할 것이다.

(4) 관리·감독자가 착각하기 쉬운 생각의 함정

안전관리에 있어 라인 조직에 있는 관리·감독자의 역할은 아무리 강조해도 지나치지 않는다. 그러나 현실의 라인 관리·감독자는 안전관리에 막연하거나 추상적인 생각으로 접근하기 일쑤이고, 안전관리에 대하여 다음과 같은 잘못된 선입견으로 책상물림의 안전관리를 하기 쉽다. 충실하고 효과적인 안전관리를 위해서는 이러한 생각의 함정에 빠지지 않고, 근로자 개개인, 각 작업현장 일상의 실태에 관심을 갖고 세심한 안전관리를 하는 것이 필수불가결하다.

1) 건강에 대한 착각

'작업자는 항상 건강한 상태로 일을 하고 있다.'는 생각이다. 우리들은 항상 심신(心身)의 상태가 좋은 것은 아니다. 쉬지 않으면 안 되는 상태는 아니지만, 감기에 걸리는 경우도 있고 수면이 부족한 날도 있다. 요통이 있는 사람이 있는가 하면, 위(胃) 상태가 좋지 않거나 불쾌한 일, 걱정거리가 있어 기분이 좋지 않는 등 마음의 건강상태가 좋지 않은 날도 있을 것이다.

심신이 모두 건강한 상태와 쉬어야 하는 질병 사이의 반(半)건강상태에 있는 사람이 약 40%라고 한다. 작업 중에 위가 아프다든지 근심거리가 떠오른다든지 하면, 이에 대한 의식 때문에 작업, 안전에 대한 주의력이 저하된다. 이러한 심신의 반(半)건강상태는 작업 중에 부주의를 초래하여 에러를 일으키고, 때로는 재해를 유발하게 된다.

매일 건강을 확인하여 당일의 적정배치가 이루어지도록 하고, 생활지도에 의해 건강에 대한 자기관리 의식을 높여 근로자로 하여금 심신의 건강유지를 위해 노력하게 할 필요가 있다.

2) 주의에 대한 착각

'작업자는 안전에 대하여 항상 주의하면서 작업하고 있다.'는 생각이다. 따라서 부주의에 의해 부상을 입으면, '왜 주의를 하지 못했는가?'라고 당사자의 부주의를 책망하는 마음을 갖기 쉽다.

우리들은 심신 모두 건강한 상태라도, 높은 주의력을 계속 갖는 것은 불가능하고, 높은 주의력을 지속할 수 있는 시간은 고작 20~30분 정도라고 한다. 하물며 피곤할 때 등은 주의력이 극단적으로 저하되는 것을 누구라도 경험하고 있다.

"인간은 부주의에 의해 실수를 하기 마련이다."라는 인식을 갖고, 높은 주의력이 아니라도 안전하게 작업할 수 있는 작업환경 만들기, 작업방법에 대하여 궁리하고 개선하는 것이 필요하다.

3) 상식에 대한 착각

'이 정도는 상식으로 알고 지킬 것이다.'는 생각이다. 최근 발생하고 있는 많은 재해는 안전하게 작업하는 데 있어 상식적인 사항이 지켜지지 않아 발생한 것이다.

여러 가지 원인에 의해, 당연한 것이 지켜지지 않은 것이 의외로 많다. 개개인의 안전의식을 높여 당연한 것을 당연하게 실천하는 사람 만들기가 중요하다.

4) 교육에 대한 착각

'안전교육에서 가르친 것은 작업 중에 반드시 실천할 것이다.'는 생각이다. 집합교육에 의해 안전의식을 높이거나, 안전한 작업방법에 대해 구체적으로 가르치기도 한다. 그리고 작업에 필요한 것은 가르쳤기 때문에, 작업 중에 실천해 줄 것이라고 쉽게 생각하는 경향이 있다.

그러나 집합교육으로 가르친 것이 좀처럼 일상의 실천으로 연결되지 않는 것이 엄연한 실태이다. 안전교육에서 가르친 것을 실천하지 않으면, 안전교육을 행하였다고 할 수 없을 것이다. 교육

후의 실천에 대해서도 확인(follow up) 지도가 필요하다.

5) 지시에 대한 착각

'지시를 한 것은 반드시 지킬 것이다.'는 생각이다. 누구라도 상사로부터 지시받은 것은 지켜야 한다고 생각한다. 그러나 지시받은 것이 커뮤니케이션 문제 등 여러 가지 원인에 의해 지켜지지 않는 경우가 매우 많다. 재해가 발생하였을 때, 상사가 "지난번 지시하였는데도 지켜지지 않았다."고 질책하는 것도 드물지 않다.

작업자에 대하여 안전 면에서뿐만 아니라 생산 면의 지시 등 평상시 많은 지시를 하고 있지만, 지시를 하여도 모든 것이 지켜지는 것은 아니라는 점을 인식하고, 지시한 것이 실천되고 있는지를 작업 중에 확인할 필요가 있다.

6) 문서에 대한 착각

'필요한 사항은 문서에 의해 통지하면 모두가 실천할 것이다.'는 생각이다. 많은 사업장에서는 재해가 발생하면, 간부 명의로 유사재해 방지대책에 대하여 문서를 보낸다. 문서는 각 작업장에 배포되어, 관리·감독자가 모든 부서원에게 안내하고 지시하는 것이 보통이다. 그런데 문서로 통지한 것이 지켜지지 않아 재해가 발생하는 경우가 자주 있다. '문서로 통지하였으니까 확실하다.'는 생각은 금물이고, 실천상황을 역시 확인할 필요가 있다.

(5) 매일의 현장실태에 관심을 가져야

매일 이루어지고 있는 사업장의 간부에 의한 안전순시에서 자주 보이는 것은 그때만의 대응이다. 각각의 작업장에서는 순시 직전에 총력을 기울여 정리·정돈·청소를 하고 순시자를 맞이한다.

만약 작업장 순시의 착안점으로 지적호칭을 채택하면, 순시 중에는 모두가 큰 동작으로 큰 소리를 내어 지적호칭을 한다. 그리고 지적사항이 없고 대체로 잘하고 있다고 칭찬을 받으면 흡족해 한다. 그런데 조금 시간이 지나면 정리정돈에 유의하여 작업을 하지 않는 등 평상시의 상태로 돌아간다. 지적호칭도 순시자에게 보여 주기 위한 것으로 끝나고, 순시 후는 지적호칭을 하는 사람은 거의 눈에 보이지 않게 되는 경향이 있다.

이와 같이 안전활동을 안전순시에서 평가를 받을 목적으로만 추진해서는 안 되고, 안전순시를 받기 위해 구축한 '바람직한 모습'을 일상의 작업 중에서 어떻게 유지할 것인지를 생각하고, 평상시의 안전수준을 높이는 노력을 지속적으로 경주하여야 한다.

(6) 협력사도 자율적 안전관리를

1) 업종·규모에 관계없이 자율적 안전관리를

최근 들어 스태프(staff)가 아닌 라인(line) 중심의 안전관리가 강조되고 있다. 라인이 주체가 되는 안전관리는 국제적 원칙이기도 하다. 이 생각은 도급인(회사)과 협력사의 관계에 대해서도 동일하게 적용되어야 한다. 도급인은 협력사에 대하여 작업 간의 조정, 지도·지원 등을 행하여야 하는데, 이 경우에도 협력사의 자율적 안전관리체제 구축에 주안점을 두어야 한다. 협력사는 도급인으로부터의 지도·지원 등에 협력하는 것에서 머물 것이 아니라, 협력사의 자율적인 안전관리체제를 구축하는 데까지 나아가야 한다. 협력사의 자율적인 안전관리가 밑바탕이 되지 않고는 도급인의 지도·지원 등이 충분한 효과를 거두기 어려울 것이기 때문이다.

2차, 3차 등의 하도급을 맡고 있는 협력사의 작업자들의 재해가 많고 소규모업체일수록 재해가 많다는 현실을 직시하여야 한다. 특히 건설현장의 상황은 수시로 변하고, 고소(高所), 지하 등 위험성이 높은 장소에서의 작업이 많으며, 많은 협력사의 작업자들이 혼재하여 작업하기 때문에, 상호연계가 원활하지 못하는 등 다른 산업과 비교하여 안전관리가 어렵다는 특성을 가지고 있지만, 그렇다고 하여 재해가 어느 정도 발생하여도 어쩔 수 없다고 생각하여서는 안 된다.

어떤 소규모 현장이라도, 어떤 일을 하고 있는 사람이라도, 한 사람 한 사람이 각자의 가족에게는 무엇과도 바꿀 수 없는 소중한 존재이기 때문에, 좀 더 안전한 작업을 지향하여 자율적인 안전관리가 추진될 수 있는 체제가 구축되도록 하여야 한다.

2) 자사(自社) 책임의 완수를

대부분의 큰 건설현장에서는 안전보건협의회 등이라는 명칭으로 원청사가 주관이 되어 매월 1회 정도는 모든 협력사의 간부가 참가하는 회의를 개최한다. 그곳에서는 공사의 진척상황 협의, 향후 공사의 각 회사 간 조정 등이 이루어진다. 많은 건설현장에서는 이 협의회에 앞서 공사현장의 안전순시를 실시하고, 협의회에서 순시자로부터 순차적으로 지적사항을 발표한다.

어떤 건설공사현장에서 협력사의 소장이 안전보건에 관한 지적사항을 원청사 소장 앞에서 발표하였다. "작업발판이 결속되어 있지 않다.", "아크용접기의 2차 측 단자의 절연테이프가 파손되어 있어 감전 위험이 있다.", "접지선을 설치하지 않은 아크용접기도 있다." 등 여러 건의 문제를 원청사에게 개선하여 달라는 식으로, 그것도 큰 목소리로 넉살 좋게 발표하였다. 지적내용은 모두 자사의 종업원이 행하고 있는 공사에 직접 관련된 것이었다.

자사의 안전관리책임을 전혀 인식하지 못하고 마치 남의 일인 것처럼 지적하는 태도에 대하여, 원청사 소장은 그 협력사의 소장을 향해 "그건 협력사가 책임감을 갖고 자율적으로 개선할 수 있고 개선하여야 하는 문제 아닙니까? 왜 방치하고 있는 겁니까?"라고 엄하게 지도하였다.

지적하는 것은 괜찮지만, 자사의 부적합 문제에 해당하는 것이면 협력사라 하더라도 이를 지적한 후 "평상시의 체크와 지도가 부족하였습니다. 바로 개선하겠습니다. 앞으로는 안전체크를 충실히 하겠습니다."라고 하는 책임감 있는 자세와 발언이 요구된다.

(7) 불량한 재해실적을 프로세스 개선의 계기로

기업활동은 영업부문, 생산계획부문, 원료·자재조달부문, 생산·건설공사 등의 현업부문, 제품관리부문, 설계부문, 설비보수부문 등 각각의 부문이 주어진 역할을 다하면서 원활하게 기능하는 것에 의해 성립되고 있다. 각각의 부문에서 시간과 노력을 들여 많은 노력을 하여도, 결과적으로 적정한 이윤을 올리는 것이 불가능하면, 기업이 살아남는 것은 불가능하다. 기업활동에서 항상 채산성을 생각하면서 일을 추진하는 것에 의해 적정한 이윤을 내는 실적을 생각하지 않을 수 없는 이유이다.

이와 같이 실적으로 연결되지 않으면 안 되는 것은 안전관리활동에 대해서도 마찬가지이다. 안전보건관리조직을 만들고 산업안전보건위원회를 개최하거나 책임자에 의한 안전순시를 매월 실시하고 있다, 설비의 본질안전화를 추진하고 안전점검을 계획적으로 추진하고 있다, 아차사고발굴(보고)활동, 위험예지활동, 리스크(위험성) 평가 등 여러 가지 안전관리활동을 실시하고 있다, 안전관계서류도 잘 정리하고 있다 등 많은 시간과 노력을 들여 안전관리활동에 노력하고 있지만 재해가 감소하지 않고 있는 상황에서는 안전관리활동의 프로세스를 긍정적으로 평가할 수 없다.

짧은 기간만을 보면 꼭 그런 것은 아니지만, 안전관리활동의 프로세스가 좋으면 재해는 감소하는 법이다. 재해가 감소하고 있지 않다는 것은 그 프로세스가 좋지 않기 때문이라고 이해할 필요가 있다.

여러 가지 안전관리활동을 하고 있어도 그것이 재해방지의 실적에 기여하고 있지 못하면, 안전관리활동의 프로세스가 효과적으로 작동하고 있지 않다는 것을 의미한다고 보고 안전관리활동의 프로세스 개선의 계기로 삼아야 할 것이다.

제3장

위험의 통찰

1 위험감수성의 필요성

(1) 과거의 재해 교훈의 활용

우리나라는 세계에 유례를 찾아볼 수 없는 고도 경제성장을 해 오는 과정에서 근대화된 설비에 대한 위험성, 새롭게 개발되거나 도입하는 물질의 유해·위험성에 대한 지식이 부족하여, 새롭게 발생하는 재해를 통해 비로소 지금까지 안전과 건강에 대한 배려가 부족하였다는 것을 깨닫는 상황이 지속되어 왔다고 해도 과언이 아니다. 발생한 재해에 대하여 개별적으로 원인이 해명되고, 그것이 쌓여 유해·위험성과 재해방지 대상에 대한 지식이 높아졌다고 할 수 있다.

최근 대규모 사고를 포함하여 각 사업장에서 발생하고 있는 재해의 대부분은 과거의 재해로부터 배운 재해방지대책의 지식이 제대로 활용되지 않아 발생한 것이고, 많은 사업장에서 과거의 재해 교훈을 활용하지 않은 문제가 클로즈업되는 경우를 쉽게 찾아볼 수 있다.

과거에 발생한 재해로부터 교훈을 살려 위험에 대한 감수성을 향상시키는 것은 모든 재해예방대책 수립의 기본이다. 게다가 재해발생사례는 최고의 교육(학습)자료에 해당하는 만큼 적극적으로 그리고 충분히 활용할 필요가 있다.

(2) 위험감수성의 저하를 초래하는 것

1) 원격감시

사회 전반적으로 효율화가 강조되고 구조조정이 일상화되면서, 직장에서는 인원의 여유가 부족해지고 베테랑이라고 불리는 사람들이 한꺼번에 회사를 떠나게 됨에 따라, 직장의 위험을 간파하는 안목이 저하되고 있다는 우려도 제기되고 있다.

또한 설비가 대형화·자동화되어 가는 가운데 사람이 직접 눈으로 점검하던 것에서 센서, CCTV 등에 의해 원격으로 감시·조작하는 것으로 대체되는 상황이 진행되어 왔다. 그 결과 온도, 압력·유량 등과 같은 조건, 일정한 곳의 상태 등 미리 설정한 점검항목과 한정된 부분에 대해서는 센서, 카메라에 의해 상시적으로 정확하게 파악할 수 있게 되었다. 그러나 기계에 의한 감시가 모든 것을 완벽하게 커버할 수 있는 것은 아니다.

사람에게는 눈, 코, 귀 등과 같은 훌륭한 센서가 있어, 기계에 의한 감시로는 파악할 수 없는 주변의 이상상태에 대해 감지할 수 있는 강점이 있다. 반면, 기계에 의한 원격감시는 장점과 더불어 사람의 오감에 의해 파악할 수 있는, 주위의 상황변화에 의한 위험의 징조를 놓치기 쉬운 단점 또한 가지고 있다.

2) 하향식에 편중된 안전관리

산업안전보건법령에서는 기계·설비의 안전대책을 우선하는 것을 사업주에게 요구하고 있어 각 기업에서는 과거보다 적극적으로 기계·설비 면의 안전대책을 진행하게 되었다. 그 결과 일견 위험하다고 느끼는 위험한 곳이 과거와 비교하면 많이 감소하였다. 「산업안전보건법」과 그 후의 민사재판의 판례에서 안전한 작업환경 조성에 대해서도 사업주 책임을 강조하고 있는 것 또한 그간의 산업재해 감소에 기여하여 왔다고 할 수 있다.

그러나 사업장 안전은 의례히 상명하달 방식(top down)으로 관리되는 것이라는 생각에서, 근로자의 창발성(創發性)을 끌어내는 하의상달 방식(bottom up)의 안전활동이 활발히 전개되지 않고 있는 실정이다. 그 결과, 관리·감독자, 작업자 모두 위험에 대한 감수성이 여전히 둔감한 상태에 있다는 느낌을 지울 수 없다.

한편, 작업자는 안전의 보호 대상임과 동시에 안전의 의무주체에도 해당되지만, 작업자는 안전의 보호 대상일 뿐이라는 사회적인 분위기가 작업자의 위험에 대한 감수성을 둔화시키는 요인이 되어 왔다는 면도 부정할 수 없다.

3) 현장감각의 부족

예전에는 매월 재해가 발생하던 직장에서도 최근에는 3년, 5년 이상 재해가 없는 것이 당연한 것으로 되고 있다. 이와 같이 많은 직장에서는 재해의 발생빈도는 크게 낮아지고 있어 부상을 입거나 동료의 부상을 직접 보고 재해의 비참함, 무서움을 실감할 기회가 과거와 비교하여 많이 감소하였다. 이에 따라 재해에 의해 위험에 대한 감수성을 체득할 기회도 크게 줄어들고 있다. 재해 발생률이 낮아지는 것은 반가운 일이지만, 이것이 위험에 대한 감수성이 부족해지고 있는 하나의 원인이지 않을까 싶다.

한편, 많은 기업에서 진행되는 구조조정 등에 의해 감독자는 시간적으로 빠듯해지고 관리자도 사무업무에 편중되는 경향이 강해졌다. 또한 안전최우선의 경영방침이 제시되고 있지만, 관리·감독자가 안전의 눈으로 현장을 꼼꼼하게 보고 확인할 시간적 여유가 적어지고 현장지식이 부족해지고 있다. 이것 역시 관리·감독자 스스로 작업자의 위험에 대한 감수성을 떨어뜨리는 요인이 되고 있다고 생각한다.

작업장의 책임자는 바쁘더라도 스스로의 위험에 대한 감수성을 높이고 가급적 매일 현장의 실태에 관심을 갖고 위험을 통찰하는 것이 사고·재해의 방지에 불가결하다.

(3) 유아기부터 위험예지능력을

평일 오후에 1호선 전철을 탔다. 승객은 적었고 드문드문 앉아 있었다. 차내의 반대편에 4~5세의 어린이를 데리고 모친이 앉아 있었다. 차내에 서 있는 사람은 없었고, 아이는 차내 이곳저곳을 돌아다녔다. 전철이 도중에 어느 한 역에 정차하여 문이 열렸다. 내리거나 타는 사람은 없었다. 아이는 혼자서 열려 있는 문 쪽으로 다가갔다. 그러나 모친은 의자에 앉은 채 바라만 보고 있었다. 모친 가까이에 앉아 있던 남자 대학생이 그것을 보고 "위험해!"라고 소리를 질렀다. 아이를 잡아끌려고 다가갔을 때 문이 닫혔다. 모친은 아무 일도 없었다는 듯이 태연하게 있었다. 이 모친의 어린이를 키우는 책임감의 결여와 위험에 대한 감수성의 결여에 적이 놀랐다.

보도가 없는 학생들의 통학로를 등하교 시에 차를 몰고 가면 상당히 두려운 생각이 든다. 차가 가까이 접근해도 멈칫하지 않고 태연하게 길을 건너간다. 옆을 보지도 않고 뛰어가는 학생도 있어 위험천만해 보인다. 이것은 어렸을 때부터 공공도로에서의 매너를 구체적으로 가르치지 않은 어른들의 잘못 탓이지 않을까 싶다.

공공장소에서의 매너를 배워 본 적 없이, 그리고 위험할 수 있다는 것을 느껴 본 적 없이 자란 아이들이 나중에 성장하여 부모가 되면, 마찬가지로 방임으로 아이들을 키우는 것을 반복하지 않을까 하고 걱정하지 않을 수 없다.

(4) 재해 제로에서 위험성 제로를 향하여

사업장에서 안전문화를 조성하고 정착시켜 가기 위해서는 전원 참가에 의해 안전이 존중되는 사풍(社風) 만들기에 노력함과 함께, 재해 제로의 상태가 지속되더라도 더 나아가 작업장에 잠재하고 있는 유해위험요인을 제거하거나 위험성(risk)을 저감하는 노력을 계속하는 것이 중요하다. 이를 위해서는 사업장의 안전보건관리능력 자체를 제고하고 안전이 기업의 핵심가치가 되도록 하여야 한다. 또한 사업장에서 채택하여 제시한 안전슬로건은 정신론(精神論)이나 구호만으로 끝나서는 안 되고 이를 실천으로 연결시켜 안전수준의 향상에 기여하도록 하여야 한다.

안전한 작업장이란, 잠재적인 위험원이라 할 수 있는 유해위험요인(hazard)을 지속적으로 배제해 나가는, 즉 위험성을 지속적으로 저감시켜 나가는 작업장을 말한다. 이러한 작업장을 만들기 위해서는, 리스크(위험성) 평가를 포함한 안전보건관리시스템(OSHMS, Occupational Safety and Health Management System)을 구축·운영함과 더불어, 위험예지활동 등 일상적 안전활동을 지속적이고 효과적으로 추진함으로써 궁극적으로 안전문화를 구축하는 것이 중요하다.

(5) 전철 방식의 안전활동

관리·감독자의 리더십하에서 추진하는 안전활동, 즉 관리·감독자 주도의 안전활동에서는 자칫 작업자가 피동적인 대응을 하게 되어, 작업자들의 적극적인 참여의식이 올라가지 않는 문제를 안고 있다.

일상 안전활동의 하나인 위험예지활동은 바로 이러한 문제를 극복하고 작업자 모두가 적극적으로 쉽게 참여하도록 하기 위하여 창안된 안전활동이다. 이른바 많은 차량을 끌어당기는 '기관차 방식'에서 모터가 딸린 각각의 차량이 연결되어 스스로 달리는 '전철 방식'의 활동을 지향하는 것이다.

위험예지활동은 위험을 예지할 때에 아이디어 발상법인 브레인스토밍 방법에 의해 자유스러운 분위기에서 위험을 서로 예지하고, 예지한 위험에 대하여 자신이라면 어떻게 할 것인지를 서로 생각하는 방법으로 진행하기 때문에, 모두의 참가의식이 높아질 수 있고 개개인의 위험에 대한 감수성을 높여 잠재위험을 적출하는 것에도 많은 도움이 될 수 있다.

(6) 잠재위험의 통찰

최근 많은 사업장에 도입되고 있는 리스크(위험성) 평가는 과거의 재해, 보고된 아차사고, 각 계층에 의한 안전순찰, 작업자에 대한 청취조사, 안전점검 등을 통해 작업환경, 작업방법 등 물적 측면과 인적 측면의 양면에 걸쳐 위험성(risk)을 추정하고 이에 적절하게 대응하는 것인데, 이때 중요한 것은 잠재적 위험원인 유해위험요인(hazard)을 예리하게 감지하는 것이다.

이를 위해서는, 평상시부터 위험에 대한 감수성을 닦고 위험을 통찰하는 힘을 익혀 잠재하는 위험을 놓치지 않도록 하여야 한다.

현장을 보면서 "위험물, 작업환경은 어떤 경우에 어떤 이상을 일으킬 것 같은가?", "기계·설비는 어떻게 작동을 하는가?" 그리고 휴먼에러를 염두에 두고 "기계·설비의 작동 중에 사람은 어떤 동작을 할 것 같은가?" 등과 같이 설비, 환경, 사람의 움직임을 유해위험요인 유형별로 통찰하고 잠재하는 유해위험요인을 적출하는 것이 중요하다.

특히, 현업부문의 관리·감독자에게는, 작업장에 존재하는 유해위험요인을 간파하여 사고·재해를 미연에 방지하기 위하여, 작업형태, 설비상태의 변화에 의해 발생할 수 있는 리스크를 통찰하여 스스로의 안전관리에 활용하는 한편 경영에도 반영시키는 것이 요구된다. 이를 위해서는, 정점(定點)관찰(위험을 예지하는 대상의 작업장소에서 멈추어 서서 관찰하는 것)을 통해 발생할 가능성이 있는 위험을 통찰하는 것이 필요하다.

(7) 개별 위험예지

위험예지활동은 팀에 공통하는 위험에 대하여 안전을 선취하는 효과가 크지만, 좀 더 안전한 작업장을 만들기 위해서는 개개인의 능력과 개개인이 행하는 작업의 특성에 맞는 위험예지를 포함할 필요가 있다.

작업자는 각각 지식, 기능·성격·위험에 대한 감수성 등의 특성이 다르고, 개개인의 작업내용도 다르다. 따라서 모두에게 공통되는 행동목표를 정하는 것에 추가하여, 개개인이 행하는 작업에서 발생할 수 있는 위험에 대한 행동목표도 필요하다.

감독자는 개개인의 특성을 평상시에 파악해 두고, 안전에 대하여 수준이 낮은 사람·걱정이 되는 사람에 대하여, 아이를 생각하는 부모의 마음을 갖고 정성을 들여 개별적으로 안전지도를 하는 것이 중요하다. 위험예지활동을 하여 팀 행동목표를 제창한 후에, 감독자는 특히 위험한 작업을 하는 사람, 걱정이 되는 사람에 대하여 프라이드를 손상하지 않도록 배려하면서 “특히 ○○○씨는 △△을 할 때에 ◇◇을 하도록!”이라고 개별적으로 안전지도를 하는 것이 재해예방을 위해 중요하다.

(8) 명상으로 자기 위험예지를

감독자가 행하는 개별 위험예지와 함께, 작업자 자신이 당일 행하는 작업에 대한 위험을 예지하고 안전을 생각하도록 하기 위한 작업 전 명상도 효과적이다. 이 명상은 안전관리활동으로도 유명한 일본 마쓰시타전공(현 파나소닉전공) 사업장에서 ‘30MT(30초간 명상타이밍)’라고 명명하고 실시한 것으로 재해예방에 효과를 거둔 것이다. 정상작업이든 비정상작업이든, 나아가 건설공사이든, 어떠한 작업이라도 작업개시 전에 미팅을 하는 것이 일반적인데, 이 미팅의 최후에 명상을 하는 것이다.

명상이란 “눈을 감고 잡념에서 벗어나 깊고 차분하게 생각하는 것”이다. 각자가 금일 하루 어떠한 일을 어떻게 할 것인지, 그 일을 진행하는 중에 발생할 수 있는 위험과 안전하게 작업하는 방법에 대하여 생각한다. 감독자의 “명상 개시!”의 신호에 따라 모두가 일제히 눈을 감고 명상을 한다.

30초간 명상을 한 후 감독자가 누군가 1명을 지명하여 “어떤 것을 명상하였는가?”를 모두에게 간결하게 소개하게 한다. 이것에 대하여, 감독자가 한마디 코멘트를 주어 관심을 보인다. 이것을 매일 계속한다. 사람 수가 적으면 모두에게 순차적으로 발언하게 해도 좋지만, 사람 수가 많으면 시간이 걸리므로 1명만 발표하게 한다.

누가 지명될지 알 수 없으므로 모두가 각자 진지하게 명상하게 된다. 이 명상을 매일 계속함으로써 각자가 자신이 행하는 작업에 대하여 구체적으로 위험을 예지하는 데 많은 도움을 받을 수 있다.

(9) 못 하나에도 위험을 느끼는 사람과 느끼지 못하는 사람

예전부터 "안전에는 겁쟁이가 되어라."라는 말이 있듯이, 안전에 방심은 금물이다. '이 정도의 것'이라고 생각될 정도로 사소한 것도 불안전하다고 바로 알아차리고 개선하는 것이 중요하다.

예를 들면, 박혀 있던 못 하나가 조금 빠져 못 머리가 나와 있다고 가정하자. 이것을 보고 그냥 지나쳐 버리는 사람이 많다. 위험에 대한 감수성이 '없는' 사람들이라고 할 수 있다. 위험에 대한 감수성이 '있는' 사람은 못의 머리가 나와 있는 것을 알아차리고 위험하다고 느낀다. 그들은 위험하다고 느끼면 바로 못을 뺀 후 '이제 안전하다'고 안심한다. 그러나 이것만으로는 불충분하다. 위험에 대한 감수성이 '높은' 사람은 다른 곳에도 위험한 못이 없는지를 찾아보고, 나아가 '왜 못이 빠졌는가?'라고 생각하면서 그 원인을 파악하여 근본대책을 강구한다. 위험에 대한 높은 감수성은 보고된 아차사고, 현장순시 중의 발견 등을 통해 잠재위험을 배제해 나가기 위해 기본적으로 필요한 마음가짐이라 할 수 있다.

표면적 관찰로 끝나서는 안 된다. 무엇이 불안전한 상태, 불안전한 행동을 초래하였는지를 검토하여 개선하는 노력이 직장의 잠재위험을 없애고 무재해를 계속하기 위해 반드시 필요하다. 중요한 것은, 해수면 아래에 숨어 있는 빙산의 부분을 찾아내는 것이다.

참고 머피의 법칙

“비계 위에서 작업을 하다가 공구를 떨어뜨렸는데 발판 사이로 공구가 떨어져 그 밑을 지나가던 작업자가 머리에 맞았다.” 이처럼 안 좋은 일이 발생하거나 운이 없다고 생각할 때 ‘머피의 법칙’이라는 말을 사용하곤 한다. ‘머피의 법칙’은 어떻게 해서 만들어졌을까?

1949년 미국 공군 머피(Edward A. Murphy) 대위는 초음속 전투기 개발 실험에 참여했다. 인체가 버틸 수 있는 중력의 한계를 찾는 실험이었다. 첫 실험은 수치가 제대로 나오지 않아 실패했다. 그런데 여러 번 시도해도 마찬가지였다. 자신이 설계한 부분을 부하가 잘못 조립한 것을 알고 그가 말했다. “잘못될 수 있는 것은 으레 잘못된다(Anything that can go wrong will go wrong).”[1] 머피의 이 말은 동료들 사이로 퍼져 나가 훗날 ‘머피의 법칙’으로 알려지게 되었다.

머피의 법칙은 “가는 날이 장날이다.”라는 우리 속담과 유사한 의미로 사용되고 있다. 하지만 그가 하고 싶었던 말은 ‘운’에 관한 것이 아니었다. 재수가 없어서 하는 일마다 안된다는 것을 머피의 법칙으로 생각하는 것은 오해이다. “무엇이든 잘못될 가능성이 있는 것은 언젠가는 잘못된다.”, “여러 방법 중에 문제가 생길 수 있는 방법이 있다면, 누군가는 그 방법을 선택하기 마련이다.”, “일을 하는 방법이 복수이고 이들 중 어느 하나가 사고·재해로 이어지는 것이면, 언젠가 누군가는 그 방법으로 행할 것이다.”라는 의미가 본래 머피가 말하고자 했던 것이다. 사고라는 것이 재수 없어서 일어나는 일이 아니라, 만일의 일에 대비하지 않아서 일어나는 당연한 현상이라는 의미이다.

---

1) 이 말은 경우에 따라 “잘못될 수 있는 것은 으레 잘못된다, 그것도 최악의 시기에.”라는 표현으로 확장되어 사용되기도 한다.

따라서 머피의 법칙은 사고에 미리 대비하고 준비해야 한다는 점, 나아가 훌륭한 안전성적을 거두기 위해서는 선제적 예방조치를 해야 한다는 점을 강력히 시사하는 법칙이자 경영철학으로서의 안전제일(safety first)과 동의어라고 할 수 있다.

2 작업형태에 따른 대응

(1) 실천 위험예지를

재해는 어떤 작업에서 발생할지 알 수 없다. 따라서 매일 모든 작업에 위험예지활동을 유용하게 활용하는 것이 중요하다. 어떠한 업종의 사업장이라 하더라도 모든 작업을 대별하면 정상(定常, normal = routine)작업과 비정상(非定常, abnormal = nonroutine)작업으로 구분된다.

위험예지활동을 매일 작업의 선제적 안전에 활용하기 위해서는, 비정상작업을 작업 전에 시간적 여유가 있는 계획적 비정상작업[2]과 시간적 여유가 없는 긴급작업[3]으로 나누고, '정상작업', '계획적 비정상작업', '긴급작업'이라는 세 가지 작업형태에 따라 대응하는 것이 효과적이다.

정상작업은 매일 반복하여 행하는 작업, 10일에 약 1회 이상의 빈도로 행하는 작업이다. 작업빈도를 10일에 약 1회 이상으로 한 것은 정해진 작업절차를 습관으로 몸에 익힐 수 있는 작업빈도를 감안한 기준이다. 정상작업은 작업 전 위험예지활동이 필요하고

---

2) 계획적 비정상작업은 작업일시·방법을 미리 정하여 행한다는 점에서 정상작업과 동일하고, 이 점에서 긴급작업과 다르다.

3) 긴급작업은 비계획적 비정상작업이라고도 한다.

가능하다.

계획적 비정상작업은 반복성은 있지만 빈도가 낮은 작업과 설비의 신설, 설비 일부의 개선 또는 수리 등 반복성이 없는 작업을 말한다. 반년, 1년마다 행하는 정기점검, 정기수리 등도 포함된다. 이 계획적 비정상작업도 작업 전 위험예지활동이 필요하고 가능하다.

긴급작업은 돌발적으로 발생하여 즉시 조치하여야 하는 작업이다. 긴급작업은 그 성격상 원래 의미의 위험예지활동은 실시하기 어렵고 '적절한 작업지시'로 대응하는 것이 현실적이고 효과적이다. 돌발적으로 발생하더라도 즉시 조치하지 않아도 되고 작업 전에 시간적 여유가 있는 작업은 계획적 비정상작업에 해당하므로 작업 전 위험예지활동이 필요하고 가능하다.

(2) 정상작업에는

정상작업에는 작업절차서를 작성하고 합리적이고 안전한 작업방법을 정착시키는 것이 중요하다. 이 작업절차서에는 작업을 진행하는 절차란과 절차마다 급소란을 두고 각각 간결하게 표현함으로써 작업절차서의 내용이 용이하게 이해될 수 있도록 하여 활용하기 쉽게 하여야 한다.

(3) 비정상작업에는

비정상작업에 대한 작업절차서가 작성되어 있는 경우(예: 예방정비)에는 작업 전에 앞으로 행할 작업의 작업절차서 내용을 모두 확인하고 나서 위험예지활동을 실시한다. 작업 중에는 작업절차서를 작업현장의 보기 쉬운 장소에 게시해 두고, 작업자 스스로가 확인하고 관리·감독자 등 순시자가 안전순시(점검)하는 데 활용한다. 작업 종료 후 작업절차서의 내용에 대해 수정이 필요한 경우에는 수정하는 것을 잊어서는 안 된다.

한편, 비정상작업에 대해서는 작업절차서가 미리 작성되어 있지 않은 경우가 있을 수 있다[예: 고장(수리)정비]. 이러한 경우에는, 작업 전에 감독자가 작업방법과 개개인의 분담을 지시한 후 화이트보드, 용지 등에 기입하면서 위험예지활동을 하는 것이 필요하다.

(4) 긴급작업에는

긴급작업에 대해서는 예측할 수 있는 것과 예측할 수 없는 것이 있다. 예측할 수 있는 긴급작업에 대해서는, 대응(조치)하기 위한 긴급조치요령서를 작성해 두고 정기적으로 방재훈련 등의 훈련을 실시하여 실천력을 몸에 익히도록 해 두는 것이 필요하다.

예측할 수 없는 긴급작업에 대해서는, 작업 전에 작업절차서를 작성해 놓고 있거나 서로 이야기할 시간적 여유가 없으므로, 감독자가 안전포인트를 포함한 적절한 작업지시를 하고 작업 중에는 직접 현장지휘를 하는 '다이내믹한 지휘'를 하는 방식으로 조치하여야 한다.

1) 감독자에게 필요한 다이내믹한 지도

인간은 긴급조치를 요하는 돌발적인 트러블에 직면하면, 조속히 복구하려고 하는 초조감이 앞서 빨리 복구하는 방법에만 의식이 집중되어 행동하기 때문에, 안전배려가 결여되기 쉽다.

예를 들면, 직장에서 화재가 발생하였을 때의 의식은 어떨까?

'빨리 소화하지 않으면 안 된다. 이를 위한 방법은? 소화기다!'라고 생각하면서, 빨리 소화하기 위한 방법만을 의식하여 소화기를 갖고 소화에 임한다. 이때는 안전배려, 인간관계생산능률, 품질의 확보, 공사의 진척, 에너지 절약, 자재의 절약 등은 전혀 의식하지 않는다. 눈에는 보이지만 의식은 없어져 버리는 주의력(의식)의 '일점(一點) 집중성'이 일어나는 것이다.

증기, 고압의 유압유가 갑자기 유출되기 시작하였다든가, 흐름작업에서 불량품이 발생하였다든가, 장치 전체를 정지시켜야 하는 고장이 발생한 때와 같은 경우도 마찬가지이다. 이러한 긴급작업 시에는 상식적으로 알고 있는 당연한 것이 지켜지지 않고, 부상을 입기 쉽다. 이것은 사람이라면 누구라도 가지고 있는 약한 특성이다.

따라서 이와 같은 경우에야말로 감독자는 작업장의 중심적인 실천자로서의 강한 자각과 책임감을 가지고 작업에 수반하여 발생할 문제, 위험을 예리하게 통찰하여 인간의 약점을 염두에 둔 '다이내믹한 지휘'를 하여야 한다. 이를 위하여, 감독자는 다음과 같은 능력을 갖고 있지 않으면 안 되고, 특히 자신이 당황하지 않는 것이 중요하다.

- 자신의 과거 경험, 지식을 이용하여, 그 당시 그 장소에 있는 사람·설비·작업 대상, 주변환경의 상태에 맞는, 안전최우선이면서 실행 가능한 작업방법을 입안하여, 올바른 작업계획을 즉석에서 세운다.
- 팀 전원이 작업계획에 근거한 행동을 하도록 포인트를 파악한 명확한 지시를 한다.
- 작업 중에 예기치 않은 상황을 만난 경우는, 즉석에서 적절한 응용력을 발휘하여 그 상황에 맞는 대응방법을 지시하고 전원에게 철저히 하도록 한다.

- 작업 중에는 작업의 흐름과 전원의 움직임을 파악하면서 지휘를 하고 필요한 즉석지도를 한다.

2) 적절한 작업지시를

일상적으로 행해지는 작업지시의 경우, 장황하게 설명하였는데도 의도하는 포인트가 상대에게 올바르게 전달되지 않는 일이 의외로 많다. 그리고 안전배려를 하여야 할 사항을 지시하지 않거나 추상적으로 지시하는 등 부적절한 지시가 원인이 되어 재해를 초래하는 경우도 드물지 않다.

긴급하게 조치하여야 하는 이상(異常)작업의 경우는, 긴급조치요령서 등에 쓰여 있는 것을 보면서 지시할 시간적 여유가 없기 때문에, 지시를 하기 위하여 필요한 항목을 가급적 친숙한 표현으로 미리 익혀 두고, 자문하면서 그 작업 특유의 포인트를 구체적으로 생각하여 해당 상황에 맞는 적절한 작업지시를 하는 것이 중요하다.

작업지시를 하는 경우의 유의사항은 다음과 같다.

- 가급적 현장에서 현물을 보면서
- 시간·장소·작업에 맞춰 구체적으로
- 상대방의 지식, 기능 등에 맞춰 쉬운 표현으로
- 평이한 언어로, 간결하게, 개조식으로
- 큰 소리로, 명료하게, 힘을 주어
- 포인트를 강조하여
- 필요에 맞춰 판서하거나 메모하여
- 지시내용의 요점을 복창하게 하여 상대방에게 전달되었는지를 확인하면서

요컨대, 모든 작업지시는 구체적이고 간결함과 아울러 안전포

인트를 포함하는 것이 중요하다.

긴급작업을 비롯하여 단시간에 끝나는 간단한 작업이더라도 위험이 수반되어 있으므로, 평상시에 작업지시 실력을 배양하여 일상의 모든 작업지시에 안전포인트를 포함하는 작업지시 실천을 정착시키는 것이 중요하다.

(5) 1인 작업자에게는 적절한 작업지시와 1인 위험예지활동을

최근에는 1인 작업이 상당히 많아지고 있다. 현장에서 작업상황을 확인하는 사람 없이 이루어지는 1인 작업에서 발생하는 재해가 눈에 띄고 있어, 이에 대한 예방대책에 관심이 높아지고 있다.

종종 1인 작업을 지시하는 경우 안전포인트를 구체적으로 지시하는 것을 잊어버리고 고작 "안전에 주의하시오."로 끝나기 쉽다. 1인 작업을 지시하는 감독자는 안전배려를 하여야 할 사항을 구체적으로 지시하기 위한 생각 유도의 도구로서 '5W1H + 위험예지' 방식[4]을 통해 스스로의 생각을 유도하면서 현장의 상황과 작업자의 특성에 맞추어 구체적으로 지시하고, 지시한 것을 복창하게 하여 지시한 포인트가 상대방에게 전달되었는지를 확인할 필요가 있다.

그리고 작업자는 이를 받아 현장에서 현물을 보면서 1인 위험예지활동을 하고 작업에 착수한다. 이 경우 위험의 유형에 자문자답(自問自答)하면서 위험의 유무를 체크하면 잠재위험 적출의 누락을 방지하는 데 도움이 된다.

4) 5W1H, 즉 '언제', '어디서', '누가', '무엇을', '왜', '어떻게'를 의식하고 위험예지를 하는 방식을 가리킨다.

3 위험감수성을 높이기 위하여

(1) 기계·설비 등의 구조와 작용·원리를 안다

위험감수성을 높이기 위해서는 사업장에서 사용(취급)하는 기계·설비 등의 구조와 작용·원리를 감독자를 포함한 작업자들이 이해하고 있을 필요가 있다. 이것의 중요성을 '감전'을 예로 들어 설명한다.

1) 어떤 재해사례로부터의 교훈

어떤 사업장에서 콘크리트믹서 내부 교반용 날개를 교체하기 위해 한 작업자가 콘크리트믹서 속에 들어갔다. 그 작업자가 동체에 설치되어 있던 점검구(높이 40 cm, 폭 1 m) 안으로 들어가 아크용접으로 새로운 날개를 설치하고 있을 때, 가지고 있던 용접봉 홀더에 물려 있던 용접봉의 끝부분이 오른쪽 흉부에 접촉되는 바람에, 그 작업자는 감전되어 그 자리에서 사망하고 말았다.

재해가 발생하였을 당시, 피재자는 작업복, 안전모, 안전화, 용접용 긴소매의 피장갑 등을 올바르게 착용하고 있었고, 차광안경도 확실히 착용하고 있었다. 그리고 피재자는 밀폐된 장소 또는 습한 장소에서 하는 용접작업에 대한 특별교육(「산업안전보건법 시행규칙」 별표 5)을 받은 것으로 되어 있었다.

재해가 발생한 때의 작업장소는 40°C 이상이었을 거라고 추측되므로, 피재자의 작업복은 땀으로 젖어 있는 상태였을 것이다. 이 재해의 원인으로 다음과 같은 사항이 지적되었다.

- 콘크리트믹서의 내부라고 하는 도전체(주철제)로 둘러싸인 좁은 장소에서의 아크용접작업이었음에도 불구하고, 자동전

격방지장치를 설치하지 않고 있었다.[5]

- 믹서 내부의 기온이 높아 땀이 나기 쉬운 상황에서 작업을 하게 하였다.
- 감전의 위험성에 대한 교육을 실시하였다고는 하지만 불충분하였다.

이 재해의 재발방지를 위하여 다음과 같은 대책이 필요하다고 제시되었다.

- 도전체에 둘러싸인 좁은 장소에서 교류아크용접의 작업을 행할 때는, 교류아크용접용의 자동전격방지장치를 설치한다.
- 기온이 높은 장소에서 아크용접을 행할 때는 냉방장치를 사용하는 등 작업환경을 개선한다.
- 감전의 위험성에 대한 교육을 실질적으로 실시한다.

2) 많은 직장에서 발생하기 쉬운 문제

피재자는 아크용접에 대한 교육 자체는 받았지만, 도전체의 좁은 장소에서 행하는 아크용접과 같은 드물게 이루어지는 작업 특유의 위험과 안전에 특별히 배려하여야 한다는 것까지는 교육받지 않은 것 같았다. 안전교육이 법정 시간을 채우는 데 급급하였거나 형식적으로 이루어졌을 것으로 추정된다.

또한 자동전격방지장치가 고장 나 있었던 것이 아닌 것으로 볼 때, 원래 자동전격방지장치가 설치되어 있지 않은 아크용접기를 오래전부터 사용하여 왔을 것으로 추측된다. 그러나 그간 감전사고가 없어서 감전에 대한 위험을 예지(豫知)하지 않고 그대로 사

5) 「산업안전보건기준에 관한 규칙」 제306조 제2항에서는 도전체에 둘러싸인 장소에서 교류아크용접기를 사용하는 경우에는 교류아크용접기에 자동전격방지기를 설치하여야 한다고 규정하고 있다.

용하여 왔을 것이다. 이와 같이 그간 계속 아크용접기를 사용하여 왔다는 것은 관리 측의 태만이라고 할 수밖에 없지 않을까.

3) 태만히 하기 쉬운 용접기 감전방지대책

많은 사업장에서 이용되고 있는 아크용접기의 취급과 발생한 재해로부터 느끼는 것은 사업장에서의 감전방지대책이 불충분하다는 점이다. 홀더 측의 케이블 피복이 균열되어 있거나 케이블의 피복이나 접속부가 손상되어 용접봉에 있는 금속선이 노출되어 있는 것이 발견되는 경우가 자주 있다.

2차 측 단자의 감전방지를 위한 피복이 벗겨져 있거나, 테이핑된 것이 벗겨져 떨어져 있는 것을 자주 볼 수 있다. 1차 측의 단자에 대해서도 동일한 위험상태로 되어 있는 것이 있다. 일반적으로 1차 측은 200 V이므로 매우 위험한데도, 위험성을 그다지 느끼지 않는 것 같다.

4) 낮은 전압의 위험성

낮은 전압이더라도 감전하면 위험이 발생한다는 것을 알아 두는 것이 중요하다. 감전은 인체의 신경계를 자극하고, 그 자극이 강한 때에는 심장을 정지시킨다.

인체에 어느 정도의 전류가 흐르면 어떤 증상이 나타나는지의 기준을 표 3.1에 제시한다.

예전부터 사용하고 있는 아크용접기의 2차 측에는 무부하일 때에 80~90 V의 전압이 걸려 있다. 땀 등으로 젖어 있을 때 손의 저항은 1,000옴(Ω) 정도로 저하되므로, '전류 = 전압 ÷ 저항' 공식에 대입하면 80 V ÷ 1,000 Ω = 80 mA가 되어 치명적이다. 피부가 부드러운 흉부의 저항은 더욱 낮으므로 매우 위험하다. 즉, 낮은 전압이라도

표 3.1 인체에 흐르는 전류값과 인체의 반응[6)]

전류값	인체의 반응
1 mA	약간 느낀다.
5 mA	상당히 통증을 느낀다.
10 mA	참을 수 없을 정도로 고통스럽다.
20 mA	근육의 수축이 심하고 자력으로 이탈할 수 없다.
50 mA	상당히 위험한 상태에 빠진다.
100 mA	심장기능이 상실되고 사망에 이른다.

감전하는 부분에 따라서는 매우 위험하므로 감전방지대책을 태만히 해서는 안 된다. 전기기계·기구를 취급하는 사람의 감전에 대한 지식이 부족하면, 감전방지대책을 소홀히 할 우려가 있다.

(2) 직장 스터디를

취급하는 기계·설비, 기구의 구조, 작용, 원리, 특성 등을 알지 못하면, 위험의 포인트를 간파할 수 없다. 예를 들면, 많은 기계는 동력원으로서 전기와 함께 유압, 압축공기를 사용하고 있는데, 감전에 대한 지식 외에 유압, 압축공기의 특성과 전자변(electromagnetic valve)[7)]의 종류와 구조, 각 부분의 작용 등에 대해서도 알아 두는 것이 중요하다.

취급하고 있는 유기용제, 가스, 위험물, 약품 등의 특성, 위험성을 알아 두지 않으면 안전하게 올바른 취급을 하는 것이 불가능하다.

6) 吉田實穂編, 《新入社員·雇い入れ時安全衛生教育テキスト(新訂版)》, 日本労務研究会, 2015, p. 28.

7) 전류의 작용으로 변(弁, 밸브)을 개방하는 장치를 말한다.

인화성의 유기용제가 들어 있었던 헌 드럼통의 빈 통을 다른 용도로 사용하려고 위 덮개를 가스용단(溶斷)하던 중 드럼통의 내부에 잔류되어 있던 용제의 증기가 점화되어 폭발하는 사례가 드물지 않다.

이와 같이 취급하는 설비 등의 구조, 작용과 함께 특성, 원리 등에 대해 잘 가르쳐 두는 것이 필요하다. 신입사원으로 배치되었을 때에, 이것들을 가르쳐도 이해할 수 없는 것처럼 교육은 상대방의 수준에 맞추어 쉬운 것부터 순차적으로 가르치는 것이 중요하다. 작업장마다 매월 1~2회는 자신들이 취급하는 기계·설비, 기구의 구조, 작용, 원리 등을 알기 위한 자율적인 스터디모임을 운영하는 것도 필요하다. 이는 위험에 대한 감수성을 높이는 데 도움이 된다.

작업장의 모든 사람이 다 같이 미리 매월 공부하는 날, 주제와 함께 주제별로 작업자 중에서 해설할 사람을 정한다. 해설하는 사람은 미리 기술스태프 등의 도움을 얻어 조사를 한 다음 스터디모임에서 모두에게 해설한다. 충분히 이해할 수 없고 자신이 없으면, 스터디모임에 기술스태프도 참석하도록 하여 보충 해설을 해주도록 요청하는 것이 바람직하다.

이와 같은 스터디모임을 매월 1~2번 계속 개최함으로써 모두의 지식을 심화시킬 수 있고, 잠재위험을 통찰할 능력을 높여 안전의 선취(先取)에 크게 기여할 수 있다.

(3) 개인의 특성을 알자

근로자들은 십인십색, 백인백색이고, 각자의 성격, 사고방식, 지식, 기능, 건강상태 등이 서로 다르며, 이들 개개인의 특성의 약한 면이 때로는 불안전행동을 유발한다.

따라서 관리·감독자는 평상시부터 재해를 일으키기 쉬운 성격 등 개개인의 특성을 민감하게 감지하고 어떤 위험한 행동을 할 것 같은지를 통찰하는 한편, 그 특성에 맞추어 적절한 지도를 하는 것이 중요하다.[8)]

(4) 위험체험교육을

예전에는 어린 시절에 야외에서 노는 경우가 많았고, 나무, 담 위에서 떨어지거나 톱, 칼을 사용하여 연, 팽이 등을 만드는 공작을 할 때에, 절단면이나 칼로 손을 베이거나 망치에 손을 맞는 등 아픈 일을 경험한 것을 통해, 자연스럽게 위험에 대한 감수성과 자기방위의 능력을 몸에 익힐 수 있었다. 그러나 요즈음의 아이들은 TV, 게임 등 실내의 놀이가 많고, 과보호 속에서 성장하는 시대가 되어, 대부분 아픈 일을 경험하는 것 없이 자란 사람들이 직장에 들어온다.

게다가 장기간에 걸쳐 재해가 없는 직장이 많아지고 있어, 재해의 무서움을 실감하는 것이 점점 어려워지고 있다. 재해의 무서움을 실감하고 있지 않아 위험예지활동에서 위험을 적출할 때도 날카롭게 지적하는 것이 부족하고 표면적인 활동으로 끝나 버리기 쉽다.

그러나 실제로 재해를 체험하게 할 수는 없으므로, 사고·재해의 두려움을 실감하게 하거나 체험하게 하는 교육이 안전한 행동을 정착시키기 위하여 불가결하다는 인식이 높아지고 있고, 이에 따라 위험체험교육을 하는 사업장이 늘어나고 있다. 각각의 사업

---

8) 재해를 일으키기 쉬운 성격에 대해서는 제3편 제2장 ① (1) 14) 성격을 참조하기 바란다.

장에서 궁리하여 행해지고 있는 위험체험교육에는 다음과 같은 것이 있다.

줄걸이 작업에서 매달린 짐을 들어 올릴 때에, 와이어로프를 쥔 상태로 들어 올리는 바람에 와이어로프가 팽팽해졌을 때에 손가락이 끼이는 재해가 일어나기 쉽다. 줄걸이 작업이 많은 사업장에서는 와이어로프를 쥔 상태에서 수 킬로그램의 짐을 들어 올려 아픔을 지그시 느끼게 하고, 계속하여 수백 킬로그램의 짐과 와이어로프 사이에 손가락과 같은 굵기의 대나무를 끼우고 들어 올려, 대나무가 으드득 소리를 내면서 쪼개져 버리는 것을 보임으로써 끼임의 무서움을 실감하게 하고 있다.

프레스에 의한 작업이 많은 사업장에서는 프레스의 무서움을 실감하게 하기 위하여, 소시지를 넣은 목장갑을 프레스에 끼우고 소시지가 목장갑의 그물코에서 삐져나오는 것을 보이거나, 소시지와 수채물감을 넣은 목장갑의 손가락 부분을 프레스로 절단하여 사람의 손가락이 실제 절단된 것 같은 느낌이 드는 장면을 보여 소름이 끼치게 하고 있다.

건설현장에서는 고소작업대의 아웃트리거를 접은 상태에서, 상부에 설치한 로프를 두 사람이 잡아당겨 간단히 쓰러지는 것을 보이고, 이어서 아웃트리거를 최대한 뽑아낸 후 동일하게 두 사람이 로프를 잡아당겨도 전혀 넘어지지 않는 것을 보임으로써 아웃트리거를 최대로 뽑아내는 것의 중요성을 실감하게 하고 있다.

그리고 안전모의 턱끈을 올바르게 맨 인형과, 턱끈을 턱에 걸치기만 한 인형을 상부에 세운 상태에서 고소작업대를 쓰러뜨려 지상으로 인형을 굴러 떨어지게 하였다. 턱끈을 올바르게 맨 인형의 안전모는 벗겨지지 않고 머리를 보호하지만, 턱끈을 턱에 걸치기만 한 인형의 안전모는 충격으로 날아가 버려 머리가 아스팔트

바닥에 직접 부딪히는 상황을 보임으로써 턱끈을 올바르게 착용해야 하는 중요성을 실감하게 하고 있다.

이 외에도 회전체에의 감김, 감전 등 사업장에서 강구한 다양한 체험교육이 이루어지고 있다. 최근 중요성이 강조되고 있는 위험체험교육을 통해 재해의 무서움은 상상 이상이라는 것을 실감하게 하고, 위험에 대한 강렬한 인상을 받게 함으로써 개개인의 위험에 대한 감수성이 효과적으로 연마되게 할 수 있다.

(5) 현장에서 안전관계자의 자세

일찍이 필자가 방문한 어떤 건설현장에서 그 건설회사 안전팀장의 자세에 많은 감명을 받은 적이 있다.

현장순회에 입회한 당해 현장의 안전팀장은 필자가 주시하고 있는 곳, 지도의 방법을 주의 깊게 관찰하면서, 필자에게 적극적으로 질문을 하였다. 그리고 필자가 지적한 사항을 메모함과 아울러 자신이 개선한 현장의 상태에 대해 계속하여 “자신은 이러한 방법이 안전하다고 생각하여 이렇게 하였는데, 법적으로 괜찮은지요? 더 개선하여야 하는 것은 없는지요?”라는 방식으로 적극적으로 질문을 던졌다. 안전팀장으로서 자신의 문제의식과 생각을 확실히 갖고 있었고, 더욱 개선하려는 의욕이 가득 차 있었다.

이와 같은 진취적 자세가 자신의 위험에 대한 감수성을 연마하는 데에도 도움을 주고, 이와 같은 안전팀장을 육성하는 것이 사업장의 안전관리를 위해서도 매우 중요하다는 것을 새삼 인식하게 되었다.

제4장

혼을 불어넣은 안전대책

1 기본적인 안전대책을 강구한다

(1) 높은 곳에서는 안전대의 착용이 최우선인가

현업부문의 관리·감독자 강의에서 "고소작업에서 최우선으로 하여야 하는 안전대책은 무엇입니까?"라고 물으면, 대다수의 사람이 "안전대를 착용하는 것입니다."라고 답한다.

고소작업에서 작업자에게 반드시 안전대의 착용을 의식하게 하는 것은 중요하다. 그러나 사업주 책임을 완수하여야 하는 현업부문의 관리·감독자는 안전대의 착용이 최우선이 아니라, 작업발판, 안전난간·울타리의 설치를 최우선으로 하여야 한다는 것을 잊어서는 안 된다.

「산업안전보건기준에 관한 규칙」 제42조에 의하면, "사업주는 근로자가 추락하거나 넘어질 위험이 있는 장소(작업발판의 끝, 개구부 등을 제외한다) 또는 기계·선박·선박블록 등에서 작업을 할 때에 근로자가 위험해질 우려가 있는 경우 비계를 조립하는 등의 방법으로 작업발판을 설치하여야 한다."(제1항), "사업주는 제1항에 따른 작업발판을 설치하기 곤란한 경우 다음 각 호의 기준에 맞는 추락방호망을 설치하여야 한다. 다만, 추락방호망을 설치하기 곤란한 경우에는 근로자에게 안전대를 착용하도록 하는 등 추락위험을 방지하기 위하여 필요한 조치를 하여야 한다. … (이하 생략)"(제2항).

「산업안전보건기준에 관한 규칙」 제43조에 의하면, "사업주는 작업발판 및 통로의 끝이나 개구부로서 근로자가 추락할 위험이 있는 장소에는 안전난간, 울타리, 수직형 추락방망 또는 덮개 등(이하 이 조에서 "난간 등"이라 한다)의 방호조치를 충분한 강도를 가진 구조로 튼튼하게 설치하여야 하며, 덮개를 설치하는 경우에는 뒤집히거나 떨어지지 않도록 설치하여야 한다. 이 경우 어두운 장소에서도 알아볼 수 있도록 개구부임을 표시하여야 하며, … (이하 생략)"(제1항), "사업주는 난간 등을 설치하는 것이 매우 곤란하거나 작업의 필요상 임시로 난간을 해체하여야 하는 경우 제42조 제2항 각 호의 기준에 맞는 추락방호망을 설치하여야 한다. 다만, 추락방호망을 설치하기 곤란한 경우에는 근로자에게 안전대를 착용하도록 하는 등 추락할 위험을 방지하기 위하여 필요한 조치를 하여야 한다."(제2항)

또한 동 규칙 제31조에는 "사업주는 보호구를 사용하지 아니하더라도 근로자가 유해·위험작업으로부터 보호를 받을 수 있도록 설비개선 등 필요한 조치를 하여야 한다."(제1항), "사업주는 제1항의 조치를 하기 어려운 경우에만 제한적으로 해당 작업에 맞는 보호구를 사용하도록 하여야 한다."(제2항)라고 규정되어 있다.

높은 곳에서 작업하는 경우에는 작업발판의 설치를 일차적으로 하여야 하고, 기타 추락, 말림, 끼임의 위험이 있는 곳에서는 난간, 울타리, 덮개 등의 안전대책을 우선적으로 강구하여야 한다. 이와 같이 안전한 환경의 제공을 최우선으로 하고, 그다음으로 불안전행동을 배제할 의무가 있다는 것을 염두에 두고 안전관리를 할 필요가 있다.

(2) 구동장치 쪽에도 안전덮개를

대부분의 사업장에서 작업자가 일상적으로 취급하는 기계·설비에 대해서는 감김, 끼임 등의 위험이 있는 곳에 대한 설비 면의 위험방지대책이 잘 마련되어 있다. 그러나 구동장치의 커플링(coupling)[1], 스핀들(spindle)[2]에 안전덮개가 없는 등 작업자가 그다지 가지 않는 곳의 기계·설비는 안전대책이 불충분한 곳이 의외로 많다. 안전대책의 불충분을 이야기하면, 책임자로부터 "작업자가 구동장치 쪽에 들어가는 일은 거의 없기 때문에 대책을 실시하지 않고 있다."는 변명을 듣곤 한다. 이에 대해 "급유, 점검은 하지 않아도 됩니까?" 라고 물으면 "매일 1회는 점검하러 갑니다."라든가 "매주 1회는 점검하고 있다." 등과 같은 답변이 돌아온다.

작업빈도가 낮은 곳은 기본적인 안전대책을 소홀히 하여도 되는 것일까? 작업빈도에 관계없이 기본적인 안전대책을 확실히 실시해 놓아야 한다.

(3) 송풍기 등의 안전덮개

의외로 안전덮개를 설치하고 있지 않는 것이, 건물의 구석, 옥외

1) 어떤 축에서 다른 축으로 회전을 전달하기 위하여 사용되는 장치이다. 그 종류로는 2축을 반영구적으로 연결하는 고정식, 양 축 간에 다소의 이동을 허용하는 가동식, 2축이 어떤 각도를 이루고 있는 경우에 사용하는 자재식 등이 있다.
2) 선반·드릴링 머신 등 공작기계의 부품의 하나로서, 축단(軸端)이 공작물 또는 절삭 공구의 장착에 사용되는 회전축을 말한다. 주축(主軸)이라고도 한다.

등 눈에 띄지 않는 곳에 설치되어 있는 송풍기, 펌프 등의 구동용 벨트, 풀리(pulley)[3] 커플링 등이다. 많은 사업장, 특히 중소규모 사업장에서는 소형의 것에서부터 비교적 대형의 것까지도, 안전덮개가 없는 상태로 가동되어 있는 경우가 드물지 않게 발견된다.

평상시에는 작업자가 거의 가지 않는 장소이므로, 안전덮개의 필요성을 느끼지 못했거나, 관리자도 거의 들르는 일이 없어 간과해 버리기 쉽다. 그러나 근처에 사람이 없는 장소이기 때문에, 사고가 난다면 중대한 재해가 될 수 있다. 따라서 위험원에 접근하는 빈도가 낮다고 하여 법위반이 되는 위험한 곳에 대한 설비 면의 안전대책을 태만히 해서는 안 된다.

(4) 얕보는 마음이 재해를 초래한다

과거와 비교하여 많은 사업장에서는 설비 면의 안전대책이 충실하게 되어 있어 위험한 작업환경은 많이 줄어들었지만, 한편으로는 불안전행동에 의한 재해가 적지 않게 발생하고 있다. 따라서 작업에 임할 때 위험을 예지하여 안전한 행동을 취하여야 한다. '이 정도쯤이야.'라고 얕보는 마음과 이로 인한 안이한 불안전행동이 뜻밖의 큰 사고·재해를 일으키기도 한다.

'이러한 것으로도 사고가 발생하는구나.'라고 생각되는 의외의 재해사례를 소개한다. 그라인더에 의한 작업 시는 연삭된 철분이 눈에 들어가지 않도록 보안경을 착용하여야 하는데,[4] '잠깐만 작업

3) 벨트풀리, 벨트바퀴라고도 하며, 벨트구동 시 벨트를 걸기 위한 목적으로 축에 부착하는 바퀴이다.

4) 「산업안전보건기준에 관한 규칙」 제32조는 물체가 흩날릴 위험이 있는 작업에는 보안경을 지급하고 착용하도록 하고, 근로자는 그 보안경을 착용하여야 한다고 규정하고 있다.

하니까 괜찮겠지.'라고 안이하게 생각하고 보안경을 착용하지 않은 채 작업을 하다가 철분 가루가 눈에 들어가고 말았다. 그런데 철분 가루가 들어간 상태로 방치할 때의 위험성을 알지 못하여 바로 병원에 가지 않고 '좀 지나면 괜찮아지겠지.' 하고 방심하다가 녹농균에 감염되어 실명 위기 직전까지 간 일이 있다. 녹슨 철분 가루가 눈에 들어간 채로 방치하면, 단순히 티끌이 눈에 들어간 것과는 달리, 눈 속에 녹농균(綠膿菌)이 번식하여 불과 수 시간 만에 실명에 이를 정도로 치명적인 위험이 발생할 수 있다. 철분이 눈에 들어가면 바로 안과에서 세정(洗淨)처치를 받는 것이 철칙이다.

(5) 법률의 규정을 습득한다

1) 법령의 체계를 안다

안전관리활동을 추진하는 데 있어 중요한 것은 이상(理想)이라고 하는 '바람직한 모습'을 구체적으로 알고 이상에 가까이 가는 것이다. 안전관리활동의 바람직한 모습을 구체적으로 아는 것으로 현상과의 차이에 문제의식을 갖는 것이 가능하고 개선의 필요성을 인식할 수 있는 것이다.

안전관리와 재해방지대책의 바람직한 모습은, 「산업안전보건법」 뿐만 아니라 이 법률의 위임을 받아 내용을 상세하게 정하고 있는 '시행령 · 시행규칙', 「산업안전보건기준에 관한 규칙」, 「유해 · 위험작업의 취업 제한에 관한 규칙」, 그리고 유해위험기계 · 설비 · 기구의 인증기준, 방호장치 설치기준, 기술상의 지침 등을 정하고 있는 '고시', 법령의 해석기준을 설명하고 있는 '행정해석(유권해석)' 등에 제시되어 있는 사항을 기본적으로 반영하는 것이다.

「산업안전보건법」은 이들의 뒷받침에 의해 운용되고 있으므로,

「산업안전보건법」의 정함을 구체적으로 알기 위해서는, 법률·대통령령·부령·고시·행정해석의 각각을 연관시켜 조사하여야 한다. 이것들을 연결하여 조사하다 보면, 재해를 방지하기 위하여 실시하여야 하는 것이 구체적으로 제시되어 있다는 것을 알 수 있다.

그러나 현업부문의 관리·감독자는 산업재해의 방지를 최우선으로 한 현장관리를 하여야 한다고 생각하고 있어도, 법률용어는 이해하기 어렵다는 생각과 바쁜 업무 등을 이유로, 「산업안전보건법」에 관련된 규정을 공부할 기회(시간)를 가지고 있지 못한 것이 엄연한 현실이다.

2) 바람직한 모습을 법령에서 배운다

많은 사업장에서 추락 등의 위험을 방지하기 위하여 안전난간을 설치하고 있고, 건설현장에서는 추락방지에 관한 내용이 포함된 현수막을 쉽게 볼 수 있다. 그런데 책임자에게 "상부난간대는 바닥면으로부터 몇 cm 이상 지점에 설치해야 합니까?" 또는 "안전난간의 발끝막이판은 바닥면으로부터 몇 cm 이상의 높이를 유지하여야 합니까?"라고 물으면, 90 cm, 10 cm와 같이 구체적인 답을 하지 못하는 경우가 적지 않다. 그리고 책임자에게 「산업안전보건기준에 관한 규칙」에서 "덮개를 설치하여야 한다고 정하고 있는 연삭숫돌의 지름은 얼마입니까?"라고 물으면, "5 cm 이상입니다."라는 답변이 거의 나오지 않는다.

한편, 운전위치 이탈 시에 원동기를 정지시키고 브레이크를 확실히 걸도록 규정하고 있는 내용에 대해서도 잘 인식되어 있지 않다. 지게차 등의 차량계 하역운반기계, 불도저 등의 차량계 건설기계의 운전자가 운전위치를 이탈하는 경우 실시하여야 하는 안전대책에 대해서는, 「산업안전보건기준에 관한 규칙」 제99조에서 "포크, 버킷, 디퍼 등의 장치를 가장 낮은 위치 또는 지면에 내려 둘 것, 원동기를 정지시키고 브레이크를 확실히 거는 등 갑작스러운 주행이나 이탈을 방지하기 위한 조치를 할 것, 시동키를 운전대에서 분리시킬 것"을 정하고 있다.

지게차 운전 중에 팔레트 위의 짐이 떨어질 수 있어 운전자가 운전석에서 일어나 몸을 밖으로 내밀어 짐을 바로잡으려고 할 때, 틸트 레버(tilt lever)[5]에 신체가 닿아 마스트가 기울어지는 바람에 헤드가드와 마스트 사이에 머리가 끼여 사망한 사례가 있다.

위 법령의 규정은 운전위치 이탈 시의 안전대책이므로, 운전자가 차량 밖으로 나오는 경우뿐만 아니라 운전석에서 설 때에도 이행하여야 한다. 그리고 원동기를 정지시키라는 것은 차량이 아니라 구동장치를 정지시키라는 의미로서 뜻밖의 동작을 방지하기 위한 것이다. 그런데 사업장에서 이에 대해 올바르게 인식되어 있지 않은 것이 엄연한 현실이다.

또한 제지공장 내에서 종이 원지를 릴(reel)에 감는 공정에서 발생된 파지를 지게차로 수거하여 야적장으로 치우는 작업을 하던 중 지게차 기어를 중립에 놓고 내린다는 것이 오조작하여 후진방향으로 기어를 놓고 내린 후 파지(破紙)를 치우던 중 지게차가 후진하여 지게차와 릴설비 사이에 협착되어 사망한 사례도 있다. 운전자가 지게차의 원동기를 정지시키고 브레이크를 확실히 건다는 인식이 없었던 것이 이 사고의 직접적인 원인이었다고 지적할 수 있다.

관리·감독자가 재해방지를 위하여 현장에서 실시하여야 하는 법령의 규정을 알지 못하면, 적절한 안전대책 마련, 안전지도가

5) 운전자의 체격이나 체형에 알맞도록 핸들의 위치를 조정하고 틸트 스티어링을 조정하는 레버로서, 틸트 레버를 앞으로 당기면 앞 기울기가 되고 뒤로 당기면 뒤 기울기가 된다.

사실상 불가능하다. 따라서 업종·직종에 따라 또는 관리자, 감독자, 일반작업자 등 대상자에 따라 알아 둘 필요가 있는 법률의 규정을 발췌하여 작업자가 보기 쉬운 곳에 게시하는 것은 물론, 해당 작업에 관련된 법령의 규정을 스터디 등을 통해 공부하도록 하거나, 법령의 규정에 관한 설문에 대해 용지에 해답을 적도록 하여 즐거운 분위기에서 법령의 규정을 구체적으로 배우는 '안전퀴즈'를 실시하는 등 법령에 대한 지식을 높이기 위한 방법을 강구하여 지속적으로 실시하여야 한다.

(6) 결정사항은 정량적·구체적으로

어떠한 업종에서도 사업장에서 안전하게 작업하기 위하여 지켜야 하는 사항을 정해 놓고 있지만, 추상적인 내용으로 되어 있는 경우가 많다. 이행하여야 할 사항(준수사항)은 누가 행하더라도 동일하게 올바른 작업이 가능하도록 구체적·정량적으로 정할 필요가 있다.

1) '화기(火氣) 엄금'의 범위를 구체적으로

석유정제 등과 같은 위험물을 제조하거나 취급하고 있는 사업장에서는 사업장 전체를 화기(불 및 불이 되는 것) 엄금지역으로 설정하고 정전기의 방지대책도 포함하여 엄격한 대응을 하여야 한다.

제조공장 등 일반사업장에서는 각 작업장에서 소량의 위험물을 사용하기 때문에, 위험물 창고 외에 작업장마다 소량의 위험물을 보관하는 장소를 두고 있다. 그리고 작업장의 인화성 유지(油脂), 가연성 가스 등의 위험물 보관장소에도 「소방기본법」, 「산업안전보건법」의 규정에 의해 '화기(취급) 엄금'의 표시(표지)를 하고 있다.

그런데 화기 엄금의 범위를 구체적으로 명시하고 있지 않기 때문에, 개개인의 인식이 가지각색인 경우가 적지 않은 실태이다. 그러다 보니 유지류의 위험물 보관장소에 화기 엄금의 표시를 하고 있는 작업장의 관계자들에게 "화기 엄금의 범위는 어떻게 됩니까?"라고 물으면, 누구로부터도 구체적인 답이 돌아오지 않는 경우가 많다. 화기 엄금의 범위를 누구라도 알 수 있도록 구체적으로 설정하여야 화기 엄금 표시의 실효성을 거둘 수 있을 것이다.

2) '지게차 접근금지'도 수치로

최근에는 많은 사업장에서 지게차를 사용하고 있다. 지게차를 사용하는 작업현장에서는 지게차의 운행장소와 작업자의 통행장소를 구분하여야 한다. 그러나 현실에서는 작업장소가 좁아 완전히 구분할 수 없어 지게차의 작업장소에 작업자가 들어가지 않으면 안 되는 작업장이 적지 않은 것이 실정이다.

그래서 "지게차에 접근하지 마시오."라고 지도하고 있지만, 이 준수사항도 추상적이어서 어느 정도까지 접근하면 안 되는지에 대하여 개개인의 의식이 가지각색이다. 게다가 항상 지게차 근처에서 작업하고 있으면, 지게차의 위험에 대한 감수성이 저하되어 그만 접근해 버리기 쉽다.

지게차의 크기에 따라 후방의 사각이 다른 것에 착목하여, 어느 범위까지 접근해서는 안 되는지를 구체적으로 정할 필요가 있다. 지게차의 사각(死角)은 운전대에 앉으면 잘 알 수 있다. 지게차의 사각의 크기에 따라 "5 m 이내에 접근하지 마시오." 또는 "8 m 이내에 접근하지 마시오." 등으로 정하여, 각 지게차의 본체에 큰 문자로 표시하고 작업자에게 주의를 환기시키는 한편, 지게차의 운전자도 이 범위 내에 사람이 접근하면 경적을 울려 물러나도록 할 필요가 있다.

이것은 각종 차량계 건설기계에 대해서도 동일한바, 불도저, 파워쇼벨, 포장용 롤러 등에 대해서도 각각 몇 m 이내에 접근해서는 안 되는지를 정하여 지도하는 것이 중요하다.

3) 화물의 퇴피(退避)거리도 수치로

건설현장을 포함한 많은 사업장에서는 줄걸이 작업이 종종 이루어지고 있다. 그런데 이 작업을 할 때에도 "접근하지 마시오."라고 지도하고 있을 뿐이고, 매달린 짐에서 어느 정도 떨어지면 좋을지를 구체적으로 보이고 있지 않아 퇴피거리에 대한 판단이 제각각인 경우가 많다.

관행적으로 작업자들은 매달린 짐에 접근하고 있어도 위험하다고 느끼지 못한 채 작업하기 십상이므로, 매달린 짐으로부터 몇 m 이상 떨어져야 하는지를 구체적으로 정하여 지도하는 것이 중요하다. 만약 매달린 짐이 떨어지거나 흔들려 재해를 입으면, 퇴피를 잘못한 것이 원인이었다고 하면서 줄걸이 작업자의 부주의만을 지적하고, 앞으로는 충분한 거리를 두고 퇴피하라고 하는 등 추상적인 대책으로 끝내 버리기 쉽다. 그러나 이것은 관리자의 책임회피식 대응이 아닐까.

화물이 땅에서 분리된 후와 착지 전에는 2 m 이상 떨어져 있는

표 4.1 매달린 화물로부터의 퇴피거리(예)

화물의 높이	화물로부터의 퇴피거리
2 m 이하	2 m 이상
2～10 m	화물 높이의 1.5배 이상
10 m 이상	15 m 이상

것을 정하여 지도할 필요가 있다. 3 m 이상으로 정하고 있는 사업장도 있다. 중요한 것은 수치로 제시하는 것이다.

천장크레인의 경우 화물을 매달아 올려 주행할 때의 매달린 화물에서 퇴피거리를 수치로 제시하는 것이 필요하다. 일반적으로 매달린 화물로부터 작업자가 퇴피하여야 할 거리를 제시하면 표 4.1과 같다.[6)]

2 사고·재해의 교훈을 살린다

(1) 재해 발생 시의 대응을 적절히

1) 재해의 교훈을 살린다

전체적으로 보면 많은 사업장에서는 최근 재해가 감소하고 있어 당해 사업장에 재해를 직접 처리해 본 경험자가 적어지고 있다. 이것은 분명 바람직한 일이지만, 다른 한편으로는 드물게 발생하고 있는 재해의 처리방법에 대해 갈피를 못 잡고 재해결과를 충분히 활용하지 못하는 일로 연결될 수 있다.

그리고 자칫하면 발생한 재해의 뒤처리를 모나지 않게 적당히 끝내거나 현장실무자에게 책임을 묻는 것만으로 마무리하는 '방어적' 대응으로 기울기 쉬운데, 재해의 재발방지를 위해서는 발생원인 분석과 재발방지대책을 불충분히 한 채 발생한 재해를 가볍게 넘겨 버리는 일이 없도록 하여야 한다.

재해가 발생한 경우에는, 재해가 발생한 곳의 재발방지대책과

6) 玉掛け作業の安全教育. Available from: URL: http://www.mdis.co.jp/products/contents/movie/safety_edu.html ; 玉掛け作業の一般心得. Available from: URL: http://www.n-anzeniinkai.com/wp-content/uploads/2013/12/anzeneisei007.pdf.

함께, 재해가 발생하지 않은 다른 작업장, 사업장에 대해서도 재해발생요인이 없는지 유해위험요인을 꼼꼼히 살펴보는 계기로 삼고, 유사재해의 방지대책을 확실하게 실시하는 '공격적(선제적)' 안전활동이 불가결하게 요구된다.

2) 근본원인을 파악한다

재해조사는 재해에 이르기까지 물체·물질의 동태, 행동, 관계하는 사람의 언동에 대하여 시계열로 조사하여 그중에서 재해의 발생원인이 된 물적 요인과 인적 요인을 함께 파악하여야 한다.

기계를 정지시키지 않고 수리를 하였거나 위험한 곳에 손을 넣는 등의 현상에 대하여, 왜 그렇게 하였는지를 물어 근본원인을 파악하고, 관리 면의 문제도 명백히 할 필요가 있다.

실제로 왜 기계를 정지시키지 않고 수리하였는지 조사해 보니, 제품에 흠집이 생기기 시작하여 일각이라도 빨리 수리를 하여야만 했는데 기계의 정지스위치가 작업장에서 떨어져 있어, 스위치를 조작하려면 시간이 걸릴 것이라고 생각하고 그대로 수리를 하였다는 것이 판명되었다. "이상 시에는 기계를 정지시키시오."라고 정해 놓고 있었지만, 현실적으로는 불량을 억제하는 것도 중요하기 때문에 이를 지키기 어려웠던 것이다. 따라서 이상 시 기계의 정지가 확행되도록 하려면 작업장 안에도 정지스위치를 설치하는 것이 필요할 것이다.

어떤 작업장에서, 회전체에 손이 말려 들어가는 사고로 인해 오른쪽 손가락 4개가 절단되는 재해가 발생하였다. 그런데 재해보고서의 발생원인란에는 "회전체에 손을 넣었다."고 쓰여 있었고, 그 대책란에는 "회전체에 손을 넣지 말 것"이라고 쓰여 있었다. 우리나라의 많은 기업(사업장)에서는 재해원인분석과 재발방지대책을 이와 같이 피상적으로 접근하고 있다. 그러나 현상에 대한 단순한 대증요법만으로는 효과적인 재발방지대책이 될 수 없다. 재해현상에 대하여 “왜?”라고 질문을 던져야만, 재해의 근본적인 원인을 찾아낼 수 있다.

재해조사를 할 때에, 자칫하면 책임을 추급하는 태도에 빠지기 쉽지만, 이와 같은 마음을 갖고 있으면 관계자가 경계하여 진실을 숨기게 되고, 실제의 원인을 파악할 수 없게 된다. 책임의 소재를 명확히 하는 것보다 적절한 재발방지대책을 위하여 실제의 원인을 파악하는 것이 더 중요하다고 생각하는 태도를 견지하는 것이 진실을 파악하는 데 있어 불가결하다.

3) 실효성 있는 재발방지대책을

재해의 발생원인이 명백하게 밝혀지면, 이를 토대로 재발방지대책을 수립하게 되는데, 이때 이상적으로 생각하여 여러 가지 대책을 한꺼번에 실시하려고 하기보다는 우선적으로 실시하기 쉽고 효과가 큰 대책부터 확실하게 실천하면서 단계적으로 실시해 나가는 것이 필요하다. 그리고 재해가 발생한 작업장에서는 당분간은 모두가 주의하여 작업하지만, 1년쯤 지나면 잊어버리고 수립한 대책이 지켜지지 않는 경우가 많으므로, 사람에 의존하지 않는 설비면의 안전대책을 우선하는 것이 중요하다.

4) 재해교훈의 수평전개를

사업장에서 사망재해 등 중대한 재해가 발생하면, 사업장 전체가 충격을 받아 재해가 발생한 기계·설비 등에 대해서는 간부도 관심을 갖고 바로 모든 재발방지대책을 강구하여 실시하지만, 다른 유사 기계·설비 등에서는 대책에서 빠뜨리기 쉽다.

다른 회사에서 발생한 큰 사고의 교훈을 살리지 못하여 유사한 큰 사고가 발생하였다고 보도되는 등 사회적 문제가 된 사례도 드물지 않다. 같은 회사의 다른 작업장, 사업장뿐만 아니라, 다른 회사에서 발생한 사고·재해에 대해서도 교훈을 살려, 이에 대한 재발방지대책을 태만히 하지 않는 것이 중요하다.

(2) 아차사고의 사례를 활용한다

최근에는 많은 사업장에서 국제적으로 오래된 역사를 가지고 있는 아차사고발굴(보고)활동에 대해 그 필요성이 확산되고 있는 것 같다. 한편, 아차사고발굴(보고)활동에 노력하고 있지만, 만족할 만한 성과로 연결되고 있지 않거나 활동이 저조하거나 또는 형식화(매너리즘화)되고 있는 현상에 대해, '어떻게 하면 좋을지' 등의 문제를 놓고 많은 사업장에서 고민하고 있다.

아차사고발굴(보고)활동은 본래 위험한 것을 체험하고 '오싹'했거나, 위험한 것을 발견하고 '이크' 하면서 놀랐던 것을 서로 보고하여, 동일하거나 유사한 것이 발생하지 않도록 대책을 강구하는 활동이다. 아차사고는 운이 나빴으면 재해를 입었을 체험을 한 위험한 사건이기 때문에, 재해에 준한 재발방지대책을 강구하여 실시한다면 위험이 없는 직장 만들기에 많은 도움이 될 수 있다.

아차사고를 보고하였는데 무시되었거나 대책 수립이 소홀히 되면, 보고할 마음이 생기지 않을 것이다. 보고된 아차사고는 개별 건마다 어떤 형태로든 재발방지대응을 하는 것이 필요하다. 이를 위해서는 모든 보고를 위험도에 따라 A, B, C 세 가지의 등급(rank)으로 구분하고, 이 구분에 따라 재발방지를 위한 대응을 하는 것이 효율적이다(표 4.2 참조).

표 4.2 아차사고의 판단기준 및 취급방법의 구분표(예)

구분	판단기준
A	큰 부상으로 연결될 가능성이 높은 것으로, 근본적인 대책이 필요한 것
B	부상을 입을 수 있는 것으로, 해당 작업장의 모든 사람이 검토하는 것이 좋다고 생각되는 것
C	부상을 입을 가능성은 적지만 상황에 따라서는 부상을 입을 우려가 있는 것으로서, 작업장의 모든 사람에게 알려, 주의를 환기시키는 것만으로 무방하다고 생각되는 것
구분	**취급방법**
A	관리자도 들어와 검토한다[다른 작업장(부서)에도 도움이 될 수 있는 것은 다른 작업장(부서)에도 널리 알린다].
B	해당 작업장(부서)의 전원이 검토한다.
C	매일의 업무시작 전 회의에서 전날 보고된 것을 전원에게 소개하고, 짧은 시간 동안 서로 이야기하여 교훈을 확인하고 행동에 활용한다.

구분 A가 많다는 것은 매우 위험한 곳(상태)이나 행동이 많다는 것을 의미하므로 직장의 위험 배제에 대해 좀 더 적극적으로 노력해야 한다. 아차사고발굴(보고)활동이 활발한 작업장에서는, 주의를 환기하는 것만으로 무방한 구분 C에 해당하는 것이 대부분일 것이므로(검토회의 대상이 적을 것이므로) 검토회의를 하는 부담은 크지 않을 것이다.

재해의 재발방지대책과 동일하게, 아차사고에 대해서도 설비, 기계·기구의 본질적인 안전대책을 우선하는 것이 요구된다. 그러나 기술 면, 자금 면에서 바로 개선할 수 없는 것이 있다. 이 경우에는 보고해 준 사람에게 마음을 담아 개선할 수 없는 이유를 설명하여 양해를 구하는 것이 필요하다. 그리고 재해는 언제 일어날지 모르기 때문에, 이와 같은 경우에 '우선 어떻게 할지'를 생각하여 바로 가능한 안전대책을 실시하는 것이 중요하다. 예를 들면, 개구부가 있을 경우, 근본적인 대책을 강구하기 전에 사업장에 있는 적당한 판을 놓아 덮거나, 로프를 쳐 출입금지의 표시를 하는 등 아무리 사소한 불안전상태라도 방치하지 않는 것이 중요하다.

아차사고 보고의 제출건수에 따라 다르기는 하지만, 대략 6개월마다 모든 보고를 사고유형별, 작업장소별로 분석하거나 물적 원인, 인적 원인에 대해 분석하여 아차사고 발생경향을 파악하고, 중점적으로 일제점검과 개선을 실시하는 것도 필요하다.

물론 아차사고 보고제도에 관해서는 직면하고 있는 문제가 상당수 존재한다. 그것들에 대한 해결은 작업자들 스스로가 중요한 역할을 하였을 해당 사건(event)에 대해 자발적으로 보고하려는 의지를 얼마나 북돋우냐에 달려 있다.

정보제공자가 발생한 사건을 보고하려는 의지가 있더라도, 기여요인들에 대해 충분히 상세한 설명을 할 수 있는 것은 아니다. 보고자는 종종 선행적인 배후요인(upstream precursor)을 알지 못한다. 또한 그들은 작업현장요인(조직 전체가 아니라 일부 장소 또는 범위에 한정된 요인)의 중요성을 제대로 평가하지 않을 수도 있다. 만약 그들이 기준 이하(substandard)의 장비로 작업하는 데 익숙해 있다면, 그들은 이것을 사고의 기여요인으로 보고하지 않을 수도 있다. 그리고 만약 그들이 감독을 받아야 했지만 실제로는 그렇지 않은 일을 습관적으로 수행한다고 하면, 감독의 결여를 문제로 인식하지 않을 수 있다. 이 외에도 여러 가지 경우가 있을 수 있다.

요컨대, 보고 의지와 능력의 문제가 두 가지 영향을 미칠 수 있다. 하나는 모든 아차사고가 보고되지는 않을 것이라는 점이다. 또 다른 하나는 어느 아차사고이든 하나의 아차사고에 대한 정보(의 질)로 중대한 징조를 식별하기에는 불충분할 수 있다는 점이다.

그러나 아차사고 보고로부터 얻어지는 장점이 앞에서 지적한 곤란을 훨씬 능가한다는 것이 보고제도의 매우 성공적인 사례를 통해 확인되고 있다. 아차사고 보고제도가 매우 귀중한 항해상의 지원을 할 것이라는 점은 의심의 여지가 없다.

참고 아차사고 보고제도[7)]

아차사고를 수집하고 분석하는 이점은 명확하다. 엑슨(Exxon)사의 어록(語錄)에 의하면, 아차사고는 다음과 같은 '무료 교훈'을 제공한다.

- 만일 올바른 결정이 도출되고 그것을 토대로 행동한다면, 올바른 결정은 장래의 중대한 사건에 대하여 시스템의 방호를 강력하게 작동케 하는 '백신(vaccine)'처럼 작용할 수 있다. 그리고 올바른 결정은 좋은 백신처럼 프로세스 중에 있는 어느 누구에게도, 어느 것에도 피해를 입히지 않고 이러한 작용을 한다.
- 아차사고는 아무리 작은 방호 실패이더라도 일렬로 정렬될 경우 참사를 초래할 수 있다는 점에 대한 정성적인 통찰력을 제공해 준다.
- 아차사고는 나쁜 결과(재해)보다 빈번하게 발생하기 때문에, 더 심도 있는 정량적인 분석을 위해 필요한 많은 사례를 제공한다.
- 아마도 가장 중요한 것은, 아차사고가 시스템이 직면하는 잠재적인 위험성의 강력한 상기장치(reminder)가 되어 두려움을 망각하는 진행속도를 늦춘다는 점이다. 그러나 이렇게 되기

7) J. Reason, *Managing the Risks of Organizational Accidents*, Ashgate Publishing, 1997, p. 119.

위해서는 해당 자료가 널리 전파될 필요가 있으며, 특히 조직의 고위직 재무책임자(bean counter)에게 전달될 필요가 있다. 조직의 고위직 재무책임자에 대한 정보제공은 각 사건에 관련된 정보가 조직에 대한 잠재적 경제손실의 현실적인 추산을 포함하는 경우에 특히 각성효과가 높다고 알려져 있다.

(3) 과거의 재해 달력 만들기를

과거에 발생한 재해와 동일한 재래형의 유사재해가 여전히 많이 발생하고 있다. 적어도 자신들의 작업장, 사업장에서 발생한 과거의 재해는 선배, 동료가 매우 큰 고통을 경험한 것으로서 자신들과 관계가 깊은 교훈이므로, 어떻게 해서든 재발을 방지하여야 한다.

과거에 발생한 재해의 일람표를 만들어, 유사재해 방지를 위한 일제점검을 실시하거나 스터디, 조회 등에서 교훈을 확인하고 있는 사업장도 있다. 그러나 과거에 발생한 많은 재해의 교훈을 일제히 살리려고 해도 이것을 다 기억할 수는 없기 때문에, 매일매일의 작업에서 이를 실천에 활용하는 것은 쉽지 않다.

과거의 재해 교훈을 매일매일의 작업 중에 활용하기 위한 방법으로 재해 달력 만들기가 효과적이다. 과거 발생한 재해의 다소에 따라 다르지만, 대략 과거 5년간 또는 10년간 발생한 사업장 전체의 재해 중 교훈으로 살릴 필요가 있는 것을 선정하여, 재해가 발생한 월일란에 재해의 발생장소와 발생상황, 피재(被災)의 정도 등을 간결하게 기입한 달력을 만들어 각 작업장에 배부해 둔다. 과거의 재해가 적으면 회사 전체의 재해를 대상으로 하는 것이 좋고, 재해가 많으면 부서 단위로 재해를 선정하거나 휴업재해만을 선정하는 등 궁리가 필요하다.

이와 같이 손으로 만든 달력은 작업장마다 조회를 하는 장소에 게시해 두고, 달력에 과거의 재해가 기입되어 있는 날에는 조회에서 과거의 그날에 발생한 재해의 내용을 확인하고, 유사재해의 방지대책이 정착되어 있는지를 다 같이 확인한다. 그리고 당일의 작업 중에 유사재해 방지를 위하여 유념하여야 할 사항을 하나의 요점으로 압축한 후, 제창에 의해 실천함으로써 주의를 환기시키는 것이 필요하다.

과거에 사망재해가 발생한 날은 재해의 내용을 확인하고 나서, 모두가 묵도하고 명복을 빌면서 안전작업의 중요성을 재확인하는 것도 잊어서는 안 될 일이다.

3 생동하고 상쾌한 직장 만들기

(1) 인사운동으로 좋은 인간관계 만들기를

우리들은 사회생활의 상식으로 일상적으로 이웃사람, 지인과 얼굴을 마주치면 인사를 한다. 인사를 하지 않는 상태는 인간관계가 서투른 증거이고, 직장에서도 동일하게 매일 서로 기분 좋게 인사를 하는 것이 좋은 인간관계 만들기에 불가결하다. 좋은 인간관계를 만드는 것이 모든 활동의 출발점인 것이다. 안전활동이 활발한 사업장에서는 대체로 인사운동을 매우 중요하게 생각하고, 이를 적극적으로 추진하고 있다.

이쪽에서 인사를 하여도 상대방이 인사를 하지 않거나, 작은 목소리로, 무뚝뚝한 인사를 받으면, '자신에 대하여 좋은 감정을 가지고 있지 않은 것은 아닐까?' 하고 생각하는 경우가 있다. '서로의 눈을 보고, 밝고 활기 있게'를 유념하여 인사를 교환하면 마음이 서로 통하는 인간관계 만들기에 많은 도움이 된다.

인사는 출근, 퇴근 등을 할 때 '개별 인사'와 작업 전 회의, 각종 회의 등의 시작과 끝에 모두 함께 인사하는 '전체 인사'가 있다. 인사가 전체적으로 잘 이루어지는 사업장에서는 직장에 활기가 있고, 나아가 안전성적이 좋은 경우가 일반적이다.

실제로 최근에는 많은 건설현장 등에서 인사하기 운동을 '감성안전' 차원에서 캠페인으로 벌이는 곳도 자주 눈에 띈다. 하지만 간단한 것 같으면서도 좀처럼 정착하지 않는 것이 인사이다. 그러나 인사는 좋은 인간관계를 만들고, 모두가 서로 협력하며, 모든 직장활동에 혼을 불어넣어 적극적으로 노력하는 풍토 만들기에 불가결하다. 인사운동을 정착시키기 위해서는 관리·감독자가 솔선수범하여 인사를 하면서 지도하는 것이 중요하다.

(2) 정적(靜的)인 4S에서 동적(動的)인 4S로

1) 환경은 사람의 의식과 행동을 변화시킨다

우리들은 쓰레기가 널려 있는 직장, 도로 등에서는 휴지를 슬쩍 버리기 쉽다. 최근 전국의 주요한 역의 구내, 공항 등은 승객이 많음에도 불구하고, 4S(정리·정돈·청소·청결)가 매우 잘되어 있고, 쓰레기나 먼지 등이 거의 발견되지 않는다. 백화점 등도 마찬가지이다. 깨끗하게 정비되어 있어 쓰레기를 버리는 행위를 할 수 없는 심리가 작용한다. 쓰레기를 버려도 비난받지는 않지만, 휴지통을 찾아 버려야 한다는 의식이 자연스럽게 작동하여 행동한다. 이와 같이 깔끔한 좋은 환경은 사람의 의식을 변화시켜 자연스럽게 매너가 좋아지고, 바른 행동을 하는 사람 만들기에 도움이 되며 위험한 곳이 눈에 잘 띄게 되므로, 위험에 대한 감수성도 높아진다.

이와 관련된 이론으로 '깨진 유리창 이론'이 유명하다. 미국의 범죄학자인 윌슨(James Q. Wilson)과 켈링(George L. Kelling)이 1982년 3월에 공동 발표한 '깨진 유리창(Broken Windows)'이라는 글에 처음으로 소개된 이론이다. 낙서, 유리창 파손 등 경미한 범죄를 방치하면 큰 범죄로 이어진다는 범죄심리학 이론이다. 지하철의 깨진 유리창을 방치하는 것은 곧 법질서의 부재를 반증하고, 잠재적 범법자를 부추기는 결과를 낳기 때문에, 지하철 유리를 깨는 경범죄부터 발본색원해야만 치안이 확립된다는 주장이다.

그보다 앞서, 미국의 심리학자인 짐바르도(George P. Zimbardo)는 1969년에 다음과 같은 실험을 실시하였다. 치안상태가 비교적 허술한 지역의 골목길에 동일한 두 대의 자동차를 가져다 두고 두 대의 차량 모두 보닛을 열어 두었다. 다만 한 대의 차량에는 유리창을 고의적으로 약간 파손한 상태로 방치해 두었다. 그렇게 약간의 차이를 만들어 놓은 채 1주일간 그 골목에 방치해 두었다. 그리고 1주일 후 다시 그 골목을 찾았을 때, 두 대의 차량에는 엄청난 차이가 생긴 것을 발견하게 되었다. 유리창을 깨 놓지 않은 차량에는 아무런 변화가 없었지만, 유리창을 일부러 깨 놓은 차량은 배터리와 타이어가 사라진 것은 물론이거니와 일부에 낙서와 고의적인 파손이 가해져서 완전히 고철상태가 되어 폐차할 수밖에 없는 상태가 되었다. 사소해 보일지 모르지만 단순히 유리창 한 장의 차이가 이처럼 엄청난 차이를 불러왔던 것이다.

1990년대 중반 뉴욕시가 범죄율을 빠른 시간에 큰 폭으로 낮추었던 탁월한 성과를 낸 것도 이 깨진 유리창 이론을 기반으로 이루어진 것이었다.

기본이라고 하는 것은 사소하게 보일지 모르지만, 그 기본이 방치되고 지켜지지 않으면 결국 전체를 무너뜨리는 결과를 초래할 수 있다는 점을 깨진 유리창 이론과 실험이 설명해 주고 있는 것이다. 4S는 안전과 생산, 품질에 있어 그 기본에 해당하는 것임을 유념할 필요가 있다.

2) 작업성을 생각한 4S(5S)

4S 또는 5S[8]는 안전뿐만 아니라 일 자체를 효율적으로 추진하는 기본이기도 하다. 4S(5S)가 좋지 않은 직장에서는 기분 좋게 일할 수 없을 뿐만 아니라, 주의하지 않으면 안 되는 곳, 작업의 비효율, 무리 등이 많고, 직장규율도 잘 지켜지지 않으며, 잡다한 작업을 하게 되어 실수를 하기 쉽고, 일의 성과도 나쁘게 되며, 어떤 안전활동을 하여도 성과를 올리기 어렵다.

4S(5S)는 작업현장뿐만 아니라 오퍼레이터실, 현장대기소, 휴게실, 사무실 등도 대상이다. 많은 사업장, 건설현장에서 간부 등에 의한 안전순시를 받을 때에, 각각의 작업장에서 평상시와 완전히 다른 상태로 하여 순시자를 맞이하지만, 이 순시 때의 상태는 작업성을 무시하고 보기 흉하게 느껴지는 것을 모두 눈에 띄지 않는 곳에 넣어 버리는 미봉적 상태로서 일상적인 상태가 아니다. 예를 들면, 항상 사용하고 있는 와이어로프, 도공구 등을 도공구함 속 등에 넣거나 벽의 안쪽에 숨기는 등 겉보기의 산뜻함을 요구하는 4S(5S)를 행하고, 순시가 끝나면 다시 꺼내어 작업장에 두게 된다.

이와 같은 작업성을 고려하지 않은 보여 주기 4S(5S)는 '정적(靜的)인' 4S(5S)이고, 이와 같은 것을 반복해서는 아무리 시간이 지나도 평상시의 실태가 좋지 않게 된다. 중요한 것은, 작업성을 고려하여 사물을 두는 장소와 방법을 고안한 4S(5S), 즉 '동적(動

8) 최근에는 종래의 4S에 '습관화'를 추가하여 5S라고 부르고 있다.

的)인' 4S(5S)를 추진하는 것이다.

이러한 동적인 4S(5S)를 추진하는 경우에, 모델이 되는 작업장을 지정하여 4S(5S)의 모범을 만들고 그 상태를 다른 작업장의 사람들에게 보임으로써 바람직한 모습을 구체적으로 실감하게 하면, 횡단적으로 안전관리 수준을 높이는 데 도움이 된다.

4 사고·재해 방지에 도움이 되는 직장안전활동을

(1) 안전확인에 도움이 되는 지적호칭(指摘呼稱)을

1) 지적호칭의 필요성

제3편 제3장 5에서 소개하였던 뇌파 패턴에 따르면, 에러를 방지하기 위해서는 phase Ⅲ의 상태에서 작업하는 것이 중요하지만, 누구라도 phase Ⅲ의 상태를 오랫동안 계속하는 것은 불가능하고, 통상은 phase Ⅱ의 상태에서 일을 하고 있다. 앉아서 단순한 일을 하고 있을 때는 phase Ⅰ에 빠지는 경우도 있고, 트러블이 발생하였을 때 등은 phase Ⅳ의 상태가 되기 쉽다.

휴먼에러를 방지하기 위해서는 phase Ⅰ, Ⅱ, Ⅳ로 되어 있는 의식수준을 phase Ⅲ의 의식수준으로 변화하는 것이 필요하다. 특히 절대적으로 실수해서는 안 되는 동작을 할 때에는, phase Ⅲ의 의식수준으로 전환하는 것이 중요하다.

이 방법으로서 지적호칭에 의해 팔, 손가락과 입 주위의 근육을 움직이면, 대뇌에 자극을 주게 되므로 큰 효과가 있다고 한다. 특히 앉은 자세를 지속하여야 하는, 예컨대 전철의 운전사는 phase Ⅰ, Ⅱ에 빠지기 쉬우므로, 의식수준을 phase Ⅲ의 상태로 유지하는 데에 지적호칭이 유용하게 활용될 수 있다.

지적호칭의 휴먼에러 방지효과는 많은 실험에서 정량적으로 입증되어 있다.[9] 지적활동은 단독으로 실시하는 경우도 있지만, 위험예지활동에 포함하여 이것과 일체의 것으로 실시하기도 한다.

2) 공동작업 시는 상호확인을

기계 수리 중에 동료가 잘못하여 스위치를 넣어서 기계가 작동하는 바람에 부상을 입거나, 줄걸이 작업 중에 보조자가 와이어로프를 쥐고 와이어로프의 위치를 조정하고 있는 중에 들어 올리기 신호를 하여 운전자가 짐을 들어 올리는 바람에 보조자가 손이 끼이는 사고와 같은, 공동작업에서 상호 안전확인이 되지 않은 것에 의한 재해도 끊이질 않고 있다.

공동으로 작업을 하는 경우 동료에 대한 안전확인을 지적호칭에 의해 행하는 것이 중요한데, 상대방에게 안전한 상태인지를 확인하기 위한 호칭 용어도 필요하다. 공동작업인 경우에는 "○○ OK?"라고 상대방에게 확인할 것을 묻고, 상대방으로부터 "○○ OK!"라고 응답을 받고 나서 조작을 하는 등의 행동을 한다.

예를 들면, 2명이 줄걸이 작업을 할 때는, 줄걸이 주(主) 작업자가 줄걸이 보조자에게 "퇴피(退避) OK?"라고 손가락으로 가리켜 묻는다. 줄걸이 보조자는 똑같이 자신의 퇴피가 적절한지를 확인하고, 잘되었으면 "퇴피 OK!"라고 호칭한다. 줄걸이 주 작업자는 이것을 받아 "퇴피 OK!"라고 줄걸이 보조자의 퇴피를 확인한 후, 자신의 퇴피를 자문자답에 의해 확인하고 잘 이루어졌으면 후속 작업을 진행한다.

---

9) 重森雅嘉·藤文紀·増田貴之, 〈指差喚呼のヒューマンエラー防止効果体感プログラム〉, 鉄道総研報告, Vol. 26, No. 1, 2012, pp. 11~14.

수리작업 등에서 스위치를 넣을 때 등도, 상대방에게 “스위치 넣기 OK?”를 확인하고, 상대방으로부터 “스위치 넣기 OK!”라고 응답을 받고 나서 스위치를 넣는 등 “OK?, OK!”의 지적호칭의 용어를 활용하여 상태를 구체적으로 확인하는 것을 통해, 공동작업에서의 휴먼에러 방지에 기여할 수 있다.

직장의 모든 사람이 합의한 후에, 작업 중에 이루어지고 있는 지적호칭을 비디오로 촬영하고 촬영한 것을 모두가 함께 보면서 서로 이야기를 나누고 지적호칭의 방법을 개선하고 있는 사업장도 있다.

(2) 작업절차의 표준화

1) 작업절차서 작성 시의 유의사항

「산업안전보건법 시행규칙」(제26조 제1항 별표 5)의 규정에 의해 관리·감독자로 지정된 자에 대해서는 ‘표준안전작업방법’에 관한 사항을 교육하여야 한다고 의무 지워져 있다. 여기에서 표준안전작업방법은 작업절차서 작성방법을 포함하는 것이다.

작업절차서는 정상작업의 위험도가 높은 것을 우선적으로 작성하는 한편, 비정상작업, 예측할 수 있는 긴급작업에 대해서도 절차화할 수 있는 것은 최대한 작업절차서를 작성하여 활용하는 것이 바람직하다.

많은 사업장에서 다양한 작업절차서를 작성하고 있지만, 실제 작업에는 거의 도움이 되지 않는 것이 엄연한 실태이다. 작성된 작업절차서가 규정집이나 서류철에 그대로 있는 채 누구도 보지 않거나 작업자가 이해하지 못하는 등 실제로 활용되고 있지 않는 사업장이 적지 않다.

작업절차서는 최종적으로는 관리자가 결정하여야 하지만, 작성과정에서 작업장의 모든 사람이 검토하여 모두의 합의에 의해 안을 작성하는 것이 작업자의 이해를 심화시키고 작업절차를 준수하는 마음을 갖게 하는 데 도움이 된다. 그리고 작업절차서를 검토하는 과정이 교육의 장(場)이 되기도 한다.

작업절차서를 활용하기 쉽게 하기 위하여 간결하게 표현하는 한편, 하나의 작업절차서는 1매로 정리하여 1건마다 투명비닐 등의 케이스에 넣어 꺼내기 쉽도록 분류하여 두는 것이 효율적이다.

2) 작업절차서의 활용

작성한 작업절차서는 채용 시, 작업내용 변경 시의 교육에 활용하는 한편, 적어도 매월 1~2회는 작업장 사람들끼리 위험성이 높은 작업, 지켜지고 있지 않다고 생각되는 작업의 작업절차서를 꺼내어 검토하거나 동작점검을 실시하여, 작업절차서에 정해진 안전한 작업방법의 정착에 노력하는 것이 필요하다.

동작점검은, 안전당번이 된 사람이 동료가 하고 있는 작업을 관찰하면서 작업절차서의 내용과 실제 작업의 차이를 체크하고, 차이가 나는 점을 투명 케이스 위에 수성펜으로 메모해 놓은 다음, 이후 직장검토회에서 차이가 나는 점에 대하여 검토하여 작업방법을 개선하거나 작업절차서의 내용을 개정하는 데 도움이 되는 방법이다.

3) 바지런히 작업절차서의 보완을

작업절차서는 작업을 안전하고 원활하게 추진하기 위하여 모두가 지켜야 하는 기본적인 것이다. 따라서 작업의 실태에 맞는 작업절차서가 아니면 실제의 작업행동에 활용할 수 없다. 사고·재해가 발생한 경우에는 작업절차서의 내용을 확인하고, 문제가 있는 경우에는 반드시 수정하여야 한다.

최근에는 어느 직장이라도 설비, 작업방법의 개선은 일상적으로 이루어지고 있다. 하물며 예전과 달리 시장 수요의 변화에 대응한 제품을 만들기 위하여, 작업방법을 눈이 어지러울 정도로 변화시켜야 하는 상황이 되고 있는 것이 많은 기업의 실태이다.

따라서 시간이 조금 지나면, 작업방법이 이전과 완전히 다른 내용으로 변해 버리므로, 작업절차서를 바지런히 수정하지 않으면 실제 작업에 맞지 않는 것이 되어 버릴 수 있다. 그러나 현실에서는 작업절차서의 수정을 하지 않은 채 방치하고 있는 경우가 적지 않다.

작업방법의 변경에 따라 그때그때 작업절차서를 변경하는 작업과 별개로, 적어도 2~3년마다 정기적으로 사업장에 있는 모든 작업절차서의 내용을 일제히 점검하여 실태에 맞지 않는 것은 실제 작업에 부합되는 내용으로 수정하는 작업도 병행적으로 이루어질 필요가 있다.

제5장

관리 · 감독자의 자세

1 개인의 평상시 의식과 관리자의 영향

한 해의 6, 7월쯤에 가서 직원들에게 연초에 사장으로부터 제시된 회사의 중점목표가 무엇인지 물어보면, 이를 정확히 기억하고 있는 사람은 드물다. 금년의 안전보건관리계획의 중점실시항목으로 어떤 사항이 제시되어 있는지에 대해서는 더욱 기억하고 있지 못한 것이 일반적인 실태이다.

그럼 개인들은 평상시 어떤 것을 의식하면서 일을 진행하고 있을까? 어떤 입장의 사람이라도, 평상시의 작업 중에서 가장 강하게 의식하고 있는 것은 평상시 접하고 있는 상사가 가장 강조하고 있는 사항이다.

상사가 비용 절감을 강조하고 있으면 그것이 개인들의 강한 잠재의식이 되고, 이 잠재의식이 작업 중의 곳곳에서 현재화(顯在化)하여 의식적인 행동으로 연결된다. '능률을 강조하면 능률을', '불량의 감소를 강조하면 불량의 감소를' 식으로, 상사가 항상 강조하는 것을 강하게 의식하여 행동한다.

현업부문의 관리자는 생산, 공사의 진척과 품질에 대해서는 열의와 관심을 보이고 실적을 파악하며, 세심하게 구체적인 지시를 하고 있다. 그러나 안전에 대해서는 매일처럼 문제, 사고가 일어나는 것은 아니라서 아무런 말 없이 그냥 지나쳐 버리기 쉽다.

큰 사고·재해 등이 발생하거나 산업안전보건위원회 등에서 안전최우선을 강조하더라도, 매일의 업무 중에서 안전에 대한 열의와 관심을 구체적으로 보이지 않으면, 개개인의 안전의식은 부족한 상태로 있게 된다는 것을 명심하여야 한다.

현업부문의 관리자가 생산, 공장을 효율적으로 진행하기 위하여 매일의 실적에 열의와 관심을 보이면서 구체적으로 세심한 지시를 하는 것은 당연하다. 그러나 여기에 그쳐서는 안 되고 매일의 관리 중에서 잠깐 신경을 써서 안전에 대해서도 열의와 관심을 구체적으로 보이는 것이 개인들의 안전의식을 높이고 안전활동을 활성화시켜 결국 안전에 유의하는 행동의 정착에 기여한다는 점을 명심할 필요가 있다.

2 작업자의 안전의식이 낮은 이유

안전연수회 등에서 현업부문의 많은 관리자로부터 "현장 사람들의 안전의식이 낮다.", "생산활동은 매너리즘화되어 있지 않지만, 안전활동은 매너리즘에 빠지기 쉽다.", "어떻게 하면 안전의식을 높이고 안전활동의 매너리즘화를 방지하는 것이 가능할까?"와 같은 문제 제기와 질문이 끊이지 않는다.

현장 사람들의 안전의식이 낮다든가, 안전활동이 매너리즘화되어 있다 등의 이야기에 대해서는, 관리자인 자신의 안전에 대한 평상시의 자세가 불충분한 것을 맹렬하게 반성하여야 하는 것은 아닐까?

"아이는 부모의 뒷모습을 보고 배운다."는 말이 있듯이, 직원들은 직속 상사의 매일매일의 언동을 보고 있다는 것을 잊어서는 안 된다. "자신이 변하면 모두가 변한다. 모두가 변하지 않는 것은 자신이 변하지 않기 때문이다."라고 보아야 한다.

현업부문의 관리자는 이 점을 염두에 두고 세련되지 못하더라도 매일의 작업 중에 안전에 관한 지시·지도를 포함하고 안전활동에도 관심을 보이는 것이, 안전의식을 높이고 안전활동의 매너리즘화를 방지하는 데 있어 필수조건이라고 생각한다.

3 어떤 관리자의 실패

인사이동으로 입사 이래 줄곧 기술 분야를 걸어온 사람이 종업원 200명 규모의 현업부서의 부장으로 부임하였다. 이 부서는 일찍부터 안전에 대해서도 열심히 노력하여 왔고, 오랫동안 무재해가 계속되는 등 다른 부서에 모범적인 곳이었다.

신임 부장이 "모든 분이 알고 있듯이 나는 기술 분야를 걸어와서 기술적인 것은 잘 알고 있지만, 안전에 대해서는 실무경험이 없어 잘 알지 못한다. 그러니 안전에 대해서는 여러분들이 잘 알아서 해 주길 바란다."고 부임 인사를 하였다.

업무를 본격적으로 시작한 후, 그는 생산에 대해서는 매일 여러 가지 구체적인 지시를 하였지만, 안전에 대해서는 부하들에게 맡기고 관심을 보이지 않았다. 부장은 안전을 경시할 마음은 전혀 없었지만, 자신의 안전에 대한 지식이 부족하다는 것과 부서 전체의 안전수준이 높기 때문에, 안전에 대해서는 부하에게 맡기기로 한 것이다.

그런 가운데 사업장의 정리정돈은 날이 거듭될수록 점점 나빠지고, 나아가 안전활동도 저조해졌다. 안전부서로부터 조언받기도 하고 사업장의 안전보건관리책임자인 공장장으로부터 지적받은 적도 있었지만, 재해가 발생하지 않는 사실에 안심하고 깨우치는 바 없이 개선하지 않았다.

그런데 반년 정도 지나 약 10일간의 휴업을 요하는 재해가 발생하였다. 이 재해의 검토회의에서 참석자, 상사 등으로부터 신임 부장의 안전에 대한 자세의 잘못이 직간접적으로 크게 지적되었다. 그제야 부장은 안전에 대해서도 매일 관심을 보이게 되었다.

이 부서에는 전부터 배양되어 온 잠재력이 있었기 때문에 얼마 안 되어 원래의 좋은 상태로 회복할 수 있었다. 이는 관리자가 안전에 대한 열의와 관심을 매일 보이는 것이 중요하다는 것을 깊이 깨닫게 하는 사례라고 할 수 있다.

4 현장순시(巡視) 시의 안전지도

현업부문의 관리자가 행하는 '정례적인' 안전순시에서는 안전 측면에 대한 문제의 유무를 의식적으로 체크한다. 그러나 '평상시'의 현장순시에서는 사무실에서 나갈 때는 안전에 대해서도 체크를 해야겠다는 생각을 하지만, 막상 현장에 들어가면 생산, 품질, 기계 상태 등에 대해서만 체크를 하고, 안전에 대해서는 의식하는 것 없이 지나치는 경우가 많다.

건설공사에서도 마찬가지이다. 본사의 간부가 현장에 갔을 때, 공사의 진척, 만듦새 등에 대해서는 체크하고 세심하게 지시하거나 지도하지만, 안전에 대해서는 그다지 위험한 현상이 눈에 보이지 않는 한, 구체적으로 말하는 것 없이 그냥 지나치기 쉽고, 고작해야 "안전에 유의하시오."라고 추상적인 말에 그치는 경우가 적지 않다.

조회, 안전회의 등에서 이따금씩 안전최우선의 작업을 강조하더라도, 자신이 직접 안전에 대한 열의와 관심을 매일 구체적으로 보이지 않으면, 관리자의 본심은 작업자들에게 안전최우선이 아니라는 생각이 들게 하고, 결국 작업자들의 안전의식을 저하시키게 된다는 것을 명심하여야 한다.

관리자는 매일의 업무 중 현장에 나갈 때마다 1회 이상은 반드시 안전에 대해 구체적인 지도를 하는 '안전일일일선(安全一日一善)'을 실천하는 것을 매일 끈기 있게 계속하는 것이 중요하다.

5 트러블·사고 발생 시 관리자의 제일성(第一聲)

관리자의 안전에 대한 본심은 트러블이 발생하였을 때에 나타난다. 많은 사업장에서는 '안전제일', '안전최우선' 등의 게시를 하거나, 조회, 안전회의 등에서 관리자가 작업자들에게 안전을 최우선하는 행동을 하도록 호소하고 있다.

그러나 트러블이 발생하였을 때, 현장에 급히 달려간 관리자의 최초의 한마디가 작업자의 의식을 변화시킨다. 현장에 부랴부랴 간 관리자는 트러블을 조속히 복구하는 것을 강하게 의식하기 때문에, 빨리 복구하는 방법만을 구체적으로 지시하고, 안전에 대해서는 일절 말하는 것 없이 작업을 진행하는 경우가 많다. 이는 책임자가 평상시 갖고 있는 강한 잠재의식을 현재화하여 그만 본심이 입 밖으로 나오는 것이다. 그러나 트러블이 발생하였을 때, 작업자는 일각이라도 빨리 복구하려는 생각을 가지고 작업에 임하기 때문에, 이 생각을 더욱 다그칠 필요는 없다.

관리자는 먼저 안전하게 작업하는 방법을 구체적으로 지시한 후 작업방법에 대해 지시를 하는 것이, 작업자들에 의해 안전최우선이 관리자의 본심이라고 받아들여짐으로써, 작업자들의 안전의식을 강화하는 데 도움이 된다.

현장에 급하게 갔을 때 “빨리 복구해라!”가 아니라 “안전하게 작업해라!”라는 최초의 한마디가, 작업자들이 관리자의 안전에 대한 생각을 판단하는 결정적인 근거가 된다는 것을 잊어서는 안 된다.

또한 사고가 발생하였다는 제일보(第一報)를 받았을 때에, “설비는 파손되지 않았나?”라든가, “물품의 손상은 없는가?” 등이 아니라, “부상은 없었나?”라는 제일성이 본심으로 안전최우선의 관리를 하고 있는 증거가 되는 것이다.

6 직제(職制) 기능의 필요성

(1) 순시 시 감독자에 대한 안전의 지적

사업장 전체의 설비 보수를 담당하고 있는 부장이 인사이동으로 바뀌었다. 그 부서는 이전부터 매년 휴업재해가 발생하고 있었다.

어느 사업장이라도 현업부문의 부서장이 생산상황, 작업상황 등을 체크하기 위하여 매일 1~2회는 현장을 순시하는 것이 보통이다. 새로 부임한 부장 역시 매일 시간이 있으면 현장을 순시하였는데, 이 순시 때에는 안전 측면에 대해서도 반드시 체크하고, 사무실에 돌아오면 사무실에 책상이 있는 상급감독자 누군가에게 "○○반장이 담당하고 있는 작업장의 △△가 불안전하니까 바로 개선해 놓도록!"이라는 식으로 안전 면에 대해서도 꼭 코멘트를 하였다.

그러자 상급감독자들은 자신이 담당하고 있는 작업장에 대해 지적받지 않기 위하여 평상시 안전 측면에 대해서도 작업장의 실태를 체크하여 개선하게 되었다. 이러한 노력을 꾸준히 지속한 결과, 이 부장이 부임한 후로는 관장하는 부서에서 무재해가 오랫동안 계속되었다고 한다.

(2) 일일실적 보고와 안전 보고

여러 가지 사업장 안전활동을 적극적으로 추진하고 오랫동안 무재해를 지속하고 있는 어느 기업의 현업부서에서, 사소한 부주의에 의해 기계에 손가락이 협착되어 약 1주간의 휴업을 요하는 재해가 발생하였다.

알고 지내던 한 부장은 안전행동이 정착되지 않았다는 것에 상당히 실망을 하면서, 필자에게 "어떻게 하면 좋을까?" 하고 상담을 요청하였다. 그때 필자는 작업자의 안전의식을 높이기 위해서는, 감독자로 하여금 매일 작업장 상태를 안전의 눈으로 체크하고 매일 하나만이라도 좋으니까 지도할 것을 권하였다.

이에 부장은 이것을 모든 감독자에게 실천하도록 하기 위하여, 각각의 감독자가 부장에 대하여 매일 실시하고 있는 생산실적 보고 전에 원 포인트(one point)로도 좋으니까 안전에 대하여 지도하거나 개선한 것을 보고하도록 하였다.

소선(素線)이 끊어진 와이어로프를 폐기처분토록 하였다거나, 개구부의 덮개가 벗어나 있어 바로잡게 하였다거나, 또는 누구누구의 불안전행동을 발견하고 시정지도를 하였다 등 사소한 것이라도 괜찮으니까 매일 보고하게 하는 것을 통해, 모든 감독자가 작업장의 매일의 실태를 안전의 눈으로 체크하게 되었다.

감독자가 안전에 대해 매일 주의하여 살피는 것과 지도하는 것은 작업장의 안전의식을 높이고, 안전에 유의하는 행동이 정착하는 데 도움이 된다. 이와 같이 작업장의 매일의 실태를 안전 측면에서 체크하고, 문제를 발견하는 것을 계속하는 것은 감독자, 작업자의 위험에 대한 감수성을 높이는 것에도 기여한다.

(3) 보고받은 아차사고 대책의 실시상황 확인

보고받은 아차사고에 대해서 대책을 마련하였지만, 결정된 대책이 확실하게 실시되지 않는 실태가 많은 사업장에서 발견된다.

아차사고발굴(보고)활동에 열심히 노력하고 있는 건설현장을 방문한 적이 있다. 그곳의 현장소장은 대책까지 포함된 모든 아차사고를 검토한 후, 대책이 불충분하다고 느낀 것과 확실히 대책을 실시해야겠다고 느낀 것을 메모해 두고, 현장을 순시할 때에 "대책이 적절한가?", "확실하게 실시되고 있는가?"를 체크하고 필요한 지도를 하고 있었다.

이것이 사업장에서 재발방지대책을 확실하게 실시하는 것에 기여하고 모두의 안전의식을 높이는 한편, 동일한 아차사고를 반복하지 않고 재해가 없는 사업장 만들기에 크게 기여하고 있다고 생각한다.

어떤 일이라도 실천을 철저히 하기 위해서는, 관리자 자신이 실태를 확인하고 끈기 있게 추적관리(follow up)하는 것이 반드시 필요하다.

7 트러블 발생 시 감독자의 리더십

몇 년 전에 길을 가다가 우연히 목격한 어느 작업현장에서의 일이다. 소형의 적재식 트럭 크레인으로 강재(鋼材)를 적재함에 실으면서, 붐(boom)을 너무 기울여 과가중(過加重)의 상태가 되는 바람에, 트럭 크레인이 옆으로 기울어져 매달린 짐이 지면에 닿게 되었다. 트럭 크레인이 넘어지지는 않았지만, 매달린 짐의 무게에 기울어진 채 금방이라도 옆으로 넘어지려는 위험한 상태였다.

3명의 작업자가 각자의 생각대로 작업을 하고 있었고, 1명의 작업자는 매달린 짐 쪽에 있는 크레인의 조작핸들을 조작하여 감아올리기와 감아 내리기를 하면서 트럭 크레인을 일으켜 세우려고 하였다. 또 다른 작업자는 다른 곳에서 이동식 크레인을 빌려 와 트럭크레인을 일으켜 세우려는 시도를 하고 있었다.

감독자는 지휘하는 것 없이 작업자와 함께 작업을 하고 있었고, 매우 위험한 작업의 연속이었다. 트러블 처리작업의 지휘자 부재로 뒤죽박죽의 작업이 이루어지고 있었다. 결과적으로는 부상 없이 복구작업이 끝났지만 상당히 불안한 느낌이었다.

당연히 이 감독자는 감독자로서 실격이고, 이제까지 다른 작업에서도 똑같이 지도력을 발휘하지 않고 작업을 해 왔을 것이다. 이 감독자와 같이 일하는 작업자들 중에 그 이전에 얼마나 사고가 났는지, 앞으로 얼마나 사고가 날지는 알 수 없는 노릇이지만, 불안한 마음을 지울 수가 없었다.

재해를 입고 나서는 이를 돌이킬 수 없는 경우도 많기 때문에, 작업자들에게는 안전의 실력을 가진 감독자 밑에서 일하는 것이 근로자의 안전과 건강을 위해 반드시 필요하다. 위의 사례는 극단적인 일례이지만, 트러블이 발생한 때야말로 감독자는 강력한 리더십을 발휘하여 반드시 통솔에 의해 작업이 이루어지도록 한다는 엄격한 태도가 그에게 요구된다는 것을 잊어서는 안 된다.

8 적절한 작업지시

트러블 발생 시 또는 임시작업에서 재해가 많이 발생하고 있다. 특히 감독자가 입회하고 있는데도 안전포인트를 지시하고 있지 않을 뿐만 아니라 작업 중에도 적절한 작업지휘를 하지 않는 경우가 많고, 감독자의 안전에 대한 지도력에 문제가 있다는 것을 많이 느끼고 있다.

"확실하게 하자!"고 정신을 가다듬는 것만으로는 부족하다. 감독자의 지시능력을 높이는 것이 관리자의 역할이다. 사업장의 모든 감독자를 대상으로 적절한 작업지시능력을 높이기 위한 훈련을 실시할 필요가 있다. 먼저, 사업장의 현업부서마다 적절한 작업지시의 훈련 리더를 양성하고 이 리더가 각각의 감독자에 대하여 작업지시 집합훈련을 실시하는 것이 필요하다. 또한 집합훈련만으로는 적절한 작업지시를 할 수 있는 능력을 갖는 것이 불가능하기 때문에, 집합훈련에 이어 작업현장에서의 훈련을 반복하여 하는 것이 필요하다.

현장에서는 평상시 여러 비정상작업, 긴급작업이 발생하므로, 각각의 작업에 따른 적절한 작업방법과 안전포인트를 즉석에서 생각하여 적절한 작업지시를 하는 능력을 높여 둘 필요가 있다. 특히 긴급작업이 발생하였을 때 책임자는 작업자의 능력을 감안하여, 그 상황에 적절한 작업방법과 안전포인트를 즉석에서 구성하여 시의 적절한 지시를 하여야 한다.

하나의 대책(방안)에 대하여 모든 감독자에 대한 실천력을 갖게 하기 위해서는, 상당한 끈기와 노력이 필요하다. 라인(line) 중심의 안전관리가 중요하기 때문에, 모든 감독자의 실력 향상을 위한 실무 훈련은 현업부문의 관리자가 유념하여야 할 사항이라고 할 수 있다.

9 안전 관련 3금(禁) 관리

(1) 불안전행동의 묵인 금지

다른 사람의 작업을 보고 불안전하다고 생각해도 '인간관계가 나빠지지 않을까?' 또는 '재해가 발생하지는 않을 거야.'라고 생각하고 그만 못 본 체하는 경우가 있다. 그러나 사소한 불안전행동이라도 눈감아 주지 않고 그 현장에서 주의를 주는 당연한 풍토 만들기가 중요하다.

"이 정도의 것이라면…." 하고 묵인하면, 작업자는 불안전한 행동을 마음에 두지 않게 되고, 당연하지 않은 것이 당연한 행동이 되어 버리며, 언젠가는 재해가 발생하여 후회하게 된다. 특히 관리·감독자가 불안전한 행동을 묵인하면 스스로가 그것을 인지(認知)한 꼴이 되어, 안전배려의무를 다하지 않게 되는 결과가 초래된다는 것을 자각하여야 한다.

어떤 대규모 건설현장에서 강의 의뢰가 있어 방문하게 되었다. 역까지 마중 나온 원청사 안전부장의 차에 동승하여 현장으로 향하였다. 현장 입구 근처에 단층 건물을 건설하고 있었는데, 7명의 작업자가 지붕에서 작업을 하고 있었다. 지붕 주위에 로프가 설치되어 있었고, 전원이 안전대를 착용하고 있었다.

필자가 차 안에서 "모두가 안전대를 확실히 착용하고 있네요."

라고 말하자, 안전부장은 "이 현장에서는 안전대 착용은 확실하게 지켜지고 있습니다."라고 답하였다. 필자는 이 말을 듣고 훌륭하다고 느끼면서 현장사무실로 안내를 받아 소장으로부터 현장에 대한 여러 가지 설명을 듣게 되었다.

30분 정도 지나 우연히 창밖으로 현장을 보게 되었는데, 2명이 안전대를 착용하고 있지 않아 놀랐다. 아마도 원청사의 소장이 협력사의 책임자에게 몇 시 몇 분에 강사가 도착하니까 안전대를 확실히 착용하도록 하라고 지시를 하였고, 1차 협력사의 책임자는 2차 협력사 책임자에게 순차적으로 지시를 하였을 것이며, 또 작업자에게도 동일한 작업지시를 하였을 것이다. 작업자 중 일부는 필자가 지나간 것을 확인하고 평상시의 상태로 돌아가 안전대를 벗었을 것이다. 아마도 이 현장은 원청사, 협력사 모두 평상시에는 불안전행동을 확인(감시)하는 시스템이 작동되고 있지 않았을 것이고, 그러다 보니 작업자들의 불안전행동은 사실상 묵인되어 왔을 것으로 생각된다.

불안전행동을 하더라도 이를 지적하지 않는 것이 현장의 관행으로 자리 잡게 되면, 작업자들의 불안전행동은 부지불식간에 자연스러운 일이 되어 버릴 것이다. 즉, 안전수칙 미준수라는 비정상이 현장 전체적으로 점차 전염되어 마치 정상인 것처럼 둔갑하게 될 것이다. 따라서 평상시에 이유를 불문하고 작업자들의 불안전행동이 묵인되지 않도록 수시로 확인·지도하는 시스템을 구축·운영하는 것이 중요하다.

(2) 불안전한 상태의 방치 금지

안전울이 파손되어 있거나, 기계를 구동하는 커플링(coupling)의 안전커버가 파손되어 있거나, 개구부의 덮개가 벗어나 있는 등 사업장에서는 여러 가지 불안전한 상태가 발생할 수 있다. 그러나 불안전한 상태를 알아차려도 작업에는 지장이 없기 때문에, 나중에 고쳐야겠다고 생각하고 바로 개선하지 않은 채 방치하는 경우가 자주 있다.

재해는 언제 발생할지 알 수 없다. 중요한 것은, 불안전한 상태를 발견하면 바로 처리한다고 하는 신속한 조치 마인드를 반드시 견지하는 것이다.

어떤 사업장의 안전진단에서 양두그라인더의 좌측 숫돌(차)과 연마대의 간격이 3 mm 이상 벌어져 있는 것이 발견되었다. 동행한 관리자에게 지적했더니, "1주 전의 안전순시에서도 지적되어 지금 고치려고 하는 중입니다."라는 무책임한 답변에 아연실색하였다.

숫돌과 연마대 사이에 피(被)연삭물이 물려 들어가 있어 숫돌이 파손되면 매우 큰 재해가 될 수 있기 때문에, 3 mm 이하로 유지해야 하는데, 이를 즉각 수리하지 않고 1주일이나 그대로 놓아두었다는 것은 안전의식에 큰 문제가 있다고 지적하지 않을 수 없었다. 그 자리에서 스패너로 수리를 할 수 있는 상태였고, 그렇게 하기 어려우면 좌측 숫돌의 안전커버에 '좌측 사용금지'라고 써 붙여 놓았어야 했다.

바로 원래대로의 상태로 복구할 수 없는 경우에는, 우선적으로 취할 수 있는 안전대책을 실시하는 것이 중요하다. 예를 들면, 높은 곳의 작업장소의 가장자리에 울이 없는 상태는 방치하여서는 안 되는데, 이 경우 바로 울을 설치하고 싶지만, 재료의 준비, 울의 제작과 설치에 시간이 걸릴 수 있으므로, 울을 설치할 때까지는 우선 튼튼한 로프를 약간 내측에 붙여 주의표시를 하고 작업자에게 주의환기를 함으로써 당장의 안전 확보가 가능할 것이다.

재해는 기다려 주지 않는다. 안전대책은 우선 급한 대로의 대책이라도 좋으므로 즉시 실시하는 것이 반드시 필요하다. "불안전상태를 발견하였을 때가 개선할 때이다."라는 것을 명심하여야 한다.

(3) 변명과의 타협 금지

회전하고 있는 롤러의 안전커버를 벗긴 채 롤러를 손질하는 작업자를 지도하면, 작업자로부터 "안전커버를 벗기지 않으면 롤러 표면의 손질을 하기 어렵고 시간이 걸립니다.", "롤러에 말려 들어가지 않도록 주의하고 있으니까 괜찮습니다."와 같은 변명을 듣는 경우가 자주 있다.

이와 같이, 불안전한 행동을 하고 있는 것을 지적하고 주의를 주고도 "이렇게 하는 것이 빠르게 할 수 있어서요." 또는 "이렇게 하는 방법이 작업하기 쉬워서요." 식의 변명을 들으면, 작업의 실태를 잘 알고 있는 책임자의 경우 "괜찮겠지." 하고 타협해 버리기 쉽다.

특히 불안전한 행동은 작업 우선, 안전 경시의 의식에 의한 것이므로, 안전한 작업방법으로 바꾸게 하는 것이 어렵다 하더라도, 어떠한 이유라도 불안전행위와는 타협하지 않고 개선하도록 해야 한다.

그러나 "규칙, 룰이 이렇기 때문에 안 된다!" 식으로, 일방적으로 불안전한 작업을 그만두도록 하는 것만으로는 작업자의 반발을 초래하기 쉽다. 안전의 확보가 가능하고 작업하기 쉬운 방법을 구체적으로 제시하는 것이 설득력이 있는 것이다. "변명에 타협하는 것은 자신에게 리더십이 없다는 증거이다."라고 자기 자신을 엄격하게 설득하여 자기연마를 하고 안이하게 타협하지 않는 작업장 분위기를 조성할 필요가 있다.

(4) 사업장의 모두에 의한 상호금지 활동

관리자나 감독자에 의한 '3금(禁) 관리'에 추가하여 작업자 수준에서도 '3금(禁) 활동'에 노력하는 것이 중요하다.

불안전행동에 대해서는 서로 지적을 하고, 작업성과 안전의 확보가 양립하는 방법을 서로 생각하고 제안하며, 불안전한 곳을 즉시 로프로 둘러싸거나 표시하는 등 바로 실시할 수 있는 안전대책을 솔선수범하여 실행하는 풍토 만들기가 중요하다.

10 최저수준 끌어올리기

무재해를 계속 유지하려면 모든 작업장, 모든 사람의 안전수준을 높여야 한다. 안전활동을 골똘히 궁리하면서 적극적으로 노력하고 있는 작업장, 항상 안전에 유의하여 작업하고 있는 사람은 걱정하지 않아도 되지만, 재해의 발생을 걱정하여야 하는 것은 안전에 대한 수준이 낮은 작업장, 사람이다.

무재해를 계속하려면, 안전에 대한 수준이 낮은 작업장, 사람을 어떻게 하여 그 수준을 올릴 것인지가 결정적으로 중요하다. 관리자는 개별 작업장, 사람들에 관심을 갖고 수준이 낮은 작업장, 사람들에 대해 수준 끌어올리기를 위한 지도를 해야 한다.

11 질의방식의 지도에 의한 주의환기

사업장에서는 관리·감독자의 지시, 작업 전의 위험예지활동에서 정해진 행동목표, 결정사항, 기타 안전배려사항을 작업 중에 의식하게 하고, 나아가 작업행동을 하는 중에 맞닥뜨리는 위험에 유의하면서 항상 안전한 행동을 하는 사람 만들기가 중요하다. 이를 위해서는 관리자가 한 사람 한 사람의 안전을 진심으로 바라는 마음을 담아 질의를 통해 지도하는 것이 효과적이다.

많은 사업장에서 행하고 있는 안전순시는 불안전한 행동, 불안전한 상태는 없는가라는 현상 체크와 지도에 그치고 있는 경우가 많고, 불안전한 현상에 대하여 그 이유도 듣지 않고 일방적으로 시정지도하고, 지도받은 작업자는 사과하고 시정한다. 그러나 작업자는 개선하여야 한다고 본심으로 깨닫는 것이 아니기 때문에, 조금 시간이 지나면 작업에 빠져드는 것 등에 의해 안전배려를 잊고 다시 동일한 불안전한 행동을 반복한다.

사업장 간부에 의한 정례적인 안전순시의 방법을 '질의방식의 순시'를 통해, 불안전행동, 불안전상태의 현상에 대한 시정지도에 추가하여, 작업자의 안전의식을 질의방식에 의해 체크하고 지도하는 것이, 단순히 불안전행동, 불안전상태의 현상에 대한 시정지도만을 하는 것보다 훨씬 효과적이라고 생각한다.

관리자는 매우 위험한 행동에 대해서는 단호하게 나무라는 것이 필요하다. 그러나 불안전한 행동, 상태의 현상에 대해서는, 질의를 통해 '과연 개선해야겠다', '어떻게 해야 하는가'를 생각하게 하여 깨닫게 하는 한편, 안전배려를 해야 할 사항을 잘 의식하고 있는지를 질의를 통해 체크하고, 의식하고 있지 않으면 상기하도록 마음을 담아 유도·지도하는 것이 안전작업을 정착시키는 데 도움이 될 것이다.

이 질의는 작업에 지장을 주지 않도록 적당한 시간을 골라 밝게 위로의 말을 한 후에 행하고, 안전배려를 의식하고 있지 않으면 질의를 통해 '어떻게 해야 할까?'를 구체적으로 생각하게 하고,

안전배려를 의식하고 있으면 격려를 한다.

질의방식의 지도는 종래의 일방적인 지도와는 달리 대화를 통해 개개인의 안전에 대한 의식수준을 파악할 수 있고, 서로의 좋은 인간관계를 만들기에도 도움이 되며, 개개인의 위험에 대한 감수성도 한층 높일 수 있을 것이다.

참고 비난 주기(cycle)[1)]

우리들은 왜 상황을 비난하지 않고 인간을 비난할까? 그 답의 일부가 '자유의지의 환상(illusion of free will)'에 있다. 기본적 귀인오류(fundamental attribution error)를 인간의 기본적 본성으로 만드는 것이 이것이다.

사람들은, 특히 서구문화 속에 있는 사람들은 자신이 자유로운 인간이고 자기 자신의 운명의 주체라는 생각에 큰 가치 부여를 하고 있다. 그들은 이러한 개인적 자율의식을 박탈당하였다고 느낄 때, 육체적 또는 정신적으로 병에 걸리기까지 한다. 우리들은 이러한 개인의 자유의식에 큰 가치 부여를 하기 때문에, 다른 사람들도 유사하게 자신들의 운명을 통제하는 자일 것이라고 당연하게 생각한다. 또한 그들은 옳은 것과 나쁜 것, 올바른 행위와 에러를 범하기 쉬운 행위를 분별할 수 있는 자유로운 인간으로 여겨진다. 사고보고서를 읽기 위해 건네받고 어느 원인요소가 가장 회피하기 쉬운 행위이었는지를 질문받으면, 대부분의 사람은 거의 예외 없이 인간의 행동이라고 답한다. 인간의 행동은 다른 어떤 상황요인, 조직요인보다도 훨씬 제약이 적고 덜 확정적인 것이라고 여겨진다.

---

1) J. Reason, *Managing the Risks of Organizational Accidents*, Ashgate Publishing, 1997, pp. 127～128.

사람은 자유로운 행위자라고 간주되기 때문에, 그들의 에러는 적어도 부분적으로는 자발적인 행동이라고 여겨진다. 고의적인 잘못은 재차 그것을 일으키지 않도록 하기 위하여 경고, 제재, 위협, 훈계를 받지만, 이것들은 에러를 유발한 요인에는 거의 효과가 없거나 아무런 효과가 없고, 따라서 에러가 계속적으로 사고·재해에 관련되게 된다. 이럴 경우 상사들의 분노는 배가된다. 사람들은 경고와 처벌을 받지만, 계속하여 에러를 범한다. 이제 그들은 관리자의 권위를 무시한다고 간주되어, 그다음 에러를 저지르는 사람은 더욱 강한 경고를 받거나 더 무거운 제재를 받는다. 이처럼 비난 주기는 계속된다.

물론 사람들은 부주의하거나 어리석게 행동할 수 있다. 우리 모두가 때로는 그와 같이 행동을 한다. 그러나 어떤 사람이 어리석거나 부주의하게 행동을 하였다고 해서, 반드시 그 사람이 어리석거나 부주의한 것은 아니다. 모든 사람은 넓은 행동범위를 가질 수 있지만 — 때로는 탁월하고 때로는 어리석다 — 대체로 그 사이 어딘가에 있다. 에러관리의 기본원칙 중의 하나는, 최량(最良)의 인간이라도 가끔 최악의 오류를 범하기도 한다는 것이다. 그렇다면 우리는 어떻게 비난 주기에서 벗어날 수 있을까? 우리들은 다음에 제시하는 인간의 성질과 에러에 대한 기본적인 사실을 인식하여야 한다.

- 인간의 행동은 거의 항상 인간이 직접 컨트롤할 수 있는 범위 밖의 요인에 의해 제약을 받는다.
- 사람들이 당초에 하려고 의도하지 않았던 행동을 회피하는 것은 용이하지 않다.
- 에러는 복합적인 원인(인적·직무와 관련된 상황적·조직적 요인)을 가지고 있다.

• 숙련되고 경험이 풍부하며 대체로 선의(善意)를 가지고 있는 작업자들에게는, 상황을 개선하는 것이 사람을 바꾸는 것보다 용이하다.

12 교육파견과 과제

안전교육에 파견된 수강자 중에는 '상사로부터 참가를 지시받아서', 또는 '수강하는 순서가 와서' 등과 같은 이유만으로 참가하고, 무언가를 얻으려는 의욕이 부족한 직원이 적지 않다.

안전교육을 수강하게 하는 전후로 상사에 의한 동기부여가 중요하다. 안전교육 참가를 지시할 때에 무엇을 배워 올 것인가에 대한 과제를 부여하면, 학습에 대한 의지를 갖게 하는 데 도움이 된다.

안전교육을 받은 후에는, 학습하여 온 것을 통해 앞으로 어떠한 것을 어떻게 사업장에서 활용(적용)할 것인가에 대한 실행계획을 제출하도록 하여, 그 후의 실천상황을 체크하고 사후관리(follow up)하는 것이 교육의 성과를 높이는 데 도움이 된다.

13 지식 · 식견 · 의지력

무재해를 지속하려면, 매일의 업무 중에서 발생하는 문제를 적절하게 개선하여야 하는데, 특히 관리자에게 필요한 것은 지식과 식견에 추가하여 의지력이지 않을까.

관리자에게는 법령의 규정과 안전관리활동의 올바른 모습을 알고, 매일의 현장상황으로부터 안전상의 문제를 통찰하는 힘과 우수한 판단력을 몸에 지니는 것이 불가결하다. 그리고 문제를 해결하기 위한 의지력, 즉 "필수목표를 내걸고 반드시 달성하겠다."고 하는 정신력과 용기를 갖고 부하를 지도하고 상사와 관계자를 설득하여 추진하는 기력(氣力)이 필요하다.

제6장

안전스태프의 자세

1 안전관리활동의 기획조정

라인(line) 주체의 안전관리의 이름하에 현업부문이 책임을 가지고 자율적인 안전관리활동을 추진하는 것이 요구되기 때문에, 안전스태프는 안전활동에는 가능한 한 간섭하지 않고, 현장에 맡기는 것이 좋다고 하는 생각이 있을 수 있다.

사업장의 안전스태프 쪽에 일상 안전활동을 각각의 사업장에서 어떻게 실천하고 있는지를 물으면, "사업장으로는 방침을 정할 뿐이고, 개개의 작업장 실태에 맞는 활동을 하게 하고 있어, 구체적인 추진방법은 각 작업장에 맡기고 있다."는 설명을 듣는 경우가 있다.

대규모 사업장에서는 안전스태프(안전보건부서)가 계획하여 안전보건교육기관이 실시하는 안전활동의 연수에 많은 안전관리자, 관리·감독자를 파견하는 경우도 있는데, 연수를 받은 후에는 작업장별로 연수를 받은 사람들이 각자가 생각하는 방법대로 제각각 실천하는 경우가 많다.

사업장에서 이루어지는 각각의 작업장 안전활동 실태를 보면, 연수결과를 일상작업의 안전선취(先取)에 활용하고 있는 작업장이 있는가 하면, 연수결과를 거의 활용하지 않고 연수를 받은 개인의 머릿속에만 머물러 있는 작업장도 많은 것 같다. 이와 같은 작업장 간의 수준 차이는 연수결과의 활용 측면에서만이 아니라, 여러 가지 안전활동에서도 나타나고 있는 것이 실태이다.

이와 같이 각각의 작업장에 맡겨 놓고 있어도 좋은 것일까? 그렇지 않다. 안전스태프가 안전에 대해서는 각 사업장의 기획·조정 역할을 하여야 한다. 사업장 전체적인 안전보건관리를 기획·조정하고 총괄하는 역할을 하여야만, 각 작업장 간의 수준 차이를 최소화하고 사업장의 안전보건 수준을 전체적으로 끌어올릴 수 있게 된다.

2 모범적인 모습의 제시

최근 산업안전보건공단을 비롯하여 재해예방단체가 각종 연수를 통하여 안전관리, 각종 안전활동기법에 대하여 구체적으로 가르치고 있는 것은 기업에 큰 도움이 되고 있다. 특히 안전스태프는 이러한 연수를 선도적으로 수강하여 안전이론과 다른 기업의 모범사례 등에 대한 노하우를 적극적으로 흡수할 필요가 있다.

안전스태프는 안전에 대한 수준이 낮은 작업장에 대하여, 수준을 올리기 위한 구체적인 방법을 제시하여 주는 것이 필요하다. 이를 위해서는, 검토팀을 편성하여 사업장 차원에서 안전활동의 바람직한 모습을 검토하거나, 각 작업장에서 추진한 방법 중에서 다른 작업장에서도 실시하면 좋을 방법을 사업장 차원에서 채택함으로써, 각 작업장에 공통되는 활동의 기본으로 정하는 것이 바람직하다. 여러 가지 안전활동기법을 작업장에만 맡기면, 아무리 해도 작업장 간 수준 차이가 생기기 때문에, 사업장 차원에서 작업장의 특성과 실력의 차이를 감안하여 활동의 '바람직한 모습'의 기본을 정하고 수준 끌어올리기를 위한 개별지도를 하는 것이 필요하다.

3 위험한 일의 금지

트러블이 발생하였을 때 '조속히 처리하여야 한다'는 마음이 앞서, 순간적으로 위험한 행동을 하여 재해를 입는 경우가 적지 않다.

일부 사업장에서는 트러블이 발생하였을 때, 예컨대 '잠깐 기다려 3초' 슬로건을 만들어, 작업 전에 잠깐 기다려 마음을 가라앉힌 후 안전배려를 생각하면서 행동하도록 지도하고 있다. 트러블이 발생한 경우에 위험한 행동을 하여 재해를 입는 것을 방지하기 위해서는, 이와 같이 위험한 행동을 하지 않도록 하는 내용을 당해 사업장의 연간 산재예방계획의 슬로건 등으로 정하고, 이를 각 작업장에 게시하여 실천의 철저를 도모하는 것이 필요하다.

각 작업장에는 위험한 작업이 여기저기에 있다. 이와 같은 슬로건을 게시하면, 본래 업무의 방기로 연결될지 모른다는 걱정이 들 수 있지만, 관리자의 리더십이 뒷받침된다면 작업능률이 저하되는 일은 없을 것이다.

한편으로는 '이것이 안전보건관리책임자의 진심일까?'라고 의문을 가지는 사람도 있을 것이다. 이와 같은 의문을 가지고 있는 사람이 있는 작업장에서는, 해당 관리자가 전원을 몇 회로 나누어

교육하여, 이것이 안전보건관리책임자의 진심, 즉 사업장의 방침이라는 것을 인식시킬 필요가 있다.

4 안전 경시의 비용절감 제동

불황에 직면하게 되면, 대개 모든 부문에서 비용절감을 강력하게 추진하게 된다. 사장 또는 공장장으로부터 구매부서 등에 대해 자재의 구매비용을 줄이기 위한 방안을 작성하여 제출하라는 지시가 내려오게 된다.

지시에 따라 구매부서 등은 일반적으로 사업장 전체적으로 구매비용 등의 절감안을 작성하여 보고할 것이다. 비용절감 대상에는 대체로 생산과 직접적으로 관계없는 항목이 들어갈 가능성이 높다. 안전비용도 생산과 직접 관계가 없기 때문에 비용절감 대상에 우선적으로 포함되는 경우가 많다. 이 경우 안전스태프는 비용절감 대상에 「산업안전보건법」 등 사업장 안전관계법규에 규정된 사항까지 포함되어, 이에 대한 예산이 반영되지 않을 경우 법규 위반의 문제가 발생하지 않는지를 면밀히 검토하고, 만약 그런 문제가 생긴다고 판단될 경우 이를 회사 측에 어떤 형식으로든지 진언할 필요가 있다.

예를 들면, 일반도료는 건물, 설비·기계·기구·통로·보관장소 등의 미화, 표시·표지를 위하여 일상적으로 사용하는 것으로, 생산과는 직접 관계가 없는 재료인데, 규모가 큰 회사의 경우에는 도장하는 곳이 많으므로 경비를 절감하기에 좋은 대상이다. 하지만 도장은 단순히 미화를 위한 것도 있지만, 법률에 규정된 통로 표시, 각종 안건·보건표지, 위험장소의 표시 등에 사용되는 것도 있다. 후자에 대해서는 회사의 재무사정에 관계없이 해당 경비를 반영하지 않으면, 사업장의 안전관리에 지장을 초래할 뿐만 아니라 당장 법률 위반의 문제가 발생하게 된다.

안전스태프는 기업 내의 안전관리에 관한 전문직의 입장에서, 안전관리상의 문제점을 대책(개선방안)도 포함하여 적극적으로 진언하는 것이 중요하다. 안전스태프는 이러한 일이 자신의 존재이유이기도 하다는 점을 명심하여야 한다.

5 경영에 기여하는 안전보건관리

대규모의 사고·재해가 발생하면, 기업의 안전관리 방식에 대해 근본에서부터 의문을 가지게 된다. 최근에는 많은 기업에서 성과주의가 강조되고, 개개인의 실적을 높이 평가하는 인사제도에 의해 팀워크로 서로 도와 실적을 올린다고 하는 의식이 약해져 자신의 것 외에는 생각하지 않는 풍조가 안전관리에 마이너스가 되고 있다는 지적이 있다.

안전스태프는 안전관리에 대해 최고경영자가 경영판단을 잘못하지 않도록 현장에서 발생하고 있는 문제를 정확하게 진언하는 한편, 개선방안을 제안하는 것도 태만히 해서는 안 된다.

최근 국내외적으로, 사업장에 잠재하는 유해위험요인을 착실하게 배제하는 것에도 큰 효과가 있는 것으로 평가받고 있는 안전보건관리시스템(OSHMS), 리스크(위험성) 평가를 사업장에 적극적으로 도입하여 안전보건수준을 높여 나갈 필요가 있다는 것이 크게 강조되고 있다.

기업이 이러한 국제적 흐름으로서의 안전보건관리시스템(OSHMS),

리스크(위험성) 평가의 구축·운영을 위해 노력하는 것이 경영에도 플러스가 된다고 하는 인식을 기업의 최고경영자가 갖도록 하는 것이 안전스태프의 역할이기도 하다.

안전관리의 추진방법, 사업장 안전활동에 대하여도 깊이 공부하여, 최고경영자로부터 안전관리의 중요성에 대한 이해와 인식을 얻어 내는 것이 안전관리활동을 효과적으로 전개하는 데 있어 불가결하다.

6 실천상황의 확인

현업부문의 관리자는 매일의 생산, 공사 등의 본래 업무로 다망하기 때문에, 매월의 안전순시, 안전회의 등의 정례적인 안전행사를 치르기는 하지만, 하루하루 사업장의 실태를 안전의 눈으로 체크하는 것 없이 사업장 안전활동에 대해서도 열의와 관심을 보이지 않은 채 지내기 쉽다. 즉, 매너리즘에 빠지기 쉽다.

따라서 안전스태프가 현업부문의 모든 관리자에 대하여, 관리자가 매일 현장에 갈 때 안전에 대하여 구체적으로 지도하도록 하거나, 일상업무 중에 안전최우선을 구체적으로 나타내는 직장관리 방법을 제시하도록 조언하더라도, 또는 기업의 최고책임자로부터 매일 실천하도록 지시를 받았다고 하더라도, 모든 관리자가 안전관리를 확실히 실천하는 것은 아니다.

안전스태프가 현장에 나갔을 때, 관리자로부터 의견청취를 함과 아울러 자연스러운 형태로 작업자에게 질문을 던짐으로써, 관리자의 매일의 안전지도 실천상황을 파악하고 실천이 불충분한 관리자에게는 실천에 노력하도록 조언하는 것이 중요하다.

이때 안전스태프의 이런 활동이 관리자의 결점 찾기가 되면 상호의 신뢰관계가 손상될 수 있으므로, 절대로 그와 같은 마음을 가져서는 안 된다. 관리자의 노력이 저조한 경우에는, 왜 그렇게 되었는지, 어떻게 하면 착실히 실천될 수 있을지를 생각하여, 마음이 담긴 조언을 하는 것이 중요하다.

7 안전대책의 올바른 취사선택

(1) 안전대책의 중지가 초래한 재해의 증가

오랜 역사를 갖고 있는 대규모 사업장에서, 긴 불황을 극복하기 위한 성역 없는 구조조정의 일환으로, 안전활동에 대해서도 비용절감에 기여하도록 하기 위하여 전반적으로 검토를 하였다.

현업부문에서는 여러 가지 안전활동을 추진하여야 하기 때문에, 안전활동에 대한 부하가 너무 커서 추진이 중도하차가 되고 있다고 하는 문제를 사업장의 사람들로부터 제기받았다. 안전스태프부문은 사업장에서 추진하고 있는 안전활동의 수를 줄이면, 많은 안전활동으로 분산되어 있는 부하를 계속하는 안전활동에 집중할 수 있게 되어, 충실한 활동을 할 수 있게 되고 사고·재해의 방지에도 도움이 될 것이라고 생각하였다.

이에 오래전부터 추진하여 온 안전활동의 각각에 대하여 앞으로도 계속할 것과 중단하는 것을 구분하고, 그다지 효과가 나오지 않고 있다고 생각되는 몇 개의 안전활동 추진을 중지하였다.

그런데 안전활동의 수를 줄이면 추진하는 안전활동에 대한 노력이 종전보다 충실해질 것이라는 안전스태프의 예상과 달리, 오히려 모든 안전활동이 저조하게 되어 얼마 동안 재해가 다발하였다.

단순히 안전활동을 정리하여 중지하면 직원들에게 잘못된 신호를 줄 수 있기 때문에, 그것만으로는 직원들의 안전의식이 저하되어 버릴 수 있다는 교훈을 준 일화이다.

(2) 중점활동의 강조가 중요

필자가 아는 어느 대규모 제철공장에서는, 사업장 전체적으로 오래전부터 추진하여 온 안전활동이 참으로 많이 있고, 그중 몇 개는 사고·재해방지에 충분히 도움이 되지 않고 있다는 문제를 자체적으로 느꼈다고 한다. 그래서 그다지 도움이 되고 있지 않다고 생각되는 안전활동을 정리하고자 하였다.

안전활동 각각에 대하여 사업장에서 추진하고 있는 실태를 조사하였더니, 작업장에 따라 적극적으로 추진하고 있는 안전활동이 달라 중지할 안전활동을 결정하는 것이 쉽지 않았다. 대부분의 작업장에서 추진이 저조한 안전활동이라 하더라도, 일부 작업장에서나마 매우 열심히 하고 있는 활동을 그만두게 하면, 그 작업장 사람들의 의욕을 꺾어 버릴 수 있기 때문이다. 결국에는 모든 작업장에서 형해화(形骸化)되어 있던 안전활동 하나만을 중지할 수 있었다.

이에 오히려 거꾸로, 종래부터 추진하고 있던 여러 가지의 안전활동 중에서 모든 작업장이 중점적으로 추진할 필요가 있는 안전활동을 강조하는 것으로 하고, 두 가지 활동에 대하여 사업장 전체에 추진팀을 만들어 중점적으로 전개하기로 하였다. 그 결과, 다른 안전활동에 기울이는 노력의 부하가 이 두 가지의 활동에 집중될 수 있어, 각 작업장의 안전활동이 더 활성화되고 재해의 방지에 큰 도움이 되었다고 한다.

종래부터 추진하여 온 안전활동을 안이하게 중지하기보다는, 중점적으로 추진할 안전활동을 정하여 이것을 강조하는 것이, 현장의 부하를 그다지 높이지 않고 사고·재해방지에 기여하게 된다는 것을 느꼈다.

8 교육은 인적 자산 만들기

성역 없는 비용 삭감 때문에 안전관계 비용도 삭감하지 않을 수 없게 되었을 때에, 안전교육을 우선적으로 삭감하기 쉽다. 외부에 파견하는 안전교육에 대하여, 법정교육 외에는 모두 중지해 버리고, 안전관계의 잡지·서적에 대해서도 구독을 중지하는 사업장도 더러 있다.

안전교육에의 파견 등을 중지하더라도 바로 사업장의 안전수준이 저하하여 위험이 증가하거나 사고·재해가 발생하지는 않지만, 1년 정도가 지나면 안전의식과 함께 안전활동의 수준이 저하되어 있는 것을 깨닫게 된다. 게다가 안전 관련 잡지 등으로부터 안전관리·활동 등에 관한 새로운 정보를 입수하기 어렵게 되기 때문에, 사업장의 안전관리·활동 등에 대한 노력이 형해화되어 버리기 쉽다.

대규모의 기업조직에서도 큰 사고·재해가 발생하는 등 문제가 발생하여 관계부문이 문제의식을 갖게 되지 않으면, 일단 삭감한 것을 부활하는 것은 매우 어려운 것이 엄연한 현실이다. 따라서 안전교육, 정보입수에 관한 비용삭감에는 신중함과 지혜가 필요하다. 사업장 내 각 부문의 적임자를 외부교육(기관)에 파견하여 외부교육을 받은 사람이 사내교육을 조직적으로 추진한다든가, 사내에 외부강사를 초청하여 교육을 행하는 방법 등을 통해 안전교육을 효율적으로 하면서도 태만히 하지 않는 것이 중요하다.

예전부터 "기업은 사람 나름이다."라는 말이 있듯이, "사람 만들기를 소홀히 하는 기업은 쇠퇴한다."는 사실을 명심하는 것이 중요하다. '교육은 인적 자산 만들기'이므로, 이 비용을 안이하게 삭감하지 않고, 교육의 효율화를 생각한 비용삭감 방법을 궁리하는 신중함이 요구된다.

1. 국내 문헌

강준만, 《감정독재》, 인물과사상사, 2013.

두행숙 옮김, 《스마트한 생각들》, 걷는나무, 2012(Rolf Dobelli, *Die Kunst des klaren Denkens*, DTV Deutscher Taschenbuch, 2011).

박동건 옮김, 《산업 및 조직 심리학(제6판)》, 학지사, 2015(P. E. Spector, *Industrial and Organizational Psychology: Research and Practice*, 6th ed., Wiley, 2011).

박종현, 〈좋은 시민의 양손, 인센티브와 도덕감정〉, 한겨레신문, 2017. 5. 30.

오동훈, 〈'적당한' 불안과 '과도한' 불안〉, 한겨레신문, 2020. 2. 13.

이경남 옮김, 《권력의 기술》, 청림출판, 2001(J. Pfeffer, *Power: Why Some People Have It and Others Don't*, Harper Business, 2010).

이관후, 〈그것은 정말 '공론'이었을까?〉, 한겨레신문, 2018. 8. 21.

이성욱 외, 《욕망하는 테크놀로지》, 동아시아, 2009.

이진원 옮김, 《똑똑한 기업을 한순간에 무너뜨린 위험한 전략》, 흐름출판, 2009(P. B. Carroll and Chunka Mui, *Billion Dollar Lessons: What You Can Learn from the Most Inexcusable Business Failures of the Last 25 Years*, 2009).

이진원 옮김, 《생각에 관한 생각》, 김영사, 2012(Daniel, Kahneman, *Thinking, Fast and Slow*, Farrar, Straus and Giroux, 2011).

정진우, 〈산업안전보건법상 알 권리에 관한 비교법적 연구〉, 노동법학, 제46호, 2013.

정진우, 《안전과 법-안전관리의 법적 접근(3판)》, 교문사, 2024.

정진우, 《안전문화–이론과 실천(4판)》, 교문사, 2024.

최인철, 《굿라이프: 내 삶을 바꾸는 심리학의 지혜》, 21세기북스, 2018.

최인철, 《프레임: 나를 바꾸는 심리학의 지혜(제2판)》, 21세기북스, 2016.

통계청, 《사망원인통계연보》, 2021.

한국심리학회, 《심리학용어사전》, 2014.

홍성태 옮김, 《위험사회: 새로운 근대성을 향하여》, 새물결, 2006(U. Beck, *Risikogesellshaft*, Suhrakamp Verlag, 1986).

황병일 수면칼럼–수면부족은 대형 사고를 불러오는 원인, 매일경제, 2017. 11. 8.

2. 일본 문헌

井上紘一·高見勲, 〈ヒューマン·エラーとその定量化〉, システムと制御, 32(3), 1988.

臼井伸之介, <感電災害防止への新しい視点ー背景にあるヒューマンファクターの解明と現場へのフィードバック>, 電気評論, 83(5), 1998.

臼井伸之介, <ヒューマンエラーと労働災害>, 産業安全技術総覧編集委員会(編), 《産業安全技術総覧》, 丸善, 1999.

大島正光, 《ヒト–その未知へのアプローチ》, 同文書院, 1982.

大関親, 《新しい時代の安全管理のすべて(第7版)》, 中央労働災害防止協会, 2020.

片田敏孝, 《人が死なない防災》, 集英社, 2012.

狩野広之, 《不注意とミスのはなし》, 労働科学研究所, 1972.

河野龍太郎, 《医療におけるヒューマンエラー: なぜ間違える どう防ぐ(第2版)》, 医学書院, 2014.

木下冨雄·吉川肇子, 〈リスクコミュニケーションの効果(1)〉, 《日本心理学会第30回大会研究発表論文集》, 1989.

小杉素子·土屋智子, 〈科学技術のリスク認知に及ぼす情報環境の影響-専門家による情報提供の課題〉, 《電力中央研究所報告》, 研究報告 Y00009, 2000.

小林傳司,《誰が科学技術について考えるのか-コンセンサス会議という実験》, 名古屋大学出版会, 2004.

小松原明哲,《安全人間工学の理論と技術-ヒューマンエラーの防止と現場力の向上》, 丸善出版, 2016.

竹村和久, 〈リスク社会における判断と意思決定〉, 認知科学, 13(1), 2006.

中央労働災害防止協会, 安全衛生用語辞典, 中央労働災害防止協会, 2005.

友野典男,《行動経済学: 経済は「感情」で動いている》, 光文社, 2006.

長町三生,《安全管理の人間工学》, 海文堂出版, 1995.

芳賀繁,《事故がなくならない理由: 安全対策の落とし穴》, PHP研究所, 2012.

芳賀繁, 〈不安全行動のメカニズム〉, 信学技報, SSS 99-12, 1999.

橋本邦衛,《安全人間工学(第4版)》, 中央労働災害防止協会, 2004.

藤垣裕子, 〈解題: Advanced-Studiesのために〉, 藤垣裕子(編),《科学技術社会論の技法》, 東京大学出版会, 2005.

3. 구미 문헌

A. D. Swain and H. E. Guttmann, *Handbook of Human Reliability Analysis with Emphasis on Nuclear Power Plant Applications(Final Report)*, NUREG/CR-1278, U.S. Nuclear Regulatory Commission, 1983.

A. G. Ingham, G. Levinger, J. Graves and V. Peckham, "Ringelman Effect: Studies of Group Size and Group Performance", *Journal of Experimental Social Psychology*, 10, 1974.

A. H. Maslow, *Motivation and Personality*, 2nd ed., Harper & Row, 1970.

A. Hobbs, "The Links Between Errors and Error-producing Condition in Aircraft Maintenance", Paper given to 15th Symposium on Human Factors in Aviation Maintenance, 27-29 March 2001.

A. Hobbs and A. Williamson, Aircraft Maintenance Safety Survey－Results, Australian Transport Safety Bureau, 2000.

B. Biggs, *Wealth, War and Wisdom*, Wiley, 2009.

B. Fischhoff, "Hindsight is not Equal to Foresight: The Effect of Outcome Knowledge on Judgement Under Uncertainty", *Journal of Experiment*

Psychology: Human Performance and Perception, 1, 1975.

B. Latané, K. Williams and S. Harkins, "Many Hands Make Light the Work: The Causes and Consequences of Social Loafing", *Journal of Personality Social Psychology*, 37, 1979.

B. O'Neil, L. Evans and R. C. Schwing, "Mandatory Belt Use and Driver Risk Taking: An Empirical Evaluation of the Risk-communication Hypothesis", in L. Evans and R. C. Schwing(eds.), *Human Behavior and Traffic Safety*, Springer, 1985.

B. Wynne, "Public Uptake of Science: A Case for Institutional Reflexivity", Public Understanding of Science, 2(4), 1993.

C. Clapper, J. Merlino and C. Stockmeier(eds.), *Zero Harm—How to Achieve Patient and Workforce Safety in Healthcare*, McGraw-Hill, 2019.

C. D. Wickens, J. D. Lee, S. E. Gordon Becker and Y. Liu, *An Introduction to Human Factors Engineering*, 2nd ed., Pearson Education, 2013.

C. I. Hovland and W. Weiss, "The Influence of Source Credibility on Communication Effectiveness", Public Opinion Quarterly, 15, 1951.

C. K. Mertz, P. Sovic and I. F. H. Purchase, "Judgement of Chemical Risks: Comparisons Among Senior Managers Toxicologists, and the Public", *Risk Analysis*, 18(4), 1998.

C. Perrow, *Normal Accidents: Living with High-Risk Technologies*, Basic Books, 1985.

C. Perrow, *Normal Accidents: Living with High-Risk Technologies*, Princeton University Press, Updated ed., 1999.

D. A. Norman, "Categorization of Action Slips", *Psychological Review*, 88(1), 1981.

Department of Defence, Report of the Board of Inquiry into the Fire in HMAS Westralia on 5 May 1998, Australian Capital Territory.

D. L. Preston, D. A. Shimizu, H. M. Cullings, S. Fujita, S. Tunamoto and K. Konama, "Effect of Recent Changes in Atomic Bomb Survivor

Dosimetry on Cancer Mortalityb Risk Estimates", *Radiation Research*, 162, 2004.

D. Meister, *Human Factors: Theory and Practice*, John Wiley & Sons, Inc., 1971.

D. Vaughan, *The Challenger Launch Decision: Risky Technology, Culture and Deviance at NASA*, University of Chicago Press, 1996.

D. Vaughan, "The Trickle-Down Effect: Policy Decisions, Risky Work, and the Challenger Tragedy", *California Management Review*, 39(2), 1997.

D. Woods S. Dekker, R. Cook, L. Johannesen and N. Sarter, *Behind Human Error*, 2nd ed., CRC Press, 2010.

European Agency for Safety and Health at Work, OSH in figures: Occupational safety and health in the transport sector, 2011.

European Environment Agency, "Late Lessons from Early Warnings: The Precautionary Principle 1896-2000", 2001.

E. Edwards, "Introductory overview", in E. L. Wiener and D. C. Nagel(eds.), *Human Factors in Aviation*, Academic Press, 1989.

E. S. Geller, *The Psychology of Safety Handbook*, CRC Press, 2001.

F. H. Hawkins, *Human Factors in Flight*, Ashgate Publishing, 1987.

F. H. Hawkins, *Human Factors in Flight*, 2nd ed., Routledge, 1993.

G. A. Holton, "Defining Risk", *Financial Analysis Journal*, 60(6), 2004.

G. J. S. Wilde, "The Theory of Risk Homeostasis. Implication for Safety and Health", *Risk Analysis*, 2(4), 1982.

G. J. S. Wilde, *Target Risk 2: A New Psychology of Safety and Health*, PDE publications, 2001.

G. Moorhead, R. Ference and C. P. Neck, "Group Decision Fiascoes Continue: Space Shuttle Challenger and a Revised Groupthink Framework", *Human Relations*, 44(6), 1991.

G. Rowe and L. J. Frewer, "Public Participation Methods: A Framework for Evalution", *Science, Technology & Human Values*, 25(1), 2000.

G. W. Allport, *Pattern and Growth in Personality*, Holt, Rinehart & Winston, 1961.

H. R. Arkes & C. Blumer, "The Psychology of Sunk Cost", *Organizational Behavior and Human Decision Processes*, 35(1), 1985.

I. L. Janis, *Groupthink: Psychological Studies of Policy Decisions and Fiascoes*, 2nd ed., Wadsworth, 1982.

I. L. Janis, *Victims of Groupthink: A Psychological Study of Foreign-Policy Decisions and Fiascoes*, Houghton Mifflin, 1972.

ISO/IEC Guide 51: 2014(3rd ed.), Safety aspects－Guidelines for their inclusion in standards.

J. D. Miller, "Scientific Literacy: A Conceptual and Empirical Review", Dedalus, 11, 1983.

J. F. Ross, *The Polar Bear Strategy: Reflections on Rist in Modern Life*, Basic Books, 1999.

J. Rasmussen, *Information Processing and Human-machine Interaction: an Approach to Cognitive Engineering*, Elsevier Science, 1986.

J. Reason, "A Systems Approach to Organizational Error", *Ergonomics*, 38(8), 1995.

J. Reason, *Human Error*, Cambridge University Press, 1990.

J. Reason, "Human Error: Models and Management", *BMJ*, 320(7237), 2000.

J. Reason, *Managing the Risks of Organizational Accidents*, Ashgate Publishing, 1997.

J. Reason, *The Human Contribution: Unsafe Acts, Accidents and Heroic Recoveries*, CRC Press, 2008.

J. Reason & A. Hobbs, *Managing Maintenance Error*, Ashgate Publishing, 2003.

J. Stranks, *Human Factors and Behavioural Safety*, Routledge, 2007.

J. Thibaut and L. Walker, *Procedural justice: A psychological analysis*, Eribaum, 1975.

K. E. Weick, "Organizational Culture as a Source of High Reliability", *California Management Review*, 29.

K. Lewin, *Field Theory in Social Science*, Harper & Row, 1951.

K. Vicente, *The Human Factor: Revolutionizing the Way People Live with Technology*, Routledge, 2004.

K. Yamagishi, "When a 12.86% mortality is more dangerous than 24.14%: Implication for risk communication", *Applied Cognitive Psychology*, 11.

L. Bainbridge, "Ironies of Automation" in J. Rasmussen, K. Duncan, and J. Leplat(eds.), *New Technology and Human Error*, Chichester, 1987.

L. Evans, "Risk Homeostasis Theory and Traffic Accident data", *Human Factors*, 27, 1986.

L. J. Frewer, S. J. Miles and R. Marsh, "The Media and Genetically Modified Foods: Evidence in Support of Social Amplification of Risk", *Risk Analysis*, 22(4), 2002.

L. W. Rook, *Reduction of Human Error in Industrial Production*, Office of Technical Services, 1962.

Longman Advanced American Dictionary, 3rd ed., Pearson Education ESL, 2013.

M. A. McCoy, J. J. Congleton, W. L. Johnston and B. C. Jiang, "The Role of Lifting Belts in Manual Lifting", *International Journal of Industrial Ergonomics*, 2(4), 1988.

M. A. Wallach, N. Kogan and D. J. Bem, "Group Influence on Individual Risk Taking", *The Journal of Abnormal and Social Psychology*, 65(2), 1962.

M. Gelb and H. Hindin, *Gasp!: Airway Health—The Hidden Path To Wellness*, CreateSpace Independent Publishing Platform, 2016.

M. Gladwell, *What the Dog Saw: And Other Adventures*, Back Bay Books, 2010.

M. M. Martin and R. Schinzinger, *Ethics in Engineering*, McGraw-Hill, 1989.

National Research Council, *Improving Risk Communication*, National Academy Council, 1989.

N. D. Weinstein, "Unrealistic Optimism About Future Life Events", *Journal of Personality and Social Psychology*, 39, 1980.

O. Renn and D. Levine, "Credibility and Trust in Risk Communication", in R. E. Kasperson and P. J. Stallen(eds.), *Communication Risks to the Public*, Kluwer Academic Publishers, 1991.

P. Bennett, "Understanding Responses to Risk: Some Basic Findings", in P. Bennett and K. Calman(eds.), *Risk Communication and Public Health*, Oxford University Press, 1999.

P. E. Spector, *Industrial and Organizational Psychology: Research and Practice*, 6th ed., Wiley, 2011.

P. J. Stallen and R. Coppock, "About Risk Communication and Risky Communication", *Risk Analysis*, 7(4), 1987.

P. Solvic, "Perception of Risk", *Science*, 236, 1987.

R. B. Zajonc, "Attitudinal Effects of Mere Exposure", *Journal of Personality and Social Psychology*, 9, 1968.

R. Carson, *Silent Spring*, Penguin Books, 1962.

R. E. Kasperson and P. J. Stallen, "Risk Communication: The Evolution of Attempts", in R. E. Kasperson and P. J. Stallen(eds.), *Communication Risks to the Public*, Kluwer Academic Publishers, 1991.

R. J. Free, "The Role of Procedural Violations in Railway Accidents", Ph.D Thesis, University of Manchester, 1994.

S. Dekker, *The Field Guide to Human Error Investigations*, Cranfield University Press, 2002.

S. Kaplan and B. J. Garrick, "On the Quantative Definition of Risk", *Risk Analysis*, 1(1), 1981.

S. Milgram, *Obedience to Authority: An Experimental View*, Tavistock Publications, 1974.

T. Clark, *Nerve: Poise Under Pressure, Serenity under Stress, and the Brave New Science of Fear and Cool*, Little, Brown and Company, 2011.

T. N. Jenkins, "Measurement of the Primary Factors of the Total Personality", *The Journal of Psychology*, 54(2), 1962.

The Rogers Commission, *Report of the Presidential Commission on the Space Shuttle Challenger Accident*, United States Government Printing, 1986.

U. Gneezy and A. Rustichini, "A FINE IS A PRICE", *The Journal of Legal Studies*, 29(1), 2000.

Y. Shimizu, H, Kato, W. J. Schull and K. Mabuchi, "Dose-response Analysis Among Atomic Bomb Survivors Exposed to Low-level Radiation", in T. Sugahara, L. A. Sagon and T. Aoyama(eds.), *Low Dose Irradiation and Biological Defense Mechanisms*, Excerpta Medica, 1992.

W. E. Bijker, "Understanding Technological Culture Through a Constructivist View of Science, Technology, and Society", in S. H. Cutcliffe and C. Mitcham(eds.), *Visions of STS: Counterpoints in Science, Technology, and Society Studies*. State University of New York Press, 2001.

4. 인터넷 자료

玉掛け作業の安全教育. Available from: URL:http://www.mdis.co.jp/products/contents/movie/safety_edu.html.

玉掛け作業の一般心得. Available from: URL:http://www.n-anzeniinkai.com/wp-content/uploads/2013/12/anzeneisei007.pdf.

前田荘六, ヒューマンファクター 2. Available from: URL:http://jaem.la.coocan.jp/nhgk/ihgk0058008.pdf#search ='m+shell+model'.

D. Starr, The Tricks Used by Pilots, Surgeons & Engineers to Overcome Human Error, 2015/5/29. Available from: URL:http://nautil.us/blog/the-tricks-used-by-pilots-surgeons—engineers-to-overcome-human-error.

"Normalcy bias", Wikipedia.

ㅇ

ㅈ

| 5판 |

안전심리

초판 발행 2017년 2월 28일
2판 발행 2018년 2월 28일
3판 발행 2022년 6월 30일
4판 발행 2023년 12월 29일
5판 발행 2025년 4월 30일

지은이 정진우

펴낸이 류원식
펴낸곳 교문사

편집팀장 성혜진 | **책임진행** 김성남 | **디자인** 신나리 | **본문편집** 디자인이투이

주소 10881, 경기도 파주시 문발로 116
대표전화 031-955-6111 | 팩스 031-955-0955
홈페이지 www.gyomoon.com | 이메일 genie@gyomoon.com
등록번호 1968.10.28. 제406-2006-000035호

ISBN 978-89-363-2661-6 (93530)
정가 39,500원